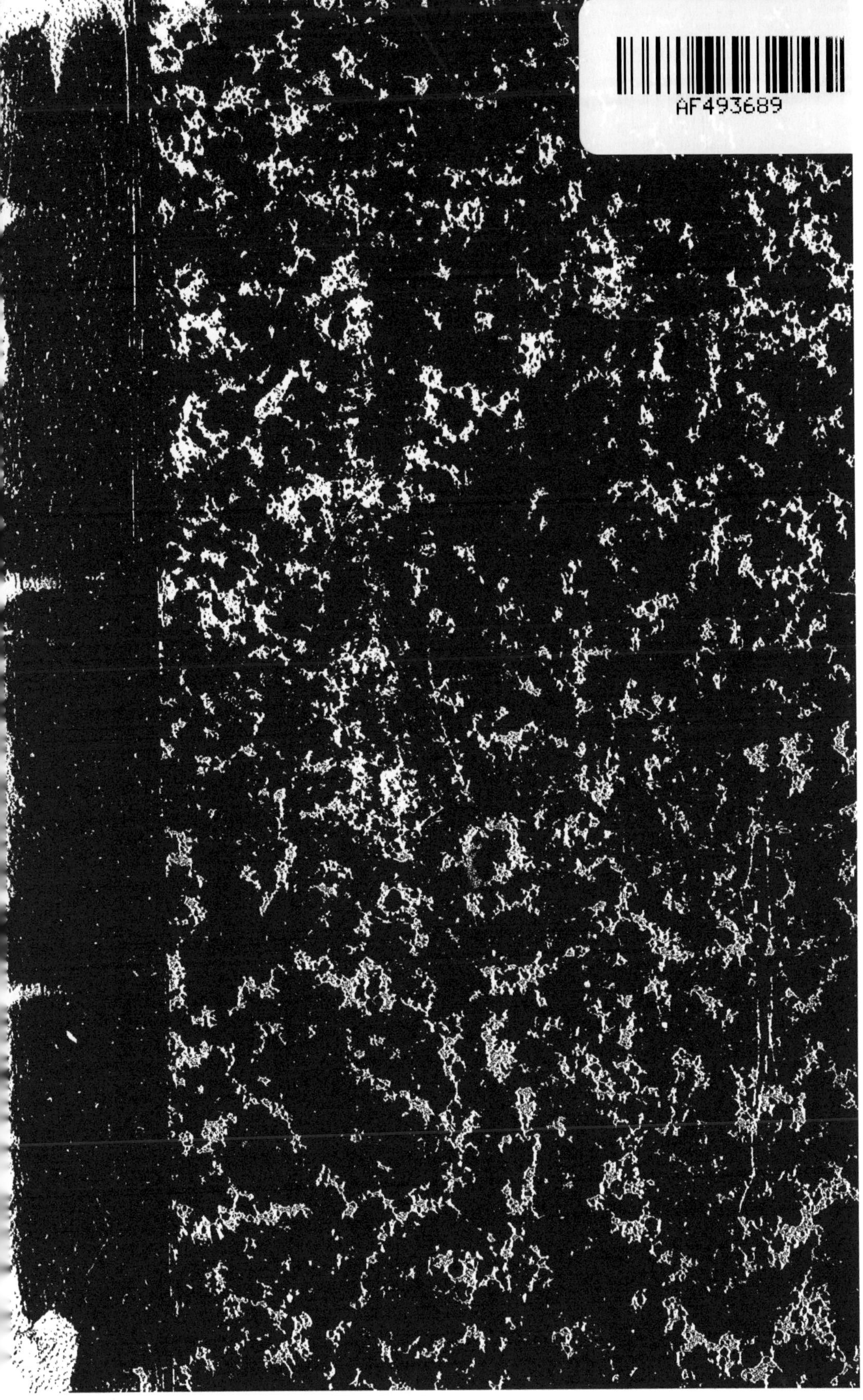

COURS
DE
PHYSIQUE

CONFORME AUX PROGRAMMES

DES CERTIFICATS ET DE L'AGRÉGATION DE PHYSIQUE

PAR

H. BOUASSE

PROFESSEUR A LA FACULTÉ DES SCIENCES DE TOULOUSE

CINQUIÈME PARTIE

ÉLECTROPTIQUE
ONDES HERTZIENNES

PARIS
LIBRAIRIE CH. DELAGRAVE
15, RUE SOUFFLOT, 15

COURS

DE

PHYSIQUE

COURS
DE
PHYSIQUE

CONFORME AUX PROGRAMMES
DES CERTIFICATS ET DE L'AGRÉGATION DE PHYSIQUE

PAR

H. BOUASSE

PROFESSEUR A LA FACULTÉ DES SCIENCES DE TOULOUSE

CINQUIÈME PARTIE

ÉLECTROPTIQUE
ONDES HERTZIENNES

PARIS
LIBRAIRIE CH. DELAGRAVE
15, RUE SOUFFLOT

ÉLECTROPTIQUE

ONDES HERTZIENNES

CHAPITRE I

ÉQUATIONS FONDAMENTALES POUR UN MILIEU ISOTROPE TRANSPARENT

1. Équations générales dans un milieu isolant, isotrope, indéfini, immobile. — Nous avons défini les *déplacements* d'après Maxwell au § 118 du tome III.

Soit P, Q, R, les composantes de la force électrique en un point du diélectrique : Maxwell prend pour définir la déformation électrique du milieu, déformation qu'il appelle *déplacement*, un vecteur dont les composantes sont :

$$f = \frac{K}{4\pi} P, \qquad g = \frac{K}{4\pi} Q, \qquad h = \frac{K}{4\pi} R;$$

K est le *pouvoir inducteur spécifique* de la substance.

Maxwell admet que les variations de la déformation produisent exactement les mêmes effets électromagnétiques qu'un courant dans un circuit conducteur. Soit u, v, w, les composantes de l'intensité du courant par unité de surface normale aux axes de coordonnées ; il pose donc *dans un milieu isolant :*

$$u = \frac{\partial f}{\partial t}, \qquad v = \frac{\partial g}{\partial t}, \qquad w = \frac{\partial h}{\partial t}.$$

$$4\pi u = K\frac{\partial P}{\partial t}, \qquad 4\pi v = K\frac{\partial Q}{\partial t}, \qquad 4\pi w = K\frac{\partial R}{\partial t}.$$

Supposons un milieu isotrope, isolant, indéfini, immobile, en chacun des points duquel varient la force électrique et la force magnétique. Il résulte de l'hypothèse fondamentale de Maxwell que ces vecteurs ne peuvent pas varier d'une manière indépendante.

Toute variation de la force électrique entraîne une variation du déplacement, par conséquent un courant de déplacement, par consé-

M. Turrière a bien voulu relire les épreuves de ce livre ; je lui en témoigne ma sincère reconnaissance.

quent enfin une force magnétique. D'où un premier système d'équations que nous appellerons RELATIONS D'AMPÈRE.

Inversement, toute variation de la force magnétique (ou du vecteur-induction qui lui est proportionnel) entraîne par induction électromagnétique l'existence d'une force électromotrice (ou, ce qui est identiquement la même chose, d'une force électrique) et, par conséquent, d'un déplacement. D'où un second système d'équations que nous appellerons RELATIONS DE FARADAY.

Écrivons les *relations d'Ampère :*

Soit X, Y, Z, les composantes de la force magnétique.

La loi fondamentale résumant l'action des courants sur les aimants se traduit par le système d'équations (tome III, § 144) :

$$\begin{aligned} 4\pi u &= \frac{\partial Z}{\partial y} - \frac{\partial Y}{\partial z} = K\frac{\partial P}{\partial t}, \\ 4\pi v &= \frac{\partial X}{\partial z} - \frac{\partial Z}{\partial x} = K\frac{\partial Q}{\partial t}, \\ 4\pi w &= \frac{\partial Y}{\partial x} - \frac{\partial X}{\partial y} = K\frac{\partial R}{\partial t}; \end{aligned} \tag{1}$$

ou en notation abrégée :

$$4\pi(u, v, w) = K\frac{\partial}{\partial t}(P, Q, R) = \text{curl}(X, Y, Z).$$

Ce système exprime que le travail d'un pôle d'aimant unité qui fait le tour d'une courbe, fermée autour d'un certain courant, est égal à 4π fois le flux de ce courant à travers la courbe.

Nous savons que le système (1) n'a de sens qu'en vertu de l'hypothèse que le courant est toujours conservatif (tome III, § 182).

Passons aux *relations de Faraday.*

Écrivons l'expression générale des composantes P, Q, R (tome III, § 233), pour des conducteurs immobiles et dans le cas où les forces électromotrices d'hétérogénéité sont nulles :

$$\begin{aligned} P &= -\frac{\partial V}{\partial x} - \frac{\partial F}{\partial t}, \\ Q &= -\frac{\partial V}{\partial y} - \frac{\partial G}{\partial t}, \\ R &= -\frac{\partial V}{\partial z} - \frac{\partial H}{\partial t}; \end{aligned}$$

F, G, H, sont les composantes du potentiel vecteur (tome III, § 64).

Soit a, b, c, les composantes du vecteur induction; nous pouvons poser :

$$a = \mu X, \qquad b = \mu Y, \qquad c = \mu Z;$$

μ est la *perméabilité magnétique* que nous supposons constante; le cas du fer et des corps analogues est *évidemment* réservé.

Le vecteur-induction et le potentiel vecteur sont liés par le système :

$$a = \frac{\partial H}{\partial y} - \frac{\partial G}{\partial z},$$

$$b = \frac{\partial F}{\partial z} - \frac{\partial H}{\partial x},$$

$$c = \frac{\partial G}{\partial x} - \frac{\partial F}{\partial y}.$$

$$(a, b, c) = \text{curl}\,(F, G, H),$$

ou encore :

$$\frac{\partial}{\partial t}(a, b, c) = \text{curl}\,\frac{\partial}{\partial t}(F, G, H).$$

Dans ce dernier curl, substituons au vecteur a, b, c, le vecteur X, Y, Z, et au vecteur F, G, H, l'expression qui résulte des équations ci-dessus écrites; remarquons que le potentiel électrostatique V disparaît; il vient :

Relations de Faraday

$$-\mu\frac{\partial X}{\partial t} = \frac{\partial R}{\partial y} - \frac{\partial Q}{\partial z},$$

$$-\mu\frac{\partial Y}{\partial t} = \frac{\partial P}{\partial z} - \frac{\partial R}{\partial x}, \qquad (2)$$

$$-\mu\frac{\partial Z}{\partial t} = \frac{\partial Q}{\partial x} - \frac{\partial P}{\partial y}.$$

Récrivons le système (1) pour montrer la symétrie :

Relations d'Ampère

$$K\frac{\partial P}{\partial t} = \frac{\partial Z}{\partial y} - \frac{\partial Y}{\partial z},$$

$$K\frac{\partial Q}{\partial t} = \frac{\partial X}{\partial z} - \frac{\partial Z}{\partial x}, \qquad (1)$$

$$K\frac{\partial R}{\partial t} = \frac{\partial Y}{\partial x} - \frac{\partial X}{\partial y}.$$

En notation abrégée :

$$-\mu\frac{\partial}{\partial t}(X, Y, Z) = \text{curl}\,(P, Q, R), \qquad (2)$$

$$K\frac{\partial}{\partial t}(P, Q, R) = \text{curl}\,(X, Y, Z). \qquad (1)$$

Au signe près, les vecteurs force magnétique et force électrique jouent des rôles réciproques; la perméabilité et le pouvoir inducteur spécifique se conduisent symétriquement par rapport aux vecteurs correspondants.

Tel est le système, conforme à la théorie de Maxwell, que Hertz proposait de prendre SANS DÉMONSTRATION comme point de départ de l'étude des ébranlements électromagnétiques dans les isolants.

Si le lecteur éprouve d'abord quelque peine à suivre le résumé qui précède, ce qui n'aurait rien d'étonnant, qu'il admette ces relations. Il en trouvera plus loin (§ 13) une démonstration directe dans le cas des ondes planes. Familiarisé avec cet ordre de considérations, il pourra revenir sur la démonstration générale.

2. Équations dans la théorie des ions. — Dans la théorie des ions, les équations sont les mêmes. On imagine qu'aux molécules *des isolants parfaits* sont associés des ions, mobiles autour de leurs positions d'équilibre.

Le courant (tome III, § 120) est alors composé de deux parties.

L'un est le déplacement ordinaire *dans l'éther;* il faut poser $K=1$:

$$f=\frac{P}{4\pi}, \qquad g=\frac{Q}{4\pi}, \qquad h=\frac{R}{4\pi}.$$

L'autre provient des mouvements des ions, c'est-à-dire de la variation de la polarisation dont les composantes sont A, B, C.

Il faut poser en définitive :

$$u=\frac{\partial f}{\partial t}+\frac{\partial A}{\partial t}, \qquad v=\frac{\partial g}{\partial t}+\frac{\partial B}{\partial t}, \qquad w=\frac{\partial h}{\partial t}+\frac{\partial C}{\partial t}.$$

Soit φ, χ, ψ, les déplacements des ions (le mot déplacement est ici pris dans son sens habituel), ε leur charge, $\mathfrak{N}$ leur nombre par unité de volume. On a :

$$A=\mathfrak{N}\varepsilon\varphi, \qquad \frac{\partial A}{\partial t}=\mathfrak{N}\varepsilon\frac{\partial \varphi}{\partial t},$$

et des équations analogues pour B et C.

Les équations (2) restent inaltérées; les équations (1) deviennent :

$$4\pi u=\frac{\partial Z}{\partial y}-\frac{\partial Y}{\partial z}=\frac{\partial P}{\partial t}+4\pi\mathfrak{N}\varepsilon\frac{\partial \varphi}{\partial t}, \qquad (1')$$

et de même pour v et w.

Reste à connaître les équations qui relient φ et P, c'est-à-dire qui déterminent le mouvement de l'ion sous l'influence de la force électromotrice. Nous reviendrons là-dessus au § 251; disons seulement qu'*on peut imaginer une liaison telle que φ soit proportionnel à* P.

Les équations (1') prennent alors exactement la forme des équations (1).

3. Équations de propagation. — Nous avons supposé le milieu isolant, isotrope, immobile. Nous avons admis que ses polarisations magnétique et électrique sont essentiellement induites (tome III, § 52); d'où résulte (tome III, § 62) que les densités de volume tant magnétique qu'électrique sont nulles.

Nous devons donc poser :

$$\theta=\frac{\partial X}{\partial x}+\frac{\partial Y}{\partial y}+\frac{\partial Z}{\partial z}=0, \qquad \Theta=\frac{\partial P}{\partial x}+\frac{\partial Q}{\partial y}+\frac{\partial R}{\partial z}=0. \quad (3)$$

Des systèmes (1), (2), (3), on tire aisément les équations :

$$\begin{aligned} &K\mu\frac{\partial^2 P}{\partial t^2}=\Delta P, \qquad K\mu\frac{\partial^2 Q}{\partial t^2}=\Delta Q, \qquad K\mu\frac{\partial^2 R}{\partial t^2}=\Delta R; \\ &K\mu\frac{\partial^2 X}{\partial t^2}=\Delta X, \qquad K\mu\frac{\partial^2 Y}{\partial t^2}=\Delta Y, \qquad K\mu\frac{\partial^2 Z}{\partial t^2}=\Delta Z. \end{aligned} \tag{4}$$

On conclut immédiatement que le milieu peut transmettre des ondes transversales et qu'il ne peut transmettre des ondes longitudinales (voir I, § 138). La vitesse V de propagation est la même pour l'ébranlement électrostatique (variation du déplacement) et l'ébranlement électromagnétique; elle est égale à :

$$V=1 : \sqrt{K\mu}.$$

4. Valeur numérique de la vitesse de propagation. — Dans tous les diélectriques, $\mu=1$, sensiblement; il s'agit d'évaluer K dans le système électromagnétique.

Soit $\pm q$ la quantité d'électricité contenue dans l'unité de surface des armatures d'un condensateur, placées à la distance d l'une de l'autre. Soit P le taux de variation du potentiel électrostatique par rapport à la distance, normalement aux armatures.

On a (tome III, §§ 96 et 107) :

$$q=\frac{K}{4\pi}P, \qquad \frac{dq}{dt}=\frac{K}{4\pi}\frac{dP}{dt}. \tag{1}$$

Cette formule doit être vérifiée dans les deux systèmes d'unités.

Or dans le système électrostatique, K est un nombre : sa valeur ne change pas quand on change la grandeur des unités fondamentales. Cherchons quelle valeur numérique doit avoir K dans le système électromagnétique pour que l'équation (1) reste satisfaite (tome III, § 362).

L'unité magnétique de quantité d'électricité est v fois plus grande que l'unité statique; par conséquent quand on change de système, la valeur numérique de q *qui représente une certaine quantité concrète d'électricité,* doit être divisée par le *nombre* v. Pour que l'équation (1) reste satisfaite, il faut donc écrire le premier membre :

$$v\frac{dq}{dt};$$

il conservera la même valeur numérique que dans le système électrostatique.

L'unité magnétique de potentiel électrostatique est v fois plus petite que l'unité statique; P qui représente un certain taux concret de variation de potentiel par unité de longueur, s'exprimera par un nombre v fois plus grand.

Si nous ne voulons pas changer la valeur numérique de K, nous devons donc écrire :

$$v\frac{dq}{dt}=\frac{K}{4\pi v}\frac{dP}{dt}, \qquad \frac{dq}{dt}=\frac{K}{4\pi v^2}\frac{dP}{dt}.$$

Donc si nous voulons maintenir la forme primitive (c'est-à-dire exprimer K dans le système électromagnétique), il faut remplacer K par $K : v^2$; le pouvoir inducteur s'exprime par un nombre v^2 fois plus petit dans le système magnétique que dans le système statique.

Le raisonnement précédent prouve que lorsque la différence de potentiel électrostatique des armatures d'un condensateur distantes de d et ayant l'unité d'aire, varie d'une unité magnétique, le courant diélectrique qui traverse un plan quelconque parallèle aux armatures vaut :

$$\frac{K}{4\pi v^2 d},$$

K *restant le rapport des pouvoirs diélectriques de l'isolant et du vide.*

En définitive, si $\mu=1$ approximativement, on a :

$$V=1 : \sqrt{K\mu}=v : \sqrt{K}.$$

Dans la première expression, K est exprimé dans le système électromagnétique; dans la seconde, K est exprimé dans le système électrostatique.

Ainsi la vitesse de propagation des ébranlements dans le vide est exprimée par le nombre v dans le système CGS; *c'est la vitesse de la lumière* (tome III, § 363).

Nous verrons plus loin que l'expérience confirme ces prévisions.

En résumé, *dans le système électromagnétique*, nous pouvons écrire les équations fondamentales sous la forme :

Relations d'Ampère

$$\frac{1}{\mu V^2}\frac{\partial P}{\partial t}=\frac{\partial Z}{\partial y}-\frac{\partial Y}{\partial z},\quad \frac{1}{\mu V^2}\frac{\partial Q}{\partial t}=\frac{\partial X}{\partial z}-\frac{\partial Z}{\partial x},\quad \frac{1}{\mu V^2}\frac{\partial R}{\partial t}=\frac{\partial Y}{\partial x}-\frac{\partial X}{\partial y}. \tag{1}$$

Relations de Faraday

$$-\mu\frac{\partial X}{\partial t}=\frac{\partial R}{\partial y}-\frac{\partial Q}{\partial z},\quad -\mu\frac{\partial Y}{\partial t}=\frac{\partial P}{\partial z}-\frac{\partial R}{\partial x},\quad -\mu\frac{\partial Z}{\partial t}=\frac{\partial Q}{\partial x}-\frac{\partial P}{\partial y}. \tag{2}$$

V est la vitesse de propagation dans le milieu considéré; μ est un nombre égal à l'unité dans le vide : nous le ferons généralement tel.

Avec les unités électromagnétiques, le pouvoir inducteur spécifique du vide est $1 : v^2$. Pour appliquer la théorie des ions (§ 2) nous poserons donc (§ 260) :

$$4\pi f v^2 = P, \qquad 4\pi g v^2 = Q, \qquad 4\pi h v^2 = R.$$

5. **Expression des énergies localisées dans le milieu.** — Nous avons montré (tome III, § 112) que la quantité d'énergie électrique disponible contenue dans un élément de volume dv est exprimée par la formule :

$$\frac{K}{8\pi}(P^2 + Q^2 + R^2)dv.$$

Nous employons la lettre v dans deux sens différents, mais il n'y a pas de confusion possible.

L'étude des phénomènes d'induction (tome III, §§ 243 et sq.) nous amène à conclure qu'un milieu de perméabilité μ est, du fait de son aimantation, le siège d'une énergie analogue à la précédente et dont l'expression est, dans un volume dv :

$$\frac{\mu}{8\pi}(X^2 + Y^2 + Z^2)dv.$$

L'énergie disponible totale (énergie électromagnétique) est la somme des deux précédentes [1].

Ce qui précède suppose les corps isotropes. Pour les corps cristallisés, on a des fonctions homogènes et du second degré des composantes des forces, soit douze paramètres distincts, six pour chacune des espèces d'énergie. Par un choix convenable d'axes, on peut transformer l'une ou l'autre des fonctions homogènes en une somme de trois carrés. Il est même possible que les mêmes axes donnent cette simplification pour les deux parties simultanément.

Les énergies prennent la forme :

$$\frac{1}{8\pi}(K_1P^2 + K_2Q^2 + K_3R^2)dv, \qquad \frac{1}{8\pi}(\mu_1X^2 + \mu_2Y^2 + \mu_3Z^2)dv.$$

Nous reviendrons là-dessus plus loin (§ 79).

6. **Vecteur radiant (Poynting).** — Avant d'aller plus avant, il faut préciser le rôle attribué par Maxwell au milieu. Rien n'est plus intéressant à cet égard que la théorie du vecteur radiant de Poynting.

Reprenons les équations (1) et (2) du § 1.

Multiplions-les respectivement par :

$$P dv : 4\pi, \qquad Q dv : 4\pi, \ldots; \qquad -X dv : 4\pi, \qquad -Y dv : 4\pi, \ldots;$$

additionnons-les. Intégrons les deux membres de l'équation obtenue

---

[1] Nous supposons que l'hystérésis n'existe pas, que, par suite, l'énergie est une fonction bien déterminée de l'état actuel. Cette hypothèse n'est rigoureuse que pour le vide.

pour un espace v limité par une surface S : la normale à chaque élément dS est définie en direction par les cosinus directeurs l, m, n. L'intégration du second membre s'effectue partiellement. On trouve :

$$\frac{\partial}{\partial t}\iiint\left[\frac{K}{8\pi}(P^2+Q^2+R^2)+\frac{\mu}{8\pi}(X^2+Y^2+Z^2)\right]dv$$

$$=\frac{1}{4\pi}\iint[(RY-QZ)l+(PZ-RX)m+(QX-PY)n]dS.$$

Cette équation exprime que la variation de l'énergie dans le volume v peut être considérée comme ayant traversé la surface S; elle est égale au flux à travers cette surface d'un vecteur qu'on appelle *vecteur radiant. Ce vecteur* (tome III, § 23) *est normal aux vecteurs électrique et magnétique, et égal à leur produit multiplié par le sinus de l'angle qu'ils font entre eux.*

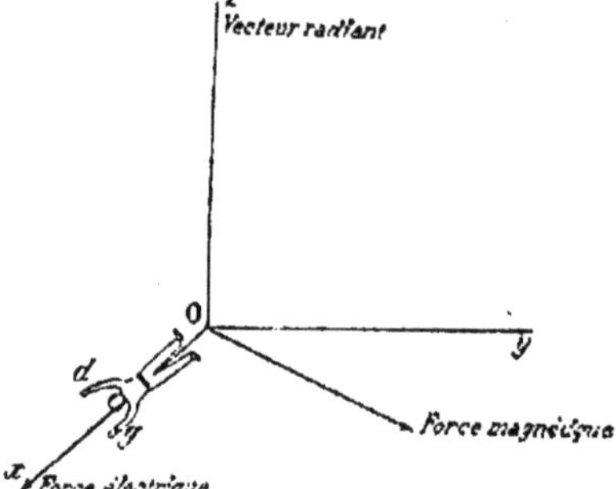

Fig. 1.

La force électrique étant dirigée suivant Ox (fig. 1), la force magnétique dans la demi-circonférence contenant Oy, le vecteur radiant est dirigé suivant Oz [1].

Autrement dit, l'observateur qui reçoit le vecteur radiant d'avant en arrière, et qui est traversé des pieds à la tête par le vecteur électrique, a le vecteur magnétique à sa gauche.

Le théorème de Poynting est plus général qu'il ne résulte de cette démonstration; voici son énoncé. Dans un milieu au repos, l'accroissement par seconde, à l'intérieur d'une surface fermée, de la somme des énergies électrique et magnétique, du travail effectué par les forces électromagnétiques, de la chaleur développée par les courants, peut s'exprimer par le flux d'un vecteur à travers la surface fermée.

En chaque point de la surface, ce vecteur est normal aux vecteurs électrique et magnétique, et égal à leur produit multiplié par le sinus de l'angle qu'ils font.

L'accroissement de la somme des énergies, le travail effectué et la chaleur développée sont à chaque instant compensés par le flux du vecteur radiant. Le flux est positif pour un élément dS de la surface quand le vecteur radiant, défini en direction comme il est dit plus haut, est dirigé vers l'intérieur de la surface S.

---

[1] Le lecteur n'oubliera pas que nous employons un système d'axes à *droite* (tome III, § 22).

7. Application. Conducteur transportant un courant stationnaire. — Un exemple très simple fait comprendre le sens du théorème.

Considérons un courant passant dans un fil circulaire dirigé suivant Ox et dont la figure représente la section droite. Le vecteur électrique P, à la surface du fil, est dirigé suivant Ox, c'est-à-dire suivant la direction même du fil. Au point O, à la surface du fil, Oy est la direction du vecteur magnétique Y : il est normal à P. Le vecteur radiant au point O est dirigé suivant Oz, *vers l'intérieur du fil et normalement à sa surface;* sa grandeur est $PY : 4\pi$.

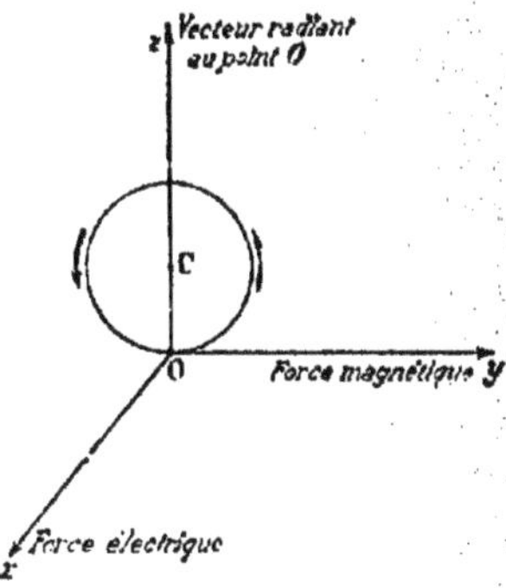

Fig. 2.

La conclusion est la même en tous les points de la surface du fil. Désignons généralement par Y la grandeur invariable de la force magnétique. Le vecteur radiant est dirigé suivant le rayon de la section droite du fil et vaut $PY : 4\pi$.

Son flux, à travers la surface latérale d'un cylindre de rayon r et de longueur unité, est :

$$\frac{2\pi r PY}{4\pi} = \frac{2\pi r Y \cdot P}{4\pi} = \frac{4\pi i \cdot P}{4\pi} = Pi,$$

puisque la circulation $2\pi r Y$ du vecteur Y est égale à $4\pi i$ (tome III, § 144).

Pi est le produit de l'intensité du courant par la différence de potentiel aux bouts du circuit considéré; c'est l'énergie qui se retrouve en chaleur d'après la loi de Joule. D'où cette conclusion : nous pouvons admettre que l'*énergie qui se dégage dans un fil lui arrive de l'extérieur*. Le rôle primordial cesse d'être joué par le fil; il appartient au milieu extérieur.

Nous ne tenons compte dans le calcul que du flux du vecteur radiant à travers la surface latérale du fil : il est évident que son flux est nul à travers les sections droites.

Il ne faut pas exagérer la réalité physique de cette interprétation. Une de ses conséquences choque les idées reçues; si un aimant permanent au repos est à côté d'un corps électrisé, le vecteur radiant n'est pas nul : il faut que l'énergie circule d'un mouvement continu le long de tubes fermés.

Toutefois il est bon d'ajouter que la recevabilité d'un tel corollaire est une affaire d'habitude. On commence par se récrier, puis on trouve la chose toute naturelle (comparer au § 294).

8. Condensateur pendant la charge et la décharge. — Une des particularités les plus intéressantes *des courants de déplacement* est de pouvoir être *du sens contraire à la force électrique.*

Ce n'est pas elle en effet qui fixe le sens du courant; c'est sa variation par rapport au temps.

Quand un condensateur se charge, quand la force électrique entre les armatures croît, le courant a le sens de la force. Quand il se décharge, quand la force électrique décroît *tout en conservant la même direction,* le courant change de signe.

D'après le théorème de Poynting, il résulte de là que, *pendant la charge, le diélectrique compris entre les armatures absorbe une quantité d'énergie, qu'il restitue pendant la décharge.*

Soit un condensateur cylindrique circulaire de rayon r; soit h la distance entre les armatures. Admettons que le champ est uniforme : il suffit d'imaginer un anneau de garde. Plaçons les vecteurs *force électrique, force magnétique* comme l'exigent le sens de la différence de potentiel imposée et la remarque faite ci-dessus : plaçons le vecteur radiant d'après la règle du § 6; nous obtenons les figures 3 conformes à l'énoncé précédent.

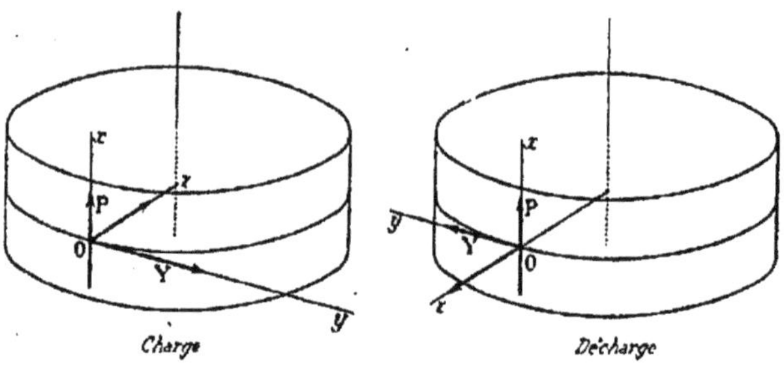

Fig. 3.

Prenons comme surface d'intégration le cylindre de rayon r et de hauteur h. Soit Y la force magnétique sur ce cylindre : elle est due au courant total i à travers les cercles de rayon r.

L'énergie absorbée pendant la charge est d'après le théorème de Poynting :

$$W = \frac{1}{4\pi} \int_0^{\infty} 2\pi r h \mathrm{P} \mathrm{Y} dt.$$

Or à chaque instant on a :

$$2\pi r \mathrm{Y} = 4\pi i = 4\pi \,.\, \pi r^2 \frac{df}{dt} = \pi r^2 \mathrm{K} \frac{d\mathrm{P}}{dt};$$

$$W = \frac{1}{4\pi} \int_0^{\infty} \pi r^2 h \,.\, \mathrm{K} \mathrm{P} \frac{d\mathrm{P}}{dt} dt = \frac{\mathrm{K}}{8\pi} (\pi r^2 h) \mathrm{P}^2.$$

Nous retrouvons bien l'expression connue (§ 5).

Pendant la décharge du condensateur à travers un fil de jonction, l'énergie qui sort d'entre les armatures pénètre *latéralement* dans le fil où elle se transforme en chaleur. On peut donc envisager l'énergie qui s'y manifeste, non comme transmise le long du fil, mais comme y pénétrant latéralement à la sortie du diélectrique environnant : son entrée dans le fil correspond à la fin de son rôle.

Nous retrouverons ces notions, et nous en verrons mieux l'intérêt, quand nous étudierons la propagation des courants alternatifs le long d'un fil.

9. **Décharge d'un condensateur sans production de champ magnétique.** — Quand un condensateur isolé se décharge lentement par fuite à travers le diélectrique, on admet qu'il existe simultanément deux courants égaux, de sens contraires, s'effectuant suivant les mêmes lignes. Le courant de conduction obéissant à la loi d'Ohm a lieu dans le sens de la force électrique; le courant de déplacement a lieu en sens contraire à la force électrique, puisqu'il est dû à une diminution de celle-ci.

La force magnétique qui résulte de l'ensemble des deux courants est nulle : le vecteur radiant est nul; l'énergie est absorbée sur place sous forme d'échauffement du diélectrique.

10. **Simplification des calculs par l'emploi des imaginaires.** — On abrège singulièrement les calculs par l'emploi des imaginaires. Cette méthode *très simple* est due à Cauchy.

Quand des équations aux dérivées partielles sont linéaires (ce qui est toujours le cas dans les problèmes que nous rencontrerons) et à coefficients constants, on obtient une solution en additionnant des solutions particulières. La partie réelle et la partie imaginaire d'une solution imaginaire doivent séparément satisfaire aux équations et forment par conséquent deux solutions distinctes.

La formule de Moivre s'écrit :

$$\exp ix = e^{ix} = \cos x + i \sin x,$$

où le symbole i se traite comme une quantité quelconque; i^2 doit être partout remplacé par -1.

Toute la méthode est basée sur cette identité.

Considérons la solution :

$$\mathrm{P} = (\mathrm{A} + \mathrm{B}i) \exp \left\{ -(\alpha' x + \beta' y + \gamma' z) + i[\omega t - (\alpha x + \beta y + \gamma z) - \rho] \right\}. \qquad (1)$$

Posons :

$$\alpha' x + \beta' y + \gamma' z = \Phi',$$
$$\alpha x + \beta y + \gamma z = \Phi.$$

La solution (1) s'écrit :

$$\mathrm{P} = \mathrm{P}_0 \exp[-\Phi' + i(\omega t - \Phi - \rho)]. \qquad (1')$$

La distance à l'origine des coordonnées du plan (dit *plan d'absorption*) :

$$\alpha' x+\beta' y+\gamma' z=\Phi',$$

est :

$$D'=\frac{\Phi'}{\sqrt{\alpha'^2+\beta'^2+\gamma'^2}}=\Phi'\frac{\lambda'}{2\pi},$$

en posant :

$$\alpha'^2+\beta'^2+\gamma'^2=\frac{4\pi^2}{\lambda'^2}.$$

La distance à l'origine des coordonnées du plan (dit *plan d'onde*) :

$$\alpha x+\beta y+\gamma z=\Phi,$$

est :

$$D=\frac{\Phi}{\sqrt{\alpha^2+\beta^2+\gamma^2}}=\Phi\frac{\lambda}{2\pi},$$

en posant :

$$\alpha^2+\beta^2+\gamma^2=\frac{4\pi^2}{\lambda^2}.$$

La solution (1) s'écrit :

$$P=(A+Bi)\exp\left[-\frac{2\pi D'}{\lambda'}+i\left(\omega t-\frac{2\pi D}{\lambda}-\rho\right)\right],$$

dont la partie réelle est :

$$\exp\left(-2\pi\frac{D'}{\lambda'}\right)\left[A\cos\left(\omega t-\frac{2\pi D}{\lambda}-\rho\right)-B\sin\left(\omega t-\frac{2\pi D}{\lambda}-\rho\right)\right]$$
$$=\sqrt{A^2+B^2}\exp\left(-2\pi\frac{D'}{\lambda'}\right)\cos\left(\omega t-\frac{2\pi D}{\lambda}-\rho+\rho'\right), \quad (2)$$

avec la condition :

$$\rho'=\operatorname{arctg}\frac{B}{A}.$$

Le calcul par imaginaires consiste à utiliser la solution (1), quitte à ne conserver comme solution définitive que la partie réelle. On étudie donc simultanément deux solutions *dont les termes ne se confondent jamais,* puisque les équations sont linéaires et à coefficients constants et réels.

Le grand avantage de cette méthode vient de ce que la dérivation par rapport à une variable consiste à multiplier par le coefficient de la variable. Ainsi :

$$\frac{\partial P}{\partial x}=-P(\alpha'+i\alpha), \qquad \frac{\partial^2 P}{\partial x^2}=P(\alpha'+i\alpha)^2, \ldots$$

On peut poser $\rho=0$, sans diminuer la généralité de l'expression (1); le coefficient imaginaire $A+Bi$ fournit en effet la différence de phase ρ'.

11. Ondes planes ; définition. — Par définition le mouvement vibratoire :

$$P=P_0\exp[-\Phi'+i(\omega t-\Phi)],$$
$$Q=Q_0\exp[-\Phi'+i(\omega t-\Phi)],$$
$$R=R_0\exp[-\Phi'+i(\omega t-\Phi)],$$

se propage par ondes planes.

Pour simplifier l'écriture, nous poserons :

$$(P, Q, R) = (P_0, Q_0, R_0) \exp[-\Phi' + i(\omega t - \Phi)].$$

L'amplitude est la même pour tous les points caractérisés par une même valeur de :

$$\Phi' = \alpha' x + \beta' y + \gamma' z,$$

c'est-à-dire pour tous les points d'un plan d'absorption.

La *phase* est la même pour tous les points caractérisés par une même valeur de :

$$\Phi = \alpha x + \beta y + \gamma z,$$

c'est-à-dire pour tous les points d'un plan d'onde.

La définition que nous admettons ici, et qui est absolument nécessaire pour comprendre ce qui se passe dans les milieux absorbants, est plus générale que la définition habituelle. Nous verrons (§ 201) que, dans la réfraction sur les métaux, le plan Φ' est toujours parallèle à la surface réfringente, tandis que le plan Φ varie avec l'angle d'incidence.

Dans les milieux transparents dont nous allons d'abord nous occuper, α', β', γ', sont identiquement nuls. L'équation de l'onde plane est :

$$(P, Q, R) = (P_0, Q_0, R_0) \exp i(\omega t - \Phi).$$

12. Nature des ébranlements électromagnétiques se propageant par ondes planes.

VIBRATION ÉLECTRIQUE.

Dans un milieu transparent, nous avons identiquement $\Phi' = 0$.

La perturbation électrique a pour expression :

$$\begin{aligned} P &= P_0 \exp i(\omega t - \Phi), \\ Q &= Q_0 \exp i(\omega t - \Phi), \\ R &= R_0 \exp i(\omega t - \Phi). \end{aligned} \qquad (1)$$

P_0, Q_0, R_0, sont des constantes imaginaires quelconques; on a :

$$\Phi = \alpha x + \beta y + \gamma z.$$

Écrivons que les expressions (1) satisfont aux équations (3) et (4) du § 3 :

$$K\mu\omega^2 = \alpha^2 + \beta^2 + \gamma^2, \qquad P_0\alpha + Q_0\beta + R_0\gamma = 0.$$

Soit T la période du mouvement vibratoire; la première condition s'écrit, en vertu des notations du § 10 :

$$K\mu\lambda^2 = T^2, \qquad \lambda = T : \sqrt{K\mu} = VT.$$

K est exprimé en unités électromagnétiques. Si K est donné en unités électrostatiques, la formule devient :

$$\lambda = vT : \sqrt{K};$$

v est la vitesse de la lumière dans le vide; λ est la longueur d'onde dans le milieu considéré.

On peut dire que ce milieu a un indice de réfraction $n = \sqrt{K}$.

La seconde condition se dédouble, puisque P_0, Q_0, R_0, sont généralement imaginaires et que α, β, γ, sont réels. Posons :

$$P_0 = P_1 + iP_2, \qquad Q_0 = Q_1 + iQ_2, \qquad R_0 = R_1 + iR_2,$$

et revenons aux quantités réelles.

On a généralement :

$$P = (P_1 + iP_2)[\cos(\omega t - \Phi) + i \sin(\omega t - \Phi)].$$

Négligeant les quantités imaginaires :

$$P = P_1 \cos(\omega t - \Phi) - P_2 \sin(\omega t - \Phi).$$

Le mouvement P_1, Q_1, R_1, a pour terme périodique :

$$\cos(\omega t - \Phi).$$

Le mouvement P_2, Q_2, R_2, a pour terme périodique :

$$-\sin(\omega t - \Phi).$$

Les composantes suivant les axes de chacun de ces mouvements sont donc respectivement synchrones : les déplacements résultants sont séparément rectilignes. Les conditions :

$$P_1\alpha + Q_1\beta + R_1\gamma = 0,$$
$$P_2\alpha + Q_2\beta + R_2\gamma = 0,$$

expriment que l'un et l'autre mouvements rectilignes sont dans un plan parallèle au plan :

$$\Phi = \alpha x + \beta y + \gamma z = 0.$$

La perturbation électrique représentée par les équations (1) *est la résultante de deux vibrations rectilignes, pendulaires, situées dans le plan de l'onde.*

C'est donc généralement une vibration elliptique située dans le plan de l'onde.

On arrive au même résultat en considérant la perturbation comme la résultante de trois vibrations P, Q, R, dirigées suivant les axes et *qui ne sont pas synchrones* (c'est-à-dire qui n'ont pas la même phase). Ces phases sont immédiatement fournies par la règle de Fresnel (III, § 260 ; IV, § 272), ou par le § 20.

Vibration magnétique.

Substituons les valeurs P, Q, R, dans les équations (2) du § 1 :

$$-\mu \frac{\partial X}{\partial t} = \frac{\partial R}{\partial y} - \frac{\partial Q}{\partial z}, \ldots$$

Il résulte d'abord immédiatement *de la forme* de ces relations que le plan d'onde et la période sont les mêmes pour le vecteur électrique et le vecteur magnétique. Nous avons donc :

$$X = X_0 \exp i(\omega t - \Phi),$$
$$Y = Y_0 \exp i(\omega t - \Phi),$$
$$Z = Z_0 \exp i(\omega t - \Phi).$$

Comme précédemment pour le vecteur électrique, nous démontrerions que le mouvement magnétique résultant se décompose en deux vibrations d'amplitudes X_1, Y_1, Z_1, et X_2, Y_2, Z_2, situées dans le plan d'onde et admettant les facteurs périodiques :

$$\cos(\omega t - \Phi), \qquad -\sin(\omega t - \Phi).$$

Comparons-les aux mouvements synchrones électriques correspondants.

Substituons dans les conditions écrites ci-dessus; il vient :

$$\mu\omega X_1 = \beta R_1 - \gamma Q_1,$$
$$\mu\omega Y_1 = \gamma P_1 - \alpha R_1,$$
$$\mu\omega Z_1 = \alpha Q_1 - \beta P_1,$$

relatives aux amplitudes d'indice 1.

On trouve naturellement des relations identiques pour les composantes d'indice 2.

Multiplions respectivement ces équations par P_1, Q_1, R_1; additionnons :

$$P_1X_1 + Q_1Y_1 + R_1Z_1 = 0.$$

Les vecteurs synchrones P_1, Q_1, R_1, *et* X_1, Y_1, Z_1, *sont normaux entre eux.*

Additionnons les carrés; appelons F_1 la force électrique, H_1 la force magnétique :

$$\mu^2\omega^2H_1^2 = (\alpha^2 + \beta^2 + \gamma^2)F_1^2 - (P_1\alpha + Q_1\beta + R_1\gamma)^2 = \frac{4\pi^2}{\lambda^2}F_1^2,$$

puisque :

$$P_1\alpha + Q_1\beta + R_1\gamma = 0.$$

Or on a :

$$\omega = \frac{2\pi}{T}, \qquad V = \frac{\lambda}{T}, \qquad \frac{\omega^2\lambda^2}{4\pi^2} = V^2,$$

où V est la vitesse de propagation dans le milieu considéré.

D'où enfin :

$$\mu V H_1 = F_1.$$

Les vecteurs électrique et magnétique synchrones sont proportionnels entre eux.

Utilisant la définition du déplacement, on vérifiera les propositions suivantes qui relient les vecteurs synchrones correspondants.

La force magnétique égale $1 : V\mu$ *fois la force électrique.*

La force magnétique égale $4\pi V : \mu$ *fois le déplacement.*

La force électrique égale $4\pi V^2$ *fois le déplacement.*

Nous retrouvons les mêmes résultats en utilisant les équations (1) du § 1. Elles donnent :

$$-K\omega P_1 = \beta Z_1 - \gamma Y_1,$$
$$-K\omega Q_1 = \gamma X_1 - \alpha Z_1,$$
$$-K\omega R_1 = \alpha Y_1 - \beta X_1.$$

Additionnons les carrés :

$$K^2\omega^2F_1^2 = (\alpha^2+\beta^2+\gamma^2)H_1^2 = \frac{4\pi^2}{\lambda^2}H_1^2, \qquad \mu V H_1 = F_1.$$

Reste à savoir comment sont placés les vecteurs électrique et magnétique synchrones l'un par rapport à l'autre.

Prenons Oz comme direction de propagation (normale à l'onde) et

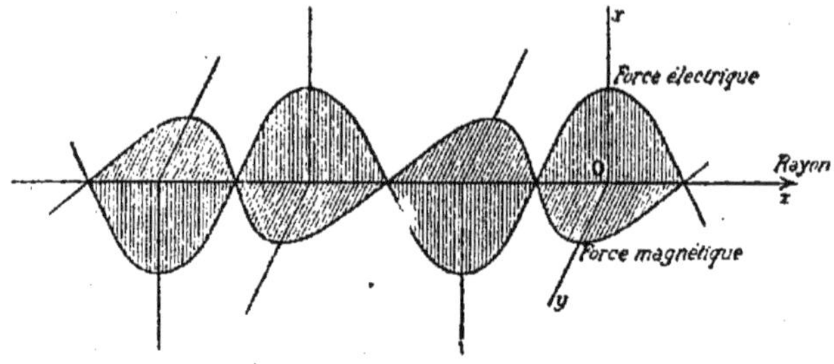

Fig. 4.

réduisons la perturbation magnétique à la composante parallèle à Oy. Il reste (fig. 4) :

$$Y = P_1\sqrt{\frac{K}{\mu}}\sin 2\pi\left(\frac{t}{T}-\frac{z}{\lambda}\right),$$

$$P = P_1 \sin 2\pi\left(\frac{t}{T}-\frac{z}{\lambda}\right).$$

Les vecteurs P et Y sont dans le plan de l'onde xOy; ils sont synchrones.

Un observateur qui reçoit le rayon d'avant en arrière et qui est traversé des pieds à la tête par le vecteur électrique, a le vecteur magnétique à sa gauche.

La règle est analogue à celle du bonhomme d'Ampère.

D'après le théorème de Poynting (§ 6), elle exprime que l'énergie se propage dans le sens de propagation de l'ébranlement, ce qui est bien évident *a priori*.

On peut reconnaître *à vue* le sens de propagation d'un ébranlement électromagnétique : d'où un corollaire dont nous trouverons au § 37 une importante application.

Considérons une onde qui se propage vers les z croissants. Brusquement, au temps 0, changeons le sens de propagation. Nous pouvons maintenir partout, pour ce temps 0, les mêmes vecteurs électriques : mais nous devons alors brusquement retourner bout pour bout tous les vecteurs magnétiques. Si nous maintenons les mêmes vecteurs magnétiques, nous devons retourner bout pour bout les vecteurs électriques.

Il semble qu'il y ait là une différence essentielle avec les ondes lumineuses constituées *apparemment* par un seul vecteur, ondes dont nous nous sommes servis au long du tome IV ; il semble qu'on ne puisse pas reconnaître *à vue* leur sens de propagation. Mais la différence disparaît si l'on considère les deux vecteurs *vitesse* et *déformation* qui ne peuvent pas ne pas coexister (I, § 140).

Même remarque pour les ondes longitudinales. On peut reconnaître *à vue* leur sens de propagation *d'après leur état actuel*. Elles sont définies par le vecteur *vitesse* et le scalar *condensation*. Nous avons montré au § 135 du Cours de Mathématiques qu'*il y a condensation quand la vitesse des points est dans le sens de la propagation, dilatation quand leur vitesse est en sens inverse de la propagation*. On ne peut pas changer le sens de propagation en maintenant les vitesses actuelles sans changer les dilatations en condensations.

Ce que nous avons dit des composantes d'indice 1 s'applique aux composantes d'indice 2. En définitive, l'existence d'une composante électrique transversale entraîne l'existence d'une composante magnétique également transversale, normale à la première, dirigée comme l'indique la règle de Poynting, synchrone, et d'amplitude proportionnelle.

Le mouvement le plus général obtenu en composant les vecteurs électriques, est une ellipse, lieu des extrémités du vecteur résultant. Elle est balayée par ce vecteur suivant la loi des aires. Le mouvement le plus général obtenu en composant les vecteurs magnétiques correspondants est une ellipse semblable dont les axes sont normaux aux axes de la première ellipse.

Énergie transportée.

Dans le volume unité les énergies électrique et magnétique sont :

$$\frac{K}{8\pi}F_1^2, \qquad \frac{\mu}{8\pi}H_1^2.$$

Écrivons qu'elles sont égales ; il vient la condition $\mu VH_1 = F_1$, déjà rencontrée. Les vecteurs H_1 et F_1 sont exprimés dans le système électromagnétique, V est la vitesse de la lumière dans le milieu considéré, μ est un nombre.

Calculons, d'après le théorème de Poynting, l'énergie rayonnée en une période à travers un centimètre carré de surface d'onde plane :

$$\frac{1}{4\pi}\int_0^T YPdt = \frac{P_1^2}{4\pi}\sqrt{\frac{K}{\mu}}\int_0^T \sin^2 2\pi\left(\frac{t}{T}-\frac{x}{\lambda}\right)dt$$

$$= \frac{TP_1^2}{8\pi}\sqrt{\frac{K}{\mu}} = \frac{P_1^2}{8\pi\mu}\frac{T}{V}.$$

L'énergie ci-dessus calculée remplit le nombre de centimètres parcouru par la lumière pendant le temps T, soit VT.

La densité de l'énergie est par conséquent :

$$\frac{P_1^2}{8\pi\mu}\frac{T}{V}\frac{1}{VT}=\frac{P_1^2}{8\pi\mu}K\mu=\frac{P_1^2K}{8\pi}.$$

On peut aisément justifier cette formule. Les carrés des valeurs efficaces des forces électrique et magnétique sont les moitiés des carrés des amplitudes correspondantes (tome III, § 261). D'ailleurs l'énergie se partage également entre les deux formes; donc sa valeur totale est égale à K : 8π fois le carré de la force électrique maxima, ou encore à μ : 8π fois le carré de la force magnétique maxima.

13. Démonstration élémentaire pour les ondes planes.

1° Imaginons que le vecteur magnétique Y soit une fonction de la coordonnée z et du temps : $Y=f_1(z, t)$.

C'est par le fait imaginer qu'il existe pour le vecteur Y *une propagation par ondes planes transversales dans la direction* Oz.

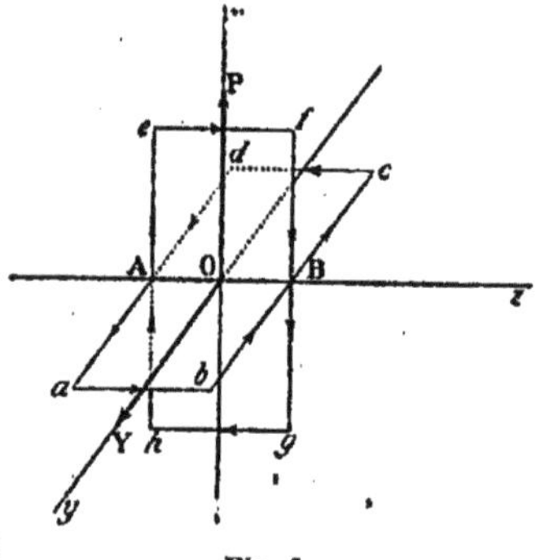

Fig. 5.

Cette hypothèse entraîne nécessairement l'existence d'un courant, cause du champ magnétique, et, puisque nous sommes dans un milieu isolant, d'un déplacement électrique. Cherchons la relation entre ce déplacement et le champ Y qui existe par hypothèse (fig. 5).

D'après la loi fondamentale de l'électromagnétisme, s'il existe un courant de densité u se propageant suivant l'axe des x, le travail électromagnétique suivant la courbe fermée *abcda* d'aire $dy\,dz$, parcourue une fois dans le sens *abcd,* doit être :

$$4\pi u\,dy\,dz.$$

Exprimons ce travail au moyen du vecteur Y. Le travail de ce vecteur est nul suivant *ab* et *cd;* il est Ydy suivant *da;* il est :

$$-\left(Y+\frac{\partial Y}{\partial z}dz\right)dy$$

suivant *bc*. En définitive nous avons la relation :

$$4\pi u\,dy\,dz=Y\,dy-\left(Y+\frac{\partial Y}{\partial z}dz\right)dy, \qquad 4\pi u=-\frac{\partial Y}{\partial z}.$$

Or on a dans un milieu isolant (§ 1) :

$$u=\frac{\partial f}{\partial t}, \qquad f=\frac{K}{4\pi}P_1, \qquad 4\pi u=K\frac{\partial P}{\partial t}.$$

D'où enfin la relation d'Ampère :

$$K\frac{\partial P}{\partial t}=-\frac{\partial Y}{\partial z}. \tag{1}$$

Ainsi nous ne pouvons pas imaginer que le vecteur magnétique Y *se propage par ondes planes, sans imaginer simultanément une propagation par ondes planes du vecteur électrique* P.

2° Démontrons la proposition inverse.

Imaginons que le vecteur électrique P soit une fonction de la coordonnée z et du temps : $P=f_2(z, t)$. *C'est imaginer qu'il existe pour le vecteur* P *une propagation par ondes planes dans la direction* Oz.

Cette hypothèse entraîne nécessairement l'existence d'un champ magnétique dont les variations doivent produire par induction la force électromotrice que nous imaginons.

Cherchons la force électromotrice totale le long du circuit *efghe*. Suivant les côtés *ef* et *gh*, elle est nulle, puisque P est normale à ces côtés. Suivant *he*, elle est $P\,dx$; suivant *fg*, elle est :

$$-\left(P+\frac{\partial P}{\partial z}dz\right)dx.$$

La résultante est donc :

$$P\,dx-\left(P+\frac{\partial P}{\partial z}dz\right)dx=-\frac{\partial P}{\partial z}dz\,dx.$$

En vertu de la loi fondamentale de l'induction, cette résultante est égale à la variation par rapport au temps du flux d'induction à travers le circuit. On vérifiera que si Y croît, la force électromotrice est bien dirigée dans le sens *efgh*. D'où la relation de Faraday :

$$\mu\frac{\partial Y}{\partial t}dz\,dx=-\frac{\partial P}{\partial z}dz\,dx, \qquad -\mu\frac{\partial Y}{\partial t}=\frac{\partial P}{\partial z}. \tag{2}$$

Même conclusion que plus haut.

3° Réunissons les relations (1) et (2) :

$$K\frac{\partial P}{\partial t}=-\frac{\partial Y}{\partial z}, \qquad -\mu\frac{\partial Y}{\partial t}=\frac{\partial P}{\partial z}.$$

Nous en tirons immédiatement par dérivation :

$$K\mu\frac{\partial^2 P}{\partial t^2}=\frac{\partial^2 P}{\partial z^2}, \qquad K\mu\frac{\partial^2 Y}{\partial t^2}=\frac{\partial^2 Y}{\partial z^2}.$$

Donc les ondes planes des vecteurs P et Y se propagent avec la même vitesse $V=1:\sqrt{K\mu}$. Les deux vecteurs P et Y sont synchrones. Ils sont disposés comme l'indique la figure 4, ou encore tous deux en sens inverses des positions représentées.

14. Forme des équations générales dans le cas d'un phénomène de révolution autour de l'axe des z. — Nous pourrions particulariser les équations du § 3; nous préférons les rétablir dans les cas particuliers à partir des lois physiques qu'elles représentent.

Le lecteur se familiarisera ainsi avec des notions fondamentales. Il ne saurait rester trop de temps sur ce premier chapitre; s'il le comprend bien, tout le reste du volume lui paraîtra clair. S'il n'y parvient pas, nous ne saurions trop lui conseiller d'abandonner la Théorie électromagnétique de la Lumière.

Dans le cas présent, les lignes de force magnétique sont des circonférences ayant leurs centres sur l'axe des z et parallèles au plan des xy. Nous désignons par M l'intensité de la force magnétique; c'est une fonction de la distance ρ à l'axe des z, de z et du temps t.

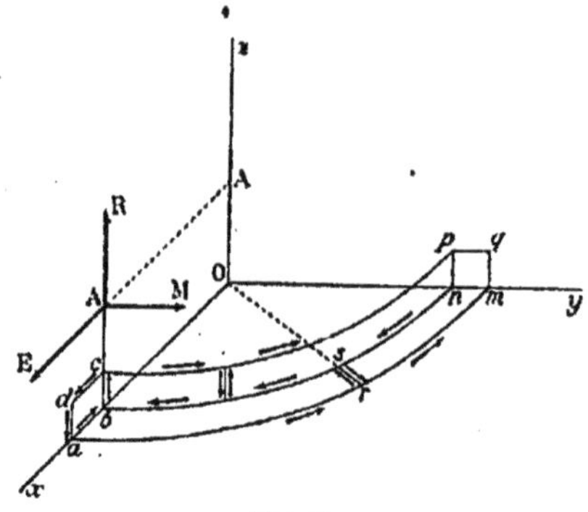

Fig. 6.

Pour la même raison de symétrie, la force électrique se trouve dans les plans méridiens passant par l'axe des z. Elle est définie par la composante R parallèle à l'axe des z et la composante E normale à cet axe (fig. 6).

Enfin nous désignons par w et e les composantes du courant de déplacement parallèles aux composantes R et E de la force électrique.

La figure 6 représente au point A les vecteurs *supposés tous trois positifs*. Ils sont *accidentellement* dans le plan zOx, mais par hypothèse il en est de même dans tout autre plan méridien.

Relations d'Ampère.

Écrivons que la circulation du vecteur M le long d'un parcours est égale à 4π fois le courant à travers ce parcours.

1° Considérons deux circonférences de rayons ρ et $\rho + d\rho$ situées dans le plan des xy ou dans tout plan parallèle.

La circulation sur la circonférence de rayon ρ dans le sens nb est $-2\pi\rho M$; la circulation sur la circonférence de rayon $\rho + d\rho$ dans le sens am est :

$$2\pi\left[\rho M + \frac{\partial}{\partial\rho}(\rho M)\, d\rho\right].$$

La circulation, *dans le sens des flèches*, le long du circuit fermé, constitué par les deux circonférences auxquelles nous pouvons ajouter les parcours égaux et de signes contraires sr et rs, est :

$$2\pi \frac{\partial}{\partial\rho}(\rho M)\, d\rho.$$

D'où la relation d'Ampère, en grandeur et en signe :

$$4\pi(w\,.\,2\pi\rho\,d\rho) = 2\pi\frac{\partial}{\partial\rho}(\rho M)\,d\rho, \qquad 4\pi w = \frac{1}{\rho}\frac{\partial}{\partial\rho}(\rho M).$$

2° Considérons deux circonférences de même rayon ρ et dont les z diffèrent de dz. Recommençons exactement le même raisonnement; il vient :

$$4\pi(e\,.\,2\pi\rho\,dz) = -2\pi\frac{\partial}{\partial z}(\rho M)\,dz, \qquad 4\pi e = -\frac{1}{\rho}\frac{\partial}{\partial z}(\rho M).$$

Mais on a (en posant $\mu = 1$) $K = 1 : V^2$; V est la vitesse dans le milieu considéré. La définition du déplacement donne :

$$4\pi w = \frac{1}{V^2}\frac{\partial R}{\partial t}, \qquad 4\pi e = \frac{1}{V^2}\frac{\partial E}{\partial t}.$$

Les relations d'Ampère sont en définitive :

$$\frac{\partial R}{\partial t} = \frac{V^2}{\rho}\frac{\partial}{\partial\rho}(\rho M), \qquad \frac{\partial E}{\partial t} = -\frac{V^2}{\rho}\frac{\partial}{\partial z}(\rho M). \qquad (1)$$

Relation de Faraday.

Écrivons que la circulation du vecteur électrique le long du circuit *abcd*, est égale au taux de variation par rapport au temps du flux d'induction. Cela donne immédiatement la relation (§ 1) :

$$-\frac{\partial M}{\partial t} = \frac{\partial E}{\partial \rho} - \frac{\partial R}{\partial z}. \qquad (2)$$

15. Solution de Hertz. — Hertz emploie les fonctions auxiliaires Π et Ω définies par les relations :

$$\Omega = \rho\frac{\partial\Pi}{\partial\rho}, \qquad V^2M = \frac{1}{\rho}\frac{\partial\Omega}{\partial t} = \frac{\partial^2\Pi}{\partial\rho\,\partial t}.$$

Exprimons les composantes R et E au moyen de ces fonctions. Il vient :

$$R = \frac{1}{\rho}\frac{\partial\Omega}{\partial\rho} = \frac{1}{\rho}\frac{\partial}{\partial\rho}\left(\rho\frac{\partial\Pi}{\partial\rho}\right) = \frac{\partial^2\Pi}{\partial\rho^2} + \frac{1}{\rho}\frac{\partial\Pi}{\partial\rho},$$

$$E = -\frac{1}{\rho}\frac{\partial\Omega}{\partial z} = -\frac{1}{\rho}\frac{\partial}{\partial z}\left(\rho\frac{\partial\Pi}{\partial\rho}\right) = -\frac{\partial^2\Pi}{\partial z\,\partial\rho}.$$

Cherchons comment se propage la quantité Π fonction de ρ, de z et de t.

De la combinaison des équations (1) et (2), il sort :

$$\frac{\partial}{\partial\rho}\left[\frac{1}{\rho}\frac{\partial}{\partial\rho}(\rho M)\right] + \frac{\partial^2 M}{\partial z^2} = \frac{1}{V^2}\frac{\partial^2 M}{\partial t^2},$$

$$\frac{\partial^2}{\partial\rho\,\partial t}\left[\frac{1}{\rho}\frac{\partial}{\partial\rho}\left(\rho\frac{\partial\Pi}{\partial\rho}\right)\right] + \frac{\partial^2}{\partial\rho\,\partial t}\frac{\partial^2\Pi}{\partial z^2} = \frac{1}{V^2}\frac{\partial^2}{\partial\rho\,\partial t}\frac{\partial^2\Pi}{\partial t^2}.$$

Intégrant par rapport à ρ et à t, il vient pour définir la fonction Π :

$$\frac{\partial^2 \Pi}{\partial \rho^2} + \frac{1}{\rho}\frac{\partial \Pi}{\partial \rho} + \frac{\partial^2 \Pi}{\partial z^2} = \frac{1}{V^2}\frac{\partial^2 \Pi}{\partial t^2}. \qquad (1)$$

C'est, en coordonnées cylindriques et dans le cas d'un phénomène de révolution, l'équation de propagation habituelle :

$$\frac{1}{V^2}\frac{\partial^2 \Pi}{\partial t^2} = \Delta \Pi. \qquad (1')$$

En effet, soit par un changement de coordonnées, soit d'après la signification du symbole Δ appliqué à la fonction Π (tome III, §§ 20 et 21), on démontre aisément l'identité :

$$\frac{\partial^2 \Pi}{\partial x^2} + \frac{\partial^2 \Pi}{\partial y^2} = \frac{\partial^2 \Pi}{\partial \rho^2} + \frac{1}{\rho}\frac{\partial \Pi}{\partial \rho} + \frac{1}{\rho^2}\frac{\partial^2 \Pi}{\partial \varphi^2},$$

où φ est l'angle que fait le méridien dans lequel se trouve le point considéré, avec un méridien origine. Si le phénomène est de révolution, le dernier terme du second membre s'annule, et l'on retrouve l'identité annoncée.

Les courbes suivant lesquelles les surfaces de révolution :

$$\Omega = \text{Constante},$$

coupent un plan méridien, sont les lignes de force électrique. On a en effet dans ce plan :

$$\frac{\partial \Omega}{\partial \rho} d\rho + \frac{\partial \Omega}{\partial z} dz = 0, \qquad \frac{dz}{d\rho} = -\frac{\partial \Omega}{\partial \rho} : \frac{\partial \Omega}{\partial z} = \frac{R}{E}.$$

La première de ces équations est l'équation différentielle des courbes qui sont sur la surface $\Omega =$ Constante, et pour lesquelles l'azimut φ est constant.

La seconde exprime que la tangente à ces courbes en un point est parallèle au vecteur électrique en ce point, ou, ce qui revient au même, que les courbes définies sont des lignes de force.

16. Application à un condensateur; capacité à l'état variable. — Le condensateur est formé de deux disques circulaires plans; l'axe des z est normal aux disques et passe par leur centre. Admettons que les phénomènes ne sont fonction que du temps et de ρ, c'est-à-dire qu'ils sont de révolution et *cylindriques*.

Les relations fondamentales deviennent, en posant $E = 0$, dans les équations du paragraphe précédent :

Relation d'Ampère $$\frac{\partial R}{\partial t} = \frac{V^2}{\rho}\frac{\partial}{\partial \rho}(\rho M); \qquad (1)$$

Relation de Faraday $$\frac{\partial M}{\partial t} = \frac{\partial R}{\partial \rho}. \qquad (2)$$

Posons $s = 2\pi\rho : \lambda$; prenons R sous la forme :

$$R = R_0 \sin \omega t \,.\, \mathfrak{J}_0(s); \qquad \text{d'où :} \qquad M = -\frac{R_0}{V}\cos \omega t \frac{d\mathfrak{J}_0}{ds}.$$

Nous admettons donc qu'il s'agit d'une différence de potentiel entre les armatures alternative et périodique, ce qui est le cas usuel.

Substituons dans (1); la fonction $\mathfrak{J}_0$ doit satisfaire à l'équation :

$$\frac{d^2\mathfrak{J}_0}{ds^2}+\frac{1}{s}\frac{d\mathfrak{J}_0}{ds}+\mathfrak{J}_0=0;$$

$\mathfrak{J}_0$ est donc la fonction de Bessel d'ordre 0.

D'après la propriété de cette fonction, on peut écrire :

$$R=R_0 \sin \omega t \,.\, \mathfrak{J}_0(s), \qquad M=\frac{R_0}{V}\cos \omega t \,.\, \mathfrak{J}_1(s);$$

$\mathfrak{J}_1$ est la fonction de Bessel d'ordre 1.

On consultera les tables de ces fonctions qui sont données à la fin du volume. Ici les longueurs d'onde étant toujours grandes par rapport aux dimensions du condensateur, on sera généralement très en deçà du premier zéro de la fonction $\mathfrak{J}_0$. On pourra donc employer le développement en série connu, limité aux trois premiers termes :

$$\mathfrak{J}_0(s)=1-\frac{s^2}{4}+\frac{s^4}{64}, \qquad \mathfrak{J}_1(s)=\frac{s}{2}-\frac{s^3}{16}.$$

Énergie électrostatique.

Calculons l'énergie électrostatique dans le cylindre de rayon ρ et de hauteur h; elle est (§ 5) :

$$W_E=\frac{h}{8\pi}\int_0^\rho 2\pi\rho R^2 d\rho=\frac{R_0^2}{8}h\rho^2 \sin^2 \omega t\left[1-\frac{s^2}{4}+\frac{s^4}{32}\right].$$

Cette équation permet de calculer la capacité C du condensateur dans l'état variable, *capacité* définie par l'équation :

$$W_E=\frac{C\Phi^2}{2},$$

où Φ est la différence de potentiel au centre du condensateur.

Posons donc :

$$\Phi=R_0 h \sin \omega t; \text{ il vient : } \qquad C=\frac{\rho^2}{4h}\left[1-\frac{s^2}{4}+\frac{s^4}{32}\right].$$

Pour retrouver la formule de l'état statique (tome III, § 96), il suffit de faire : $\qquad \lambda=\infty, \qquad s=0.$

Énergie électromagnétique.

Elle a pour expression :

$$W_M=\frac{h}{8\pi}\int_0^\rho 2\pi\rho M^2 d\rho=\frac{R_0^2}{8V^2}h\rho^2 \cos^2 \omega t\left[\frac{s^2}{8}-\frac{s^4}{48}\right].$$

Elle est généralement négligeable devant l'énergie électrostatique, s étant généralement petit.

CHAPITRE II

ONDES HERTZIENNES

Théorie élémentaire de l'oscillateur de Hertz.

17. **Rappel des propriétés des doublets.** — On appelle *doublet* (III, § 49) le système formé par deux masses d'électricité $\pm m$, égales et de signes contraires, situées à la distance l. L'*axe* du doublet est la droite *dirigée* qui va de la masse $-m$ à la masse $+m$. Un doublet variable est celui pour lequel la distance l varie en fonction du temps. Le *moment* du doublet est égal à chaque instant au produit ml; nous le désignerons par la lettre δ.

Soit le doublet variable :

$$\delta = \delta_0 \sin \omega t,$$

placé à l'origine des coordonnées et suivant l'axe des z. Exprimons dans le système électromagnétique ses actions électrique et magnétique sur un point de coordonnées x, y, z, situé à la distance r. Comme les phénomènes sont évidemment de révolution autour de l'axe des z, nous pouvons prendre pour coordonnées la distance z à un plan de référence et la distance ρ à l'axe des z. Les composantes de la force électrique sont (III, § 50) :

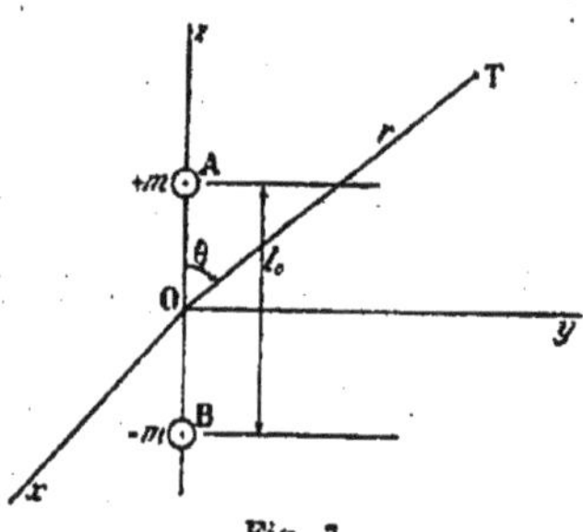

Fig. 7.

$$E = \delta_0 V^2 \sin \omega t \frac{\partial^2}{\partial \rho \partial z}\left(\frac{1}{r}\right),$$

$$R = \delta_0 V^2 \sin \omega t \frac{\partial^2}{\partial z^2}\left(\frac{1}{r}\right).$$

Le coefficient V^2 provient de l'emploi des unités électromagnétiques (III, § 362); V est la vitesse de la lumière dans le milieu considéré.

En effet quand on passe du système statique au système magnétique d'unités, l'unité de quantité devient v fois plus grande, l'unité de champ électrique v fois plus petite. La même masse s'exprime par un nombre v fois plus petit, le même champ par un nombre v fois plus grand. Pour que subsiste une proportionnalité écrite dans le système statique entre une masse et une force électriques, il faut donc multiplier la masse par le carré du nombre v.

De plus, quand on passe du vide au milieu du pouvoir inducteur K, la force devient K fois plus petite. Nous devons donc introduire dans le second membre le facteur (§ 4) :

$$v^2 : \mathrm{K} = (v : \sqrt{\mathrm{K}})^2 = \mathrm{V}^2.$$

Passons à la force magnétique; admettons *provisoirement, comme nous venons de le faire pour la force électrique,* que les actions se propagent instantanément.

Quand le moment du doublet varie de $+\delta_0$ à $-\delta_0$, on peut concevoir que les masses $\pm m$ se sont déplacées de l_0. Quand le moment vaut $+\delta_0$, les masses sont disposées comme le représente la figure 7; quand le moment vaut $-\delta_0$, la masse positive est venue en B et la masse négative en A.

Les déplacements de la masse positive satisfont donc à la relation :

$$l = \frac{l_0}{2} \sin \omega t.$$

Sa vitesse est à chaque instant : $(l_0\omega : 2) \cos \omega t$. Cette masse *en mouvement* équivaut à un élément de courant dirigé suivant Oz et de grandeur :

$$idz = m \frac{l_0\omega}{2} \cos \omega t.$$

Les masses positive et négative ont toujours des déplacements égaux et de sens contraires. L'ensemble des deux masses équivaut donc à un courant double :

$$ml_0\omega \cos \omega t = \delta_0\omega \cos \omega t.$$

Appliquons à ce courant la loi de Laplace (III, § 130). Il crée au point T situé à la distance r un champ d'intensité :

$$\mathrm{M} = \frac{\delta_0\omega \cos \omega t}{r^2} \sin \theta,$$

et dirigé normalement aux méridiens. On admet bien entendu jusqu'à présent que les actions se propagent instantanément.

18. Perturbation électromagnétique due à un doublet variable placé à l'origine des coordonnées et parallèlement

à l'axe des z. — Reprenons la question en tenant compte de la vitesse de propagation. Soit la solution :

$$\Pi = -\delta_0 V^2 \frac{\sin(\omega t - \omega' r)}{r},$$

où r est la distance à l'origine des coordonnées; la fonction Π est définie en tous les points de l'espace, sauf à l'origine.

Cherchons ce que cette solution représente au voisinage de l'origine. On peut alors négliger $\omega' r$ devant ωt, et poser simplement :

$$\Pi = -\delta_0 V^2 \frac{\sin \omega t}{r}.$$

La fonction $\frac{1}{r}$ satisfait à l'équation de Laplace $\Delta\Pi = 0$. C'est l'équation (1) du § 15 qui devient en coordonnées cylindriques et pour un phénomène de révolution se propageant instantanément ($V = \infty$) :

$$\frac{\partial^2 \Pi}{\partial \rho^2} + \frac{1}{\rho}\frac{\partial \Pi}{\partial \rho} + \frac{\partial^2 \Pi}{\partial z^2} = 0.$$

Les conditions du § 15 donnent *dans ce cas particulier :*

$$E = -\frac{\partial^2 \Pi}{\partial z \partial \rho} = \delta_0 V^2 \sin \omega t \frac{\partial^2}{\partial z \partial \rho}\left(\frac{1}{r}\right),$$

$$R = \frac{\partial^2 \Pi}{\partial \rho^2} + \frac{1}{\rho}\frac{\partial \Pi}{\partial \rho} = -\frac{\partial^2 \Pi}{\partial z^2} = \delta_0 V^2 \sin \omega t \frac{\partial^2}{\partial z^2}\left(\frac{1}{r}\right),$$

qui sont précisément les relations rappelées plus haut pour le doublet.

Passons à la force magnétique. On a :

$$r^2 = \rho^2 + z^2, \qquad \rho = r \sin \theta.$$

Les variables indépendantes choisies sont ρ et z. On trouve aisément :

$$\frac{\partial}{\partial \rho}\left(\frac{1}{r}\right) = -\frac{1}{r^2}\frac{\partial r}{\partial \rho} = -\frac{\rho}{r^3}.$$

La force magnétique est dirigée normalement aux méridiens; elle est comptée positivement dans le sens défini par les figures 6 et 8, et a pour grandeur :

$$M = \frac{1}{V^2}\frac{\partial^2 \Pi}{\partial \rho \partial t} = \omega\delta_0 \cos \omega t \cdot \frac{\rho}{r^3} = \omega\delta_0 \cos \omega t \frac{\sin \theta}{r^2},$$

en appelant θ l'angle de l'axe des z avec la droite allant de l'origine au point considéré (fig. 7).

La solution Π convient donc à un doublet, c'est-à-dire à un excitateur de Hertz infiniment petit.

19. Phénomènes à une distance non très petite. — On a :

$$\Omega = \rho \frac{\partial \Pi}{\partial \rho} = \rho \frac{\partial \Pi}{\partial r} \frac{\partial r}{\partial \rho} = \rho \frac{\partial \Pi}{\partial r} \sin \theta;$$

$$\Omega = \delta_0 V^2 \left[\frac{1}{r} \sin(\omega t - \omega' r) + \omega' \cos(\omega t - \omega' r) \right] \sin^2 \theta.$$

PHÉNOMÈNES SUR L'AXE DES z.

La force magnétique est nulle par raison de symétrie; la force électrique est dirigée suivant Oz.

$$R = \frac{2\delta_0 V^2}{r^3} \sin(\omega t - \omega' r) + \frac{2\omega' \delta_0 V^2}{r^2} \cos(\omega t - \omega' r).$$

Pour de petites valeurs de la distance r, R diminue en raison inverse de son cube; pour de grandes valeurs de la distance, R diminue en raison inverse de son carré.

PHÉNOMÈNES DANS LE PLAN DES xy.

Dans le plan équatorial la force électrique est parallèle à l'axe du doublet; $E = 0$.

$$R : \delta_0 V^2 = \frac{\omega'^2}{r} \sin(\omega t - \omega' r) - \frac{\omega'}{r^2} \cos(\omega t - \omega' r) - \frac{1}{r^3} \sin(\omega t - \omega' r).$$

L'amplitude du vecteur est la racine carrée de la somme des carrés des coefficients du sinus et du cosinus, soit :

$$\frac{1}{r^3} \sqrt{1 - \omega'^2 r^2 + \omega'^4 r^4}.$$

La force électrique diminue avec la distance d'abord rapidement, puis en raison inverse de la distance seulement; elle est donc perceptible dans le plan équatorial alors qu'elle ne l'est plus suivant l'axe du doublet.

On a pour expression de la force magnétique :

$$M = -\frac{\omega\omega'}{r} \delta_0 \sin(\omega t - \omega' r) + \frac{\omega \delta_0}{r^2} \cos(\omega t - \omega' r).$$

20. Phénomènes à grande distance. — On doit conserver seulement la puissance la plus petite de $1 : r$.

$$\Omega = \delta_0 V^2 \omega' \cos(\omega t - \omega' r) \sin^2 \theta;$$

$$M = -\delta_0 \frac{\omega\omega'}{r} \sin(\omega t - \omega' r) \sin \theta;$$

$$E = -\delta_0 \frac{\omega^2}{r} \sin(\omega t - \omega' r) \sin \theta \cos \theta;$$

$$R = \delta_0 \frac{\omega^2}{r} \sin(\omega t - \omega' r) \sin^2 \theta;$$

$$\sqrt{E^2 + R^2} = \delta_0 \frac{\omega^2}{r} \sin(\omega t - \omega' r) \sin \theta = \delta_0 \omega^2 \frac{\rho}{r^2} \sin(\omega t - \omega' r).$$

La relation : $R\cos\theta + E\sin\theta = 0$, montre que la force électrique à grande distance est normale au rayon.

Pour une distance donnée r, l'amplitude $\sqrt{E^2 + R^2}$ augmente proportionnellement à ρ.

Le rapport du vecteur magnétique au vecteur électrique est constant et égal à :

$$\frac{M}{\sqrt{E^2+R^2}} = -\frac{\omega'}{\omega} = -\frac{2\pi}{\lambda}\frac{T}{2\pi} = -\frac{1}{V}.$$

C'est (au signe près sur lequel nous reviendrons) le résultat du § 12.

Obtention d'une onde plane.

Pour réaliser au mieux une onde plane (c'est-à-dire à la moindre distance possible du doublet et avec des amplitudes les plus grandes possibles), il faut se placer dans le plan des xy. Choisissons le point A sur l'axe Oy. Le vecteur magnétique M est défini en signe par la figure 6, ou, ce qui revient au même, par l'équation :

$$M = Y\frac{x}{r} - X\frac{y}{r}.$$

D'après les équations précédentes, il est de signe contraire au vecteur R.

Par conséquent, si R est dirigé suivant Oz (fig. 8), c'est-à-dire si R est positif, M est négatif. Comme pour $x = 0$, on a :

$$M = -X, \qquad -M = X,$$

le vecteur magnétique est dirigé vers les x positifs, comme l'indique la figure par conséquent. Nous retrouvons la règle déjà énoncée aux §§ 6 et 12 : *l'observateur qui reçoit l'onde d'avant en arrière et qui est parcouru des pieds à la tête par le vecteur électrique* R, *a le vecteur magnétique à sa gauche.*

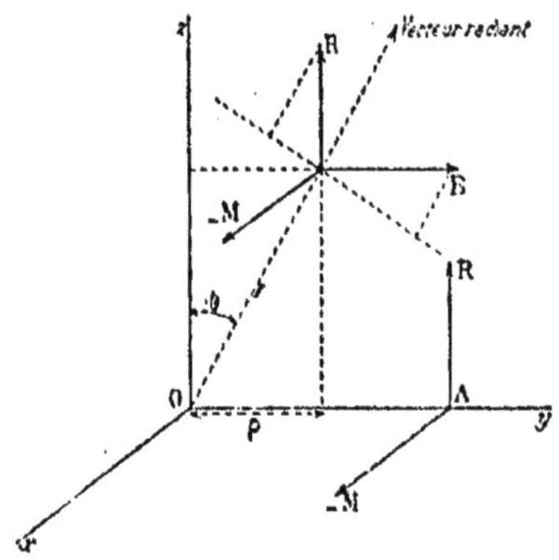

Fig. 8.

21. **Lignes de force électrique.** — Nous avons montré au § 15 que les courbes suivant lesquelles les surfaces de révolution Ω = Constante, coupent les plans méridiens, sont des lignes de force électrique. Leur construction pour un méridien quelconque donne la distribution de la force électrique à un instant donné.

Soit C une constante; les lignes de force ont donc pour équation :

$$\cos(\omega t - \omega' r) + \frac{1}{\omega' r}\sin(\omega t - \omega' r) = \frac{C}{\sin^2\theta},$$

et à grande distance :

$$\cos(\omega t - \omega' r) = \frac{C}{\sin^2\theta}.$$

Bornons-nous à quelques mots sur les phénomènes à grande distance.

Choisissons la constante C *en valeur absolue;* ω et ω' sont des quantités déterminées par l'appareil et le milieu.

Pour un instant donné, correspond à chaque valeur de θ et aux valeurs $\pm C$ données, une infinité de points se distribuant en périodes de quatre, tels que ABCD, A'B'C'D', ... Les points A et B correspondent à $+C$; C et D correspondent à $-C$.

Les courbes ne sont réelles que pour les valeurs de $\theta > \theta_0$ données par la condition :

$$[C] < \sin^2\theta_0.$$

Les courbes correspondant aux valeurs $\pm C$ de la constante, sont donc tangentes à deux droites.

Le faisceau étant déterminé pour une valeur de t, on a sa position pour un temps quelconque en augmentant tous les rayons vecteurs de la même quantité. *En ce sens,* on peut dire que le faisceau se déplace avec une vitesse constante.

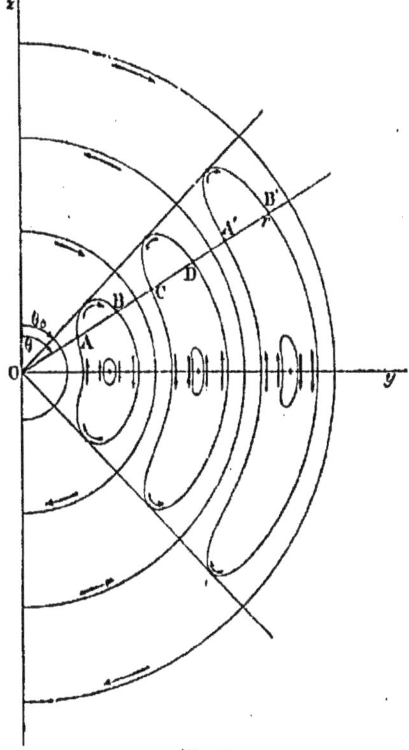

Fig. 9.

Les seules valeurs admissibles de C sont comprises entre 0 et ± 1. Pour $C = \pm 1$, les courbes se réduisent à des points sur l'axe Oy. Pour $C = 0$, ce sont des cercles se raccordant, si l'on veut, les uns aux autres suivant la ligne des pôles. Aux points $C = \pm 1$, la force électrique est nulle; elle est maxima sur les cercles.

Quand nous disons plus haut que la force électrique à grande distance est normale au rayon, ce n'est évidemment rigoureux qu'au voisinage du plan équatorial.

22. Énergie rayonnée. — Pour connaître l'énergie rayonnée, il suffit d'appliquer le théorème de Poynting (§ 6).

Considérons séparément le flux du vecteur radiant qui résulte de la force magnétique M et de la composante R, et le flux du vecteur radiant qui résulte de la force magnétique M et de la composante E, et faisons la somme. Pendant le temps dt, il passe, à travers une zone comprise entre les angles θ et $\theta+d\theta$, la quantité d'énergie *allant du dedans vers le dehors :*

$$-dt\,\frac{2\pi r^2 \sin\theta\, d\theta}{4\pi}\,(\mathrm{R}\sin\theta - \mathrm{E}\cos\theta)\mathrm{M}.$$

Quand r est assez grand, l'expression précédente devient (§ 20) :

$$\delta_0^2\,\frac{\omega'\omega^3}{2}\cdot\sin^2(\omega t-\omega' r)dt\,.\,\sin^3\theta d\theta. \tag{1}$$

L'énergie envoyée pendant la période T dans la calotte définie par les limites 0 et θ, est :

$$\mathrm{W}=\delta_0^2\,\frac{\omega^3\omega'\mathrm{T}}{24}\,(8+\cos 3\theta - 9\cos\theta);$$

en vertu des relations :

$$4\sin^3\theta = -\sin 3\theta + 3\sin\theta,\qquad \int_0^\theta \sin^3\theta d\theta = \frac{1}{12}(8+\cos 3\theta - 9\cos\theta),$$

$$\int_0^{\mathrm{T}} \sin^2(\omega t - \omega' r)dt = \frac{\mathrm{T}}{2},\qquad 2\int_0^{\pi:2}\sin^3\theta\, d\theta = \frac{4}{3}.$$

Pour avoir l'énergie totale par oscillation, il faut faire $\theta=\pi:2$,

$$\mathrm{W}=\delta_0^2\,\frac{\omega^3\omega'\mathrm{T}}{3}=\delta_0^2\mathrm{V}^2\,\frac{16\pi^4}{3\lambda^3};$$

λ est la longueur d'onde; $\omega'=2\pi:\lambda$, $\omega=2\pi:\mathrm{T}$.

L'amortissement est énorme comme le montre l'exemple numérique traité plus loin.

Calculons d'après la formule (1) l'énergie envoyée par unité de surface de la sphère de rayon r.

L'aire de la zone, définie par l'angle θ et l'accroissement $d\theta$, a pour expression : $2\pi r^2\sin\theta d\theta$. L'énergie envoyée par unité de surface et pendant une période est donc :

$$-\frac{1}{4\pi}\int_0^{\mathrm{T}}(\mathrm{R}\sin\theta - \mathrm{E}\cos\theta)\,\mathrm{M}\,dt = \delta_0^2\mathrm{V}^2\,\frac{2\pi^3}{\lambda^3}\,\frac{\sin^2\theta}{r^2}.$$

Elle est maximum dans le plan équatorial ($\theta=\pi:2$) et diminue rapidement quand on s'éloigne de ce plan. Cette remarque s'applique à l'étude du rôle des antennes (§ 65).

23. Exemple numérique. — Nous avons démontré plus haut la formule :

$$W = \delta_0^2 V^2 \frac{16\pi^4}{3\lambda^3} = 520 \frac{\delta_0^2 V^2}{\lambda^3};$$

δ_0 représente *en unités électromagnétiques* le moment maximum du doublet.

Dans le cas d'un oscillateur *haltère*, c'est le produit par m_0 de la distance l des centres des sphères chargées de masses $\pm m_0$. Il résulte de là que $\delta_0 V$ représente le même moment *en unités électrostatiques*.

Soit par exemple un excitateur formé de deux sphères de 15 centimètres de rayon, dont les centres sont à 1 mètre, et qui sont chargées jusqu'à une distance explosive de 1 centimètre. Hertz, à qui cet exemple est emprunté, admet un potentiel statique de 60 unités, environ 18000 volts. La quantité statique d'électricité contenue dans chaque sphère est :

$$15 \times 60 = 900 \text{ unités statiques.}$$

Le moment $\delta_0 V$ du doublet est :

$$900 \times 100 = 9.10^4.$$

Si la longueur d'onde est 960 centimètres, l'énergie émise par période est :

$$520 \cdot \frac{81.10^8}{\overline{960}^3} = 4760 \text{ ergs.}$$

Cherchons l'énergie disponible ; elle est égale pour chaque sphère au carré du potentiel multiplié par la moitié du rayon, soit pour les deux sphères :

$$15 \times \overline{60}^2 = 54000 \text{ ergs} = 55 \text{ grammes centimètres environ.}$$

Dans la première oscillation, le onzième de l'énergie est perdu.

Autre expression de l'énergie émise.

Soit M_0 la charge initiale de l'une ou l'autre sphère. Nous montrerons au § 24 que l'intensité maxima du courant oscillatoire a pour valeur :

$$I = 2\pi n M_0,$$

où n est la fréquence. On a par suite :

$$W = \frac{16\pi^4}{3\lambda^3} M_0^2 l^2 = \frac{4\pi^2}{3\lambda^3} I^2 \frac{l^2}{n^2}.$$

Évaluons l'énergie nW émise par seconde ; remarquons que $n\lambda = V$, il vient :

$$nW = \frac{4\pi^2}{3V} I^2 \frac{l^2}{\lambda^2} = 400\, I^2 \frac{l^2}{\lambda^2} \text{ watts,}$$

si on repasse aux unités pratiques. Nous verrons plus loin que $\lambda : l$ est constant pour un oscillateur donné.

Obtention des ondes hertziennes.

24. Décharge d'un condensateur (L. Kelvin). — Reprenons la théorie rapidement esquissée aux §§ 248 et 249 du tome III. Soit M la charge d'un condensateur, C sa capacité, L le coefficient de self induction du circuit à travers lequel il se décharge : l'équation différentielle à satisfaire pendant la décharge est :

$$L\frac{d^2M}{dt^2}+R\frac{dM}{dt}+\frac{M}{C}=0. \tag{1}$$

Posons : $$\varphi=\frac{1}{CL}-\frac{R^2}{4L^2}=\frac{4L-R^2C}{4CL^2}.$$

La décharge est oscillante quand : $\varphi>0$.
La période T et la fréquence n sont alors :

$$T=4\pi\sqrt{\frac{L^2C}{4L-R^2C}},\qquad n=\frac{1}{T}=\frac{\sqrt{\varphi}}{2\pi}.$$

Quand R est assez petit, on a très sensiblement : $T=2\pi\sqrt{LC}$.
L'équation (1) a les solutions suivantes :

$$M=M_0\exp\left(-\frac{Rt}{2L}\right)\left(\cos\omega t+\frac{R}{2\omega L}\sin\omega t\right), \tag{2}$$

$$i=-\frac{dM}{dt}=\frac{M_0}{\omega LC}\exp\left(-\frac{Rt}{2L}\right)\sin\omega t. \tag{3}$$

Pour $t=0$, on a bien : $M=M_0$, $i=0$. On a aussi :

$$\frac{di}{dt}=\frac{M_0}{LC},$$

condition sur laquelle nous allons revenir dans un instant.

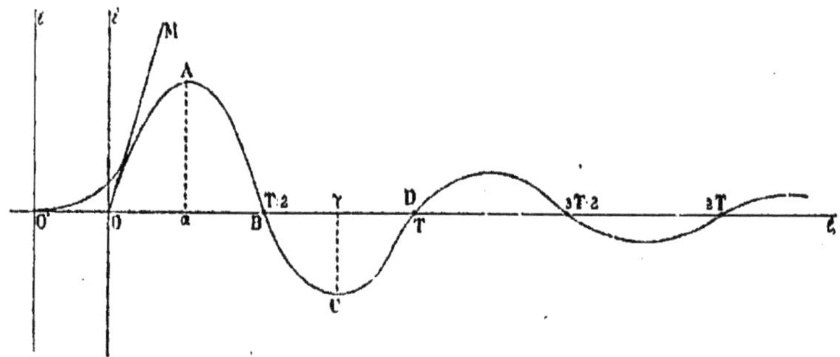

Fig. 10.

L'équation (3) est celle d'un courant alternatif amorti. Il est représenté par la courbe OABC ... de la figure 10.

Remarque. — L'intensité maxima du courant donnée par la formule (3) est à peu près : $I = \frac{M_0}{\omega LC}$,

si l'amortissement n'est pas très grand. En admettant la valeur $T = 2\pi\sqrt{LC}$ de la période, on trouve (comparer au § 23) :

$$I = \frac{4\pi^2 M_0}{\omega T^2} = 2\pi \frac{M_0}{T} = 2\pi n M_0.$$

25. **Théorie plus complète (Swyngedauw, Pétrovitch).** — A la vérité, la théorie précédente n'est certainement pas applicable aux premiers instants de la décharge. Elle suppose que la résistance du circuit est constante, tandis qu'effectivement la résistance de l'intervalle où éclate l'étincelle est d'abord très grande et diminue rapidement jusqu'à une valeur négligeable.

I. Il résulte certainement de là que la tangente de départ OM ne fait pas un angle fini avec l'axe des temps, comme le veut la théorie précédente; au contraire, la courbe (i, t) doit partir tangentiellement à cet axe, suivant O'A (fig. 10).

En effet, au moment où la décharge commence, les deux moitiés du système entre lesquelles l'étincelle éclate sont respectivement en équilibre électrostatique, ce qui n'est possible qu'en vertu de la résistance infinie de la coupure. La différence de potentiel e entre deux points quelconques A et B du circuit, situés d'un même côté de la coupure, est nulle.

Or on a d'une manière générale :

$$e = ri + l\frac{di}{dt},$$

où r est la résistance entre les points A et B, l la self induction du circuit compris entre ces points. Pour $t = 0$, on a : $e = 0$, d'après l'hypothèse de l'équilibre. Puisque i est alors nul, il faut que $ldi : dt$ le soit aussi. Comme nécessairement l n'est pas nul pour tous les éléments du circuit, il faut que $di : dt$ soit égal à zéro.

II. Voici comment on tient compte des variations des paramètres.

Si la self induction est variable, il faut écrire l'équation fondamentale (tome III, § 245) :

$$Ri = \frac{M}{C} - \frac{d}{dt}(Li).$$

Substituant la condition : $i = -dM : dt$, il vient :

$$L\frac{d^2M}{dt^2} + \left(R + \frac{dL}{dt}\right)\frac{dM}{dt} + \frac{M}{C} = 0, \qquad (1')$$

où L, R, C, sont des fonctions du temps connues par hypothèse.

Posons : $$M = \frac{1}{\sqrt{L}}\, y \exp\left(-\frac{1}{2}\int \frac{R}{L}\, dt\right).$$

Substituons dans (1). Il vient comme nouvelle équation :

$$\frac{d^2y}{dt^2}+y\varphi(t)=0, \tag{2}$$

$$\varphi(t)=\frac{1}{CL}-\frac{1}{2}\frac{d}{dt}\left(\frac{R}{L}+\frac{d}{dt}\log L\right)-\frac{1}{4}\left(\frac{R}{L}+\frac{d}{dt}\log L\right)^2. \tag{3}$$

On a :
$$\varphi=\frac{1}{CL}-\frac{R^2}{4L^2}=\frac{4L-R^2C}{4CL^2}, \tag{3'}$$

quand R, L, C, sont indépendants du temps.

Si la résistance seule est variable, ce qui est le cas ordinaire, on a :

$$\varphi(t)=\frac{1}{CL}-\frac{R^2}{4L^2}-\frac{1}{2L}\frac{dR}{dt}. \tag{3''}$$

Ceci posé, on démontre que du signe de la fonction $\varphi(t)$ dépend l'existence de la périodicité du phénomène.

Si $\varphi(t)$ est positif, il est oscillatoire. En effet l'équation (2) est alors l'équation du mouvement d'un pendule dont le poids varie d'une manière continue. La variation de poids ne change pas le caractère oscillatoire du mouvement; elle modifie seulement la période.

Soit alors φ_1 et φ_2 les valeurs maxima et minima de la fonction φ dans un intervalle θ. La fréquence du phénomène *quasi périodique* est comprise entre $\sqrt{\varphi_1} : 2\pi$ et $\sqrt{\varphi_2} : 2\pi$, c'est-à-dire précisement entre les valeurs qu'elle aurait si φ conservait tout le temps sa plus grande ou sa plus petite valeur.

Il résulte de cet ensemble de considérations, d'abord que la courbe (fig. 10) ne part pas suivant une tangente OM distincte de l'axe des temps. Le début doit avoir la forme O'A, d'où résulte un allongement notable du premier quart de période.

La fréquence ne doit pas être constante. Tant que la résistance de l'étincelle décroît, cette fréquence doit croître et tendre vers une limite qui correspond à la période : $T=2\pi\sqrt{LC}$.

Si ensuite le courant diminue d'intensité, l'étincelle se refroidit : la fréquence passera par un maximum pour diminuer à nouveau.

III. Dernière remarque importante. Il semble que pour de très petites capacités la décharge soit nécessairement oscillante, la quantité φ paraissant être toujours positive. Il n'en est rien.

En effet, pour échauffer la coupure et abaisser la résistance, d'abord infinie, jusqu'aux valeurs qui rendent φ positif, il faut dépenser une certaine énergie nécessairement empruntée à l'énergie potentielle du condensateur. Encore faut-il que la capacité de celui-ci soit suffisante pour la fournir sous le potentiel d'éclatement qui correspond à la distance des boules de l'excitateur. *La décharge d'un condensateur peut donc être oscillante pour une certaine capacité et cesser de l'être pour une capacité plus petite.* On doit s'attendre à trouver la formule de L. Kelvin de plus en plus défectueuse à mesure qu'on s'adresse à des capacités de plus en plus petites; par exemple elle s'applique mal à l'excitateur de Hertz dont la capacité est de l'ordre d'une dizaine de centimètres.

26. **Excitateurs ou éclateurs divers.** — Pour obtenir des périodes extrêmement courtes, il résulte du paragraphe précédent qu'il faut diminuer la capacité du condensateur, et réduire au minimum la self induction du circuit. D'où la forme choisie par Hertz pour son excitateur.

L'excitateur de Hertz (fig. 11) se compose de deux corps métalliques A et B reliés par des tiges aux boules A' et B' entre lesquelles on fait éclater une étincelle. L'enroulement S représente le secondaire de la bobine de Ruhmkorff. Quand le primaire est rompu, il se développe entre les corps AA' et BB' une différence de potentiel qui croît jusqu'au moment où l'étincelle éclate et où tout se passe comme si la résistance A'B' devenait négligeable.

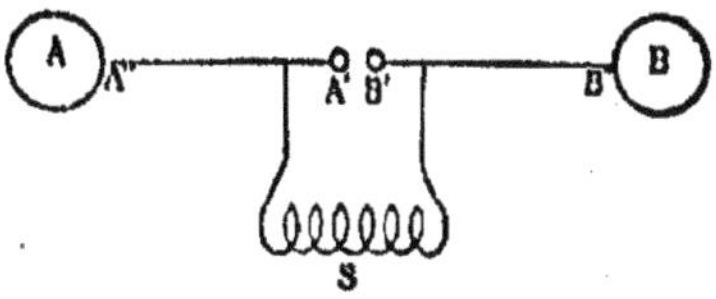

Fig. 11.

Il importe de remarquer que le secondaire S de la bobine de Ruhmkorff ne joue aucun rôle dans les oscillations rapides. Tout se passe comme pour un diapason monté sur un pendule : les périodes sont tellement différentes, qu'aucune résonance n'est possible entre les deux vibrateurs.

Comme le paragraphe 23 le fait prévoir, l'amortissement des oscillations est énorme du fait de l'énergie rayonnée : il y a donc avantage à augmenter l'énergie disponible. Pour cela on fait éclater l'étincelle dans un isolant, généralement l'huile de vaseline; on augmente ainsi le potentiel de décharge.

Pour reproduire les expériences d'optique, une fréquence très supérieure à celle des excitateurs de Hertz est nécessaire. Il faut donc diminuer leurs dimensions. L'excitateur se réduit alors à deux sphères A, A, de cuivre plongées en parties dans de l'huile de vaseline et entre lesquelles éclate directement l'étincelle. Les sphères sont chargées par des étincelles qui les relient électriquement à deux conducteurs voisins *b*, *b*, en communication avec les pôles d'une machine à influence ou d'une bobine d'induction (Righi). La ditance AA est très inférieure à la distance A*b*. Les diamètres des sphères A sont de quelques centimètres.

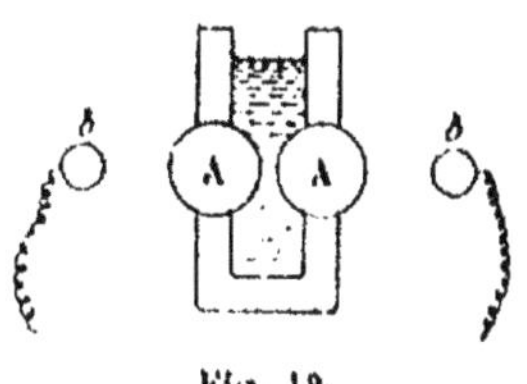

Fig. 12.

A l'aide de dispositifs analogues et encore plus réduits, on obtient des longueurs d'onde de l'ordre du centimètre : la fréquence est alors de l'ordre de $3 \cdot 10^{10}$, vitesse de la lumière évaluée en centimètres.

Il serait fâcheux de laisser le lecteur sous l'impression que la théorie du § 24 s'applique *exactement* à un oscillateur fini, ou qu'un tel appareil est complètement assimilable à un doublet infiniment petit.

Dans le cas du § 24 et *naturellement* aussi dans le cas d'un doublet infiniment petit, le courant a la même intensité à chaque instant d'un bout à l'autre du circuit. Or nous verrons que tel n'est pas le cas d'un excitateur fini. Nous insistons : autrement le lecteur ne comprendrait rien à la théorie des résonateurs.

Pour fixer les idées, supposons un excitateur formé d'un simple fil rectiligne suffisamment long. La théorie montre que *l'oscillation électrique fondamentale, qui peut exister dans le système formé du fil et du milieu extérieur, est très approximativement caractérisée par des nœuds du courant aux extrémités du fil :* ($z=0$, $z=l$) *et un ventre du courant au milieu de celui-ci.* On a donc :

$$i = i_0 \cos \omega t \sin \pi \frac{z}{l}.$$

On dit que *le fil vibre en demi-onde.*

Dans le cas d'oscillations rapides, le courant est localisé à la surface (§ 43).

Appelons m la quantité d'électricité par unité de surface. Écrivons que les variations de m sont dues à ce que l'intensité du courant varie d'un point à l'autre du conducteur. La condition est :

$$\frac{\partial i}{\partial z} + \frac{\partial m}{\partial t} = 0, \quad m = -\frac{i_0}{V} \sin \omega t \cos \pi \frac{z}{l},$$

en posant : $\quad V = l\omega \; ; \; \pi = \lambda\omega \; ; \; 2\pi = \lambda : T.$

Or le potentiel E, en chaque point de la surface du fil, est proportionnel à la quantité d'électricité m (§ 44). Nous avons donc :

$$E = E_0 \sin \omega t \cos \pi \frac{z}{l}.$$

Le potentiel a un nœud au milieu du fil et des ventres aux extrémités.

Voilà assez exactement comment il faut se représenter les phénomènes ; nous reviendrons plus loin dessus.

27. Expériences de vérification. — Les expériences classiques de vérification sont dues à Feddersen et datent d'une cinquantaine d'années. Elles consistent à photographier l'image d'une étincelle étalée au moyen d'un miroir tournant (fig. 13).

Il ne faudrait pas s'imaginer que les images obtenues aient une régularité parfaite. Quand une étincelle éclate entre deux boules, elle ne forme pas *un trait* de feu coïncidant avec la ligne des centres AB. Elle suit le chemin de moindre résistance et peut décrire une trajectoire courbe. Feddersen avait le soin de couvrir les boules d'une couche de gomme laque dans laquelle il pratiquait deux petites ouvertures sur la ligne des centres, aux points A et B. Il déterminait ainsi les points de départ de l'étincelle, sans pourtant la réduire à un simple trait hors de ces points.

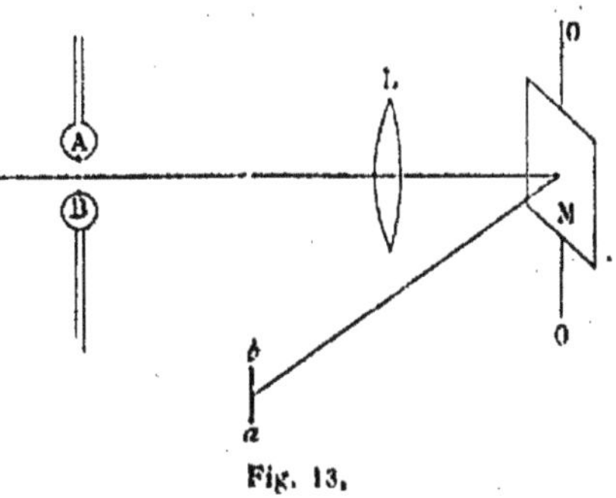

Fig. 13.

Les clichés ont l'aspect général (un peu schématisé) de la figure 14. On y distingue de doubles bandes, *ab, a'b', a''b''*, ... *régulièrement espacées* (nous reviendrons là-dessus plus loin) et séparées par des intervalles obscurs. Leur forme courbe se déduit des considérations suivantes.

L'étincelle entraîne des particules arrachées des électrodes et qui deviennent incandescentes. Si un centre lumineux, quelle que soit d'ailleurs son origine, se meut avec une vitesse constante, sa trajectoire sur le cliché est une droite, d'autant plus horizontale que la vitesse du centre est plus petite. Si la vitesse n'est pas constante, la trajectoire sur le cliché est une courbe. Les trajectoires des centres émis par *b* tournent leur convexité vers *a*, et inversement : on peut conclure que leur vitesse diminue à mesure qu'ils s'éloignent de leur point d'émission.

Les bandes étant équidistantes et séparées par des intervalles obscurs, on conclut d'abord que l'émission n'est pas continue, qu'elle cesse à des intervalles équidistants dans le temps.

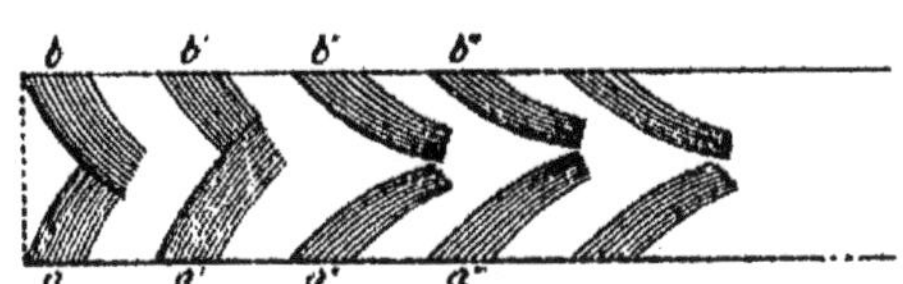

Fig. 14.

On remarque de plus sur les clichés une périodicité dans les caractères des deux extrémités de chaque bande. Par exemple, les extrémités *a, a'', a''''*, ... peuvent être plus lumineuses ou plus continues que *b, b'', b''''*, ... Inversement *a', a'''*, ... seront moins lumineuses ou moins continues que *b', b'''*, ... On conclut de là que la décharge est non pas intermittente, mais *oscillante*. D'ailleurs, si cette périodicité des apparences est généralement nette, il est à peu près impossible de prévoir dans quel sens elle se produira. Elle dépend non seulement du signe de la charge, mais d'une série de conditions très mal connues.

Feddersen a vérifié que la période dépend de la capacité, comme le veut la formule :

$$T = 2\pi\sqrt{LC}.$$

Il a trouvé qu'elle est, dans une large mesure, indépendante de la résistance ; mais, si on augmente cette résistance au delà d'une certaine limite, le phénomène change de caractère et devient apériodique. Comme il est très difficile de mesurer la self induction, la vérification n'a pu porter quantitativement sur son rôle.

Dans les expériences de Feddersen, la durée des oscillations était généralement supérieure à 10 millionièmes de seconde, la fréquence inférieure à 100·000. On a repris ces expériences en poussant la fréquence jusqu'à 5 millions ; on a particulièrement étudié les fréquences de l'ordre du million qui sont couramment employées dans la télégraphie sans fil.

Le miroir doit alors tourner avec une vitesse de l'ordre de 500 tours à la seconde : il est porté par le dernier axe d'un train d'engrenages mû par un moteur électrique.

La vitesse est mesurée par la déviation d'un galvanomètre dans lequel un commutateur, monté sur l'un des axes du train, décharge n fois par seconde une capacité chargée par une pile connue. On conçoit que de la mesure de la déviation, on puisse déduire le nombre n, et par suite le nombre de tours effectués par le miroir en une seconde.

Les phénomènes sont plus complexes que la théorie élémentaire ne le veut.

L'intervalle compris entre les deux premières étincelles et mesurant le temps $\alpha\gamma$ (fig. 10) est notablement plus grand que les intervalles suivants. On peut rapprocher ce fait de cet autre, qu'il existe une différence capitale entre la première étincelle d'une décharge oscillante et les suivantes : dans la première apparaissent uniquement les raies de l'air, tandis que les raies du métal apparaissent dans les autres (Hemsalech).

La période n'est pas constante (conformément à la théorie plus générale du § 25) même après le premier intervalle. Elle diminue, et d'autant plus vite que la capacité est plus faible.

Le désaccord entre les faits et la théorie élémentaire croît avec la distance explosive et varie en sens inverse de la capacité du système. Les étincelles sont équidistantes pour de grandes capacités (de l'ordre de quelques centaines de centimètres) et de faibles distances explosives ; la formule : $T = 2\pi\sqrt{CL}$, s'applique alors (Tissot).

28. Arc chantant. — On peut comparer les procédés d'obtention des oscillations précédemment décrits à la vibration d'une corde entretenue à coups de marteau, comme dans le piano. Voici un mode d'entretien qui rappelle l'action de l'archet sur une corde de violon : la corde vibre, et cependant le déplacement de l'archet se fait dans un sens unique.

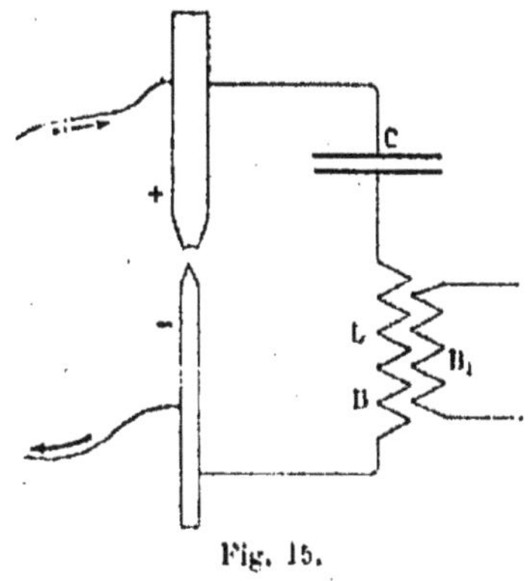

Fig. 15.

La figure 15 représente le montage de l'appareil. On relie aux charbons d'un arc entretenu *par un courant continu* un circuit contenant un condensateur C et une bobine B de self induction L. Quand l'arc éclate entre des charbons homogènes et a une longueur convenable, le circuit dérivé est parcouru par un courant alternatif dont la période T satisfait à la formule :

$$T = 2\pi\sqrt{CL}.$$

Si la période est suffisante (fréquence inférieure à 10000), on entend un son qui peut être d'une pureté parfaite. On a vérifié la formule en mesurant C, en calculant L d'après la forme des enroulements B choisis, et en déterminant T par la photographie de l'arc étalé au moyen d'un miroir tournant ; on obtient une bande striée.

Inversement on peut se servir de l'expérience pour déterminer de très petits coefficients de self induction de l'ordre du centième d'henry.

Pour bien réussir l'expérience, il faut que la résistance du circuit dérivé soit faible ($< 2\omega$), la capacité grande et la self induction petite. Les sons aigus sont plus faciles à obtenir que les graves.

Enfin la distance des charbons doit correspondre à la limite de l'arc sifflant[1].

On fait avec l'arc chantant d'intéressantes expériences.

Si on introduit du fer dans la bobine B, on augmente la self induction ; corrélativement, on abaisse le son.

Si, au contraire, on y introduit une autre bobine fermée sur elle-même, le son monte. Cela prouve que l'induction mutuelle produit le même effet qu'une diminution de self induction (§ 31).

Enfin on prouve qu'il passe bien dans la bobine B du courant alternatif en installant autour un enroulement B_1 ; on construit ainsi une sorte de transformateur sans fer. Nous verrons, au paragraphe suivant, d'autres exemples de tels appareils.

---

[1] L'arc siffle quand les charbons sont trop rapprochés pour une intensité donnée du courant. Le cratère du charbon positif s'élargit alors tellement que le charbon vaporisé ne suffit plus pour empêcher l'air d'entrer à l'intérieur du cratère. Le charbon y brûle alors avec une flamme verte.

29. Expériences de Tesla. — On réalise donc aisément un courant alternatif de haute fréquence, dans le circuit à travers lequel se décharge un condensateur. Rien n'empêche de le *transformer* à la manière ordinaire, et d'obtenir une force électromotrice alternative de même période, mais dont l'ordre de grandeur soit celui des forces électromotrices les plus élevées qu'il est possible d'obtenir avec des machines statiques.

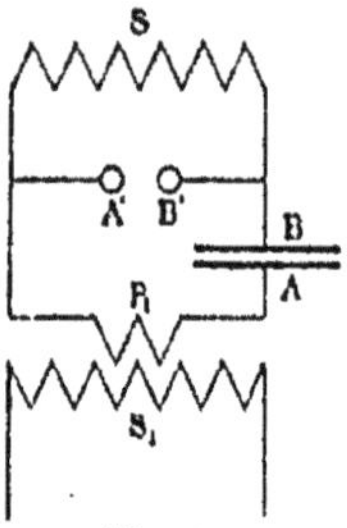

Fig. 16.

Voici une première disposition de l'expérience (fig. 16).

S représente le secondaire d'une bobine relié à l'excitateur A'B'BA. L'une des tiges de l'excitateur porte un enroulement P_1 d'une vingtaine de spires de gros fil servant de primaire à un second transformateur *sans fer*. Le secondaire S_1 de ce transformateur comprend par exemple 10 ou 20 fois plus de spires.

Voici une seconde disposition que nous retrouverons sous bien des formes.

Soit en S (fig. 17) le secondaire d'une bobine de Ruhmkorff; ses deux extrémités communiquent avec les deux parties d'un excitateur de Hertz AA'B'B. Les corps A et B constituent l'une des armatures de deux condensateurs. Relions les deux autres armatures A_1 et B_1 par un circuit $A_1P_1B_1$ comprenant en P_1 une vingtaine de spires de gros fil.

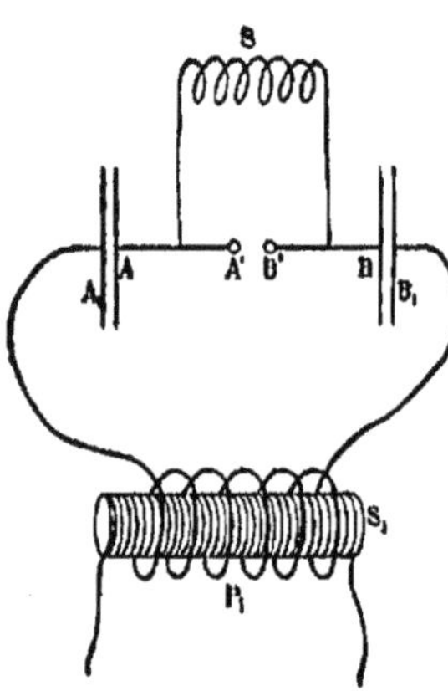

Fig. 17.

Quand nous faisons fonctionner la bobine, il naît dans le système AA'B'B des courants alternatifs : par conséquent, les armatures A et B se chargent et se déchargent alternativement.

Or les armatures A_1 et B_1 ont toujours des charges égales à celles des armatures A et B, et de signes contraires. Donc le circuit $A_1P_1B_1$ est parcouru par des courants alternatifs de même période.

Plaçons maintenant dans P_1 une bobine S_1 ayant un beaucoup plus grand nombre de spires que P_1; nous construisons ainsi une sorte de transformateur sans fer. Nous obtiendrons dans S_1 une force électromotrice alternative de même période que dans P_1, mais beaucoup plus grande que celle donnée par le secondaire de la bobine de Ruhmkorff.

Nous disons *de même période;* cela ne signifie pas que la période reste la même *avant et après* l'introduction de la bobine S_1. Nous reviendrons tout à l'heure sur ce point (§ 31).

Les différences de potentiel aux extrémités du secondaire S_1 sont telles qu'il s'en échappe des aigrettes et qu'elles sont entourées d'une gaine brillante.

Un isolement parfait est nécessaire; aussi le système P_1S_1 est-il plongé dans un vase plein d'huile de pétrole.

On peut sans danger prendre à la main les extrémités du secondaire S_1; les courants alternatifs, ayant une fréquence de l'ordre du million, sont sans effet sur l'organisme. Si le circuit est incomplètement fermé par le corps, on peut tirer des étincelles de celui-ci sans qu'il en résulte de douleur.

30. **Résonance; accouplement de deux circuits.** — Par la suite nous aurons souvent l'occasion d'induire un courant oscillatoire dans un circuit 2 au moyen d'un courant oscillatoire entretenu ou amorti circulant dans un circuit 1 (fig. 18).

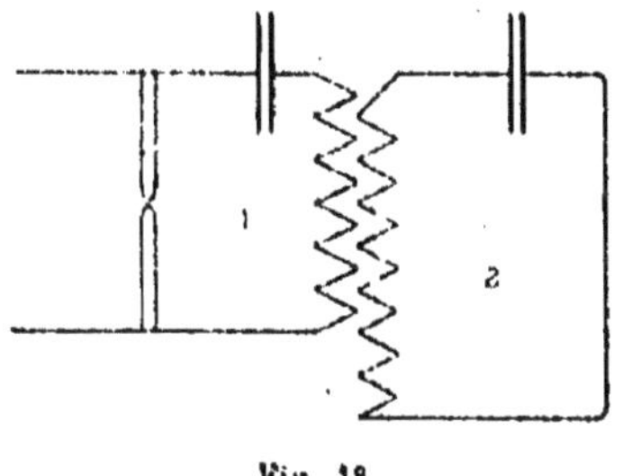

Fig. 18.

Considérés isolément, chacun de ces circuits est caractérisé par une certaine période et un certain amortissement. Placés l'un à côté de l'autre, ils réagissent l'un sur l'autre. Tâchons de nous rendre compte des phénomènes. La théorie résulte immédiatement de ce qui précède; malheureusement les calculs sont si abominablement compliqués que nous nous bornerons à discuter un cas particulier.

Appelons x et y les courants dans les circuits 1 et 2, Q_1 et Q_2 les charges des condensateurs à chaque instant; reprenons le raisonnement du § 248 du tome III, en tenant compte de l'induction entre les deux circuits; soit M le coefficient d'induction mutuelle.

Les équations différentielles simultanées à satisfaire sont :

$$R_1 x = \frac{Q_1}{C_1} - L_1\frac{dx}{dt} - M\frac{dy}{dt}; \qquad \frac{dQ_1}{dt} = -x;$$
$$R_2 y = \frac{Q_2}{C_2} - L_2\frac{dy}{dt} - M\frac{dx}{dt}; \qquad \frac{dQ_2}{dt} = -y. \qquad (1)$$

Bornons-nous au cas où les résistances sont négligeables; elles interviennent comme amortissements : les oscillations étudiées sont donc non amorties.

Considérons la solution :

$$x = x_0 \exp(i\omega t), \qquad y = y_0 \exp(i\omega t).$$

Si ω est réel, il représente à un coefficient près la fréquence n ou l'inverse de la période T. On a en effet :

$$\exp(i\omega t) = \cos \omega t + i \sin \omega t, \qquad \omega = \frac{2\pi}{T} = 2\pi n.$$

Posant : $R_1 = R_2 = 0$, les équations (1) donnent :

$$\begin{aligned} &-\frac{x_0}{C_1} + L_1 x_0 \omega^2 + M y_0 \omega^2 = 0, \\ &-\frac{y_0}{C_2} + L_2 y_0 \omega^2 + M x_0 \omega^2 = 0. \end{aligned} \qquad (2)$$

Éliminant x_0 et y_0, il reste pour déterminer ω^2 l'équation :

$$M^2\omega^4 = \left(\frac{1}{C_1} - L_1\omega^2\right)\left(\frac{1}{C_2} - L_2\omega^2\right). \qquad (3)$$

La liaison entre les deux circuits est déterminée par la grandeur de la self induction M.

Ce coefficient peut varier entre 0 et une limite supérieure définie par la condition (III, § 244) :

$$L_1 L_2 - M^2 = 0. \qquad (4)$$

Quand M est petit, on dit que *le couplage* (ou *l'accouplement*) *est lâche;* quand M est voisin de sa valeur maxima limite, on dit que *le couplage est serré ou rigide.*

Il est bien évident que, pour un couplage très lâche, chaque circuit se conduit comme s'il était seul.

Faisons $M = 0$ dans l'équation (3); il vient :

$$\Omega_1 = 2\pi n_1 = 1 : \sqrt{L_1 C_1}, \qquad T_1 = 2\pi\sqrt{L_1 C_1},$$

$$\Omega_2 = 2\pi n_2 = 1 : \sqrt{L_2 C_2}, \qquad T_2 = 2\pi\sqrt{L_2 C_2},$$

qui sont les formules ordinaires pour le calcul de la période.

31. **Périodes en fonction de la rigidité du couplage.** — Considérons le cas où M n'est pas très petit. La résolution de l'équation (3) donne :

$$\omega^2 = \frac{1}{2(L_1 L_2 - M^2)}\left[\frac{L_2}{C_1} + \frac{L_1}{C_2} \pm \sqrt{\left(\frac{L_2}{C_1} - \frac{L_1}{C_2}\right)^2 + \frac{4M^2}{C_1 C_2}}\right]. \qquad (5)$$

Il existe donc dans les deux circuits deux oscillations dont les périodes t_1 et t_2 correspondent aux racines ω_1 et ω_2 de l'équation (5).

On vérifie d'abord que pour $M = 0$, on a :

$$\omega_1 = \Omega_1, \qquad \omega_2 = \Omega_2.$$

On vérifie ensuite que la quantité entre crochets est positive pour toutes les valeurs admissibles de M, c'est-à-dire comprises entre 0 et $L_1 L_2$; ω^2 est donc réel, les vibrations ne sont pas amorties, ce qui était à prévoir.

Pour la valeur limite, l'équation a certainement une racine infinie qui correspond à une période nulle; l'autre se présente sous la forme $0:0$. Mais recourant à l'équation (3), on trouve immédiatement :

$$\omega^2 = \frac{1}{L_2C_2 + L_1C_1}, \qquad \frac{1}{\omega^2} = \frac{1}{\Omega_1^2} + \frac{1}{\Omega_2^2}.$$

Circuits identiques.

Si les deux circuits sont identiques, ou plus généralement admettent *isolément* la même période, on a, pour le couplage le plus rigide possible :

$$\Omega' = \Omega : \sqrt{2}, \qquad T' = 2\pi\sqrt{LC}\sqrt{2}.$$

Ce couplage modifie donc beaucoup la période *commune* des deux circuits; il est vrai qu'il est aussi *serré*, aussi *rigide* que possible. Rien d'étonnant à ce résultat : le couplage introduit une force électromotrice d'induction supplémentaire.

Continuons notre discussion en supposant les circuits identiques. L'équation (5) devient :

$$\omega^2 = \frac{L \pm M}{C(L^2 - M^2)}. \qquad (6)$$

Elle montre que les deux périodes sont d'autant plus différentes que M est plus grand, c'est-à-dire que le couplage est plus serré.

Quand on veut opérer avec une oscillation aussi pure que possible, il faut :

ou bien opérer avec un couplage très serré qui sépare nettement les deux oscillations; on utilise la vibration de période T';

ou bien opérer avec un couplage très faible; les deux périodes sont très voisines de la période primitive : $T = 2\pi\sqrt{LC}$.

C'est naturellement le dernier procédé qui est le plus facile à appliquer.

Circuit induit sans condensateur.

Nous avons expliqué longuement au § 266 du tome III, que réunir métalliquement les armatures du condensateur intercalé sur un circuit se traduit analytiquement en écrivant que la capacité du condensateur est infinie; supprimer le condensateur sans réunir les extrémités du circuit se traduit analytiquement en écrivant que la capacité est nulle ou négligeable.

Supposons réalisé le premier cas, les résistances restant négligeables. La seconde équation (1) devient :

$$L_2\frac{dy}{dt} + M\frac{dx}{dt} = 0,$$

qui, transportée dans la première, donne :

$$\frac{Q_1}{C_1} - \left(L_1 - \frac{M^2}{L^2}\right)\frac{dx}{dt} = 0.$$

Tout se passe comme si le second circuit était supprimé et comme si la self induction du premier *diminuait* dans le rapport :

$$L_1L_2 : (L_1L_2 - M^2).$$

La période devient plus courte. C'est le résultat énoncé au § 28.

CAS GÉNÉRAL.

L'étude du problème général, où les résistances sont conservées, ne présente que des difficultés de calcul. Les amortissements sont intermédiaires aux amortissements des circuits isolés. Dans le cas d'un couplage faible, les amortissements de deux circuits *de même période* sont sensiblement égaux à la moyenne des amortissements qui conviennent aux circuits isolés.

32. Bobine d'induction, interrupteurs mécaniques et électrolytiques. — Pour obtenir entre les deux parties de l'excitateur une différence de potentiel suffisante, on utilise soit des bobines d'induction, soit des machines statiques, soit des transformateurs industriels.

Nous avons décrit longuement la bobine d'induction aux §§ 207 et sq. du Cours de Mathématiques. Nous savons qu'il est avantageux d'obtenir une rupture particulièrement brusque. On a imaginé toute une série de rupteurs mécaniques. Les uns sont analogues à la sonnerie électrique (Cours de Première, § 99); les autres utilisent une source d'énergie étrangère, par exemple un petit moteur produisant la rupture à l'aide d'une came ou d'un excentrique. Il n'y a pas lieu d'insister sur des dispositifs en nombre infini et presque équivalents.

Nous avons dit quelques mots des rupteurs électrolytiques au § 208 du Cours de Mathématiques. Outre l'appareil consistant en deux électrodes de surfaces très différentes, on utilise des électrodes à large surface A, C (de plomb, par exemple) séparées par un vase isolant percé d'un ou de plusieurs trous *t* dont le diamètre doit être inférieur à 2mm. Le courant croît proportionnellement au nombre de trous et dans le même sens que le diamètre. Il vaut mieux augmenter ce nombre et maintenir le diamètre petit. Les lames de plomb trempent dans l'eau acidulée au dixième avec de l'acide sulfurique.

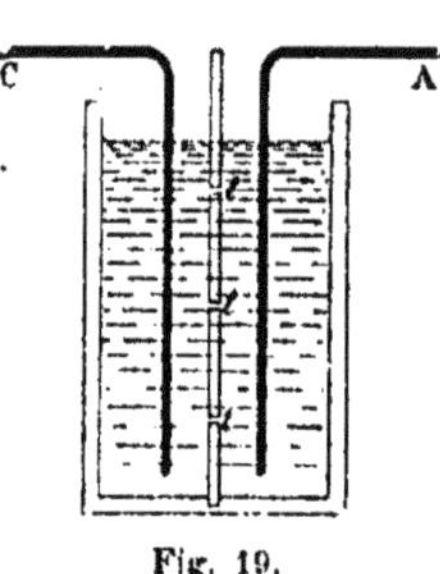

Fig. 19.

Quand l'interrupteur ne fonctionne pas, il n'y a aucun dégagement gazeux au voisinage des trous; avec les électrodes de plomb dans l'acide sulfurique étendu, sur l'anode apparaît de l'oxygène, sur la cathode de l'hydrogène. Quand l'interrupteur fonctionne, un mélange détonant se forme au voisinage des trous qui deviennent lumineux.

Ce même mélange d'hydrogène se forme encore, quand les électrodes sont en cuivre et plongent dans une dissolution de sulfate de cuivre. Au contraire, si l'interrupteur ne fonctionne pas, il y a simple transport de cuivre d'une électrode à l'autre.

Les phénomènes dans l'interrupteur électrolytique sont principalement calorifiques.

Le courant fermé par l'interrupteur croît lentement à cause de la self induction du circuit. Il ne rencontre de résistance notable que sur l'électrode de petites dimensions ou au niveau des étranglements; il échauffe donc fortement ces points; la température s'y élève jusqu'à produire l'ébullition et *même la dissociation* de l'eau. Le dégagement de gaz amène l'interruption brusque du courant. Les phénomènes lumineux observés alors résultent de l'extra-courant de rupture : c'est l'étincelle de rupture qui porte le gaz à l'incandescence.

Le courant une fois interrompu, il s'ensuit un refroidissement, une condensation, ...; et ainsi de suite.

La période T du phénomène se compose :

1°, du temps t_1 nécessaire pour que le courant atteigne une fraction de sa valeur limite; t_1 est proportionnel à la *constante de temps* L : R du circuit (tome III, § 245); il est par conséquent proportionnel à LS, où S est la surface de l'électrode de petites dimensions ou de l'étranglement. C'est en effet à leur niveau que presque toute la résistance R du circuit est localisée; R est par conséquent en raison inverse de S;

2°, du temps t_2 nécessaire à l'échauffement. L'énergie dégagée dans l'unité du temps est proportionnelle au produit de la force électromotrice E utilisée par l'intensité du courant; ou, si l'on veut, au quotient $E^2 : R$. Elle est donc proportionnelle au produit E^2S; le temps t_2 est en raison inverse de ce produit;

3°, du temps t_3 nécessaire au refroidissement.

On a donc :

$$T = t_1 + t_2 + t_3 = ALS + \frac{B}{E^2S} + C;$$

A, B, C, sont des constantes qui caractérisent l'appareil.

L'intensité efficace du courant interrompu, déterminée par un ampèremètre à dilatation, mesure la racine carrée de la quantité de chaleur abandonnée dans un point du circuit. Or les quantités abandonnées en deux points différents sont proportionnelles entre elles. Pour que l'interrupteur fonctionne, la quantité abandonnée par période aux étranglements doit être proportionnelle à la surface de l'étranglement. D'autre part, dans l'unité du temps, elle doit être proportionnelle au nombre des interruptions et par conséquent en raison inverse de la période T du phénomène. Donc l'indication de l'ampèremètre à dilatation doit être proportionnelle à : $\sqrt{S : T}$.

L'expérience vérifie ces formules (Wehnelt, Simon).

Le dispositif à électrodes inégales ne fonctionne bien que si la petite électrode est anode. On peut croire que les phénomènes d'absorption d'hydrogène par le platine gênent le fonctionnement quand la petite électrode est cathode. Le dispositif à trous (fig. 19) est au contraire parfaitement symétrique.

33. **Emploi d'alternateurs. Soufflage de l'étincelle.** — A la place d'une bobine de Ruhmkorff il est possible d'utiliser un transformateur ordinaire dont le primaire est alimenté par du courant alternatif à bas voltage (par exemple, 110 volts, 40 périodes). Le rapport du nombre des spires des deux enroulements peut être choisi tel qu'on obtienne jusqu'à 90000 volts aux bornes du secondaire, sans autre précaution à prendre qu'un isolement parfait. Il suffit de noyer les enroulements dans de la paraffine liquide à chaud et qu'on laisse se solidifier.

L'emploi d'un tranformateur présente un grave inconvénient.

A chaque étincelle le secondaire du transformateur est fermé sur lui-même; *il se forme un arc qui laisse passer le courant à haute fréquence, mais aussi le courant à basse fréquence.* Il faut donc trouver le moyen de supprimer l'arc après un temps *très court* par rapport à la fréquence du courant alternatif employé, mais qui n'en est pas moins *très long* par rapport à la fréquence des oscillations qui prennent naissance. Sinon, la première décharge est seule oscillante; l'arc une fois établi, la différence du potentiel entre les boules de l'excitateur reste toujours faible; les conditions d'une décharge oscillante ne sont plus réalisées. De plus les boules se détériorent rapidement, et le secondaire du transformateur risque d'être brûlé.

Pour *souffler* l'étincelle, c'est-à-dire la fractionner et la rendre oscillante, divers procédés sont employés.

1° On envoie sur l'étincelle un violent courant d'air provenant d'une soufflerie.

2° On déplace rapidement dans l'air le système des deux boules, *ce qui revient à créer un vent relatif.* Pour cela, elles sont montées sur un axe qui est entraîné par une dynamo; elles sont soigneusement isolées l'une de l'autre. Comme les décharges sont séparées par le vent et éclatent en des points différents de la circonférence décrite par les boules, on aperçoit pendant la rotation un chapelet d'étincelles. Chacune d'elles correspond à une alternance du courant à basse fréquence; elles sont elles-mêmes fractionnées en étincelles fines et très rapprochées qui correspondent au phénomène oscillatoire. On obtient naturellement les mêmes apparences avec un miroir tournant.

3° On produit un champ magnétique intense dont les lignes de force sont à angle droit du trajet de l'étincelle : on emploie pour ce but un électro alimenté par un courant continu.

Quel que soit le procédé de soufflage, chaque étincelle vue au miroir tournant forme un paquet de traits lumineux. Le nombre de ces traits, c'est-à-dire le nombre des oscillations de haute fréquence, dépend de l'état de la surface des boules; il semble proportionnel à l'intensité du courant alternatif qui traverse le primaire du transformateur.

Propagation des ondes hertziennes.

Avant d'étudier les lois de propagation des ondes hertziennes dans un milieu indéfini tel que l'air, nous décrirons les *résonateurs* qui servent à les déceler. Pour la théorie de la résonance, le lecteur se reportera au tome I de ce Cours.

34. **Résonateur filiforme.** — Le résonateur le plus simple est un circuit filiforme circulaire ou rectangulaire, dans lequel on fait une coupure. On installe sur la coupure un micromètre à étincelles, c'est-à-dire une tige filetée terminée en pointe et qu'on peut rapprocher à distance voulue d'une autre pointe (fig. 20).

Tant que l'étincelle ne passe pas, on peut comparer le résonateur à un oscillateur qu'on aurait courbé.

Il existe donc approximativement (§ 26) :

1° pour la force électrique normale à la surface du conducteur, ou, ce qui revient au même, pour le potentiel (§ 44), un nœud de vibration au milieu *c* du résonateur et des ventres à la coupure *ab;*

2° pour l'intensité du courant, des nœuds de vibration à la coupure *ab* et un ventre au milieu *c* du résonateur.

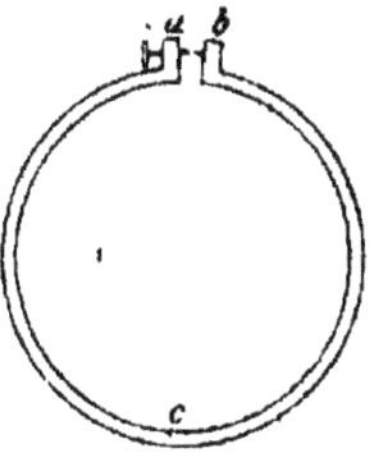

Fig. 20.

Mais l'expérience montre que l'énergie rayonnée par le résonateur *à peu près fermé* est très inférieure à l'énergie rayonnée par l'excitateur ou résonateur *redressé.* L'amortissement est moindre : circonstance qui justifie son emploi comme résonateur.

Quand le résonateur est dans un champ électromagnétique alternatif, il y croît par résonance une vibration électrique dont l'amplitude limite dépend de la résultante des actions du champ aux divers points du résonateur.

Si l'amplitude des oscillations dans l'appareil devient assez grande, la différence de potentiel maxima aux pointes est suffisante pour qu'il éclate une étincelle. Le résonateur indique donc si cette amplitude atteint ou dépasse une valeur limite qui dépend de la distance explosive.

Pour qu'il y ait résonance dans un champ électromagnétique alternatif *d'intensité constante*, il faut évidemment que sa fréquence soit voisine de la fréquence n caractéristique du résonateur. Comme nous le verrons, ce n'est plus nécessaire si le champ est périodique *mais fortement amorti*. Pour qu'il y ait résonance, il faut encore que les actions du champ aux divers points concordent : imaginons une série de petits marteaux frappant un diapason en ses divers points ; abstraction faite des perturbations locales, il peut arriver comme effet résultant que le diapason considéré dans son ensemble reste au repos.

Si nous admettons qu'*au moment où le résonateur va fonctionner, il vibre en demi-onde*, c'est-à-dire que *la demi-longueur d'onde de l'oscillation de plus forte résonance est approximativement égale à la longueur du fil*, il suffit de connaître la vitesse de propagation pour calculer la période. Nous verrons plus loin qu'elle est précisément égale à la vitesse v de propagation de la lumière (3.10^{10}, si le résonateur est dans l'air).

La fréquence est donc :

$$n = v : 2l, \qquad \lambda = 2l, \qquad (1) \quad (2)$$

où l est la longueur du fil. Tout se passe comme pour un tuyau sonore recourbé ouvert ou fermé à ses deux bouts.

Mais cette analogie poussée plus loin fait prévoir que les extrémités a et b apportent ce qu'on est convenu d'appeler *une perturbation*; la fréquence est *plus petite* que ne l'indique la formule (1), ou, si l'on veut, la longueur d'onde de la vibration de plus forte résonance est *plus grande* que ne l'indique la formule (2).

En fait il semble que la demi-longueur d'onde d'un résonateur filiforme, circulaire, de diamètre d, est égale non pas à $l = \pi d$, mais bien à $4d$. Sa fréquence est : $n = v : 8d$.

35. **Résonateur à capacité.** — Pour qu'un résonateur possède une période relativement longue et calculable *a priori*, il est préférable qu'il ait la forme représentée fig. 21.

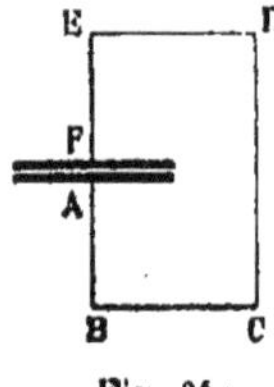

Fig. 21.

Il se compose de deux armatures circulaires A, F, dont l'écartement est une fraction de millimètre, reliées entre elles par un fil rectangulaire ABCDEF, dont les extrémités sont implantées près des bords des armatures. Il est muni d'un micromètre à étincelles formé d'une boule soudée sur l'une des armatures et d'une pointe fixée sur l'autre (voir fig. 39 une représentation en perspective de l'appareil).

Dans ces conditions la période propre est relativement longue; la longueur d'onde correspondante est grande vis-à-vis de la longueur du circuit ABCDEF, *en tous les points duquel l'intensité du courant oscillatoire est sensiblement la même à chaque instant*. On peut dès lors calculer la période par la formule du § 24 :

$$T = 2\pi\sqrt{CL}.$$

On mesure C en unités électromagnétiques par une expérience directe (galvanomètre balistique) et on calcule L. Les courants oscillatoires sont purement superficiels. Le coefficient L est fourni par l'intégrale (tome III, § 232) :

$$\iint \frac{ds\,ds' \cos \varepsilon}{r}.$$

Quand les éléments ds, ds', appartiennent au même circuit rectiligne, on applique la formule :

$$2l\left(\log \frac{2l}{a} - 1\right);$$

l est la longueur du segment, a le rayon du fil.

Quand ds, ds', appartiennent à des segments différents, on peut réduire les fils à leurs axes; d'ailleurs $\cos \varepsilon$ est constant pour tous les éléments de deux segments d'un circuit polygonal.

Le courant est fermé à travers le condensateur par le courant de déplacement.

36. Réflexion sur un mur. Ondes stationnaires. — Plaçons l'excitateur *horizontalement* comme on le fait d'habitude; recevons le rayon équatorial horizontal EO sur un plan vertical P perpendiculaire au rayon EO (fig. 22).

Le vecteur électrique R *est donc horizontal, le vecteur magnétique* M *est vertical.*

Si le plan est formé d'un isolant, d'une paroi de bois par exemple, l'onde continue sa marche au travers; on obtient, de l'autre côté, des étincelles à la coupure du résonateur convenablement placé. Tout se passe comme dans la réflexion de la lumière sur une lame transparente. Une partie de l'onde est bien réfléchie; mais les intensités incidente et réfléchie sont tellement différentes que les ondes stationnaires sont peu nettes. Les minimums sont très loin d'être nuls.

Si la paroi est conductrice, recouverte d'une feuille de zinc par exemple, il n'y a plus d'action derrière elle. Tout se passe comme dans la réflexion de la lumière sur une lame opaque. L'onde est réfléchie en majeure partie; son interférence avec l'onde incidente produit un système d'ondes stationnaires dont les minimums sont assez voisins d'être nuls (Cours de Mathématiques, §§ 137 et sq).

Il n'y a pas à s'étonner qu'une lame conductrice soit éminemment absorbante pour l'ébranlement électromagnétique. La résistance étant faible, une force électrique y provoque un courant intense; l'énergie se transforme en chaleur. Les deux vecteurs (électrique et magnétique) constituant l'ébranlement sont, bien entendu, absorbés de la même manière : l'un ne peut exister sans l'autre.

Avant de passer aux expériences, voyons ce que la théorie nous enseigne sur les propriétés d'une onde stationnaire.

37. Étude théorique de l'onde stationnaire. — Considérons une onde plane (§ 12, fig. 4) :

$$P' = \sin 2\pi\left(\frac{t}{T} - \frac{z}{\lambda}\right), \qquad Y' = \sqrt{K}\sin 2\pi\left(\frac{t}{T} - \frac{z}{\lambda}\right),$$

se déplaçant vers les z positifs. Les vecteurs sont synchrones, en ce sens qu'en chaque point ils passent simultanément par leurs zéros et leurs maximums. Un observateur placé en O, qui reçoit le rayon et qui est traversé des pieds à la tête par le vecteur électrique, a le vecteur magnétique à sa gauche, quel que soit l'instant considéré.

Superposons à cette onde une onde P'', Y'', *se propageant en sens inverse* suivant la même direction. Supposons (ce qui ne change pas la généralité de la solution) que pour $z = 0$, les vecteurs électriques P' et P'' ont toujours la même valeur et sont de même sens. On a donc :

$$P'' = \sin 2\pi\left(\frac{t}{T} + \frac{z}{\lambda}\right).$$

D'après la règle précédemment rappelée, le vecteur magnétique pour expression :

$$Y'' = -\sqrt{K}\sin 2\pi\left(\frac{t}{T} + \frac{z}{\lambda}\right).$$

Le signe — correspond au retournement que doit subir le vecteur magnétique Y'' pour que l'observateur, traversé des pieds à la tête par le vecteur électrique P'', ait Y'' à sa gauche (§ 12).

L'onde stationnaire a pour équation :

$$P = P' + P'' = 2\cos 2\pi\frac{z}{\lambda}\sin 2\pi\frac{t}{T},$$

$$Y = Y' + Y'' = -2\sqrt{K}\sin 2\pi\frac{z}{\lambda}\cos 2\pi\frac{t}{T}.$$

Ainsi les nœuds de la force électrique coïncident avec les ventres de la force magnétique, et inversement.

On a :
$$\frac{\partial P}{\partial z} = -\frac{4\pi}{\lambda}\sin 2\pi\frac{z}{\lambda}\sin 2\pi\frac{t}{T}.$$

C'est aux points où le vecteur magnétique a un ventre que le taux de variation du vecteur électrique par rapport à l'espace est maximum.

Nous verrons plus loin une application de ce résultat.

Les vecteurs Y et P satisfont bien aux équations générales du § 1 :

$$-\frac{\partial Y}{\partial t} = \frac{\partial P}{\partial z}, \qquad K\frac{\partial P}{\partial t} = -\frac{\partial Y}{\partial z},$$

grâce à la relation (§ 4) :

$$V = \lambda : T = 1 : \sqrt{K}, \qquad \sqrt{K} = T : \lambda.$$

Cette alternance des nœuds et des ventres pour les vecteurs électrique et magnétique n'a rien de spécial aux ondes électromagnétiques. Elle se retrouve pour toute espèce d'onde conformément à une remarque du § 12. Par exemple, dans une onde longitudinale unique, le vecteur *vitesse* et le scalar *condensation* sont synchrones. Quand deux ondes, se propageant en sens inverses, donnent une onde stationnaire, les nœuds et les ventres du vecteur vitesse alternent avec les nœuds et les ventres de la condensation. Aux lieux appelés nœuds (qui sont les nœuds du vecteur vitesse), la condensation a un ventre, c'est-à-dire subit ses variations les plus grandes.

Reste à savoir quelle est la position des nœuds et des ventres de l'un des vecteurs par rapport au plan réfléchissant. *Il est impossible de le prévoir au moyen de raisonnements élémentaires.* C'est le rôle des Théories de la réflexion sur les milieux transparents (Chapitre VII) et sur les milieux absorbants (Chapitre VIII) de nous l'apprendre.

En particulier, supposons que le milieu 1, sur lequel l'onde se réfléchit, est un diélectrique parfait. Le plan réfléchissant est une surface nodale du système d'ondes stationnaires de la force électrique dans le milieu 0, si le pouvoir diélectrique K_1 est plus grand que le pouvoir diélectri e K_0; c'est une surface ventrale si, au contraire, $K_1 > K_0$.

Nature ement la proposition est inverse pour le vecteur magnétique (comparez au § 179).

Il va de soi que les minimums sont loin d'être nuls.

Pour les corps absorbants, le résultat est plus complexe (§§ 203 et 208). Généralement le plan réfléchissant n'est ni un nœud ni un ventre du système d'ondes stationnaires de l'un ou l'autre vecteur. Pour les corps très absorbants, comme les métaux, nous verrons qu'il est exactement un nœud de l'onde stationnaire électrique.

38. **Étude expérimentale de l'onde stationnaire.** — Il s'agit de mettre en évidence les positions des plans ventraux et nodaux des deux ondes stationnaires électrique et magnétique.

Nous emploierons pour ce but un résonateur simple circulaire.

Position I. — Le cercle est vertical et parallèle au plan réfléchissant *conducteur* P; le micromètre est placé comme l'indique la figure.

Le vecteur magnétique étant dans le plan même du résonateur, le flux de force magnétique à travers celui-ci est toujours nul : par conséquent, les vibrations sont exclusivement dues aux variations de la force électrique.

Sur tous les éléments du résonateur agit la même force électrique, constante en grandeur et en direction. Il semble donc qu'aucune vibration ne puisse s'établir. La théorie complète du résonateur est bien trop difficile pour trouver place ici; nous admettrons avec Hertz que l'action de la force électrique qui s'exerce dans la partie du fil ne contenant pas la coupure, est prédominante.

Il y a donc des étincelles à la coupure dans les plans ventraux de la force électrique. *Comme on détermine toujours les positions pour lesquelles les étincelles disparaissent, le résonateur dans la position* I *sert à déterminer les plans nodaux du vecteur électrique.*

L'expérience montre que près du plan P il n'y a pas d'étincelles : il est donc voisin d'un plan nodal de la force électrique. On trouve en avant du plan P une série de plans nodaux équidistants.

Maintenant le résonateur vertical et parallèle au plan P, si l'on dispose horizontalement *la ligne de symétrie mn*, il n'y a plus d'étincelle, quelle que soit la distance au mur, car la force électro-

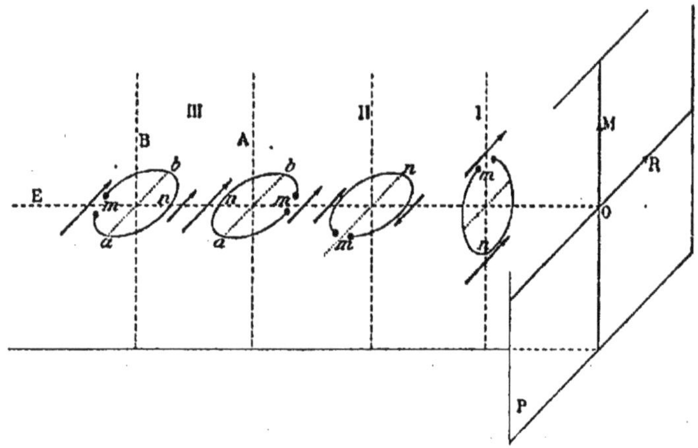

Fig. 22.

motrice tend toujours à amener les pointes du micromètre au même potentiel.

Position II. — Le cercle est horizontal; son plan passe par l'axe de l'oscillateur. La ligne de symétrie *mn* est parallèle à l'axe de l'oscillateur.

Les étincelles disparaissent quand le centre du cercle est dans un plan ventral électrique, parce qu'alors les forces électromotrices sur les deux parties séparées par le diamètre *mn*, sont à chaque instant égales et de même sens.

Si le centre du cercle est dans un plan nodal électrique, elles sont à chaque instant égales et de signes contraires, comme le montre la figure; elles tendent à porter les pointes du micromètre à des potentiels le plus différents possible; les étincelles sont maxima. C'est en particulier ce qui arrive tout près du miroir.

L'étincelle ainsi obtenue est quelquefois dite *étincelle magnétique*, parce que la variation par rapport au temps du flux de force magnétique à travers le résonateur agit dans le même sens que la variation de la force électrique par rapport à l'espace. C'est ce qui résulte de la théorie du paragraphe précédent.

Position III. — C'est la position que Hertz employait au début. Le cercle est horizontal; la ligne de symétrie *mn* coïncide avec la normale EO au miroir.

Le centre du cercle restant au même point, on compare les étincelles pour les orientations A et B; on passe de A à B par une rotation de 180° autour de l'axe *ab*. L'expérience montre que l'étincelle est la plus forte quand le champ est plus intense suivant *anb* que suivant *amb;* autrement dit, elle est plus forte dans l'orientation A que dans l'orientation B, résultat conforme à l'hypothèse de Hertz utilisée pour expliquer les phénomènes dans la position I.

Les étincelles sont égales avant et après retournement lorsque le centre du cercle est en un ventre du système stationnaire relatif au vecteur électrique. Il est alors en un nœud du système stationnaire relatif au vecteur magnétique dont, par conséquent, les variations n'interviennent pas.

Les étincelles sont plus fortes au voisinage d'un nœud lorsque la coupure est tournée vers le nœud que lorsqu'elle est tournée du côté opposé.

On a déterminé par ces diverses méthodes la position des plans nodaux et ventraux; les expériences sont très concordantes, pourvu que la surface réfléchissante soit grande par rapport à la longueur d'onde de la radiation électrique employée.

Quand la réflexion normale a lieu sur un miroir métallique, le premier plan nodal électrique coïncide exactement avec le miroir (§ 208).

La demi-longueur d'onde d'un résonateur circulaire est approximativement égale au quadruple de son diamètre (§ 34).

39. **Résonance multiple.** — *La longueur d'onde mesurée dépend du résonateur et non de l'excitateur;* celui-ci peut varier entre de larges limites sans que les résultats soient modifiés; il est seulement avantageux *pour l'intensité des phénomènes* que l'excitateur et le résonateur soient à l'unisson. Le fait est connu sous le nom très impropre de *résonance multiple.*

L'explication de ce phénomène résulte immédiatement de la théorie de la résonance quand l'excitation est fortement amortie (voir tome I).

Il faut conclure que *l'amortissement de l'excitateur ordinaire de Hertz est énorme vis-à-vis de l'amortissement d'un résonateur presque fermé.*

Voici l'essentiel du raisonnement.

Réduisons le train à une perturbation quasiment instantanée. A son premier passage, elle excite une perturbation dans le résonateur; puis elle continue son chemin, parcourt la longueur z, se réfléchit sur le mur, et revient après un temps $\tau = 2z : v$, où v est la vitesse de propagation. De plus, elle a subi une modification du fait de la réflexion, variable avec la nature de cette réflexion.

Suivant le rapport du temps τ à la période propre du résonateur, celui-ci éprouve, lors du second passage, une perturbation qui est de même sens que la première *dans son état actuel*, ou de sens contraire. Dans le premier cas, il vibrera avec intensité; dans le second, ses vibrations seront arrêtées.

Avec ce système d'explication, la période de l'excitateur n'intervient plus.

Naturellement ce n'est là qu'un cas limite; la perturbation de l'excitateur ne se réduit pas à un *coup* : aussi y a-t-il avantage à réaliser l'accord. Toutefois c'est la période du résonateur qui règle les phénomènes.

Pour fixer les idées, on peut admettre que le rapport de deux amplitudes successives dans le même sens des vecteurs électromagnétiques est de l'ordre de 0,8 pour un excitateur ordinaire de Hertz. Les amplitudes forment la série :

$$1000, \quad 800, \quad 640, \quad 512, \quad 410, \quad 328, \quad 262, \quad \ldots$$

A la sixième oscillation, l'amplitude est tombée au quart de sa valeur initiale; à la vingtième, au centième de cette valeur.

Nous apprendrons plus loin (§ 57) à mesurer cet amortissement.

Ainsi la résonance multiple n'est pas en contradiction avec l'émission par l'excitateur d'une vibration sinusoïdale amortie de période parfaitement déterminée. Rien n'empêche d'ailleurs que l'excitateur n'émette plusieurs de ces vibrations, formant une série discontinue, tout comme un corps sonore émet un son complexe formé de partiels harmoniques ou non.

40. Polarisation. Nicol. Reproduction des expériences de l'Optique. — Si dans les expériences précédentes, le plan conducteur joue le rôle d'un corps absorbant, cela tient à ce que la moindre force électromotrice y produit un courant intense suivant la loi d'Ohm et en vertu de la faible résistance. Ce courant absorbe l'énergie d'après la loi de Joule; la vibration est annulée après un très petit parcours.

Les mêmes principes interprètent l'expérience suivante.

Hertz tendait sur un cadre de bois de 2 mètres carrés une série de fils de cuivre d'un millimètre de diamètre, parallèles entre eux et distants de 3 centimètres. Quand les fils sont normaux au vecteur électrique, et par conséquent parallèles au vecteur magnétique, une onde plane traverse cette sorte de réseau sans être modifiée. Mais quand les fils sont parallèles au vecteur électrique, un courant alternatif relativement intense y est induit qui absorbe l'énergie; l'onde est interceptée.

Dans le cas intermédiaire, la vibration électrique incidente est décomposée en deux vecteurs : l'un normal aux fils qui passe librement, l'autre parallèle qui est supprimé. On réalise ainsi un véritable nicol. Deux réseaux rectangulaires interceptent totalement l'onde, quel que soit l'azimut du système.

Corrélativement, un réseau se conduit comme un plan réflecteur métallique continu pour la composante de la vibration électrique parallèle aux fils; il se conduit comme un réflecteur plus ou moins transparent pour la composante de la vibration électrique normale aux fils.

Répétons que la suppression d'une composante électrique entraîne la suppression de la composante magnétique correspondante.

Righi a réalisé toutes les expériences de l'Optique au moyen d'ondes hertziennes. Nous avons dit au § 26 qu'en choisissant convenablement l'oscillateur, on obtient des périodes telles que la longueur d'onde est de l'ordre du centimètre. On fixe la ligne des centres des sphères de l'oscillateur en coïncidence avec la ligne focale d'un miroir métallique cylindro-parabolique; on réalise ainsi une onde sensiblement plane au voisinage de l'équateur et à quelque distance de l'appareil.

En principe, on emploie comme résonateurs deux conducteurs rectilignes égaux, placés dans le prolongement l'un de l'autre et séparés par un très petit intervalle. En fait, ils sont constitués par des couches d'argent disposées sur verre. Sur la couche on trace au diamant un sillon dont l'épaisseur est de l'ordre de quelques microns; puis on coupe des bandes normalement à ce sillon. Les bandes sont larges de quelques millimètres dans le sens du sillon, longues de quelques centimètres normalement au sillon qui les divise en deux parties égales.

Les étincelles sont observées à la loupe. Elles sont le plus intense possible quand le résonateur (*grande dimension de la bande*) est parallèle au vecteur électrique (ou encore quand ce vecteur est normal à la coupure). Il est avantageux que le résonateur soit accordé sur la vibration incidente. On le place le plus souvent en coïncidence avec la ligne focale d'un miroir métallique cylindro-parabolique, dont il est électriquement isolé. Le miroir est percé d'un trou pour permettre l'observation à la loupe.

Le résonateur permet de reconnaître la direction des vibrations *électriques;* c'est celle parallèlement à laquelle les étincelles ont le plus d'éclat, ou encore c'est la bissectrice des orientations pour lesquelles les étincelles disparaissent. On peut mesurer grossièrement l'intensité des vibrations par le sinus de l'angle dont il faut tourner le résonateur, à partir de la direction des vibrations, pour éteindre les étincelles. Une vibration circulaire donne des étincelles dont l'éclat est indépendant de l'azimut du résonateur; une vibration elliptique fournit un maximum et un minimum *non nul* rectangulaires.

Parmi les expériences qu'on peut répéter, nous citerons : celles des miroirs de Fresnel (IV, § 220), celle de Lloyd (IV, § 271), celle du biprisme de soufre (IV, § 221), celle des lames isotropes (IV, chapitre VI), etc. etc...

CHAPITRE III

PROPAGATION D'UN ÉBRANLEMENT LE LONG D'UN FIL

Avant d'étudier la propagation d'une perturbation hertzienne le long d'un fil, nous devons chercher *la loi de distribution*, dans la section droite d'un conducteur, d'un courant alternatif de période relativement longue. C'est un excellent exercice *d'intérêt pratique* et qui conduit naturellement à concevoir un courant oscillatoire de très courte période, comme se propageant à la surface des corps conducteurs. Nous traiterons le cas d'une bande mince conductrice comme introduction au cas du fil cylindrique.

41. Propagation d'un courant alternatif de basse fréquence dans une bande mince. — Prenons comme axe des z l'axe de la lame, comme axe des x une droite perpendiculaire menée dans la lame. Par raison de symétrie, il ne subsiste sur la lame que les composantes R de la force électrique, Y de la force magnétique, w de l'intensité du courant.

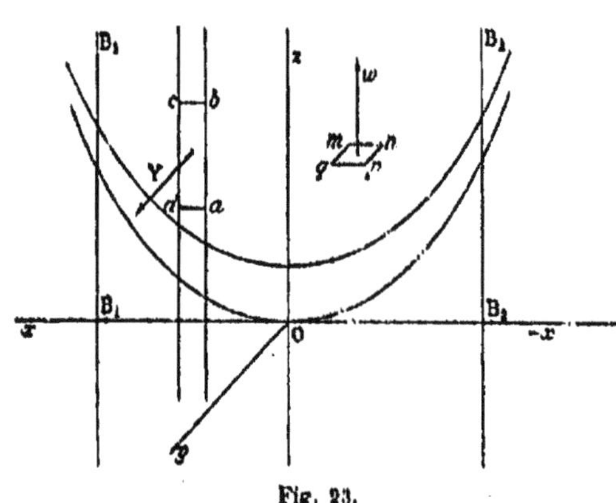

Fig. 23.

La loi de l'induction fournit l'équation :

$$\mu \frac{\partial Y}{\partial t} = \frac{\partial R}{\partial x}; \qquad (1)$$

elle exprime que la circulation du vecteur électrique le long d'un rectangle *abcd* est égale au taux de variation par rapport au temps du flux d'induction μY à travers ce rectangle.

La loi d'Ampère fournit l'équation :

$$4\pi w = \frac{\partial Y}{\partial x}; \qquad (2)$$

elle exprime que la circulation du vecteur magnétique le long du rectangle *mnpq* égale 4π fois le flux du courant dans ce rectangle.

Enfin, dans *un milieu conducteur*, nous devons écrire que le courant est proportionnel à la force électromotrice, le courant de déplacement dans l'éther étant négligeable vis-à-vis du courant de conduction; c étant la conductibilité, on a :

$$w = c(E + R); \tag{3}$$

R est la force électrique déjà évaluée; E est une force électromotrice extérieure que nous supposerons indépendante de x.

$$\frac{\partial w}{\partial x} = c\frac{\partial R}{\partial x} = c\mu\frac{\partial Y}{\partial t}. \tag{4}$$

Dérivant les deux membres de l'équation (2) par rapport au temps, éliminant Y à l'aide de (4), il vient :

$$\frac{\partial^2 w}{\partial x^2} = 4\pi c\mu\frac{\partial w}{\partial t}. \tag{5}$$

Nous avons rencontré bien souvent cette équation, en particulier au tome III, § 185.

On a une solution de la forme :

$$w = w_0 e^{-\Theta}\sin(\omega t - \Theta + \varphi_0) + w_1 e^{\Theta}\sin(\omega t + \Theta + \varphi_1),$$

en posant : $$\Theta = x\sqrt{2\pi c\mu\omega} = x \cdot 2\pi\sqrt{\frac{c\mu}{T}}.$$

Comme cas particulier, on obtient une solution symétrique par rapport à l'axe des z, en posant :

$$w_0 = w_1, \qquad \varphi_0 = \varphi_1 = 0;$$

$$w = w_0 \sin\omega t \cos\Theta\left[e^{\Theta} + e^{-\Theta}\right] + w_0\cos\omega t\sin\Theta\left[e^{\Theta} - e^{-\Theta}\right].$$

La distribution est, au facteur w_0 près, complètement déterminée et indépendante de la largeur B_1B_2 de la lame. La quantité w_0 se calcule en posant que le courant total $\int w dx$ a une valeur donnée à l'avance.

La phase n'est pas la même aux divers points de la droite B_1B_2. Les facteurs en Θ (représentés sur la figure) croissant très vite au voisinage de $\Theta = 0$, le courant se localise en définitive près des bords de la lame.

42. Propagation d'un courant alternatif de basse fréquence dans un cylindre de section circulaire. — Le raisonnement est très analogue à celui du § 16, à la différence qu'au § 16 le courant *dans un isolant* est proportionnel à la variation par rapport au temps de la force électrique, tandis qu'ici, *dans un conducteur*, il est proportionnel à cette force même.

La force électromotrice d'induction R est liée au champ magnétique par l'équation : $$\mu \frac{\partial M}{\partial t} = \frac{\partial R}{\partial \rho}. \qquad (1)$$

Soit w la densité du courant parallèle à l'axe des z (axe du fil) ; la loi d'Ampère donne : $$4\pi w = \frac{1}{\rho} \frac{\partial}{\partial \rho} (\rho M). \qquad (2)$$

Enfin nous écrirons : $w = c(E + R)$,

où E est une fonction du temps et de z, indépendante de ρ ; c est la conductibilité. On tire de là :

$$\frac{\partial w}{\partial \rho} = c \frac{\partial R}{\partial \rho} = c\mu \frac{\partial M}{\partial t}. \qquad (4)$$

Dérivant les deux membres de l'équation (2) par rapport au temps, éliminant M à l'aide de l'équation (4), il vient :

$$\frac{\partial^2 w}{\partial \rho^2} + \frac{1}{\rho} \frac{\partial w}{\partial \rho} = 4\pi\mu c \frac{\partial w}{\partial t}; \qquad (5)$$

cette équation donne la distribution du courant dans la section droite du fil.

Nous avons une solution imaginaire de l'équation en posant :

$$w = w_0 W e^{-i\omega t}; \qquad (6)$$

W est une fonction de ρ seulement ; w_0 est la valeur du courant au centre du fil ; $i^2 = -1$.

Substituant dans (5), il vient pour définir W :

$$\frac{\partial^2 W}{\partial \rho^2} + \frac{1}{\rho} \frac{\partial W}{\partial \rho} + 4\pi\omega\mu c i W = 0.$$

Posons :

$$s = \rho\sqrt{4\pi\omega\mu c i} = \rho \,.\, 2\pi \sqrt{\frac{2\mu c}{T}} \sqrt{i}, \qquad S = \sigma\rho = \rho \,.\, 2\pi \sqrt{\frac{2\mu c}{T}}.$$

Nous pouvons écrire :

$$W = \mathfrak{J}_0(s) = \mathfrak{J}_0(S\sqrt{i}) = X - Yi.$$

La fonction $\mathfrak{J}_0$ est la fonction de Bessel d'ordre 0. Les fonctions X et Y sont connues ; on en trouvera la table à la fin du volume, table empruntée au traité de Gray et Matheus.

Revenant aux quantités réelles, on a :

$$w = w_0(X - Yi)(\cos \omega t - i \sin \omega t), \qquad w = w_0(X \cos \omega t - Y \sin \omega t),$$

formule qui résout complètement le problème de la distribution du courant.

Les fonctions X et Y croissent extrêmement vite en valeur absolue quand S dépasse 4. A partir de cette valeur, on peut dire que la distribution est purement superficielle.

43. Résistance efficace du conducteur. — Pour une valeur donnée de l'intensité efficace du courant alternatif, il se perd sous forme de chaleur une certaine quantité d'énergie. Nous appellerons *résistance efficace* celle qui correspond au même dégagement de chaleur pour un courant continu ayant la même valeur efficace que le courant alternatif.

Soit a le rayon du conducteur.

Comme le calcul n'a d'intérêt que pour les basses fréquences, nous pouvons développer les fonctions $\mathfrak{J}_0$, X, Y, en séries en nous limitant aux premiers termes ; on a :

$$\mathfrak{J}_0 = 1 - \frac{s^2}{4} + \frac{s^4}{64} \dots, \quad X = 1 - \frac{\sigma^4\rho^4}{64}, \quad Y = \frac{\sigma^2\rho^2}{4}.$$

L'intensité totale à chaque instant est définie par l'équation :

$$I = \int_0^a w \,.\, 2\pi\rho d\rho = w_0(X_1 \cos\omega t - Y_1 \sin\omega t);$$

$$X_1 = \pi a^2\left(1 - \frac{\sigma^4 a^4}{192}\right), \quad Y_1 = \pi a^2 \frac{\sigma^2 a^2}{8}.$$

L'intensité efficace est définie par la condition :

$$I_{\text{eff}}^2 = \frac{1}{T}\int_0^T I^2 dt = \frac{w_0^2}{2}(X_1^2 + Y_1^2) = \frac{\pi^2 a^4 w_0^2}{2}\left(1 + \frac{\sigma^4 a^4}{192}\right).$$

L'énergie moyenne dépensée dans le conducteur est (loi de Joule) :

$$\mathcal{E} = \frac{1}{cT}\int_0^T dt \int_0^a w^2 \,.\, 2\pi\rho d\rho = \frac{w_0^2}{2c}\int_0^a (X^2 + Y^2) 2\pi\rho d\rho;$$

$$\mathcal{E} = \frac{w_0^2}{2c}\pi a^2\left[1 + \frac{\sigma^4 a^4}{96}\right].$$

La résistance efficace $\mathfrak{R}$ est définie par la condition :

$$\mathfrak{R} = \frac{\mathcal{E}}{I_{\text{eff}}^2} = \frac{1}{c\pi a^2}\left[1 + \frac{\sigma^4 a^4}{96}\right] : \left[1 + \frac{\sigma^4 a^4}{192}\right];$$

$$\mathfrak{R} = \mathfrak{R}_0\left[1 + \frac{\sigma^4 a^4}{192}\right] = \mathfrak{R}_0\left[1 + \frac{\omega^2\mu^2}{12\mathfrak{R}_0^2}\right].$$

Calculons la formule pour le cuivre : $\mu = 1$,

$1 : c =$ résistivité $= 1{,}64$. microhm. cent. $= 1{,}64 \,.\, 10^3$ CGS.

On trouve aisément :

$$\frac{\mathfrak{R}}{\mathfrak{R}_0} = 1 + \frac{1{,}2}{10^5}\frac{a^4}{T^2} = 1 + \frac{0{,}75}{10^6}\frac{d^4}{T^2}.$$

Soit par exemple un fil d'un centimètre de diamètre ($d = 1$) et une fréquence de 80 ($1 : T = 80$) ; le second terme est absolument négligeable. Pour une fréquence de 100, la résistance n'est augmentée que de 7 millièmes. Dans la pratique des courants alternatifs *et pour un métal non magnétique,* la correction est donc insignifiante.

Il n'en serait pas de même pour du fer, la perméabilité μ entrant au carré.

Même conclusion pour les courants téléphoniques.

Prenons $d = 0,1$, 1 ; $T = 500$; la correction est quasi nulle.

Dans les deux exemples précédents, la force électrique est dirigée dans le sens même de la propagation, c'est-à-dire suivant l'axe des z, parallèlement à la grande dimension de la bande ou du fil. Le vecteur radiant est normal à la surface (comparer au § 7). A mesure que la vibration devient plus rapide, les courants de déplacement interviennent de plus en plus, tandis que le courant, au sens ordinaire du mot, devient plus exactement superficiel. A la limite, nous allons voir que la force électrique est normale au fil; le vecteur radiant lui est alors parallèle.

44. Perturbation électromagnétique le long d'un fil rectiligne indéfini. — Exprimons toutes les quantités dans le système électromagnétique. Soit V la vitesse de la lumière dans le milieu étudié.

Considérons les fonctions Π et Ω qui satisfont aux équations du § 18 :

$$\Pi = \frac{2i_0V^2}{\omega} \sin(\omega t - \omega' z) \log \rho, \qquad \Omega = \rho \frac{\partial \Pi}{\partial \rho} = \frac{2i_0V^2}{\omega} \sin(\omega t - \omega' z).$$

Nous avons évidemment : $V = \omega : \omega'$.

On tire de là pour les composantes des forces électrique et magnétique :

$$R = 0, \qquad E = -\frac{1}{\rho}\frac{\partial \Omega}{\partial z} = \frac{2i_0V}{\rho}\cos(\omega t - \omega' z);$$

$$Z = 0, \qquad M = \frac{1}{V^2}\frac{1}{\rho}\frac{\partial \Omega}{\partial t} = \frac{2i_0}{\rho}\cos(\omega t - \omega' z).$$

Donc la force électrique est partout normale au conducteur : elle a même phase dans tout plan normal au fil; elle varie en raison inverse de la distance ρ au fil; elle est indépendante de la nature du fil, en particulier de sa résistivité.

Les lignes de force magnétique sont des cercles situés dans des plans normaux au fil; l'intensité du champ est conforme au résultat du tome III, § 141, pour les courants permanents.

La vitesse de propagation est la même que si le fil n'existait pas; c'est celle de la lumière. Elle vaut 3.10^{10}, si l'expérience est effectuée dans le vide ou dans l'air.

La figure 24 représente la disposition des vecteurs par rapport à la direction de propagation Oz qui est la direction du vecteur radiant. D'après sa définition, quand le vecteur magnétique M est positif, il est, en un point de l'axe des y, dirigé vers les X négatifs (§ 14); au même point, le vecteur E positif est dirigé suivant Oy. Les formules ci-dessus montrent que ces vecteurs sont simultanément positifs; ils sont donc disposés comme l'indique la figure, ou bien tous deux en sens inverse, c'est-à-dire conformément à la règle de Poynting (§ 6).

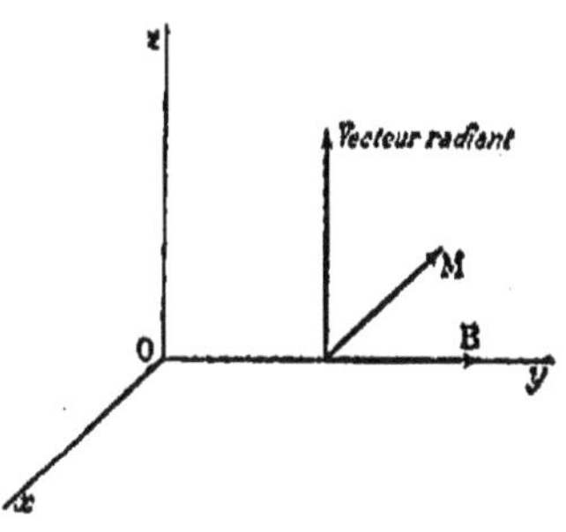

Fig. 24.

Évaluons le courant à la surface du conducteur; nous le pouvons de deux manières.

1° La quantité d'électricité libre m qui recouvre, sur l'unité de longueur, la surface du fil dont le rayon est r, est reliée à la force normale E par la relation fondamentale (III, § 39) :

$$4\pi m = 2\pi r \mathrm{E},$$

si nous évaluons toutes les quantités en unités électrostatiques. En unités électromagnétiques, la formule devient :

$$4\pi m \mathrm{V}^2 = 2\pi r \,.\, \mathrm{E}. \qquad (1)$$

Faisant $\rho = r$ dans E pour avoir sa valeur à la surface, l'équation (1) donne : $\quad m = \frac{i_0}{\mathrm{V}} \cos(\omega t - \omega' z).$

Nous pouvons utiliser la relation (1) parce que les longueurs d'onde sont généralement telles que, *pour les actions électrostatiques,* tout se passe comme si l'équilibre était atteint.

Dans le cas d'oscillations rapides, le courant est localisé à la surface. Écrivons que les variations de la quantité d'électricité sont dues à ce que l'intensité du courant varie d'un point à l'autre du conducteur; la condition est :

$$\frac{\partial i}{\partial z} + \frac{\partial m}{\partial t} = 0. \qquad (2)$$

On tire de là : $\quad i = i_0 \cos(\omega t - \omega' z).$

2° Écrivons que le travail de la force magnétique M sur l'unité de pôle parcourant une courbe fermée autour du courant, est égale à $4\pi i$:

$$4\pi i = 2\pi\rho \mathrm{M}, \qquad i = i_0 \cos(\omega t - \omega' z),$$

qui est l'expression déjà trouvée.

48. Remarque sur la force électrique. — La force électrique est normale au conducteur. Tâchons de préciser le sens de ce résultat, sans insister sur le détail de la démonstration, ce qui serait trop difficile.

De ce qu'une couche d'électricité non uniforme existe sur le conducteur, il résulte une force électrique *tangentielle* évidemment proportionnelle (en unités électromagnétiques) à :

$$V^2 \frac{\partial m}{\partial z}.$$

D'ailleurs, les variations du courant dans le temps induisent une force électromotrice, elle aussi *tangentielle*, évidemment proportionnelle à $\frac{\partial i}{\partial t}$.

Il faut que ces composantes soient égales et de signes contraires, puisqu'en définitive la force électrique résultante est *normale* au conducteur. Admettons que cette condition se traduit par l'équation :

$$V^2 \frac{\partial m}{\partial z} + \frac{\partial i}{\partial t} = 0. \tag{3}$$

On tire des équations (2) et (3) :

$$-\frac{\partial^2 m}{\partial z \partial t} = \frac{1}{V^2} \frac{\partial^2 i}{\partial t^2} = \frac{\partial^2 i}{\partial z^2}, \qquad \frac{\partial^2 i}{\partial t^2} = V^2 \frac{\partial^2 i}{\partial z^2}. \tag{4}$$

On tire de même :

$$-\frac{\partial^2 i}{\partial z \partial t} = V^2 \frac{\partial^2 m}{\partial z^2} = \frac{\partial^2 m}{\partial t^2}. \tag{5}$$

Les équations (4) et (5) expriment que la perturbation considérée comme due soit au courant, soit à la charge, se propage avec la vitesse de la lumière.

46. Propagation dans un fil selon les anciennes théories. — Il est remarquable qu'on parvienne exactement aux mêmes conclusions à partir des anciennes théories. Pour qu'il n'y ait pas ambiguïté dans les notations, appelons $\mathfrak{V}$ le potentiel électrostatique.

La loi d'Ohm, complétée par l'effet de la self induction (III, § 215), donne :

$$\rho_1 i = -\frac{\partial \mathfrak{V}}{\partial z} - L \frac{di}{dt}, \tag{1}$$

où ρ_1 est la résistance et L la self induction par unité de longueur. Soit C la capacité par unité de longueur; écrivons que la non-uniformité du courant le long du conducteur laisse ou enlève de l'électricité en chaque point de celui-ci, et par conséquent y fait varier le potentiel :

$$\frac{\partial i}{\partial z} + C \frac{\partial \mathfrak{V}}{\partial t} = 0. \tag{2}$$

Éliminons i entre les équations (1) et (2) :

$$\frac{\partial^2 \mathfrak{V}}{\partial z^2} = LC \frac{\partial^2 \mathfrak{V}}{\partial t^2} + \rho_1 C \frac{\partial \mathfrak{V}}{\partial t}. \tag{3}$$

Toutes les fois qu'on peut négliger le deuxième terme du second membre qui correspond à la résistance ohmique et produit un amortissement (ce qui revient à considérer le conducteur comme parfait),

il reste :
$$\frac{\partial^2 \varphi}{\partial z^2} = LC \frac{\partial^2 \varphi}{\partial t^2}. \tag{3'}$$

La perturbation se propage dans le fil avec une vitesse constante, égale à $1 : \sqrt{LC}$.

Dans le système électromagnétique, L est un nombre, puisque c'est le quotient de la self induction (qui a les dimensions d'une longueur) par une longueur. Dans le système électrostatique, C serait de même un nombre. Dans le système électromagnétique, $\sqrt{C}$ a donc bien les dimensions de l'inverse d'une vitesse.

Reste à évaluer le produit LC.

47. Calcul de la vitesse $1 : \sqrt{LC}$. — La définition de la self induction est malaisée dans l'état variable. Nous avons donné (III, § 231) l'expression générale du coefficient d'induction mutuelle. Le coefficient de self induction est la limite du coefficient d'induction mutuelle, quand les deux circuits se rapprochent jusqu'à se confondre. L'intégrale devient infinie si les circuits sont rigoureusement sans épaisseur. Ce n'est pas le cas; mais à la base du calcul est une hypothèse sur la distribution des courants à l'intérieur du conducteur; or cette distribution dépend de la self induction et n'est une des *données* du problème que par simplification.

En particulier, les formules habituelles pour un fil rectiligne, deux fils rectilignes parallèles, deux cylindres concentriques, correspondent à une densité de courant uniforme à travers toute la section droite. Or *pour des courants alternatifs rapides*, cette hypothèse est fausse; il est plus juste d'admettre que la densité du courant est purement superficielle.

Même avec cette hypothèse, on ne sait plus, pour un fil rectiligne indéfini, ce que signifient la capacité et la self induction par unité de longueur.

Considérons la capacité; pour deux cylindres concentriques, elle est connue *par unité de longueur* (tome III, § 95). Dans cette formule, faisons $R_1 = \infty$, c'est-à-dire augmentons indéfiniment le rayon du cylindre extérieur : la capacité tend vers 0. C'était évident *a priori*, puisque dans la théorie des condensateurs (III, §§ 93 et 96), on néglige précisément la capacité propre de chacun des corps.

Pour calculer la capacité, il faut donc supposer une couche distribuée à la surface du fil suivant une loi donnée en fonction de la variable z comptée parallèlement à l'axe du fil. On peut dès lors calculer le potentiel en un point du fil, et calculer la capacité.

Même remarque pour la self induction.

On trouve qu'un conducteur de rayon a et de longueur l a pour self (§ 35) :

$$L = 2l\left[\log\frac{2l}{a} - 1\right].$$

Mais la formule perd toute signification pour $l = \infty$; impossible encore de définir la self par unité de longueur indépendamment de la loi de variation de la charge ou du courant le long du fil.

Ces difficultés ne se retrouvent pas au même degré quand on considère deux fils parallèles ou concentriques. On trouve alors plus aisément des expressions admissibles pour la capacité et la self par unité de longueur. On vérifie que $v^2 : \sqrt{CL}$ n'est inférieur à l'unité que de très peu. Le calcul complet pour le fil rectiligne unique conduit d'ailleurs à la même conclusion.

Donc, en vertu des anciennes théories, les perturbations rapides se propagent dans un fil rectiligne sensiblement avec la vitesse de la lumière.

Si le milieu a un pouvoir inducteur spécifique K, la capacité devient K fois plus grande; si la perméabilité est μ, la self devient μ fois plus grande. Dans tous les isolants, μ est extrêmement voisin de 1. La vitesse de propagation est donc proportionnelle à $1 : \sqrt{K}$. Définissant l'indice n comme le rapport de la vitesse dans le vide à la vitesse dans le diélectrique, on peut dire que le pouvoir inducteur K est proportionnel au carré n^2 de l'indice.

48. Expériences de Fizeau sur la vitesse de propagation. — Fizeau employait une méthode analogue à celle qui lui avait servi pour la lumière. Une roue de bois isolant (fig. 25) porte trente-six secteurs conducteurs de platine et tourne avec une vitesse uniforme et connue. On établit les connexions à l'aide de balais glissant de manière que si la vitesse est infinie à travers la ligne CDEF (formée de deux fils parallèles longs chacun de 157 kilomètres), le courant revient à travers le galvanomètre G_0. Si la durée de propagation est égale au temps que met la roue à tourner d'un secteur, il revient à travers le galvanomètre G_1. Si elle est égale au temps que met la roue à tourner de deux secteurs, le courant revient à travers G_2, ... et ainsi de suite.

En fait, ces hypothèses simples ne sont jamais réalisées; on observe seulement, pour les déviations des galvanomètres, des minimums différents des maximums, mais jamais absolument nuls.

C'est que l'électricité ne se propage pas avec une vitesse déterminée quand les perturbations ne sont pas des oscillations rapides. La perturbation s'étale en se propageant de manière à occuper plus d'étendue sur le fil à l'arrivée qu'au départ. En cela consiste *la diffusion du courant* (comparer au tome III, § 183).

Le *front* de l'onde se meut avec une vitesse *déterminée et égale à la vitesse de la lumière;* en avant de ce front, la perturbation est nulle. La méthode de Fizeau (comme toutes les méthodes antérieures aux découvertes de Hertz) ne détermine pas cette vitesse, mais la vitesse moyenne, notablement inférieure.

Fizeau trouve une vitesse de 100.000 kilomètres à la seconde pour le fer, de 180'000 pour le cuivre. C'est conforme à la théorie, parce que le fer est magnétique et moins bon conducteur que le cuivre.

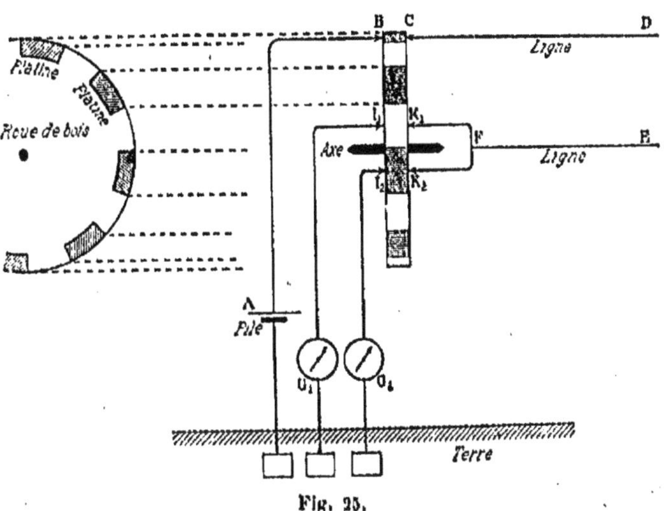

Fig. 25.

En effet, *pour des perturbations qui ne sont pas très rapides,* la nature du fil influe, car le courant n'est plus superficiel.

Ainsi, très antérieurement à l'adoption de la théorie de Maxwell, Kirchhoff avait trouvé qu'un ébranlement électromagnétique devait se propager le long d'un fil avec la vitesse de la lumière. Bien des expérimentateurs, Fizeau entre autres, avaient cherché la vérification expérimentale de cette conséquence de la théorie; ils trouvaient tous des vitesses très inférieures. Il était réservé à Hertz de découvrir un procédé correct de mesure et de mettre ainsi la théorie de Maxwell à la place qu'elle doit occuper.

Toute la difficulté consistait à exciter le long d'un fil une perturbation oscillante rapide.

40. Moyens d'exciter une perturbation dans un fil. — On emploie des appareils de formes très différentes, se ramenant tous à deux types.

I. Excitation par induction électrostatique.

L'oscillateur est terminé par les armatures A et A' de deux condensateurs ; les autres armatures a et a' sont reliées aux fils dans lesquels on veut exciter une perturbation électromagnétique.

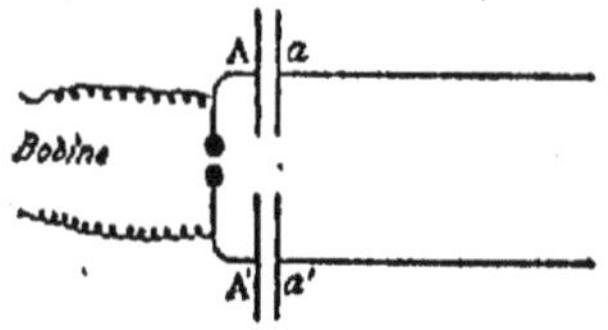

Fig. 26.

Les armatures A et a en regard sont toujours chargées de quantités égales et de signes contraires ; une variation périodique de la charge de l'une d'elles entraîne donc une variation périodique égale et de signe contraire de la charge de l'autre.

II. Excitation par induction électromagnétique.

Le circuit dans lequel on veut induire une perturbation est juxtaposé au circuit de l'excitateur suivant une portion *abd* plus ou moins longue. L'induction électromagnétique s'exerce entre les deux circuits.

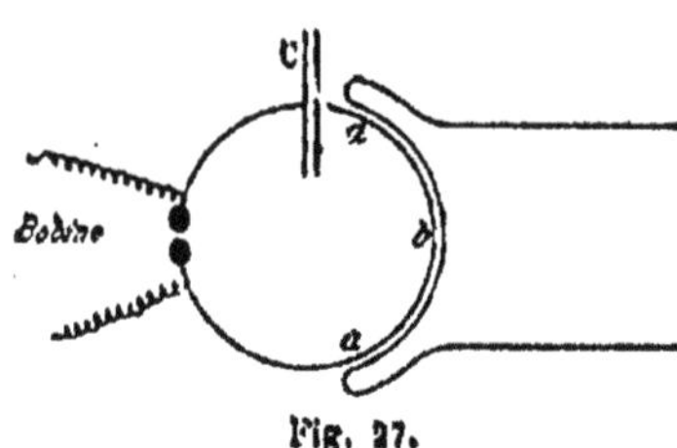

Fig. 27.

Le condensateur C occupe, suivant les expérimentateurs, des situations variées ; il peut être réduit aux extrémités des fils en présence. De même on donne aux portions voisines des circuits les formes les plus diverses. Le principe reste le même.

1° Si l'on fait éclater une étincelle entre les boules de l'excitateur, on envoie dans le fil un train *amorti du fait de l'émission*, représenté comme première approximation par la formule générale :

$$(\Psi, i) = (\Psi_0, i_0) \exp[-\varkappa(\omega t - \omega' x)] \cos(\omega t - \omega' x - \varphi); \quad (1)$$

on gardera le potentiel Ψ ou le courant i suivant qu'il s'agit de l'induction électrostatique ou de l'induction électromagnétique.

Pour $x = 0$, on a :

$$(\Psi, i) = (\Psi_0, i_0) \exp(-\varkappa\omega t) \cos(\omega t - \varphi).$$

L'équation (1) suppose que le train se propage *sans amortissement du fait de la propagation*, c'est-à-dire qu'on retrouve au point d'abscisse x, les phénomènes qui se sont passés à l'origine $x = 0$, un temps auparavant égal à :

$$t = \omega' x \,;\; \omega = x : \mathrm{V}.$$

2° Si on entretient l'oscillation dans l'excitateur au moyen d'un arc chantant (§ 28), on envoie dans le fil un train *non amorti du fait de l'émission*. Le coefficient $\varkappa$ est nul.

D'une manière générale, les trains sont amortis du fait de l'émission et de la propagation.

50. Propagation d'un train d'ondes (Blondlot). — Pour se rapprocher des conditions théoriques, on étudie la vitesse de propagation d'un train d'ondes hertziennes *très amorti* le long d'un fil. Dans ces conditions, la *queue* de l'onde est moins étendue; la vitesse moyenne ne diffère pas beaucoup de la vitesse du front.

Par induction électrostatique (§ 49), on produit une perturbation oscillatoire amortie à l'un des bouts d'un fil de longueur connue; on enregistre les époques de son passage aux deux bouts du fil.

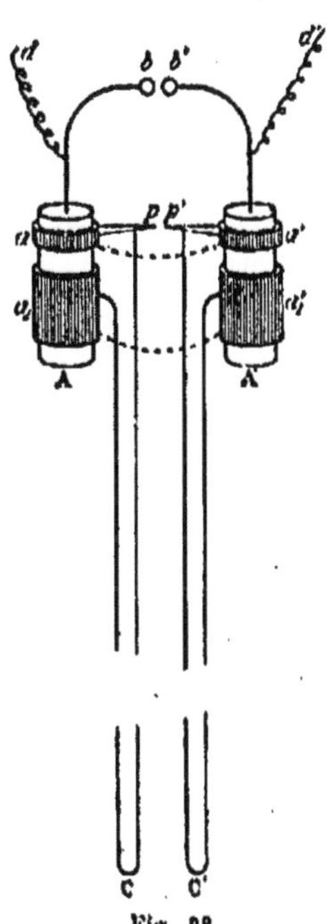

Fig. 28.

Les armatures intérieures de deux condensateurs A et A' identiques communiquent avec les tiges *bb'*, formant *excitateur* et distantes de 6 à 8 millimètres. Les armatures extérieures sont scindées en deux parties annulaires, isolées l'une de l'autre. Les anneaux *a* et *a'* portent deux fils terminés aux pointes *p* et *p'* distantes de $0^{mm},5$.

Aux anneaux a_1 et a'_1 sont soudés deux fils de cuivre, d'un kilomètre de longueur, aboutissant aussi aux pointes *p* et *p'*. Deux cordes mouillées (figurées en pointillé) réunissent directement les anneaux. Enfin les conducteurs *d* et *d'* aboutissent aux pôles d'une bobine d'induction.

Avant que l'étincelle n'éclate en *bb'*, les armatures A et A' se chargent *avec une lenteur relative* à des potentiels différents; simultanément les armatures extérieures se chargent de quantités égales et de signes contraires, par le moyen d'un courant à travers les cordes mouillées.

La décharge survient alors *brusquement* par une étincelle *oscillante* entre les boules *bb'*. *Simultanément* sont envoyés quatre trains d'ondes très amortis, deux à deux représentés par les équations :

$$\pm \varphi_0 \exp[-\varkappa(\omega t - \omega' x)] \cos(\omega t - \omega' x).$$

Les deux premiers, émis par les anneaux *a* et *a'*, produisent *aussitôt* une étincelle entre les pointes *p* et *p'*. Les deux seconds, émis par les anneaux a_1 et a'_1, doivent parcourir un kilomètre de fil avant de concourir à former une étincelle entre les mêmes pointes *p* et *p'*. *Entre les pointes éclatent donc deux étincelles successives.* Pour mesurer la vitesse de propagation le long du fil, il suffit de déterminer le temps qui s'écoule entre la production des étincelles.

Les cordes mouillées ne jouent aucun rôle dans la décharge, vu leur grande résistance et la soudaineté du phénomène.

On reçoit les étincelles sur un miroir, tournant avec une vitesse connue autour d'une parallèle à pp'; on obtient ainsi deux images sur une plaque photographique. De l'écart de ces images, de la vitesse de rotation du miroir et des dimensions de l'appareil dioptrique, il est facile de déduire le temps cherché.

On trouve ainsi 300'000 kilomètres à la seconde pour la vitesse de propagation.

Le long du fil se propagent deux perturbations extrêmement amorties, qui se réduisent certainement à un petit nombre d'oscillations. L'étincelle a probablement une durée de quelques millionièmes de seconde; le train qui lui correspond occupe la majeure partie du kilomètre de fil. Les étincelles qui éclatent en pp', étant oscillantes, sont formées d'un groupe d'étincelles; mais seule la première du groupe a une intensité suffisante pour être photographiée : d'où l'aspect des clichés. En définitive, on photographie le passage des fronts des trains amortis.

Ondes stationnaires.

Nous avons déjà rencontré aux §§ 36 et sq. des ondes stationnaires analogues à celles auxquelles nous sommes habitués en Acoustique. Nous allons traiter le problème dans le cas où les ondes sont guidées par des fils conducteurs.

51. **Ondes stationnaires perpendiculaires à l'axe des z.** — Les équations générales admettent la solution :

$$R=0; \quad P = i_0 V \sin \omega t \sin \omega' z \frac{\partial \varphi}{\partial x}, \quad Q = i_0 V \sin \omega t \sin \omega' z \frac{\partial \varphi}{\partial y}, \qquad (1)$$

$$Z=0; \quad X = - i_0 \cos \omega t \cos \omega' z \frac{\partial \varphi}{\partial y}, \quad Y = i_0 \cos \omega t \cos \omega' z \frac{\partial \varphi}{\partial x}, \qquad (2)$$

pourvu que φ, fonction de x et de y seulement, satisfasse à l'équation :

$$\Delta\varphi = \frac{\partial^2 \varphi}{\partial x^2} + \frac{\partial^2 \varphi}{\partial y^2} = 0,$$

dans la portion du plan xy occupée par l'onde.

$V = \omega : \omega' = \lambda : T$ est la vitesse de propagation dans le milieu étudié.

Le mouvement vibratoire représenté par (1) et (2) admet comme plans d'onde les plans perpendiculaires à l'axe des z. Les composantes P, Q, se déduisent du potentiel φ; les composantes X, Y, normales à P, Q, sont tangentes aux lignes équipotentielles. On a en effet :

$$PX + QY = 0; \qquad \varphi = \text{Constante},$$

$$\frac{\partial\varphi}{\partial x}dx + \frac{\partial\varphi}{\partial y}dy = 0, \qquad \frac{dy}{dx} = -\frac{\partial\varphi}{\partial x} : \frac{\partial\varphi}{\partial y} = \frac{Y}{X}.$$

C'était d'ailleurs évident *a priori*.

Posant $\varphi = x$ et changeant l'origine des coordonnées, nous retrouvons les formules du § 37 comme cas particulier des expressions plus générales (1) et (2).

82. **Ondes stationnaires entre deux fils parallèles.** — Soit deux fils de rayon a très petit placés parallèlement à l'axe des z, à une distance b l'un de l'autre (fig. 29). Excitons à leur surface une

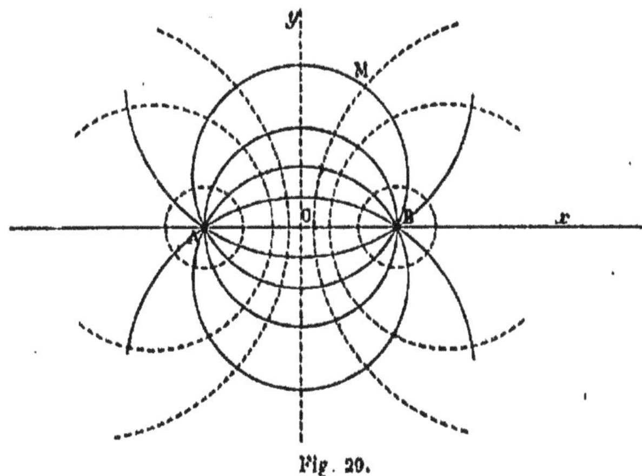

Fig. 29.

perturbation telle que deux points correspondants, c'est-à-dire de même z, aient à chaque instant des potentiels égaux et de signes contraires ou des charges égales et de signes contraires (§ 49).

Soit ρ la distance d'un point M au fil dont la trace est en B; soit ρ' la distance de ce point au fil dont la trace est en A. Nous devons prendre comme potentiel φ :

$$\varphi = \log \rho - \log \rho'.$$

Les lignes équipotentielles sont alors des cercles marqués en traits interrompus sur la figure; ils satisfont à la condition :

$$\rho' : \rho = \text{Constante}.$$

Ils passent tous par les deux mêmes points imaginaires; ils représentent les lignes de force magnétique.

Les trajectoires orthogonales à ces cercles sont d'autres cercles passant par les traces A et B. Ils sont marqués en traits pleins et représentent les lignes de force électrique.

Des calculs longs mais faciles donnent pour les valeurs de la force électrique et de la force magnétique résultantes :

$$E = \sqrt{P^2 + Q^2} = 2i_0 V \frac{b}{\rho\rho'} \sin \omega t \sin \omega' z,$$

$$M = \sqrt{X^2 + Y^2} = 2i_0 \frac{b}{\rho\rho'} \cos \omega t \cos \omega' z.$$

La quantité d'électricité $\pm m$ qui recouvre l'unité de longueur de la surface des fils dont le rayon est a, est donnée par la relation (§ 44) :

$$4\pi m V^2 = 2\pi a E,$$

calculée pour $\rho = b$, $\rho' = a$; d'où :

$$m = \frac{i_0}{V} \sin \omega t \sin \omega' z.$$

Pour obtenir la différence de potentiel entre deux points correspondants des fils, il faut intégrer le vecteur E le long d'une ligne de force quelconque. Choisissons naturellement la droite AB. On a :

$$\rho' = \frac{b}{2} + x, \qquad \rho = \frac{b}{2} - x, \qquad \frac{b}{\rho\rho'} = \frac{1}{\frac{b}{2} + x} + \frac{1}{\frac{b}{2} - x}.$$

Il faut intégrer entre :

$$\rho' = a, \quad x = -\frac{b}{2} + a, \quad \text{et} \quad \rho = a, \quad x = \frac{b}{2} - a.$$

On trouve aisément, en négligeant a devant b :

$$\Phi = \int E dx = 4i_0 V \log\left(\frac{b}{a} - 1\right) . \sin \omega t \sin \omega' z.$$

La capacité par unité de longueur est, par définition :

$$C = m : \Phi = 1 : 4V^2 \log \frac{b}{a}.$$

L'intensité du courant au point de coordonnée z est donnée par la relation (§ 44) :

$$\frac{\partial i}{\partial z} + \frac{\partial m}{\partial t} = 0, \qquad i = i_0 \cos \omega t \cos \omega' z;$$

i_0 est donc la valeur maxima du courant.

83. **Expression de l'énergie électromagnétique.** — Appliquons les formules du § 8, en posant $K = 1 : V^2$, $\mu = 1$.

Entre deux plans indéfinis pour lesquels $z=0$ et $z=z$, on a :

$$W_E = \frac{i_0^2}{2\pi} \sin^2 \omega t \int_0^z \sin^2 \omega' z \, dz \iint \frac{b^2}{\rho^2 \rho'^2} dS, \qquad (1)$$

$$W_M = \frac{i_0^2}{2\pi} \cos^2 \omega t \int_0^z \cos^2 \omega' z \, dz \iint \frac{b^2}{\rho^2 \rho'^2} dS; \qquad (2)$$

dS représente un élément d'un plan perpendiculaire à l'axe des z.

Nous pouvons écrire immédiatement deux autres expressions de ces énergies. Appelons C la capacité et L le coefficient de self induction du système par unité de longueur. On a par définition :

$$W_E = \int_0^z \frac{C\Phi^2}{2} dz = 2 i_0^2 \log \frac{b}{a} \sin^2 \omega t \int_0^z \sin^2 \omega' z \, dz, \qquad (1')$$

$$W_M = \int_0^z \frac{Li^2}{2} dz = \frac{L i_0^2}{2} \cos^2 \omega t \int_0^z \cos^2 \omega' z \, dz. \qquad (2')$$

La comparaison deux à deux des quatre équations précédentes fournit : 1° la valeur de l'intégrale double étendue à tout le plan depuis la surface des fils pour lesquels $\rho\rho' = ab$, jusqu'à l'infini ; 2° la valeur du coefficient de self induction (III, § 244) :

$$\iint \frac{b^2}{\rho^2 \rho'^2} dS = 4\pi \log \frac{b}{a}, \qquad L = 4 \log \frac{b}{a} = 1 : CV^2.$$

Nous retrouvons la condition $LCV^2 = 1$, dont nous avons déjà parlé au § 47.

Ceci posé, il vient immédiatement :

$$W_E = \frac{i_0^2}{4} \log \frac{b}{a} \sin^2 \omega t \left(z - \frac{\sin 2\omega' z}{2\omega'} \right),$$

$$W_M = \frac{i_0^2}{4} \log \frac{b}{a} \cos^2 \omega t \left(z + \frac{\sin 2\omega' z}{2\omega'} \right),$$

$$W_E + W_M = \frac{i_0^2}{4} \log \frac{b}{a} \cdot \frac{\sin 2\omega' z}{\omega'} \cos^2 \omega t + A;$$

A est indépendant du temps.

51. Moyens d'obtenir la perturbation étudiée au paragraphe précédent. — Ces procédés résultent immédiatement du § 49 ; dans l'hypothèse de deux fils parallèles, l'excitateur doit être parfaitement symétrique. Les potentiels en deux points correspondants des deux fils sont à chaque instant égaux et de signes contraires.

Il s'agit de vérifier les conséquences de la théorie : étudions d'abord les méthodes expérimentales.

55. Procédés électrométriques de mesure. — Disposons un électromètre dont les quadrants C_1 et C_2 sont au contact des fils (fig. 30). Au-dessus est représentée l'aiguille.

Soit $\pm\mathfrak{V}$ les potentiels des quadrants, C le potentiel de l'aiguille. Le couple qui entraîne l'aiguille vers les quadrants est à chaque instant proportionnel à (III, § 101) :

$$(\mathfrak{V}-C)^2+(-\mathfrak{V}-C)^2=2(\mathfrak{V}^2+C^2)=2\mathfrak{V}^2,$$

si le potentiel de l'aiguille est nul. Le couple est donc proportionnel

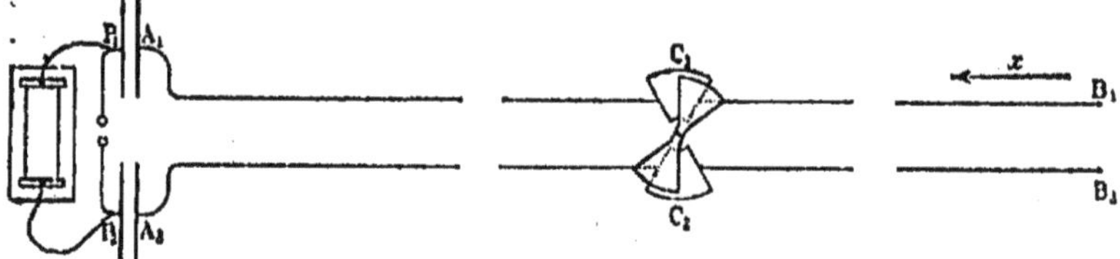

Fig. 30.

au carré de la différence de potentiel des fils au point de contact.

Quand un train d'onde amorti passe là où se trouve l'électromètre, l'aiguille subit une impulsion :

$$\mathfrak{J}=\int_0^\infty \mathfrak{V}^2 dt;$$

nous pouvons prendre ∞ comme limite supérieure à cause de l'amortissement. Soit pour préciser :

$$\mathfrak{V}=\mathfrak{V}_0 e^{-\varkappa\omega t}\sin\omega t;$$

on a :

$$\mathfrak{J}=\frac{\mathfrak{V}_0^2}{4\varkappa\omega}\frac{1}{\varkappa^2+1}.$$

L'impulsion est n fois plus forte, s'il passe successivement n trains en un temps suffisamment court.

56. Procédés thermiques et thermoélectriques de mesure. — Ces procédés mesurent *l'échauffement* qui est proportionnel à la quantité de chaleur reçue dans l'unité de temps.

Représentons le courant en un point par l'expression :

$$i=i_0 e^{-\varkappa\omega t}\sin\omega t. \qquad (1)$$

Il laisse en ce point une quantité d'énergie proportionnelle à l'intégrale :

$$\int_0^\infty i^2 dt=\frac{i_0^2}{4\varkappa\omega}\frac{1}{\varkappa^2+1}. \qquad (2)$$

Cette intégration se fait aisément en posant ($i^2=-1$) :

$$\sin\omega t=-\frac{i}{2}\left(e^{i\omega t}-e^{-i\omega t}\right).$$

L'amortissement étant généralement énorme, l'intégrale a la valeur précédente même quand la limite supérieure est de l'ordre de quelques cent millièmes de seconde, représentant un petit nombre de périodes.

Par seconde on envoie n trains représentés par (1) et laissant l'énergie (2). Les procédés thermiques mesurent donc une quantité proportionnelle à :

$$W = \frac{n i_0^2}{4 \varkappa \omega} \frac{1}{\varkappa^2 + 1}.$$

L'intensité efficace est par définition :

$$i_{\text{eff}}^2 = n \int_0^\infty i^2 dt = W.$$

PROCÉDÉS THERMIQUES.

S'il s'agit d'expériences de cours, on peut utiliser des lampes à incandescence intercalées sur le circuit; elles restent obscures *aux nœuds du courant* et brillent avec le plus de vivacité *aux ventres du courant*. La distance de deux maximums ou de deux minimums consécutifs est une demi-longueur d'onde.

Pour des expériences précises, on utilise le bolomètre, c'est-à-dire les variations de résistance d'un fil de platine échauffé. La figure 31 représente le montage de l'appareil.

Les fils bolométriques, en platine très pur, constituent deux petits losanges *abcd* disposés très près l'un de l'autre dans une même enceinte qui les protège contre toute variation de température. C'est, par exemple, un tube d'argent à double paroi limitant un espace où on fait le vide. L'un des losanges est parcouru par la perturbation arrivant le long du fil ABCDE, dont on veut mesurer l'intensité efficace. Au moyen du pont de Wheatstone, on compare les résistances des fils bolométriques aux résistances

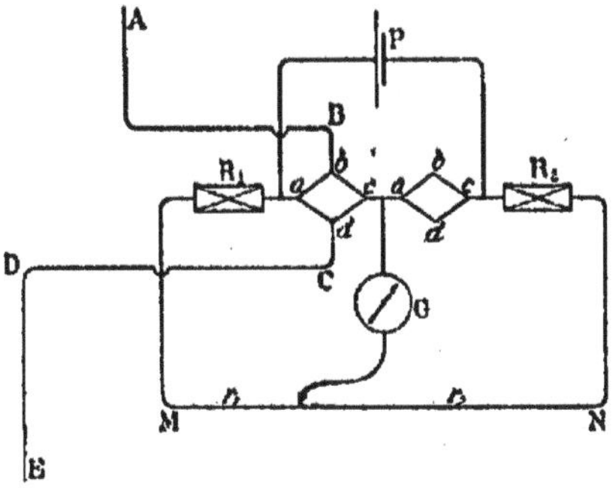

Fig. 31.

$$R_1 + r_1 \quad \text{et} \quad R_2 + r_2$$

prises sur des boîtes de résistances et sur le fil MN.

Si on étudie les perturbations qui se propagent le long de deux fils parallèles, on relie le circuit ABCDE dont fait partie le fil bolométrique, non pas directement à deux points en regard des deux fils, mais aux armatures extérieures de deux minuscules *bouteilles de Leyde*. Deux bouts de tubes de verre glissent sur les fils parallèles;

ils constituent l'isolant des bouteilles dont les armatures internes sont les fils parallèles; les extrémités du circuit ABCDE s'enroulent

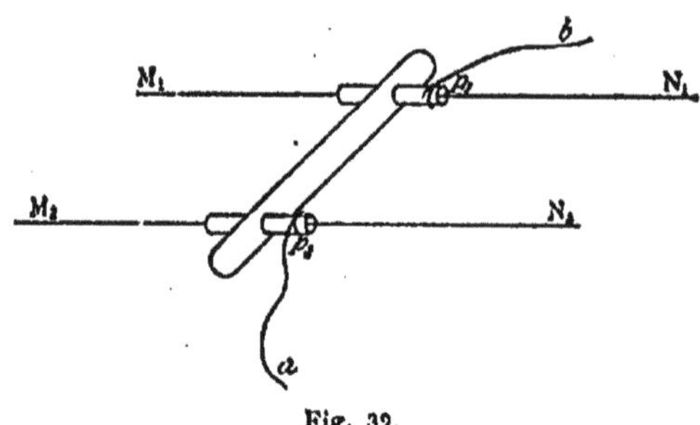

Fig. 32.

extérieurement sur les tubes et forment les armatures externes. C'est par induction électrostatique (§ 49) qu'une perturbation est créée à travers le bolomètre.

Procédés thermoélectriques.

1° En un point du fil qui propage la perturbation, on intercale une pince thermoélectrique reliée à un galvanomètre.

2° On peut procéder par induction et utiliser le microradiomètre de Boys. C'est une sorte de galvanomètre dont le cadre mobile *mnpq* est constitué par un fil de très faible résistance sauf à la base où se trouvent au contact deux petites masses de bismuth et d'antimoine. Le cadre est supporté par un fil de quartz *ab*; on lit ses déviations par l'intermédiaire du miroir M.

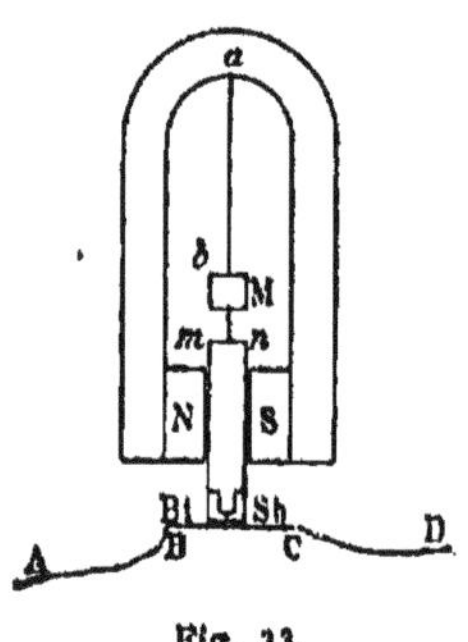

Fig. 33.

Si on échauffe le contact bismuth-antimoine, il naît dans le cadre un courant relativement intense, puisque la résistance du circuit est de l'ordre du centième d'ohm.

Au lieu d'échauffer directement le contact, on peut induire dans ce contact un courant alternatif en approchant le conducteur ABCD que parcourt une perturbation électromagnétique.

87. **Nature de la perturbation envoyée.** — Il s'agit de montrer que *la perturbation envoyée le long d'un fil est un train sinusoïdal amorti*. La figure 30 représente la disposition de l'appareil. Les ondes sont excitées par induction électrostatique; elles se propagent le long des fils dont la longueur est prise aussi grande que possible, et se réfléchissent aux extrémités.

Cherchons quelle doit être l'impulsion de l'aiguille de l'électromètre, en fonction de la distance aux bouts B des fils, dans l'hypothèse que la perturbation est un train sinusoïdal amorti.

L'amortissement provenant par hypothèse de l'émission et non de la propagation, le train est représenté par l'équation :

$$\mathfrak{V} = \exp\left[-\varkappa(\omega t + \omega' x)\right] \cos(\omega t + \omega' x); \qquad (1)$$

les x sont comptés dans le sens de la flèche, en sens inverse du mouvement de l'onde incidente; la propagation se fait donc dans le sens des x décroissants.

$\mathfrak{V}$ représente la force électrique normale au fil, ou le potentiel, quantités proportionnelles entre elles.

Le train réfléchi est, *suivant la nature de la réflexion au bout des fils :*

$$\mathfrak{V}' = \pm \exp\left[-\varkappa(\omega t - \omega' x)\right] \cos(\omega t - \omega' x). \qquad (2)$$

On a $V = \omega : \omega'$, où V est la vitesse de propagation; posons $\tau = x : V$. En un point x, l'onde incidente passe seule entre les temps $-\tau$ et $+\tau$; l'onde réfléchie arrive en x au temps τ. A partir de ce moment, les deux ondes coexistent pendant un temps très petit en valeur absolue, mais que, vu l'amortissement considérable, on peut prendre infini sans erreur sensible.

Le couple sur l'aiguille de l'électromètre est donc proportionnel à :

$$C = \int_{-\tau}^{\tau} \mathfrak{V}^2 dt + \int^{\infty} (\mathfrak{V} + \mathfrak{V}')^2 dt$$

$$= \int_{-\tau}^{\infty} \mathfrak{V}^2 dt + \int_{\tau}^{\infty} \mathfrak{V}'^2 dt + 2\int_{\tau}^{\infty} \mathfrak{V}\mathfrak{V}' dt.$$

Les deux premières intégrales sont indépendantes de x, car elles représentent l'impulsion totale que produit la suite entière des ondes quand elle passe une fois; cette impulsion est indépendante de x, puisque nous admettons qu'il n'y a pas *absorption du fait de la propagation.*

Les calculs se font aisément au moyen d'imaginaires; posons :

$$\mathfrak{V} = \exp\left[(\omega t + \omega' x)(-\varkappa + i)\right], \qquad \mathfrak{V}' = \exp\left[(\omega t - \omega' x)(-\varkappa + i)\right].$$

On trouve :

$$C = \frac{1}{2\omega\varkappa\sqrt{1+\varkappa^2}}\left[\cos\varphi \pm \exp(-2\omega'\varkappa x)\cos(2\omega' x + \varphi)\right],$$

avec la condition :

$$\operatorname{tg}\varphi = \varkappa, \qquad \cos\varphi = \frac{1}{\sqrt{1+\varkappa^2}}.$$

Ainsi, quand on déplace l'électromètre le long du fil à partir des extrémités B, l'impulsion due à un train est représentée par une sinusoïde amortie. *L'amortissement de cette sinusoïde permet de calculer l'amortissement d'émission de la perturbation étudiée* (fig. 34).

Au lieu de faire agir sur l'aiguille un seul train, il est préférable de laisser agir continuellement la bobine et de mesurer l'arc de première impulsion de l'aiguille. Cela revient à faire agir un nombre n de trains égal au quotient du quart de la période d'oscillation de l'aiguille par la période du rupteur de la bobine.

Nous avons laissé le double signe. Le signe $+$ correspond aux cas où les extrémités B_1 et B_2 sont isolées (courbe I); il y a très approximativement un ventre de la différence de potentiel en ces points. Le

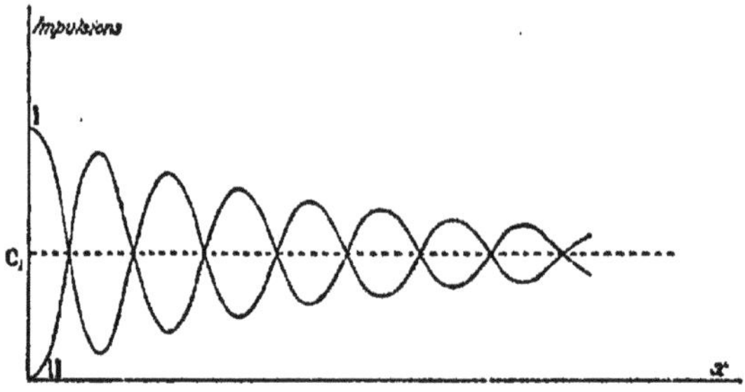

Fig. 34.

signe — correspond au cas où elles sont reliées par un pont métallique (courbe II); il y a un nœud pour la différence de potentiel.

A distance suffisante des extrémités B, l'impulsion est constante et égale à (§ 56) :

$$C = \frac{1}{2\omega\varkappa\sqrt{1+\varkappa^2}}\cos\varphi = \frac{1}{2\omega\varkappa}\,\frac{1}{1+\varkappa^2}.$$

L'onde agit alors indépendamment à l'aller et au retour, produisant deux fois la même impulsion.

L'amortissement dépend des distances entre les plaques P et A de l'excitateur. Quand on les rapproche, les déviations de l'électromètre augmentent, mais les ondulations des courbes de la figure 34 deviennent moins distinctes; l'amortissement augmente.

Remarque. — Soit n le nombre de trains d'onde qui agissent sur l'aiguille; soit T la période d'une vibration et m le nombre de vibrations dont l'effet n'est pas négligeable.

Si nous admettons l'amortissement supposé au § 39, chaque train contient moins d'une vingtaine de périodes dont l'effet soit sensible. La durée effective du phénomène actif est nmT, quantité très petite, qui peut être inférieure au millième de seconde. Aussi doit-on employer un électromètre très sensible, bien que le potentiel maximum au début de chaque train puisse se chiffrer en centaines de volts.

58. Périodes des perturbations émises. — Dans l'expérience précédente, nous supposons les fils longs par rapport à la longueur d'onde de la perturbation émise. Tout se passe comme quand on fait fonctionner un sifflet à l'extrémité d'un long tuyau. Ce n'est pas la longueur du tuyau qui fixe la hauteur du son.

Nous allons nous placer maintenant dans des conditions très différentes.

Prenons comme excitateur l'appareil représenté figure 35. Plaçons en travers sur les fils un pont conducteur P_1. Nous limitons ainsi un système complexe (*système excitateur*) formé du primaire CE, du

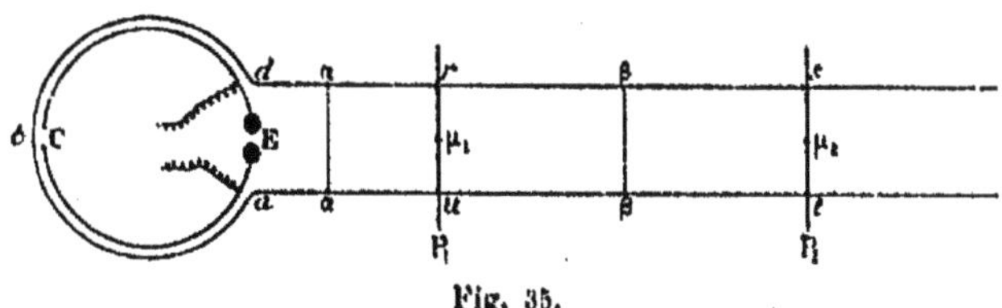

Fig. 35.

secondaire *abd* et du pont P_1. *A ce système correspondent des vibrations propres de périodes :* T_0, T_1, T_2, ..., *ou, si l'on veut, des longueurs d'onde dans l'air :* λ_0, λ_1, λ_2, ...

Nous les appellerons sons partiels (Cours de Mathématiques, § 177) : *ils ne forment pas nécessairement une série harmonique.*

Il résulte de la symétrie du système que le milieu μ_1 du pont P_1 est nécessairement un nœud de la force électrique et un ventre pour le courant. L'expérience montre qu'il en est de même pour le point *b* sur le circuit extérieur. Il existe donc sur ce circuit, quelque part vers les points *a* et *d*, des ventres pour le potentiel et des nœuds pour le courant. Au même instant, le courant va dans le sens *drua* dans une partie du circuit, dans le sens *dba* dans l'autre, diminuant le potentiel en *d* et l'augmentant en *a* ; ou bien, il va dans les sens *aurd*, *abd*, augmentant le potentiel en *d*, le diminuant en *a*. Ces hypothèses sont conformes aux phénomènes dans le circuit primaire CE, qui vibre en *demi-onde* avec des ventres du potentiel aux extrémités libres C, et un ventre du courant en E.

Pour déterminer la période (ou la longueur d'onde) d'un des sons partiels, disposons un second pont P_2; déplaçons-le jusqu'à ce que le système *rstu* soit accordé sur le *système excitateur*. Nous en serons averti par exemple quand la luminescence d'un tube à gaz raréfié sans électrodes, maintenu en ββ à peu près à égale distance des deux ponts, passera par un maximum.

En effet, par raison de symétrie, il se fait en μ_2, au milieu du second pont, un nœud de la force électrique; par conséquent, il existe des ventres de potentiels en β sur les fils, autrement dit, il existe un ventre de la différence de potentiel entre les fils, à égale distance des ponts. L'accord est réalisé quand ce ventre correspond à la plus grande différence possible de potentiel, et par conséquent à la plus grande luminescence possible du tube.

Soit alors l la distance des ponts, b la distance des fils; on a :

$$\lambda = 2(l+b), \qquad T = 2(l+b) : V.$$

Au lieu d'un tube à gaz raréfié, on peut employer les autres méthodes déjà étudiées, par exemple la méthode bolométrique.

59. **Résultats des expériences.** — Pour fixer les idées, nous prendrons 5 centimètres et 4 centimètres pour diamètres des cercles formés par les fils secondaire et primaire, 1 millimètre pour diamètre des fils parallèles secondaires qui seront placés à 2 centimètres de distance.

Le sommet b du cercle secondaire est un nœud pour les potentiels; on peut le relier au sol sans changer les phénomènes. Nous savons que le milieu du pont P_1 est aussi un nœud. On pourrait donc croire que la distance $b\mu_1$ est une demi-longueur d'onde, en négligeant la demi-distance des fils; ou, ce qui revient au même d'après le § précédent, qu'il faudra faire : $\overline{\mu_1\mu_2} = \overline{b\mu_1}$, afin d'obtenir la résonance entre le système excitateur et le système *rstu, pour le partiel fondamental* (partiel I) dont nous nous occupons actuellement.

L'expérience montre que la demi-longueur d'onde mesurée par $\overline{\mu_1\mu_2}$ est toujours supérieure à la distance $\overline{b\mu_1}$; elle tend vers $\overline{b\mu_1}$, quand $\overline{b\mu_1}$ croît indéfiniment.

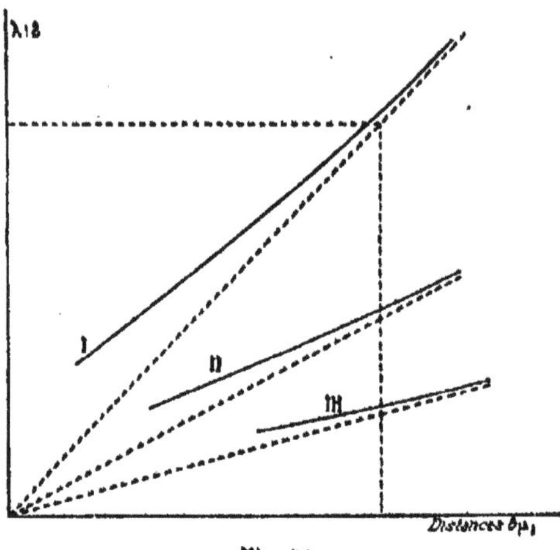

Fig. 36.

De même pour les partiels supérieurs. La demi-longueur d'onde du partiel II, par exemple, est supérieure à la moitié de $\overline{b\mu_1}$; elle tend vers cette valeur quand $\overline{b\mu_1}$ croît indéfiniment.

Représentons les résultats en prenant $\overline{b\mu_1}$ comme abscisse, et comme ordonnée la demi-longueur d'onde des partiels successifs I, II, III, ... (fig. 36). Dans l'hypothèse la plus simple, les courbes seraient les droites en pointillé; elles sont en réalité les courbes en traits pleins asymptotes aux droites.

On reconnaît, dans la question que nous traitons, un problème tout à fait analogue à celui *de la correction des embouchures* (I, § 83) dans les tuyaux sonores. On sait qu'à l'embouchure de flûte par exemple ne sont pas exactement localisés un ventre de déplacement et un nœud de pression. Corrélativement, à moins que les tuyaux ne soient assez longs et minces, les partiels supérieurs ne sont pas harmoniques.

Il va de soi que l'on ne peut obtenir les partiels supérieurs que si la distance $\overline{b\mu_1}$ n'est pas trop petite; c'est pourquoi les courbes en traits pleins s'arrêtent à une certaine distance de l'axe des ordonnées.

60. Période d'un circuit formé d'un condensateur et de deux fils parallèles suffisamment longs. — On peut déterminer *à priori* la période des oscillations dans un circuit constitué par un condensateur, deux fils parallèles et un pont P situé à une distance L du condensateur (fig. 37).

Fig. 37.

Le calcul repose sur l'hypothèse qu'il n'y a pas d'amortissement, que l'énergie totale reste invariable et que par conséquent elle est indépendante du temps. La longueur L se déduit alors immédiatement de la combinaison des équations des §§ 52 et 53. Appelons Γ la capacité du condensateur.

Nous admettrons que les phénomènes entre les fils parallèles et dans le condensateur ne sont pas modifiés par la présence simultanée des deux sortes d'appareil.

Plaçons le condensateur au point d'abscisse z. La différence de potentiel entre les points correspondants des deux fils est (§ 52) :

$$\Phi = 2 i_0 V \log \frac{b}{a} \sin \omega t \sin \omega' z.$$

L'énergie totale *pour le système des fils* est :

$$W_F = \frac{i_0^2}{4} \log \frac{b}{a} \frac{\sin 2\omega' z}{\omega'} \cos^2 \omega t + A,$$

où A est indépendant du temps (§ 53).

Nous pouvons négliger l'énergie magnétique *du condensateur;* il reste pour l'énergie totale emmagasinée par le condensateur (§ 53) :

$$W = \frac{\Gamma \Phi^2}{2} = 2 \Gamma i_0^2 V^2 \log^2 \frac{b}{a} \sin^2 \omega t \sin^2 \omega' z.$$

Écrivons que $W_P + W_F$ est indépendant du temps; il vient la condition :

$$\omega' \operatorname{tg} \omega' z = \frac{1}{4\Gamma V^2 \log \frac{b}{a}}.$$

Nous devons prendre comme origine des coordonnées ($z = 0$), le pont P (ou plus exactement le milieu du pont pour lequel existe un nœud de la différence de potentiel : $\Phi = 0$). La longueur z devient précisément la distance L du pont au condensateur C. L'équation qui fournit la longueur d'onde de l'oscillation propre du système est en définitive :

$$\frac{2\pi L}{\lambda} \operatorname{tg} \frac{2\pi L}{\lambda} = \frac{L}{4\Gamma \log \frac{b}{a}}, \qquad (1)$$

où Γ est évaluée en unités électrostatiques.

Si la capacité Γ est quasiment nulle, la longueur d'onde du fondamental est donnée par la condition :

$$\frac{2\pi L}{\lambda} = \frac{\pi}{2}, \qquad L = \frac{\lambda}{4}.$$

Il y a un nœud de potentiel en μ et des ventres de potentiel aux bouts b des fils qui se terminent alors brusquement. Le système $b\mu b$ vibre en demi-onde.

Si la capacité Γ est au contraire énorme, la longueur d'onde du fondamental est donnée par la condition :

$$\frac{2\pi L}{\lambda} = \pi, \qquad L = \frac{\lambda}{2}.$$

Il y a maintenant un nœud de potentiel en μ, et des nœuds au niveau du condensateur. Le système $b\mu b$ vibre en onde. L'introduction d'une énorme capacité équivaut à un pont, ce qui est bien évident *a priori*.

On se trouve naturellement toujours entre ces deux limites : la longueur d'onde de l'oscillation propre est inférieure à 4L et supérieure à 2L.

On discuterait de même les longueurs d'onde des partiels supérieurs. L'expérience vérifie très exactement les suggestions de la théorie.

61. **Mesure de la vitesse de propagation.** — Considérons le système complexe formé par un excitateur, un résonateur R et le pont P (fig. 38). Supprimons le résonateur; pour chaque position du pont P, le système excitateur émet certains sons partiels dont l'un a T pour période. Rétablissons le résonateur; nous aurons des étincelles à ce résonateur si sa période propre est précisément T.

Si l'accord n'est pas obtenu, nous déplacerons le pont P jusqu'à ce qu'il en soit ainsi. Nous aurons réalisé un système complexe dont les deux parties vibrant isolément ont pour période T; vibrant

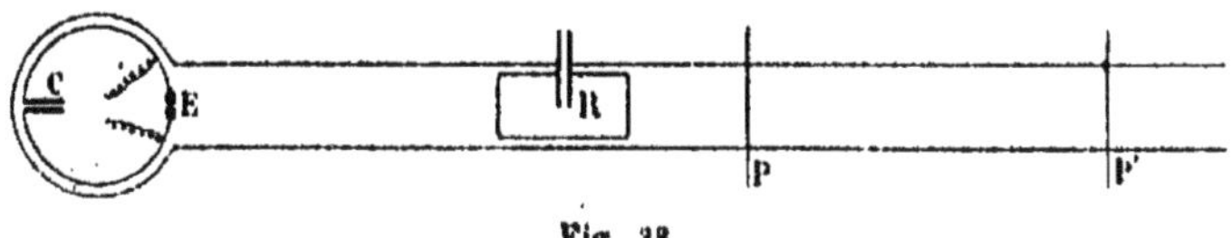

Fig. 38.

simultanément, elles conservent approximativement cette même période[1].

Ceci fait, cherchons par tâtonnement une nouvelle position P' du pont pour laquelle l'accord est de nouveau réalisé. Il faudra déplacer le pont d'une longueur l telle que (§ 58) :

$$\lambda = 2(l+b), \qquad T = 2(l+b) : V. \qquad (1)$$

On réalisera de nouveau l'accord pour des positions P'', P''', ... telles que :

$$p\lambda = 2(l+b), \qquad T = 2(l+b) : pV, \qquad (1')$$

où p est un nombre entier.

Rien de nouveau jusqu'à présent.

Mais supposons que le calcul de la période T du résonateur soit possible *a priori;* les formules (1) et (1') permettent de calculer V, une fois connues les distances l qui correspondent aux maximums de résonance.

Bien entendu, nous pouvons déterminer, au lieu des maximums, les minimums de résonance; c'est même expérimentalement plus facile.

62. **Expériences de Blondlot.** — Pour que le calcul de la période du résonateur soit possible (§ 35), il faut le construire de manière que sa capacité et sa self induction soient calculables. La figure 39 le représente.

Étant approximativement fermé, il est peu amortissant, circonstance très favorable à la détermination correcte de la résonance.

L'excitateur émet généralement au contraire des oscillations très amorties; cherchons ce qui résulte de là pour la position du pont P, quand le résonateur donne le maximum ou le minimum d'étincelles. Supposons un amortissement à l'émission assez grand pour qu'on puisse réduire le train d'onde à une sorte de *coup* électromagnétique.

L'onde excitatrice, envoyée sur l'un des fils, M_1B_1 par exemple, communique deux impulsions au résonateur : l'une à l'aller par le fil M_1B_1, l'autre au retour par le fil B_2M_2, après avoir franchi le pont P.

[1] Pour savoir à quelle condition cette proposition est exacte, on se reportera au § 31.

La seconde impulsion renforce ou annule l'effet de la première, selon que le résonateur a accompli dans l'intervalle un nombre pair ou impair de demi-oscillations. Le résonateur ne vibrera donc pas, si la distance ap_2p_1b est un nombre impair de demi-longueurs d'onde, ou

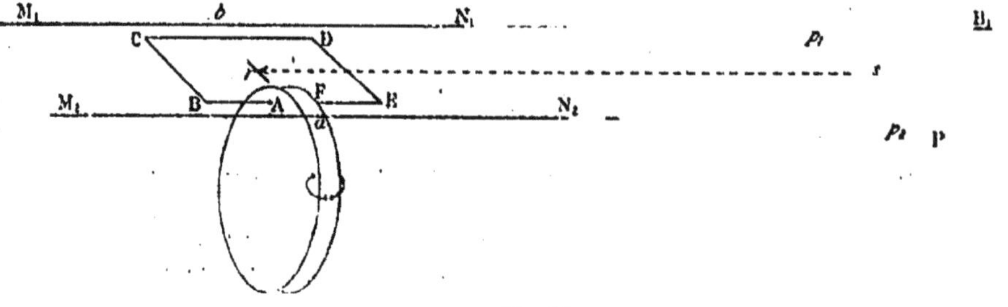

Fig. 39.

(ce qui revient au même, vu le petit écartement des fils) si $\overline{rs}$ est un nombre impair de quarts de longueur d'onde.

Il vibrera au maximum si $\overline{rs}$ est un nombre entier de demi-longueurs d'onde.

Cette explication suppose que l'amortissement d'émission est énorme. S'il ne l'est pas, il sera avantageux pour la netteté des phénomènes, non seulement de réaliser les conditions précédentes, mais encore de donner à l'excitateur une période propre voisine de celle du résonateur, comme le suppose d'ailleurs le paragraphe 61.

Précisons l'explication précédente.

A la vérité, il existe simultanément un train envoyé dans chaque fil. L'ensemble de ces trains crée un champ magnétique dont les lignes de force sont représentées en pointillé dans la figure 39.

Suivant la phase, les lignes vont dans un sens ou dans le sens contraire, leurs formes restant invariables. L'effet du premier passage d'un *coup* induit donc dans le circuit du résonateur, normal aux lignes de force magnétique, une force électromotrice d'induction d'un certain sens. Au retour, la perturbation a changé à la fois et de sens et de fil : elle induit donc une force électromotrice de même sens que précédemment. Pour que les deux forces électromotrices, créées l'une un certain temps après l'autre, ajoutent leurs effets, il faut bien que ce temps soit précisément une période du résonateur.

Nous arrivons donc à prévoir, non seulement l'existence d'une série de positions équidistantes du pont qui donneront soit le maximum, soit le minimum d'étincelle au résonateur (raisonnement du paragraphe précédent), mais encore le lieu où il faut placer le pont pour obtenir ce résultat.

Les expériences ont donné $3 \cdot 10^{10}$ dans l'air comme vitesse de propagation, c'est-à-dire la vitesse de la lumière.

63. Relation de Maxwell : $K = n^2$. — D'après la Théorie électromagnétique, le pouvoir inducteur spécifique K est égal au carré n^2 de l'indice. Le pouvoir inducteur est ordinairement mesuré avec des différences de potentiel lentement variables (méthodes statiques). Dans ces conditions, K est toujours supérieur à n^2; il est souvent deux à trois fois plus grand.

Ces discordances n'ont rien qui puisse surprendre.

On sait que l'indice dépend de la période : nous reviendrons sur ces phénomènes de *dispersion* au chapitre IX. Pour que la comparaison ait un sens, il faudrait : d'une part, mesurer le pouvoir inducteur par des méthodes électriques pour des oscillations hertziennes de courtes périodes ou de petites longueurs d'onde ; d'autre part, mesurer l'indice pour des radiations lumineuses de longues périodes ou grandes longueurs d'onde, en tenant compte de la dispersion anomale toujours possible.

De toute manière, il semble rationnel de mesurer le pouvoir inducteur spécifique à l'aide des ondes hertziennes. On trouve des nombres beaucoup plus petits qu'avec des champs lentement variables, qui par suite se rapprochent davantage du carré de l'indice.

Première méthode. — On peut déterminer la période d'oscillation T d'un condensateur à lame d'air en mesurant, par la méthode du § 61, la longueur d'onde des perturbations transmises dans l'air le long d'un fil.

On mesure la nouvelle période T' au moyen de la nouvelle longueur d'onde λ', après avoir remplacé la lame d'air par une lame de verre.

$$T = \pi\sqrt{CL}, \qquad T' = \pi\sqrt{C'L} ;$$

$$\frac{T}{T'} = \sqrt{\frac{C}{C'}} = \sqrt{\frac{K}{K'}} = \frac{\lambda}{\lambda'}, \qquad \frac{K}{K'} = \left(\frac{\lambda}{\lambda'}\right)^2.$$

Seconde méthode. — On peut utiliser la méthode du § 60. Quand on remplace la lame d'air du condensateur par un diélectrique quelconque, on change la durée d'oscillation du système formé par le condensateur, les fils et le pont. De la détermination de la nouvelle longueur d'onde dans l'air, on déduit la capacité du condensateur et par suite le pouvoir inducteur spécifique.

CHAPITRE IV

TÉLÉGRAPHIE SANS FIL

La télégraphie sans fil utilise les deux sortes de phénomènes que nous avons rencontrées dans les chapitres précédents :

1° propagation le long des fils (antennes d'émission et de réception) ;

2° propagation dans l'espace.

Son étude est donc précieuse pour fixer les idées du lecteur.

64. Émission des ondes. — On produit des oscillations électriques dans un conducteur isolé appelé *antenne* dont une des extrémités est à la terre. Pour le mettre en vibration, on utilise trois procédés différents (le lecteur se reportera utilement au § 49).

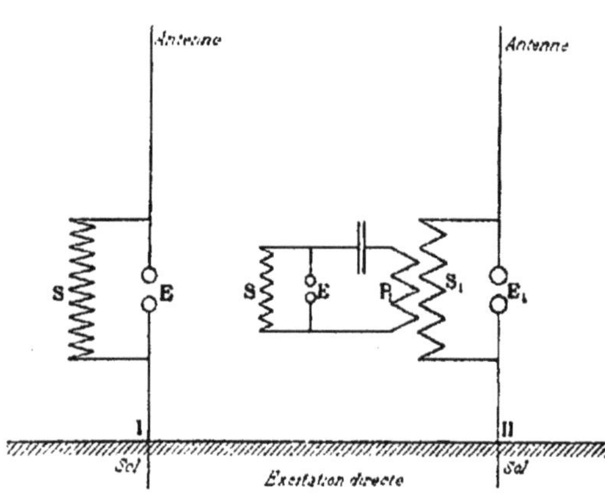

Fig. 40.

Excitation directe. — L'antenne est coupée par un excitateur ou *éclateur*. On relie directement aux deux parties les extrémités du secondaire d'une bobine d'induction ou d'un transformateur industriel (fig. 40, I). On peut encore passer par l'intermédiaire d'un transformateur de Tesla (fig. 40, II).

Excitation induite. — On obtient les oscillations par induction dans un enroulement intercalé sur l'antenne. On a recours soit à une excitation ordinaire de Hertz (fig. 41, I), soit à un transformateur de Tesla (fig. 41, II).

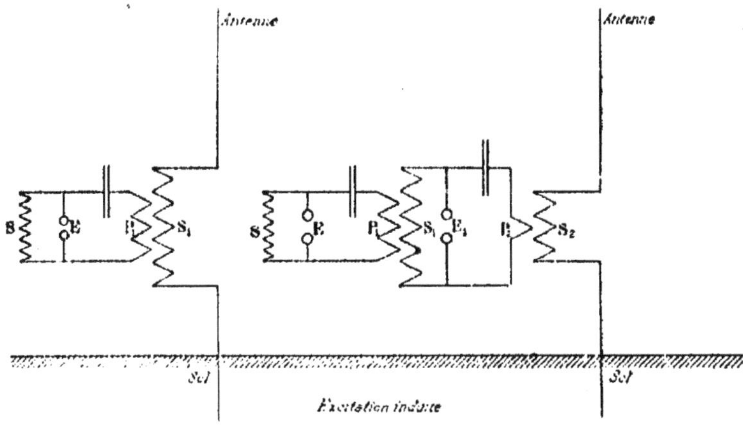

Fig. 41.

Excitation dérivée. — On place l'antenne en dérivation sur un excitateur de Hertz (fig. 42).

Quand on utilise plusieurs excitateurs à la suite l'un de l'autre, il faut les accorder. Pour cela on intercale un ampèremètre thermique sur l'antenne et on cherche à rendre maxima ses indications.

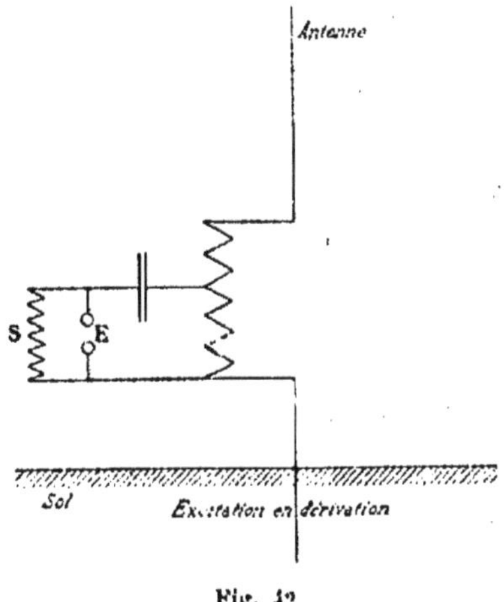

Fig. 42.

Les antennes sont constituées soit par un fil simple, soit par plusieurs fils parallèles. Le fil utilisé est nu, soigneusement isolé de ses supports et autant que possible disposé verticalement (sauf indications contraires, § 74). Le fil qui relie l'antenne à la terre doit avoir une faible résistance et une self induction négligeable. La mise à la terre doit être particulièrement soignée. Elle se compose : sur les navires, d'une large plaque de cuivre soudée à la coque; dans les postes à terre, de plaques de zinc d'une quarantaine de mètres carrés de surface, enfouies dans le sol.

65. Phénomènes ondulatoires dans les antennes vibrant isolément (Tissot). — Par analogie avec les tuyaux, on peut prévoir qu'une antenne *filiforme oscillant seule* vibre approximativement *en quart d'onde.*

Soit l sa longueur; l'intensité i en un point dont la distance au sol est z, et la force électrique E, *normale à la surface du conducteur* en ce point, satisfont aux relations (§ 26) :

$$i = i_0 \cos \frac{\pi z}{2l} \sin \omega t,$$

$$E = E_0 \sin \frac{\pi z}{2l} \cos \omega t.$$

Pour $z = 0$, c'est-à-dire au sol, les variations de i sont maxima (ventre du courant); les variations de E sont nulles (nœud de la force électrique normale au conducteur).

Pour $z = l$, extrémité de l'antenne, le courant est toujours nul; la variation de E est maxima.

Mais cette théorie n'est évidemment qu'approchée : il doit exister, comme dans les tuyaux, une correction des extrémités.

Pour déterminer expérimentalement la longueur d'onde λ dans une antenne de longueur l, il suffit d'exciter *directement* l'antenne et de mesurer la période par la méthode du miroir tournant (§ 27). On peut calculer la longueur d'onde, puisqu'on connaît la vitesse de propagation : $v = 3 . 10^{10}$, dans l'air.

Dans l'excitation directe (fig. 38, I), le secondaire S de la bobine de Ruhmkorff n'intervient pas dans la durée d'oscillation, puisqu'il ne participe pas aux oscillations rapides.

Voici les résultats de l'expérience.

1° La longueur d'onde de la vibration fondamentale λ d'une antenne filiforme simple est toujours supérieure à quatre fois la longueur de l'antenne :

$$\lambda : 4l = \rho, \quad \rho > 1.$$

2° Le rapport ρ, toujours plus grand que l'unité, tend vers l'unité quand l augmente.

3° Pour une antenne donnée, ρ tend vers l'unité quand le diamètre du fil diminue.

4° Si l'antenne est à branches multiples, c'est-à-dire constituée par plusieurs fils, ρ est notablement supérieur à 1; ρ croît avec le nombre des branches et leur écartement.

5° Il naît, en plus de l'onde fondamentale, des ondes de période plus courte correspondant aux harmoniques impairs. L'antenne comprend approximativement 3, 5, 7, ... quarts d'onde.

6° L'amortissement varie dans le même sens que le rapport ρ.

7° L'amortissement diminue quand la terre s'améliore : il est particulièrement faible à bord des navires. Cela prouve qu'il provient non seulement de l'émission des ondes, mais encore de la dissipation d'énergie par effets caloriques dans l'antenne ou à la prise de terre.

On peut calculer immédiatement l'*ordre de grandeur* de la longueur d'onde, et par conséquent de la période, d'une antenne *vibrant seule* dont on connaît la hauteur. Les antennes ont habituellement une hauteur de 50 mètres; la longueur d'onde est de l'ordre de 200 mètres, la fréquence de l'ordre d'un million et demi.

Les résultats précédents se rapportent à une antenne filiforme sur laquelle ne sont intercalés ni self induction, ni condensateurs. On modifie, bien entendu, la période en coupant l'antenne en un point, et en reliant les extrémités obtenues aux armatures d'un condensateur. On peut ainsi, avec une antenne donnée, obtenir des ondes aussi longues qu'on le désire.

66. **Antennes vibrant par induction.** — Le problème est tout différent quand l'excitation est induite. Raisonnons sur la partie gauche de la figure 41. Nous avons affaire à deux circuits : l'un est formé de l'éclateur E, du condensateur et du primaire P_1; l'autre est formé de l'antenne sur laquelle est maintenant intercalé le secondaire S_1.

Chacun de ces circuits, supposé éloigné de l'autre, a un amortissement propre et une période propre d'oscillation. Mais ils réagissent l'un sur l'autre : on dit qu'ils sont *couplés*. Nous retombons sur le problème traité aux §§ 30 et 31. Les longueurs d'onde n'ont généralement plus aucune relation simple avec la hauteur de l'antenne; on peut obtenir, par exemple, des ondes incomparablement plus longues que quatre fois cette hauteur.

Suivant les effets qu'on veut obtenir, on réalise un couplage plus ou moins lâche, c'est-à-dire qu'on diminue ou qu'on augmente le coefficient d'induction mutuelle des enroulements P_1, S_1 en présence. Si, par exemple, on veut une période bien déterminée (il y a généralement, dans chacun des circuits, des oscillations de deux périodes distinctes, les mêmes pour les deux circuits), on choisit un accouplement ou très lâche, ou très serré.

Ces considérations prennent un grand intérêt, quand on veut réaliser la syntonie des postes transmetteur et récepteur (§ 75).

67. **Transmission de l'énergie.** — On peut considérer l'ensemble de l'antenne et de la surface terrestre, *supposée conducteur parfait,* comme la moitié d'un excitateur de Hertz rectiligne.

Un conducteur parfait est caractérisé par ce fait que, dans la propagation des mouvements oscillatoires, la force électrique lui est toujours normale et la force magnétique parallèle. C'est précisément ce qui a lieu pour le plan équatorial de l'oscillateur de Hertz, plan xOy des figures 8 et 9.

Si donc on coupe l'excitateur par le milieu, et qu'on rende le plan

xOy parfaitement conducteur, les phénomènes ne seront pas modifiés au-dessus de ce plan. Il se formera des courants superficiels sur ce plan qui se propageront avec la vitesse de la lumière.

Nous pouvons donc appliquer ce que nous savons de la transmission de l'énergie dans un des hémisphères de l'excitateur de Hertz rectiligne, au système formé par l'antenne et la surface de la Terre jouant le rôle du plan conducteur xOy.

En particulier, l'énergie moyenne par unité de temps et par unité de surface de la sphère de rayon r a pour expression (§ 22) :

$$\frac{2\pi^3 \sin^2 \theta}{r^2 \lambda^3}.$$

Elle est donc localisée tout près de la surface terrestre ($\theta = \pi : 2$), dans une zone relativement peu élevée et fonction de la hauteur de l'antenne. C'est ce qu'on a vérifié avec un récepteur placé dans un ballon libre, muni d'une antenne convenablement accordée.

Nous supposons que la surface terrestre est parfaitement conductrice; donc les phénomènes doivent être plus réguliers au-dessus de la mer qu'au-dessus de la terre, ce que l'expérience confirme.

Les vecteurs électrique et magnétique varient en raison inverse de la distance, l'énergie en raison inverse du carré de la distance : c'est encore ce que l'expérience directe confirme.

L'énergie émise est proportionnelle au carré des potentiels explosifs (§ 22) à l'éclateur, ou, si l'on veut, au carré des amplitudes du courant dans l'antenne.

68. **Réception des ondes.** — La réception des ondes se fait avec une antenne analogue à l'antenne d'émission; elle est dans le champ électromagnétique et vibre électriquement par résonance.

Si les oscillations envoyées n'étaient pas amorties, il faudrait, pour recevoir un signal, réaliser la même période propre à l'émission et à la réception. Mais les oscillations émises étant très fortement amorties, l'antenne réceptrice, qui vibre au mieux pour l'identité des périodes, vibre aussi pour des périodes très différentes. Nous reviendrons là-dessus plus loin (§ 75).

La vibration agit sur les *détecteurs d'ondes*.

Les uns mesurent par leurs indications soit l'intensité efficace du courant induit (bolomètres, § 56), soit l'intensité maxima (détecteurs magnétiques, § 72; détecteurs électrolytiques, § 70). On les intercale directement sur l'antenne réceptrice au voisinage du sol.

Les autres mesurent la tension maxima; ce sont les *cohéreurs*, appareils très sensibles et presque uniquement employés. Voici quel est dans ce cas le montage de réception.

Il faut utiliser un transformateur (jigger) dans lequel une oscillation est induite; on cherche à réaliser un ventre de tension là où se trouve le cohéreur.

Dans le *dispositif par induction* (fig. 44, I), un primaire très court P, intercalé sur l'antenne, induit des courants dans deux secondaires symétriques S′ et S″. Une des extrémités de ces enroulements, a′ ou a″, est reliée au cohéreur C. L'autre est reliée à l'une des bornes d'une des bobines d'impédance, B′ ou B″. Le circuit de la pile *p* se ferme à travers tous les enroulements et à travers le cohéreur. Les bobines B′ et B″ amortissent les oscillations et leur servent d'étouffoir par rapport au circuit *p*G. Tout se passe sous ce rapport comme si les circuits S′B′, S″B″, étaient infiniment longs. Le cohéreur se trouve au ventre central pour la force électrique, c'est-à-dire là où les oscillations ont le plus d'effet.

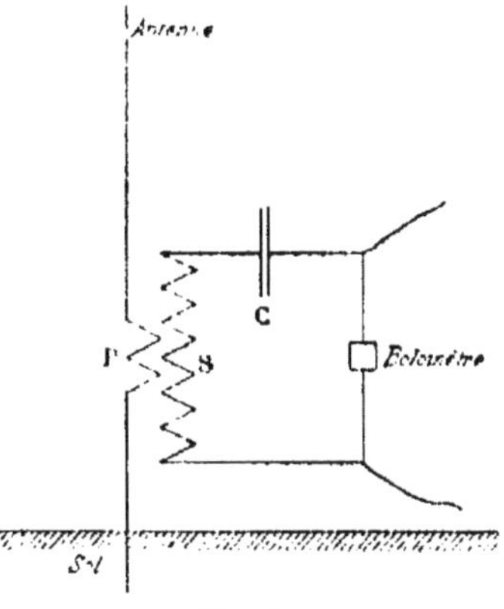

Fig. 43.

Dans le *dispositif par dérivation* (fig. 44, II), le court primaire P, intercalé sur l'antenne, est prolongé par deux enroulements S′, S″

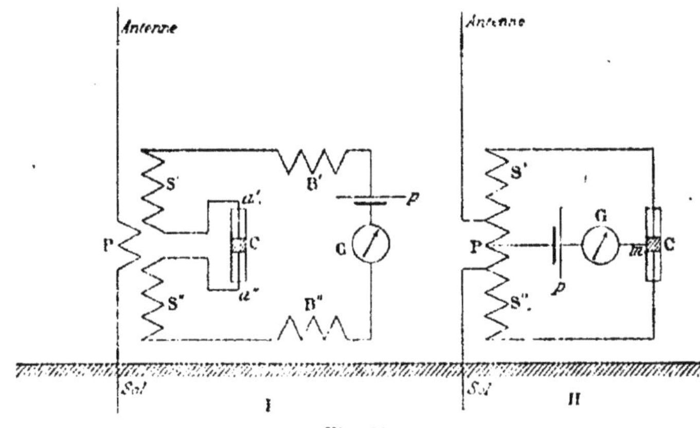

Fig. 44.

qui aboutissent au cohéreur. La pile et le galvanomètre sont montés symétriquement; une des extrémités du circuit aboutit au milieu *m* du cohéreur.

On a combiné ces deux techniques; nous n'insistons pas.

Il est intéressant de comparer les propriétés du cohéreur qui est sensible à la différence de potentiel maxima, et du bolomètre qui mesure l'intégrale $\int i^2 dt$.

Le cohéreur réagit de la même manière sous l'influence d'un nombre quelconque de trains d'ondes. Ou bien une des ondes atteint une différence de potentiel suffisante, produit tout l'effet possible et rend les suivantes inutiles; ou bien l'effet est nul, quel que soit le nombre des ondes.

Le bolomètre au contraire est un totaliseur; son indication est sensiblement proportionnelle au nombre des ondes; il est avantageux de multiplier les trains d'onde.

Nous verrons une importante application de ces remarques au § 75.

69. **Ordre de grandeur des phénomènes** (Tissot).

1° Soit par exemple une antenne réceptrice de 50 mètres de hauteur; l'antenne d'émission de même hauteur est à 1 kilomètre; les étincelles d'émission ont 5 centimètres. On trouve au bolomètre une intensité efficace de 6 milliampères.

On a dans l'expérience précédente :

$$T = 0{,}65 \,.\, 10^{-6}, \qquad \varkappa = 0{,}06, \qquad n = 30.$$

Le calcul donne (§ 56) : $i_0 = 1{,}6$ ampères.

Ainsi le courant maximum est de l'ordre de l'ampère; mais, à cause de l'amortissement, il ne dure qu'une très petite fraction du temps total. Il y a avantage à multiplier le nombre des trains d'ondes (c'est-à-dire le nombre des étincelles de l'appareil transmetteur) pour augmenter l'indication du bolomètre (§ 68).

2° On peut de même étudier, à l'aide d'un électromètre, la force électrique au sommet de l'antenne où existe un ventre de tension. On a trouvé par exemple : $E_{eff} = 4$ volts. Les formules du § 56, où l'on remplace les intensités par des tensions, permettent de calculer la valeur maxima E_0. On trouve dans les conditions précédentes :

$$E_0 = 1\,100 \text{ volts.}$$

3° Si le voltage maximum est *de cet ordre*, un tube à vide (tube de Geissler) doit s'illuminer quand on met l'une de ses électrodes à la terre et l'autre en contact avec le sommet d'une antenne excitée à distance. Effectivement on obtient une luminescence en attaquant à 1 kilomètre une antenne de 55 mètres par une antenne *accordée* (§ 68) et excitée avec des étincelles de 5 centimètres. Essayé avec une batterie d'accumulateurs, ce tube ne s'illuminait que pour une différence de potentiel supérieure à 600 volts.

On peut aussi mettre le tube à la place du cohéreur dans l'une des dispositions de réception : il s'illumine.

4° Mais nous savons (§ 67) que, toutes choses égales d'ailleurs, les grandeurs doivent varier en raison inverse de la distance. Donc à 400 kilomètres, distance à laquelle on peut déceler un ébranlement à l'aide d'un cohéreur, la plus grande différence de potentiel est de l'ordre de 2 volts. C'est bien l'ordre de grandeur des différences de potentiel nécessaires pour *cohérer*.

Il faut remarquer toutefois que cette différence ne dure qu'une très petite fraction du temps total; on s'explique donc que des cohéreurs qui ne peuvent supporter *sans cohérer* plus qu'une différence de potentiel *continue* de 0v,5, soient *juste* sensibles à une différence de potentiel quatre ou cinq fois plus grande, *mais qui ne dure qu'un temps très court*.

70. **Cohéreurs.** — Le cohéreur le plus simple est un tube de quelques millimètres de diamètre qui contient un peu de limaille métallique. On la comprime plus ou moins avec deux pistons *pp* de métal (fig. 45).

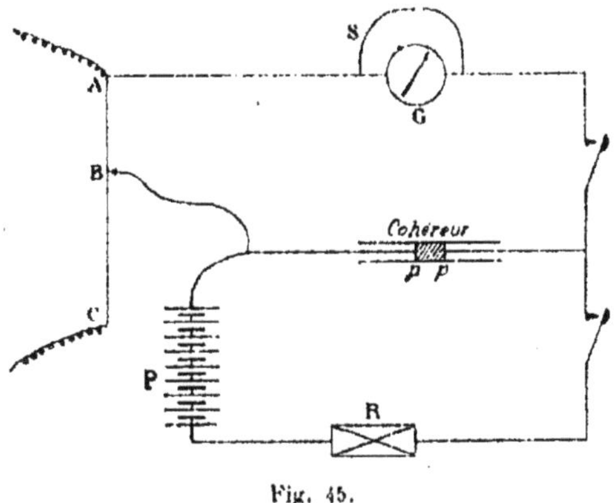

Fig. 45.

C'est un fort mauvais conducteur, dont la résistance peut être de l'ordre de cent mille ohms. Pour la mesurer, on la met en circuit avec un galvanomètre sensible et *une force électromotrice très faible* empruntée à un *potentiomètre* (c'est-à-dire prise entre deux points A et B d'un circuit traversé par un courant d'intensité connue, le circuit compris entre A et B ayant une résistance connue).

La résistance déterminée, soumettons le cohéreur à une différence de potentiel *continue ou alternative* E de 1, 2, ..., 10, 20, ..., volts, (pile ou électromoteur alternatif P), en ayant soin d'intercaler des résistances R de plusieurs millions d'ohms de manière que le courant reste toujours très faible. Recommençons la mesure de la résistance en schuntant le galvanomètre G; *nous la trouvons diminuée*. On dit qu'il y a *cohésion* ou *cohération*.

Ainsi le fait d'appliquer à la limaille une force électromotrice suffisante modifie sa résistance.

Quand E croît à partir d'une certaine valeur E_0, dite force électromotrice critique, la résistance diminue d'abord rapidement, puis tend vers une limite.

Ceci posé, on prévoit que la résistance du cohéreur diminue par le passage d'une onde électromagnétique. Celle-ci crée en effet une différence de potentiel qui peut se chiffrer par un grand nombre de volts.

Ordinairement la diminution de résistance est persistante; mais il suffit d'un choc pour *décohérer*, c'est-à-dire pour rétablir la résistance primitive. Les vibrations mécaniques, qu'il est difficile d'éviter, ramènent d'ailleurs peu à peu la résistance à sa valeur normale.

On a donné au cohéreur les formes les plus diverses, tant pour augmenter la sensibilité que pour modifier les conditions de la *décohésion*. Tout contact imparfait peut du reste jouer le rôle de cohéreur.

On préfère les limailles de métaux oxydables à l'air; celles des métaux inoxydables laissent toujours passer le courant. Des alliages convenables (argent et nickel) réduits en limaille ne s'oxydent qu'à chaud; on profite de cette propriété pour régler l'épaisseur de la couche d'oxyde qui ne varie plus à froid. Il est préférable de faire le vide dans le tube cohéreur, qui est alors fermé à la lampe.

Il existe des cohéreurs obtenus en fondant ensemble un diélectrique et des limailles (soufre et limailles d'aluminium). Malgré leur rigidité, la résistance diminue sous l'influence d'une onde; un choc assez violent est nécessaire pour les décohérer.

L'emploi de limailles n'est pas essentiel. On a construit des cohéreurs à billes métalliques, à ressorts ...

Certains cohéreurs (à poudre de charbon) sont *autodécohérables* ou *à décohésion* spontanée. Cela signifie que la résistance reprend sa valeur initiale sitôt que l'onde cesse de passer.

L'explication de ces phénomènes est trop incertaine et trop contestée pour que nous insistions.

On peut empêcher un tube de se décohérer, c'est-à-dire de reprendre par le choc sa résistance première; il suffit que la densité du courant qui le parcourt *après la cohésion* soit supérieure à une certaine limite (*intensité critique*, de l'ordre du milliampère par millimètre carré). Cette limite semble indépendante dans une large mesure de la force électromotrice appliquée au tube (0,1 volt à 10 volts), à condition d'intercaler une résistance convenable.

La résistance R d'un tube décohéré par une perturbation électromagnétique n'est pas une constante; elle varie entre deux limites R_1 et R_2. De même la résistance r du tube cohéré est comprise entre deux limites r_1 et r_2. Au point de vue des applications, il est avantageux que la différence $R - r$ soit, non pas *par hasard* très grande, mais *toujours* suffisante. Au tube dont le réglage est le plus facile, correspondent des différences $R_2 - R_1$ et $r_2 - r_1$ petites, la différence *ordinaire* $R - r$ restant assez grande.

71. **Détecteurs ou indicateurs d'ondes.** — Un tube à gaz raréfié contient comme électrodes deux fils métalliques distants de quelques dixièmes de millimètre. Il est mis sur le circuit d'une pile dont la force électromotrice est peu inférieure à celle qui est nécessaire pour produire un courant. Le courant passe quand une onde traverse le tube. L'appareil est *autodécohérable*.

On peut encore employer de larges électrodes très rapprochées dans un tube de Geissler.

72. **Détecteurs magnétiques.** — Une aiguille d'acier aimantée à saturation, et placée dans une bobine parcourue par des ondes hertziennes, se désaimante partiellement. Les changements d'état magnétique sont décelés par un magnétomètre. On peut substituer au magnétomètre un téléphone. Le barreau aimanté porte alors deux enroulements E_1 et E_2; E_1 est intercalé sur le circuit des ondes; E_2 est relié au téléphone. La variation d'aimantation se traduit par un bruit sec. Il faut réaimanter à saturation après chaque réception.

Le phénomène précédent est un cas particulier d'un phénomène beaucoup plus général. Supposons qu'un barreau de fer ou d'acier porte deux enroulements. Dans l'un, nous envoyons un courant continu que nous faisons varier entre deux limites, $\pm I$ par exemple. Nous déterminons ainsi un champ alternatif $\pm H$ et un certain cycle d'hystérésis. Nous pouvons faire passer dans le second enroulement un courant alternatif plus ou moins rapide, ou même une oscillation hertzienne, et étudier les modifications produites par ce champ alternatif *rapide* sur le cycle d'hystérésis dû au champ alternatif *lent* $\pm H$.

Il n'entre pas dans le cadre de cet ouvrage d'insister.

Anticohéreurs. — Il n'est pas inutile de signaler les effets des ondes sur les contacts humides. On argente une glace; on interromp la continuité de la couche en grattant une bande de 2 à 3 millimètres de largeur; on relie aux pôles d'une pile les deux portions séparées.

On dépose une couche de buée; le courant passe. On excite une onde électromagnétique : il cesse de passer. L'onde *augmente* la résistance du milieu : d'où le nom d'*anticohéreur* donné à l'appareil.

73. **Signaux télégraphiques.** — Les signaux télégraphiques sont encore le point et le trait de l'alphabet Morse, c'est-à-dire une émission brève ou prolongée de l'onde électromagnétique.

Inscription des signaux.

On peut se proposer d'enregistrer ces émissions sur un récepteur Morse ordinaire.

Pas de difficulté si l'on emploie un cohéreur autodécohérable. La résistance est diminuée tout le temps que passe l'onde; elle reprend sa valeur normale aussitôt la fin de celle-ci. Par conséquent, le courant local, agissant sur les électros du Morse, dure précisément le temps de l'émission.

Si le cohéreur n'est pas autodécohérable, un trembleur doit le ramener un grand nombre de fois par seconde à sa résistance normale. Autrement, on enregistrerait un trait ininterrompu et indépendant de la durée de l'émission. A la vérité, le trembleur fait varier la résistance et par conséquent le courant local. Si l'armature de l'électro avait une masse très faible, on enregistrerait donc non pas un trait, mais une succession de points très rapprochés. Grâce à l'inertie de l'armature, c'est bien un trait qu'on obtient.

On pourrait encore employer le bolomètre avec le montage de la figure 31. La variation de résistance déséquilibre le pont de Wheatstone; on fait agir le courant produit dans le pont sur un relais qui ferme le courant du récepteur Morse.

Emploi d'un téléphone.

Les récepteurs téléphoniques sont construits pour recevoir des sons dont la fréquence varie de 100 à 3000 périodes par seconde. Ils ne sont donc pas sensibles aux oscillations hertziennes, dont les fréquences sont beaucoup plus élevées.

Si on envoie dans l'enroulement d'un téléphone un courant de haute fréquence, on entend un bruit au moment de l'ouverture et de la fermeture du circuit. Le courant fléchit la membrane, mais ne la fait pas vibrer. Il serait donc difficile, sans quelque artifice, de reconnaître s'il s'agit d'un point ou d'un trait.

Quand on emploie un bolomètre comme détecteur d'onde, on remplace le galvanomètre par un téléphone; en même temps on remplace la pile du pont par une source intermittente ou alternative de basse fréquence. C'est l'artifice même dont on use dans la mesure des résistances au moyen du téléphone et du pont de Wheatstone.

Avec un cohéreur autodécohérable, un interrupteur ferme et ouvre le circuit du téléphone un grand nombre de fois par seconde. Le trembleur, nécessaire avec un cohéreur non autodécohérable, joue un rôle analogue.

Ces divers procédés permettent de recevoir les dépêches *au son*.

74. **Emission dirigée.** — La grande difficulté d'application de la télégraphie sans fil est la réception par un poste de signaux *émis par tous les postes* qui sont à distance convenable; d'où confusion et absence de discrétion.

Emploi de miroirs.

Le même inconvénient ne se présente pas avec la télégraphie optique, parce qu'on peut diriger les faisceaux de lumière à l'aide de miroirs et de lentilles. Pour que les ondes hertziennes aient une énergie suffisante, il faut leur laisser une longueur de l'ordre de 300 mètres, ce qui correspond à une fréquence d'un million. Dans ces conditions, la diffraction prend une importance capitale; pour imposer au rayon hertzien une direction aussi précise qu'on peut l'obtenir pour la lumière, il faut au miroir des dimensions de l'ordre de plusieurs kilomètres.

On a construit dans ces derniers temps des miroirs de grandes dimensions, et relativement peu coûteux en plaçant des fils verticaux sur un arc horizontal de parabole; on obtient ainsi un cylindre parabolique sur la ligne focale duquel est disposé le transmetteur vertical. Il ne semble pas que le procédé soit très pratique.

EMPLOI DE DEUX ONDES QUI INTERFÈRENT.

Imaginons deux transmetteurs verticaux T_1, T_2 (fig. 46) traversés par les mêmes ondes et situés à une demi-longueur d'onde l'un de l'autre. Les vibrations, simultanément envoyées au point A très éloigné, ont une différence de marche d et une différence de phase δ :

$$d = \overline{T_2B} = \frac{\lambda}{2}\cos\theta, \qquad \delta = 2\pi\frac{d}{\lambda} = \pi\cos\theta.$$

D'après la règle de Fresnel, l'énergie résultante est proportionnelle à :

$$\cos^2\frac{\delta}{2} = \cos^2\left(\frac{\pi}{2}\cos\theta\right).$$

Elle est maxima dans la direction OD, nulle dans la direction OC. Elle est représentée par les rayons vecteurs de la courbe tracée en pointillés, mesurés à partir du point O.

Évidemment on envoie la majeure partie de l'énergie dans la direction OD; il ne faut cependant pas oublier que l'énergie reste sensiblement la même pour des directions voisines, et qu'à 1000 kilomètres, par exemple, 5° correspondent à un arc de 87 kilomètres.

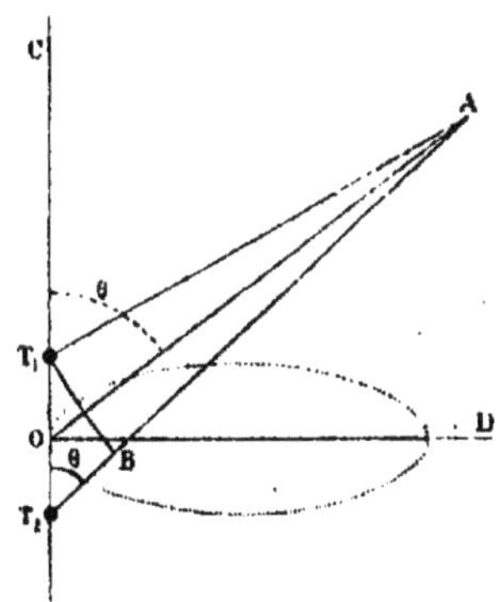

Fig. 46.

EMPLOI DE TRANSMETTEURS ET DE RÉCEPTEURS HORIZONTAUX.

Marconi préconise l'emploi de transmetteurs horizontaux. Un conducteur horizontal isolé, d'une longueur suffisante, est relié par l'une de ses extrémités à l'une des branches d'un excitateur à étincelles (éclateur), par l'autre à la terre. Dans ces conditions, les radiations émises ont une amplitude maxima dans le plan vertical passant par le fil. L'émission ne se fait pas avec la même intensité dans les deux sens, ce qui tient à ce que les deux bouts du transmetteur ne jouent pas des rôles identiques. Les minima d'émission sont dans les plans verticaux voisins du vertical normal au transmetteur.

On utilise comme récepteur soit une antenne verticale, soit encore un fil horizontal. Il est alors avantageux qu'il soit dans le vertical du transmetteur. Le récepteur est à une faible distance du sol; il est relié par l'une de ses extrémités à la terre, par l'autre à un détecteur convenable connecté lui-même à la terre. En faisant tourner le récepteur dans un plan horizontal autour de l'extrémité reliée à la terre, on peut trouver la direction du poste transmetteur.

EMPLOI DE CIRCUITS OSCILLANTS FERMÉS.

On modifie la distribution dans l'espace des amplitudes de l'onde électromagnétique en utilisant, non plus une antenne verticale, mais un circuit vertical fermé. Inversement on reconnaît la direction d'où provient une onde, par l'emploi d'un circuit vertical fermé. C'est l'application à la télégraphie sans fil de l'expérience de Hertz décrite au § 38.

Qu'il s'agisse d'émission ou de réception, il serait tres incommode, vu ses dimensions, de modifier l'azimut du plan du circuit fermé. On évite cet inconvénient, en utilisant simultanément deux circuits fermés verticaux rectangulaires (Bellini et Tosi).

Imaginons deux bobines fixes R_1 et R_2, de même centre, perpendiculaires l'une sur l'autre, intercalées respectivement dans les circuits aériens, et une troisième bobine R, renfermée dans les premières. Elle peut tourner autour d'un de ses diamètres qui coïncide avec l'intersection des premières. Elle est reliée à un condensateur et à un éclateur.

En faisant varier l'azimut de la bobine R, on fait varier l'amplitude des oscillations induites dans les circuits aériens par l'intermédiaire des bobines R_1 et R_2; on fait varier par conséquent l'amplitude des ondes qu'ils émettent et la direction du maximum d'amplitude de l'onde résultante.

Pour la réception, on emploie une disposition analogue; mais la bobine R, au lieu d'être reliée à l'éclateur, l'est au révélateur d'ondes. On modifie son azimut jusqu'à obtenir le maximum d'effet : on détermine ainsi le rapport des amplitudes des oscillations excitées dans les circuits aériens, et par conséquent la direction de l'onde reçue.

75. **Syntonie.** — On évite la confusion et corrélativement on assure la discrétion, en réalisant des récepteurs sensibles aux seules ondes émises par *certains* transmetteurs; naturellement on a recours à la résonance : il s'agit d'*accorder* les appareils de transmission et de réception.

Malheureusement une des conditions fondamentales d'une résonance *limitée à certaines excitations* est l'absence d'amortissement (tome I, §§ 169 et sq.) dans le récepteur et l'émission d'une vibration *entretenue* par le transmetteur, ou, ce qui revient au même, l'absence d'amortissement dans le transmetteur.

Ces deux conditions sont très loin d'être réalisées par les dispositifs les plus simples : elles sont d'ailleurs contradictoires avec les conditions optima d'une longue portée. Si, en effet, le transmetteur s'amortit, c'est qu'il émet; on ne peut diminuer l'amortissement sans diminuer l'émission. Diminuer l'amortissement du transmetteur et du récepteur conduit donc nécessairement à augmenter l'énergie fournie au départ (puisqu'il ne s'en transmet plus qu'une fraction), et la sensibilité des appareils à l'arrivée (puisqu'ils n'absorbent plus qu'une fraction *très réduite* de l'énergie envoyée).

L'existence de deux oscillations résultantes dans l'antenne excitée par induction complique encore le problème (§ 31).

Quand on dispose d'ondes entretenues (§ 76), il est avantageux d'employer un accouplement rigide. On sépare ainsi au maximum les deux périodes; on rend l'onde utilisée aussi pure que possible; nous reviendrons plus loin sur ce cas.

Au contraire, quand on utilise les ondes amorties (ce qui est le cas général), la solution précédente est impossible à appliquer, car l'amortissement serait trop grand.

Pour avoir un transmetteur sans grand amortissement, on emploie le dispositif II (fig. 40); il contient un excitateur fermé SEP_1. On s'arrange pour que l'accouplement de cet excitateur avec l'antenne (accordée le mieux possible sur lui), soit lâche. La faiblesse de l'accouplement n'est limitée que par la considération de l'effet utile à obtenir. Assurément l'antenne émet moins énergiquement, mais elle émet plus longtemps. De plus, les périodes des ondes émises se confondent.

Le dispositif de réception est analogue. L'antenne de réception est aussi exactement accordée que possible sur le circuit dans lequel est intercalé le détecteur et qui forme un résonateur fermé. Mais l'accouplement entre l'antenne et ce circuit est lâche. Les deux circuits conservent donc leur période propre commune.

Le courant, induit dans le résonateur, est relativement faible, mais son amortissement est petit. Le champ de résonance est étroit.

Pour que les indications soient sensibles, il est bon d'employer un détecteur *totaliseur*, par exemple un bolomètre (§ 68). Toutefois on substituera un téléphone au galvanomètre du pont.

76. Ondes entretenues (Duddell, Poulsen). — Il est évidemment préférable d'utiliser un train d'onde *continu;* on sait en obtenir de tels avec l'arc chantant (§ 28).

Il semble qu'on soit maître de la période par un choix convenable de la capacité et de la self induction du circuit mis en dérivation sur l'arc. L'expérience montre que, si l'on ne prend pas des précautions particulières, les fréquences entretenues par l'arc ne dépassent pas 30·000 à 40·000 par seconde, et l'intensité des courants obtenus est alors très faible. On permet à l'arc d'entretenir des fréquences de l'ordre du million, en le produisant soit dans l'hydrogène ou un carbure d'hydrogène, soit dans la flamme d'une lampe à alcool.

Les montages sont représentés par la figure 47. On peut aussi exciter l'antenne par induction; la disposition est alors représentée par la figure 15.

Pour l'émission des signaux, on peut mettre en circuit et hors circuit, au moyen d'une clef, l'antenne et son contre-poids (c'est-à-dire le système AB, CD). On peut encore intercaler ou court-circuiter une résistance qui diminue l'amplitude des oscillations. On envoie

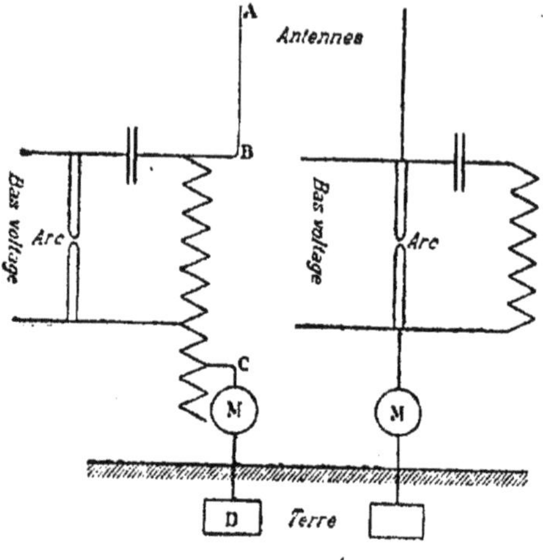

Fig. 47.

donc dans l'espace des trains d'onde de période bien déterminée, d'amplitude invariable et ayant la durée qu'on désire.

Le récepteur est représenté figure 48. Le primaire P, intercalé sur l'antenne, induit des oscillations dans le secondaire S caractérisé par un très faible amortissement. Le secondaire est isolé pendant la majeure partie du temps; le téléphone T (ou tout autre détecteur d'onde) n'est introduit que d'une manière intermittente par un appareil spécial *t* (tikker). Si l'appareil de réception était toujours en circuit, l'amortissement du secondaire et le champ de résonance seraient considérablement augmentés.

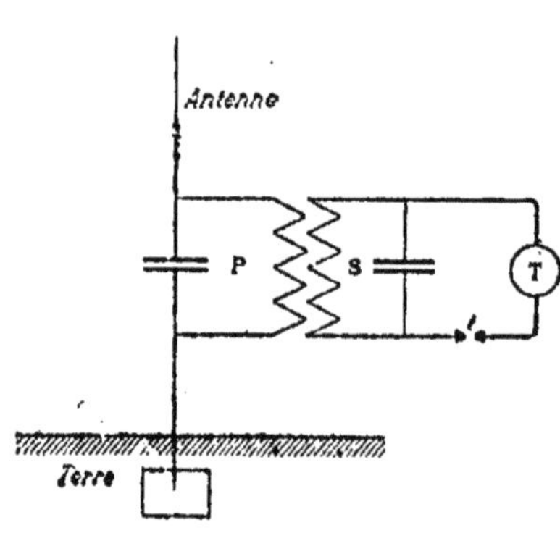

Fig. 48.

On a pu accorder l'une sur l'autre deux stations pour une longueur d'onde de 600 mètres (fréquence 500·000) : les communications n'étaient pas troublées par des ondes dont la longueur d'onde était 606 mètres. Malheureusement cela ne va pas sans une dépense d'énergie énorme; le bénéfice est problématique. Il ne faut pas oublier en effet que la télégraphie sans fil n'a de valeur *industrielle* qu'autant que l'accroissement des dépenses d'exploitation reste inférieur à l'amortissement du prix d'achat et de pose du câble.

77. Téléphonie sans fil. — Nous avons dit plus haut (§ 73) que le téléphone ne vibre pas sous l'action d'un courant de haute fréquence *d'intensité efficace constante*. Mais il vibre sous l'influence d'un courant de haute fréquence dont l'intensité efficace varie périodiquement avec des fréquences comprises entre 100 et 3000.

Supposons donc un poste transmetteur tel que l'un de ceux représentés dans la figure 47. Intercalons, par exemple sur l'antenne, un microphone M et parlons devant. Ses vibrations modifient la résistance de l'antenne et, par conséquent, l'intensité efficace des ondes envoyées. Se propagent donc dans l'espace des ondes de période constante extrêmement courtes et d'amplitudes *lentement* variables; par *lentement*, il faut entendre que la période de variation est égale à la période de vibration du microphone. On peut comparer l'onde émise à celle d'un *battement*.

Recevons cette onde sur une antenn' accordée. Admettons par exemple quelle agit sur un bolomètre. Un téléphone intercalé sur le pont du bolomètre suivra toutes les variations de l'intensité efficace; il répétera par conséquent les vibrations du microphone.

CHAPITRE V

DOUBLE RÉFRACTION[1]

78. L'excitateur de Hertz comme source de lumière. — Nous étudierons dans ce Chapitre la propagation d'un ébranlement électromagnétique dans un milieu anisotrope. Nous obtiendrons des formules qui représentent exactement les phénomènes très antérieurement connus de la double réfraction lumineuse. De sorte que partis pour étudier les perturbations électromagnétiques, nous étudierons principalement les vibrations de la lumière[2].

Pour faciliter la lecture des paragraphes suivants, disons tout de suite comme se fait dans les milieux isotropes l'assimilation entre les grandeurs définies en Optique et les grandeurs définies en Électricité.

Supposons *verticale* la ligne AB des centres des boules de l'excitateur (fig. 7); considérons les phénomènes dans le plan équatorial, plan horizontal passant par le milieu de la droite AB. D'après la théorie exposée au Chapitre II, à une distance suffisante de l'excitateur, existent : 1° une force électrique alternative, normale au rayon et *verticale;* 2° une force magnétique de même période, synchrone, d'intensité proportionnelle, également normale au rayon, mais *horizontale* (fig. 8).

L'ensemble de ces perturbations forme l'onde électromagnétique, sensiblement plane à une distance suffisante de l'excitateur.

Dans une direction quelconque faisant l'angle θ avec l'axe de

---

[1] Le lecteur passera immédiatement aux §§ 88 et sq., et ne lira le commencement du chapitre que familiarisé avec la construction de Fresnel qui suffit pour tout résoudre : la théorie interprète cette construction.

[2] Il va de soi que toutes les expériences *optiques* dont nous parlerons peuvent être répétées avec les ondes hertziennes. Par exemple on réalise un quart d'onde (§ 133 et IV, § 231) pour ces ondes au moyen d'une planche de sapin : les propriétés sont différentes suivant le fil du bois ou normalement à ce fil; d'où la différence des vitesses de propagation. On a étudié soigneusement les propriétés du gypse qu'on rencontre en cristaux volumineux; la différence des indices principaux est même plus considérable pour les ondes hertziennes que pour les ondes lumineuses.

Il existe pour les ondes hertziennes des propriétés dichroïques (§ 228) analogues à celles de la tourmaline pour les ondes lumineuses

Pour mettre en évidence toutes ces analogies, on utilise la technique décrite au § 40 : nous n'insisterons pas.

l'oscillateur, les phénomènes sont analogues; le vecteur électrique se trouve dans les plans méridiens (verticaux), le vecteur magnétique dans les parallèles normaux à Oz. A une distance suffisante, les deux vecteurs sont dans le plan normal au rayon : la perturbation est transversale.

La Théorie électromagnétique de la lumière consiste à assimiler les ondes lumineuses à la perturbation précédente. Il existe entre l'excitateur et une source des différences évidentes, mais qui n'infirment en rien cette comparaison.

D'abord la perturbation électromagnétique due à l'excitateur est toujours rectilignement polarisée; la lumière ne l'est pas nécessairement. Ensuite la perturbation est définie par deux vecteurs rectangulaires, mais nous avons montré (I, § 140) qu'on peut toujours retrouver deux vecteurs rectangulaires synchrones (vitesse et déformation) dans une vibration transversale quelconque. Enfin l'énergie émise par l'excitateur dans diverses directions est proportionnelle à $\sin^2\theta$; mais il suffit d'imaginer un ensemble d'excitateurs placés les uns à côté des autres dans tous les azimuts, pour expliquer et l'absence de polarisation, et l'égalité d'émission dans tous les azimuts.

En Optique, nous définissons la symétrie de la perturbation par la direction du *plan de polarisation. Par convention, une lumière réfléchie sous un certain angle par du verre, est rectilignement polarisée dans le plan d'incidence* (§ 165); *le plan d'incidence est par définition le plan de polarisation.*

Nous disons alors avec Fresnel que *les vecteurs* (*évidemment parallèles entre eux*) *déplacement et vitesse de la particule fictive qui vibre, sont normaux au plan d'incidence,* ou, ce qui revient au même, *sont normaux au plan de polarisation.*

Les expériences conduisent à identifier le vecteur de Fresnel avec le vecteur force électrique, ou plus exactement avec le vecteur déplacement électrique. Dans les milieux isotropes, les vecteurs force électrique et déplacement sont superposés; il n'en est plus de même dans les milieux anisotropes.

Le plan de polarisation de la perturbation électromagnétique passe par le rayon et par le vecteur magnétique.

Enfin il faut assimiler les corps transparents aux diélectriques parfaits, les corps opaques aux conducteurs. Une perturbation électromagnétique ne peut se propager dans un conducteur sans une absorption rapide, de même que la lumière ne peut se propager dans un métal.

Théorie des ions. — On peut dire exactement ce qui précède dans le langage de la Théorie des ions.

On obtient les mêmes effets qu'avec un doublet de Hertz, en imaginant un électron qui oscille au voisinage d'une charge positive égale. On pourra donc considérer les atomes matériels comme formés d'un très grand nombre d'électrons négatifs gravitant avec une rapidité extrême autour d'une charge positive (égale en valeur absolue à la somme des charges des électrons, si l'atome est électriquement neutre). Ils émettent des radiations dont la période dépend de leur masse.

Nous reviendrons souvent sur cette hypothèse.

79. Hypothèses fondamentales. — Nous admettrons que dans certains milieux, dont la perméabilité μ est sensiblement égale à l'unité, le pouvoir inducteur électrostatique n'est pas le même dans toutes les directions. Les composantes f, g, h, du *déplacement électrique* $\mathcal{D}$, sont reliées aux composantes P, Q, R, de la force électrique $\mathcal{E}$ par un système d'équations linéaires *symétriques :*

$$\begin{aligned} 4\pi f &= K_{11} P + K_{12} Q + K_{13} R, \\ 4\pi g &= K_{21} P + K_{22} Q + K_{23} R, \\ 4\pi h &= K_{31} P + K_{32} Q + K_{33} R, \end{aligned} \tag{1}$$

avec les conditions :

$$K_{12} = K_{21}, \quad K_{23} = K_{32}, \quad K_{31} = K_{13}$$

Nous savons qu'il existe trois directions rectangulaires pour lesquelles les équations (1) se simplifient. Prenons-les pour axes de coordonnées :

$$4\pi f = K_1 P, \quad 4\pi g = K_2 Q, \quad 4\pi h = K_3 R. \tag{1'}$$

Les équations (2) et (3) du § 1 deviennent :

Relations d'Ampère

$$\begin{aligned} K_1 \frac{\partial P}{\partial t} &= \frac{\partial Z}{\partial y} - \frac{\partial Y}{\partial z}; \\ K_2 \frac{\partial Q}{\partial t} &= \frac{\partial X}{\partial z} - \frac{\partial Z}{\partial x}; \\ K_3 \frac{\partial R}{\partial t} &= \frac{\partial Y}{\partial x} - \frac{\partial X}{\partial y}. \end{aligned} \tag{2}$$

Relations de Faraday

$$\begin{aligned} -\frac{\partial X}{\partial t} &= \frac{\partial R}{\partial y} - \frac{\partial Q}{\partial z}; \\ -\frac{\partial Y}{\partial t} &= \frac{\partial P}{\partial z} - \frac{\partial R}{\partial x}; \\ -\frac{\partial Z}{\partial t} &= \frac{\partial Q}{\partial x} - \frac{\partial P}{\partial y}. \end{aligned} \tag{3}$$

Nous avons donc affaire à trois vecteurs reliés par les équations (1), (2) et (3) :

force électrique $\mathcal{E}$:	composantes,	P, Q, R ;	cosinus directeurs,	l', m', n' ;
déplacement $\mathcal{D}$:	»	f, g, h ;	»	l, m, n ;
force magnétique $\mathcal{M}$:	»	X, Y, Z ;	»	λ, μ, ν.

On tire immédiatement des équations (2 et (3) :

$$0 = \mathrm{Div}\,(\mathfrak{M}) = \frac{\partial X}{\partial x} + \frac{\partial Y}{\partial y} + \frac{\partial Z}{\partial z} = 0,$$

$$K_1 \frac{\partial P}{\partial x} + K_2 \frac{\partial Q}{\partial y} + K_3 \frac{\partial R}{\partial z} = 0, \qquad \frac{\partial f}{\partial x} + \frac{\partial g}{\partial y} + \frac{\partial h}{\partial z} = \mathrm{Div}\,(\mathfrak{D}) = 0.$$

La quantité : $$\Theta = \frac{\partial P}{\partial x} + \frac{\partial Q}{\partial y} + \frac{\partial R}{\partial z},$$

est maintenant différente de zéro, tandis que dans les corps isotropes la condition : $K_1 = K_2 = K_3$, implique : $\Theta = \mathrm{Div}\,(\mathcal{E}) = 0$.

80. **Équations aux dérivées partielles.**— Éliminons X, Y, Z, entre (2) et (3); il vient :

$$K_1 \frac{\partial^2 P}{\partial t^2} = \Delta P - \frac{\partial \Theta}{\partial x},$$

$$K_2 \frac{\partial^2 Q}{\partial t^2} = \Delta Q - \frac{\partial \Theta}{\partial y}, \qquad (4)$$

$$K_3 \frac{\partial^2 R}{\partial t^2} = \Delta R - \frac{\partial \Theta}{\partial z}.$$

Posons : $K_1 a^2 = K_2 b^2 = K_3 c^2 = 1$; le système s'écrit :

$$\frac{1}{a^2}\frac{\partial^2 P}{\partial t^2} = \Delta P - \frac{\partial \Theta}{\partial x},$$

$$\frac{1}{b^2}\frac{\partial^2 Q}{\partial t^2} = \Delta Q - \frac{\partial \Theta}{\partial y}, \qquad (4')$$

$$\frac{1}{c^2}\frac{\partial^2 R}{\partial t^2} = \Delta R - \frac{\partial \Theta}{\partial y}.$$

Éliminons P, Q, R ; il vient :

$$\frac{\partial^2 X}{\partial t^2} = b^2 \frac{\partial}{\partial z}\left(\frac{\partial X}{\partial z} - \frac{\partial Z}{\partial x}\right) - c^2 \frac{\partial}{\partial y}\left(\frac{\partial Y}{\partial x} - \frac{\partial X}{\partial y}\right),$$

$$\frac{\partial^2 Y}{\partial t^2} = c^2 \frac{\partial}{\partial x}\left(\frac{\partial Y}{\partial x} - \frac{\partial X}{\partial y}\right) - a^2 \frac{\partial}{\partial z}\left(\frac{\partial Z}{\partial y} - \frac{\partial Y}{\partial z}\right), \qquad (5)$$

$$\frac{\partial^2 Z}{\partial t^2} = a^2 \frac{\partial}{\partial y}\left(\frac{\partial Z}{\partial y} - \frac{\partial Y}{\partial z}\right) - b^2 \frac{\partial}{\partial x}\left(\frac{\partial X}{\partial z} - \frac{\partial Z}{\partial x}\right).$$

81. **Propagation par ondes planes.** — Considérons le mouvement vibratoire se propageant par ondes planes (§ 10) :

$$(P, Q, R) = (p, q, r) \exp \frac{2\pi i}{\lambda}\left[Vt - (\alpha x + \beta y + \gamma z)\right]. \qquad (1)$$

L'onde plane est parallèle au plan : $\alpha x + \beta y + \gamma z = 0$;
α, β, γ, sont les cosinus directeurs de la normale à l'onde ; V est la vitesse de propagation ; λ est la longueur d'onde.

Nous avons déjà expliqué au § 10 quels sont les avantages du calcul par imaginaires. Substituons la solution (1) dans les équations (4'); il vient comme conditions :

$$p(V^2-a^2)+a^2\alpha(\alpha p+\beta q+\gamma r)=0,$$
$$q(V^2-b^2)+b^2\beta(\alpha p+\beta q+\gamma r)=0, \qquad (2)$$
$$r(V^2-c^2)+c^2\gamma(\alpha p+\beta q+\gamma r)=0.$$

Nous tirons de là, en appelant l', m', n', les cosinus directeurs de la force électrique, et l, m, n, les cosinus directeurs du déplacement :

$$\frac{V^2-a^2}{a^2\alpha}l'=\frac{V^2-b^2}{b^2\beta}m'=\frac{V^2-c^2}{c^2\gamma}n', \qquad (3)$$

$$\frac{V^2-a^2}{\alpha}l=\frac{V^2-b^2}{\beta}m=\frac{V^2-c^2}{\gamma}n, \qquad (4)$$

en vertu des relations (1') (§ 79) entre la force électrique et le déplacement, relations qui peuvent s'écrire :

$$\frac{f}{K_1P}=\frac{g}{K_2Q}=\frac{h}{K_3R}, \qquad \frac{la^2}{l'}=\frac{mb^2}{m'}=\frac{nc^2}{n'}.$$

Les cosinus directeurs : l, m, n, et l', m', n', seraient donc complètement déterminés, si nous connaissions V en fonction de α, β, γ.

Les équations (2) peuvent s'écrire :

$$p=-\frac{a^2\alpha}{V^2-a^2}(\alpha p+\beta q+\gamma r), \qquad q=\ldots, \qquad r=\ldots$$

Multiplions respectivement par α, β, γ; additionnons; il reste :

$$\frac{a^2\alpha^2}{V^2-a^2}+\frac{b^2\beta^2}{V^2-b^2}+\frac{c^2\gamma^2}{V^2-c^2}=-1=-(\alpha^2+\beta^2+\gamma^2). \qquad (5)$$

Or on a : $$\frac{a^2\alpha^2}{V^2-a^2}+\alpha^2=\frac{V^2\alpha^2}{V^2-a^2}, \quad \ldots$$

D'où : $$\frac{\alpha^2}{V^2-a^2}+\frac{\beta^2}{V^2-b^2}+\frac{\gamma^2}{V^2-c^2}=0. \qquad (6)$$

La surface représentée par cette équation (6) s'appelle *surface des vitesses normales*; elle détermine la vitesse de propagation V quand on se donne la direction α, β, γ, de la normale à l'onde. Nous reviendrons sur sa forme au § 90. Pour chaque direction, l'équation bicarrée (6) fournit deux solutions positives : *le milieu propage dans chaque direction avec des vitesses différentes deux ondes planes, rectilignement polarisées; les directions des vecteurs force électrique et déplacement sont fournies par les équations* (3) *et* (4).

82. Position du déplacement électrique. — Posons :

$$l=S\frac{\alpha}{V^2-a^2}, \qquad m=S\frac{\beta}{V^2-b^2}, \qquad n=S\frac{\gamma}{V^2-c^2}.$$

On a immédiatement :

$$\alpha l+\beta m+\gamma n=\mathrm{S}\left(\frac{\alpha^2}{\mathrm{V}^2-a^2}+\frac{\beta^2}{\mathrm{V}^2-b^2}+\frac{\gamma^2}{\mathrm{V}^2-c^2}\right)=0.$$

Le déplacement électrique est dans le plan de l'onde. Si nous considérons ce déplacement comme la véritable vibration lumineuse, l'onde est rigoureusement transversale.

Reprenons les équations (2) du paragraphe précédent ; écrivons-les :

$$\mathrm{V}^2=a^2-\frac{a^2\alpha}{p}(\alpha p+\beta q+\gamma r),$$

et de même pour les autres.

Multiplions respectivement par l^2, m^2, n^2, et additionnons ; il reste :

$\mathrm{V}^2=a^2l^2+b^2m^2+c^2n^2$. (1)

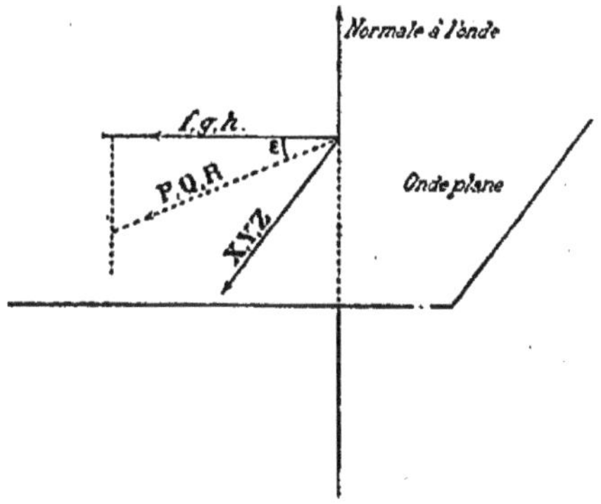

En effet, il est facile de voir que :

$$\frac{a^2l^2\alpha}{p}+\frac{b^2m^2\beta}{q}+\frac{c^2n^2\gamma}{r},$$

est nul. Car (p, q, r, étant respectivement proportionnels à l', m', n') cette quantité vaut, à un coefficient près :

$$\alpha l+\beta m+\gamma n,$$

que nous savons être nulle.

Fig. 40.

La relation (1) est fondamentale ; nous la retrouverons bien souvent. Elle se traduit ainsi.

Considérons l'ellipsoïde :

$$a^2x^2+b^2y^2+c^2z^2=1. \qquad (2)$$

La vitesse de propagation d'un déplacement de direction l, m, n, est égale à l'inverse du rayon vecteur de l'ellipsoïde parallèle à cette direction. Ce rayon vecteur ρ a en effet pour longueur :

$$\rho^2(a^2l^2+b^2m^2+c^2n^2)=1.$$

On vérifiera aisément l'identité dont nous ferons ultérieurement usage :

$$\frac{\alpha}{l}(b^2-c^2)+\frac{\beta}{m}(c^2-a^2)+\frac{\gamma}{n}(a^2-b^2)=0; \qquad (3)$$

elle revient à écrire l'identité évidente :

$$(\mathrm{V}^2-a^2)(b^2-c^2)+(\mathrm{V}^2-b)^2(c^2-a^2)+(\mathrm{V}^2-c^2)(a^2-b^2)=0.$$

83. Positions relatives des vecteurs force électrique et déplacement.

1° *Le déplacement, la force électrique et la normale à l'onde sont dans le même plan.*

Il faut prouver que le déterminant suivant est nul :

$$\begin{vmatrix} \alpha & \beta & \gamma \\ l & m & n \\ l' & m' & n' \end{vmatrix} = 0.$$

$$\frac{c^2-b^2}{(V^2-b^2)(V^2-c^2)} + \frac{a^2-c^2}{(V^2-c^2)(V^2-a^2)} + \frac{b^2-a^2}{(V^2-a^2)(V^2-b^2)} = 0,$$

ce qui est évident.

2° Le déplacement et la force électrique font un angle ε dont nous allons calculer la valeur.

On a : $$l' = T\frac{a^2\alpha}{V^2-a^2}, \qquad m' = \ldots, \qquad n' = \ldots$$

$$l = S\frac{\alpha}{V^2-a^2}, \qquad m = \ldots, \qquad n = \ldots$$

De ces relations on tire immédiatement les valeurs de T et de S :

$$l^2+m^2+n^2 = S^2\left[\frac{\alpha^2}{(V^2-a^2)^2} + \frac{\beta^2}{(V^2-b^2)^2} + \frac{\gamma^2}{(V^2-c^2)^2}\right] = 1;$$

$$\alpha l' + \beta m' + \gamma n' = T\left[\frac{a^2\alpha^2}{V^2-a^2} + \frac{b^2\beta^2}{V^2-b^2} + \frac{c^2\gamma^2}{V^2-c^2}\right] = -T,$$

en vertu de la relation (5) du paragraphe 81. D'où :

$$\cos\varepsilon = TS\left[\frac{a^2\alpha^2}{(V^2-a^2)^2} + \frac{b^2\beta^2}{(V^2-b^2)^2} + \frac{c^2\gamma^2}{(V^2-c^2)^2}\right],$$

$$\sin\varepsilon = \cos\left(\frac{\pi}{2}-\varepsilon\right) = \alpha l' + \beta m' + \gamma n' = -T,$$

$$\operatorname{cotg}\varepsilon = -S\left[\frac{a^2\alpha^2}{(V^2-a^2)^2} + \frac{b^2\beta^2}{(V^2-b^2)^2} + \frac{c^2\gamma^2}{(V^2-c^2)^2}\right] = -\frac{V^2}{S}.$$

En effet (§ 82) :

$$V^2 = a^2l^2 + b^2m^2 + c^2n^2 = S^2\left[\frac{a^2\alpha^2}{(V^2-a^2)^2} + \frac{b^2\beta^2}{(V^2-b^2)^2} + \frac{c^2\gamma^2}{(V^2-c^2)^2}\right].$$

On trouve aisement, en vertu des valeurs de T et S :

$$\operatorname{cotg}^2\varepsilon = V^4\left[\frac{\alpha^2}{(V^2-a^2)^2} + \frac{\beta^2}{(V^2-b^2)^2} + \frac{\gamma^2}{(V^2-c^2)^2}\right], \quad (1)$$

$$\cos\varepsilon = \frac{T}{S}V^2, \qquad \frac{T^2}{S^2}(a^4l^2 + b^4m^2 + c^4n^2) = 1,$$

$$(a^4l^2 + b^4m^2 + c^4n^2)\cos^2\varepsilon = V^4. \quad (2)$$

Connaissant la valeur de : $S = -V^2\operatorname{tg}\varepsilon$, nous pouvons écrire :

$$\frac{V^2-a^2}{\alpha}l = \frac{V^2-b^2}{\beta}m = \frac{V^2-c^2}{\gamma}n = -V^2\operatorname{tg}\varepsilon. \quad (3)$$

84. Expression des composantes de la force électrique sur la normale à l'onde et sur le déplacement. — Puisque nous savons que la force électrique est dans le plan formé par la normale à l'onde et le déplacement et que ces directions sont normales, nous connaîtrons entièrement la force électrique par les projections sur ces deux directions.

Nous utiliserons les relations 1' du § 79 qui peuvent s'écrire :

$$P = 4\pi f a^2, \qquad Q = 4\pi g b^2, \qquad R = 4\pi h c^2.$$

Nous avons de plus :

$$f = \mathcal{D} l, \qquad g = \mathcal{D} m, \qquad h = \mathcal{D} n.$$

1° La projection du vecteur P, Q, R, sur le déplacement est :

$$Pl + Qm + Rn = 4\pi\mathcal{D}(a^2 l^2 + b^2 m^2 + c^2 n^2) = 4\pi V^2 \mathcal{D}.$$

2° La projection du vecteur P, Q, R, sur la normale à l'onde est :

$$P\alpha + Q\beta + R\gamma = 4\pi\mathcal{D}(a^2\alpha l + b^2\beta m + c^2\gamma n) = 4\pi V^2 \mathcal{D} \operatorname{tg} \varepsilon.$$

En effet :

$$a^2\alpha l + b^2\beta m + c^2\gamma n$$
$$= S\left[\frac{a^2\alpha^2}{V^2 - a^2} + \frac{b^2\beta^2}{V^2 - b^2} + \frac{c^2\gamma^2}{V^2 - c^2}\right] = -S = V^2 \operatorname{tg} \varepsilon$$

en vertu de l'équation (5) du § 81 déjà invoquée.

3° En définitive, entre les longueurs du vecteur force électrique $\mathcal{E}$ et du vecteur déplacement, existe la relation :

$$\mathcal{E} = 4\pi V^2 \mathcal{D} \sqrt{1 + \operatorname{tg}^2 \varepsilon} = 4\pi V^2 \mathcal{D} : \cos \varepsilon.$$

85. Expression du vecteur magnétique X, Y, Z, en fonction du déplacement f, g, h. — Les équations (3) du § 79 s'écrivent en fonction du déplacement :

$$\begin{aligned} -\frac{\partial X}{\partial t} &= 4\pi\left(c^2 \frac{\partial h}{\partial y} - b^2 \frac{\partial g}{\partial z}\right), \\ -\frac{\partial Y}{\partial t} &= 4\pi\left(a^2 \frac{\partial f}{\partial z} - c^2 \frac{\partial h}{\partial x}\right), \\ -\frac{\partial Z}{\partial t} &= 4\pi\left(b^2 \frac{\partial g}{\partial x} - a^2 \frac{\partial f}{\partial y}\right). \end{aligned} \tag{1}$$

Tous les vecteurs sont des fonctions de la quantité variable :

$$\exp \frac{2\pi i}{\lambda}[Vt - (\alpha x + \beta y + \gamma z)].$$

Effectuant les dérivations par rapport à x, y, z, puis intégrant par rapport au temps, on tire immédiatement de (1) :

$$\begin{aligned} X &= \frac{4\pi}{V}(b^2 m\gamma - c^2 n\beta)\mathcal{D}, \\ Y &= \frac{4\pi}{V}(c^2 n\alpha - a^2 l\gamma)\mathcal{D}, \\ Z &= \frac{4\pi}{V}(a^2 l\beta - b^2 m\alpha)\mathcal{D}. \end{aligned} \tag{2}$$

1° *La force magnétique est dans le plan de l'onde.*

Il suffit de vérifier la relation :

$$X\alpha + Y\beta + Z\gamma = 0,$$

ce qui est immédiat.

2° *La force magnétique est normale au déplacement.*

$$Xl + Ym + Zn$$
$$= -\frac{4\pi}{V} lmn\left[\frac{\alpha}{l}(b^2 - c^2) + \frac{\beta}{m}(c^2 - a^2) + \frac{\gamma}{n}(a^2 - b^2)\right] = 0,$$

en vertu de l'équation (3) du § 82.

3° *La force magnétique est égale à $4\pi V$ fois le déplacement.*

Dans les équations (2) substituons à α, β, γ, leurs valeurs en fonction de l, m, n (§ 83, équation 3) :

$$\begin{aligned} X &= \frac{4\pi}{V}\frac{mn}{\operatorname{tg}\varepsilon}(b^2 - c^2)\mathcal{D}, \\ Y &= \frac{4\pi}{V}\frac{nl}{\operatorname{tg}\varepsilon}(c^2 - a^2)\mathcal{D}, \\ Z &= \frac{4\pi}{V}\frac{lm}{\operatorname{tg}\varepsilon}(a^2 - b^2)\mathcal{D}. \end{aligned} \tag{3}$$

Le vecteur X, Y, Z, étant à la fois normal à l'onde et au déplacement, ses cosinus directeurs λ, μ, ν, sont (III, § 23) :

$$\lambda = \beta n - \gamma m, \qquad \mu = \gamma l - \alpha n, \qquad \nu = \alpha m - \beta l,$$

Substituons à α, β, γ, leurs valeurs en fonction de l, m, n ; il vient :

$$\lambda = \frac{mn}{V^2 \operatorname{tg}\varepsilon}(b^2 - c^2),$$

et des formules analogues pour μ, ν. De la comparaison avec (3) résulte la relation :

$$\mathcal{M} = 4\pi V\mathcal{D}.$$

La force magnétique est donc égale à $4\pi V$ fois le déplacement; V est la vitesse de propagation normale de l'onde plane considérée.

On comparera utilement ces résultats à ceux du § 12 pour un milieu isotrope.

86. Expression de l'énergie transmise en fonction du déplacement. — L'énergie électrostatique par unité de volume a pour expression (§§ 5 et 84) :

$$\frac{1}{2}[fP + gQ + hR] = 2\pi(a^2f^2 + b^2g^2 + c^2h^2) = 2\pi V^2\mathcal{D}^2.$$

L'énergie électromagnétique a pour expression générale par unité de volume dans un milieu isotrope pour les phénomènes magnétiques (III, § 243) :

$$\frac{\mu}{8\pi}(X^2 + Y^2 + Z^2) = \frac{\mu\mathcal{M}^2}{8\pi}.$$

Posons $\mu = 1$; remplaçons $\mathfrak{M}$ par sa valeur; il vient :

$$2\pi V^2 \mathfrak{O}^2.$$

Ainsi l'énergie se sépare en deux parties égales. Nous retrouvons le même résultat que pour les milieux isotropes (§ 12) et l'équivalent des résultats énoncés dans le tome I, § 140, pour la théorie élastique. L'énergie se décomposait en deux parties égales : *potentielle et cinétique.*

Il est souvent utile de considérer un vecteur dont le carré soit *numériquement* équivalent à l'énergie; nous pouvons prendre le produit $V\mathfrak{O}$ du déplacement par la vitesse de propagation.

87. Théories diverses de la double réfraction. — Les principales théories de la double réfraction se classent en trois groupes. Elles aboutissent à des équations qui rentrent comme cas particuliers dans celles de la Théorie électromagnétique.

Premier groupe. — *Le vecteur lumineux se confond avec la force magnétique.* Les théories de Neumann, Kirchhoff, Voïgt, ... font partie de ce groupe. Le vecteur lumineux est dans le plan de l'onde et dans le plan de polarisation.

Second groupe. — *Le vecteur lumineux se confond avec la force électrique.* Nous citerons comme exemples les théories de Ketteler, Boussinesq, L. Rayleigh, ... Le vecteur lumineux n'est pas exactement dans le plan de l'onde, nous verrons qu'il est normal au rayon. Il est à peu près perpendiculaire au plan de polarisation.

Troisième groupe. — *Le vecteur lumineux se confond avec le déplacement.* C'est la théorie de Fresnel; plus exactement, cette hypothèse conduit aux formules de Fresnel. Le vecteur est dans le plan de l'onde et normal au plan de polarisation.

On s'explique comment un siècle d'efforts n'avait pu départager les champions des trois groupes de théories : *c'est qu'elles sont mathématiquement équivalentes.* Si on se borne aux équations, elles sont rigoureusement indiscernables. On passe de l'une à l'autre par des changements de variables, ce qui du reste est connu depuis bien des années.

La discussion n'aurait pas duré si longtemps, si les diverses théories étaient véritablement conciliables dans leurs principes. Quand on avait foi dans les hypothèses, il y avait lieu de batailler; après avoir assisté à l'éclosion de trois douzaines de théories, pour ne parler que des plus importantes, on conçoit que les physiciens fassent bon marché des hypothèses et s'attachent davantage aux équations qu'on en tire. La Théorie électromagnétique est bonne, non parce qu'elle est vraie, ce qui n'a pas de sens, mais parce qu'elle concilie *analytiquement* un grand nombre de théories.

Nous allons reprendre l'exposé des faits suivant les vues de

Fresnel; elles doivent demeurer classiques en raison de leur simplicité.

Il est bien entendu qu'elles ne sauraient l'être exclusivement.

Nous appellerons donc vecteur lumineux le déplacement électrique.

Construction de Fresnel.

88. **Construction de Fresnel.** — Dans un milieu *homogène anisotrope*, les propriétés sont identiques en tous les points, mais variables suivant la direction. Étudions comment se propagent les ondes lumineuses planes dans un milieu anisotrope transparent; nous laissons de côté pour le moment le cas d'une hémiédrie holoaxe (voir Étude des symétries).

Chaque onde est définie par les cosinus α, β, γ, des angles que fait sa normale *avec trois axes rectangulaires convenablement dirigés dans le milieu*. Suivant chaque direction α, β, γ, se propagent deux ondes planes avec des vitesses différentes ou des indices différents. Chacune de ces ondes transporte sans déformation une vibration transversale rectiligne de direction déterminée dont les cosinus directeurs seront représentés par les lettres l, m, n. Les vibrations transportées par les deux ondes, ayant même normale, sont rectangulaires entre elles.

Le problème consiste donc à définir :

1° pour chaque direction α, β, γ, les deux vitesses ou les deux indices;

2° pour chaque vitesse, les cosinus l, m, n, qui repèrent la vibration.

Il est complètement résolu par la considération de l'*ellipsoïde des indices :*

$$a^2x^2 + b^2y^2 + c^2z^2 = 1. \qquad (1)$$

Coupons l'ellipsoïde (1) par un plan passant par son centre et perpendiculaire à la direction α, β, γ : c'est le plan d'onde. L'intersection est une ellipse. Les axes de cette ellipse donnent : par leurs directions, les directions des vibrations transportées par les deux ondes; par leur longueur, les indices des ondes correspondantes. D'où le nom donné à l'ellipsoïde.

Prenons la vitesse dans le vide comme vitesse unité.

Les longueurs $1 : a$, $1 : b$, $1 : c$, mesurent ce qu'on appelle *les indices principaux*; a, b, c, mesurent donc les vitesses principales de propagation, comparées avec la vitesse dans le vide prise comme unité. Les inverses des axes de l'ellipse d'intersection mesurent donc les vitesses de propagation normale des vibrations qui leur sont parallèles.

Telle est la construction de Fresnel.

Pour chaque longueur d'onde, il existe un ellipsoïde distinct, et par conséquent trois indices principaux et trois vitesses principales.

Les relations entre l'ellipsoïde des indices, les systèmes cristallins et les directions cristallographiques sont étudiés dans le Tome VI de cet ouvrage.

Mettons en œuvre la construction de Fresnel.

89. **Surface des vitesses normales.** — Soit α, β, γ, une direction de propagation; nous nous proposons de trouver la surface (évidemment à deux nappes, d'après ce qui précède) obtenue en portant dans la direction α, β, γ, deux vecteurs ayant pour longueur les vitesses V qui correspondent à cette direction.

Cela revient à calculer V en fonction de α, β, γ.

Considérons la sphère :

$$V^2(x^2+y^2+z^2)=1. \qquad (3)$$

Elle coupe l'ellipsoïde (1) suivant une courbe. Menons un cône dont les génératrices s'appuient sur cette courbe et dont le sommet soit au centre de l'ellipsoïde. On obtient immédiatement son équation en retranchant (1) de (3) :

$$(V^2-a^2)x^2+(V^2-b^2)y^2+(V^2-c^2)z^2=0. \qquad (4)$$

Cette surface est bien un cône dont les génératrices passent par l'intersection des surfaces (1) et (3).

Tous les morceaux des génératrices de ce cône, compris entre le centre et la surface de l'ellipsoïde, ont une longueur constante et égale à $1:V$.

Considérons un plan P quelconque tangent à ce cône, naturellement suivant une génératrice. Je dis que l'un des axes de l'ellipse d'intersection de ce plan P et de l'ellipsoïde (1) coïncide avec la génératrice de contact. En effet, aucun autre rayon vecteur de l'ellipse d'intersection ne peut être égal au rayon vecteur qui coïncide avec la génératrice de contact, puisqu'il devrait être sur le cône, ce qui est impossible. Ce rayon vecteur est donc maximum ou minimum : c'est un des axes de l'ellipse.

Écrivons donc :

1° que le plan P est normal à la direction α, β, γ :

$$\alpha x+\beta y+\gamma z=0; \qquad (5)$$

2° qu'il est tangent au cône (4); ce qui revient à écrire que le plan (5) coupe le cône suivant deux génératrices confondues.

Éliminons z entre (4) et (5), écrivons qu'il reste un carré parfait; il vient comme condition :

$$\frac{\alpha^2}{V^2-a^2}+\frac{\beta^2}{V^2-b^2}+\frac{\gamma^2}{V^2-c^2}=0; \qquad (6)$$

c'est l'équation de la surface cherchée.

90. **Construction de la surface des vitesses normales. Axes optiques.** — L'intersection de la surface avec le plan des zx s'obtient en écrivant $\beta=0$.

Elle se compose du cercle $V^2 = b^2$ et de la courbe :

$$V^2 = \alpha^2 c^2 + \gamma^2 a^2.$$

L'intersection avec le plan des zy s'obtient en écrivant $\alpha = 0$. Elle se compose du cercle $V^2 = a^2$ et de la courbe :

$$V^2 = \beta^2 c^2 + \gamma^2 b^2.$$

L'intersection avec le plan des xy s'obtient en écrivant $\gamma = 0$. Elle se compose du cercle

$$V^2 = c^2$$

et de la courbe

$$V^2 = \alpha^2 b^2 + \beta^2 a^2.$$

Les courbes sont évidemment des inverses d'ellipses. Comme on a par hypothèse :

$$a > b > c,$$

les intersections se disposent comme l'indique la figure 50. Les deux nappes se raccordent donc aux quatre points A situés dans le plan zx, sur deux droites passant par l'origine des coordonnées et qu'on appelle *axes optiques ou axes de réfraction conique intérieure.*

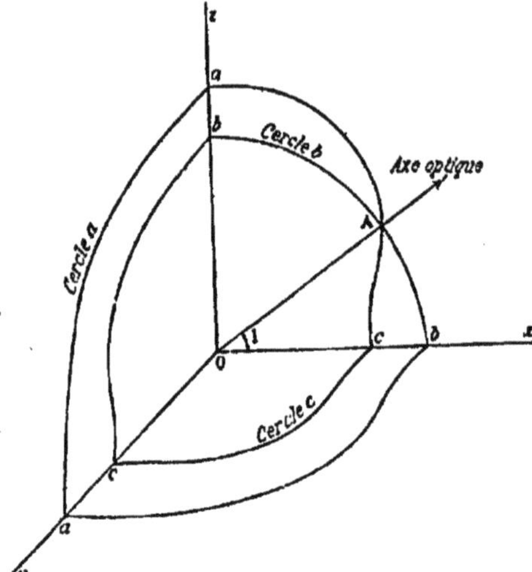

Fig. 50.

Suivant ces directions, les deux vitesses de propagation deviennent égales; *les axes optiques sont donc les normales aux plans cycliques de l'ellipsoïde* (2). On trouve dès lors facilement :

$$\operatorname{tg} I = \sqrt{\frac{b^2 - c^2}{a^2 - b^2}}.$$

Non seulement suivant les axes optiques les vitesses de propagation sont égales, mais encore les directions de vibration sont indéterminées, puisque tous les rayons vecteurs d'un cercle sont des axes de ce cercle. Le milieu se conduit donc dans la direction des axes optiques comme s'il était isotrope, puisqu'il existe une seule vitesse de propagation et que la direction de vibration est indéterminée.

91. **Formules donnant les directions de vibration en fonction de α, β, γ.** — Si nous choisissons la direction de propagation α, β, γ, l'équation (6), bicarrée en V, permet de calculer les deux vitesses V_0 et V_1 correspondantes. Le problème analytique sera

complètement résolu, si nous établissons des formules donnant, en fonction de α, β, γ, et de V_0 par exemple, les cosinus directeurs l, m, n, de la vibration correspondante à la vitesse V_0.

La vibration est d'abord dans le plan de l'onde [éq. (5) du § 89], d'où :

$$\alpha l + \beta m + \gamma n = 0.$$

Elle est sur le cône :

$$(V^2 - a^2)l^2 + (V^2 - b^2)m^2 + (V^2 - c^2)n^2 = 0. \qquad (4)$$

Enfin l, m, n, doivent vérifier la condition :

$$l^2 + m^2 + n^2 = 1.$$

Il vient :

$$\frac{V^2 - a^2}{\alpha} l = \frac{V^2 - b^2}{\beta} m = \frac{V^2 - c^2}{\gamma} n.$$

On trouvera les deux vibrations rectangulaires en substituant successivement à V les deux valeurs V_0 et V_1 données par l'équation (6).

Considérons une vibration définie par ses cosinus directeurs l, m, n. Il résulte immédiatement de la construction de Fresnel que la vitesse de propagation correspondante est l'inverse du rayon vecteur de l'ellipsoïde des indices parallèle à cette direction :

$$V^2 = l^2a^2 + m^2b^2 + n^2c^2. \qquad (7)$$

On retrouve donc toutes les formules que la *Théorie électromagnétique* fournit pour le *déplacement*. *Le vecteur lumineux de Fresnel est donc identique au déplacement électrique.*

92. **Cristaux dits uniaxes.** — Supposons que l'ellipsoïde des indices ait *un axe de révolution*. Prenons-le pour axe des x. Appelons θ l'angle de la direction de propagation avec cet axe; posons :

$$b = c.$$

La surface des vitesses normales se dédouble en deux nappes :

une sphère : $V_0 = b;$

une surface de révolution : $V_e = \sqrt{a^2 \sin^2\theta + b^2 \cos^2\theta}$.

Ces surfaces sont tangentes entre elles sur l'axe de révolution :

$$\theta = 0, \qquad V_0 = V_e = b.$$

Les cristaux sont dits *uniaxes*; on a $I = 0$ (§ 90); les axes optiques coïncident (fig. 50).

Pour une direction de propagation parallèle à l'axe optique (axe de révolution de l'ellipsoïde des indices, axe principal cristallographique), la vitesse de propagation est unique et égale à b.

Normalement à l'axe, les vitesses diffèrent le plus possible :

$$V_0 = b, \qquad V_e = a.$$

Nous poserons : $n_0 = 1 : b, \qquad n_e = 1 : a;$

n_0 et n_e sont les indices *ordinaire* et *extraordinaire* du cristal.

Coupons l'ellipsoïde des indices par un plan quelconque.

L'un des axes de l'ellipse d'intersection est toujours dans l'équateur de l'ellipsoïde, c'est-à-dire normal à l'axe principal; la vibration parallèle à cet axe de l'ellipse, par conséquent *normale à l'axe optique* (axe cristallographique principal), se propage avec la vitesse constante b; elle est dite *ordinaire*.

L'autre axe de l'ellipse est dirigé dans le plan méridien, suivant la projection de l'axe principal sur le plan d'onde; la vibration correspondante *inclinée sur l'axe optique* se propage avec la vitesse variable V_e; elle est dite *extraordinaire*.

Par convention,

si $n_0 > n_e$, le cristal est dit *négatif* (spath);

si $n_0 < n_e$, « *positif* (quartz).

Dans un cristal *négatif*, l'ellipsoïde des indices est *aplati*,

« *positif* « *allongé*.

Nous verrons (§ 98) que, dans les cristaux uniaxes, la surface d'onde se compose d'une sphère et d'un ellipsoïde tangents suivant l'axe de révolution (fig. 54).

Dans un cristal *négatif*, l'ellipsoïde est *extérieur* à la sphère.

« *positif* « *intérieur* «

Propagation d'un ébranlement à partir d'un point de milieu.

93. **Définition de la surface d'onde et du rayon.** — Le problème dont nous allons nous occuper est très différent du précédent.

Nous supposions dans le cristal une onde plane indéfinie; nous cherchions la relation entre la direction de propagation (normale à cette onde), la vitesse de propagation et la direction de la vibration.

Nous allons supposer maintenant qu'*en un point* O du cristal se produit un petit ébranlement; nous demandons comment il se propage dans toutes les directions (fig. 51).

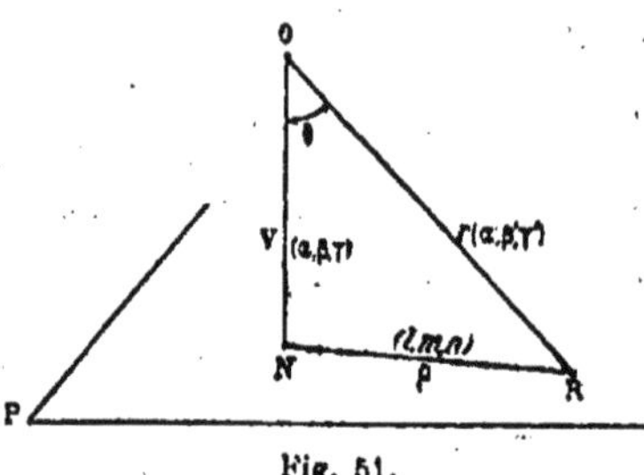

Fig. 51.

Nous nous appuierons sur le principe suivant. Supposons qu'au centre d'ébranlement se croisent une infinité d'ondes planes P, qui se propagent avec les vitesses précédemment définies. Déterminons leur enveloppe au bout d'un temps quelconque t. *Nous admettrons* que le mouvement émis par O est localisé au bout du temps t précisément sur cette surface enveloppe, que nous appelons *surface d'onde au temps t* (Comparer Tome IV, § 224).

Un rayon vecteur OR de la surface d'onde s'appelle *rayon*. Le plan P, tangent à la surface d'onde au point R, est l'onde plane correspondante. La direction de propagation normale de cette onde est ON; la longueur $\overline{ON}$ mesure, au facteur 1 : t près, la vitesse de propagation normale V_N.

La vitesse V_R de propagation *suivant le rayon* est donc :

$$V_R = V_N : \cos \varepsilon.$$

La vibration (vecteur de Fresnel, déplacement) transportée par le rayon OR est dans le plan de l'onde; nous savons la déterminer.

Elle n'est donc généralement pas normale au rayon.

Dans chaque direction ON se propagent deux ondes avec des vitesses différentes. Elles toucheront généralement la surface enveloppe en deux points qui ne sont pas sur le même rayon. Donc à une même direction ON correspondent deux rayons de directions différentes dont les directions de vibrations sont rectangulaires entre elles.

Inversement, la surface d'onde étant à deux nappes d'après ce qui précède, à une même direction de rayon, par abréviation à un même rayon, correspondent deux ondes qui ne sont généralement pas parallèles entre elles. Donc à un même rayon correspondent deux directions de vibration qui ne sont généralement ni normales au rayon, ni rectangulaires entre elles.

Il résulte de notre postulat que la seule *partie efficace* de l'onde P est le point R où elle touche la surface d'onde. Le rayon OR, qui lui correspond, est donc le lieu de ces parties efficaces pendant la propagation de l'ébranlement.

94. **Calcul de la surface d'onde.** — Une onde qui au temps 0 passe par l'origine des coordonnées a pour équation au temps 1 ;

$$\alpha x + \beta y + \gamma z = V; \tag{1}$$

V est donné par la relation :

$$\frac{\alpha^2}{V^2 - a^2} + \frac{\beta^2}{V^2 - b^2} + \frac{\gamma^2}{V^2 - c^2} = 0. \tag{2}$$

Nous devons enfin tenir compte de la relation :

$$\alpha^2 + \beta^2 + \gamma^2 = 1. \tag{3}$$

Il s'agit de trouver l'enveloppe de tous les plans (1), les variables α, β, γ, V, satisfaisant aux équations (2) et (3); x, y, z, sont les coordonnées d'un point de la surface enveloppe cherchée.

En vertu de la définition même de la surface enveloppe, le point x, y, z, doit être à l'intersection de tous les plans d'onde voisins du plan (1). Les coordonnées x, y, z, doivent satisfaire toutes les équations :

$$x d\alpha + y d\beta + z d\gamma = dV, \tag{4}$$

où les différentielles sont liées par les relations suivantes obtenues à l'aide des équations (2) et (3) :

$$\alpha d\alpha + \beta d\beta + \gamma d\gamma = 0, \tag{5}$$

$$\frac{\alpha d\alpha}{V^2 - a^2} + \frac{\beta d\beta}{V^2 - b^2} + \frac{\gamma d\gamma}{V^2 - c^2} = \frac{V dV}{S^2}, \tag{6}$$

en posant comme au § 82 :

$$S^2\left[\frac{\alpha^2}{(V^2 - a^2)^2} + \frac{\beta^2}{(V^2 - b^2)^2} + \frac{\gamma^2}{(V^2 - c^2)^2}\right] = 1.$$

Nous pouvons écrire :

$$\begin{aligned} x &= V\alpha + \frac{S^2}{V}\frac{\alpha}{V^2 - a^2}, \\ y &= V\beta + \frac{S^2}{V}\frac{\beta}{V^2 - b^2}, \\ z &= V\gamma + \frac{S^2}{V}\frac{\gamma}{V^2 - c^2}. \end{aligned} \tag{7}$$

On vérifiera en effet que toutes les équations 1 à 6 sont ainsi satisfaites.

Le point x, y, z, est le point de la surface d'onde qui correspond à la distance α, β, γ. Le *rayon* est la droite qui va de l'origine à ce point.

Additionnant les carrés des équations (7), on trouve pour le rayon vecteur de la surface d'onde :

$$r^2 = V^2 + \frac{S^2}{V^2}.$$

Calculons le cosinus de l'angle ε' du rayon avec la normale à l'onde. On a :

$$\cos \varepsilon' = \frac{x\alpha + y\beta + z\gamma}{r} = \frac{V}{r},$$

relation évidente *a priori* (§ 93).

$$\cos \varepsilon' = \frac{V}{r} = \frac{V^2}{\sqrt{V^4 + S^2}} = \frac{1}{\sqrt{1 + \operatorname{tg}^2 \varepsilon}} = \cos \varepsilon,$$

en vertu de la relation : $S = -V^2 \operatorname{tg} \varepsilon$, démontrée au § 83.
L'angle du rayon et de la normale à l'onde est le même que l'angle de la force électrique et du déplacement.

95. Équation de la surface d'onde. — On peut écrire les équations (7) de la manière suivante :

$$x = V\alpha\left[1 + \frac{S^2}{V^2(V^2 - a^2)}\right] = \frac{V\alpha}{V^2 - a^2}\left[V^2 + \frac{S^2}{V^2} - a^2\right] = V\alpha\frac{r^2 - a^2}{V^2 - a^2},$$

et de même pour y et z. On peut encore écrire :

$$\frac{x^2(V^2-a^2)}{r^2-a^2}=V\alpha x.$$

Additionnons les trois relations analogues, il vient :

$$\frac{x^2(V^2-a^2)}{r^2-a^2}+\frac{y^2(V^2-b^2)}{r^2-b^2}+\frac{z^2(V^2-c^2)}{r^2-c^2}=V^2.$$

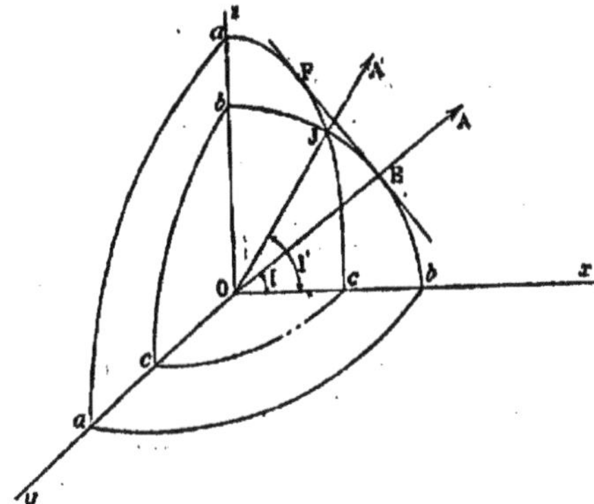

Fig. 52.

Cette équation est identique à l'une ou l'autre des formes :

$$\frac{x^2}{r^2-a^2}+\frac{y^2}{r^2-b^2}+\frac{z^2}{r^2-c^2}=1,$$

$$\frac{a^2x^2}{r^2-a^2}+\frac{b^2y^2}{r^2-b^2}+\frac{c^2z^2}{r^2-c^2}=0,$$

$$r^2(a^2x^2+b^2y^2+c^2z^2)-a^2(b^2+c^2)x^2-b^2(c^2+a^2)y^2$$
$$-c^2(a^2+b^2)z^2+a^2b^2c^2=0.$$

Intersection de la surface d'onde avec les plans coordonnés. — L'intersection se compose d'un cercle et d'une ellipse. On obtient aisément (fig. 52) :

dans le plan yz : $y^2+z^2=a^2$, $\frac{y^2}{c^2}+\frac{z^2}{b^2}=1$;

dans le plan zx : $z^2+x^2=b^2$, $\frac{z^2}{a^2}+\frac{x^2}{c^2}=1$;

dans le plan xy : $x^2+y^2=c^2$, $\frac{x^2}{b^2}+\frac{y^2}{a^2}=1$.

Comme nous supposons $a>b>c$, les deux courbes ne se coupent que dans le plan des zx. Les droites OA' qui vont du centre O au point d'intersection s'appellent *axes de réfraction conique extérieure.*

Les points J sont des *ombilics* de la surface d'onde.

On trouve facilement :

$$\sin I' = \frac{a}{b}\sqrt{\frac{b^2 - c^2}{a^2 - c^2}}.$$

On démontre que les plans EF normaux aux *axes optiques* OE, et par conséquent parallèles aux plans cycliques de l'ellipsoïde (2) (§ 82), touchent la surface d'onde suivant une courbe plane et circulaire, parallèle à l'axe des y et admettant évidemment EF pour diamètre.

96. Propriétés des rayons vecteurs des sections diamétrales. — *Sur toute section diamétrale de la surface d'onde ne passant pas par un ombilic, trois des quatre rayons vecteurs maxima et minima sont égaux aux trois vitesses principales.*

Nous avons démontré ci-dessus que l'intersection de la surface d'onde par le plan yz comprend un cercle de rayon a, par le plan zx un cercle de rayon b, par le plan xy un cercle de rayon c. Un plan diamétral quelconque, devant nécessairement rencontrer les trois plans coordonnés, coupe ces trois cercles. Il est donc certain que la courbe d'intersection diamétrale, généralement composée de deux courbes distinctes placées l'une dans l'autre, a trois rayons vecteurs respectivement égaux à a, b, c.

Mais les rayons vecteurs de la nappe extérieure de la surface d'onde sont compris entre a et b; les rayons vecteurs de la nappe intérieure sont compris entre b et c. Donc le rayon vecteur a de la section diamétrale est nécessairement le rayon vecteur maximum de la courbe extérieure; le rayon vecteur c est nécessairement le rayon vecteur minimum de la courbe intérieure. Enfin le rayon vecteur b est un minimum s'il appartient à la courbe extérieure, un maximum s'il appartient à la courbe intérieure.

Il nous resterait à montrer que les rayons vecteurs maximums et minimums d'une section diamétrale sont au nombre de quatre; en d'autres termes, que chacune des courbes qui la composent ne présente que deux maximums et deux minimums identiques et diamétralement opposés. Le quatrième vecteur diffère de a, b, c, sauf quand la section est dans un des plans coordonnés; nous savons qu'alors les courbes sont un cercle et une ellipse. La démonstration ne présente aucune difficulté particulière; nous la laissons au lecteur.

Le raisonnement tombe en défaut si la section diamétrale passe par deux des ombilics de la surface d'onde. Ceux-ci jouent le rôle de points anguleux pour l'une et l'autre courbes formant la section : elles se raccordent précisément en ces points qui sont des points doubles de la section diamétrale considérée en bloc. Le rayon vecteur b, tout en étant le plus grand de la courbe intérieure et le plus petit de la courbe extérieure, n'est ni un maximum, ni un minimum.

97. Relations entre le rayon et les vecteurs de la Théorie électromagnétique. — *Le rayon est normal au vecteur magnétique.*

On a (§ 95) :
$$x = V\alpha \frac{r^2 - a^2}{V^2 - a^2},$$
et (§ 85) :
$$\lambda = \frac{mn}{V^2 \operatorname{tg} \varepsilon}(b^2 - c^2) = \frac{S^2\beta\gamma}{V^2 \operatorname{tg} \varepsilon} \frac{b^2 - c^2}{(V^2 - b^2)(V^2 - c^2)},$$
$$x\lambda = \frac{S^2\alpha\beta\gamma}{V \operatorname{tg} \varepsilon} \frac{(r^2 - a^2)(b^2 - c^2)}{(V^2 - a^2)(V^2 - b^2)(V^2 - c^2)}.$$

Il résulte immédiatement de là : $x\lambda + y\mu + z\nu = 0$, en vertu de l'identité :
$$(r^2 - a^2)(b^2 - c^2) + (r^2 - b^2)(c^2 - a^2) + (r^2 - c^2)(a^2 - b^2) = 0.$$

Or nous savons que le vecteur magnétique est perpendiculaire au plan passant par la normale à l'onde et par les deux vecteurs électriques. *Donc le rayon est dans le plan des vecteurs électriques.*

La figure 53 représente les relations très simples entre les cinq directions considérées : normale à l'onde, rayon, déplacement, force électrique, force magnétique.

Il résulte immédiatement de cette disposition que *la direction du déplacement (vibration de Fresnel) est la projection sur le plan d'onde de la direction du rayon.*

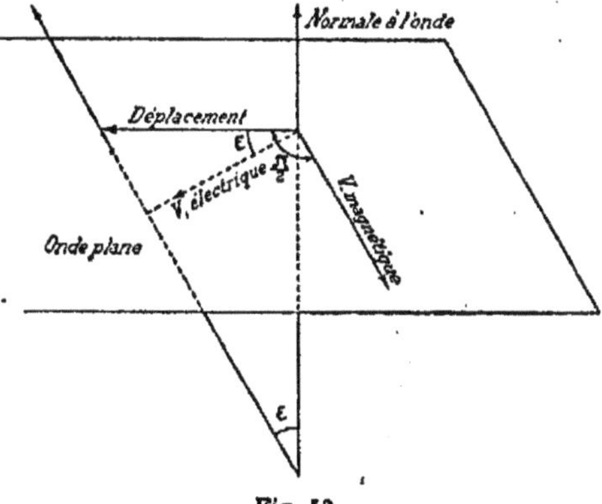

Fig. 53.

98. Cas particulier des cristaux uniaxes. — Quand le cristal admet un axe *principal* de symétrie, deux des vitesses principales a, b, c, sont égales. La surface d'onde se décompose en deux nappes distinctes, une sphère et un ellipsoïde de révolution, tangentes entre elles sur l'axe principal. Les *rayons* qui possèdent une vitesse constante et se confondent avec la direction de propagation normale de l'onde correspondante sont dits *ordinaires*; les autres sont dits *extraordinaires.*

Posons comme toujours $a > b > c$.

1° $a = b$; les nappes ont pour équations : $r^2 = a^2$,
$$\frac{x^2 + y^2}{c^2} + \frac{z^2}{a^2} = 1$$

L'axe principal coïncide avec l'axe des z; $I' = \frac{\pi}{2}$, les axes de réfraction conique extérieure coïncident avec l'axe principal.

La vitesse des rayons ordinaires est plus grande que celle des extraordinaires, sauf sur l'axe principal; l'ellipsoïde de la surface d'onde est allongé, tout entier à l'intérieur de la sphère; le cristal est dit positif (quartz).

2° $b = c$; les nappes ont pour équations : $r^2 = c^2$,

$$\frac{x^2}{c^2} + \frac{y^2 + z^2}{a^2} = 1.$$

L'axe principal coïncide avec l'axe des x; $I' = 0$, les axes de réfraction conique extérieure coïncident avec l'axe principal.

La vitesse des rayons ordinaires est plus petite que celle des extraordinaires, sauf sur l'axe principal; l'ellipsoïde de la surface d'onde est aplati, tout entier à l'extérieur de la sphère; le cristal est dit négatif (spath).

La figure 54 donne les ellipsoïdes des indices correspondants : ils

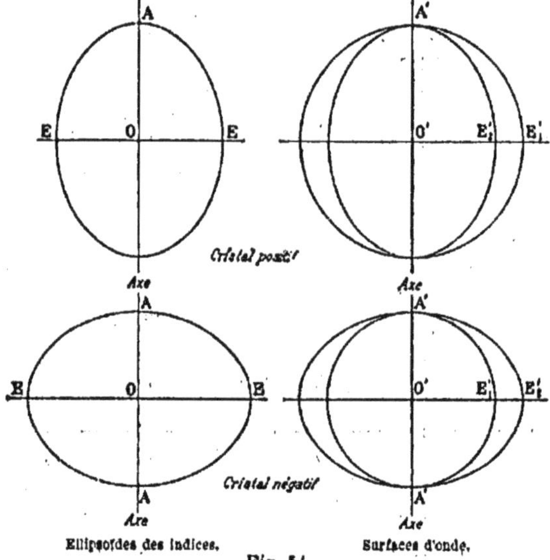

Fig. 54.

sont de révolution autour de l'axe. Rappelons que pour trouver les vitesses de propagation normale dans une direction, il faut couper l'ellipsoïde des indices par un plan passant par le centre et normal à cette direction. Chacun des axes de l'ellipse d'intersection mesure *l'indice*, c'est-à-dire *l'inverse de la vitesse de propagation normale* de l'onde propageant des vibrations parallèles à cet axe.

Par exemple coupons par le plan EOE normal à l'axe : l'intersection est une circonférence. Donc suivant la direction normale O'A', la vitesse est unique et en raison inverse de OE.

Coupons au contraire l'ellipsoïde par un plan quelconque passant par l'axe : l'ellipse d'intersection est EAEA. Dans la direction normale à l'axe, les vitesses sont $O'E'_1$ et $O'E'_2$, en raison inverse de OE et de OA. En effet, suivant les directions normales à l'axe, les vitesses suivant la normale à l'onde et suivant le rayon se confondent par raison de symétrie.

Optique géométrique des milieux anisotropes.

99. Optique géométrique des milieux anisotropes; rayons. — Nous prendrons pour point de départ de l'Optique géométrique des milieux anisotropes la *construction d'Huyghens* (t. IV, §§ 46 et 47). Rappelons en quoi elle consiste, *généralisée de manière à s'appliquer aux cristaux.*

Considérons d'abord la propagation à partir d'un point lumineux A dans un milieu anisotrope homogène indéfini. Le mouvement arrive après le temps T sur une surface Γ que nous appelons *surface d'onde caractéristique du milieu.* Peu importe sa forme et le nombre de ses nappes; dans le cas des cristaux à deux axes, nous savons qu'elle a deux nappes; son équation est donnée au § 95.

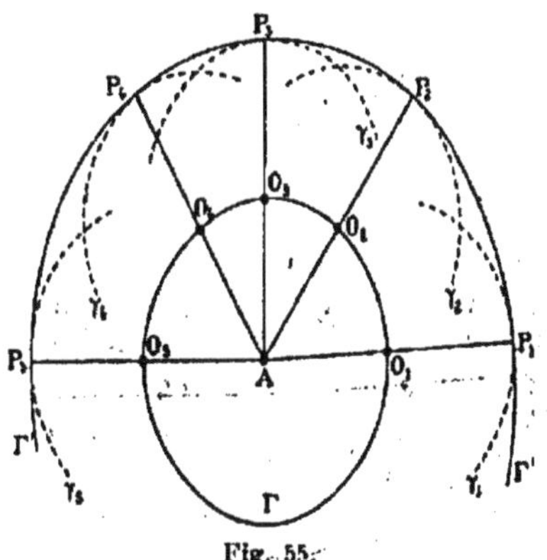

Fig. 55.

La lumière se propageant avec une vitesse uniforme, elle est au bout du temps T + t sur une surface Γ' semblable à Γ, concentrique et semblablement placée ; les rayons vecteurs de Γ' et de Γ à partir du point source A sont entre eux dans le rapport T + t : T (le rapport est égal à 2 dans la figure 55).

Il est clair, *c'est une simple identité géométrique,* que la surface Γ' peut être regardée comme l'enveloppe des surfaces d'onde γ caractéristiques du milieu, décrites des différents points O de Γ comme centres et correspondant au temps *t*. Ces ondes *élémentaires* (tracées en pointillé sur la figure) sont toutes égales et semblablement placées.

Pour avoir la direction du *rayon* qui passe par un point P de l'onde Γ', il faut joindre le point P au centre O de l'onde élémentaire qui touche Γ' au point P.

On peut donc considérer le point source A comme supprimé, à condition de considérer comme sources les divers points de l'onde Γ.

Si la surface *caractéristique* est à plusieurs nappes, on prendra pour onde *élémentaire* l'une ou l'autre nappe, suivant qu'on veut obtenir l'un ou l'autre rayon.

Ceci posé, généralisons comme nous l'avons fait au § 47 du tome IV.

Que les différents points d'une surface S (*fig.* 56) *soient atteints*

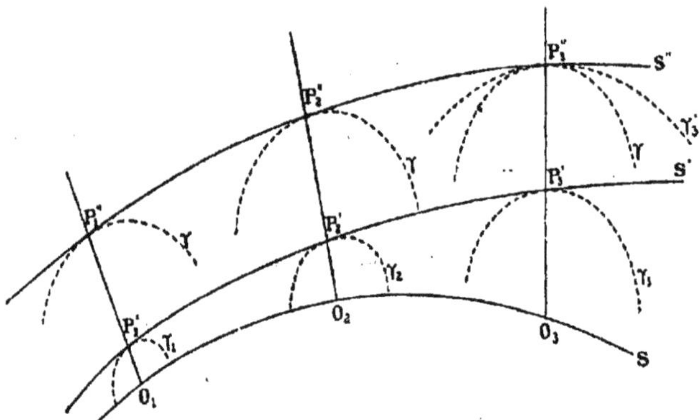

Fig. 56.

successivement ou simultanément par le mouvement émané d'un point source A, *l'onde* S' *au temps* τ' *est l'enveloppe des ondes élémentaires décrites à partir des points* O_1, O_2, O_3 ... *de* S, *placées parallèlement les unes aux autres et dont les grandeurs sont prises telles qu'elles correspondent au temps* τ'.

Supposons que les mouvements atteignent les points O_1, O_2, O_3, ... de la surface S aux temps T_1, T_2, T_3, ...; les surfaces élémentaires γ_1, γ_2, γ_3 ..., qui ont pour centres les points O_1, O_2, O_3, ... doivent correspondre aux temps t_1, t_2, t_3, ... tels que l'on ait :

$$T_1 + t_1 = T_2 + t_2 = \ldots = \tau'.$$

Dans la figure, les temps t_1, t_2, t_3, sont supposés égaux à 1, 2, 3 unités.

Le rayon qui passe par un point quelconque P'_1 *de l'onde* S', *passe aussi par le centre* O_1 *de l'onde élémentaire* γ_1 *qui touche* S' *au point* P'_1.

La surface S'' qui correspond au temps τ'' s'obtient soit à partir de la surface S, en prenant les ondes élémentaires telles que :

$$T_1 + t_1 = T_2 + t_2 = \ldots = \tau'',$$

soit à partir de la surface S', en prenant les ondes élémentaires identiques entre elles et correspondant au temps $\tau'' - \tau'$; cet intervalle vaut trois unités dans la figure.

Nous reviendrons plus loin sur l'identité de ces constructions (§ 101).

Nous définissons par cette construction les trajectoires lumineuses ou *rayons ;* on montrerait qu'elle est la conséquence du principe de Fermat généralisé pour les milieux anisotropes : *le temps employé à parcourir une trajectoire réelle est un minimum ou un maximum.*

100. Remarques sur la polarisation : rayons de même espèce. — Dans l'application des principes précédents, il ne faut pas oublier qu'*à un rayon de direction donnée correspond une vibration de direction déterminée.* D'où résulte qu'à certaines directions de rayons fournies par l'application brutale de la construction d'Huyghens, ne correspond réellement aucun mouvement lumineux.

Un exemple simple met le fait en évidence.

Construisons, à partir d'un point A, la surface d'onde à deux nappes qui correspond au milieu. Distinguons ces deux nappes par les symboles o et e. Quand le milieu est uniaxe, les nappes sont entièrement séparées ; la nappe o est une sphère, la nappe e est un ellipsoïde. Pour fixer les idées, raisonnons sur ce cas ; mais il est entendu que tout ce que nous disons est général.

Considérons une position de la sphère o_T qui correspond au temps T. Pour avoir la surface d'onde au temps $\tau = T + t$, il faut mener de tous les points de la sphère o_T des sphères o_t qui correspondent au temps t. *Mais il est inutile de faire la construction à partir des points de la sphère* o_T *au moyen de la surface* e_t*;* nous obtiendrions des directions qui ne correspondent à aucun rayon réel. C'est que le point considéré comme appartenant à la nappe o, vibre suivant une direction telle, qu'il ne peut fournir d'ébranlement lumineux réel que suivant la direction déterminée par la nappe *de même nature* de la surface d'onde caractéristique.

Voici la même remarque généralisée.

A des rayons issus originairement d'un point source situé dans un milieu homogène, se propageant actuellement dans ce milieu ou dans un autre milieu homogène, ayant par conséquent subi un nombre quelconque de réflexions et de réfractions sur des surfaces quelconques, correspond dans le milieu considéré une surface d'onde qui a généralement *plusieurs* nappes. Le nombre des nappes peut être supérieur à deux, même dans le cas des cristaux biréfringents.

Considérons la surface d'onde dans le milieu M.

Avant d'appliquer la construction d'Huyghens, *il faut grouper les rayons isogènes en systèmes tels qu'aux rayons d'un même système corresponde une onde formée d'une nappe unique et continue : les rayons faisant partie d'un même système sont dits de même espèce.*

Pour que des rayons issus originairement d'un même point soient *de même espèce,* il faut :

1° que, si le milieu où se trouve le point lumineux est biréfringent, ces rayons soient originairement *de même nature,* c'est-à-dire tous ordinaires ou tous extraordinaires ;

2° qu'ils aient subi les mêmes réflexions et réfractions sur les mêmes surfaces dans le même ordre ;

3° que, dans chacune de ces réflexions ou de ces réfractions, ils aient, ou tous conservé leur nature (c'est-à-dire leur qualité d'ordinaires ou d'extraordinaires), ou tous changé de nature.

On remarquera que des rayons de même nature ne sont pas nécessairement de même espèce ; mais des rayons de même espèce sont nécessairement de même nature.

Supposons le départ fait entre les divers rayons. Pour appliquer la construction d'Huyghens, il suffit de considérer les points de la surface d'onde correspondant aux rayons de même espèce comme centres d'ondes élémentaires soit ordinaires, soit extraordinaires, suivant la nature des rayons, *mais seulement comme centres d'ondes élémentaires d'une seule nature.*

En définitive, *même pour des corps biréfringents,* la surface d'onde dans un milieu M qui correspond à des rayons issus originairement d'un point source (rayons isogènes) et à un certain temps, peut avoir *plusieurs* nappes distinctes ; nous pouvons distinguer ces nappes en *ordinaires* et *extraordinaires.* L'application de la construction d'Huyghens se fait à partir des premières à l'aide de la nappe *o* de l'onde caractéristique du milieu M, à partir des secondes à l'aide de la nappe *e.*

Nous reviendrons au § 115 sur certains cas ambigus qui correspondent aux points communs des nappes *o* et *e.*

101. Théorème de Malus et Dupin pour les milieux anisotropes. — Voici d'abord un lemme évident (fig. 57).

Avec les points O, O′, O″, ... *de la droite* RP *comme centres, menons les surfaces semblables et semblablement placées passant toutes par le point* P. *Elles admettent au point* P *le même plan tangent.*

Revenons maintenant sur la construction d'Huyghens (fig. 56).

A partir de la surface S *qui n'est pas nécessairement une surface d'onde,* nous avons appris à construire la surface d'onde S′, puis la surface d'onde S″. Nous aurions pu construire immédiatement la surface S″. Montrons qu'on obtient la même surface.

Cela sort immédiatement du lemme. La surface γ de centre P'_3 est tangente au point P''_3 à la surface γ'_3 de centre O_3, semblable à la précédente et passant par P''_s. Si donc on utilise les surfaces élémentaires γ'_s à partir des points de S, on obtiendra la même enveloppe S″ qu'avec les surfaces γ à partir des points de S′.

De ces constructions on conclut que *les ondes qui passent par les différents points* P′, P″, ... *d'un rayon, y admettent des plans tangents parallèles.*

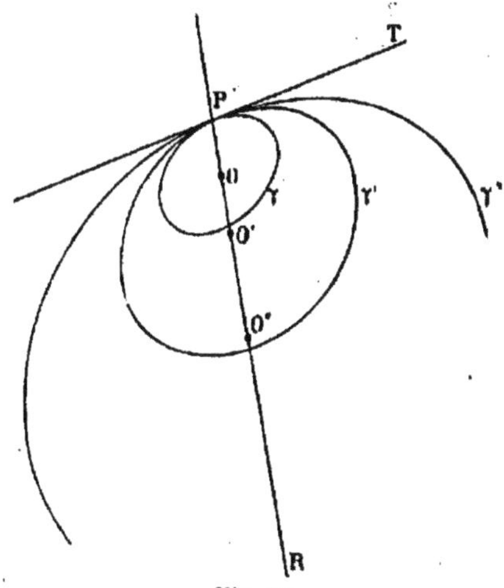

Fig. 57.

La relation entre le rayon et le plan tangent conjugué est la même que celle qui existe entre le plan tangent et le rayon dans la surface d'onde élémentaire o *ou* e *qui caractérise le milieu.*

Naturellement à une direction de rayon correspondent autant de plans tangents conjugués qu'il y a de nappes à l'onde élémentaire ; mais à un rayon *de nature donnée* ne correspond qu'un plan tangent.

Ce théorème est la généralisation pour les corps anisotropes du théorème de Malus et Dupin pour les corps isotropes. Les corps isotropes admettent une surface d'onde élémentaire sphérique ; le rayon est donc toujours normal au plan tangent conjugué. *Après un nombre quelconque de réflexions et de réfractions, les rayons isogènes sont normaux aux surfaces d'onde définies par la constance du chemin optique.*

Le théorème analogue pour les corps anisotropes a pour énoncé : *après un nombre quelconque de réflexions et de réfractions sur les corps anisotropes, il existe, entre la direction du plan tangent à l'onde* (définie par la constance du chemin optique) *et la direction du rayon conjugué, une liaison invariable pour chaque milieu et les rayons de chaque nature, et qui ne dépend que de la direction du rayon.*

Ce théorème est en défaut pour les points singuliers de la surface d'onde ; nous reviendrons là-dessus au § 115.

Dans les cristaux uniaxes, la nappe ordinaire de la surface d'onde élémentaire est sphérique ; *quelle que soit la forme de la surface d'onde, le rayon ordinaire est donc normal* à *son plan d'onde conjugué.*

Remarquons que pour les corps isotropes et les rayons ordinaires des corps uniaxes, cette normalité subsiste alors même qu'antérieurement les rayons ont traversé des milieux homogènes quelconques anisotropes en nombre quelconque : nous généralisons donc en ce sens le théorème de Malus et Dupin tel qu'il est énoncé au tome IV.

102. Réfraction des ondes planes. — Appliquons la construction générale d'Huyghens à la réfraction d'une onde plane à travers la surface plane de séparation entre deux milieux anisotropes 1 et 2.

Il revient au même de chercher la direction des rayons conjugués l'un de l'autre dans les milieux 1 et 2 (fig. 58).

La construction est analogue à celle du tome IV, § 47 (fig. 29).

Prenons pour plan du tableau le plan d'incidence, c'est-à-dire le

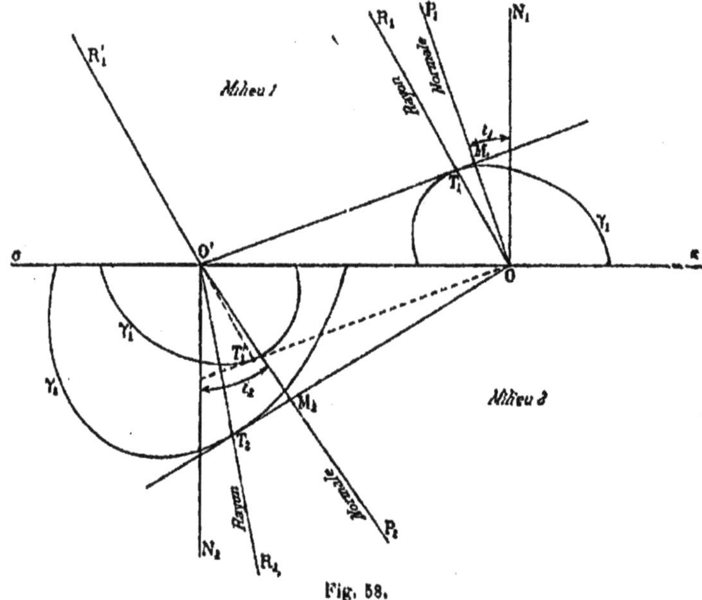

Fig. 58.

plan qui passe par la normale au plan réfringent et *la normale à l'onde. Le rayon incident conjugué est généralement en dehors de ce plan.* Il se projette seulement sur une droite de ce plan.

Le point O' représente la projection sur le plan du tableau de la trace de l'onde incidente $O'T_1M_1$ sur le plan réfringent.

Choisissons le point O tel que la surface d'onde élémentaire γ_1, caractéristique du milieu 1, de la nature des rayons considérés, correspondant au temps unité et de centre O, soit tangente à l'onde incidente; la figure représente le contour apparent de cette surface. Le point de tangence se projette en T_1 sur le plan du tableau; en général, il est hors de ce plan; OR_1 est la projection du rayon, OP_1 la normale à l'onde.

Par le point O', menons l'une des nappes γ_2 de l'onde caractéristique du milieu 2 et correspondant au temps unité : la figure représente le contour apparent de cette surface.

Par la droite normale au plan du tableau et passant par O, menons à cette onde le plan tangent OT_2 : le point de tangence se projette en T_2 sur le plan du tableau.

Le plan OT_2 *est l'onde plane réfractée;* $O'R_2$ *est la projection du rayon conjugué.*

CONSTRUCTION D'HUYGHENS.

La construction précédente ne serait pas commode, à cause du tâtonnement sur la position du point O. Il est préférable de procéder comme suit.

Soit O' la projection de la trace de l'onde plane incidente sur le plan réfringent. Menons à partir de O' comme centre les deux sur-

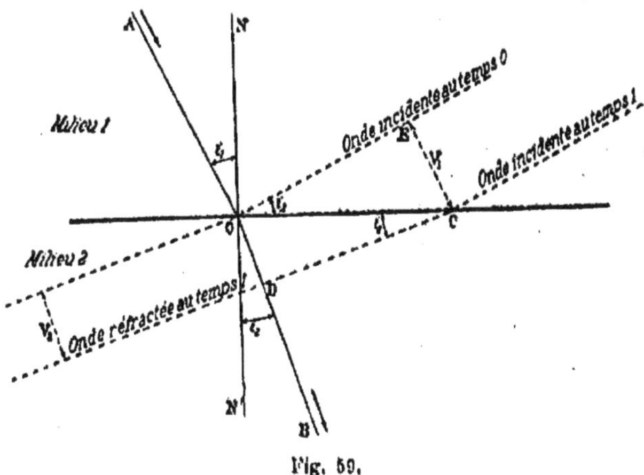

Fig. 59.

faces élémentaires γ'_1 et γ_2 correspondant aux milieux 1 et 2. Menons à γ'_1 un plan tangent normal au plan du tableau et parallèle à l'onde incidente, ou, ce qui revient au même, menons une tangente T'_1O à son contour apparent. Du point O ainsi déterminé, menons une tangente OT_2 au contour apparent de γ_2 ; OT_2 est l'onde cherchée.

LOIS DE DESCARTES.

Les lois de Descartes sont applicables *non pas aux rayons,* mais aux normales aux ondes, à la condition de les généraliser en raison de la variabilité de la vitesse avec la direction.

Le plan de la figure contient les normales aux ondes incidente et réfractées et au plan réfringent ; ce qui constitue la première loi.

On trouve immédiatement :

$$\overline{OO'} = \frac{\overline{OM_1}}{\sin i_1} = \frac{\overline{OM_2}}{\sin i_2}.$$

Or $\overline{OM_1}$ et $\overline{OM_2}$ mesurent les vitesses V_1 et V_2 de propagation normale pour les ondes considérées. D'où :

$$\frac{V_1}{\sin i_1} = \frac{V_2}{\sin i_2}. \tag{1}$$

C'est la seconde loi de Descartes.

L'équation (1) définit complètement la direction des normales des ondes réfractées. En effet le plan d'incidence étant donné, V_1 est une certaine fonction connue de i_1; la normale réfractée étant dans le plan d'incidence, V_2 est une certaine fonction connue de i_2. Donc i_1 étant donné, i_2 s'ensuit.

Lame a faces parallèles.

Il résulte immédiatement de ce qui précède que la traversée d'une lame à faces parallèles anisotrope ne change pas la direction de la normale aux ondes. Une onde incidente donne généralement deux ondes émergentes parallèles. Nous reviendrons plus loin (§ 114) sur la position des *parties efficaces* de ces ondes.

103. Nombre des ondes planes réfractées. Réfractions uniradiales. — A une onde plane incidente *de nature donnée* dans le milieu 1 correspondent généralement autant d'ondes planes réfractées qu'il y a de nappes à l'onde caractéristique du milieu 2, c'est-à-dire une si le milieu est isotrope, deux s'il est anisotrope.

Nous verrons qu'une ou deux de ces ondes peuvent manquer; c'est le cas de la réflexion totale.

Il résulte de là qu'à une *direction* d'onde plane dans le premier milieu supposé biréfringent correspondent *quatre* ondes dans le second milieu supposé également biréfringent. Nous les noterons (o, o), (e, e), (o, e), (e, o).

De même, à un *rayon* dans le premier milieu correspondent généralement deux ondes de directions différentes dans ce milieu et quatre ondes dans le second milieu, par suite quatre rayons; les ondes auront mêmes notations que ci-dessus.

Si de part et d'autre du plan réfringent se trouve le même milieu anisotrope, mais avec des orientations différentes, tout se passe comme si les milieux étaient différents.

Remarques. — 1° Supposons le premier milieu *isotrope*; sur une onde donnée, la lumière est polarisée dans un azimut *a priori* indéterminé. Sur une onde incidente de [illegible]e, nous pouvons le choisir tel que l'énergie lumineuse transpo[illegible] par l'une des deux ondes réfractées soit nulle. Ce cas diffère absolument du cas de la réflexion totale pour cette onde réfractée. En effet, sa direction reste parfaitement réelle et déterminée; la construction d'Huyghens s'applique, mais l'intensité lumineuse est nulle.

On dit que *la réfraction est uniradiale*.

Naturellement l'Optique géométrique est incapable de nous apprendre quoi que ce soit sur ces phénomènes. C'est le rôle de la Théorie de la réflexion cristalline (§ 160).

2° Supposons le premier milieu *anisotrope* : sur une onde donnée, la lumière vibre dans un azimut généralement déterminé.

Il peut arriver, pour des positions relatives convenables du second milieu anisotrope et pour certaines ondes incidentes, que l'une des ondes réfractées disparaisse, non parce que sa direction est indéterminable, mais parce que l'énergie qu'elle transporte est nulle.

Il en est par exemple ainsi lorsque les deux milieux admettent un plan commun de symétrie. Les ondes normales au plan de symétrie ont nécessairement leurs vibrations dans ce plan et normalement à ce plan : une telle onde incidente ne fournit que l'onde réfractée dont les vibrations sont disposées de même par rapport au plan de symétrie.

Pour des positions relatives quelconques des deux milieux, le même fait se réalise, mais seulement pour un nombre fini de directions d'incidence.

104. Réflexion totale; milieux isotropes. — Pour qu'il existe une onde réfractée, il faut évidemment que les ondes caractéristiques $\gamma_1, \gamma_2, \gamma_3, \ldots$ qui ont pour centres les divers points de la surface

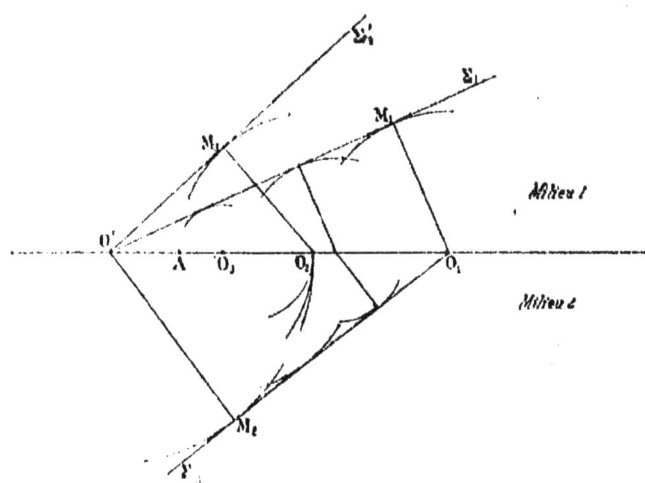

Fig. 60.

réfringente, aient une enveloppe; par conséquent, il faut que deux ondes élémentaires voisines se coupent.

Pour montrer qu'il n'en est pas toujours ainsi, reprenons (fig. 60 et 61) le cas d'une onde plane et de deux milieux *isotropes*.

1° Soit d'abord l'onde plane incidente Σ_1; $\overline{O_1M_1}$ est le rayon de l'onde élémentaire qui correspond à l'unité de temps dans le milieu 1. Menons du point O' la sphère de rayon $\overline{O'M_2}$ caractéristique du milieu 2 et correspondant à l'unité du temps. Traçons de même, des points A quelconques de la droite $O'O_1$ comme centres, des sphères de rayons :

$$\overline{O'M_2}(\overline{O_1A} : \overline{O_1O'}).$$

Nous constatons que ces sphères se coupent; il y a une enveloppe.

2° Mais considérons l'onde plane incidente Σ'_1. La sphère de rayon $\overline{O_2M_2} = \overline{O_1M_1}$, devant être tangente à l'onde incidente,

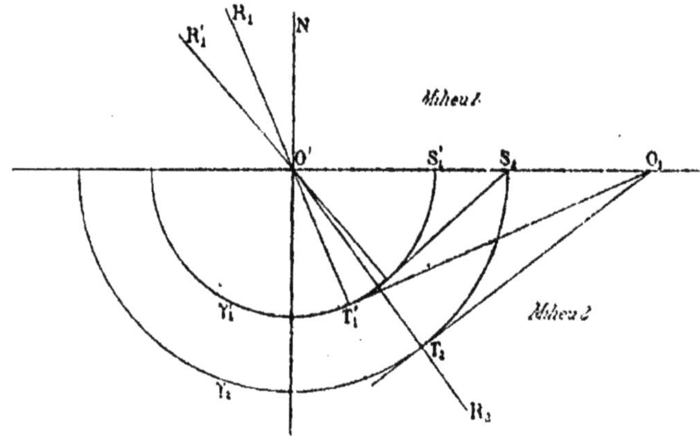

Fig. 61.

détermine le point O_2. Pour obtenir l'onde réfractée, traçons, des points A quelconques de la droite $O'O_2$ comme centres, des sphères de rayons :

$$\overline{O'M_2}(\overline{O_2A} : \overline{O_2O'}).$$

On constate que ces sphères sont les unes dans les autres et tangentes entre elles au point O_2. Nous sommes à la limite de la réfraction réelle.

3° Enfin prenons une onde Σ''_1 encore plus verticale; déterminons le point O_3 correspondant; des points A quelconques de la droite $O'O_3$ comme centres, traçons des sphères de rayons :

$$\overline{O'M_2}(\overline{O_3A} : \overline{O_3O'}).$$

Nous vérifions que ces sphères ne se coupent pas. Il n'y a plus d'onde réfractée.

Construction d'Huyghens. — Il est facile de voir (fig. 61) que la construction d'Huyghens tombe en défaut lorsque les ondes n'ont pas d'enveloppe. Il est alors impossible de tracer le plan tangent qu'elle réclame. Cela veut dire qu'en menant à la surface γ'_1 le plan tangent parallèle à l'onde incidente, on détermine une intersection avec le plan réfringent telle qu'aucun plan passant par cette trace n'est tangent à l'onde élémentaire γ_2 caractéristique du milieu 2.

C'est ce qui arrive à la limite pour le rayon incident R'_1O'.

105. Réflexion totale : milieux anisotropes. — Ces principes rappelés, revenons aux corps *anisotropes* (fig. 58).

Pour qu'il soit impossible de mener par la droite normale au plan du tableau, qui se projette en O, un plan tangent à la surface γ_2, il faut et il suffit que cette droite coupe l'intersection de l'onde élémentaire γ_2 par le plan réfringent.

La limite de réflexion totale est donc atteinte lorsque la droite projetée en O est tangente à l'intersection I de γ_2 et du plan réfringent : la figure 62 représente la construction dans ce plan.

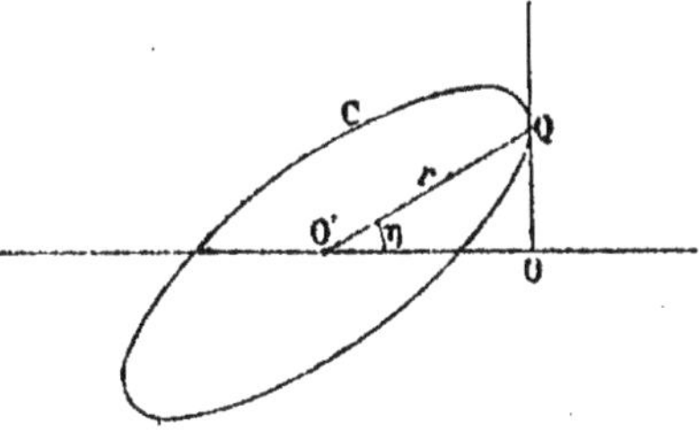

Fig. 62.

L'onde réfractée est alors tangente à l'onde γ_2 précisément au point Q où OQ tangente l'intersection I; d'où les conséquences suivantes :

1° le rayon réfracté O'Q est dans le plan réfringent et généralement en dehors du plan d'incidence qui est normal au plan de la figure 62 et passe par O'O ;

2° l'onde réfractée limite passe par la droite OQ; elle n'est pas nécessairement normale au plan du tableau : la *direction* de propagation normale limite est comprise dans le plan d'incidence, mais elle n'est généralement pas dans le plan réfringent.

Pour bizarres que paraissent ces résultats, ils sont faciles à interpréter. *Dans la réflexion totale sur un corps anisotrope, c'est le rayon, c'est-à-dire le lieu des parties efficaces des ondes successives, qui devient rasant.* La direction de propagation normale dont l'importance analytique est fondamentale passe au second rang quand il s'agit du transport de l'énergie.

106. Réflexion totale : milieu isotrope au contact d'un milieu anisotrope. — Poussons plus avant l'étude dans le cas où l'un des milieux est isotrope. Soit $V_1 = $ Constante la vitesse de propagation dans ce milieu. Il s'agit de démontrer la proposition suivante qui a une grande importance pratique : *la détermination des angles limites* I *maximums ou minimums de réflexion totale sur une face plane limitant le milieu anisotrope (face quelconque, mais n'entamant pas le cône de réfraction conique intérieure,* § 118) *permet de déterminer les trois vitesses principales dans ce milieu.*

Nous avons démontré plus haut (§ 102) la relation générale (fig. 58) :

$$\overline{OO'} = \frac{\overline{OM_1}}{\sin i_1} = \frac{V_1}{\sin i_1}.$$

Lorsque nous sommes à la limite de réflexion totale (incidence l), (fig. 62), la distance $\overline{OO'}$ est la projection de $\overline{O'Q}$ (vitesse du rayon réfracté limite) sur le plan d'incidence.

Appelons r cette vitesse (rayon vecteur de la surface d'onde); on a :

$$\sin l = V_1 : r \cos \eta.$$

Or il est évident que pour les maximums et minimums des rayons vecteurs de la courbe C, *quelle qu'elle soit*, l'angle η est nul. D'où la règle suivante :

Les angles limites L *maximums ou minimums de réflexion totale sur une face plane quelconque limitant un milieu anisotrope, sont reliés par l'équation :*

$$\sin L = V_1 : r_m,$$

aux rayons vecteurs maximums et minimums de la courbe d'intersection diamétrale de la surface d'onde caractéristique par le plan réfringent.

Or nous avons démontré, au § 96, que *pour toute section diamétrale de la surface d'onde caractéristique ne passant pas par un ombilic, trois des quatre rayons vecteurs maximums ou minimums sont égaux aux trois vitesses principales.*

Il résulte immédiatement de là le moyen de déterminer ces trois vitesses par les angles limites de réflexion totale.

La question se complique un peu quand la face du cristal entame le cône de réfraction conique intérieure. Mais comme il faut bien le faire exprès pour qu'il en soit ainsi, ce cas ne se présente jamais dans la pratique.

Il va de soi que le plus grand et le plus petit angle limite donneront toujours le plus grand et le plus petit indice ; l'indice moyen correspond à l'un des deux angles intermédiaires. Il suffit de recommencer avec une face autrement orientée pour lever l'ambiguïté. On doit retrouver comme maximums ou minimums trois des angles limites précédemment déterminés.

107. **Application de la méthode.** — Soit une substance cristallisée quelconque S (fig. 63) dans laquelle on a travaillé une face plane PP'. Plaçons dessus une demi-boule de verre très réfringent et remplissons l'intervalle avec un liquide d'indice supérieur à ceux des deux solides (bromure d'arsenic, $n = 1,78$; iode et soufre dissous dans l'iodure de méthylène, $n = 1,85$).

Un faisceau de lumière incident remplit l'intervalle angulaire PON, nous observons dans l'angle P'ON à l'aide d'une petite lunette dont l'axe fait l'angle variable r avec la normale ON.

L'axe de la lunette est donc mobile dans le plan du tableau ; il passe toujours par le point O ; sa direction est repérée sur un cercle divisé vertical. La lunette est aussi mobile autour de la normale ON à la surface réfringente : au besoin, son *azimut* est repéré sur un cercle divisé horizontal.

La lunette est construite de manière que son réticule est au foyer des rayons qui forment des faisceaux parallèles dans l'intérieur de la demi-boule. On a représenté schématiquement son objectif en C.

On observe donc simultanément dans le champ de la lunette des éclairements qui correspondent à des ondes planes faisant, dans la demi-boule, des angles avec la normale ON compris entre deux limites r_1 et r_2.

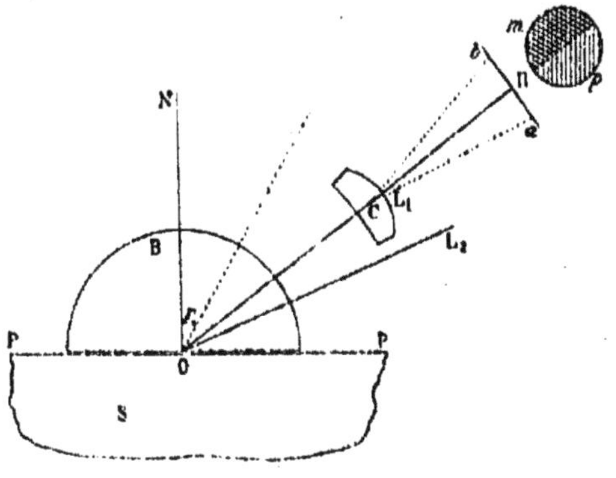

Fig. 63.

Quand, pour un azimut donné de la lunette, r part de 0 et croît, le champ est d'abord éclairé d'une manière continue et qui semble uniforme. Mais quand la lunette est placée de manière que les faisceaux correspondants à un angle limite d'incidence l se trouvent dans le champ, celui-ci est partagé en deux parties inégalement éclairées. Soit R la trace du réticule sur le plan du tableau. Supposons qu'il corresponde justement à l'angle l. Les rayons qui sont dans l'angle RCa correspondent à un angle d'incidence $> l$; les rayons qui sont dans l'angle RCb correspondent à un angle d'incidence $< l$. On a rabattu le champ de la lunette dans le plan de la figure pour montrer son aspect.

Tant que $r < l$, une partie de la lumière se réfracte; quand $r > l$, il y a réflexion totale. On aperçoit dans le champ de la lunette une *brusque* variation d'intensité. Il est important de remarquer que *le fait de la réflexion totale ne suffit pas à expliquer cette discontinuité dans l'intensité;* elle est due à la loi de variation de la quantité de lumière réfléchie au voisinage de la réflexion totale.

Avec une substance isotrope, on trouve pour chaque *azimut* de la lunette, c'est-à-dire pour chaque plan d'observation passant par la normale ON, une seule valeur de l'angle l. Cette valeur est évidemment indépendante de l'azimut : on peut tourner la lunette autour de ON sans qu'elle soit modifiée.

Pour une substance cristallisée et un azimut donné, on trouve deux angles l_1 et l_2 pour lesquels l'intensité varie brusquement dans le champ de la lunette. Ils correspondent aux deux nappes de la surface d'onde, aux deux tangentes qu'il est possible de mener à la double courbe d'intersection normalement à la trace du plan d'incidence (fig. 62). L'angle r variant de 0 à $\pi : 2$, les rayons réfractés d'une espèce s'annulent pour l_1, les rayons réfractés de l'autre espèce s'annulent pour l_2.

Recommençons l'expérience pour tous les azimuts : déterminons pour chacun d'eux les valeurs de l; déterminons par conséquent les valeurs L maxima ou minima par lesquelles passe l. Nous trouverons quatre valeurs distinctes pour L qui nous permettent, d'après le théorème précédemment démontré, de calculer les vitesses principales dans le milieu anisotrope considéré.

Cette méthode de détermination des indices principaux est très commode. Elle n'exige à la rigueur que la taille d'une seule face dont les dimensions peuvent être assez réduites. Il est évidemment nécessaire que l'indice de la demi-boule soit supérieur aux indices du cristal.

On a donné plusieurs formes à l'appareil; l'une entre autres due à Pulfrich est très répandue : nous n'insisterons pas.

108. Réfraction d'une onde plane à travers un prisme de matière anisotrope. — La réfraction d'une onde plane à travers un prisme ne présente pas de difficultés théoriques particulières; il suffit d'appliquer deux fois les constructions. L'onde plane incidente donne deux ondes planes réfractées rectilignement polarisées; chacune d'elles donne une onde émergente également polarisée; en tout deux ondes émergentes, *rectilignement polarisées.* Ces conclusions valent quels que soient l'angle du prisme et sa *taille* par rapport au milieu cristallin.

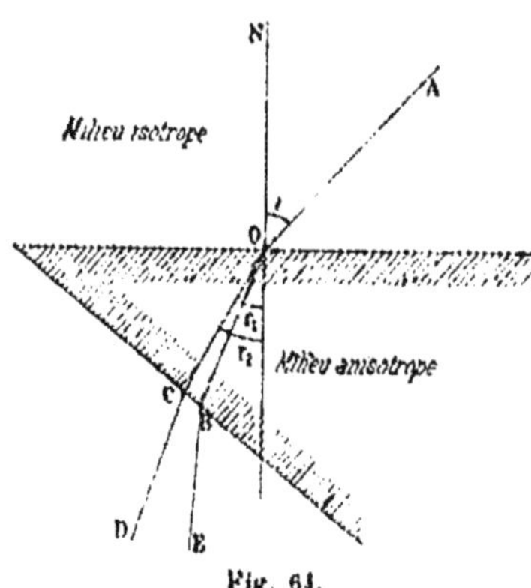

Fig. 64.

Connaissant l'angle du prisme, la position de la surface des vitesses normales par rapport au prisme, l'angle d'incidence i, on peut calculer de proche en proche la direction des ondes émergentes. Réciproquement, de la détermination de ces directions on déduit des relations numériques auxquelles doivent satisfaire les paramètres de l'ellipsoïde des indices.

Les calculs sont généralement inextricables; aussi n'utilise-t-on que des cas particuliers.

Il est d'abord évident qu'on se bornera aux ondes incidentes dont les normales sont dans la section principale du prisme. La première loi de Descartes s'appliquant à ces normales, les normales aux ondes émergentes seront encore dans la section principale.

Nous verrons plus loin comment il est avantageux de tailler le prisme.

Pour déterminer la direction de l'onde incidente et des ondes émergentes, on emploie la méthode générale.

L'onde plane incidente est fournie par un collimateur, c'est-à-dire un objectif achromatique au foyer principal duquel est le centre d'un petit trou percé dans un écran. La direction de la normale à l'onde est la droite qui passe par le trou et le premier point nodal de l'objectif. Quand on peut utiliser simultanément des ondes dont les normales forment un plan, on remplace le trou par une fente.

La direction des ondes émergentes est déterminée par une lunette réglée sur l'infini.

Le collimateur et la lunette sont installés de manière à tourner autour d'un axe; leurs axes optiques décrivent le plan P parallèle à la platine du goniomètre qu'ils forment alors. On installe l'arête du prisme normalement au plan P. Les ondes incidentes fournies par le collimateur ont leur normale dans la section principale du prisme; les ondes émergentes forment leur foyer sur la croisée des fils du réticule de la lunette, pour des azimuts convenables de celle-ci.

109. Cas particuliers utilisables.

Cristaux uniaxes. — Quelle que soit la taille du prisme, il y a toujours un indice qui est constant. On pourra le déterminer *avec un prisme quelconque* par la méthode ordinaire du minimum de déviation.

Si le prisme est taillé de manière que son arête soit parallèle à l'axe principal, nous savons qu'un plan central, normal à l'arête, coupe la surface des vitesses normales suivant deux cercles. Ou, si l'on veut, qu'un plan central, passant par l'axe de révolution de l'ellipsoïde des indices, le coupe suivant une ellipse invariable quel que soit son azimut. Donc les vitesses des deux ondes sont constantes et indépendantes de l'incidence : on pourra déterminer les indices principaux par la méthode ordinaire du minimum de déviation.

Cristaux biaxes. — On taille le prisme de manière que son arête soit un des axes de l'ellipsoïde des indices. Quel que soit l'azimut du plan central passant par cet axe, il est clair qu'il coupe l'ellipsoïde suivant une ellipse dont un des axes est constant. Donc une des ondes qui se propage dans la section principale du prisme possède une vitesse invariable; l'indice correspondant se détermine par la méthode ordinaire. Avec trois prismes dont les arêtes sont parallèles aux axes de l'ellipsoïde des indices, on peut mesurer les trois indices principaux.

Il est quelquefois commode d'opérer, non plus au minimum de déviation, mais avec une incidence normale à la face d'entrée du prisme ; on n'a plus à tenir compte que de la réfraction de sortie. Supposons le prisme taillé de manière que la normale à la face d'entrée (et, par conséquent, la direction de propagation normale des deux ondes) soit un des axes de l'ellipsoïde des indices. Les vitesses de propagation des deux ondes dans le cristal sont deux vitesses principales. On peut les calculer connaissant l'angle du prisme et les azimuts des ondes émergentes. Il suffit de deux prismes pour connaître les trois indices principaux.

110. **Prisme de Nicol.** — L'indice ordinaire du spath est beaucoup plus grand que l'indice extraordinaire.

Ainsi pour la raie D : $n_o = 1,6585$, $n_e = 1,4835$.

Les angles limites correspondants sont :

$$L_o = 37° \ 12', \qquad L_e = 42° \ 18'.$$

On utilise ce fait pour éliminer les ondes *ordinaires* par réflexion totale.

L'idée la plus simple consiste à prendre un prisme ayant un angle $\alpha = 39° \ 45'$ environ et dont l'arête soit parallèle à l'axe ternaire du rhomboèdre (fig. 65). Si le faisceau tombe *à peu près* normalement sur la face d'entrée, les ondes ordinaires se réfléchissent totalement ; seules passent les extraordinaires. L'onde émergente est polarisée rectilignement.

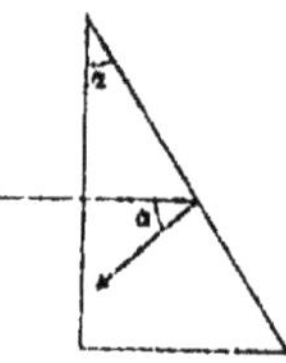

Fig. 65.

Mais ce procédé a l'inconvénient de donner un faisceau émergent *dévié* et *coloré*.

Voici comment on tourne la difficulté.

On prend un rhomboèdre de spath allongé par clivage. Avec une scie on mène un plan très oblique AA' normal à celui des plans de symétrie cristallographique qui est resté plan de symétrie pour le cristal allongé par clivage : il s'appelle *section principale* du nicol.

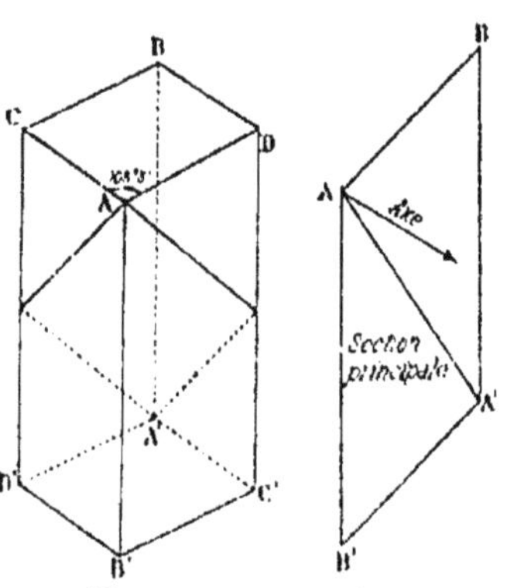

Fig. 66. Fig. 67.

On recolle les deux morceaux avec un mastic dont l'indice est intermédiaire entre les indices n_o et n_e. Ce sera par exemple du baume du Canada d'indice 1,549. Il est évident que si le prisme est suffisamment allongé, les ondes ordinaires dont l'indice est constant et supérieur à celui du baume, rencontreront le plan AA' sous des angles tels qu'il y aura réflexion totale. Il suffit pour cela de prendre les arêtes C'D quatre fois plus longues que les arêtes de base AD. Quant aux ondes extraordinaires, leur indice est variable entre n_o et n_e suivant la direction de propagation. Mais celles dont les directions sont comprises dans le champ de l'appareil et qui ne sont pas très loin de se propager normalement à l'axe ternaire (c'est-à-dire avec l'indice n_e), passeront toujours, puisque leur indice n_e est plus petit que l'indice du baume.

La direction de vibration des ondes extraordinaires s'obtient en projetant sur l'onde l'axe principal (axe de révolution de l'ellipsoïde des indices); cet axe est dans le plan de symétrie du nicol, plan que nous avons appelé *section principale*. Donc les vibrations des ondes extraordinaires, dont les directions de propagation sont dans la section principale, sont aussi dans cette section. Les vibrations des autres ondes extraordinaires que laisse passer l'appareil, sont aussi à peu près dans cette section.

On reconnaît extérieurement la section principale à ce qu'elle passe par deux arêtes latérales du prisme de Nicol et par la *petite* diagonale AB de la base; elle aboutit au point A où l'angle obtus est précisément celui qui caractérise le spath (105°5').

En appelant vibration lumineuse la vibration de Fresnel, on peut dire que *la lumière qui a traversé un nicol parallèlement aux arêtes latérales vibre dans le plan de la petite diagonale de la base.*

111. Réflexion à l'intérieur des corps anisotropes. — Le problème est identique à celui de la réfraction : il nous suffit de calquer le § 102.

Prenons pour plan du tableau le plan d'incidence, c'est-à-dire le plan qui passe par la normale ON au plan réfringent (fig. 68) et *la*

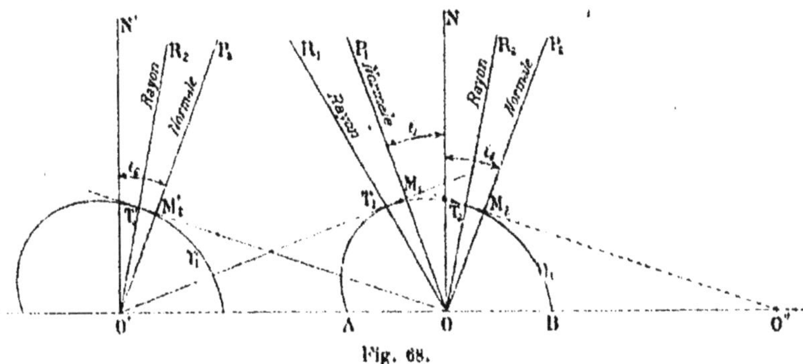

Fig. 68.

normale à l'onde. *Le rayon incident conjugué est généralement hors de ce plan;* il se projette suivant R_1T_1O.

Le point O' représente la projection sur le tableau de la trace de l'onde incidente $O'T_1M_1$ sur le plan réfléchissant. Choisissons le point O tel que la nappe de la surface d'onde élémentaire γ_1 caractéristique du milieu 1, de la nature des rayons considérés, correspondant au temps unité et de centre O, soit tangente à l'onde incidente. La figure représente son contour apparent; le point de tangence se projette en T_1.

Du point O′ comme centre, menons l'une ou l'autre des nappes de la surface d'onde caractéristique du milieu 1. La figure en représente le contour apparent; elle suppose qu'il s'agit de la même nappe que pour l'onde incidente. L'onde réfléchie a donc pour notation (o,o) ou encore (e,e). Si l'on prenait l'autre nappe, l'onde réfléchie aurait pour notation (o,e) ou encore (e,o).

A la nappe γ'_1 menons un plan tangent $OM'_2T'_2$ passant par la droite normale au plan du tableau dont la trace est en O : c'est l'onde réfléchie.

Le rayon réfléchi, qui est généralement hors du plan d'incidence, se projette en OT'_2R_2.

Pour simplifier la construction et éviter de tracer plusieurs fois la surface caractéristique, il suffit de prendre $\overline{OO''} = \overline{OO'}$; le plan $O''M_2$ est évidemment parallèle à OM'_2.

La construction est la même si γ'_1 est l'autre nappe de l'onde caractéristique.

Lois de Descartes. — Les lois de Descartes sont applicables aux normales aux ondes. La normale à l'onde réfléchie est dans le plan d'incidence. On a :

$$\frac{V_1}{\sin i_1} = \frac{V_2}{\sin i_2}\,; \qquad (1)$$

V_1 et V_2 sont les vitesses de propagation normale. Comme généralement elles ne sont plus égales, l'angle de réflexion n'est généralement pas égal à l'angle d'incidence, même lorsque le rayon ne change pas de nature, c'est-à-dire lorsque les nappes utilisées sont les mêmes.

On verrait, comme pour la réfraction, que l'équation (1) résout complètement le problème de la position de la normale réfléchie.

112. Nombre des ondes planes réfléchies. Cas d'irréalité. Réflexions uniradiales. — Lorsqu'on utilise la même nappe de la surface d'onde (cas de la figure), la construction est toujours possible; le rayon réfléchi est toujours réel. En effet il est évident que les points O′ ou O″ sont extérieurs à la nappe γ_1. Les droites dont elles sont les projections ne coupent pas l'intersection de γ_1 par le plan réfléchissant; on peut mener par elles un plan tangent à l'onde élémentaire. Les réflexions de notation (o, o), ou encore (e, e), sont donc toujours réelles.

Au contraire, lorsqu'on utilise les nappes différentes, le rayon réfléchi peut manquer. La discussion est de tous points la même que pour la réflexion totale.

REMARQUE. — Il est essentiel de ne pas confondre ce dernier cas avec le cas où la *réflexion* est *uniradiale*, non plus à cause de l'irréalité de l'onde réfléchie, mais à cause de la nullité de l'énergie qu'elle transporte.

C'est ce qui arrive, par exemple, quand le plan d'incidence est un plan de symétrie du milieu. Les ondes normales à ce plan ont des vibrations qui, par symétrie, sont normales ou parallèles au plan. Il en est de même pour les ondes réfléchies. Une onde incidente ne donne que l'onde réfléchie qui est polarisée comme elle.

Propriétés physiques du rayon.

113. **Propriétés physiques du rayon.** — Précisons le sens physique du mot *rayon*.

Supposons d'abord le premier milieu isotrope. Soit AO la direction de propagation normale d'une onde plane indéfinie, OD la direction de propagation normale de l'onde plane P réfractée correspondante; AOND est le plan du tableau (fig. 69).

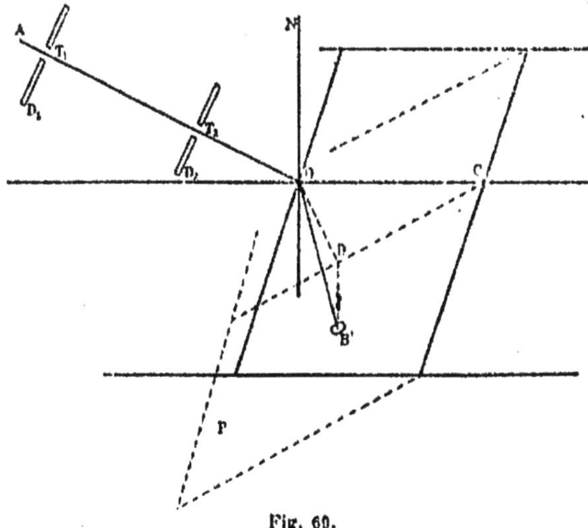

Fig. 69.

Limitons une partie de l'onde incidente par deux diaphragmes D_1 et D_2 percés de petits trous T_1 et T_2. Négligeons les phénomènes de diffraction. Cherchons comment se fait la réfraction de ce *rayon*.

Dans le second milieu, le lieu des parties efficaces des ondes réfractées est, non pas la direction de propagation normale OD, *mais bien la direction du rayon vecteur OB' de la surface d'onde caractéristique de centre O et tangente à l'une des ondes réfractées.*

Tout se passe comme si le point O était un centre d'ébranlement capable seulement d'émettre dans la direction du *rayon* qui correspond à l'onde plane incidente.

La surface d'onde caractéristique étant à deux nappes, il y a généralement deux rayons réfractés polarisés qui correspondent à un rayon incident, sauf le cas où un rayon incident unique donne une infinité de rayons réfractés (§ 115).

On peut faire l'expérience dans des conditions particulièrement instructives (fig. 70).

Disposons un gros bloc planparallèle biréfringent (par exemple, de

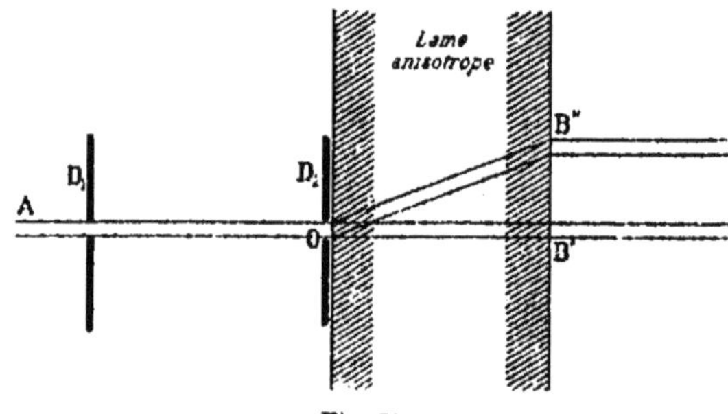

Fig. 70.

spath) normalement à un faisceau de rayons parallèles convenablement diaphragmé. Le réglage est facile, il suffit de vérifier qu'après réflexion les rayons reviennent exactement sur eux-mêmes.

Les ondes à l'intérieur du cristal sont parallèles aux faces. Malgré ce parallélisme, il existe deux rayons réfractés. En effet, sur l'onde ordinaire tout se passe comme si le spath était monoréfringent; le rayon, c'est-à-dire le lieu des *parties efficaces* de l'onde, est le prolongement OB' du rayon incident AO.

Pour l'onde extraordinaire, il n'en va pas de même. Le rayon fait avec la normale à l'onde un angle B'OB''; il est incliné sur les faces.

A l'émergence apparaîtront donc deux faisceaux de rayons parallèles rectilignement polarisés. Ils sont complètement distincts si l'épaisseur du cristal est assez grande et si les trous des diaphragmes D sont assez petits; nous négligeons les phénomènes de diffraction.

Faisons tourner la lame dans son plan autour de l'axe AO : le rayon ordinaire reste invariable, l'extraordinaire décrit la surface d'un cylindre circulaire.

Si l'on reçoit les rayons émergents dans une lunette d'ouverture suffisante réglée pour l'infini, on n'obtient naturellement qu'une image.

114. Polarisation des rayons; loi de Malus. — Dans l'expérience précédente, les plans de polarisation des deux rayons émergents sont rigoureusement rectangulaires, parce que les ondes ont même direction à l'intérieur et à l'extérieur du cristal.

Si la lame planparallèle n'est pas normale aux rayons incidents, on obtient toujours (§ 102) à l'émergence des rayons parallèles *sensiblement* polarisés à angle droit; les ondes dans le cristal n'ont plus rigoureusement la même direction.

Malus plaçait l'un à la suite de l'autre deux blocs planparallèles de spath (obtenus par clivage), et envoyait sur le système un mince faisceau de rayons parallèles. Il éliminait par un écran l'un des rayons qui émergent du premier bloc; il envoyait donc sur le second bloc un mince faisceau de rayons parallèles rectilignement polarisés (fig. 71).

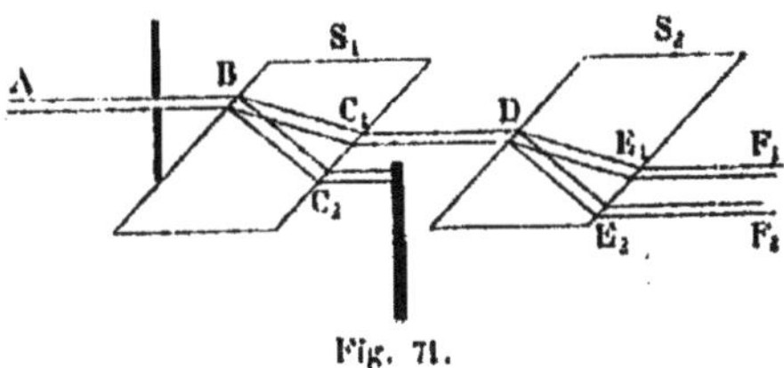

Fig. 71.

Les rayons DE_1 et DE_2 sont très sensiblement polarisés à angle droit.

Faisons tourner le spath S_2 autour du rayon C_1D comme axe; étudions les intensités relatives des deux rayons émergents. La position de S_2 est déterminée par l'azimut α que nous supposons nul quand les blocs S_1 et S_2 sont semblablement placés.

Lorsque l'angle α varie, les rayons DE_1, DE_2, tournent simplement autour de C_1D comme axe. Ils conservent la même direction par rapport aux faces de S_2; seuls sont modifiés les azimuts relatifs du plan de polarisation de C_1D et des plans de polarisation des rayons réfractés.

Malus a énoncé la loi suivante : *les intensités des rayons émergents sont, à un facteur constant près :*

$$I_1 = \cos^2 \alpha, \qquad I_2 = \sin^2 \alpha.$$

Cela revient simplement à dire que les plans de polarisation des rayons réfractés sont *sensiblement* rectangulaires et que l'*amplitude* de la vibration incidente se décompose suivant la règle des vecteurs.

Il est clair que pour $\alpha = 0$, les blocs étant semblablement placés, l'intensité du rayon I_2 est nulle.

On trouve dans cette expérience un exemple de la *réfraction uniradiale* dont il est parlé au § 103.

115. Réfraction conique intérieure, cylindrique extérieure. — Il résulte des paragraphes précédents que, pour obtenir dans le milieu cristallisé les rayons qui correspondent au rayon incident, il faut construire les ondes réfractées qui correspondent à l'onde incidente et déterminer les rayons vecteurs de tangence. On trouve ainsi généralement deux ondes et par conséquent deux rayons.

Il peut se faire que l'onde réfractée soit unique; elle est tangente simultanément aux deux nappes de la surface d'onde. Il est facile de voir qu'elle est parallèle aux plans EF (fig. 52). *Elle touche donc la surface d'onde en une infinité de points disposés sur un cercle : à un rayon unique extérieur peut correspondre une infinité de rayons intérieurs formant un cône de sommet* O *et s'appuyant sur un cercle de diamètre* EF. *On dit qu'il y a réfraction conique intérieure* (§ 95).

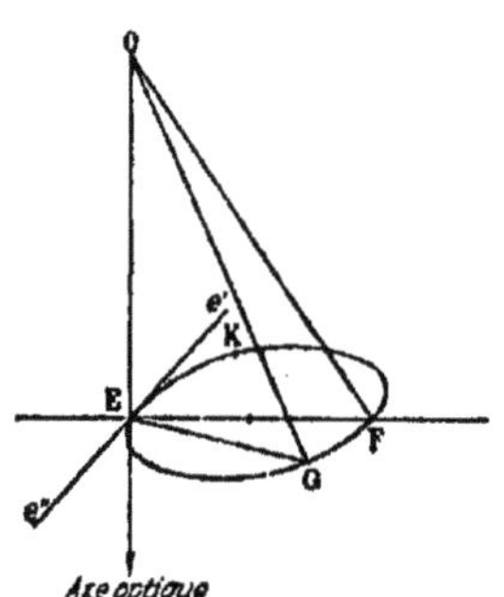

Fig. 72.

Tous ces rayons, qui correspondent à la même onde plane, se propagent avec des vitesses différentes et sont polarisés dans des azimuts différents. En effet nous savons (§ 95) que pour une onde EF parallèle aux plans cycliques de l'ellipsoïde des indices, la direction de vibration n'est pas déterminée. La direction de vibration qui correspond au rayon OG est (§ 97) la projection EG de ce rayon sur le plan de l'onde. Lorsque le point G parcourt le cercle EKFE, la direction de vibration part de Ee' pour aboutir à Ee'' après avoir tourné de π. L'angle e'EG ayant pour mesure la moitié de l'arc EKFG, la vibration tourne uniformément sur la circonférence.

Il s'agit de prouver la réalité de ces phénomènes.

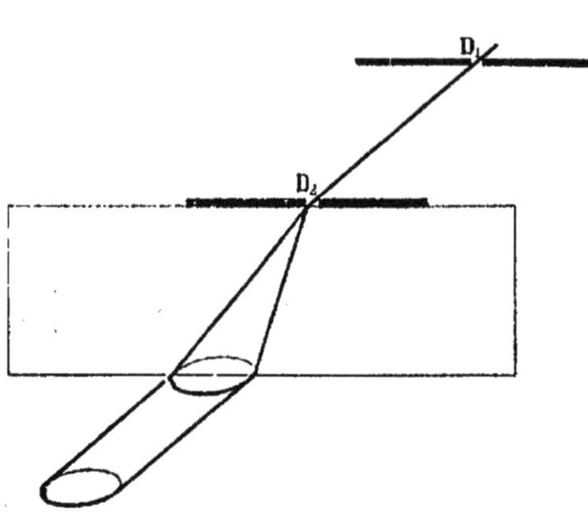

Fig. 73.

Dans l'aragonite, l'angle EOF vaut environ 2°. Taillons une lame planparallèle aussi épaisse que possible, 12 millimètres par exemple. Limitons le rayon incident par deux petits trous D_1 et D_2 (fig. 73) et faisons varier l'incidence jusqu'à ce que l'onde réfractée soit précisément l'onde EF (fig. 72). *Il existe alors à l'intérieur du cristal un cône creux de rayons correspondant à une onde unique.*

Ce cône tombe sur la seconde face de la lame cristalline plan-parallèle. *Les ondes réfractées émergentes dans l'air sont de direction unique.* Mais le lieu des parties efficaces de chaque onde est une courbe fermée; la lumière est localisée sur un cylindre creux parfaitement observable pourvu que le cristal ait une épaisseur suffisante.

Pour faciliter l'observation, il est préférable d'employer le dispositif suivant (fig. 74). On supprime l'écran D_1 et on installe une lentille L dans un plan focal principal de laquelle est disposé un écran D'_1 percé d'un très petit trou. Ne traversent ce trou que les rayons, qui avant la lentille ont une direction déterminée. Supposons que cette direction soit précisément celle des génératrices du cylindre creux dont nous venons de parler. L'œil placé derrière le trou D'_1 verra de la lumière dans la direction des génératrices du cône correspondant : tout se passera pour lui comme s'il existait une courbe lumineuse fermée.

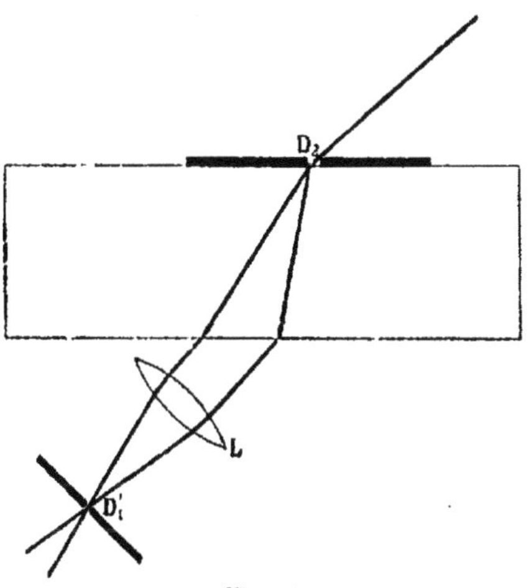

Fig. 74.

La grandeur de cette courbe est évidemment indépendante de la distance de la lentille au cristal, ce qui prouve l'existence d'un cylindre lumineux avant la lentille.

116. **Polarisation des rayons dans la réfraction conique intérieure, cylindrique extérieure.** — La polarisation des rayons se déduit immédiatement de la règle que la vibration (de Fresnel) est la projection du rayon sur l'onde (§ 97). La figure 75 représente cette direction aux différents points de la courbe lumineuse obtenue; cette courbe figurée circulaire est généralement elliptique, mais se rapproche beaucoup d'un cercle dans les conditions ordinaires de l'expérience.

La direction de vibration tourne donc de 180° lorsqu'on parcourt la courbe entière.

Si on regarde à travers un nicol, on voit donc une tache noire sur la courbe, tache qui se déplace de 360° quand le nicol tourne de 180°.

On peut encore regarder à travers un nicol devant lequel on interpose une lame de quartz perpendiculaire à l'axe. Nous verrons que la teinte dépend du plan de la vibration incidente. On aperçoit donc un anneau coloré de manières diverses; l'expérience est très brillante.

La direction de vibration est évidemment indéterminée au point E. Le rayon OE est en effet perpendiculaire au plan EF qui tangente la surface d'onde suivant le cercle EGFK : nous admettrons par continuité que cette direction est $e'Ee''$.

On comprend maintenant en quel sens une onde perpendiculaire aux axes optiques, parallèle aux sections cycliques de l'ellipsoïde des indices, peut transmettre une infinité de vibrations.

Au lieu d'analyser la lumière émergente, on peut polariser la lumière incidente : les apparences sont les mêmes. La construction de Fresnel apprend en effet qu'une vibration dirigée suivant le diamètre E'F' *quelconque* d'un cercle peut être remplacée par une infinité de vibrations vibrant dans tous les azimuts et se dégradant depuis un maximum jusqu'à une valeur nulle, suivant la loi même de variation des rayons vecteurs E'F', E'G', ... menés dans ce cercle (fig. 75).

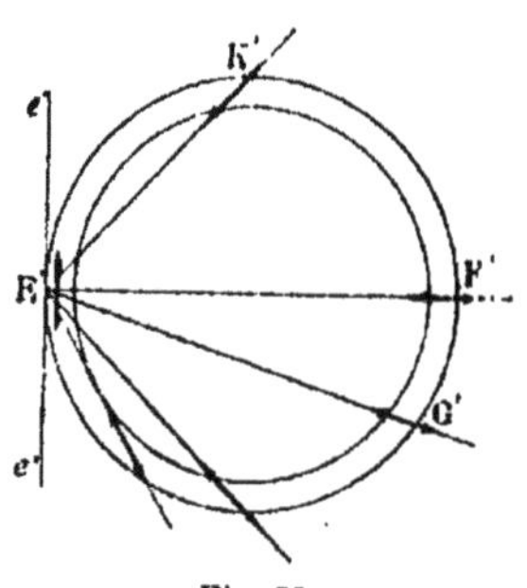

Fig. 75.

L'expérience montre que c'est précisément suivant cette identité cinématique que se fait la décomposition réelle de la vibration incidente entre tous les rayons formant le cône de réfraction conique intérieure. Le rayon dont la vibration est parallèle à la vibration incidente transmet le plus d'énergie. Le rayon diamétralement opposé (qui vibre à angle droit) n'en transmet pas. L'éclairement varie d'une manière continue de l'un à l'autre.

Si on tourne le nicol polariseur, une tache noire se déplace uniformément sur le cercle éclairé.

117. **Réfraction conique extérieure.** — Imaginons qu'un rayon se propage dans le cristal suivant la droite OJ qui joint le centre de la surface d'onde à l'un des ombilics J, droite que nous avons appelée (§ 95) *axe de réfraction conique extérieure.* Le rayon OJ correspond à une infinité d'ondes planes différentes, puisqu'au point J la surface d'onde admet une infinité de plans tangents qui enveloppent un cône du second degré. Il transporte des vibrations dirigées dans une infinité de directions qui sont celles des projections du rayon OJ sur tous les plans tangents à l'onde.

Le rayon OJ tombe sur une surface plane limitant le milieu cristallisé. *Il donne une infinité de rayons réfractés formant un cône creux extérieur.* En effet, à chacune des ondes intérieures *se propageant avec une vitesse normale propre,* correspond une onde émergente différente.

Pour observer le phénomène (fig. 76), on emploie une lame planparallèle cristallisée aussi épaisse que possible. On recouvre les faces parallèles avec deux lames d'étain, percées de deux trous d'aiguille D_1 et D_2, qu'on ajuste de manière que la droite passant par les trous soit précisément dans la direction de l'axe de réfraction conique extérieure.

On éclaire le premier trou avec un cône *plein* de rayons; on observe à la sortie un cône *creux*. L'intersection par un écran assez éloigné est une courbe lumineuse fermée dont il est facile d'étudier la polarisation.

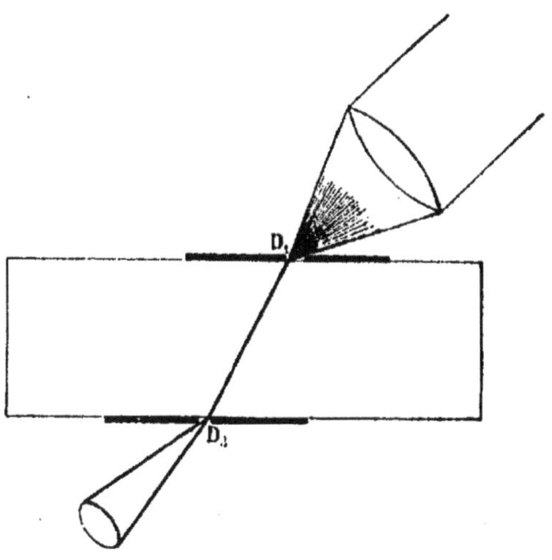

Fig. 76.

Les phénomènes sont tout à fait analogues à ceux du § 116. Quand on se déplace de 360° sur la courbe, la direction de la vibration tourne de 180°. Cela tient à ce que le rayon OJ (§ 52) est normal à l'une des ondes planes tangentes en J à la surface d'onde (plan tangent en J à la sphère et normal au plan xOz). L'indétermination de la vibration n'est pas réelle, même pour cette onde; la disposition de la vibration est celle que représentent les figures 72 et 75.

Théorèmes sur les vitesses et les plans de polarisation.

118. **Vitesses de propagation normale en fonction des angles de la direction de propagation avec les axes de réfraction conique intérieure.** — La surface des vitesses normales a pour équation bicarrée en V (§ 81) :

$$\frac{\alpha^2}{V^2-a^2}+\frac{\beta^2}{V^2-b^2}+\frac{\gamma^2}{V^2-c^2}=0.$$

Suivant une même direction α, β, γ, se propagent deux ondes avec des vitesses V' et V'' qui sont racines de cette équation. On trouve, d'après des théorèmes élémentaires :

$$V'^2+V''^2=(b^2+c^2)\alpha^2+(c^2+a^2)\beta^2+(a^2+b^2)\gamma^2,$$
$$V'^2V''^2=b^2c^2\alpha^2+c^2a^2\beta^2+a^2b^2\gamma^2.$$

Nous pouvons écrire, en vertu de la relation :

$$\beta^2 = 1 - \alpha^2 - \gamma^2,$$

$$V'^2 + V''^2 = a^2 + c^2 + (b^2 - a^2)\alpha^2 + (b^2 - c^2)\gamma^2, \qquad (1)$$

$$V'^2 V''^2 = a^2c^2 + c^2(b^2 - a^2)\alpha^2 + a^2(b^2 - c^2)\gamma^2.$$

Les axes optiques ou *axes de réfraction conique intérieure* font avec l'axe des x (§ 90) des angles I définis par les équations :

$$\operatorname{tg} I = \pm\sqrt{\frac{b^2 - c^2}{a^2 - b^2}}, \quad \cos I = \pm\sqrt{\frac{a^2 - b^2}{a^2 - c^2}}, \quad \sin I = \sqrt{\frac{b^2 - c^2}{a^2 - c^2}}.$$

Appelons t_1 et t_2 les angles de la direction α, β, γ, avec ces axes; on a :

$$\cos t_1 = \alpha \cos I + \gamma \sin I,$$

$$\cos t_2 = -\alpha \cos I + \gamma \sin I.$$

$$2\alpha \cos I = \cos t_1 - \cos t_2, \qquad 2\gamma \sin I = \cos t_1 + \cos t_2.$$

Substituons dans les équations (1); nous obtiendrons les vitesses en fonction de t_1 et de t_2. On trouve après des calculs longs mais faciles :

$$V'^2 + V''^2 = a^2 + c^2 + (a^2 - c^2) \cos t_1 \cos t_2,$$

$$V'^2 - V''^2 = (a^2 - c^2) \sin t_1 \sin t_2,$$

$$V'^2 = a^2 - (a^2 - c^2) \sin^2 \frac{t_1 - t_2}{2},$$

$$V''^2 = a^2 - (a^2 - c^2) \sin^2 \frac{t_1 + t_2}{2}.$$

Cristaux uniaxes.

Les axes de réfraction conique intérieure ou axes optiques coïncident avec l'axe principal du cristal (§ 92).

Si nous prenons celui-ci pour axe des z, il faut faire :

$$t_1 = t_2 = 0;$$

$$V'^2 = a^2, \qquad V''^2 = a^2 - (a^2 - c^2) \sin^2 \theta = a^2 \cos^2 \theta + c^2 \sin^2 \theta.$$

Si nous le prenons pour axe des x, il faut faire :

$$t_1 = \theta, \qquad t_2 = \pi - \theta;$$

$$t_1 + t_2 = \pi, \qquad t_1 - t_2 = 2\theta - \pi;$$

$$V'^2 = a^2 - (a^2 - c^2) \cos^2 \theta = a^2 \sin^2 \theta + c^2 \cos^2 \theta, \qquad V''^2 = c^2.$$

C'est l'hypothèse du § 92.

119. Vitesses de propagation suivant un rayon en fonction des angles de ce rayon avec les axes de réfraction conique extérieure. — La surface d'onde a pour équation :

$$\frac{a^2\alpha'^2}{r^2 - a^2} + \frac{b^2\beta'^2}{r^2 - b^2} + \frac{c^2\gamma'^2}{r^2 - c^2} = 0.$$

Pour passer de la surface des vitesses normales à la surface d'onde, il suffit de prendre les inverses des longueurs, c'est-à-dire *pour la même direction* de remplacer a^2 par $1 : a^2, \ldots,$ V^2 par $1 : r^2$.

Les axes de réfraction conique intérieure sont définis par l'angle I' :

$$\operatorname{tg} I' = \pm \frac{a}{c}\sqrt{\frac{b^2 - c^2}{a^2 - b^2}}, \qquad \cos I' = \pm \frac{c}{b}\sqrt{\frac{a^2 - b^2}{a^2 - c^2}},$$

$$\sin I' = \pm \frac{a}{b}\sqrt{\frac{b^2 - c^2}{a^2 - c^2}}.$$

Pour passer de l'angle I à l'angle I', il faut faire la même transformation que ci-dessus. Donc pour exprimer r' et r'' en fonction des angles t'_1 et t'_2 avec les axes de réfraction conique extérieure, il n'est pas nécessaire de recommencer les calculs. On trouve :

$$\frac{1}{r'^2} = \frac{1}{a^2} + \frac{a^2 - c^2}{a^2 c^2} \sin^2 \frac{t'_1 - t'_2}{2};$$

$$\frac{1}{r''^2} = \frac{1}{a^2} + \frac{a^2 - c^2}{a^2 c^2} \sin^2 \frac{t'_1 + t'_2}{2};$$

$$\frac{1}{r''^2} - \frac{1}{r'^2} = \left(\frac{1}{c^2} - \frac{1}{a^2}\right) \sin t'_1 \sin t'_2.$$

Cristaux uniaxes.

Si nous prenons l'axe principal pour axe des z : $t'_1 = t'_2 = \theta$,

$$r'^2 = a^2, \qquad \frac{1}{r''^2} = \frac{1}{a^2} - \left(\frac{1}{a^2} - \frac{1}{c^2}\right) \sin^2 \theta = \frac{\cos^2 \theta}{a^2} + \frac{\sin^2 \theta}{c^2}.$$

Si nous prenons l'axe principal pour axe des x :

$$\frac{1}{r'^2} = \frac{1}{a^2} - \left(\frac{1}{a^2} - \frac{1}{c^2}\right) \cos^2 \theta = \frac{\sin^2 \theta}{a^2} + \frac{\cos^2 \theta}{c^2}, \qquad r''^2 = c^2.$$

120. Plans de vibration pour une direction d'onde déterminée. — Les plans de vibrations sont donnés par la règle suivante.

Les plans de vibration qui correspondent à une même direction de propagation normale sont bissecteurs des plans qui passent par la normale à l'onde et les normales aux sections cycliques de l'ellipsoïde des indices (axes optiques, axes de réfraction conique intérieure).

Ils sont normaux entre eux, comme nous le savons déjà, puisqu'ils doivent passer par les vibrations qui sont deux droites rectangulaires du plan d'onde.

Prenons pour plan du tableau (fig. 77) l'intersection de l'ellipsoïde des indices par le plan de l'onde passant par le centre de cet ellipsoïde.

Les directions de vibration sont (§ 88) les axes de l'ellipse d'intersection.

Soit C_1 et C_2 les intersections de l'ellipse par les sections cycliques : OC_1 et OC_2 sont également inclinées sur les axes. Il en est de même des normales ON_1, ON_2, menées sur ces droites dans le plan du tableau.

Considérons les plans passant par la direction de propagation (normale au plan du tableau au point O) et par ON_1 et ON_2.

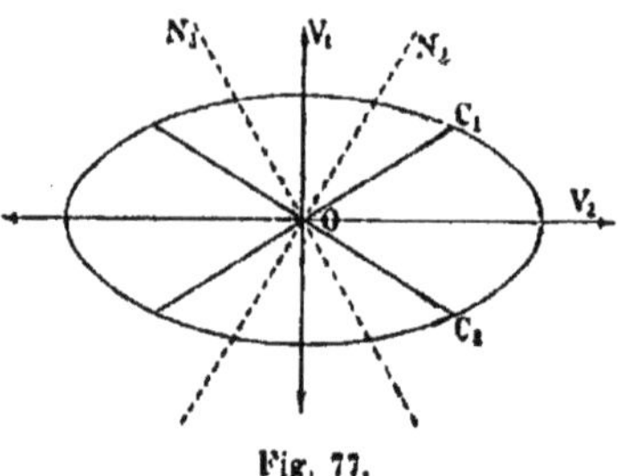

Fig. 77.

Leurs plans bissecteurs, dont les traces sont OV_1 et OV_2, sont les plans de vibration.

D'ailleurs ils sont normaux aux droites OC_1 et OC_2 qui appartiennent aux plans cycliques; donc ils contiennent les normales aux plans cycliques, c'est-à-dire les axes de réfraction conique intérieure. Ils passent donc par la direction de propagation normale et ces axes. C.Q.F.D.

Cette règle ne donne pas la direction des vibrations sur le cône de réfraction conique intérieure, puisque, pour tout ce cône, la normale à l'onde coïncide avec l'un des axes : il y a indétermination. Nous savons par le § 116 ce que signifie cette indétermination.

121. Plans de vibration pour une direction de rayon déterminée. — A chaque direction de rayon correspondent deux ondes; la projection du rayon sur l'onde est la vibration. Les ondes ont généralement des directions différentes, les vibrations sont dans ces ondes; en général elles ne sont pas rectangulaires. Elles sont cependant dans deux plans rectangulaires comme le veut le théorème suivant.

Les plans de vibration qui correspondent à un même rayon sont bissecteurs des plans qui passent par ce rayon et par les axes de réfraction conique extérieure.

Nous n'insisterons pas sur la démonstration de ce théorème.

Il ne donne pas la direction des vibrations sur les ondes formant le cône qui correspond *intérieurement* au cône de réfraction conique extérieure, puisque, pour tout ce cône intérieur, le rayon coïncide avec l'un des axes; il y a indétermination. La distribution des vibrations est identique à celle du § 116.

CHAPITRE VI

SYSTÈMES D'ELLIPTIQUES OBTENUS PAR DOUBLE RÉFRACTION[1]

122. **Une vibration rectiligne traversant une lame biréfringente à faces parallèles donne une vibration elliptique.** — Nous supposerons dans tout ce qui suit que le faisceau parallèle de lumière *rectilignement polarisée* tombe normalement sur une lame cristalline à faces parallèles (*lame planparallèle*). La direction de propagation *normale* intérieure de l'onde plane est la normale à la lame.

Traçons l'ellipsoïde des indices ayant un point *quelconque* de la face d'entrée comme centre. Nous appelons *sections principales* de la lame, les plans qui passent par la normale à la lame et les axes de l'ellipse d'intersection de cet ellipsoïde par la face d'entrée. Les deux ondes planes qui se propagent suivant la normale vibrent dans les sections principales et ont des indices n et n' représentés par la longueur des axes de l'ellipse d'intersection.

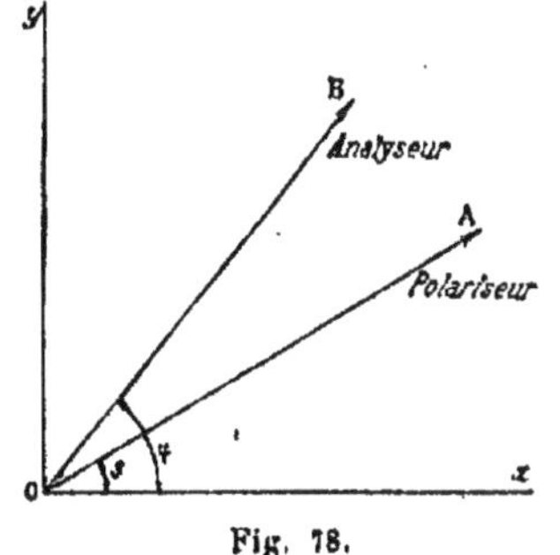

Fig. 78.

Soit Ox, Oy, deux droites rectangulaires menées parallèlement aux sections principales (qui sont des directions et qui ne sont pas fixées en position, conformément à l'hypothèse de l'homogénéité des cristaux). Soit s l'azimut de la vibration incidente.

Elle se décompose à l'entrée en deux vibrations :

$$x = \cos s \sin \omega t, \qquad y = \sin s \sin \omega t.$$

Soit n l'indice qui règle la propagation de la vibration dirigée suivant Ox, n' l'indice de la vibration dirigée suivant Oy. La traversée de la lame d'épaisseur e impose à la vibration dirigée suivant Oy un retard *relatif* qui est, en phase :

$$\delta = \frac{2\pi e}{\lambda}(n' - n).$$

---

[1] Le lecteur voudra bien se reporter au Chapitre V de la seconde partie du tome IV.

A la sortie on peut écrire, à un facteur près (dû à la perte par absorption et réflexion) et en choisissant convenablement l'origine des temps :
$$x = \cos s \sin \omega t, \qquad y = \sin s \sin(\omega t - \delta).$$

On suppose qu'il n'y a pas *dichroïsme*, c'est-à-dire que les vibrations sont également absorbées et également réfléchies sur les deux faces. *La vibration émergente est donc elliptique.*

Maintenons s constant; faisons varier (par les procédés que nous verrons) l'épaisseur e et par conséquent la différence de phase δ : on obtient le système d'elliptiques que nous avons déjà étudié au § 230 du tome IV; nous y renvoyons le lecteur.

Toutes les ellipses sont inscrites dans le rectangle de côtés :
$$2\cos s, \qquad 2\sin s.$$

Pour $\delta = 2k\pi$, elles se réduisent à l'une des diagonales de ce rectangle; pour $\delta = (2k+1)\pi$, elles se réduisent à l'autre diagonale.

Leurs axes sont parallèles aux axes de coordonnées pour :
$$\delta = (2k+1)\pi : 2.$$

Le mobile fictif décrit ces ellipses dans un sens quand δ est compris entre $2k\pi$ et $(2k+1)\pi$; dans le sens inverse quand δ est compris entre $(2k+1)\pi$ et $(2k+2)\pi$.

123. Compensateur de Bravais. — Soient deux lames planparallèles I et II d'épaisseur e, taillées parallèlement à l'axe ternaire d'un cristal de quartz. Plaçons-les parallèlement l'une sur l'autre et croisons leurs sections principales. Elles sont traversées suivant la normale commune AB par le faisceau de lumière. La vibration qui se propage dans la première lame avec l'indice n, se propage dans la seconde avec l'indice n'; c'est l'inverse pour l'autre vibration. Elles parcourent somme toute le même chemin optique; *le retard définitif est nul.*

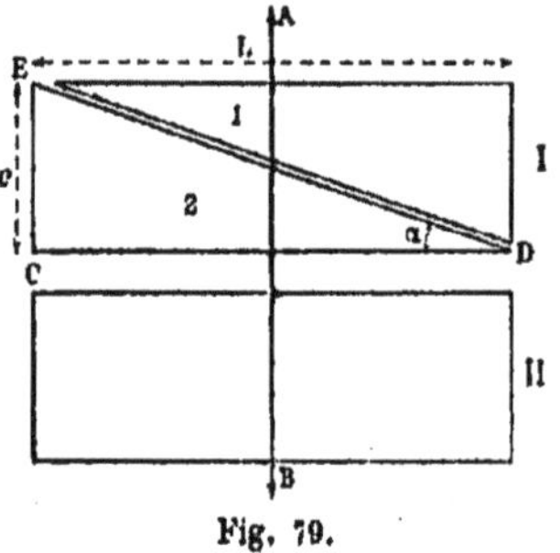

Fig. 79.

Scions maintenant la lame I de manière à former deux coins (1 et 2); montons le coin 1 sur une glissière mue par une vis micrométrique qui permet de lui donner dans le sens CD des déplacements petits et de grandeurs connues. La lame planparallèle I a une épaisseur uniforme dans toute son étendue, mais variable avec la position du coin mobile. Le retard dû à la traversée des deux lames I et II n'est plus nul; il dépend de cette position. La variation d'épaisseur

Δe de la lame planparallèle I est reliée au déplacement d du coin par la formule :

$$\Delta e = d\frac{e}{L} = d \operatorname{tg} \alpha.$$

Quelques nombres fixeront les idées.

Si les lames sont taillées parallèlement à l'axe ternaire d'un quartz, les indices n et n' sont les indices principaux du quartz. On a pour la raie D :

$$n = n_o = 1{,}54423, \qquad n' = n_e = 1{,}55338; \qquad n' - n = 0{,}00915.$$

Cherchons la valeur de α telle qu'en déplaçant un des coins d'un centimètre, le retard introduit entre les vibrations rectangulaires soit d'une longueur d'onde :

$$(n' - n)\Delta e = \lambda, \qquad \Delta e = 0^{\mu},589 : 0{,}00915 = 644^{\mu},$$
$$d = 1^{cm} = 10^4\mu, \qquad \operatorname{tg}\alpha = 0{,}0644, \qquad \alpha = 3^\circ 41'.$$

Grâce au *compensateur de Bravais,* nous pouvons obtenir successivement tous les elliptiques étudiés au paragraphe précédent.

124. Analyse d'un elliptique à l'aide d'un analyseur rectiligne. — *A*. Recevons l'elliptique sur un analyseur rectiligne. Il ne laisse passer (fig. 78) que la composante parallèle à la direction OB de sa section principale :

$$\cos\varphi \cos s \sin \omega t + \sin\varphi \sin s \sin(\omega t - \delta).$$

L'intensité de cette vibration est :

$$I^2 = \cos^2(\varphi - s) - \sin 2\varphi \sin 2s \sin^2\frac{\delta}{2}.$$

Maintenons s et φ invariables; faisons varier δ d'une manière continue : I^2 passe par des maximums et des minimums qui correspondent aux conditions :

$$\sin^2\frac{\delta}{2} = 0, \qquad \delta = 2k\pi; \qquad \sin^2\frac{\delta}{2} = 1, \qquad \delta = (2k+1)\pi.$$

Ce sont les conditions pour lesquelles *l'elliptique se réduit à une vibration rectiligne.*

Suivant le signe du produit $\sin 2\varphi \sin 2s$, la condition $\delta = 2k\pi$, correspond aux maximums ou aux minimums; c'est l'inverse pour la condition $\delta = (2k+1)\pi$.

Les maximums sont le plus intenses possible *quand le polariseur et l'analyseur sont parallèles* :

$$\varphi = s, \qquad I^2 = 1 - \sin^2 2s \sin^2\frac{\delta}{2};$$

les minimums sont nuls *quand le polariseur et l'analyseur sont croisés :*

$$\varphi = s + \frac{\pi}{2}, \qquad I^2 = \sin^2 2s \sin^2\frac{\delta}{2}.$$

Pour qu'on ait simultanément les maximums le plus intenses possible, et les minimums nuls, il faut que : $\sin^2 2s = 1$, $s = \pi : 4$, $s = 3\pi : 4$.

La vibration incidente est dirigée suivant l'une ou l'autre bissectrice des sections principales de la lame.

B. Le problème peut se poser autrement. On *donne* un elliptique ; on demande de déterminer ses éléments avec un analyseur rectiligne.

Si la section de l'analyseur est parallèle aux axes, l'intensité est maximum ou minimum.

Le procédé est incorrect pour déterminer la *direction* des axes, puisque l'intensité varie peu au voisinage d'un maximum ou d'un minimum ; pour la même raison, il est excellent pour déterminer le rapport des grandeurs des axes.

S'il s'agit de chaleur, on emploie une pile thermo-électrique.

Pour déterminer la direction des axes, on s'appuie sur ce fait que *deux vibrations également inclinées sur les axes sont égales*.

Quand on utilise une pile thermo-électrique, on cherche deux azimuts du nicol pour lesquels la déviation soit la même : les bissectrices de ces azimuts sont les directions des axes.

On peut recevoir l'elliptique sur un analyseur biréfringent et chercher l'azimut pour lequel les images ont même intensité : les sections de l'analyseur sont à 45° des axes de l'ellipse. La méthode est d'autant plus mauvaise que l'elliptique s'approche davantage d'être circulaire.

Comme cas particulier de ce problème, on peut avoir à déterminer l'azimut ou la variation d'azimut d'une vibration rectiligne.

125. Lame en forme de coin ; compensateur de Babinet. — Plaçons entre deux nicols une lame en forme de coin (fig. 80) d'angle petit α. Supposons les sections principales des nicols à 45° des sections de la lame. Suivant que les nicols sont parallèles ou croisés, l'intensité est donnée par l'une ou l'autre formule :

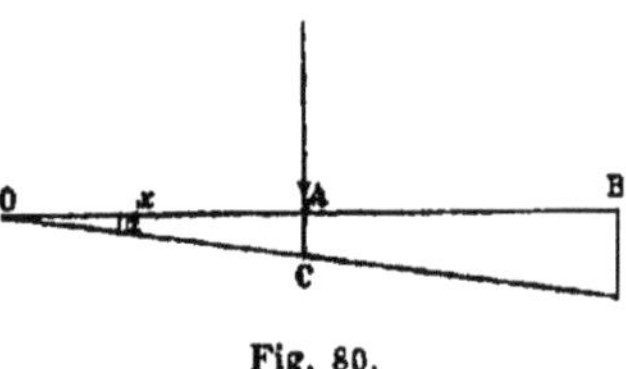

Fig. 80.

sections parallèles : $I^2 = \cos^2 \frac{\delta}{2}$;

sections croisées : $I^2 = \sin^2 \frac{\delta}{2}$.

A une distance $\overline{OA} = x$, du sommet O du coin, l'épaisseur est $\overline{AC} = x \operatorname{tg} \alpha = \alpha x$; le retard relatif δ (évalué en phase) est :

$$\delta = \frac{2\pi\alpha x}{\lambda}(n' - n).$$

Plaçons-nous suffisamment loin de la lame et *visons-la* à travers l'analyseur avec une lunette suffisamment diaphragmée, de manière à n'utiliser que les rayons qui la traversent normalement. *Nous obtenons en lumière monochromatique un système de franges parallèles à l'arête du coin,* quelles que soient d'ailleurs les directions des sections principales par rapport à cette arête. Les franges sont localisées sur la lame. La distance de deux maximums ou de deux minimums consécutifs est :

$$\Delta x = \frac{\lambda}{\alpha(n'-n)}.$$

Par exemple, si la lame est en quartz *parallèle à l'axe* et si l'angle α vaut 3°41', les franges pour la raie D ont un centimètre d'écartement (§ 123).

On peut obtenir l'équivalent d'une lame en forme de coin pour laquelle le retard est nul autre part que sur l'arête matérielle du coin : c'est le *compensateur de Babinet.*

Imaginons superposés deux coins de même angle formant une lame planparallèle. A l'inverse de ce qui a lieu dans le compensateur de Bravais, *les coins sont taillés de manière que leurs sections principales soient croisées.* Là où ils ont même épaisseur $\overline{MN} = \overline{NP}$, le retard optique est nul ; de part et d'autre de ce point, le retard de l'une des lames l'emporte. Le retard est donc positif d'un côté, négatif de l'autre.

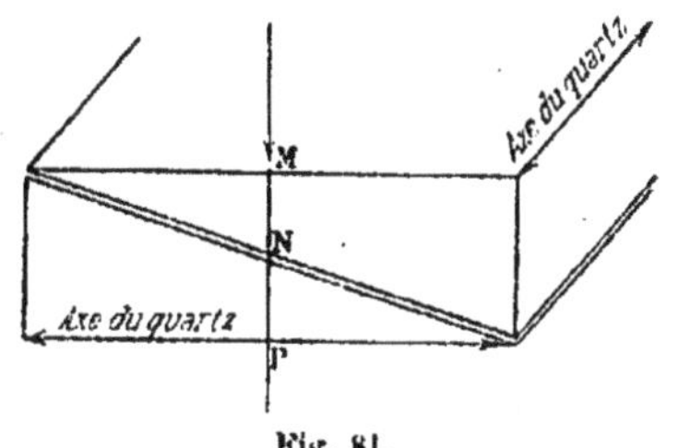

Fig. 81.

Entre deux nicols, ce double coin donne, tout comme un simple coin, des franges localisées dans la lame, c'est-à-dire qui sont le plus nettes possible quand on vise la lame; mais le lieu de retard nul ne se trouve plus sur l'arête de l'un des coins. En particulier, on aperçoit en lumière blanche des franges symétriques par rapport à la droite de retard nul. Nous reviendrons plus loin sur leurs colorations.

126. Utilisation d'un coin ou du compensateur de Babinet pour mesurer le retard dû à une lame biréfringente. — Plaçons parallèlement entre eux un coin et une lame planparallèle biréfringente; orientons-les de manière que leurs sections principales soient parallèles.

Si la vibration la plus retardée dans son passage à travers la lame est aussi la plus retardée dans son passage à travers le coin, les retards s'ajoutent.

Ils se retranchent si nous tournons alors la lame de 90°.

L'introduction de la lame planparallèle a pour effet de déplacer brusquement tout le système de franges d'autant de largeurs de franges que le retard $e(n'-n)$, *introduit par la lame,* contient de longueurs d'onde. Le déplacement est vers l'arête du coin, si les retards s'ajoutent; vers sa base, si les retards se retranchent. On comprend facilement cette règle en se rappelant que chaque frange possède un numéro d'ordre invariable (§ 258, t. IV), qu'elle doit conserver dans ses déplacements.

Le déplacement est d'un nombre entier de largeurs de franges, plus une fraction. En lumière monochromatique, on apprécie aisément la fraction, mais non le nombre entier, les franges se ressemblant toutes. On se trouve donc ramené à un problème identique à celui traité au tome IV, §§ 277 et sq. Si la connaissance approchée des indices et de l'épaisseur de la lame permet de calculer la quantité $e(n'-n)$ *à une demi-longueur d'onde près,* l'expérience permet de la déterminer avec une grande approximation.

Le compensateur de Babinet permet de compenser par une autre lame la lame planparallèle introduite.

L'un des coins est monté sur une glissière mue par une vis micrométrique.

Commençons par étalonner l'appareil.

Amenons un minimum à se faire en un point du coin fixe, point repéré par un réticule formé de deux fils fins tendus parallèlement à l'arête du coin. En d'autres termes, par un déplacement convenable du coin mobile, amenons une frange noire entre les fils du réticule. Notons la position de la vis micrométrique. Amenons ensuite la frange noire suivante; soit d le déplacement du coin mobile. Il est tel que l'épaisseur, là où se trouve le réticule, a crû ou décrû d'une quantité qui produit un retard d'une longueur d'onde.

Le compensateur étant ainsi étalonné, introduisons la lame : la position des franges est modifiée. Ramenons-les dans leur position première. Nous devons déplacer le coin mobile d'une quantité d'; le rapport $d' : d$ donne le retard en nombre de longueurs d'onde.

En lumière monochromatique, les franges se ressemblant toutes, seule la partie fractionnaire du nombre $d' : d$ est immédiatement déterminable. Il est bon d'ajouter que, dans les conditions usuelles d'emploi, le retard à mesurer est inférieur à une longueur d'onde.

127. Phénomènes en lumière blanche; spectre cannelé. — Les sections principales d'une lame cristalline ne sont pas identiques pour toutes les couleurs, sauf pour des tailles particulières. En effet, les ellipsoïdes des indices qui correspondent aux diverses radiations, ne sont ni identiques, ni semblables. Mais la différence est si petite qu'elle échappe généralement aux mesures.

Nous admettrons donc que les sections principales sont les mêmes pour toutes les radiations.

L'expression des retards relatifs évalués en phase est :

$$\delta = 2\pi e \frac{n' - n}{\lambda}.$$

Comme première approximation, $n' - n$ est indépendant de λ; δ varie sensiblement en raison inverse de λ, c'est-à-dire d'une manière considérable.

Plaçons la lame entre deux nicols parallèles ou croisés, de manière que les sections des nicols soient bissectrices des sections de la lame. L'intensité de la lumière qui passe est donnée par l'une ou l'autre formule : $I^2 = \cos^2 \frac{\delta}{2}$, $I^2 = \sin^2 \frac{\delta}{2}$.

Elle varie beaucoup avec λ; la lumière peut être colorée. Nous reviendrons plus loin là-dessus.

Recevons la lumière qui a traversé l'analyseur, sur la fente d'un spectroscope : nous obtenons un spectre cannelé (tome IV, § 242).

Pour fixer les idées, supposons les nicols croisés :

$$I^2 = \sin^2 \frac{\delta}{2}.$$

Il y a absence de toute radiation λ dont le δ est un nombre entier de circonférences :

$$\delta = 2\pi k, \qquad e(n' - n) = k\lambda.$$

Soient λ_1 et λ_2 les radiations qui correspondent à deux minimums nuls consécutifs; admettons comme première approximation que $n' - n$ est indépendant de λ :

$$e(n' - n) = k\lambda_1 = (k + 1)\lambda_2, \qquad \lambda_1 - \lambda_2 = \frac{\lambda_1\lambda_2}{e(n' - n)};$$

l'écartement des franges dans le spectre, mesuré par la différence $\lambda_1 - \lambda_2$, *est en raison inverse de l'épaisseur de la lame*.

Pour avoir un spectre finement cannelé, il faut prendre une lame épaisse, d'autant plus épaisse que $n' - n$ est plus petit. Sous ce rapport, les cristaux diffèrent singulièrement les uns des autres. Utilisons par exemple deux lames taillées parallèlement à l'axe ternaire d'un quartz et d'un spath :

pour le quartz et la raie B	$n_e - n_o =$	0,00903,
H		0,00954;
pour le spath et la raie B	$n_o - n_e =$	0,16887,
H		0,18553.

16887 : 903 = 18,7, 18553 : 954 = 19,4.

Pour obtenir le même spectre cannelé, il faut une lame de quartz et une lame de spath dont les épaisseurs sont en moyenne comme 19 est à 1.

Calculons le nombre des franges qui se trouvent entre les raies B et H, quand on se sert d'une lame de quartz de 5 millimètres d'épaisseur.

Pour la raie B ($\lambda = 0^{\mu},687$), $e(n' - n) : \lambda = 65,7 = m_B$.

Pour la raie H ($\lambda = 0^{\mu},397$), $e(n' - n) : \lambda = 120,1 = m_H$.

Tels sont les numéros d'ordre des franges pour les deux radiations extrêmes. Les franges noires correspondent aux valeurs entières de m, d'après l'hypothèse admise que les nicols sont croisés. Il y a donc des franges noires dans le spectre pour toutes les radiations comprises entre B et H qui donnent les numéros d'ordre entiers : $m = 66$, 67, ..., 120, soit en tout 55.

128. Distribution des franges dans le spectre cannelé. — Employons d'abord *un spectre de réseau ou normal* qui étale les radiations proportionnellement aux longueurs d'onde. *Les franges sont plus écartées dans le rouge que dans le violet.* On a en effet :

$$\lambda_2 - \lambda_1 = \frac{\lambda_1 \lambda_2}{e(n' - n)}.$$

Or dans le rouge λ_1 et λ_2 sont plus grands que dans le violet; d'ailleurs $n' - n$, *qui n'est pas absolument indépendant de* λ, est plus petit dans le rouge : les deux causes élargissent les franges rouges. Ainsi pour le quartz, $\lambda_1 - \lambda_2$ est proportionnel :

au voisinage de la raie B à $\overline{687}^2 : 903 = 522$,

H à $\overline{397}^2 : 954 = 165$.

Les franges rouges sont trois fois plus larges que les franges violettes.

Avec *un spectre prismatique*, il en va tout autrement. Les radiations rouges sont tellement tassées, en vertu de la loi de dispersion, que les franges y peuvent être plus étroites que dans le violet. Nous aurons l'occasion de revenir là-dessus.

129. Utilisation d'un spectre cannelé pour l'étude d'un elliptique. — Quand on *augmente* l'épaisseur de la lame d'une manière continue (appareil de Bravais), chaque frange devant conserver le même numéro d'ordre, on voit le système se déplacer vers le rouge. En effet le numéro d'une frange rouge est, pour une épaisseur donnée, inférieur au numéro d'une frange violette.

On obtient naturellement un déplacement en superposant une seconde lame à la première.

On peut encore, *sans changer la lame*, remplacer la lumière rectilignement polarisée par de la lumière elliptiquement polarisée. Il y a déplacement des franges, la lumière elliptique pouvant être considérée comme de la lumière rectiligne qui a traversé une lame biréfringente mince.

Plaçons tout contre la fente d'un spectroscope une bilame formée de deux lames juxtaposées, d'épaisseurs identiques, et *dont les sections principales sont croisées.*

Éclairons avec de la lumière rectilignement polarisée à 45° des sections de la lame et regardons le spectre avec un nicol croisé sur le premier. Nous voyons deux spectres cannelés *identiques,* séparés par une raie fine horizontale qui est l'image, à travers l'appareil dispersif, de la trace de la surface de séparation des deux lames : les franges des deux spectres se prolongent les unes les autres.

Éclairons avec de la lumière elliptique. Comme nous le montrerons plus loin (§ 131), on peut remplacer l'ellipse par deux composantes parallèles aux sections de la bilame et ayant l'une par rapport à l'autre un certain retard. Ce retard augmente le retard créé par la biréfringence pour une des lames de la bilame; il la diminue pour l'autre. Donc les franges de l'un des spectres sont déplacées dans un sens; les franges de l'autre spectre le sont en sens contraire : elles ne sont donc plus dans le prolongement les unes des autres. Cette séparation, facile à reconnaître, permet de déceler une faible ellipticité de la lumière incidente (Cotton).

130. Dispersion de double réfraction. — L'étude de la dispersion de double réfraction pour une lame planparallèle donnée consiste à déterminer la fonction $n'-n=\varphi(\lambda)$.

Naturellement on taille la lame de manière que les indices n et n' aient une importance particulière, en général soient parmi les indices principaux. Par exemple on utilisera une lame planparallèle taillée parallèlement à l'axe principal.

Produisons un spectre cannelé; soit :

$$m=\frac{e(n'-n)}{\lambda},$$

le numéro d'ordre d'une frange (obscure si le nombre m est entier et si les nicols sont croisés).

Déterminons m pour une série de longueurs d'onde connues λ; nous aurons autant de points de la courbe cherchée : $n'-n=\varphi(\lambda)$.

La difficulté déjà rencontrée et résolue aux §§ 277 et sq. du tome IV, est l'ignorance où l'on est généralement du numéro d'ordre absolu des franges. On use d'un artifice employé à l'endroit cité § 282.

L'expérience prouve qu'on a très approximativement :

$$n'-n=a+\frac{b}{\lambda^2},$$

a et b étant deux constantes de même signe, positives si l'on choisit convenablement les sections auxquelles n' et n s'appliquent.

La formule nous apprend que $n'-n$ *croît quand* λ *diminue.*

C'est d'accord avec les chiffres cités au § 127.

Soit m le numéro d'ordre du minimum qui correspond à la longueur d'onde λ_1. Soient λ_2 et λ_3 deux radiations pour lesquelles il y a encore des minimums. Nous avons :

$$m = \frac{e}{\lambda_1}\left(a + \frac{b}{\lambda_1^2}\right), \qquad m + p_1 = \frac{e}{\lambda_2}\left(a + \frac{b}{\lambda_2^2}\right),$$
$$m + p_2 = \frac{e}{\lambda_3}\left(a + \frac{b}{\lambda_3^2}\right). \qquad (1)$$

p_1 et p_2 sont aisément déterminables. On part de la frange obscure λ_1 (frange $m+0$) et on numérote les franges ($m+1$, $m+2$, ..., $m+p_1$; $m+1$, $m+2$, ..., $m+p_2$).

Nous avons trois équations (1) à trois inconnues m, ea, eb.

e se détermine avec un sphéromètre; λ_1, λ_2, λ_3, sont connues. On peut donc calculer les constantes a et b.

Il y a évidemment avantage à prendre les trois radiations aux extrémités et au milieu du spectre.

Pour une formule de dispersion plus compliquée, on doit utiliser un plus grand nombre de radiations.

131. Décomposition d'une vibration elliptique en deux composantes rectangulaires.

Soit : $x = A\cos\omega t, \quad y = B\sin\omega t = B\cos\left(\omega t - \frac{\pi}{2}\right),$

une vibration elliptique rapportée à ses axes; elle est sinistrorsum en vertu du choix des axes.

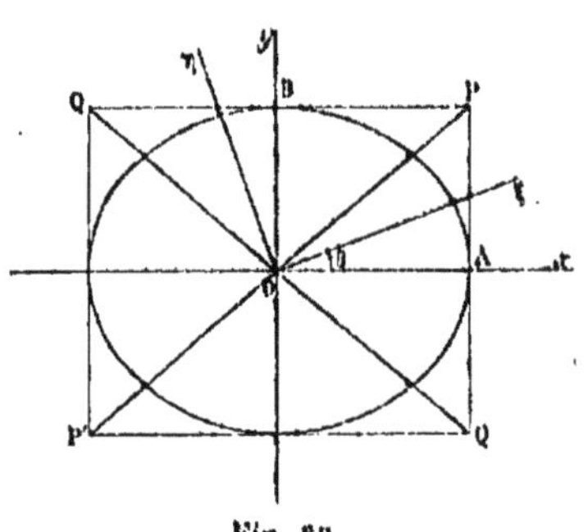

Fig. 82.

En effet, pour $t=0$, le *mobile fictif* x est en A, le *mobile fictif* y est en O; le *mobile résultant* est en A. Quand le temps croît, le mobile x se rapproche de l'origine, tandis que le mobile y s'en éloigne. Le mobile résultant se déplace donc sur l'ellipse dans le sens AB : *la vibration est sinistrorsum.*

Cherchons ses composantes rectangulaires suivant un système d'axes $O\xi$, $O\eta$, faisant l'angle θ avec le premier (fig. 82).

$$\begin{aligned} \xi &= A\cos\theta\cos\omega t + B\sin\theta\sin\omega t = a\cos(\omega t - \alpha), \\ \eta &= -A\sin\theta\cos\omega t + B\cos\theta\sin\omega t = b\cos(\omega t - \beta). \end{aligned} \qquad (1)$$

Identifions, il vient les conditions :

$$\begin{aligned} A\cos\theta &= a\cos\alpha, \qquad & B\sin\theta &= a\sin\alpha, \\ -A\sin\theta &= b\cos\beta, \qquad & B\cos\theta &= b\sin\beta. \end{aligned} \qquad (2)$$

D'où :

$$a^2 = A^2 \cos^2\theta + B^2 \sin^2\theta,$$
$$b^2 = A^2 \sin^2\theta + B^2 \cos^2\theta, \qquad (3)$$
$$a^2 + b^2 = A^2 + B^2.$$

La troisième équation (3) exprime le principe de la conservation de l'énergie (§ 228, tome IV).

Posons :

$$\operatorname{tg} I = \frac{B}{A}, \qquad \cos 2I = \frac{A^2 - B^2}{A^2 + B^2}; \qquad \operatorname{tg} i = \frac{b}{a}, \qquad \cos 2i = \frac{a^2 - b^2}{a^2 + b^2}.$$

Il vient immédiatement :

$$\cos 2i = \cos 2I \cos 2\theta. \qquad (I)$$

On a :
$$\operatorname{tg}\alpha = \frac{B}{A}\operatorname{tg}\theta, \qquad \operatorname{tg}\beta = -\frac{B}{A}\operatorname{cotg}\theta,$$

$$\operatorname{tg}\delta = \operatorname{tg}(\beta - \alpha) = -\frac{\operatorname{tg} 2I}{\sin 2\theta}. \qquad (II)$$

Ces formules (I) et (II) résolvent complètement le problème.

Discutons la dernière ; nous recommandons au lecteur de se rendre compte directement des retards en considérant le mobile fictif sur l'ellipse et les mobiles composants sur les axes $O\xi$, $O\eta$.

Pour $\theta = 0$, $\operatorname{tg}\delta = \infty$, $\delta = \pi : 2$. Les deux systèmes d'axes coïncident : l'ellipse est rapportée à ses axes. Supposons $A > B$.

Pour $\theta > 0$, $\operatorname{tg}\delta$ est négatif. Cela veut dire que le retard de la composante η sur la composante ξ est compris entre $\pi : 2$ et π.

Ce retard croît donc jusqu'à l'azimut $\theta = 45°$, pour lequel on a :

$$\delta = \pi - 2I.$$

Il décroît ensuite pour reprendre la valeur $\pi : 2$, pour $\theta = \pi : 2$. Il ne faut pas oublier qu'alors $O\xi$ coïncide avec Oy, $O\eta$ avec $-Ox$.

Quand θ varie entre $\pi : 2$ et π, δ part de $\pi : 2$, diminue jusqu'à $2I$ et revient à $\pi : 2$.

Dans tous les autres cas (elliptique dextrorsum par exemple), la discussion ne présente pas plus de difficulté.

On vérifiera qu'on a le même retard pour les angles θ_1 et θ_2, dont la différence admet comme bissectrice la bissectrice des axes de l'ellipse :

$$\frac{\theta_1 + \theta_2}{2} = \frac{\pi}{4}, \qquad \theta_1 + \theta_2 = \frac{\pi}{2}.$$

132. Trouver les axes d'une vibration elliptique donnée par deux composantes rectangulaires quelconques. — On a les vibrations :

$$\xi = a\cos\omega t, \qquad \eta = b\cos(\omega t - \delta).$$

On demande les grandeurs des axes A et B, et l'angle ψ qu'ils font avec le système rectangulaire donné. Remarquons que la connaissance de a, b, δ, permet, grâce à une construction évidente, de savoir dans quel rectangle est inscrite l'ellipse, dans quel sens tourne le mobile fictif et où sont approximativement ses axes grand et petit. Il n'y aura donc pas ambiguïté pour les signes.

Opérons comme précédemment; à la différence près que c'est maintenant l'axe Ox qui fait l'angle ψ avec l'axe $O\xi$, angle compté positivement de $O\xi$ vers $O\eta$.

$$\begin{aligned} x &= a\cos\psi\cos\omega t + b\sin\psi\cos(\omega t - \delta) = A\cos(\omega t - \alpha), \\ y &= -a\sin\psi\cos\omega t + b\cos\psi\cos(\omega t - \delta) = B\cos(\omega t - \beta). \end{aligned} \quad (1)$$

Identifions, il vient les conditions :

$$\begin{aligned} a\cos\psi + b\sin\psi\cos\delta &= A\cos\alpha, \quad & b\sin\psi\sin\delta &= A\sin\alpha, \\ -a\sin\psi + b\cos\psi\cos\delta &= B\cos\beta, \quad & b\cos\psi\sin\delta &= B\sin\beta. \end{aligned} \quad (2)$$

D'où :

$$\operatorname{tg}\alpha = \frac{b\sin\psi\sin\delta}{a\cos\psi + b\sin\psi\cos\delta}, \qquad \operatorname{tg}\beta = \frac{b\cos\psi\sin\delta}{-a\sin\psi + b\cos\psi\cos\delta}.$$

Écrire que nous avons affaire aux axes, revient à écrire :

$$\alpha - \beta = \pm\frac{\pi}{2}, \qquad \operatorname{tg}\alpha\operatorname{tg}\beta = -1.$$

$$\operatorname{tg} 2\psi = -\operatorname{tg} 2i\cos\delta. \quad (III)$$

Cette équation définit deux directions rectangulaires; nous avons dit qu'il n'y avait pas ambiguïté sur la position du grand et du petit axe.

Reste à calculer le rapport des axes. Partons des équations (2) :

$$AB(\sin\beta\cos\alpha - \sin\alpha\cos\beta) = AB\sin(\beta - \alpha) = AB,$$

puisque la différence $\beta - \alpha$, est égale à $\pi : 2$. Il vient :

$$AB = ab\sin\delta, \qquad \sin 2I = \sin 2i\sin\delta. \quad (IV)$$

Pour comparer les formules (I) et (III), on n'oubliera pas de poser :

$$0 = -\psi.$$

133. **Étude générale de la lumière elliptique.** — On peut à la rigueur (§ 124) étudier complètement un elliptique avec un analyseur rectiligne; mais la méthode ne vaut rien en dehors du spectre calorifique.

Méthode du quart d'onde. — La méthode générale consiste à transformer l'elliptique en un rectiligne par l'emploi d'une lame biréfringente donnant un retard relatif connu δ à l'une des composantes principales dont l'azimut est repéré matériellement sur la lame.

Le plus simple est d'employer un quart d'onde. La différence de phase ajoutée ou retranchée entre les composantes rectangulaires de la lumière polarisée qui le traverse normalement est $\delta = \pi : 2$. Si les sections du quart d'onde sont parallèles aux axes de l'ellipse (ce qui est possible de deux manières), il y a restitution rectiligne dans l'azimut PP' ou dans l'azimut QQ' (fig. 82), suivant le sens de rotation du mobile fictif sur l'ellipse et la position choisie du quart d'onde.

L'azimut de restitution passe de PP' à QQ' quand on fait tourner le quart d'onde de 90° dans son plan. Dans un cas, la différence de phase entre les composantes Ox et Oy est annulée; dans l'autre elle devient égale à π.

On vérifie que le rectiligne est obtenu, au moyen d'un nicol qui peut alors éteindre complètement la lumière; l'extinction obtenue, la section principale (qui passe par la petite diagonale du nicol) est à angle droit sur la vibration.

L'analyse est ainsi complète.

Le quart d'onde en mica ne jouit de sa propriété que pour une radiation déterminée; il en jouit approximativement pour les radiations voisines. On peut cependant l'employer pour *toutes* les radiations, mais la méthode est plus compliquée.

Nous avons démontré au § 131 qu'une lame dont le retard est voisin de $\pi : 2$, permet la restitution rectiligne d'un elliptique quand l'une de ses sections se trouve dans l'un des deux azimuts θ_1 et θ_2 admettant comme bissectrice la bissectrice des axes de l'ellipse. En effet, pour ces deux azimuts le retard est le même, et l'on peut toujours s'arranger, en choisissant convenablement le quadrant, de manière qu'il soit un peu plus grand que $\pi : 2$, ou bien un peu plus petit, suivant que *pour la radiation considérée* le quart d'onde pèche par excès ou par défaut.

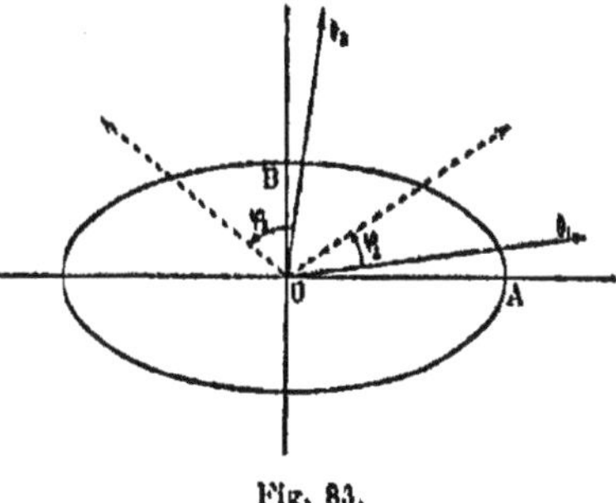

Fig. 83.

Une fois déterminés ces deux azimuts, on connaît la direction des axes de l'ellipse. Aux directions θ_1 et θ_2 correspondent des azimuts de restitution rectiligne φ_1 et φ_2; on verra aisément que ces angles sont complémentaires. Enfin l'angle I définissant le rapport des axes de l'ellipse est fourni par l'équation :

$$\cos 2I = \pm \frac{\cos 2\varphi}{\sin(\theta_2 - \theta_1)},$$

en appelant φ l'un des angles φ_1 ou φ_2.

Il est donc inutile de connaître le retard imposé par la lame. Dans le cas où le retard vaut $\pi : 2$, on a :

$$\theta_1 = 0, \quad \theta_2 = \pi : 2; \qquad \cos 2I = \cos 2\varphi.$$

On peut employer comme quart d'onde un compensateur de Bravais étalonné.

MÉTHODE DES COMPENSATEURS. — L'étude d'une vibration elliptique se présente rarement sous cet aspect. Il en est ordinairement comme pour les phénomènes de réflexion : il faut déterminer la différence de phase pour deux composantes *dont les azimuts sont donnés à l'avance.* L'emploi des compensateurs est tout indiqué.

On dispose leurs sections principales parallèlement aux azimuts principaux du phénomène (l'une des sections est parallèle au plan d'incidence quand il s'agit de la réflexion ou de la réfraction). On cherche à restituer rectilignement la vibration elliptique, en faisant varier la différence de phase due au compensateur. Un nicol permet de contrôler si cette condition est satisfaite (possibilité d'extinction totale) et dans quel azimut vibre le rectiligne obtenu.

Emploi de lames cristallines dans les appareils interférentiels.

Nous étudions dans les paragraphes suivants des expériences célèbres qui préciseront les idées du lecteur. Il relira utilement les §§ 265 et sq. du tome IV.

134. **Obtention simultanée de plusieurs systèmes de franges en lumière naturelle. Lumière naturelle; sections parallèles.** — Raisonnons sur l'appareil d'Young; du reste, l'expérience réussit avec un appareil interférentiel quelconque, pourvu qu'il s'y trouve deux images réelles. Employons deux lames planparallèles de quartz taillées parallèlement à l'axe et de même épaisseur e. Sur les montures de ces lames sont tracées les directions des sections principales. Les lames de quartz taillées perpendiculairement à l'axe ou peu inclinées sur l'axe jouissent de propriétés particulières (pouvoir rotatoire); mais nous verrons qu'une lame de quartz taillée parallèlement à l'axe se conduit exactement comme un uniaxe quelconque.

Recouvrons les deux fentes avec les lames *dont les sections principales sont parallèles;* pour préciser, plaçons *verticalement* les sections *ordinaires.*

Les franges ne sont pas modifiées.

A la vérité on peut considérer qu'il existe deux systèmes de franges *polarisées à angle droit l'une par rapport à l'autre,* identiques, se recouvrant exactement.

En effet, décomposons la lumière *naturelle* incidente en quatre faisceaux que nous notons :

$$V_{od}, \quad V_{og}, \quad H_{ed}, \quad H_{eg}.$$

V_{od} désigne une vibration *verticale, ordinaire,* traversant le cristal de *droite;* et ainsi des autres symboles.

Les vibrations V_{od}, V_{og}, ont pris dans les lames le même retard :

$$\delta_o = \frac{2\pi n_o e}{\lambda}.$$

Les vibrations H_{ed}, H_{eg}, ont pris le même retard :

$$\delta_e = \frac{2\pi n_e e}{\lambda}.$$

L'interférence en un point du plan d'observation ne dépend donc que de la position de ce point.

Les vibrations verticales ordinaires d'une part, horizontales extraordinaires de l'autre, donnent séparément le même système de franges au même endroit. Le phénomène primitif n'est donc pas modifié.

135. **Lumière naturelle; sections croisées.** — Croisons les sections des deux lames.

La section *ordinaire* de la lame qui est à la *droite* de l'observateur est supposée *verticale;* la section *ordinaire* de la lame qui est à la *gauche* de l'observateur est supposée *horizontale.*

On sait que le quartz est *positif;* le rayon *extraordinaire* est *retardé* par rapport au rayon *ordinaire.* Bien entendu, ils subissent tous deux un retard; mais le retard de l'extraordinaire est plus grand que le retard de l'ordinaire.

1° Considérons les deux vibrations verticales de notations : V_{od}, V_{eg}.

V_{eg} est retardée par rapport à V_{od}.

Ces vibrations sont parallèles et peuvent interférer; mais elles donnent un système de franges *transporté vers la gauche* de l'observateur, comme si l'on avait recouvert la fente gauche d'une très mince lame de mica (Cours de Mathématiques, § 171).

2° Considérons les deux vibrations horizontales de notations : H_{ed}, H_{og}.

Elles donnent un système de franges *transporté vers la droite :* le faisceau de droite est en effet plus retardé que celui de gauche par son passage dans la lame. Il faut compenser l'augmentation du chemin optique par la diminution du chemin géométrique.

Si les lames ne sont pas rigoureusement croisées, il y a trois systèmes de franges; le système primitif central subsiste plus ou moins effacé.

Nous reviendrons plus loin sur le déplacement réel de la frange achromatique.

136. **Lumière polarisée et analysée rectilignement; sections parallèles ou croisées.** — Que les sections soient parallèles ou croisées, nous obtiendrons toujours trois systèmes de franges.

Raisonnons sur le cas des sections parallèles. Plaçons le nicol polariseur à 45° de la verticale pour que les franges aient le plus de visibilité.

Regardons un point P du plan d'observation où le retard géométrique est Δ; soit δ_o et δ_e les retards optiques.

La vibration verticale résultant de la composition des vibrations V_{od}, V_{og}, a pour expression :

$$\sin(\omega t - \delta_o) + \sin(\omega t - \Delta - \delta_o) = A \sin(\omega t - \varphi - \delta_o).$$

La vibration horizontale résultant de la composition des vibrations H_{ed}, H_{eg}, a pour expression :

$$\sin(\omega t - \delta_e) + \sin(\omega t - \Delta - \delta_e) = A \sin(\omega t - \varphi - \delta_e).$$

Dans les deux cas, A a la même valeur fournie par la relation :

$$A^2 = 2(1 + \cos \Delta).$$

Nous obtiendrons donc deux systèmes de franges identiques que nous verrons sans analyseur : fait d'ailleurs évident d'après le § 134. Ce n'est pas l'introduction d'un analyseur qui peut, dans les conditions de l'expérience, supprimer un phénomène visible en lumière naturelle.

Mais les vibrations elliptiques sont *maintenant* parfaitement déterminées; en effet, les vibrations *totales* verticale et horizontale sont issues d'une vibration rectiligne : leurs amplitudes sont même égales dans l'hypothèse où nous nous sommes placés.

L'ellipticité de la lumière obtenue est indépendante du point P; elle ne dépend que de $\delta_e - \delta_o$. Quel que soit le point P, les ellipses ont donc la même forme; mais leurs axes sont multipliés par un coefficient A qui dépend du point P. Donc quand nous tournons le nicol analyseur, nous modifions l'intensité des maximums sans modifier leur position.

En lumière blanche les franges ne sont visibles que si le retard est faible. Les deux systèmes centraux superposés ne se composeront, comme à l'ordinaire, que d'un petit nombre de franges visibles.

Systèmes latéraux. — Montrons qu'il existe en plus deux systèmes latéraux *visibles seulement avec l'analyseur*.

Ils sont dus à l'interférence des *composantes* rectangulaires dont le retard relatif est assez petit et qui produisent un elliptique de forme variable d'un point à l'autre.

Considérons en effet les deux groupes de composantes rectangulaires, dont les retards sont inscrits dans le tableau suivant :

	Premier groupe	Second groupe
Composantes verticales	δ_o	$\delta_o + \Delta$
Composantes horizontales	$\Delta + \delta_e$	δ_e

Les vibrations qui ont traversé une des lames, ont pour retards au point P : δ_o, δ_e; les vibrations qui ont traversé l'autre, ont pour retards :

$$\delta_o + \Delta, \quad \delta_e + \Delta.$$

Pour faire des elliptiques, nous combinons la vibration verticale issue d'une fente à la vibration horizontale issue de l'autre.

Les retards relatifs entre les composantes rectangulaires de ces elliptiques sont donc :

$$\rho_1 = (\delta_e - \delta_o) + \Delta, \qquad \rho_2 = (\delta_e - \delta_o) - \Delta.$$

Déplaçons-nous sur le plan d'observation à partir du point de retard géométrique nul ($\Delta = 0$). Si le retard ρ_1 augmente en valeur absolue, ρ_2 diminue certainement, et inversement.

Donc à droite du lieu de retard géométrique nul, un seul des elliptiques présente entre ses composantes une différence de phase assez petite pour être vu en lumière blanche; à gauche du lieu de retard géométrique nul, c'est l'autre elliptique qui se trouve dans ce cas.

Donc, en lumière blanche, *à la condition d'observer à travers un nicol analyseur,* nous verrons, de part et d'autre du système central, deux systèmes de franges analogues à celles du compensateur de Babinet.

La rotation du nicol analyseur (§ 230, t. IV) modifie la visibilité; elle est maxima quand il est à 45° sur la verticale. Une rotation de 90° change les maximums en minimums et inversement.

En employant un analyseur biréfringent, on obtient simultanément les phénomènes qui correspondent à deux positions rectangulaires du nicol analyseur, soit par conséquent six systèmes de franges.

Sections croisées. — Même théorie : c'est le système central que l'emploi d'un analyseur fait apparaître; les systèmes latéraux sont visibles sans nicol.

Remarque. — Dans toutes les expériences précédentes où l'on obtient *en lumière blanche* trois systèmes de franges séparés par des espaces privés de franges, la lumière monochromatique donne un seul système non interrompu.

137. **Position de la frange achromatique.** — La position de la frange achromatique (IV, § 265) est donnée par la condition que le numéro d'ordre m soit le même pour toutes les radiations, du moins pour les radiations les plus lumineuses. Le numéro d'ordre est de la forme :

$$m = \frac{\Delta + (\delta_e - \delta_o)}{2\pi} = \frac{kx}{\lambda} + \frac{e}{\lambda}(n_e - n_o) = \frac{kx}{\lambda} + \frac{e}{\lambda}\left(A + \frac{B}{\lambda^2}\right).$$

La frange achromatique est donnée par la condition :

$$\frac{\partial m}{\partial \lambda} = 0, \quad \text{pour } \lambda = \lambda_0; \qquad kx = -e\left(A + \frac{3B}{\lambda_0^2}\right), \qquad \lambda_0 = 0^{\mu},550.$$

Nous avons montré (IV, § 270) que, vu la petitesse de B, il revient pratiquement au même d'écrire que la frange achromatique est là où le retard est nul pour la radiation la plus brillante.

138. Généralisation de la méthode précédente. — La méthode précédente est générale. On fait apparaître des franges *en lumière blanche*, avec une différence de marche considérable entre les faisceaux interférents *et alors même qu'ils ne sont pas séparables*, en interposant sur leur passage une lame biréfringente suffisamment épaisse. Il faut seulement polariser la lumière qu'on utilise.

On compense par une différence de marche due à la biréfringence, une différence de marche due à la différence des chemins géométriques.

Si nous avons raisonné sur un appareil où les faisceaux sont distincts, c'était pour faciliter l'exposé et aussi pour rendre possible une action différente sur chacun des faisceaux (lames croisées). Quand les faisceaux ne sont pas distincts, on est toujours ramené au cas étudié au début du § 136.

On peut utiliser comme appareil interférentiel les biprismes, les bilentilles, les miroirs de Fresnel, les franges des lames isotropes (tome IV, chap. VI), les miroirs de Jamin (tome IV, § 254). ...

Par exemple, on aperçoit des anneaux de Newton *en lumière blanche avec un écart considérable entre la lentille et le plan sousjacent* (tome IV, § 246) en éclairant avec de la lumière polarisée, et regardant à travers un quartz parallèle à l'axe suffisamment épais et un nicol. Si la lentille repose sur le plan, on distingue *une couronne* d'anneaux séparés des anneaux centraux par un espace sans franges, espace d'autant plus large que la lame est plus épaisse. Il est commode de regarder avec un viseur.

On peut remplacer le quartz par une lame de gypse clivé.

On n'aperçoit ici qu'un système central et un système latéral, parce que les différences de marche des faisceaux interférents partent de zéro et ne croissent que dans un sens. Naturellement il y a, pour la polarisation de la lumière et les sections de la lame biréfringente et du nicol analyseur, des azimuts optimums qui se déduisent immédiatement de la théorie précédemment donnée.

Polarisation chromatique.

139. Lame mince cristalline entre deux nicols; lumière blanche. — Quand on prend pour unité l'intensité d'une lumière monochromatique après le passage à travers le premier nicol, l'intensité après l'analyseur est (§ 124) :

$$I^2 = \cos^2(\varphi - s) - \sin 2\varphi \sin 2s \sin^2 \frac{\delta}{2}. \qquad (1)$$

Employons de la lumière blanche; soit Λ l'intensité d'une lumière de longueur d'onde λ. Les diverses radiations ne passent plus dans la même proportion. L'intensité émergente est représentée par l'équation *symbolique* (IV, § 201 et 248) :

$$I^2 = \cos^2(\varphi - s) \sum \Lambda - \sin 2\varphi \sin 2s \sum \Lambda \sin^2 \frac{\delta}{2}. \qquad (2)$$

φ et s sont pratiquement indépendants de λ (§ 127).

$\sum\Lambda$ représente *symboliquement* du blanc; cette expression indique, non une *somme*, mais une *superposition* de radiations dans certaines proportions.

$\sum\Lambda \sin^2 \frac{\delta}{2}$ représente une *teinte* bien déterminée, puisque δ est une fonction de λ. Nous appellerons le second terme de l'équation (2) *le terme coloré*.

La lumière émergente est donc constituée par la superposition d'une certaine quantité de blanc, *plus ou moins* une certaine teinte, parfaitement déterminée quand on se donne l'épaisseur de la lame et sa dispersion de double réfraction (§ 130).

Voici ce que signifient les mots *plus ou moins*.

Considérons les deux teintes :

$$\sum\Lambda + k\sum\Lambda f(\lambda), \qquad \sum\Lambda - k\sum\Lambda f(\lambda), \qquad (3)$$

où k est un nombre quelconque. Leur superposition donne la couleur $2\sum\Lambda$, c'est-à-dire du blanc. *Les équations symboliques* (3) *représentent donc des teintes complémentaires.*

En définitive, *avec une lame traversée normalement, on ne peut obtenir que deux teintes complémentaires plus ou moins lavées de blanc, quels que soient les angles φ et s. On passe d'une teinte à sa complémentaire, chaque fois que le terme coloré s'annule; ce qui arrive quand la section d'un des nicols coïncide avec l'une des sections principales de la lame.*

C'est même un procédé pour déterminer les azimuts de ces sections.

Pour que la teinte soit le plus *saturée* possible, il faut que :

$$\varphi - s = \frac{\pi}{2}; \quad \text{(nicols croisés)}, \qquad I^2 = \sin^2 2s \sum\Lambda \sin^2 \frac{\delta}{2};$$

$$\varphi - s = 0; \quad \text{(nicols parallèles)}, \qquad I^2 = \sum\Lambda - \sin^2 2s \sum\Lambda \sin^2 \frac{\delta}{2}.$$

Quand *alors* on fait tourner la lame entre les nicols, ce qui modifie s, *on ne peut obtenir qu'une des teintes. Il y a deux changements simultanés de teinte;* on passe d'une teinte à la même teinte à travers du blanc ou du noir.

C'est ordinairement en croisant les nicols et en déterminant l'azimut de la lame pour l'extinction, qu'on détermine ses sections principales. Elles sont alors parallèles aux sections des nicols.

140. Échelle chromatique de Newton. — Posons comme première approximation :

$$n' - n = \text{Constante} = \nu, \qquad \delta = 2\pi\nu e : \lambda.$$

Le terme coloré a la forme :

$$\Sigma \Lambda \sin^2 \frac{\pi \nu e}{\lambda},$$

que nous avons déjà obtenue pour les anneaux de Newton (IV, § 248). Les teintes sont donc exactement les mêmes avec les lames cristallines que dans les franges d'interférence.

Nous réalisons *l'échelle des teintes* donnée au § 248 du tome IV, en faisant varier progressivement l'épaisseur de la lame, soit avec un coin, soit avec le compensateur de Bravais.

Nous obtenons l'échelle I avec les nicols parallèles; l'échelle II avec les nicols croisés.

Teintes sensibles. — Plaçons entre deux nicols *croisés* le compensateur de Bravais, les sections à 45° de celles des nicols. Faisons varier l'épaisseur à partir de 0; nous observons les teintes de l'échelle II. Les teintes *sensibles* sont caractérisées par la petitesse du déplacement (rotation de la vis micrométrique) nécessaire pour obtenir un changement appréciable de teinte.

L'épaisseur du quartz doit être telle qu'il y ait un retard d'un nombre entier de λ pour la partie la plus lumineuse du spectre,

$$\lambda = 0^{\mu},550.$$

La première teinte correspond à l'épaisseur :

$$0,00915 \,.\, e = 0^{\mu},550, \qquad e = 60^{\mu},1.$$

Pour la seconde, on aurait sensiblement : $e = 120^{\mu} = 0^{mm},12$; et ainsi de suite.

Pour le mica et la seconde teinte sensible, l'épaisseur est voisine de $0^{mm},25$.

141. Détermination de la biréfringence d'une lame ou de son épaisseur. — Si le produit $e(n' - n)$ n'est ni trop grand ni trop petit, on le détermine avec une approximation déjà grande, en observant les teintes entre deux nicols croisés ou parallèles. La comparaison des deux résultats lève certaines indéterminations; les teintes de différents ordres à peu près identiques dans une échelle, ne correspondent pas dans l'autre à des teintes aussi voisines.

Pour que l'expérience soit assez précise, il faut que :

$$e(n' - n) < 3\lambda_0, \qquad e(n' - n) < 1^{\mu},650,$$

ou, ce qui revient au même, qu'on reste dans les trois premiers ordres.

Le produit $e(n'-n)$ obtenu, il faut déterminer e pour avoir $n'-n$. On peut se servir d'un sphéromètre; d'habitude on procède autrement.

On sait que pour obtenir une lame planparallèle, on commence par dresser une face. On colle la préparation par cette face sur une lame de verre, puis on dresse la seconde face. On a soin de coller, à chacun des angles de la préparation, de petites lames de quartz parallèles à l'axe principal cristallographique qu'on use en même temps qu'elle, et *qui auront même épaisseur*.

On détermine pour ces lames le produit $e(n'-n)$ à l'aide de l'échelle de Newton; mais, comme il s'agit d'une lame de quartz orientée parallèlement à l'axe, on connaît la biréfringence :

$$n'-n=0,00918=1:109;$$

on calcule donc aisément l'épaisseur.

Cette méthode s'applique automatiquement dans l'étude des roches qui contiennent le plus souvent de petits cristaux de quartz. On choisit comme repères ceux que, *d'après leur forme*, on reconnaît parallèles à l'axe principal cristallographique.

La détermination des teintes se fait à l'aide d'un microscope dans lequel la lumière est polarisée à l'entrée et qui contient un nicol oculaire.

Si les lames sont trop minces, elles ne se colorent plus. On leur superpose une autre lame pour laquelle le produit $e(n'-n)$ est connu. Les sections des deux lames sont amenées parallèlement. Leurs retards s'ajoutent ou se retranchent, la teinte de la lame auxiliaire *monte* ou *descend*. En prenant une lame auxiliaire donnant une teinte sensible, le changement de teinte produit par l'adjonction d'une lame très mince, devient appréciable et permet d'évaluer, au moins grossièrement, le produit $e(n'-n)$.

142. Bilame de Bravais. — Quand la biréfringence est très faible, qu'il s'agit simplement de la déceler sans la mesurer, on utilise la *bilame de Bravais*.

Elle est formée de deux lames planparallèles de quartz, parallèles à l'axe, de même épaisseur, juxtaposées dans le même plan et dont les sections sont croisées (comparer au § 129).

Recevons sur cette lame de la lumière qui a traversé une lame très mince, ou plus généralement de la lumière elliptique. Considérons les composantes rectangulaires parallèles aux sections de la bilame. Elles ont un certain retard relatif. Ce retard *s'ajoute* au retard relatif dû à la traversée d'une des moitiés de la bilame, il *se retranche* du retard relatif dû à la traversée de l'autre moitié. La teinte *monte* d'un côté dans l'échelle de Newton, *descend* de l'autre côté.

On choisit l'épaisseur de la bilame de manière à obtenir une teinte sensible (généralement la deuxième teinte, 1128; l'épaisseur est donc voisine de $0^{mm},12$). On décèle la moindre ellipticité, d'abord parce que la teinte est sensible, ensuite parce que la juxtaposition de deux teintes permet de reconnaître une petite altération de chacune d'elles.

La bilame permet de reconnaître le sens de rotation d'une vibration elliptique, puisque ce sens dépend du retard ou de l'avance d'une composante sur la composante rectangulaire. Il faut seulement savoir quel est l'azimut de la vibration la plus retardée pour l'une ou l'autre lame de la bilame.

Combinaisons intéressantes.

Nous passerons en revue quelques combinaisons de lames planparallèles qui fournissent des *échelles de teintes* autres que celles de Newton et apprennent à traiter les vibrations circulaires.

143. **Lumière polarisée circulairement, traversant une lame planparallèle et analysée rectilignement.** — Nous avons dit aux §§ 235 et sq. du tome IV comment on obtient de la lumière circulaire. A la vérité, le mica n'est quart d'onde que pour un seul λ; il n'est donc pas possible d'obtenir par ce moyen de la lumière blanche rigoureusement circulaire. Nous trouverons plus loin un procédé moins commode, mais plus parfait.

Soit : $$x = \sin \omega t, \qquad y = \sin\left(\omega t - \frac{\pi}{2}\right),$$

la vibration circulaire avant le passage à travers la lame. Elle devient elliptique par le passage :

$$x = \sin \omega t, \qquad y = \sin\left(\omega t - \frac{\pi}{2} - \delta\right).$$

A travers le nicol dont la section principale est dans l'azimut φ, il passe une vibration :

$$\cos\varphi \sin\omega t + \sin\varphi \sin\left(\omega t - \frac{\pi}{2} - \delta\right),$$

dont l'intensité est : $\quad I^2 = 1 - \sin\delta \sin 2\varphi.$

On trouve : $\quad I^2 = 1 + \sin\delta \sin 2\varphi,$

si le circulaire incident est de rotation inverse. En lumière blanche, on a les teintes complémentaires :

$$I^2 = \Sigma A \mp \sin 2\varphi \, \Sigma A \sin\delta.$$

On passe d'une teinte à l'autre par le blanc, lorsque 2φ s'annule, c'est-à-dire quand l'analyseur est parallèle à l'une des sections principales de la lame.

Quand δ varie, on obtient deux échelles de teintes complémentaires qui n'ont aucun rapport avec les échelles de Newton et dont le *terme coloré* est de la forme : $\sum A \sin \delta.$

144. **Problème inverse : lumière polarisée rectilignement, analysée circulairement.** — A la sortie de la lame, les amplitudes peuvent être représentées par (§ 122) :

$$x = 2 \cos s \sin \omega t,$$
$$y = 2 \sin s \sin (\omega t - \delta) = 2 \sin s \cos \delta \sin \omega t - 2 \sin s \sin \delta \cos \omega t.$$

Le facteur 2 est évidemment arbitraire.

Cette vibration elliptique peut être remplacée par les quatre circulaires suivantes :

Dextrogyres.	Lévogyres.
$\begin{cases} x_1 = (\cos s - \sin s \sin \delta) \sin \omega t, \\ y_1 = (\cos s - \sin s \sin \delta) \cos \omega t; \end{cases}$	$\begin{cases} x_3 = (\cos s + \sin s \sin \delta) \sin \omega t, \\ y_3 = -(\cos s + \sin s \sin \delta) \cos \omega t; \end{cases}$
$\begin{cases} x_2 = \sin s \cos \delta \cos \omega t, \\ y_2 = \sin s \cos \delta \sin \omega t, \end{cases}$	$\begin{cases} x_4 = -\sin s \cos \delta \cos \omega t, \\ y_4 = \sin s \cos \delta \sin \omega t; \end{cases}$

On vérifie immédiatement :

1° que ces vibrations sont circulaires;

2° qu'elles tournent dans le sens indiqué, les axes Ox et Oy étant disposés à la manière ordinaire;

3° que : $x = \sum x_1, \qquad y = \sum y_1;$

4° que les mobiles sur les circulaires de même sens sont à 90° l'un de l'autre.

Composons les dextrogyres; d'après le 4° et le § 236 du tome IV, le rayon du circulaire résultant est la racine carrée de la somme des carrés des rayons des composants.

$$R = \sqrt{\sin^2 s \cos^2 \delta + (\cos s - \sin s \sin \delta)^2} = \sqrt{1 - \sin 2s \sin \delta}.$$

L'intensité a donc pour valeur :

$$I^2 = 1 - \sin 2s \sin \delta.$$

On trouve de même pour l'intensité des sinistrogyres :

$$I'^2 = 1 + \sin 2s \sin \delta.$$

Ce sont précisément ces quantités de lumière qui traversent l'analyseur circulaire dextrogyre ou lévogyre, si l'on néglige la lumière perdue par réflexion sur les faces de l'analyseur et par transmission à travers lui.

Le résultat est identique à celui du paragraphe précédent.

145. Lumière polarisée et analysée circulairement. — Après la traversée de la lame, nous avons (§ 143), en multipliant les amplitudes par 2 :

$$x = 2 \sin \omega t,$$

$$y = 2 \sin(\omega t - \beta) = 2 \sin \omega t \cos \beta - 2 \sin \beta \cos \omega t,$$

en posant : $\beta = \delta \pm \pi : 2.$

Cette vibration elliptique vaut les quatre circulaires :

Dextrogyres.	Lévogyres.
$\begin{cases} x_1 = (1 - \sin\beta)\sin\omega t, \\ y_1 = (1 - \sin\beta)\cos\omega t; \end{cases}$	$\begin{cases} x_3 = (1 + \sin\beta)\sin\omega t, \\ y_3 = -(1 + \sin\beta)\cos\omega t; \end{cases}$
$\begin{cases} x_2 = \cos\beta\cos\omega t, \\ y_2 = \cos\beta\sin\omega t; \end{cases}$	$\begin{cases} x_4 = -\cos\beta\cos\omega t, \\ y_4 = \cos\beta\sin\omega t. \end{cases}$

Composons comme ci-dessus les dextrogyres d'une part, les sinistrogyres de l'autre.

L'intensité que laisse passer l'analyseur circulaire est, suivant son sens :

$$2\left[1 - \sin\left(\delta \pm \frac{\pi}{2}\right)\right] = 2(1 \pm \cos\delta).$$

En lumière blanche, nous obtenons deux nouvelles échelles complémentaires dont le *terme coloré* est :

$$\sum A \cos\delta.$$

146. Combinaison de Fresnel. — *On constitue un ensemble avec une lame planparallèle cristalline comprise entre deux micas quart d'onde croisés et dont les sections sont à 45° des sections de la lame.*

On fait traverser normalement cette combinaison par de la lumière rectilignement polarisée.

La vibration est encore rectiligne à la sortie, mais a tourné d'un angle proportionnel à la différence de marche $e(n' - n)$ acquise dans la lame cristalline.

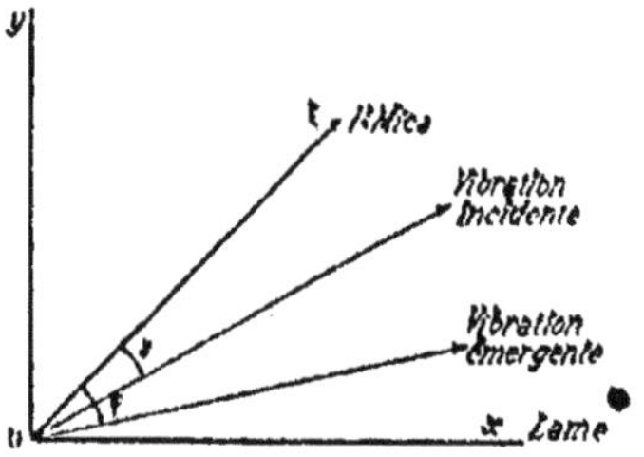

Fig. 84.

Soit s l'angle que fait la vibration initiale avec une des sections du premier mica (fig. 84). Pour simplifier l'écriture, posons :

$$\cos 45° = \sin 45° = \sigma.$$

Après la traversée du premier mica, les vibrations parallèles aux sections de celui-ci sont, en admettant que le retard porte sur $O\xi$ *et en choisissant convenablement le sens de l'axe* $O\eta$: $\xi = \cos s \sin \omega t, \quad \eta = \sin s \cos \omega t.$

Avant la lame, on a :

$$x = \sigma \cos s \sin \omega t + \sigma \sin s \cos \omega t = \sigma \sin(\omega t + s),$$
$$y = \sigma \cos s \sin \omega t - \sigma \sin s \cos \omega t = \sigma \sin(\omega t - s).$$

Après la lame, on a, en changeant l'origine des temps :

$$x = \sigma \sin \omega t, \qquad y = \sigma \sin(\omega t - 2s - \delta).$$

Sur le second mica, *avant le passage*, on a :

$$\xi = \sigma^2 \sin \omega t + \sigma^2 \sin(\omega t - 2s - \delta),$$
$$\eta = \sigma^2 \sin \omega t - \sigma^2 \sin(\omega t - 2s - \delta).$$

Après le passage qui retarde la vibration η (puisque les micas sont croisés) :

$$\xi = \sigma^2 \sin \omega t + \sigma^2 \sin(\omega t - 2s - \delta),$$
$$\eta = \sigma^2 \sin\left(\omega t - \frac{\pi}{2}\right) - \sigma^2 \sin\left(\omega t - 2s - \delta - \frac{\pi}{2}\right),$$
$$= -\sigma^2 \cos \omega t + \sigma^2 \cos(\omega t - 2s - \delta).$$

On vérifie aisément qu'on peut poser :

$$\xi = A \sin(\omega t - \alpha), \qquad \eta = B \sin(\omega t - \alpha).$$

On trouve :

$$A = 2\cos\left(s + \frac{\delta}{2}\right), \quad B = 2\sin\left(s + \frac{\delta}{2}\right); \quad \operatorname{tg}\alpha = \frac{\sin(2s + \delta)}{1 + \cos(2s + \delta)}.$$

Donc la vibration émergente est rectiligne.

Son azimut par rapport à $O\xi$ est donné par la relation :

$$\operatorname{tg}\varphi = \frac{B}{A} = \operatorname{tg}\left(s + \frac{\delta}{2}\right).$$

La rotation est : $$\varphi - s = \frac{\delta}{2}.$$

Elle est proportionnelle au retard produit par la lame biréfringente.

La combinaison de Fresnel est équivalente à une lame de quartz taillée perpendiculairement à l'axe.

Franges en lumière convergente.

147. Mode d'obtention des phénomènes; franges à l'infini. — Les phénomènes étudiés dans les paragraphes précédents sont des colorations ou des franges *localisées sur la lame elle-même*. Sous cet aspect, ils sont absolument comparables aux anneaux de Newton et aux colorations des lames isotropes minces (IV, §§ 244 et 246).

Les phénomènes que nous allons étudier sont au contraire *des franges localisées à l'infini*, absolument comparables aux franges à l'infini des lames minces isotropes planparallèles (IV, § 240).

Quand un faisceau *cylindrique* polarisé rectilignement tombe sur une lame cristalline planparallèle suivant une direction inclinée, à la direction extérieure de propagation correspondent deux directions intérieures que nous avons appris à calculer au § 102. Les vibrations correspondantes sont toujours *à peu près* normales entre elles; nous pouvons encore appeler *sections principales* de la lame *pour cette direction*, les traces des plans qui passent par le faisceau incident (ou le faisceau émergent *unique en direction et parallèle au premier*) et les vibrations émergentes.

La traversée de la lame produit entre les vibrations un certain retard δ ; la vibration est elliptique. Un faisceau incident de lumière blanche traversant obliquement la lame placée entre deux nicols, sort coloré; les échelles des teintes sont encore sensiblement celles de Newton.

Mais, *et on ne saurait trop insister là-dessus*, la détermination exacte des sections principales pour une direction inclinée et celle du retard des deux vibrations correspondantes sont généralement inextricables; *la définition même de ces quantités est très vague* quand, ce qui est le cas pratique, on reçoit simultanément des faisceaux remplissant un angle solide, et par conséquent traversant les nicols suivant des directions variées.

Nous ne chercherons donc pas dans ce qui suit une exactitude *quantitative;* nous nous contenterons d'une exactitude *qualitative*. Le lecteur doit considérer comme vaine toute autre prétention dans la question qui nous occupe. Aussi bien *le calcul exact des phénomènes n'a aucun intérêt;* personne ne songe à s'en servir pour justifier ou incriminer les théories que personne d'ailleurs ne conteste.

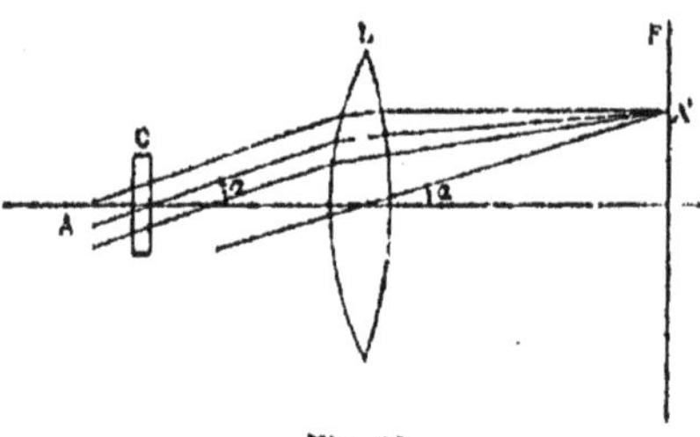

Fig. 85.

Voici comment on obtient les phénomènes.

La lame cristalline C planparallèle (fig. 85) est précédée d'un nicol (non représenté) à travers lequel passe un faisceau convergent de lumière. Nous pouvons le considérer comme formé d'une infinité de faisceaux parallèles d'inclinaisons variées. La lame C est donc traversée par une infinité de faisceaux parallèles rectilignement polarisés à l'entrée. A la sortie de la lame, ils sont repris par une lentille L; elle rassemble en chaque point A' de son plan focal principal les rayons issus d'un point A de l'infini, qui ont traversé la lame *dans des conditions déterminées.* Les deux composantes rectangulaires de chacun de ces rayons ont donc une différence de marche parfaitement déterminée, la même pour tous, indépendante de l'endroit où ils ont traversé la lame : donc il existe au point A' du plan focal principal un état d'interférence parfaitement déterminé, c'est-à-dire des ellipses parfaitement déterminées.

Regardons ce plan à travers un nicol analyseur : nous verrons des franges.

Il résulte de cette théorie que les dimensions transversales de la lame cristalline n'ont aucune influence sur la forme et la grandeur des franges. Elles n'influent que sur l'éclat du phénomène. En utilisant des appareils de projection (réglés sur l'infini) suffisamment grossissants, on obtient les franges même avec des cristaux microscopiques.

148. Généralités sur les franges observées. — Nous avons déjà dit que tout calcul précis est un trompe-l'œil. Le lecteur ne doit voir dans les formules suivantes qu'une manière de fixer les idées.

Considérons un faisceau qui tombe sur la lame en faisant un angle α avec sa normale ; α est sa colatitude par rapport à la normale jouant le rôle de ligne des pôles. Le faisceau est dans un certain plan méridien fixé en azimut par rapport à une droite de référence perpendiculaire à la normale, tracée si l'on veut sur la lame elle-même. Il est ainsi complètement défini, puisque seules les directions importent.

Pour faire un calcul rigoureux, il faudrait d'abord calculer les deux directions de propagation intérieure correspondantes ; elles ne coïncident pas. Il faudrait, en admettant leur coïncidence pour simplifier, déterminer les azimuts *dès lors rectangulaires* de vibration. Tout cela est quasiment impossible. Enfin il faudrait savoir comment la lumière incidente se partage entre ces azimuts.

Quand donc nous appelons s l'angle que fait la section du polariseur avec l'une des sections principales qui correspondent à l'inclinaison α, et que nous écrivons que les vibrations suivant ces sections principales sont $\cos s$ et $\sin s$ (§ 122), nous ne savons pas trop ce que nous faisons.

Les vibrations prennent le retard δ et sortent de la lame. Mêmes difficultés pour préciser le rôle de l'analyseur.

Passons ; admettons que la formule du § 124 puisse servir :

$$I^2 = \cos^2(\varphi - s) - \sin 2\varphi \sin 2s \sin^2 \frac{\delta}{2}.$$

Admettons enfin que les angles φ et s (d'ailleurs variables avec l'inclinaison α du faisceau et le méridien dans lequel il se trouve) sont les mêmes pour toutes les couleurs; la teinte dans le faisceau émis par le point A de l'infini, et par conséquent la teinte au point A' du plan focal principal de la lentille L, est :

$$\cos^2(\varphi - s)\sum\Lambda - \sin 2\varphi \sin 2s \sum\Lambda \sin^2\frac{\delta}{2}.$$

Les échelles des teintes sont celles de Newton.

Dans l'observation des franges, l'angle ψ des sections principales de l'analyseur et du polariseur a la même valeur pour tout le phénomène, tandis que les angles φ et s dépendent de l'inclinaison du faisceau, et par conséquent du point du plan focal F que l'on observe. Il est utile de modifier la formule précédente et d'introduire l'angle ψ (fig. 86). On a :

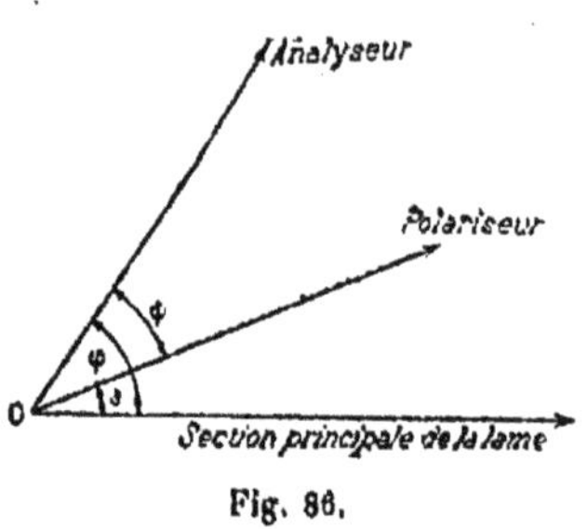

Fig. 86.

$$\varphi = \psi + s, \qquad I^2 = \cos^2\psi \sum\Lambda - \sin 2(\psi + s)\sin 2s \sum\Lambda \sin^2\frac{\delta}{2}.$$

149. Lignes neutres. — On appelle *lignes neutres* le lieu des points du plan focal pour lesquels la condition :

$$\sin 2\varphi \sin 2s = 0,$$

est satisfaite. Le terme *coloré* s'annule, les courbes correspondantes sont *achromatiques*. En chacun de leurs points, les sections de l'analyseur ou du polariseur sont parallèles aux sections principales de la lame *pour la direction correspondante*.

Il existe deux systèmes de lignes neutres *simples* qui correspondent séparément aux conditions :

$$\sin 2\varphi = 0, \qquad \sin 2s = 0.$$

La ligne neutre est *double* quand ces conditions sont simultanément satisfaites.

L'intensité sur la ligne neutre dépend du terme *blanc* :

$$\cos^2(\varphi - s)\sum\Lambda.$$

Les lignes neutres *doubles* ont une intensité maxima ou nulle; car si on a simultanément $\sin 2\varphi = \sin 2s = 0$, on a certainement $\cos^2(\varphi - s) = 0$ ou 1.

L'existence des lignes neutres est indépendante des formules précédentes. Il y a *ligne neutre* dans les directions pour lesquelles le nicol polariseur ne donne qu'une vibration à l'intérieur du cristal, ou pour lesquelles le nicol analyseur ne laisse passer qu'une des composantes principales. Si l'étude quantitative est douteuse, l'étude qualitative ne l'est pas.

De même il y a *ligne neutre* double quand le nicol polariseur est placé de manière à ne donner qu'une vibration dans le cristal, et quand simultanément le nicol analyseur est placé de manière à laisser passer toute cette vibration ou à l'arrêter tout entière.

Comme il est presque rigoureux d'admettre que les ellipsoïdes des différentes couleurs coïncident, la condition satisfaite pour une radiation l'est à peu près pour toutes les autres; d'où l'*achromatisme*.

150. Lignes isochromatiques. — Nous pouvons dire qu'une ligne isochromatique est le lieu des points du plan F où *pour un* λ *donné* le retard δ est constant. Il est faux que *pour un autre* λ nous obtenions strictement les mêmes courbes. Cependant, ces courbes différant peu, on définit les courbes isochromatiques comme le lieu des points du plan F pour lequel δ est constant, sans spécifier quel λ on considère.

Le terme coloré : $$\Sigma A \sin^2 \frac{\delta}{2},$$

est alors le même tout le long de la courbe; d'où l'*isochromatisme*.

Pour juger de la valeur théorique de cette définition, il faut ne pas oublier : que la lumière qui arrive en A' a traversé la lame suivant des directions différentes pour les différents λ; que l'épaisseur e traversée dépend donc de λ, enfin que le chemin optique dépend de la différence $n'-n$.

Qu'avec tout cela $$e(n'-n)$$

soit indépendant de λ, c'est ce qu'il est difficile de considérer comme rigoureux. Mais, nous le répétons, l'absurdité consiste non pas à faire des calculs approchés, mais à les considérer comme rigoureux et à ne pas préciser en quoi ils pèchent.

Quand, se déplaçant sur une courbe isochromatique, on traverse une ligne neutre *simple*, on passe d'une teinte à la complémentaire; le terme coloré change de signe. Quand on traverse une ligne neutre *double*, la même teinte se conserve; si l'on veut, il y a deux changements simultanés.

151. Surfaces de Bertin. — On peut avoir une idée générale de la forme des lignes isochromatiques au moyen d'une surface dite *isochromatique*.

A partir d'un point O du cristal, prenons une direction quelconque. Sur cette direction les vitesses de propagation *normale* sont V' et V''. Cherchons le lieu des points tels que le retard soit le même. Leurs distances R à l'origine O satisfont à la relation :

$$\Delta = R\left(\frac{1}{V'} - \frac{1}{V''}\right).$$

Le calcul de cette surface (qui ne satisfait pas rigoureusement au problème, puisque les directions de propagation normale, qui correspondent dans le cristal à une même direction extérieure, ne coïncident pas en réalité) serait encore trop compliqué. Nous remplacerons donc les vitesses de propagation normale qui interviennent véritablement dans le problème traité, par les vitesses comptées sur les rayons. C'est encore moins approché, mais bien suffisant pour le but poursuivi. La surface *dite isochromatique* prend la forme :

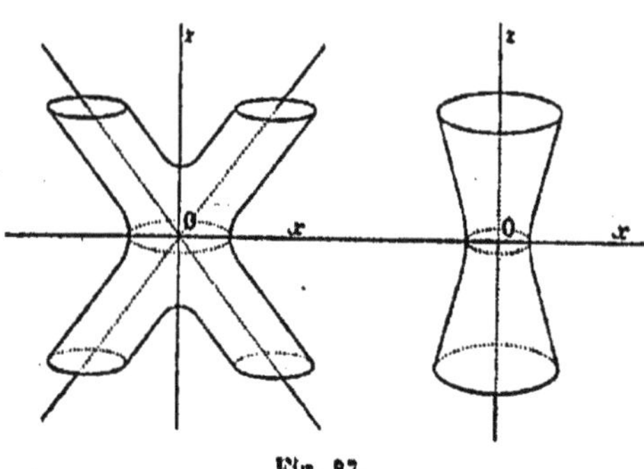

Fig. 87.

$$\Delta = \mathrm{R}\left(\frac{1}{r'} - \frac{1}{r''}\right). \qquad (1')$$

L'équation de la surface d'onde donne r' et r''. On a :

$$\frac{a^2x^2}{r^2 - a^2} + \frac{b^2y^2}{r^2 - b^2} + \frac{c^2z^2}{r^2 - c^2} = 0. \qquad (2)$$

Introduisons les cosinus directeurs α', β', γ' et les indices principaux n_1, n_2, n_3 qui sont les inverses de a, b, c. L'équation (2) devient :

$$\frac{\alpha'^2}{n_1^2r^2 - 1} + \frac{\beta'^2}{n_2^2r^2 - 1} + \frac{\gamma'^2}{n_3^2r^2 - 1} = 0. \qquad (2')$$

Développons; nous obtenons aisément une équation bicarrée en $(1 : r)$. Remarquons que $1 : r'$ et $1 : r''$ sont racines de cette équation. On trouve aisément :

$$\frac{1}{r'^2} + \frac{1}{r''^2} = (n_2^2 + n_3^2)\alpha'^2 + (n_3^2 + n_1^2)\beta'^2 + (n_1^2 + n_2^2)\gamma'^2, \qquad (3)$$

$$\frac{1}{r'^2r''^2} = n_2^2n_3^2\alpha'^2 + n_3^2n_1^2\beta'^2 + n_1^2n_2^2\gamma'^2.$$

Élevons deux fois au carré l'équation (1') :

$$\left[\mathrm{R}^2\left(\frac{1}{r'^2} + \frac{1}{r''^2}\right) - \Delta^2\right]^2 = \frac{4\mathrm{R}^4}{r'^2r''^2}. \qquad (4)$$

Il ne reste plus qu'à substituer (3) dans (4) pour obtenir l'équation polaire de la surface cherchée. On la réduit facilement en coordonnées cartésiennes :

$$[(n_2^2 + n_3^2)x^2 + (n_3^2 + n_1^2)y^2 + (n_1^2 + n_2^2)z^2 - \Delta^2]^2 =$$
$$4(x^2 + y^2 + z^2)(n_2^2n_3^2x^2 + n_3^2n_1^2y^2 + n_1^2n_2^2z^2). \qquad (5)$$

La surface est représentée figure 87 à gauche : on suppose que l'indice moyen correspond à l'axe des y.

Si le retard est nul, la surface se réduit à deux droites qui sont les axes optiques :

$$y = 0, \qquad \pm z = x\sqrt{\frac{n_3^2 - n_2^2}{n_2^2 - n_1^2}}.$$

Dans les cristaux à un axe, deux des indices deviennent égaux. La surface isochromatique est de révolution. Posons :

$$n_1 = n_2 = n_0, \qquad n_3 = n_e.$$

L'équation de la méridienne est :

$$(n_e^2 - n_0^2)\,x^4 - 2\Delta^2(n_e^2 + n_0^2)x^2 - 4n_0^2\Delta^2 z^2 + \Delta^4 = 0. \qquad (6)$$

La surface est représentée à droite de la figure 87.

152. Usage de la surface isochromatique. — Supposons construites, à partir d'un même point O, une série de surfaces correspondant à des retards (évalués en chemin optique) de 1, 2, 3, ... longueurs d'onde. Elles sont emboîtées les unes dans les autres. Menons par le point O un plan parallèle au plan suivant lequel la lame a été taillée dans le cristal ; menons un second plan parallèle au précédent à une distance e égale à l'épaisseur de la lame. Ce plan coupe le faisceau des surfaces suivant des lignes isochromatiques.

Si on dispose d'une surface en plâtre, on peut s'en servir pour obtenir toutes les courbes isochromatiques.

En effet, d'après l'équation (5), les surfaces qui correspondent à des retards différents sont semblables. Leurs rayons vecteurs sont proportionnels aux retards.

Supposons la surface S_1 construite pour le retard d'une longueur d'onde ; pour avoir la surface S_p qui correspond au retard de p longueurs d'onde, il faut, à partir du point O, prendre des rayons vecteurs p fois plus longs.

Coupons par un plan convenablement orienté et dont la distance e à l'origine est égale à l'épaisseur de la lame. Les intersections avec les deux surfaces S_1 et S_p donnent les courbes isochromatiques I_1 et I_p.

Menons du point O les vecteurs qui aboutissent à la courbe I_p ; ils forment un cône dont l'intersection avec la surface S_1 est plane, semblable à I_p ; ses dimensions sont p fois plus petites que celles de I_p ; enfin son plan est à une distance $e : p$ de l'origine.

D'où la règle suivante pour obtenir toutes les courbes I_p à l'aide de la surface S_1 : pour avoir la courbe I_p qui correspond à un retard de p longueurs d'ondes pour une épaisseur e, on coupera la surface S_1 par un plan distant de $e : p$ de l'origine, et on augmentera toutes les dimensions de la section obtenue dans le rapport de 1 à p.

Ce serait une erreur grossière de s'imaginer que les courbes isochromatiques sont visibles sur la seconde face de la lame cristalline. *Les franges sont localisées à l'infini. La construction précédente donne seulement des directions;* elle détermine, à partir d'un point quelconque O de la première face, un cône dont les génératrices jouissent de la propriété que dans leurs directions le retard est le même.

A ce cône C correspondent, à l'incidence et à l'émergence, deux autres cônes C' dilatés par réfraction et dont les génératrices sont deux à deux parallèles (puisque la lame cristalline est planparallèle). On calculerait approximativement leurs directions en utilisant l'indice moyen de la lame. Pour avoir les franges, il suffit de transporter l'un de ces cônes C' parallèlement à lui-même, en plaçant son sommet au second point nodal de l'appareil de projection schématiquement représenté dans la figure 85. L'intersection du cône C' avec le plan focal principal de l'appareil est la courbe isochromatique cherchée.

Mais, toujours avec l'approximation grossière dont nous nous contentons, il est évident que cette courbe est semblable à la trace du cône C sur la seconde face de la lame cristalline. C'est en ce sens que la surface isochromatique permet de prévoir la forme des courbes d'égal retard.

Quelques exemples vont éclaircir ce qui précède.

183. Lame mince uniaxe perpendiculaire à l'axe. — Les lignes isochromatiques sont des cercles. Cherchons leurs rayons pour de petits retards.

Il faut poser $z = e$, dans l'équation (6) et résoudre par rapport à x. On ne conservera que la première puissance de Δ. Il reste :

$$x^2 = \frac{2n_0}{n_e^2 - n_0^2} e\Delta.$$

Les rayons des cercles croissent comme les racines carrées de la suite des nombres entiers.

Les cercles isochromatiques ont donc l'aspect des anneaux de Newton.

Cherchons ce que deviennent les courbes achromatiques ou lignes neutres (fig. 88).

Pour une direction OA, les sections principales sont le plan OO'A et le plan perpendiculaire passant par OA. Elles sont l'une normale, l'autre tangente aux courbes isochromatiques. Elles ont donc mêmes directions le long d'un diamètre de ces courbes. Donc les lignes neutres sont deux croix dont les branches sont l'une parallèle, l'autre normale à la section principale de chacun des nicols.

Elles sont *simples* et grises si les nicols ne sont ni parallèles, ni croisés. Elles se confondent en une croix noire, si les nicols sont croisés; en une croix blanche, si les nicols sont parallèles.

Étudions le phénomène de plus près.

Considérons un plan passant par le centre optique de l'appareil de projection et la normale à la lame. Pour tous les faisceaux parallèles à ce plan (qui est un plan diamétral des courbes isochromatiques), l'une des sections principales de la lame coïncide avec lui. Donc l'angle s qui correspond à tous les points d'un diamètre des courbes isochromatiques, est simplement l'angle que fait la section du polariseur avec ce diamètre.

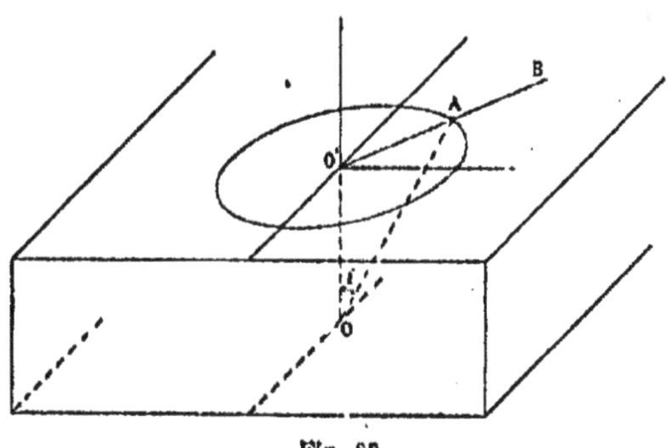

Fig. 88.

Ceci posé, considérons les cas principaux : les figures schématisent un peu les apparences.

1° Nicols croisés (fig. 89).

$$\psi = \frac{\pi}{2}, \qquad I^2 = \sin^2 2s \sum A \sin^2 \frac{\delta}{2}.$$

Il existe une croix noire dont les bras correspondent à $s = 0$, $s = \pi$; c'est-à-dire coïncident avec le diamètre parallèle et le dia-

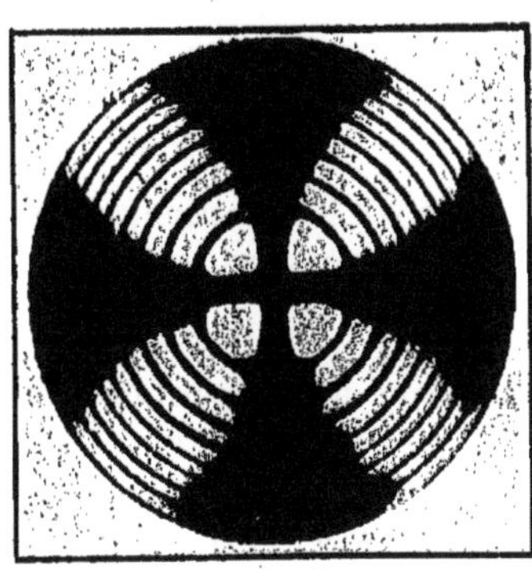

Fig. 89.

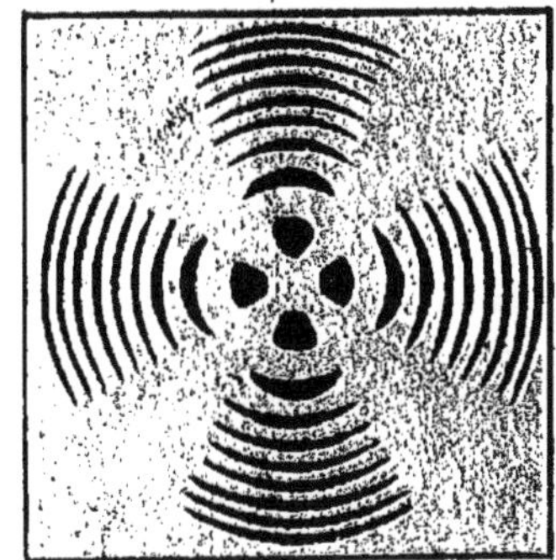
Fig. 90.

mètre normal à la section du polariseur (ou de l'analyseur). En lumière monochromatique, on a des minimums circulaires *noirs continus* qui correspondent aux retards multiples de λ, des maximums dont l'intensité variable s'annule sur les croix noires et qui correspondent aux retards multiples de $\lambda : 2$.

2° NICOLS PARALLÈLES (fig. 90).

$$\psi = 0, \qquad I^2 = 1 - \sin^2 2s \sum \Lambda \sin^2 \frac{\delta}{2}.$$

Les phénomènes sont complémentaires.

En lumière monochromatique, on a donc des maximums circulaires

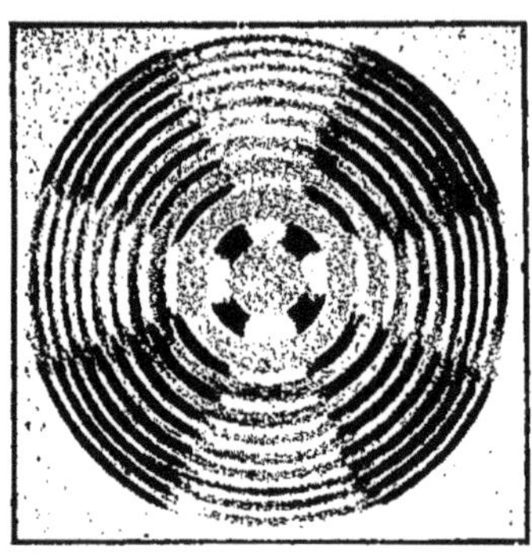

Fig. 91.

continus d'intensité constante ($I^2 = 1$), des minimums d'intensité variable.

3° NICOLS À 45° (fig. 91).

$$\psi = \frac{\pi}{4}, \qquad I^2 = \frac{1}{2}\left[1 - \sin 4s \sum \Lambda \sin^2 \frac{\delta}{2}\right].$$

On a maintenant deux croix grises parallèles aux deux croix des cas précédents. En lumière monochromatique, on a des anneaux d'intensité constante qui occupent les places des minimums du 1°, ou des maximums du 2°.

On discutera aisément le cas général.

154. Lame uniaxe parallèle à l'axe. — Les sections principales pour des directions quelconques peu inclinées sur la normale à la lame sont parallèles et perpendiculaires à l'axe.

Les angles φ, s, ψ, sont donc constants pour le phénomène entier; l'intensité ne varie en fonction de l'inclinaison du faisceau qu'en raison de la variation de la phase δ.

Il n'existe plus de lignes neutres. Si la section d'un des nicols est parallèle ou normale à l'axe optique, tout se passe comme si la lame n'existait plus : tous les points sont neutres.

Pour l'incidence normale, $\varepsilon = 0$, on a :

$$\Delta = \pm x(n_e - n_0), \qquad x = \pm \frac{\Delta}{n_e - n_0} = X.$$

Pour les incidences voisines, x diffère peu de la valeur précédente que nous appellerons X.

Nous pouvons donc poser sans erreur sensible :

$$(x^2 - X^2)^2 = 0, \qquad x^4 = 2x^2X^2 - X^4.$$

Substituant dans l'équation (6) du § 151, nous mettons l'équation de la surface isochromatique sous la forme très simple :

$$n_e(x^2 + y^2) - n_0 z^2 = \frac{n_e \Delta^2}{(n_e - n_0)^2}, \tag{1}$$

qui exprime qu'au voisinage de l'équateur, elle se confond avec un hyperboloïde de révolution.

Nous pouvons écrire sans inconvénient $n_e = n_0$, dans tous les termes où n'intervient pas la différence des indices.

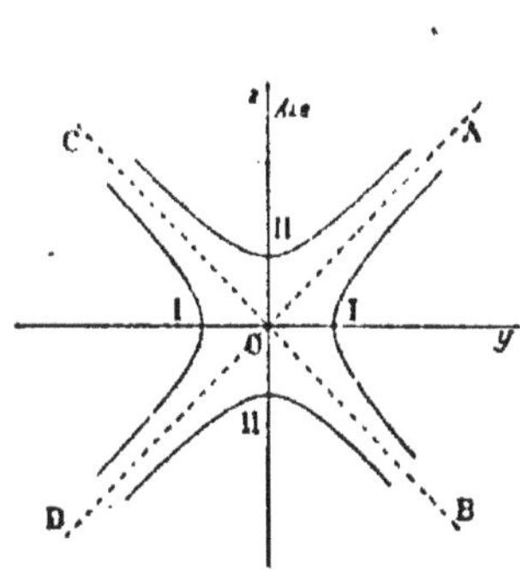

Fig. 92.

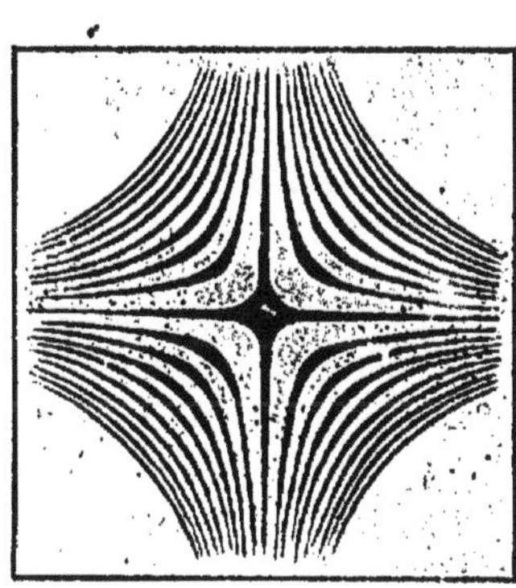

Fig. 93.

Les intersections de cette surface par un plan parallèle au plan yOz, et situé à la distance e, sont dès lors les hyperboles équilatères :

$$y^2 - z^2 = -e^2 + \frac{\Delta^2}{(n_e - n_0)^2}.$$

Posons $\Delta_0 = e(n_e - n_0)$. Δ_0 est le retard pour la direction normale. On a :

$$y^2 - z^2 = \frac{\Delta^2 - \Delta_0^2}{(n_e - n_0)^2}. \tag{2}$$

Le retard est constant et égal à Δ_0 pour les bissectrices des axes de coordonnées qui sont les asymptotes des hyperboles.

Si nous faisons $\Delta > \Delta_0$, le second membre de l'équation (2) est positif : les hyberboles coupent réellement l'axe des y (hyperboles I). Le retard augmente donc dans les quadrants AOB et COD, quand on s'éloigne du point O. Les hyperboles qu'on rencontre successivement, correspondent à des retards croissants.

Si nous faisons $\Delta < \Delta_0$, les hyperboles coupent réellement l'axe des z (hyperboles II). Dans les quadrants COA et BOD qui contiennent l'axe optique, le retard diminue à mesure qu'on s'éloigne du point O, trace de l'axe des x sur les faces de la lame.

Les franges sont invisibles en lumière blanche, le retard Δ_0 étant généralement trop grand. Elles sont aisément visibles en lumière monochromatique.

En plaçant l'une sur l'autre deux lames de même épaisseur, et en croisant leurs sections, on annule le retard pour la direction normale. Les franges deviennent visibles en lumière blanche. Les asymptotes sont alors rigoureusement rectangulaires.

155. **Quartz obliques. Polariscope de Savart.** — Si la lame planparallèle uniaxe est inclinée sur l'axe, les courbes isochromatiques sont encore hyperboliques ou elliptiques (comme il appert de la forme de la surface isochromatique); mais on n'en voit plus que les parties éloignées du centre. Les franges sont presque rectilignes et parallèles.

Elles sont généralement invisibles en lumière blanche; elles deviennent visibles quand on superpose en les croisant deux lames de même inclinaison et de même épaisseur, empruntées au même cristal.

La combinaison formée d'une tourmaline oculaire et de deux lames de quartz de même épaisseur, également inclinées sur l'axe et croisées, porte le nom de *polariscope de Savart*. Les sections de la tourmaline bissectent les sections des quartz.

Pour peu que la lumière incidente soit *partiellement polarisée*, les franges apparaissent. Le plan de polarisation bissecte les sections principales des lames, lorsque les franges sont le plus nettes possible.

Pour déterminer sans ambiguïté le plan de polarisation partielle d'un faisceau avec cet appareil, il est commode de regarder d'abord la lumière réfléchie sur une lame de verre. Nous apprendrons plus loin qu'elle est partiellement polarisée dans le plan d'incidence; la composante de Fresnel qui l'emporte, est normale à ce plan. On détermine l'azimut du polariscope pour lequel la frange centrale est noire (ou blanche) et les franges le plus nettes possible. Recommençant l'expérience sur le faisceau à étudier, on a sans ambiguïté son plan de vibration et son plan de polarisation qui par convention sont rectangulaires.

On reconnaît à l'aide du polariscope de Savart des traces de polarisation qui échapperaient à d'autres procédés. Du reste, un spath assez épais perpendiculaire à l'axe et une tourmaline (ou un nicol) constituent un polariscope. La sensibilité de ces dispositifs est beaucoup plus grande que si on observait le changement d'intensité d'une teinte plate.

156. Lame uniaxe taillée normalement à l'axe ; lumière polarisée circulairement, analysée rectilignement. — On reçoit sur un spath planparallèle perpendiculaire à l'axe de la lumière polarisée circulairement; on observe à travers un nicol.

Considérons les cercles qui correspondent aux retards multiples de $\pi : 2$. Dans le cristal uniaxe, la vibration ordinaire est normale à l'axe et par conséquent tangente à ces cercles; la vibration extraordinaire est *radiale*. Le spath est *négatif*, $n_0 > n_e$; c'est donc la vibration tangentielle qui est retardée par rapport à la vibration radiale.

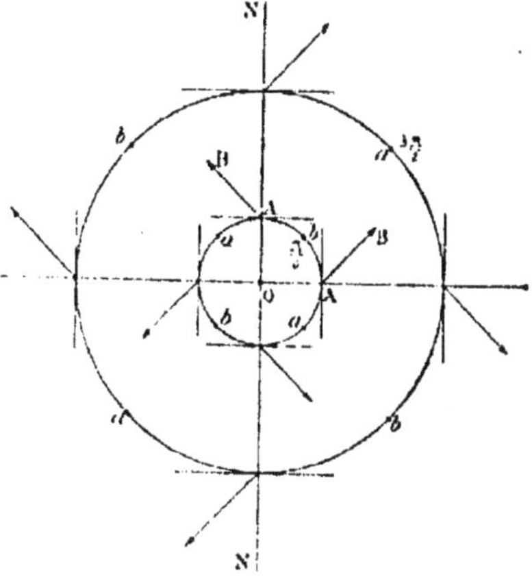

Fig. 94.

Si le cercle d'égal retard considéré correspond à un nombre entier de longueurs d'onde, la vibration circulaire sort telle quelle. *L'intensité est donc uniforme tout le long du cercle.*

Si le cercle correspond à un nombre entier impair de demi-longueurs d'ondes, la vibration circulaire sort circulaire, mais son sens de rotation est interverti. *L'intensité est encore uniforme.*

Nous aurions pu tirer ces résultats de la formule du § 143 :

$$I^2 = 1 \mp \sin \delta \sin 2\varphi.$$

Dans les deux hypothèses, on a :

$$\sin \delta = 0; \quad I^2 = 1.$$

Mais si le retard sur le cercle est d'un nombre impair de $\pi : 2$, la vibration sort rectiligne; elle est dirigée suivant l'une ou l'autre bissectrices des sections principales de la lame au point considéré, ou, ce qui revient au même, à 45° des rayons des cercles.

Précisons : supposons la vibration circulaire droite, le cristal de spath (négatif) et le cercle de retard $\pi : 2$, c'est-à-dire le premier cercle où le phénomène puisse avoir lieu. La vibration rectiligne AB est disposée comme l'indique la figure 94.

Sur le cercle de retard $3\pi : 2$, elle est sur un même rayon à angle droit de la position précédente.

Regardons avec un nicol dont la section (petite diagonale) est dirigée suivant NON, c'est-à-dire qui laisse passer la vibration dirigée suivant NON.

Nous aurons des minimums nuls en *a* et des maximums en *b*.

Donc si la lumière incidente est circulaire droite, on a sur le cercle de retard $\pi : 2$ *un maximum à 45° de la section principale du nicol, en tournant dans le sens dextrogyre.*

Si la lumière incidente est gauche, on a sur le cercle de retard $\pi : 2$ *un maximum à 45° de la section principale du nicol, en tournant dans le sens lévogyre.*

Ces faits ressortent des formules du § 143.

Sur le cercle $\delta = \pi : 2$ et pour de la lumière circulaire *droite :*

$$I^2 = 1 - \sin 2\varphi.$$

$$I^2 = 0, \quad \text{pour} \quad \varphi = \pi : 4, \quad \varphi = 5\pi : 4.$$

$$I^2 = 2, \quad \text{pour} \quad \varphi = 3\pi : 4, \quad \varphi = 7\pi : 4.$$

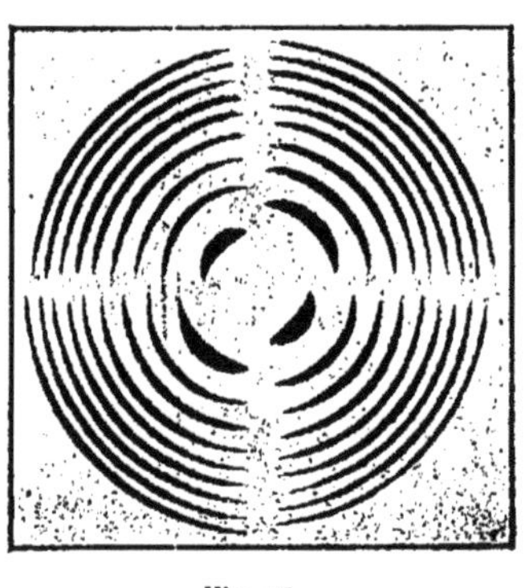

Fig. 95.

Le phénomène précédent est très commode pour reconnaître le sens d'une vibration circulaire, et par conséquent celle des sections principales d'un mica quart d'onde pour laquelle la vibration est retardée (*axe du quart d'onde* suivant les termes usuels) (IV, § 234).

L'azimut de l'axe du quart d'onde étant connu, il peut servir à déterminer la section principale d'un compensateur de Bravais (ou de Babinet, ou encore la section principale d'un coin) pour laquelle la vibration est retardée.

157. Cristaux biaxes. — On taille ordinairement les lames perpendiculairement à la bissectrice aiguë des axes optiques (axe Oz de la figure 87).

Les courbes isochromatiques sont analogues à des lemmiscates, comme on le voit aisément en coupant la surface isochromatique et comme le représente la figure 96.

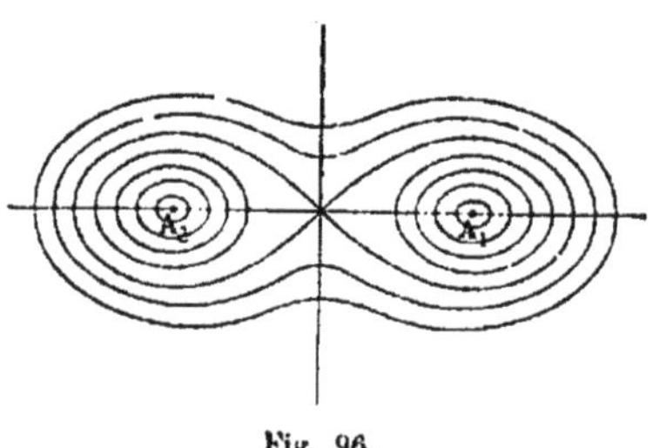

Fig. 96.

Les lignes neutres sont deux hyperboles dont les branches passent par les points A_1 et A_2 ; l'une correspond au polariseur, l'autre à l'analyseur. On les fait tourner en changeant l'azimut du nicol correspondant. Elles se confondent en une hyperbole noire, si les nicols sont croisés ; en une hyperbole blanche, s'ils sont parallèles.

Nous avons démontré au § 120 que les plans qui passent par une direction de propagation normale O'C et par les directions de vibration rectangulaires correspondantes CB et CD, sont bissecteurs des plans qui passent par cette direction O'C et par les axes de réfraction conique *intérieure* $O'A_1$ et $O'A_2$, c'est-à-dire par les normales aux sections cycliques de l'ellipsoïde des indices (§ 90).

Assurément les points A_1 et A_2 sont les traces des axes de réfraction conique *extérieure*, puisque nous raisonnons sur les rayons. Mais le calcul n'est qu'approché, et strictement ce sont bien les premiers axes qu'il faut considérer, puisqu'il s'agit de propagation d'ondes planes.

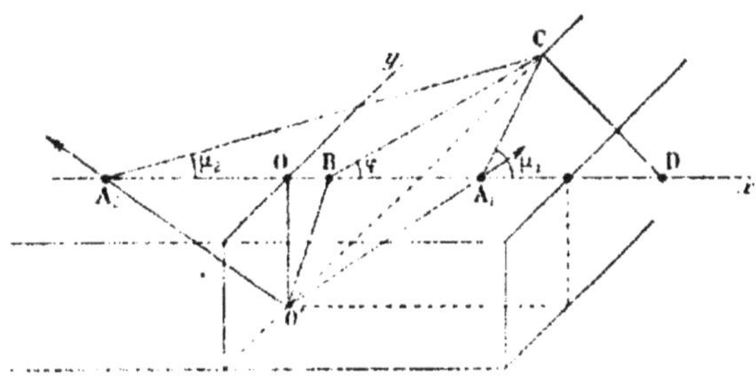

Fig. 97.

Bien que O'C soit incliné sur la face du cristal, on peut admettre que les traces des plans sur cette face jouissent des mêmes propriétés. Pour trouver les lignes neutres, nous sommes donc ramenés au problème suivant : *Chercher le lieu du point C tel que la bissectrice CB des rayons vecteurs CA_1 et CA_2, le joignant à deux points fixes, ait une direction invariable.*

Rapportons le point C aux axes Ox, Oy. Posons :

$$OA_1 = OA_2 = a, \quad \widehat{CA_1D} = \mu_1, \quad \widehat{CA_2D} = \mu_2; \quad \widehat{CBD} = \varphi = \text{Constante}.$$

$$\text{tg}\,\mu_1 = \frac{y}{x-a}, \qquad \text{tg}\,\mu_2 = \frac{y}{x+a}; \qquad 2\varphi = \mu_1 + \mu_2 = \text{Constante} = \text{C}.$$

$$\text{tg}\,2\varphi = \frac{y(x+a) + y(x-a)}{x^2 - a^2 - y^2} = \frac{2xy}{x^2 - a^2 - y^2},$$

$$(x^2 - y^2 - a^2)\,\text{tg}\,2\varphi = 2xy.$$

L'autre ligne neutre a pour équation

$$(x^2 - y^2 - a^2)\,\text{tg}\,2s = 2xy.$$

Donc les lignes neutres sont des hyperboles, de formes variables suivant la valeur des angles φ ou s qui désignent les azimuts des nicols polariseur et analyseur par rapport à la trace du plan des axes. Elles passent toujours par les points A_1 et A_2 définis par les conditions :

$$y = 0, \qquad x = \pm a.$$

Si l'un des nicols est parallèle ou normal à la ligne A_1A_2 des traces des axes optiques, l'hyperbole correspondante se réduit aux axes mêmes.

Si l'un des nicols est à 45° de la ligne des axes optiques, l'hyperbole devient : $x^2 - y^2 = a^2$.

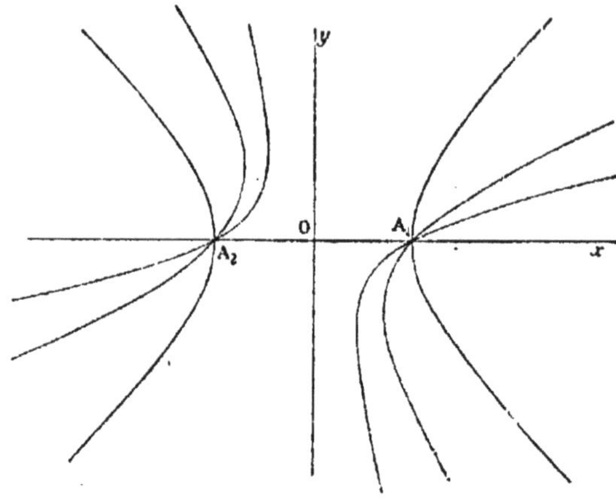

Fig. 98.

Elle est équilatère et a pour asymptotes les bissectrices des axes de coordonnées.

Tout ce que nous avons dit au § 152 s'applique ici. La construction détermine seulement des directions. Il faut encore considérer deux cônes C et C' qui se correspondent par réfraction de part et d'autre d'une des surfaces de la lame. C'est l'intersection du cône C' avec le plan focal principal de l'appareil de projection (au second point nodal duquel son sommet a été transporté) qui est la véritable ligne neutre. Elle est quasiment semblable à l'intersection du cône C avec la seconde face de la lame.

Les figures 99 et 100 représentent les courbes obtenues avec des

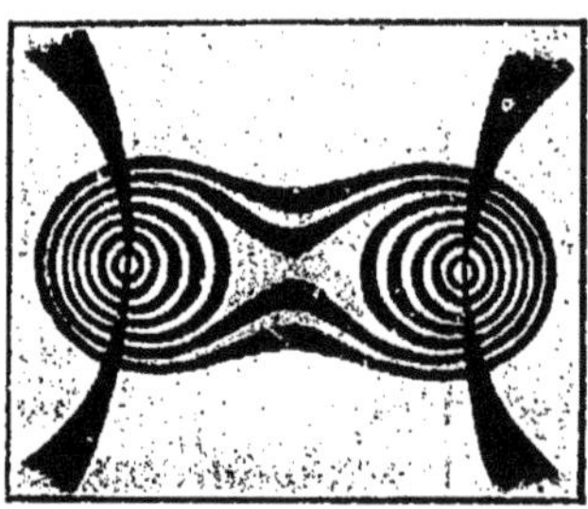

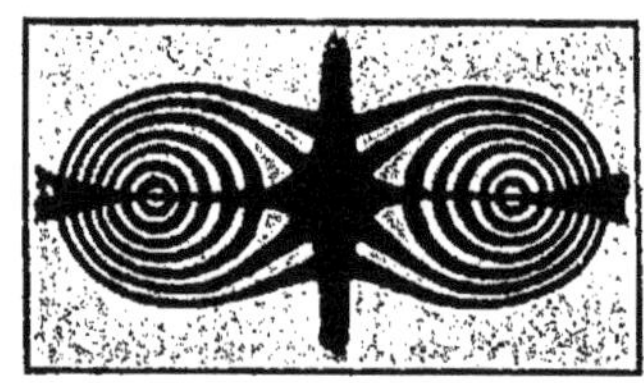

Fig. 99.

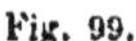

Fig. 100.

lames biaxes taillées perpendiculairement à la bissectrice aiguë des axes. Les nicols sont croisés. Pour la figure 99, les plans passant par les axes en chaque point de la lame sont bissecteurs des sections principales des nicols; pour la figure 100, ils sont parallèles à l'une ou l'autre de ces sections.

Fig. 101.

La figure 101 représente les courbes obtenues avec une lame biaxe taillée perpendiculairement à l'un des axes. Les nicols sont croisés.

158. **Microscopes polarisants, pince à tourmalines.** — On appelle *microscopes polarisants* les appareils avec lesquels on obtient les franges en lumière *dite convergente.*

Ce nom est fort mal choisi : dans un microscope ordinaire, on observe à travers une loupe l'*image réelle de l'objet;* dans un microscope polarisant, on observe à travers une loupe l'*image de l'infini.* Aux différents points du plan focal principal du système qui donne cette image, viennent aboutir les faisceaux coniques conjugués des faisceaux parallèles qui ont traversé la lame *en ses divers points, mais dans la même direction,* et qui sont par conséquent dans le même état d'interférence.

L'expression même de *lumière convergente* peut prêter à confusion. A la vérité, on étudie les phénomènes produits par un grand nombre de *faisceaux parallèles* dont les directions forment un cône plein *convergent.* Mais chaque fragment du phénomène est dû à un faisceau parallèle.

Les microscopes polarisants se composent donc de deux parties qui peuvent être symétriques : un condenseur qui transforme un faisceau quasiment parallèle de lumière rectilignement polarisée (par un miroir ou un nicol) en un faisceau convergent, c'est-à-dire en une infinité de faisceaux parallèles de directions différentes; un objectif qui retransforme ces faisceaux élémentaires parallèles en des faisceaux coniques ayant leurs sommets aux divers points du plan focal principal. On observe à travers un nicol.

Aux détails de construction près, rien n'est plus simple qu'un microscope polarisant.

Les microscopes sont caractérisés par leurs champs, c'est-à-dire par l'angle que font entre eux les faisceaux parallèles élémentaires les plus inclinés. A mesure que le champ croît, la théorie précédente s'applique de moins en moins *quantitativement*. C'est pour ne pas avoir besoin d'un champ trop grand, qu'on taille généralement les lames biaxes perpendiculairement à la bissectrice *aiguë* des axes.

Pince a tourmalines.

Le plus simple des microscopes polarisants est la *pince à tourmalines*.

On place le cristal entre deux tourmalines (tome IV, § 229) taillées parallèlement à l'axe ternaire cristallographique et supportées par des montures dans lesquelles elles peuvent tourner. Elles jouent le rôle de polariseur et d'analyseur; on peut donner à leurs sections l'azimut qu'on veut.

On regarde directement à travers le système placé contre l'œil, *en s'accommodant sur l'infini*. L'œil joue le rôle de la lentille L de la figure 85, la rétine joue le rôle du plan focal principal F. L'appareil n'a qu'un défaut : *la petitesse de son champ*. Il faut donc utiliser des lames cristallines très épaisses (pour que les courbes isochromatiques visibles soient assez nombreuses) et de grandes dimensions transversales (pour utiliser tout le champ compatible avec les dimensions transversales des tourmalines).

159. Passage de la lumière dite convergente à la lumière dite parallèle. — Avec la plupart des microscopes construits pour l'étude des roches, on peut, suivant l'expression consacrée, passer de l'observation en *lumière convergente* à l'observation en *lumière parallèle;* il suffit de modifier le système projecteur. Dans l'observation en lumière parallèle, le microscope joue véritablement le rôle de microscope : *on regarde l'image réelle du cristal*. La seule différence avec l'observation microscopique ordinaire est l'emploi d'un polariseur situé en avant de la lame cristalline et d'un analyseur situé en avant de l'oculaire.

Si la lame, supposée homogène, est planparallèle et suffisamment mince, on aperçoit une teinte plate; si elle n'a pas partout la même épaisseur, la teinte varie. Nous avons étudié ces phénomènes aux §§ 139 et sq.

L'expression *lumière parallèle* est encore fort mal choisie. A la vérité, de chaque point de la lame sort un faisceau conique; c'est l'ensemble des directions moyennes de ces faisceaux coniques qui forme un faisceau parallèle. Mais chaque fragment du phénomène est dû à un faisceau conique.

Pour que les teintes soient nettes, il faut que le champ soit assez réduit. On en comprendra la raison en relisant le § 244 du tome IV.

Le lecteur trouvera traitées dans le tome VI (Étude des Symétries), toutes les questions qui se rattachent aux relations de l'ellipsoïde des indices avec les éléments de symétrie du cristal (dispersion des axes, anomalies optiques, ...).

CHAPITRE VII

RÉFLEXION SUR LES CORPS TRANSPARENTS

Corps isotropes.

160. **Théorie de Maxwell, formules de Fresnel.** — Pour construire une théorie de la réflexion et de la réfraction, à la limite des milieux transparents (diélectriques parfaits), il faut se donner *des conditions de continuité ou des équations de passage*, c'est-à-dire des relations entre les vecteurs dans les milieux au contact, pour la surface de séparation.

Énonçons ces conditions pour les corps isotropes; elles seront applicables *sans modifications d'énoncé* pour les corps anisotropes.

Les corps isotropes sont complètement définis par les pouvoirs inducteurs K_1 et K_2; nous pouvons poser $\mu = 1$.

Étendons aux mouvements vibratoires les propositions démontrées pour l'état statique (III, § 63).

1° *Il y a continuité pour la composante du déplacement électrique normale à la surface de séparation des milieux.*

Sur la surface de séparation, les composantes normales du *déplacement* sont égales dans les milieux 1 et 2.

Prenons le plan xy pour plan de séparation; la normale est dirigée suivant l'axe des z (fig. 102). On doit poser pour les corps isotropes :

$$K_1 R_1 = K_2 R_2, \qquad \text{pour} \quad z = 0.$$

2° *Il y a continuité dans le plan de séparation pour les composantes tangentielles de la force électrique.*

Cette condition se traduit par les équations :

$$P_1 = P_2, \qquad Q_1 = Q_2, \qquad \text{pour} \quad z = 0.$$

Écrivons les mêmes conditions pour les vecteurs magnétiques.

3° *Il y a continuité pour la composante normale de l'induction magnétique.*

4° *Il y a continuité pour les composantes tangentielles de la force magnétique.*

Les milieux considérés ayant même perméabilité et étant isotropes à l'égard du magnétisme même quand ils sont cristallisés (au moins généralement), les conditions 3° et 4° expriment la continuité parfaite de la force magnétique. Elles sont traduites par les équations :

$$X_1 = X_2, \qquad Y_1 = Y_2, \qquad Z_1 = Z_2, \qquad \text{pour} \quad z = 0.$$

Les six conditions ne sont pas distinctes; nous verrons qu'elles se réduisent à quatre.

Nous rappelons que (§ 12) :

le vecteur magnétique vaut $4\pi V$ fois le déplacement;

dans les corps isotropes ($\varepsilon = 0$, § 84), le vecteur électrique vaut $4\pi V^2$ fois le déplacement.

Soit V_1 et V_2 les vitesses dans les milieux 1 et 2, i et r les angles d'incidence et de réfraction; on a :

$$K_1 V_1^2 = K_2 V_2^2, \qquad \frac{V_1}{\sin i} = \frac{V_2}{\sin r}, \qquad K_1 \sin^2 i = K_2 \sin^2 r.$$

Nous considérons séparément le cas où le déplacement est normal au plan d'incidence, et le cas où il est dans le plan d'incidence. Pour abréger nous dirons que *la vibration* est normale au plan d'incidence ou parallèle à ce plan[1].

161. **Vibration normale au plan d'incidence.** — Prenons le plan d'incidence pour plan des xz. Sans rien préjuger de leurs sens réels *que déterminera le calcul,* couchons les trois vecteurs électriques l'un sur l'autre et disposons les vecteurs magnétiques correspondants suivant la règle du § 12.

Écrivons les conditions de passage.

La condition 1° ne donne rien, puisque le déplacement est dirigé suivant Oy.

Les conditions 2° se réduisent à une seule :

$$V_1^2(\mathcal{D}_1 + \mathcal{D}_1') = V_2^2 \mathcal{D}_2 ; \qquad (1)$$

$\mathcal{D}_1'$ correspond au rayon réfléchi.

Les conditions 3° et 4° se réduisent à deux :

$$(\mathfrak{M}_1 + \mathfrak{M}_1') \sin i = \mathfrak{M}_2 \sin r,$$
$$(\mathfrak{M}_1 - \mathfrak{M}_1') \cos i = \mathfrak{M}_2 \cos r,$$

[1] Il y a dans toute la suite de ce chapitre une assez grande difficulté à se représenter la position exacte des vecteurs. Nous recommandons au lecteur de construire *réellement* le cylindre dont il est parlé au § 166 et qui est représenté fig. 107. Il comprendra mieux les raisonnements et évitera des erreurs auxquelles bon nombre de Traités n'échappent pas.

que nous pouvons écrire en fonction du déplacement :

$$V_1(\mathfrak{D}_1 + \mathfrak{D}'_1) \sin i = V_2\mathfrak{D}_2 \sin r, \qquad (2)$$

$$V_1(\mathfrak{D}_1 - \mathfrak{D}'_1) \cos i = V_2\mathfrak{D}_2 \cos r. \qquad (3)$$

En vertu de la relation $V_1 : \sin i = V_2 : \sin r$, les conditions (1) et (2) sont identiques.

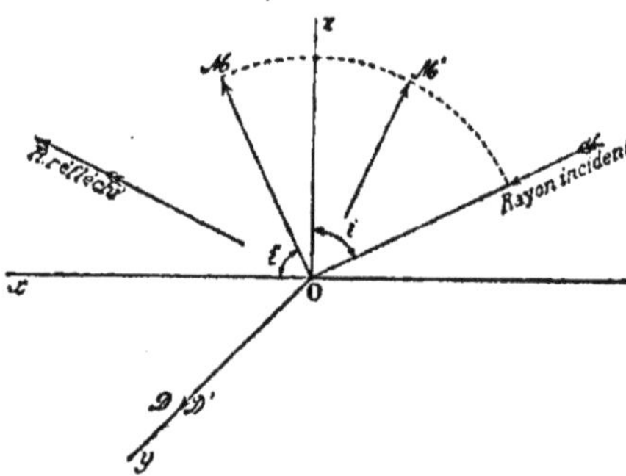

Fig. 102.

Introduisons un vecteur proportionnel à $V\mathfrak{D}$, dont par conséquent le carré est proportionnel à l'énergie par unité de volume, énergie que nous appellerons *l'intensité*[1].

Prenons pour unité le vecteur incident ; soit a et b les vecteurs réfléchis et réfractés : les équations de passage deviennent :

$$(1 + a) \sin i = b \sin r,$$

$$(1 - a) \cos i = b \cos r.$$

$$a = -\frac{\sin(i - r)}{\sin(i + r)}, \qquad b = \frac{\sin 2i}{\sin(i + r)}.$$

162. Vibration dans le plan d'incidence. — Le déplacement est maintenant dans le plan d'incidence. Pour obéir à la règle du § 12, les vecteurs magnétiques devraient être figurés dans le sens inverse. Cela ne change rien aux équations.

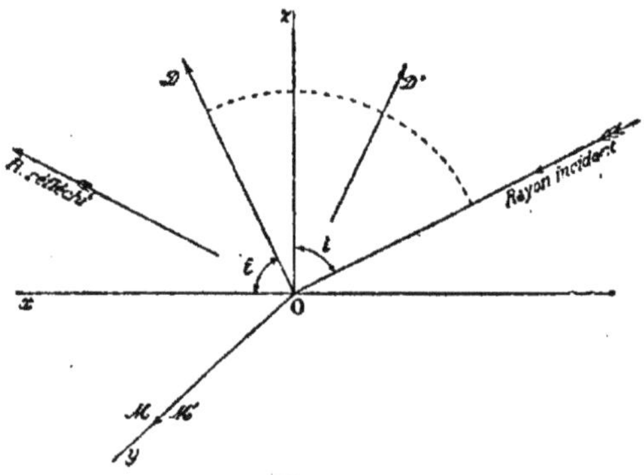

Fig. 103.

La condition 1° donne, *en comptant positivement tous les vecteurs dans le sens* Ox :

$$(\mathfrak{D}_1 + \mathfrak{D}'_1) \sin i = \mathfrak{D}_2 \sin r. \qquad (1)$$

[1] L'énergie par unité de volume est également répartie en énergie électrique et énergie magnétique (§ 12). La première est de la forme :

$$\frac{K}{8\pi} F^2 = \frac{2\pi D^2}{K} = 2\pi V^2 D^2.$$

Les conditions 2° se réduisent à une seule :

$$V_1^2(\mathcal{D}_1 - \mathcal{D}_1') \cos i = V_2^2 \mathcal{D}_2 \cos r. \qquad (2)$$

Les conditions 3° et 4° se réduisent à une seule :

$$V_1(\mathcal{D}_1 + \mathcal{D}_1') = V_2 \mathcal{D}_2. \qquad (3)$$

La condition (3) est identique à (1). Introduisons les vecteurs a' et b' dont les carrés sont proportionnels aux intensités; il reste :

$$(1 + a') \sin i \cos i = b' \sin r \cos r,$$
$$1 - a' = b'.$$

Remarquant que l'on a :

$$\sin 2i + \sin 2r = 2 \sin (i + r) \cos (i - r),$$
$$\sin 2i - \sin 2r = 2 \sin (i - r) \cos (i + r),$$

il vient :

$$a' = \frac{\operatorname{tg}(i - r)}{\operatorname{tg}(i + r)}, \qquad b' = \frac{\sin 2i}{\sin (i + r) \cos (i - r)}.$$

163. Conservation de l'énergie. — Dans les §§ précédents nous avons calculé l'amplitude d'un vecteur qui est, au facteur V près, le déplacement électrique et dont le carré représente, à un facteur près, le même dans tous les milieux, l'énergie électrique par unité de volume. D'après ce que nous savons sur les ondes planes, et nous pourrions déduire le même résultat des conditions admises pour la continuité, la force magnétique est un vecteur normal au précédent, synchrone et d'amplitude proportionnelle. L'énergie magnétique par unité de volume est égale à l'énergie électrique (§ 12).

Dans les Traités de Physique, les valeurs de b et b' sont données parfois sous une autre forme. Calculons la force électrique qui vaut $4\pi V^2$ fois le déplacement; prenons l'unité comme force électrique incidente; il vient :

$$b_1 = \frac{2 \sin r \cos i}{\sin (i + r)}, \qquad b_1' = \frac{2 \sin r \cos i}{\sin (i + r) \cos (i - r)}.$$

Montrons que le principe de la conservation de l'énergie est satisfait au moyen des quantités a, a', b, b', dont le carré représente, à un facteur constant près, l'intensité ou énergie par unité de volume.

Considérons les volumes qui correspondent dans les deux milieux à une longueur d'onde, et à une même bande interceptée sur la surface réfléchissante; dans un sens cette bande est indéfinie. Les volumes correspondants sont ombrés dans la figure 104. Les dimensions transversales s et s' sont proportionnelles à $\cos i$ et $\cos r$; les longueurs d'onde λ et λ' sont proportionnelles à $\sin i$ et $\sin r$. Les volumes correspondants sont proportionnels à $\sin 2i$ et $\sin 2r$. Le principe de la conservation de l'énergie exige les identités :

$$\sin 2i = a^2 \sin 2i + b^2 \sin 2r,$$

$$\sin 2i = a'^2 \sin 2i + b'^2 \sin 2r,$$

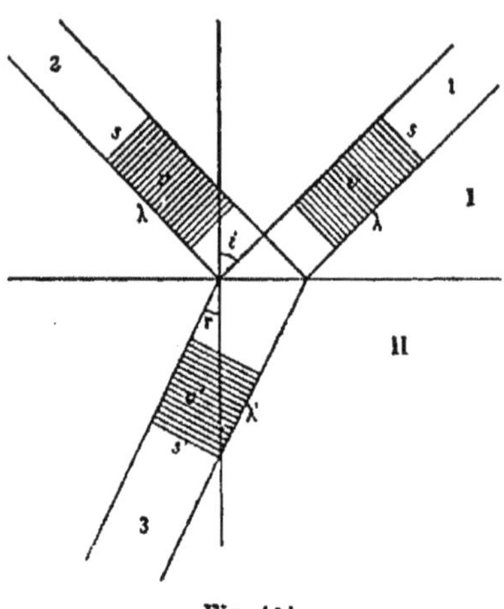

Fig. 104.

que l'on vérifiera aisément.

Il résulte enfin de la conservation de l'énergie qu'on peut introduire des quantités B^2 et B'^2 définies par les équations :

$$B^2 = 1 - a^2, \quad B'^2 = 1 - a'^2,$$

qui représentent, indépendamment de toute théorie, les énergies dans les rayons réfractés. On vérifiera immédiatement :

$$B^2 = \frac{\sin 2i \sin 2r}{\sin^2 (i+r)},$$

$$B'^2 = \frac{\sin 2i \sin 2r}{\sin^2 (i+r) \cos^2 - i (r)}.$$

164. Discussion des formules : incidence normale. — Tant que i est petit, on peut poser, en appelant n l'indice du second milieu :

$$i = nr, \qquad a = -a' = -\frac{i-r}{i+r} = -\frac{n-1}{n+1}.$$

a et a' sont donc égaux, *de signes contraires* et indépendants de i, tant que cet angle est petit.

A quoi correspond cette différence de signes pour des vibrations qui *physiquement* sont sûrement traitées de même ? Pour s'en rendre compte, le lecteur se reportera aux figures 102 et 103. Il superposera les rayons incident et réfléchi en les faisant tourner autour de Oy comme charnière. Les vecteurs électriques de la figure 102 restent couchés l'un sur l'autre ; les vecteurs électriques de la figure 103 viennent dans le prolongement l'un de l'autre. Pour que les vecteurs réfléchis soient traités de même sous l'incidence normale, il faut donc que a et $-a'$ soient de même signe. Ce sont ces deux quantités a et $-a'$ que nous comparerons et représenterons dans la fig. 105.

Les intensités réfléchies sont proportionnelles à a^2 et a'^2, soit à :

$$\left(\frac{n-1}{n+1}\right)^2 = \frac{1}{25} = 0{,}04, \quad \text{pour le verre d'indice} \quad n = 1{,}5.$$

Les courbes représentant a et a' en fonction de i partent de l'axe des amplitudes parallèlement à l'axe des incidences.

Si $n > 1$, si le second milieu est *plus* réfringent que le premier, a

et $-a'$ sont négatifs. Cela veut dire que, *du fait de la réflexion, il y a une avance ou un retard* (il est impossible de distinguer) *de* π *en phase, de* $\lambda : 2$ *en chemin optique.*

Les deux composantes sont évidemment traitées de même.

Si $n < 1$, si le second milieu est *moins* réfringent que le premier, il ne s'introduit aucun retard du fait de la réflexion. Nous avons déjà rencontré et vérifié ces résultats au tome IV, §§ 223 et 246.

Nous avons vu au § 37 que dans une onde stationnaire les nœuds de la force électrique et de la force magnétique alternent. Il faut donc que, dans la réflexion, les vecteurs électrique et magnétique ne soient pas traités de même. Il en est ainsi d'après les figures 102 et 103. D'après la figure 102 et pour l'incidence normale, les vecteurs électriques sont couchés l'un sur l'autre, les vecteurs magnétiques sont opposés.

D'après la figure 103 et pour l'incidence normale, les vecteurs magnétiques sont couchés l'un sur l'autre et les vecteurs électriques opposés.

La condition obtenue ($a < 0$, $a' > 0$) dans le cas où le second milieu est plus réfringent que le premier, montre que c'est l'hypothèse de la figure 103 qui est alors vérifiée. D'où, sur la surface réfléchissante, un nœud (plus exactement un minimum) de la force électrique et un ventre (plus exactement un maximum) de la force magnétique.

Ce serait l'inverse si le second milieu était moins réfringent que le premier.

165. Incidence quelconque. — Supposons le second milieu plus réfringent que le premier.

a est toujours négatif et croît régulièrement jusqu'à la valeur absolue 1, qu'il atteint pour l'incidence rasante. Il y a toujours avance ou retard de π pour le *déplacement* normal au plan d'incidence.

$-a'$ d'abord négatif décroît en valeur absolue et s'annule pour $i + r = \pi : 2$. L'angle I qui satisfait à cette condition s'appelle *angle de Brewster*. On a :

$$\cos I = \sin R,$$
$$\sin I = n \sin R,$$
$$\operatorname{tg} I = n.$$

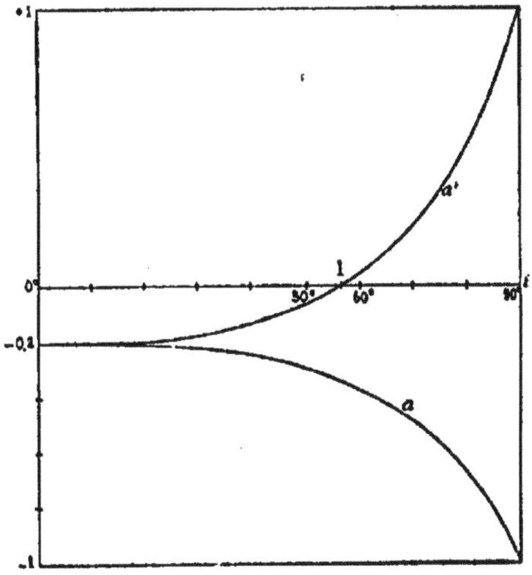

Fig. 105.

Pour $n = 1{,}5$, $I = 56°$, $R = 34°$.

Pour cette valeur de l'incidence, ne sont donc réfléchis que le vecteur électrique (ou le déplacement) normal au plan d'incidence, et par conséquent le vecteur magnétique qui est dans le plan d'incidence. Comme *par définition* nous disons alors que la lumière est polarisée complètement dans le plan d'incidence, il faut conclure que *par définition le vecteur électrique d'une lumière complètement polarisée dans un plan est normal à ce plan; le vecteur magnétique d'une lumière complètement polarisée dans un plan est dans ce plan* (Comparez au § 78).

Au delà de l'angle I, $-a'$ est positif et croît jusqu'à $+1$, valeur qu'il atteint pour l'incidence rasante.

L'ensemble des variations de la vibration située dans le plan d'incidence est très clairement représenté par la figure 106. On suppose que les longueurs OA et OB valent un nombre entier de longueurs d'onde, de manière que les vecteurs soient dans la même phase qu'au point O.

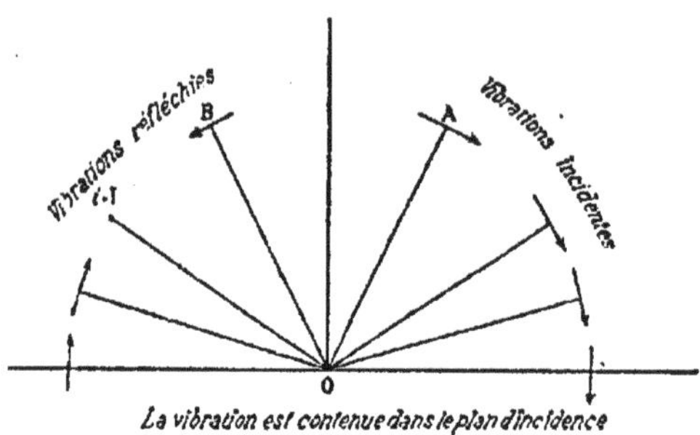

Fig. 106.

La vérification des formules se fait au moyen de photomètres, mais plus exactement encore avec une pile thermoélectrique qui mesure les intensités réfléchies a^2 et a'^2.

L'incidence rasante fournit un résultat bizarre qui mérite d'être remarqué. *Les deux vecteurs a et a' sont retournés.* Il semblerait que l'on dût passer sans discontinuité de l'incidence rasante à l'absence de réflexion. La théorie donne un résultat contraire : l'expérience est impuissante dans ce cas limite; mais elle vérifie la théorie aussi loin qu'on puisse aller.

166. **Réflexion de la lumière rectilignement polarisée dans un azimut quelconque.** — Il est très difficile de se représenter les positions véritables des vibrations. Le seul moyen correct est de suivre l'expérience du plus près possible dans la représentation même.

Figurons donc un cylindre circulaire admettant comme section droite le plan d'incidence xOz. Son rayon OA est un nombre entier de longueurs d'onde. La vibration, normale au rayon est sur la surface de ce cylindre. Elle fait avec le méridien H_1VII_2 un angle α compté à partir de la direction H_1VII_2, *prise dans ce sens* H_1VII_2, vers la direction des y positifs.

Il faut bien observer que les vibrations sont représentées indépendamment du sens de propagation; on rencontre donc une question de *retournement* toujours très délicate.

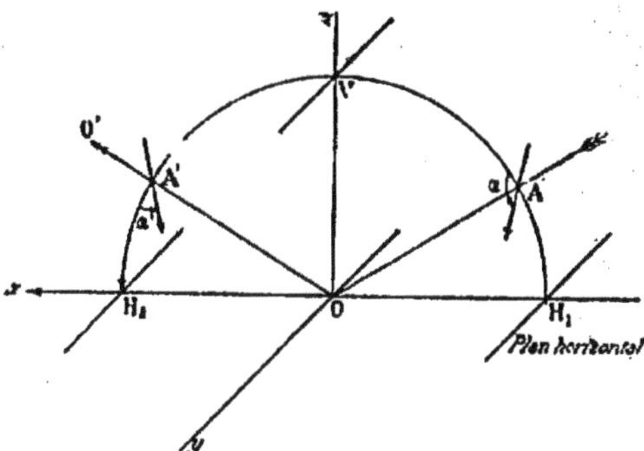

Fig. 107.

La vibration incidente est vue du point O; la vibration réfléchie est vue du point O'. La figure 108 représente les apparences dans les deux cas.

Nous supposerons toujours le plan de réflexion horizontal et le mobile fictif de la vibration incidente placé dans le quadrant inférieur de droite, au moment où nous le considérons.

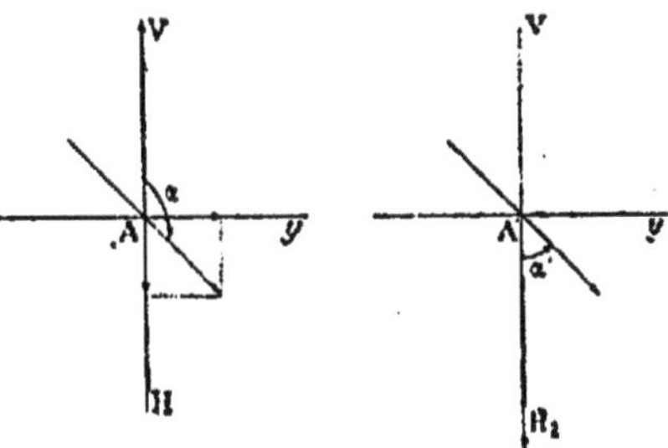

Fig. 108.

Ceci posé, développons le cylindre et représentons les vibrations à plat; nous obtenons la figure 109 qui représente trois expériences.

La première se rapporte à un vecteur électrique perpendiculaire au plan d'incidence; la seconde à un vecteur électrique dans le plan d'incidence. De la composition de ces vecteurs on déduit immédiatement le résultat pour un vecteur incliné. Le second milieu est plus réfringent que le premier.

Comparons aux formules.

Soit α l'angle du vecteur avec le plan d'incidence défini comme nous venons de le dire.

Les composantes du vecteur sont : $\sin\alpha$, normalement au plan d'incidence; $\cos\alpha$ dans le plan d'incidence. Dans la figure, α est positif et $> 90°$, $\cos\alpha < 0$. La composante qui est dans le plan d'incidence est négative. Elle est dirigée dans le sens H_2VH_1, conformément à nos conventions.

Après la réflexion, les composantes sont donc en grandeur et en signe :

$a\sin\alpha$, normalement au plan d'incidence; $\sin\alpha > 0$, $a < 0$, $a\sin\alpha < 0$; le vecteur est négatif conformément à la figure;

$-a'\cos\alpha$, parallèlement à ce plan; $\cos\alpha < 0$, au voisinage de l'incidence normale, $a' > 0$; le vecteur est positif conformément à la figure.

On a donc pour l'angle α' défini comme il est dit plus haut (dans la figure il est négatif et plus petit que 90° au voisinage de l'incidence normale) :

$$\operatorname{tg}\alpha' = -\frac{a}{a'}\operatorname{tg}\alpha = \frac{\cos(i-r)}{\cos(i+r)}\operatorname{tg}\alpha.$$

Pour $i=0$, on a : $\operatorname{tg}\alpha' = \operatorname{tg}\alpha$. La vibration réfléchie est parallèle à la vibration incidente, mais elle est retournée. C'est ce que montre la figure. En tenant compte des signes, on a en effet :

$$\alpha' = -(\pi - \alpha) = \alpha - \pi.$$

Les tangentes des angles α et α' sont donc égales.

Pour $i + r = \pi : 2$, (incidence de Brewster),

$$\operatorname{tg}\alpha' = -\infty.$$

La vibration réfléchie est perpendiculaire au plan d'incidence, ce qui est évident d'après la définition de l'angle de Brewster.

Pour $i = 90°$,

$$\operatorname{tg}\alpha' = -\operatorname{tg}\alpha, \quad \alpha' = -\alpha.$$

Les vibrations incidentes et réfléchies sont symétriques par rapport au plan d'incidence.

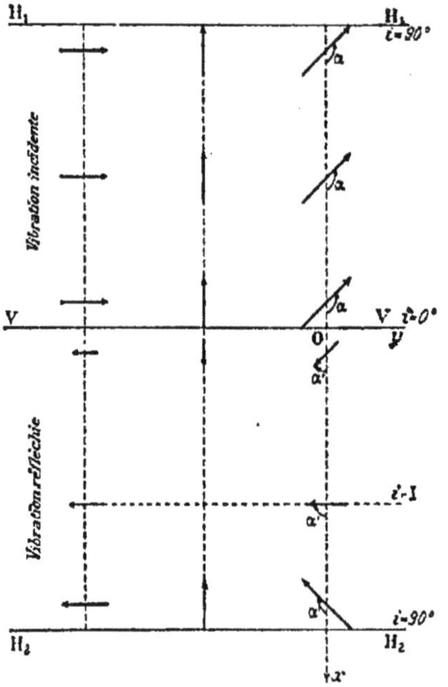

Fig. 109.

Ce qui n'empêche pas que pour l'observateur elles se projettent suivant la même direction. Pour s'en convaincre, il suffit de réenrouler le cylindre déroulé.

167. Réfraction de la lumière rectilignement polarisée. Traversée d'une lame à faces parallèles. — Soit toujours α l'angle de la vibration incidente avec le plan d'incidence. On a pour l'angle de la vibration réfractée avec ce même plan :

$$\operatorname{tg}\beta = \frac{b}{b'}\operatorname{tg}\alpha = \cos(i-r)\operatorname{tg}\alpha.$$

Il n'y a dans ce cas aucune difficulté de signes.

Pour $i=0$, $\beta=\alpha$; pour $i=90°$, $\cos(i-r) = 1 : n$.

Donc quand i passe de 0 à 90°, $\operatorname{tg}\beta$ diminue de $\operatorname{tg}\alpha$ à $\operatorname{tg}\alpha : n$.

La vibration se rapproche d'une manière continue du plan d'incidence à mesure que i croît, et cela quels que soient la grandeur de l'angle α et par conséquent le signe de $\operatorname{tg}\alpha$.

L'expérience ne peut vérifier cette conséquence, car on ne peut opérer dans le milieu d'indice n.

Considérons donc une lame à faces parallèles.

La vibration se réfracte à travers la seconde face; les angles i et r restent les mêmes; comme ils interviennent symétriquement dans la formule, il importe peu qu'on passe du milieu d'indice 1 au milieu d'indice n, ou inversement. Soit β' l'angle de la vibration émergente avec le plan d'incidence; on a :

$$\operatorname{tg}\beta' = \frac{b}{b'}\operatorname{tg}\beta = \frac{b^2}{b'^2}\operatorname{tg}\alpha = \cos^2(i-r)\operatorname{tg}\alpha.$$

Pour l'incidence normale, on a encore : $\beta' = \alpha$.

Pour l'incidence rasante : $\operatorname{tg}\beta' = \operatorname{tg}\alpha : n^2$.

Ces formules sont aisément vérifiables par l'expérience, puisque sans changer la position des nicols, il suffit d'incliner plus ou moins la lame à faces parallèles. On détermine l'azimut du nicol analyseur qui donne l'extinction.

La formule se généralise pour un paquet de lames à faces parallèles séparées par de minces couches d'air. On emploie des lames légèrement prismatiques et légèrement inclinées les unes sur les autres; on sépare ainsi le rayon transmis *sans réflexions intermédiaires.*

168. **Réflexion et réfraction de la lumière naturelle.** — Soit α l'azimut de la vibration. L'intensité de la lumière *réfléchie* est :

$$I^2 = a^2\sin^2\alpha + a'^2\cos^2\alpha.$$

Quand la lumière incidente est naturelle, tout se passe comme si α prenait en un temps très court toutes les valeurs possibles; il n'y a aucun azimut privilégié. Il revient au même de prendre $\alpha = 45°$.

$$I^2 = \frac{1}{2}(a'^2 + a^2) = \frac{1}{2}\left[\frac{\sin^2(i-r)}{\sin^2(i+r)} + \frac{\operatorname{tg}^2(i-r)}{\operatorname{tg}^2(i+r)}\right].$$

Par hypothèse il n'y a pas d'absorption : l'intensité de la lumière réfractée est complémentaire de l'intensité de la lumière réfléchie.

La répartition de la lumière entre les rayons réfléchis et les rayons réfractés dépend de l'indice : mais nous savons combien les indices varient peu d'une couleur à l'autre. Aussi la lumière réfléchie et la lumière réfractée sont-elles toutes deux de la même teinte que la lumière incidente. Nous verrons au contraire que pour les métaux la lumière réfléchie n'a pas la même teinte que la lumière incidente.

Voici la répartition de la lumière pour un verre d'indice 1,52.

Puisque les formules sont symétriques en i et r, elle est la même *soit que la lumière tombe dans l'air sur le verre avec l'angle d'incidence i, soit que la lumière tombe dans le verre sur l'air avec l'angle d'incidence r qui correspond à i dans la formule :*

$$\sin i = n \sin r.$$

L'intensité de la lumière incidente est prise égale à 1000.

$i=$ 0	$r=$ 0	L. réfléchie = 43	L. réfractée = 957
20	13°1′	43	957
40	25°2′	49	951
50	30°16′	61	939
60	34°46′	93	907
70	38°15′	163	837
75	39°30′	258	742
80	40°24′	392	608
85	40°56′	616	384
90	41°9′	1000	0

Si on construit les courbes en prenant comme abscisses les angles i ou r et comme ordonnées les quantités de lumière réfléchie et réfractée, on verra à quel point la quantité de lumière réfléchie croît entre 80° et 90°, si la lumière tombe dans l'air sur le verre, et *a fortiori* entre 40 et 41°, si la lumière tombe dans le verre sur l'air.

C'est brusquement que dans ce dernier cas on atteint la réflexion totale. On montre ce phénomène, qui a reçu d'importantes applications pour la mesure des indices (§ 107), par l'expérience suivante. Soit un prisme droit à réflexion totale, éclairé par un faisceau de rayons tombant à peu près normalement sur une des faces. Plaçons parallèlement à l'autre une lentille L et observons les phénomènes sur un écran E, dans le plan focal principal de la lentille. Chaque point A″ de ce plan correspond, en avant de la lentille, à un faisceau cylindrique, se réfractant et se réfléchissant comme un rayon unique AA′OA″. Le rayon normal AA′OA″ fait avec le plan P l'angle de 45°, il est réfléchi totalement; le rayon RR′OR″ se trouve à la limite de réflexion totale; enfin le rayon BB′OB″ est en partie réfléchi et en partie réfracté par le plan P. L'expérience montre *qu'il*

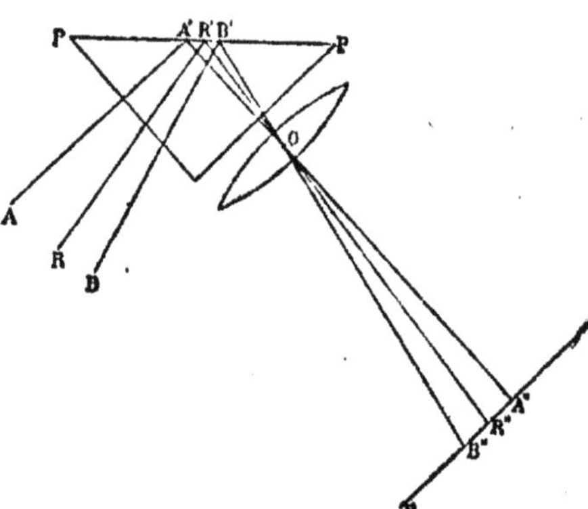

Fig. 110.

existe en R″ une variation si brusque d'intensité, qu'il semble que l'écran soit éclairé en R″A″ et complètement obscur en R″B″.

La ligne qui sépare les deux portions de l'écran est parfaitement nette en lumière homogène.

Voici une seconde conséquence du tableau. Regardons un objet à travers une vitre : celle-ci nous paraît absolument transparente, *même sous d'assez grands angles d'incidence.* En effet, supposons que l'incidence soit 60°, il passe à travers la première surface 0,907 de la lumière incidente ; d'après la règle énoncée ci-dessus, il passe encore à travers la seconde 0,907 de ce qui reste, soit $\overline{0{,}907}^2 = 0{,}823$ de la lumière primitive ; à peine 2 dixièmes de la lumière incidente ont-ils disparu. La perte serait encore moindre si on tenait compte des réflexions multiples.

Naturellement nous ne voyons un objet par réflexion normale sur du verre que si le verre est placé sur fond noir, ou si l'objet est très lumineux.

La chaleur se réfléchit suivant les mêmes lois, ce qu'on démontre aisément à l'aide d'une pile thermo-électrique. On utilise souvent la réflexion vitreuse pour diminuer l'intensité d'une source dans un rapport connu ; par exemple, on emploie cet artifice pour comparer les intensités de deux sources d'intensités très différentes, comme un arc et une bougie.

169. Polarisation partielle de la lumière naturelle réfléchie ou réfractée. — La mesure de la *polarisation partielle* p d'un faisceau est le quotient de la différence des intensités des deux composantes rectangulaires maximum et minimum par la somme de ces intensités.

Dans le cas actuel, c'est le quotient de la différence des intensités des composantes principales par la somme de ces intensités. On trouve immédiatement pour le faisceau réfléchi :

$$p = \frac{a^2 - a'^2}{a^2 + a'^2} = \frac{\cos^2(i-r) - \cos^2(i+r)}{\cos^2(i-r) + \cos^2(i+r)}.$$

La lumière est partiellement polarisée dans le plan d'incidence.

$p = 0$ pour $i = 0$ (incidence normale) et $i = 90°$ (incidence rasante).

$p = 1$ pour l'angle de Brewster défini par l'équation :

$$i + r = \pi : 2;$$

la polarisation est complète.

Il est important de distinguer la *proportion* de lumière polarisée mesurée par le nombre p, de la *quantité absolue* de lumière polarisée mesurée par la différence $a^2 - a'^2$. Ainsi $p = 1$ pour l'angle de Brewster, la lumière est complètement polarisée ; mais ce n'est pas alors que la quantité absolue de lumière polarisée est maxima. Cette condition est satisfaite quand on a :

$$\cos(i+r) = \cos^3(i-r).$$

Passons au faisceau réfracté.

On trouve pour *polarisation partielle :*

$$p' = \frac{b'^2 - b^2}{b'^2 + b^2} = \frac{1 - \cos^2(i-r)}{1 + \cos^2(i-r)}.$$

Pour $i = 0$, on a $p' = 0$; sous l'incidence normale la lumière n'est pas polarisée par réfraction.

p' croît constamment de l'incidence normale à l'incidence rasante. En effet $i - r$ croît, $\cos(i-r)$ décroît; le dénominateur de p' décroît donc à mesure que son nominateur croît. Mais à mesure que l'incidence devient plus rasante, la quantité de lumière réfractée décroît, pour s'annuler quand $i = 90°$; on s'explique que la proportion de lumière polarisée puisse croître.

Pour $i = 90°$, on a :

$$p' = \frac{n^2 - 1}{n^2 + 1}.$$

Il est vrai qu'alors la quantité réfractée est nulle.

Les quantités absolues de lumière polarisée qui se trouvent dans le faisceau réfléchi et dans le faisceau réfracté, sont égales.

On a en effet (§ 163):

$$B^2 = 1 - a^2, \qquad B'^2 = 1 - a'^2; \qquad a^2 - a'^2 = B'^2 - B^2.$$

170. Piles de glaces. — On utilise parfois comme polariseur *une pile de glaces*, c'est-à-dire un paquet de lames *minces* de verre à faces parallèles séparées par des lames d'air. *On supposera dans tout ce qui suit que le faisceau incident tombe sous l'angle de Brewster.* L'épaisseur des lames n'intervient dans les phénomènes que par l'absorption qu'elle produit; nous n'avons pas à en tenir compte.

Par réflexion *intérieure* ou *extérieure* sur une seule face d'une seule lame, on obtient *pour l'angle de Brewster* une lumière rectilignement polarisée dont la vibration est normale au plan d'incidence. *Son intensité est assez faible.* L'emploi d'une pile de glaces *par réflexion* a l'avantage d'augmenter la quantité de lumière réfléchie en définitive, par suite des réflexions intérieures qui n'agissent que sur la composante normale au plan d'incidence. L'inconvénient d'observer après réflexion, et par conséquent changement de direction, rend l'emploi de la pile aussi incommode que l'emploi d'un miroir unique.

Heureusement la pile polarise *par transmission.* Nous savons (§ 169) qu'une seule réfraction ne peut donner un faisceau rectilignement polarisé. Mais supposons 10 à 20 lames. Les réflexions successives ne portent que sur la composante principale qui vibre perpendiculairement au plan de réfraction; elles finissent donc par l'éliminer. La composante, qui est dans le plan d'incidence, n'est diminuée que par absorption.

On obtient le même résultat avec un angle quelconque d'incidence; le nombre de lames nécessaires pour avoir une lumière *pratiquement* polarisée varie avec ce nombre. Mais c'est sous l'angle de Brewster que la polarisation est obtenue avec le plus de perfection *pour une diminution donnée de l'intensité incidente.*

171. **Réflexion d'une onde électromagnétique.** — Les formules de Fresnel, que naturellement cet illustre savant avait découvertes en partant d'hypothèses très différentes, sont complètement vérifiées par l'expérience. La théorie de Maxwell assimile le vecteur lumineux de Fresnel *au déplacement électrique,* ou, si l'on veut, *à la force électrique,* puisque dans un milieu isotrope les deux vecteurs coïncident et ont des amplitudes proportionnelles.

Dès que Hertz fournit le moyen d'obtenir des ondes électromagnétiques, c'est-à-dire des ondes lumineuses à longue période, on compara les formules de Fresnel à l'expérience pour des perturbations électromagnétiques se réfléchissant sur des isolants parfaits comme le soufre, isolants qui sont pour ces radiations l'équivalent d'un milieu transparent.

Les ondes électromagnétiques sont nécessairement polarisées; le vecteur électrique est parallèle à l'axe de l'oscillateur. Il n'y a plus ambiguïté sur la position relative des vecteurs fondamentaux comme il existe *a priori* pour les radiations lumineuses.

L'expérience confirme la théorie jusque dans ses détails; bien entendu on fait intervenir l'indice qui convient aux radiations utilisées.

Une plaque de soufre réfléchit fortement les vibrations, quand le vecteur électrique est perpendiculaire au plan d'incidence. S'il est dans le plan d'incidence, la réflexion est moins complète; elle est nulle pour un angle de 63° environ : c'est l'angle de Brewster pour les ondes électromagnétiques employées.

La polarisation par réfraction est très nette : une pile de lames de paraffine, placée entre l'oscillateur et le résonateur, peut éteindre la vibration (vecteur électrique) perpendiculaire au plan de réfraction.

172. **Principe de renversement (Stockes).** — Indépendamment de toute théorie, nous pouvons parvenir à des résultats très généraux en appliquant un postulat que Stockes appelle *principe de renversement.*

Le rayon incident AO, polarisé dans l'un des azimuts principaux, fournit le réfléchi OA' et le réfracté OR, qui par raison de symétrie sont polarisés dans le même azimut. Admettons que le rayon réfléchi et le rayon réfracté soient brusquement renversés, c'est-à-dire qu'on change brusquement le sens de la propogation, sans toucher ni à la phase ni à l'amplitude. Écrivons :

1° qu'ils restituent l'incident OA simplement renversé;

2° qu'ils interfèrent de manière à annuler le rayon OR' qui résulterait de la réfraction d'une partie de A'O et de la réflexion d'une partie de RO.

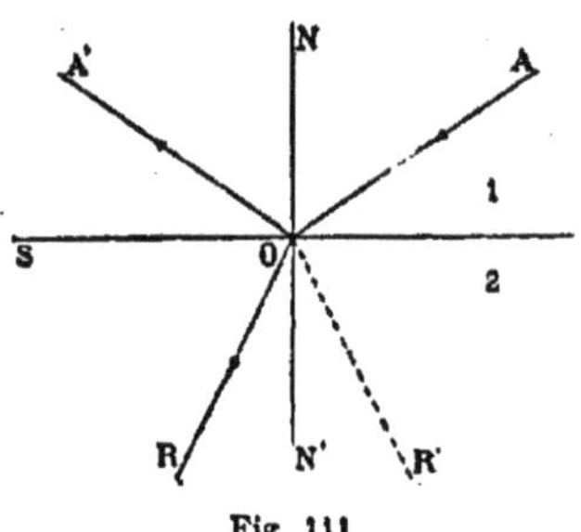

Fig. 111.

Nous ne supposons rien sur les changements de phase qui accompagnent la réflexion ou la réfraction.

Le rayon AO incident *qui est dans le milieu* 1 est représenté par $\cos \omega t$ *au point* O. Nous appellerons a et b les facteurs de réflexion et de réfraction à partir de ce rayon, α et β les retards correspondants. Quand, au contraire, nous utiliserons le rayon RO *qui est dans le milieu* 2, les facteurs et les retards seront a_1, b_1, α_1, β_1.

Le rayon OA' a pour expression : $a \cos(\omega t - \alpha)$;

OR « $b \cos(\omega t - \beta)$.

Pour les renverser, il faut changer le signe du *temps*, ou, ce qui revient au même puisqu'il s'agit d'un cosinus, changer le signe de la phase. Ecrivons les hypothèses énoncées :

$$a^2 \cos(\omega t + \alpha - \alpha) + bb_1 \cos(\omega t + \beta - \beta_1) = \cos \omega t,$$
$$ab \cos(\omega t + \alpha - \beta) + ba_1 \cos(\omega t + \beta - \alpha_1) = 0.$$

Identifions ; on trouve aisément :

$$\beta = \beta_1, \qquad \alpha + \alpha_1 = 2\beta;$$
$$a = -a_1, \qquad bb_1 = 1 - a^2 = 1 - a_1^2.$$

Ainsi, s'il existe une variation de phase du fait de la réfraction, elle est la même que l'on passe du milieu 1 au milieu 2, ou inversement ($\beta = \beta_1$).

La somme des variations de phase du fait de la réflexion est égale à deux fois la variation du fait de la réfraction.

Dans la théorie de Fresnel-Maxwell, on a :

$$\beta = 0, \quad \alpha + \alpha_1 = 0, \quad \alpha = \mp \pi, \quad \alpha_1 = \pm \pi.$$

Comme une avance ou un retard de π équivalent à un retournement, ces conditions impliqueraient le retournement du vecteur électrique, que le second milieu soit plus ou moins réfringent que le premier; mais nous devons tenir compte de la troisième équation : $a = -a_1$.

Elle nous apprend d'abord que *l'intensité réfléchie à la surface de séparation de deux milieux est indépendante du milieu dans lequel se fait la réflexion :* $a^2 = a_1^2$.

Elle nous apprend ensuite que, si dans la réflexion dans le milieu 1 sur le milieu 2 la vibration est retournée, elle ne l'est pas dans la réflexion dans le milieu 2 sur le milieu 1. Ce qui est bien conforme à la théorie de Fresnel-Maxwell.

Enfin quelle que soit la forme admise pour le coefficient b (§ 163), la dernière équation est satisfaite par la théorie de Fresnel-Mawell; car les changements de formules reviennent à multiplier par une puissance du rapport des indices, et par conséquent par le nombre inverse quand change le sens de propagation; le produit bb_1 reste inaltéré.

Anneaux de Newton.

173. Influence d'un nombre quelconque de réflexions sur les faces de la lame mince : réflexion. — Reprenons la théorie donnée au § 274 du tome IV.

Une vibration d'amplitude 1 tombe sur une lame mince. Une partie est réfléchie; nous représenterons par :

$$a \cos \omega t,$$

son amplitude. Une partie est réfractée et donne lieu à un ensemble de vibrations qui, au retour dans le premier milieu, forment une série dont les amplitudes sont en progression géométrique et dont les phases sont en progression arithmétique. Pour tenir compte des deux réfractions, il faut multiplier l'amplitude par $1 - a^2$; pour tenir compte des réflexions en nombre 1, 3, 5, 7, ... il faut multiplier par :

$$a_1, \qquad a_1(-aa_1), \qquad a_1(-aa_1)^2, \ldots$$

où a se rapporte aux réflexions sur la face supérieure de la lame, où a_1 se rapporte aux réflexions sur la face inférieure. Posons :

$$-aa_1 = \beta.$$

En définitive à l'émergence nous avons à sommer la série :

$$a \cos \omega t +$$
$$a_1(1 - a^2)\left[\cos(\omega t - \delta) + \beta \cos(\omega t - 2\delta) + \beta^2 \cos(\omega t - 3\delta) + \ldots\right].$$

La quantité entre crochets ne diffère de la série sommée au § 274 du tome IV que par le retard δ. Elle est donc :

$$S = \frac{(1 - \beta \cos \delta)\cos(\omega t - \delta) + \beta \sin \delta \sin(\omega t - \delta)}{1 - 2\beta \cos \delta + \beta^2}.$$

On vérifiera immédiatement qu'elle peut s'écrire :

$$S = \frac{(\cos\delta - \beta)\cos\omega t + \sin\delta\sin\omega t}{1 - 2\beta\cos\delta + \beta^2}.$$

La vibration résultante est donc :

$$\frac{[a(1-2\beta\cos\delta+\beta^2)+a_1(1-a^2)(\cos\delta-\beta)]\cos\omega t + a_1(1-a^2)\sin\delta\sin\omega t}{1-2\beta\cos\delta+\beta^2}.$$

Pour ne pas compliquer inutilement les calculs, supposons :

$$a_1 = -a, \qquad \beta = a^2;$$

les milieux limitrophes de la lame mince sont supposés identiques.

Calculons l'intensité I de la vibration résultante et sa phase φ.

La vibration résultante est :

$$a\frac{(1+a^2)(1-\cos\delta)\cos\omega t - (1-a^2)\sin\delta\sin\omega t}{1-2a^2\cos\delta+a^4},$$

$$I_r = \frac{4a^2\sin^2\frac{\delta}{2}}{(1-a^2)^2+4a^2\sin^2\frac{\delta}{2}}, \qquad -\operatorname{tg}\varphi_r = \frac{1-a^2}{1+a^2}\operatorname{cotg}\frac{\delta}{2}.$$

174. Influence d'un nombre quelconque de réflexions sur les faces de la lame mince : transmission. — Le problème se traite exactement comme le précédent; il est même plus simple.

On a affaire à une série de vibrations d'amplitudes :

$$bb_1, \qquad bb_1(-aa_1), \qquad bb_1(-aa_1)^2, \ldots,$$

et dont les phases varient en progression arithmétique. La vibration résultante est donc, en rapportant les phases à la phase de la première qui ne subit pas de réflexion :

$$S = bb_1\frac{(1-\beta\cos\delta)\cos\omega t + \beta\sin\delta\sin\omega t}{1-2\beta\cos\delta+\beta^2}.$$

Si nous supposons identiques les milieux limitrophes de la lame, il faut poser :

$$bb_1 = 1 - a^2, \qquad \beta = a^2,$$

$$I_t = \frac{(1-a^2)^2}{(1-a^2)^2+4a^2\sin^2\frac{\delta}{2}}, \qquad \operatorname{tg}\varphi_t = \frac{a^2\sin\delta}{1-a^2\cos\delta}.$$

175. Anneaux en lumière polarisée. Anneaux réfléchis. — Les formules précédentes redonnent bien les lois élémentaires étudiées aux §§ 246 et sq. du tome IV.

Pour que I_r soit nul, il faut que δ soit égal à un nombre entier quelconque de fois 2π; nous retrouvons les anneaux de réflexion à centre noir et à minimums nuls.

Pour que I_t soit minimum, il faut que δ soit égal à un nombre impair de fois π; nous retrouvons les anneaux de transmission à centre blanc et dont les minimums non nuls ont pour intensité :

$$[(1-a^2):(1+a^2)]^2.$$

Les calculs précédents ont un intérêt plus grand quand la lumière incidente est polarisée et la lumière réfléchie analysée rectilignement. *La lumière réfléchie est en effet elliptique.*

Une seule réflexion n'est pas capable de l'elliptiser; mais la résultante d'une série de vibrations dont les amplitudes sont en progression géométrique et qui ont éprouvé des retards en progression arithmétique, a sur la vibration incidente une différence de phase qui dépend non seulement de la raison δ de la progression arithmétique, mais encore du facteur de réflexion, raison de la progression géométrique. De sorte que les vibrations qui sont réfléchies dans les azimuts principaux et *pour lesquelles δ est le même,* ont cependant une différence de phase du fait que le facteur de réflexion n'est pas le même pour les deux.

D'où l'ellipticité de la lumière réfléchie.

Dans $\text{tg}\,\varphi_r$ subtituons à a les valeurs a et a' qui correspondent aux deux azimuts principaux :

$$a=-\frac{\sin(i-r)}{\sin(i+r)},\qquad a'=\frac{\text{tg}(i-r)}{\text{tg}(i+r)}.$$

On trouve sans difficulté :

$$-\text{tg}\,\varphi=2\,\text{cotg}\frac{\delta}{2}:\left[\frac{n\cos r}{\cos i}+\frac{\cos i}{n\cos r}\right],$$

$$-\text{tg}\,\varphi'=2\,\text{cotg}\frac{\delta}{2}:\left[\frac{n\cos i}{\cos r}+\frac{\cos r}{n\cos i}\right].$$

Il résulte immédiatement de ces formules que φ et φ' sont différents, sauf quand $\text{cotg}\frac{\delta}{2}$ est nul ou infini. Ces cas réservés, la lumière est elliptique ; il n'est pas possible de l'éteindre avec un analyseur, quel que soit l'azimut du polariseur.

Considérons les cas réservés; ils correspondent à la condition $\delta=k\pi$, c'est-à-dire aux minimums nuls et aux maximums. La lumière est alors restituée rectilignement; il est possible de l'éteindre avec un analyseur dont la section principale est dans un azimut convenable. Naturellement l'emploi de cet analyseur ne change rien aux minimums nuls; *mais il nous permet de transformer les maximums en minimums nuls, c'est-à-dire de doubler le nombre des anneaux.* Les anneaux noirs supplémentaires sont beaucoup plus minces que les autres. L'expérience est des plus faciles à réaliser.

Il va de soi que l'azimut de l'analyseur qui double le nombre des minimums nuls dépend de l'azimut du polariseur. On peut déterminer celui-ci de manière que les maximums (en nombre doublé) soient le plus intenses possible.

On vérifiera sans peine que pour la restitution rectiligne, les azimuts α et α' de la vibration, avant et après réflexion, sont liés par la relation :

$$\operatorname{tg} \alpha' = \frac{a}{a'} \frac{1 + a'^2}{1 + a^2} \operatorname{tg} \alpha,$$

très analogue à la formule du § 166.

176. **Anneaux de transmission.** — Les résultats sont très analogues aux précédents. Le calcul des formules ne présente ni intérêt, ni difficulté; on peut encore doubler le nombre des anneaux au moyen d'un analyseur convenablement orienté.

Ondes stationnaires[1].

177. **Production des ondes stationnaires.** — On dit que les ondes sont *stationnaires*, lorsqu'on obtient des maximums et des minimums fixes dans l'espace. Deux faisceaux de rayons parallèles isogènes faisant entre eux l'angle 2α donnent des ondes stationnaires (fig. 112).

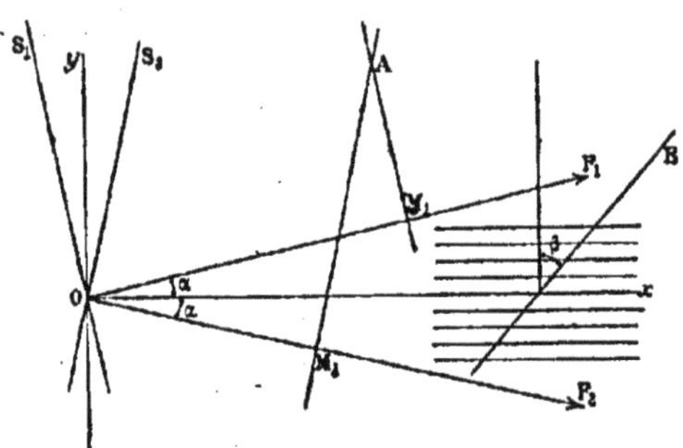

Fig. 112.

Soient OF_1 et OF_2 les directions de propagation; admettons que les ondes planes interférentes (issues de la même source) se coupent suivant une droite Oz normale au plan du tableau, et sont concordantes dans leurs positions OS_1 et OS_2 qui passent par l'origine des coordonnées.

I. Vecteurs électriques normaux au plan du tableau.

1° Les vecteurs électriques au point A de coordonnées x et y, dus aux deux systèmes d'ondes, sont parallèles.

$$R_1 = r \sin 2\pi \left(\frac{t}{T} - \frac{\overline{OM_1}}{\lambda} \right), \qquad R_2 = r \sin 2\pi \left(\frac{t}{T} - \frac{\overline{OM_2}}{\lambda} \right);$$

$$R_1 = r \sin 2\pi \left(\frac{t}{T} - \frac{x \cos \alpha + y \sin \alpha}{\lambda} \right);$$

$$R_2 = r \sin 2\pi \left(\frac{t}{T} - \frac{x \cos \alpha - y \sin \alpha}{\lambda} \right).$$

[1] Le problème que nous allons traiter pour les ondes lumineuses est identique au problème des §§ 36 et sq. pour les ondes hertziennes.

Le retard de la composante R_1 sur la composante R_2 est :

en chemin : $\overline{OM_1} - \overline{OM_2} = 2y \sin \alpha$;

en phase : $4\pi y \sin \alpha : \lambda.$

$$R_1 + R_2 = F \sin 2\pi\left(\frac{t}{T} - \varphi\right), \qquad F^2 = 4r^2 \cos^2\left(\frac{2\pi y \sin \alpha}{\lambda}\right).$$

L'amplitude F du vecteur électrique est constante pour y constant, c'est-à-dire pour tous les points d'un plan quelconque normal au plan du tableau et parallèle à l'axe des x.

En particulier, sur tout le plan P_0 normal au tableau et passant par Ox, l'amplitude est maxima ; elle l'est encore pour tous les plans distants de P_0 d'un multiple de :

$$\delta = \frac{\lambda}{2 \sin \alpha}.$$

L'amplitude est nulle pour tous les points des plans dont la distance à P_0 est un nombre impair de fois $\delta : 2$.

Coupons ce système de plans par un écran E normal au plan du tableau ; les traces sont des droites. La distance de deux traces consécutives correspondant aux maximums ou aux minimums du vecteur résultant F est :

$$\frac{\lambda}{2 \sin \alpha \cos \beta},$$

où β est l'angle que fait l'écran avec l'axe des y.

2° Considérons les vecteurs magnétiques qui correspondent aux vecteurs électriques précédemment étudiés. Ils sont dirigés suivant OS_1 et OS_2 (au signe près).

Pour trouver au point A le vecteur résultant, il faut y composer deux vecteurs parallèles à AM_1 et à AM_2 et dont la différence de phase est, comme précédemment :

$$4\pi y \sin \alpha : \lambda = 2\pi y : \delta.$$

Décomposons ces vecteurs en deux composantes dirigées suivant Ox et Oy, additionnons les vecteurs de même direction ; il vient par un choix convenable de l'origine des temps :

$$X = m \sin \alpha \left[\sin\left(\omega t + \frac{\pi y}{\delta}\right) - \sin\left(\omega t - \frac{\pi y}{\delta}\right)\right] = 2m \sin \alpha \sin \frac{\pi y}{\delta} \cos \omega t;$$

$$Y = m \cos \alpha \left[\sin\left(\omega t + \frac{\pi y}{\delta}\right) + \sin\left(\omega t - \frac{\pi y}{\delta}\right)\right] = 2m \cos \alpha \cos \frac{\pi y}{\delta} \sin \omega t.$$

La vibration résultante est donc une ellipse dont les axes sont dirigés parallèlement aux axes de coordonnées. L'intensité résultante, somme des carrés des axes, est (tome IV, § 228) :

$$M^2 = 4m^2\left(\sin^2\alpha \sin^2\frac{\pi y}{\delta} + \cos^2\alpha \cos^2\frac{\pi y}{\delta}\right),$$

$$M^2 = 2m^2\left[1 + \cos\frac{2\pi y}{\delta}(\cos^2\alpha - \sin^2\alpha)\right].$$

On retrouve donc encore une intensité constante pour les plans normaux au plan du tableau et parallèles à Ox (y = Constante). Quand α est inférieur à 45°, les maximums correspondent à $y = k\delta$, où k est un entier quelconque; les minimums correspondent à des ordonnées valant un nombre impair de fois $\delta : 2$. C'est l'inverse quand α est supérieur à 45°.

La différence entre un maximum et un minimum est d'autant moins marquée qu'on s'approche davantage de $\alpha = 45°$. Enfin pour cette valeur de l'angle α, on a : $M^2 = 2m^2$ = Constante; l'intensité moyenne du vecteur magnétique résultant est uniforme dans tout l'espace.

II. Vecteurs électriques dans le plan du tableau.

Toute la théorie précédente subsiste en intervertissant les vecteurs électriques et magnétiques. Ce sont maintenant les vecteurs magnétiques qui par leur interférence donnent une vibration rectiligne et des plans de minimums nuls, quel que soit l'angle α.

Au contraire, les minimums d'intensité de la vibration elliptique résultant des vecteurs électriques ne sont plus nuls. En particulier pour $\alpha = 45°$, la vibration électrique résultante elliptique a une intensité uniforme dans tout l'espace.

178. Ondes stationnaires par réflexion (Wiener, Cotton). — En faisant interférer un faisceau incident F_2 et le faisceau réfléchi F_1, on obtient un système d'ondes stationnaires parallèles au plan réfléchissant (fig. 113). Soit i l'angle d'incidence; $2i$ et 2α sont supplémentaires. La distance des plans où les intensités de l'un et l'autre vecteurs sont maximums ou minimums est :

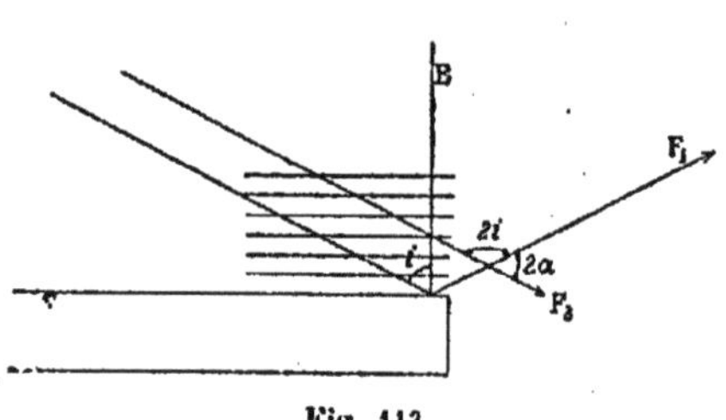

Fig. 113.

$$\lambda : 2\cos i.$$

Un faisceau sensiblement parallèle et monochromatique, polarisé par un nicol, tombe sur un miroir métallique. Si l'incidence est presque rasante, les franges sont assez écartées pour qu'on puisse les observer en visant avec une loupe le plan E normal au miroir. Les franges sont parallèles au miroir.

En diminuant i, on resserre les franges; il est nécessaire pour les observer d'employer un microscope.

L'ouverture numérique de l'objectif doit être suffisante pour recevoir à la fois le faisceau incident et le faisceau réfléchi. Le miroir est découpé dans une glace argentée de manière que l'arête au voisinage de laquelle on vise soit aussi bien délimitée que possible. Les franges sont exactement comparables à celles d'un seul miroir (tome IV, § 271), mais le diamètre apparent de la source n'a plus besoin d'être très petit.

Pour photographier les franges, il faut obtenir des pellicules sensibles transparentes, épaisses d'une petite fraction de longueur d'onde. On sait en réaliser dont l'épaisseur est de l'ordre de $\lambda : 20$.

Soit M le miroir (fig. 114) et au-dessus le système d'ondes stationnaires d'écartement $\lambda : 2\cos i$.

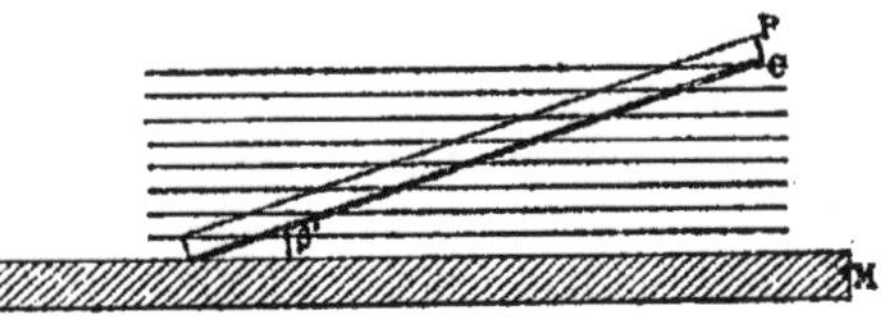

Fig. 114.

Disposons la couche sensible C sur un support transparent P, de manière qu'elle fasse avec le plan un petit angle β'. On photographiera des franges parallèles dont l'écartement est :

$$\lambda : 2\cos i \sin \beta'.$$

On peut s'arranger de manière qu'il soit de l'ordre du millimètre.

179. Problème de Wiener. — On peut se demander si les sels d'argent sont sensibles aux deux vecteurs ou si l'un d'eux seulement produit la réduction. L'expérience précédente permet de répondre.

1° Employons la lumière *polarisée dans le plan d'incidence et tombant sous l'angle* $i = 45°$. Nous savons qu'alors le vecteur électrique est perpendiculaire au plan d'incidence : nous retombons dans le cas I du § 177.

L'expérience montre des franges sur la plaque sensible.

Donc les sels d'argent sont certainement sensibles au vecteur électrique, puisque dans ces conditions la densité de volume de l'énergie portée par le vecteur magnétique est uniforme.

2° Recommençons avec de la lumière *polarisée normalement au plan d'incidence et tombant sous l'angle* $i = 45°$. Il n'y a plus de franges sur la plaque. Donc le vecteur magnétique n'a pas d'action. Seule en effet son intensité est maintenant variable; la densité de l'énergie portée par le vecteur électrique est uniforme dans les conditions de l'expérience.

En définitive, la réduction des sels d'argent est liée à l'existence du vecteur électrique; elle ne dépend pas du vecteur magnétique.

Il n'y a rien là de plus extraordinaire que de voir dans un tuyau d'orgue du sable s'agiter aux ventres et rester tranquille aux nœuds, tandis qu'une membrane, obturant un orifice dans la paroi du tuyau, vibre aux nœuds et reste immobile aux ventres.

L'intérêt *considérable* de l'expérience de Wiener est, *outre la technique*, d'apprendre à réaliser des lois de distributions simultanées *différentes* pour les densités des énergies transportées respectivement par les vecteurs électrique et magnétique.

Le problème de Wiener se pose à propos de la fluorescence. On obtient des couches de gélatine, rendues fluorescentes par de la fluorescéine, dont l'épaisseur est de l'ordre d'une fraction de longueur d'onde. On répète avec elles les expériences précédentes. On trouve qu'elles se conduisent exactement comme les plaques sensibles. *Donc la fluorescence est due au vecteur électrique.*

Partant des résultats précédents, Wiener a montré que *sur la surface réfléchissante existe un nœud pour l'action photographique, et par conséquent pour les ondes stationnaires du vecteur électrique.* Il y a donc changement de signe pour ce vecteur, conformément aux résultats du § 164.

180. Photographie des couleurs (Lippmann). — On peut *en quelque sorte* photographier les couleurs à l'aide d'une couche sensible transparente, continue, d'épaisseur suffisante, adossée pendant la pose à une surface réfléchissante.

Il est avantageux de constituer cette surface avec du mercure.

Pendant la pose, les faisceaux incident et réfléchi interfèrent et donnent des ondes stationnaires (§ 177).

L'amplitude du vecteur électrique varie périodiquement en fonction de la distance à la surface réfléchissante. Elle est constante sur des plans parallèles à cette surface. Elle est maxima sur les plans *ventraux*, distants les uns des autres de $e = \lambda : 2 \cos i$; i est l'incidence, λ la longueur d'onde de la lumière supposée monochromatique.

Le *développement* produit un dépôt d'argent dont la densité et le pouvoir réflecteur varient périodiquement. Le pouvoir réflecteur est maximum dans les plans ventraux du vecteur électrique et minimum dans les plans nodaux. On peut admettre d'ailleurs que la valeur de ces maximums et minimums est sensiblement la même à toute profondeur dans la couche sensible. En effet, si le faisceau incident est le plus intense près de la face antérieure, le faisceau réfléchi est le moins intense; ils sont tous deux affaiblis, mais le moins différents possible l'un de l'autre tout près du mercure. Il est donc bien difficile d'assigner une loi de variation à la valeur des maximums et des minimums; mieux vaut la supposer constante.

Pour faciliter les calculs de l'intensité réfléchie par la couche *développée,* nous remplacerons les variations continues du pouvoir réflecteur par des variations brusques; nous raisonnerons donc, *en lumière monochromatique,* comme s'il existait, après le développement, des pellicules en nombre considérable, également réfléchissantes, parallèles et situées à la distance les unes des autres :

$$e = \lambda : 2\cos i.$$

Supposons qu'un faisceau de longueur d'onde λ_1 tombe sous une incidence i_1; cherchons l'amplitude réfléchie.

Le calcul de la résultante de tous les faisceaux émergents, *après un nombre quelconque de réflexions sur un nombre quelconque de ces pellicules,* serait très compliqué sans une hypothèse simplificatrice. Chaque fois qu'un faisceau traverse une pellicule, son amplitude doit être multipliée par un nombre b plus petit que l'unité; chaque fois qu'il est réfléchi, son amplitude doit être multipliée par un nombre a plus petit que l'unité. Nous admettrons que b est très voisin de l'unité, et corrélativement que a est très voisin de zéro; cela revient à dire que chaque couche est peu absorbante et peu réfléchissante. D'où résulte que nous pouvons nous borner à considérer les faisceaux réfléchis une seule fois; en effet, les faisceaux réfléchis plusieurs fois contiennent en facteur une puissance de a, et sont par conséquent négligeables.

Ceci posé, soit 1 l'amplitude de la vibration incidente.

La vibration réfléchie sur la première pellicule possède une amplitude a et une phase que nous prenons nulle, grâce à un choix convenable de l'origine des temps.

La vibration réfléchie sur la seconde pellicule a traversé la première à l'aller et au retour. Son amplitude est donc $ab^2 = a\beta$. Sa phase par rapport à la vibration précédente est en retard de la quantité (IV, § 243) :

$$\delta = 2\pi \, . \, 2e\cos i_1 : \lambda_1,$$

La vibration réfléchie sur la troisième pellicule a traversé les deux premières à l'aller et au retour. Son amplitude est donc :

$$ab^4 = a\beta^2;$$

sa phase est 2δ.

Et ainsi de suite.

Nous avons donc affaire à une infinité de vibrations dont les amplitudes forment (au facteur a près) la progression : $1, \beta, \beta^2, \ldots,$ et dont les phases sont : $0, \delta, 2\delta, \ldots$ L'intensité résultante est :

$$I^2 = \frac{a^2}{1+\beta^2-2\beta\cos\delta} = \frac{a^2}{(1-\beta)^2} : \left[1 + \frac{4}{(1-\beta)^2}\sin^2\frac{\delta}{2}\right].$$

Or β est par hypothèse très voisin de 1, et a très petit. La quantité :

$$a^2 : (1-\beta)^2 = I_0^2,$$

est donc généralement finie. Tant que $\sin^2 \frac{\delta}{2}$ n'est pas très voisin de 0, le dénominateur est énorme, l'intensité réfléchie est quasi nulle. Elle prend la valeur I_0^2 pour $\delta=0$, 2π, ..., généralement $2k\pi$ (Comparer au raisonnement du § 275 du tome IV).

Or δ a pour expression :

$$2\pi \frac{2e \cos i_1}{\lambda_1} = 2\pi \frac{\lambda}{\lambda_1} \frac{\cos i_1}{\cos i}.$$

La condition $k=1$, est satisfaite quand les longueurs d'onde λ du faisceau qui a servi a obtenir le cliché, λ_1 du faisceau qu'on envoie sur le cliché, et leurs incidences i et i_1 satisfont à la relation :

$$\frac{\lambda}{\cos i} = \frac{\lambda_1}{\cos i_1}.$$

En particulier, supposons le cliché obtenu sous l'incidence normale. Envoyons normalement dessus un faisceau *complexe*. La seule radiation réfléchie *en quantité notable* est celle même qui a servi à la préparation : *d'où ce qu'on peut appeler assez improprement la photographie, plus exactement la résonance de cette couleur.*

Envoyons le faisceau complexe sous une autre incidence; *la radiation réfléchie λ_1 n'est plus la radiation de préparation λ. On a :*

$$\lambda_1 = \lambda \cos i_1\,; \qquad \lambda_1 < \lambda.$$

Quand on regarde le cliché sous des incidences croissantes, sa couleur tire sur le violet.

Le fait était facile à prévoir : le même système de lamelles, obtenu avec la longueur d'onde λ sous l'incidence normale, le serait avec la longueur d'onde $\lambda_1 < \lambda$, sous l'incidence i_1.

Il y a encore résonance quand la condition :

$$\frac{\lambda}{\cos i} = k \frac{\lambda_1}{\cos i_1},$$

est satisfaite, où k est un nombre entier différent de 1. La solution $k=1$, est seule réalisée dans la pratique où l'on utilise les radiations visibles. Mais quand on photographie un spectre pur avec une plaque sensible aux rouges extrêmes, on aperçoit du violet au delà du rouge : $k=2$. De même on fait apparaître du violet en humectant un cliché obtenu avec le rouge extrême, ce qui gonfle la gélatine et écarte les lamelles.

Le cas général où la plaque est impressionnée par une lumière complexe se traite de même.

On obtient pour le dépôt d'argent une densité qui est la somme des densités correspondantes à chaque vibration monochromatique.

Il se produit quelque chose d'analogue à un résonateur dont le son de plus forte résonance n'est pas unique : il renforce une série de vibrations. Nous en avons assez dit pour faire comprendre la nature du problème.

Polarisation elliptique pour les corps transparents.

181. **Nature du phénomène. Réflexion positive et réflexion négative.** — Appelons δ le retard (en phase) introduit par la réflexion pour la vibration de Fresnel normale au plan d'incidence; δ' le retard pour la vibration parallèle à ce plan.

Posons : $\Delta = \delta' - \delta$.

D'après la théorie de Fresnel-Maxwell, pour toutes les incidences inférieures à l'angle de Brewster et un second milieu plus réfringent que le premier, on a : $\delta = \delta' = \pm\pi$, $\Delta = 0$.

Les retards $\pm\pi$ sont introduits par le changement de signe de l'amplitude.

Brusquement, en passant par l'angle I, la vibration qui est dans le plan d'incidence s'annule et prend *une avance ou un retard* de π. De sorte que la différence Δ passe brusquement de 0 à $\pm\pi$, valeur qu'elle conserve pour tous les angles compris entre I et $\pi : 2$.

Si le second milieu est moins réfringent que le premier, on a $\delta = \delta' = 0$, et par conséquent $\Delta = 0$, pour $i < I$; on a encore $\Delta = \pm\pi$, pour $i > I$. Les résultats sont donc les mêmes que précédemment en ce qui touche le retard en phase Δ de la vibration qui est dans le plan d'incidence par rapport à celle qui est normale à ce plan.

A cause de la discontinuité du phénomène, il est d'ailleurs impossible de savoir si la vibration de Fresnel (vecteur électrique), qui est dans le plan d'incidence, est avancée ou retardée à partir de l'angle de Brewster.

Mais on sait depuis longtemps que la variation de phase ne présente pas ordinairement cette discontinuité, et que la vibration en question ne s'annule totalement pour aucun azimut. Il y a donc lieu de chercher si la variation de Δ est égale à $+\pi$ ou à $-\pi$.

Nous dirons que la réflexion est *positive*, si $\Delta = +\pi$, pour l'incidence rasante : le vecteur de Fresnel qui est dans le plan d'incidence est *retardé de π par rapport au vecteur normal à ce plan,* quand on passe de l'incidence normale à l'incidence rasante.

La réflexion est *négative*, si $\Delta = -\pi$, pour l'incidence rasante : le vecteur précédemment défini subit une *avance relative* de π quand on passe de l'incidence normale à l'incidence rasante.

La figure 115 représente schématiquement les phénomènes; on la rapprochera de la figure 109.

La vibration incidente étant rectiligne, la vibration réfléchie est donc elliptique; sa rotation est de l'un ou l'autre sens suivant que la réflexion est positive ou négative : il est facile de vérifier que les sens représentés correspondent bien aux hypothèses.

La figure 115 est schématique pour deux raisons ; d'abord par ce que nous n'avons pas tenu compte des grandeurs réelles des facteurs introduits dans l'amplitude par la réflexion ; ensuite parce que nous supposons une continuité qui n'est jamais aussi grande *chez les corps transparents*. Si la variation de Δ n'est plus discontinue, elle a lieu tout entière au voisinage de l'angle de Brewster, dans l'espace de quelques degrés.

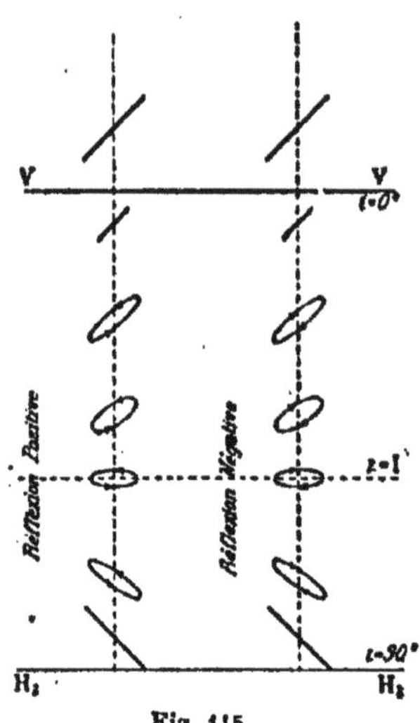

Fig. 115.

182. Étude du phénomène. — Tout d'abord l'expérience montre que le retard relatif . est égal à $\pm \pi : 2$, pour l'angle de Brewster.

Les axes de l'ellipse y sont donc l'un parallèle, l'autre normal au plan d'incidence.

Supposons que la lumière incidente soit polarisée à 45° du plan d'incidence ; on appelle ellipticité le rapport :

$$k = a' : a,$$

pour l'angle de Brewster ; k est par conséquent le rapport des axes de l'ellipse que nous venons de définir. Nous lui donnerons un signe qui sera celui de la réflexion.

Dans la théorie de Fresnel, on aurait $k = 0$.

Par exemple, on a trouvé : $k = -0{,}006$, pour une *certaine* surface d'eau ; $k = +0{,}002$, pour une *certaine* surface d'alcool.

Pour du flint lourd, k peut atteindre $+0{,}02$.

L'expérience prouve qu'en prenant toutes les précautions possibles pour obtenir une surface liquide *parfaitement propre*, on fait diminuer l'ellipticité jusqu'à l'annuler. On est donc devant un phénomène *accessoire* ; on peut admettre que l'ellipticité serait rigoureusement nulle pour un liquide en contact seulement avec sa propre vapeur.

De même on a trouvé $k = 0$, pour une lame de sel gemme fraîchement clivée ; k croît ensuite considérablement. Dans les solides, le phénomène serait dû à l'action de l'air et généralement des corps servant au polissage.

Il est possible de l'interpréter en complétant les conditions à la surface de séparation par l'hypothèse d'une *couche de passage* de propriétés continûment variables entre celles du premier et celles du second milieu.

Réflexion totale.

183. Généralisation des hypothèses. — Il y a, dans la manière dont nous avons calculé les vecteurs réfléchi et réfracté, une hypothèse qui est exacte, *mais pourrait ne pas l'être;* sa mise en œuvre *immédiate* n'a d'autre utilité que de rendre les calculs plus rapides. Nous avons supposé qu'il ne s'introduit, du fait de la réflexion ou de la réfraction, d'autre différence de phase δ et δ', que 0 ou π, la différence de phase π correspondant simplement à un retournement bout pour bout du vecteur ou, ce qui revient au même, à un changement de signe. Les résultats sont conformes à cette hypothèse, évidemment introduite parce qu'ils nous étaient connus.

Mais il peut arriver que cette hypothèse ne soit pas légitime. Il faut alors écrire les équations de continuité *en explicitant les phases.*

Il en est ainsi quand la réflexion est totale. L'équation :

$$K_1 \sin^2 i = K_2 \sin^2 r,$$

du § 160 n'a plus de sens, puisque l'angle r est imaginaire, *du moins avec sa définition habituelle;* il en est naturellement de même des formules auxquelles nous aboutissons. Nous aurons plus loin l'occasion de montrer comment on doit conduire le calcul. Contentons-nous d'abord, avec Fresnel, d'interpréter, arbitrairement du reste, les formules imaginaires auxquelles nous sommes conduits. Cette interprétation n'est évidemment pas une justification théorique : mais nous aboutissons ainsi, sans recommencer aucun calcul, au résultat même que donne la théorie correctement appliquée (§ 225).

Le procédé de Fresnel consiste à traiter les formules imaginaires définitives comme si nous avions fait tous les calculs en utilisant les imaginaires, tandis qu'en réalité nous avons fait tous les calculs sur des quantités réelles : nous devrions aboutir, *si nos hypothèses étaient exactes,* à des quantités réelles.

Supposons donc avoir trouvé un déplacement réfléchi de la forme :

$$\mathcal{D}' = d' \exp i\left[\omega t - (\alpha x - \gamma z) - \delta\right] = d' \exp(-\delta i) \exp i\left[\omega t - (\alpha x - \gamma z)\right].$$

Si la différence de phase δ n'est pas nulle, nous avons comme amplitude la quantité imaginaire :

$$d' \exp(-\delta i) = d' (\cos\delta - i \sin\delta) = A + Bi.$$

$$\mathcal{D}' = (A + Bi) \left\{ \cos\left[\omega t - (\alpha x - \gamma z)\right] + i \sin\left[\omega t - (\alpha x - \gamma z)\right] \right\},$$

dont la partie réelle est :

$$A \cos\left[\omega t - (\alpha x - \gamma z)\right] - B \sin\left[\omega t - (\alpha x - \gamma z)\right]$$
$$= \sqrt{A^2 + B^2} \cos\left[\omega t - (\alpha x - \gamma z) - \delta\right].$$

Appliquons la méthode ordinaire d'interprétation (§ 10).

L'intensité de la vibration réfléchie est : A^2+B^2.

Elle a sur la vibration incidente le retard δ qui satisfait aux équations :

$$\cos\delta=\frac{A}{d'};\qquad \sin\delta=-\frac{B}{d'};\qquad \operatorname{tg}\delta=-\frac{B}{A}.$$

Il est entendu que nous considérons la quantité d' comme essentiellement réelle et positive.

184. Réflexion totale.

1° Vibration perpendiculaire au plan d'incidence.

$$a=-\frac{\sin(i-r)}{\sin(i+r)}=A+B\sqrt{-1}.$$

Nous rétablissons $\sqrt{-1}$, pour éviter toute confusion. Développons cette expression en appelant n l'indice du milieu le plus réfringent et i l'angle d'incidence. L'angle r de réfraction est imaginaire : il est défini par les équations :

$$n\sin i=\sin r;\qquad \cos r=\pm\sqrt{-1}\sqrt{n^2\sin^2 i-1}.$$

Nous devons conserver le double signe ; en effet, le sinus et le cosinus d'un angle imaginaire sont assujettis seulement, en dehors de tout autre renseignement, à ce que la somme de leurs carrés vaille l'unité. Nous obtiendrons donc deux séries de résultats, absolument équivalents d'après la méthode suivie. La méthode directe prouve qu'il faut choisir le signe — (§ 225).

Continuons le calcul avec ce dernier signe.

$$a=\frac{-\sin i\cos r+\sin r\cos i}{\sin i\cos r+\sin r\cos i}=\frac{n\sin i\cos i+\sqrt{-1}\sin i\sqrt{n^2\sin^2 i-1}}{n\sin i\cos i-\sqrt{-1}\sin i\sqrt{n^2\sin^2 i-1}}.$$

Multiplions haut et bas par la quantité conjuguée du dénominateur :

$$a=\frac{n^2+1-2n^2\sin^2 i}{n^2-1}+\frac{2n\cos i}{n^2-1}\sqrt{n^2\sin^2 i-1}\sqrt{-1}=A+B\sqrt{-1}.$$

L'amplitude de la vibration réfléchie est : $\sqrt{A^2+B^2}=1$.

La réflexion est donc totale.

On a :

$$\cos\delta=\frac{n^2+1-2n^2\sin^2 i}{n^2-1},\qquad \sin\delta=-\frac{2n\cos i\sqrt{n^2\sin^2 i-1}}{n^2-1}.$$

2° Vibration parallèle au plan d'incidence.

$$a'=-\frac{\operatorname{tg}(i-r)}{\operatorname{tg}(i+r)}=A+B\sqrt{-1}.$$

Développons comme plus haut en prenant toujours le signe — pour le radical.

$$a' = -\frac{\sin i \cos i - \sin r \cos r}{\sin i \cos i + \sin r \cos r}$$

$$= -\frac{\sin i \cos i + \sqrt{-1}\, n \sin i \sqrt{n^2 \sin^2 i - 1}}{\sin i \cos i - \sqrt{-1}\, n \sin i \sqrt{n^2 \sin^2 i - 1}} = A + B\sqrt{-1}.$$

Multiplions haut et bas par la quantité conjuguée du dénominateur. On trouve aisément que *la réflexion est totale :* $\sqrt{A^2 + B^2} = 1$.

$$\cos \delta' = \frac{n^2 + 1 - (n^4 + 1)\sin^2 i}{(n^2 - 1)\left[1 - (n^2 + 1)\sin^2 i\right]},$$

$$\sin \delta' = -\frac{2n \cos i \sqrt{n^2 \sin^2 i - 1}}{(n^2 - 1)\left[1 - (n^2 + 1)\sin^2 i\right]}.$$

185. Différence de phase Δ entre les composantes réfléchies.

COMPOSANTE NORMALE AU PLAN D'INCIDENCE.

Pour $i = 0$ et jusqu'à l'angle limite L défini par la relation : $n \sin L = 1$, δ est nul, puisque la réflexion se fait sur un milieu moins réfringent.

A partir de cet angle jusqu'à l'incidence rasante, $\cos \delta$ passe de $+1$ à -1, tandis que $\sin \delta$ reste négatif. Donc δ décroît de 0 à $-\pi$; le retard est négatif.

La vibration est avancée.

COMPOSANTE DANS LE PLAN D'INCIDENCE.

Pour $i = 0$ et jusqu'à l'angle de Brewster, δ est nul, puisqu'au voisinage de l'incidence normale les deux vibrations sont traitées de même.

Brusquement, pour l'angle de Brewster, δ devient $\pm\pi$, et conserve cette valeur jusqu'à l'angle limite.

A partir de l'angle limite jusqu'à l'incidence rasante, $\sin \delta'$ est positif; $\cos \delta'$ passe de -1 à $+1$.

Donc δ' passe de π à 0, ou de $-\pi$ à -2π.

Ces résultats sont contenus dans la figure 116.

En définitive, il résulte des formules que les vibrations réfléchies totalement sont *avancées* par la réflexion totale *relativement* aux vibrations dont l'angle de réflexion *non totale* est compris entre l'angle de Brewster I et l'angle limite L; et cela, que les vibrations soient dans le plan d'incidence ou normales à ce plan.

Nous insistons sur cette question de signes parce que la plus inextricable confusion règne dans les Traités français. Le seul qui pose convenablement la question est Billet, dont la rédaction ne saurait passer pour un modèle de clarté.

Babinet fit, il y a soixante-dix ans, une expérience très démonstrative.

Il faisait réfléchir, sur un prisme analogue à celui de la figure 117, les faisceaux émergents d'un biprisme (t. IV, § 221) et observait la position des franges *quand la réflexion est totale pour les deux.* Puis il mouillait la face MN, à l'endroit où l'un des faisceaux se réfléchit, avec un liquide assez réfringent pour supprimer la réflexion totale. Il observait un déplacement des franges *vers le rayon réfléchi non totalement* qui est par conséquent en retard relatif; donc le rayon réfléchi totalement est *avancé* par rapport à celui qui ne l'est pas.

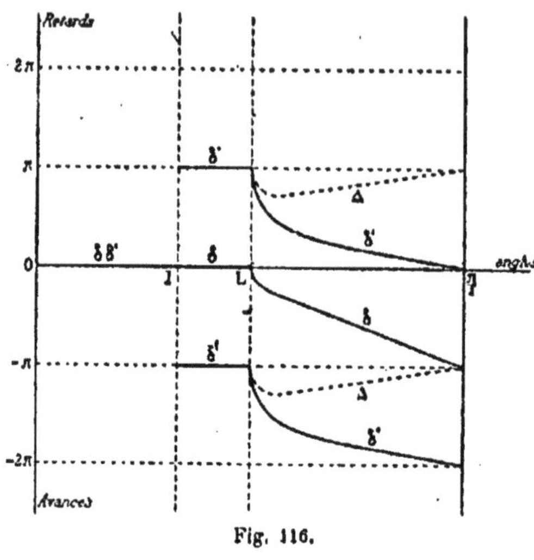

Fig. 116.

Babinet plaçait un nicol en avant de la fente initiale.

L'expérience donne le même résultat, que les vibrations interférentes soient toutes deux dans le plan d'incidence ou toutes deux normales à ce plan.

Différence de phase : $\Delta = \delta' - \delta$.

On trouve aisément :

$$\sin \Delta = -\frac{2n \cos i \sin^2 i \sqrt{n^2 \sin^2 i - 1}}{1 - (n^2 + 1) \sin^2 i};$$

$$\cos \Delta = \frac{1 - (n^2 + 1) \sin^2 i + 2n^2 \sin^4 i}{1 - (n^2 + 1) \sin^2 i};$$

$$\operatorname{tg} \frac{\Delta}{2} = \frac{1 - \cos \Delta}{\sin \Delta} = \frac{n \sin^2 i}{\cos i \sqrt{n^2 \sin^2 i - 1}}.$$

Suivant qu'on adopte l'une ou l'autre hypothèse pour la brusque variation de δ' au passage par l'angle de Brewster, on obtient pour Δ l'une ou l'autre des courbes en traits interrompus.

Si on admet un brusque retard égal à π, Δ passe de π à π à travers des valeurs inférieures à π.

Si on admet une brusque avance égale à π (retard négatif), Δ passe de $-\pi$ à $-\pi$ à travers des valeurs inférieures à $-\pi$.

Quoi qu'il en soit, Δ présente un maximum pour :

$$\sin^2 i = \frac{2}{n^2+1}, \qquad \operatorname{tg}\frac{\Delta}{2} = \frac{2n}{n^2-1}.$$

Pour $n = 1,51$, on trouve : $\Delta = 134°8' = 180° - 45°52'$.

186. Vérification des formules. — Pour vérifier les formules, employons des prismes isocèles d'angle ε (fig. 117). Un rayon AO normal à l'une des faces MP sort suivant OB normalement à l'autre NP, après s'être réfléchi sur MN. La réflexion est totale si ε est assez grand. Les réfractions sur MP et NP, étant normales, n'interviennent pas. Si la lumière incidente est rectiligne, la lumière émergente est elliptique quand la réflexion est totale.

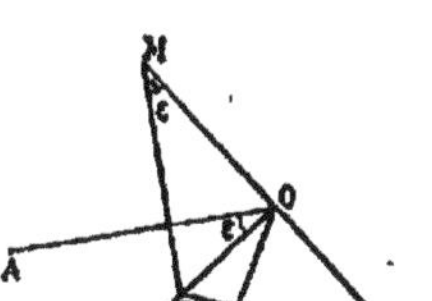

Fig. 117.

Supposons la vibration incidente dans le quadrant inférieur de droite pour l'observateur qui la reçoit (§ 166). Représentons sa position suivant notre procédé ordinaire. Elle a pour composantes : m dans le plan d'incidence, n normalement à ce plan.

Pour l'incidence limite le retard sur n est nul ; le retard sur m est $\pm\pi$, π pour fixer les idées.

Pour l'incidence rasante, les retards δ et δ' ont diminué de π ; la différence Δ est la même. La vibration réfléchie a la position représentée : en réenroulant le cylindre, on vérifiera qu'elle est parallèle à la vibration incidente.

Dans l'intervalle, nous devons faire porter sur m un retard un peu plus petit que π.

Il est facile de voir que la vibration est *sinistrorsum*.

Sur la figure, on a exagéré l'écart entre l'incidence limite et l'incidence rasante par rapport à la distance angulaire $VH_2 = 90°$.

Reste à introduire le π de retournement.

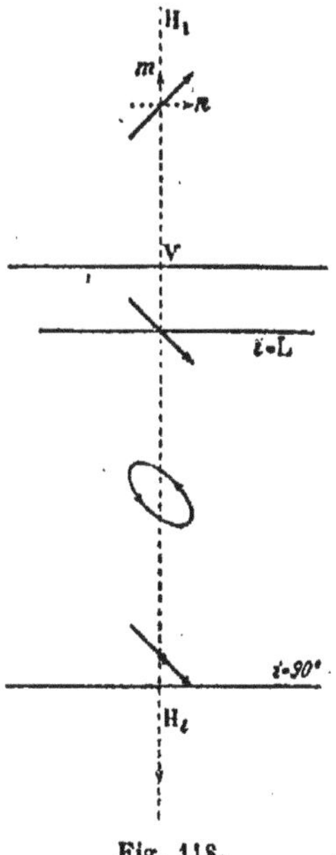

Fig. 118.

Pour voir la vibration incidente, il faudrait se placer *sous* le plan de la figure. Avec nos conventions, elle est dans le quadrant inférieur de droite pour celui qui la reçoit (fig. 119). Si nous faisons l'expérience avec le prisme représenté fig. 117, tout se passe donc comme si la vibration réfléchie totalement dans le plan d'incidence était *avancée* d'un angle inférieur à $\pi : 2$ par rapport à la vibration normale à ce plan; comme nous le verrons, il est de l'ordre d'une quarantaine de degrés pour une seule réflexion.

Pour contrôler le sens de la rotation de l'elliptique, on emploie le procédé général de variation de teintes décrit au § 141.

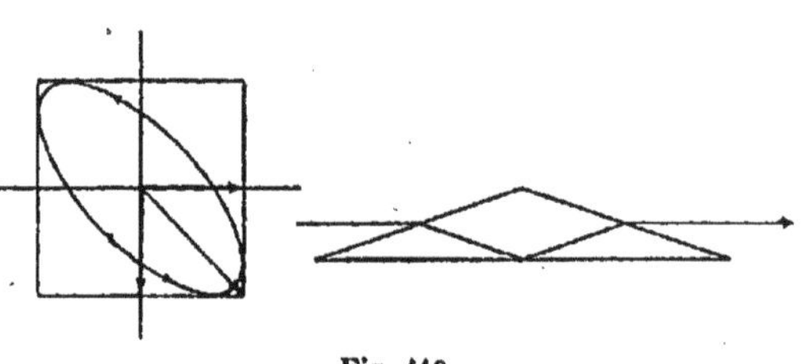

Fig. 119.

En définitive, quand on considère les vibrations indépendamment du sens de propagation, la vibration qui est dans le plan d'incidence est *retardée* de $\pi - \Delta'$ par rapport à celle qui est normale à ce plan; mais *à cause du π de retournement,* elle se trouve retardée de $-\Delta'$ ou avancée de Δ'.

187. Polariseur circulaire. — Si l'on calcule le maximum du retard Δ pour le verre d'indice 1,5, on trouve 180°—44°46'.

Deux réflexions sous l'angle correspondant $i = 51°40''$ (§ 185) produisent une *avance* de 90° environ.

Fresnel eut l'idée d'utiliser cette propriété pour obtenir un polariseur circulaire.

Son appareil se compose d'un parallélipipède de verre dont un des angles dièdres vaut 51°. Sa longueur est telle qu'un rayon qui pénètre normalement à l'une des faces de la base se réfléchit deux fois avant de sortir normalement à l'autre base. Utilisons à l'entrée de la lumière rectilignement polarisée à 45° du plan de symétrie du parallélipipède (plan des deux réflexions); nous aurons sûrement à la sortie de la lumière circulaire.

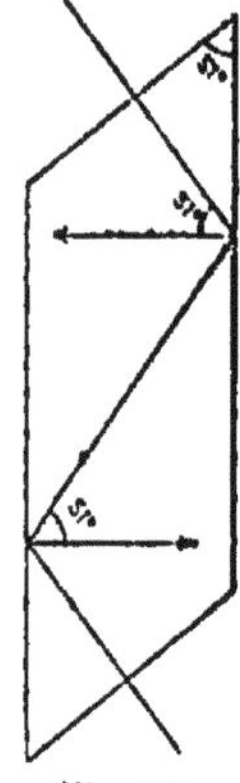

Fig. 120.

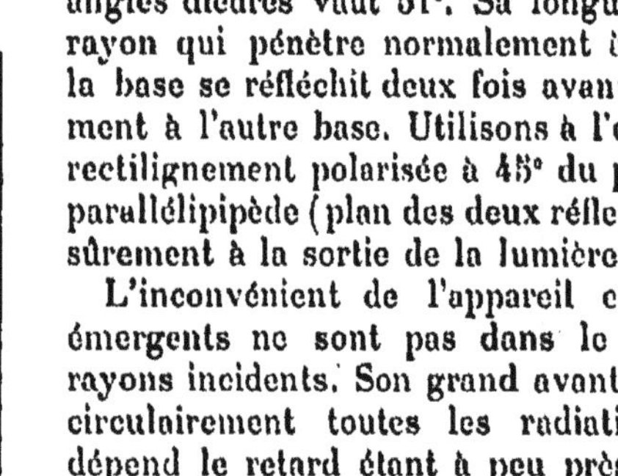

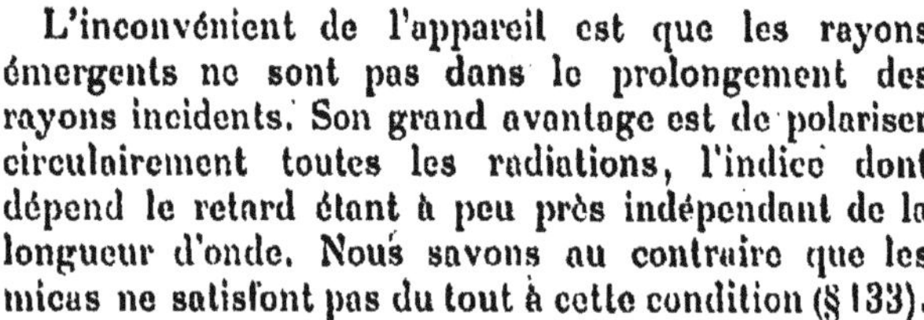

L'inconvénient de l'appareil est que les rayons émergents ne sont pas dans le prolongement des rayons incidents. Son grand avantage est de polariser circulairement toutes les radiations, l'indice dont dépend le retard étant à peu près indépendant de la longueur d'onde. Nous savons au contraire que les micas ne satisfont pas du tout à cette condition (§ 133).

Reste à déterminer le sens de rotation du circulaire. L'expérience prouve que *tout se passe comme si on avait une lame quart d'onde, normale au rayon, dont les sections principales seraient parallèles et perpendiculaires au plan de symétrie du parallélipipède et qui avancerait la vibration parallèle au plan de symétrie.*

Si on appelle *axe d'un mica quart d'onde* la direction parallèle à la vibration *retardée*, les appareils jouent le même rôle quand l'axe du mica est normal au plan de symétrie du parallélipipède.

Ici encore il faut insister sur l'accord de l'expérience et de la théorie.

Pas de difficulté pour la composante normale au plan de symétrie du parallélipipède, puisqu'elle reste parallèle à elle-même dans les deux réflexions. Montrons que *si la composante parallèle au plan de symétrie ne subissait aucun retard*, elle serait vue après les deux réflexions dans le sens même où elle est avant, de sorte qu'il n'y a plus à faire intervenir le π de retournement. Cela résulte immédiatement de la figure 121. La vibration négative (dirigée suivant $-Ox$) avant la première réflexion, et par conséquent négative après la première réflexion (puisque par hypothèse elle ne subit aucun retard), se trouve automatiquement négative avant la seconde réflexion (par rapport au nouvel axe $O'x'$), et par conséquent négative après.

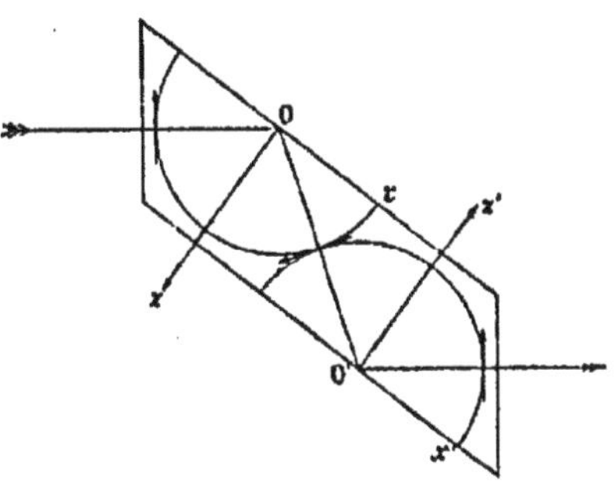

Fig. 121.

Elle est dirigée dans le sens même de la vibration incidente.

Le retard relatif de la vibration réelle est donc :

$$2(\pi-\varepsilon)=2\pi-2\varepsilon\,;$$

elle subit une avance de 2ε, soit environ 90°.

Si la vibration incidente est pour celui qui la reçoit dans le quadrant inférieur droit, et à 45° du plan de symétrie, elle est *circulaire gauche* à l'émergence.

On obtient donc le même sens de rotation pour une ou pour deux réflexions; cela tient à ce que, pour une réflexion, il faut faire intervenir le π de retournement.

Il est clair qu'on peut construire des parallélipipèdes qui donnent un circulaire après 3, 4, ..., réflexions : c'est une affaire de calcul qui ne présente du reste aucune difficulté.

188. Application aux ondes électromagnétiques. — Les indices du soufre et de la paraffine sont supérieurs à $\sqrt{2}$ pour les vibrations hertziennes. Des prismes rectangles isocèles de ces substances réfléchissent totalement sur leur face hypoténuse les rayons qui tombent normalement sur l'une des faces de l'angle droit.

Les vibrations qui tombent, polarisées à 45° du plan d'incidence, sur un parallélipipède de soufre, sont polarisées circulairement après deux réflexions totales intérieures. Il faut trois réflexions totales sous un angle convenable quand on emploie un prisme de paraffine.

Pour les vérifications, on utilise la technique du § 40.

Ondes évanescentes.

Pour familiariser le lecteur avec l'emploi des équations de passage, reprenons la théorie de la réflexion en appliquant brutalement les conditions de passage, sans en simplifier *a priori* l'expression par l'hypothèse exacte *mais qu'on ne pouvait prévoir nécessaire,* de retards δ et δ' égaux à $\pm\pi$. Ce travail n'est pas inutile; il nous conduira à la notion très curieuse des ondes évanescentes que des expériences multiples et faciles à répéter nous forcent bien de ne pas négliger.

Il présente le second avantage de montrer comment s'introduisent les lois élémentaires de la réflexion et de la réfraction comme nécessités analytiques.

189. **Équations de condition.** — Dans les milieux isotropes, il importe peu de considérer le déplacement ou la force électrique qui sont proportionnels et dont les directions coïncident. Nous expliciterons ce dernier vecteur.

Pour la disposition des axes, on se reportera à la figure 123; les axes y sont à droite, suivant nos conventions générales.

La force incidente a pour équations :

$$(P_1,\ Q_1,\ R_1) = (p_1,\ q_1,\ r_1)\exp i\left[\omega t - (\alpha x + \gamma z)\right]. \qquad (1)$$

La force réfléchie a pour équations :

$$(P'_1,\ Q'_1,\ R'_1) = (p'_1,\ q'_1,\ r'_1)\exp i\left[\omega t - (\alpha x + \gamma' z)\right]. \qquad (2)$$

La force réfractée a pour équations :

$$(P_2,\ Q_2,\ R_2) = (p_2,\ q_2,\ r_2)\exp i\left[\omega t - (\alpha x + \gamma'' z)\right]. \qquad (3)$$

Les quantités $p, q, r,$ sont généralement imaginaires et contiennent les différences de phase qui peuvent être introduites par réflexion ou réfraction.

Les équations de condition sont, pour $z=0$:

$$K_1(R_1 + R'_1) = K_2 R_2,$$

$$P_1 + P'_1 = P_2, \qquad Q_1 + Q'_1 = Q_2,$$

$$\frac{\partial(R_1 + R'_1)}{\partial y} - \frac{\partial(Q_1 + Q'_1)}{\partial z} = \frac{\partial R_2}{\partial y} - \frac{\partial Q_2}{\partial z},$$

$$\frac{\partial(P_1 + P'_1)}{\partial z} - \frac{\partial(R_1 + R'_1)}{\partial x} = \frac{\partial P_2}{\partial z} - \frac{\partial R_2}{\partial x}.$$

La troisième condition rotationnelle ne donne rien de plus; en effet, les composantes totales P et Q étant identiques dans les deux milieux pour tous les points du plan $z=0$, leurs dérivées par rapport à x et à y le sont nécessairement aussi.

La permanence du phénomène nécessite que les coefficients de t soient les mêmes dans les neuf équations (1), (2), (3). Pour $z=0$, les équations de continuité entraînent l'égalité des coefficients de x.

C'est en vertu de ces remarques que nous avons posé *par anticipation* les équations (1), (2), (3), sous la forme où elles se trouvent.

Les équations indéfinies aux dérivées partielles doivent être satisfaites isolément pour chaque mouvement. D'où les conditions (§ 3) :

$$K\frac{\partial^2}{\partial t^2}(P,\ Q,\ R)=\Delta(P,\ Q,\ R).$$

$$K_1\omega^2=\alpha^2+\gamma^2, \qquad K_1\omega^2=\alpha^2+\gamma'^2, \qquad K_2\omega^2=\alpha^2+\gamma''^2.$$

La comparaison des deux premières équations donne :

$$\gamma^2=\gamma'^2, \qquad \gamma'=\pm\gamma.$$

La solution $\gamma=\gamma'$ ne convient pas, parce que l'onde réfléchie serait parallèle à l'onde incidente. Il faut donc poser $\gamma=-\gamma'$. Cela veut dire que *les normales aux ondes incidente et réfléchie ont pour bissectrice l'axe* Ox *: les angles d'incidence et de réflexion sont égaux.*

On a nécessairement, puisque l'onde réfléchie existe toujours et n'est pas absorbée par hypothèse :

$$\sin i=\frac{\alpha}{\sqrt{\alpha^2+\gamma^2}}=\frac{\alpha}{\omega\sqrt{K_1}}, \qquad \cos i=\frac{\gamma}{\omega\sqrt{K_1}}.$$

Quand γ'' *est entièrement réel,* c'est-à-dire quand la réflexion n'est pas totale, on a de même :

$$\sin r=\frac{\alpha}{\omega\sqrt{K_2}}, \qquad \cos r=\frac{\gamma''}{\omega\sqrt{K_2}},$$

$$\frac{\sin i}{\sin r}=\frac{\sqrt{K_2}}{\sqrt{K_1}}.$$

C'est la loi de Descartes.

Soit n_1 et n_2 les indices dans les deux milieux. On a :

$$n_1\sin i=n_2\sin r, \qquad \frac{n_1}{\sqrt{K_1}}=\frac{n_2}{\sqrt{K_2}}.$$

C'est la relation de Maxwell.

On a généralement, *même lorsque* γ'' *n'est plus réel :*

$$\gamma''^2=K_2\omega^2-K_1\omega^2\sin^2 i, \qquad \gamma''=\omega\sqrt{K_2}\sqrt{1-\sin^2 i\frac{K_1}{K_2}};$$

i, K_1 et K_2 étant toujours réels, si γ'' n'est pas entièrement réel, γ'' est entièrement imaginaire.

190. Équations de passage. Ondes évanescentes. — Nous retrouvons donc les lois de la réflexion et de la réfraction. Introduisons maintenant les conditions de passage dans le cas où γ'' est réel. Nous retrouvons les formules précédemment calculées.

Nous engageons le lecteur à continuer les calculs; ils sont trop simples pour que nous insistions. Nous reviendrons d'ailleurs sur la réflexion totale au § 225. Nous allons seulement nous placer dans le cas de la réflexion totale et *calculer la vibration réfractée :* nous supposerons (pour prendre le cas où les calculs sont les plus rapides) que la vibration incidente est normale au plan d'incidence.

Les équations de continuité sont pour $z=0$:

$$q_1+q'_1=q_2, \qquad \gamma(q_1-q'_1)=\gamma''q_2,$$

auxquelles il faut joindre la condition :

$$\gamma''=\omega\sqrt{K_2}\sqrt{1-\sin^2 i\frac{K_1}{K_2}}=\frac{2\pi}{\lambda_2}\sqrt{1-\sin^2 i\frac{K_1}{K_2}}.$$

Appelons n l'indice du milieu dans lequel se fait la réflexion, par rapport au milieu opposé :

$$n^2=K_1 : K_2, \qquad \gamma''=\frac{2\pi}{\lambda^2}\sqrt{1-n^2\sin^2 i}.$$

Dans le cas de la réflexion dans l'air sur le verre $(n<1)$, γ'' est sûrement réel.

Dans le cas de la réflexion dans le verre sur l'air $(n>1)$, γ est réel quand i est assez petit. Mais pour i assez grand, il y a réflexion totale, γ'' *est complètement imaginaire*. Posons alors :

$$\gamma''=\gamma_1\sqrt{-1}=\frac{2\pi}{\lambda_2}\sqrt{n^2\sin^2 i-1}\,\sqrt{-1}.$$

Dans l'air, la vibration réfractée *parfaitement réelle* prend la forme :

$$(P_2, Q_2, R_2)=(p_2, q_2, r_2)\,e^{-\gamma_1 z}\cos(\omega t-\alpha x).$$

C'est ce qu'on appelle une *onde évanescente*.

Sa direction de propagation est parallèle à la surface réfringente; le mouvement est rapidement amorti normalement à cette surface. Le coefficient d'extinction est γ_1. Pour peu que i diffère de l'angle limite, $2\pi\sqrt{n^2\sin^2 i-1}$ devient relativement grand; le mouvement est insensible à une fraction de longueur d'onde de la surface réfringente.

L'énergie de cette onde est d'ailleurs négligeable.

191. Expériences de vérification. — On calculerait aisément les amplitudes p_2, q_2, r_2. Indépendamment de la forme même de l'onde évanescente, il est essentiel de prouver que le *second milieu participe au phénomène de la réflexion totale*.

Deux prismes rectangulaires P, P, légèrement bombés sur les

faces hypoténuses (la figure 122 exagère beaucoup le relief) sont accolés par ces faces. Un faisceau F de rayons parallèles, pénétrant par une face de l'angle droit, fait avec la face hypoténuse un angle supérieur à l'angle limite. La lumière pénètre alors jusqu'à une certaine profondeur dans la lame mince d'air qui sépare les prismes. Si elle rencontre le second prisme avant d'avoir atteint la profondeur limite (variable avec la coloration, l'incidence, l'intensité de la lumière), elle y pénètre avec toutes les propriétés de la lumière ordinaire et comme si elle avait traversé une lame à faces parallèles. Il y aura donc, à cause de la convexité des faces, comme un trou lumineux T dont l'éclairement diminue insensiblement avec la distance au centre et dont les dimensions font connaître la profondeur limite de pénétration. L'expérience est si nette qu'on peut aisément la projeter.

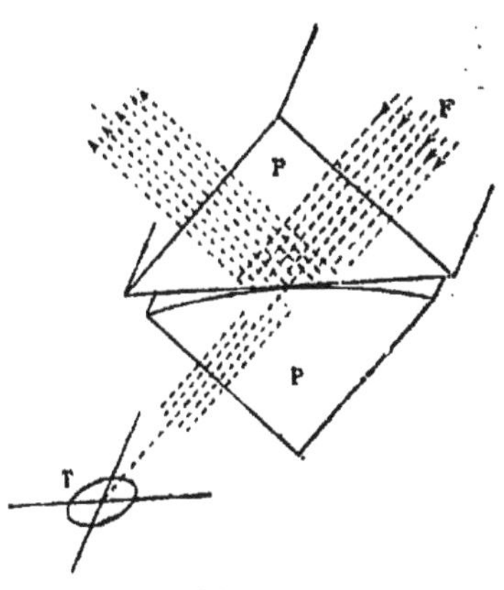

Fig. 122.

Elle réussit même avec les ondes hertziennes : si on approche les faces hypoténuses de deux prismes de soufre par exemple, la réflexion totale cesse dès qu'ils sont à une distance d'environ une demi-longueur d'onde. Comme la longueur d'onde est ici beaucoup plus grande, il n'est pas nécessaire d'utiliser des faces bombées pour connaître leur distance.

Ainsi est démontré le rôle du second milieu. On doit admettre que cette onde évanescente ne se propage pas au sens propre du mot; il faut la considérer comme un mouvement stationnaire, auquel nous pouvons conserver le nom d'onde et qui n'existe que jusqu'à une certaine profondeur. Son existence est indispensable pour qu'il y ait réflexion totale; si nous la supprimons par l'approche d'un autre corps, la réflexion totale n'a plus lieu. Ce n'est pas l'énergie (nulle d'après la théorie) de l'onde évanescente que nous recueillons; c'est le phénomène entier que nous modifions.

Les équations de passage ne peuvent plus être satisfaites.

Réflexion sur les corps cristallisés transparents.

192. Notations et conditions de continuité. — Les conditions de continuité sont les mêmes que pour les corps isotropes; leur traduction analytique diffère seule. Les voici :

1° continuité du déplacement électrique normalement à la surface réfringente;

2° continuité de la force électrique tangentiellement à cette surface;

3° et 4° continuité complète de la force magnétique.

Nous savons (§ 84 et 85) que:

le vecteur magnétique vaut $4\pi V$ fois le déplacement;

le vecteur électrique a pour composantes : suivant le déplacement, $4\pi V^2$ fois le déplacement; suivant la normale à l'onde, $4\pi V^2 \operatorname{tg} \varepsilon$ fois le déplacement.

Pour écrire les conditions, rapportons les vecteurs à trois axes (fig. 123). Soit PO la normale à l'onde incidente située dans le plan

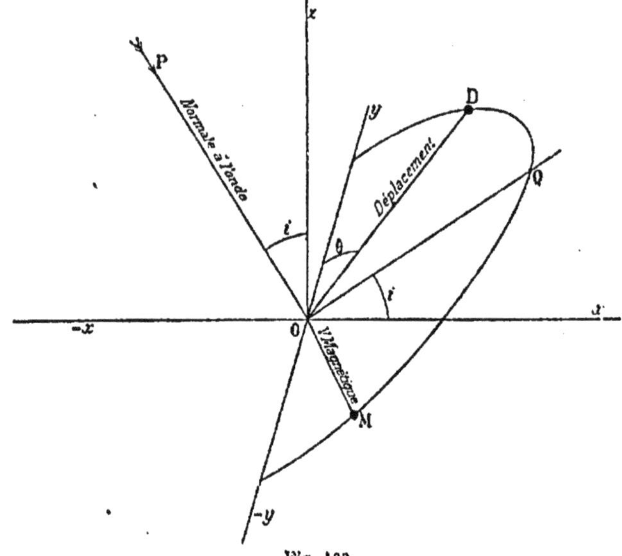

Fig. 123.

xOz et faisant avec l'axe Oz l'angle i. Le plan d'onde est DQMO. Le déplacement est en OD, la force magnétique en OM (§ 12). Posons :

$$\widehat{yOD} = \theta.$$

Écrivons pour toutes les ondes les cosinus des angles des vecteurs OD et OM avec les axes.

DÉPLACEMENTS.

Onde incidente :

$$\cos Dx = \sin\theta \cos i, \qquad \cos Dy = \cos\theta, \qquad \cos Dz = \sin\theta \sin i.$$

Onde réfléchie :

$$-\sin\theta'\cos i', \qquad \cos\theta', \qquad \sin\theta'\sin i'.$$

Ondes réfractées :

$$\sin\theta_1\cos r_1 \qquad \cos\theta_1, \qquad \sin\theta_1\sin r_1.$$

FORCES MAGNÉTIQUES.

Onde incidente :

$$\cos Mx = \cos\theta\cos i, \qquad \cos My = -\sin\theta, \qquad \cos Mz = \cos\theta\sin i.$$

Onde réfléchie :

$$-\cos\theta'\cos i', \qquad -\sin\theta', \qquad \cos\theta'\sin i'.$$

Ondes réfractées :

$$\cos\theta_1\cos r_1, \qquad -\sin\theta_1, \qquad \cos\theta_1\sin r_1.$$

Il y a généralement deux ondes réfractées qui seront notées 1 et 2 en indices.

193. **Réflexion extérieure ; le corps dans lequel se fait l'incidence est isotrope.** — Il suffit, pour les applications, de considérer des cas particuliers. Le plus important est celui où *la lumière est d'abord dans un milieu isotrope et tombe sur un cristal. Il y a un rayon réfléchi et deux réfractés. L'angle de réflexion est égal à l'angle d'incidence,* $i = i'$; nous savons que le fait n'est pas général (§ 111).

Voici les équations de continuité ; $\mathfrak{D}$ est le déplacement pour le rayon incident, $\mathfrak{D}'$ pour le rayon réfléchi, $\mathfrak{D}_1$ et $\mathfrak{D}_2$ pour les rayons réfractés.

1° *Continuité du déplacement.*

$$\mathfrak{D}\cos Dz + \mathfrak{D}'\cos D'z = \mathfrak{D}_1\cos D_1 z + \mathfrak{D}_2\cos D_2 z = \sum\mathfrak{D}_1\cos D_1 z. \quad (1)$$

2° *Continuité de la force électrique.* — Pour écrire l'équation, il ne faut pas oublier que des deux composantes de la force (§ 84), l'une est dirigée suivant la normale à l'onde réfractée et par conséquent comprise dans le plan zOx; elle ne peut donner de composante suivant Oy. Elle en donne une suivant Ox.

$$\mathfrak{D}V^2\cos Dx + \mathfrak{D}'V^2\cos D'x = \sum\mathfrak{D}_1 V_1^2(\cos D_1 x + \operatorname{tg}\varepsilon_1\sin r_1), \quad (2)$$

$$\mathfrak{D}V^2\cos Dy + \mathfrak{D}'V^2\cos D'y = \sum\mathfrak{D}_1 V_1^2\cos D_1 y. \quad (3)$$

3° et 4° *Continuité de la force magnétique.*

$$\mathfrak{D}V\cos Mz + \mathfrak{D}'V\cos M'z = \sum\mathfrak{D}_1 V_1\cos M_1 z, \quad (4)$$

$$\mathfrak{D}V\cos Mx + \mathfrak{D}'V\cos M'x = \sum\mathfrak{D}_1 V_1\cos M_1 x, \quad (5)$$

$$\mathfrak{D}V\cos My + \mathfrak{D}'V\cos M'y = \sum\mathfrak{D}_1 V_1\cos M_1 y. \quad (6)$$

Enfin d'après la loi générale de la réfraction des ondes planes (§ 102), on a :

$$\frac{V}{\sin i}=\frac{V_1}{\sin r_1}=\frac{V_2}{\sin r_2}. \qquad (7)$$

Remplaçons les cosinus par leurs valeurs. On vérifie immédiatement que les équations (1) et (6) d'une part, (3) et (4) de l'autre sont identiques.

Il reste quatre équations :

$$(\mathcal{D}\sin\theta+\mathcal{D}'\sin\theta')\sin i=\sum\mathcal{D}_1\sin r_1\sin\theta_1, \qquad (1)$$

$$(\mathcal{D}\sin\theta-\mathcal{D}'\sin\theta')\sin^2 i\cos i=\sum\mathcal{D}_1(\cos r_1\sin\theta_1+\sin r_1\operatorname{tg}\varepsilon_1)\sin^2 r_1, \qquad (2)$$

$$(\mathcal{D}\cos\theta+\mathcal{D}'\cos\theta')\sin^2 i=\sum\mathcal{D}_1\cos\theta_1\sin^2 r_1, \qquad (3)$$

$$(\mathcal{D}\cos\theta-\mathcal{D}'\cos\theta')\sin i\cos i=\sum\mathcal{D}_1\cos\theta_1\sin r_1\cos r_1. \qquad (5)$$

Nous savons que le carré du vecteur $V\mathcal{D}$ représente l'intensité (§ 161). Introduisons dans les équations le vecteur proportionnel :

$$I=\mathcal{D}\sin i.$$

Les équations prennent la forme particulièrement simple :

$$I\sin\theta+I'\sin\theta'=I_1\sin\theta_1+I_2\sin\theta_2, \qquad (1)$$

$$(I\sin\theta-I'\sin\theta')\sin 2i=\sum I_1(\sin\theta_1\sin 2r_1+2\sin^2 r_1\operatorname{tg}\varepsilon_1), \qquad (2)$$

$$(I\cos\theta+I'\cos\theta')\sin i=I_1\cos\theta_1\sin r_1+I_2\cos\theta_2\sin r_2, \qquad (3)$$

$$(I\cos\theta-I'\cos\theta')\cos i=I_1\cos\theta_1\cos r_1+I_2\cos\theta_2\cos r_2. \qquad (5)$$

On utilise quelquefois un vecteur parallèle au déplacement, et satisfaisant aux relations :

$$\mathfrak{J}=\mathcal{D}\sin^2 i, \qquad \mathfrak{J}_1=\mathcal{D}_1\sin^2 r_1.$$

On retombe (aux conventions de signes près) sur les équations souvent utilisées en France, et en particulier par Potier.

194. Directions uniradiales. — On peut choisir l'azimut de polarisation de la lumière incidente de manière qu'un des faisceaux réfractés disparaisse (§ 103). Les directions du déplacement incident sont dites uniradiales. Cherchons les conditions à satisfaire.

Posons $I_2=0$. Multiplions (1) par $\sin 2i$ et additionnons avec (2) :

$$2I\sin\theta\sin 2i=I_1[\sin\theta_1(\sin 2i+\sin 2r_1)+2\sin^2 r_1\operatorname{tg}\varepsilon_1].$$

Multiplions (3) par $\cos i$, (5) par $\sin i$ et additionnons :

$$2I\cos\theta\sin 2i=I_1\,.\,2\cos\theta_1\sin(i+r_1).$$

On a : $\sin 2i+\sin 2r_1=2\sin(i+r_1)\cos(i-r_1).$

D'où :

$$\operatorname{tg}\theta=\cos(i-r_1)\operatorname{tg}\theta_1+\frac{\sin^2 r_1\operatorname{tg}\varepsilon}{\cos\theta_1\sin(i+r_1)}. \qquad (6)$$

Procédant de manière analogue, on trouve :

$$2I' \sin \theta' \sin 2i = I_1 \left[\sin \theta_1 (\sin 2i - \sin 2r_1) - 2 \sin^2 r_1 \operatorname{tg} \varepsilon\right],$$

$$2I' \cos \theta' \sin 2i = I_1 \,.\, 2 \cos \theta_1 \sin (r_1 - i).$$

On a : $\sin 2i - \sin 2r_1 = 2 \sin (i - r_1) \cos (i + r_1).$

D'où :

$$\operatorname{tg} \theta' = -\cos (i + r_1) \operatorname{tg} \theta_1 + \frac{\sin^2 r_1 \operatorname{tg} \varepsilon}{\cos \theta_1 \sin (i - r_1)}. \qquad (7)$$

Cas particuliers.

1° Si la réflexion a lieu sur un milieu isotrope, toute direction est évidemment uniradiale. On a $\varepsilon = 0$. Les équations précédentes deviennent :

$$\operatorname{tg} \theta = \cos (i - r) \operatorname{tg} \theta_1, \qquad (5')$$

$$\operatorname{tg} \theta' = -\cos (i + r) \operatorname{tg} \theta_1. \qquad (6')$$

Et en divisant membre à membre :

$$\operatorname{tg} \theta' = -\operatorname{tg} \theta \frac{\cos (i + r)}{\cos (i - r)}.$$

Ce sont, aux notations près, les relations des §§ 166 et 167.

Il faut poser : $\theta + \alpha = \frac{\pi}{2}, \qquad -\theta' + \alpha' = \frac{\pi}{2};$

$$\operatorname{tg} \theta = \operatorname{cotg} \alpha, \qquad \operatorname{tg} \theta' = -\operatorname{cotg} \alpha'.$$

2° Quand la réflexion a lieu sur un cristal *uniaxe* et quand on conserve le *rayon ordinaire*, on a encore $\varepsilon = 0$. Les formules prennent encore la forme simple écrite ci-dessus.

195. Théorème de Mac Cullagh.

Pour toutes les directions uniradiales, les trois vecteurs magnétiques des ondes incidente, réfléchie et réfractée sont dans le même plan.

Substituons dans les équations (1), (3) et (5) du § 193 les valeurs des cosinus des angles que le vecteur magnétique fait avec les axes. *Il est unique par hypothèse dans le second milieu.* Les équations deviennent :

$$I \cos My + I' \cos M'y - I_1 \cos M_1 y = 0,$$

$$I \cos Mz + I' \cos M'z - I_1 \cos M_1 z = 0,$$

$$I \cos Mx + I' \cos M'x - I_1 \cos M_1 x = 0.$$

Ces équations étant sûrement compatibles, on a :

$$\begin{vmatrix} \cos My & \cos M'y & \cos M_1 y \\ \cos Mz & \cos M'z & \cos M_1 z \\ \cos Mx & \cos M'x & \cos M_1 x \end{vmatrix} = 0.$$

Les équations :

$$A \cos Mx + B \cos My + C \cos Mz = 0,$$

$$A \cos M'x + B \cos M'y + C \cos M'z = 0,$$

$$A \cos M_1 x + B \cos M_1 y + C \cos M_1 z = 0,$$

sont donc également compatibles : elles expriment que les trois vecteurs magnétiques sont dans le même plan :

$$Ax + By + Cz = 0.$$

Les paramètres A, B, C, sont fonction de la position de la normale à l'onde incidente.

196. **Incidence normale.** — Il existe évidemment alors *deux directions uniradiales rectangulaires.* Construisons l'ellipsoïde des indices en lui donnant comme centre un point de la face réfléchissante. Les directions uniradiales sont parallèles aux axes de l'ellipse d'intersection de l'ellipsoïde par cette face. Les plans normaux à la face et passant par ces directions sont les *sections principales* de la face. Nous avons souvent utilisé cette proposition (tome IV, § 234). Les directions uniradiales sont caractérisées par les indices n_1 et n_2 (proportionnels aux axes de l'ellipse d'intersection envisagée ci-dessus). On a :

$$\lim (\sin i : \sin r) = n_1 \text{ ou } n_2, \qquad \text{pour} \quad i = 0.$$

On déduit immédiatement des équations (6) et (7) du § 194, dans lesquelles on fait $i = r = 0$, la condition :

$$\text{tg}\, \theta = - \text{tg}\, \theta', \qquad \theta + \theta' = \pi ;$$

la vibration réfléchie est dans la même direction que la vibration incidente, mais retournée bout pour bout. Il faut en effet remarquer que, d'après nos conventions de signes, quand les ondes viennent s'appliquer sur le plan xOy, l'angle θ est compté positivement *à droite et à gauche* de Oy.

$\text{tg}\, \varepsilon$ n'est généralement pas nul ; le rapport $\sin^2 r_1 : \sin(i + r_1)$ prend la forme 0 : 0, mais tend évidemment vers 0. Il vient en définitive $\theta_1 = 0$; ce qui était évident *a priori.*

197. **Principe du retour des rayons.** — Il nous est impossible de développer les conséquences de la théorie de la réflexion cristalline. Nous énoncerons seulement le principe du retour des rayons auquel elle satisfait complètement.

Voici un de ses énoncés. Faisons tomber sur un cristal de la lumière polarisée par un nicol A. D'après nos hypothèses, elle est encore rectiligne après réflexion. Recevons-la sur un nicol B disposé de manière à l'éteindre. Réciproquement, si la lumière incidente passe par B et part dans la direction précédemment suivie par la lumière réfléchie, elle est éteinte par A.

Ce principe est satisfait par la théorie précédente dans tous les cas, qu'il s'agisse de réflexions ou de réfractions, que la réflexion se fasse dans un milieu isotrope sur un milieu cristallisé, ou dans un milieu cristallisé sur un autre milieu quelconque.

CHAPITRE VIII

THÉORIE ÉLECTROMAGNÉTIQUE DES CORPS ABSORBANTS

Propagation dans les corps absorbants isotropes.

198. **Théorie de Maxwell pour les milieux absorbants isotropes.** — Si le milieu sur lequel la lumière se réfléchit devient conducteur, les équations (1) du § 1 sont incomplètes.

Appelons C la conductibilité; il faut poser :

$$
\begin{aligned}
4\pi u &= 4\pi CP + K\frac{\partial P}{\partial t} = \frac{\partial Z}{\partial y} - \frac{\partial Y}{\partial z},\\
4\pi v &= 4\pi CQ + K\frac{\partial Q}{\partial t} = \frac{\partial X}{\partial z} - \frac{\partial Z}{\partial x}, \qquad (1)\\
4\pi w &= 4\pi CR + K\frac{\partial R}{\partial t} = \frac{\partial Y}{\partial x} - \frac{\partial X}{\partial y}.
\end{aligned}
$$

C'est dire qu'au courant de déplacement de Maxwell s'ajoute un courant au sens ordinaire du mot. Les équations (1) sont ce que nous sommes convenus d'appeler les *relations d'Ampère*.

Les *relations de Faraday* conservent la même forme que pour les diélectriques parfaits :

$$
\begin{aligned}
-\mu\frac{\partial X}{\partial t} &= \frac{\partial R}{\partial y} - \frac{\partial Q}{\partial z},\\
-\mu\frac{\partial Y}{\partial t} &= \frac{\partial P}{\partial z} - \frac{\partial R}{\partial x}, \qquad (2)\\
-\mu\frac{\partial Z}{\partial t} &= \frac{\partial Q}{\partial x} - \frac{\partial P}{\partial y}.
\end{aligned}
$$

Nous devons poser (§ 3) :

$$
\theta = \frac{\partial X}{\partial x} + \frac{\partial Y}{\partial y} + \frac{\partial Z}{\partial z} = 0, \qquad \Theta = \frac{\partial P}{\partial x} + \frac{\partial Q}{\partial y} + \frac{\partial R}{\partial z} = 0. \qquad (3)
$$

Substituons dans les équations (1) les valeurs de X, Y, Z, tirées de (2); utilisons les relations (3); il reste les équations indéfinies de propagation dans le milieu absorbant 2 :

$$4\pi\mu C \frac{\partial P}{\partial t} + \mu K_2 \frac{\partial^2 P}{\partial t^2} = \Delta P,$$

$$4\pi\mu C \frac{\partial Q}{\partial t} + \mu K_2 \frac{\partial^2 Q}{\partial t^2} = \Delta Q, \qquad (4)$$

$$4\pi\mu C \frac{\partial R}{\partial t} + \mu K_2 \frac{\partial^2 R}{\partial t^2} = \Delta R,$$

qui sont les équations (4) du § 3 complétées par un terme amortissant.

199. **Cas particulier de propagation.** — Pour préciser nos idées sur la propagation dans un milieu conducteur, c'est-à-dire absorbant, considérons *le cas particulier* d'une onde plane pour laquelle le plan d'absorption Φ' (§ 10) est parallèle au plan d'onde Φ.

Prenons l'axe des z comme direction de propagation et soit :

$$q_2 \exp i(\omega t - \gamma'' z),$$

l'expression symbolique du mouvement. Posons :

$$\gamma'' = \gamma_1 - i\gamma_2.$$

Admettons q_2 réel, ce qui ne change rien à la généralité du mouvement, puisque nous sommes libres de choisir l'origine des temps. La partie réelle du mouvement devient :

$$q_2 e^{-\gamma_2 z} \cos(\omega t - \gamma_1 z);$$

l'onde est bien amortie et se propage avec une vitesse V_2 et une longueur d'onde λ_2 :

$$V_2 = \frac{\omega}{\gamma_1}, \qquad \lambda_2 = \frac{2\pi}{\gamma_1}, \qquad T = \frac{\lambda_2}{V_2} = \frac{2\pi}{\omega}.$$

Substituons le mouvement dans l'équation indéfinie de propagation (4) du paragraphe précédent. Il vient la condition :

$$i \cdot 4\pi\mu C\omega - \mu K_2 \omega^2 = -\gamma''^2 = -(\gamma_1 - i\gamma_2)^2,$$

qui se dédouble :

$$\mu K_2 \omega^2 = \gamma_1^2 - \gamma_2^2, \qquad 2\pi C\mu\omega = \gamma_1\gamma_2.$$

Le coefficient d'absorption est donc :

$$\gamma_2 = 2\pi\mu C V_2.$$

Exprimons-le en fonction des caractéristiques K_2 et C du milieu :

$$\gamma_2^4 + \gamma_2^2 \mu K_2 \omega^2 = 4\pi^2\mu^2 C^2 \omega^2.$$

Si la conductibilité est très grande vis-à-vis du pouvoir inducteur spécifique, il reste :

$$\gamma_2 = \sqrt{2\pi\mu\omega}\,\sqrt{C}.$$

Pour une vibration de période donnée, le coefficient d'absorption est proportionnel à la racine carrée de la conductibilité.

Le cas particulier que nous venons de traiter est réalisé quand l'onde passe *normalement* d'un milieu transparent dans un milieu absorbant.

200. Cas général de propagation. — Mais, *au contraire du milieu transparent,* le milieu absorbant isotrope peut transmettre *dans toutes les directions* une infinité d'ondes de *constitutions différentes.*

Supposons en effet que le plan d'onde Φ et le plan d'absorption Φ' (§ 10) ne soient plus confondus.

Choisissons encore le *plan d'absorption* Φ' normal à l'axe des z. Nous pouvons mettre la partie variable du mouvement sous la forme :

$$\exp i\left[\omega t-(\alpha x+\gamma'' z)\right],$$

qui devient en posant : $\gamma''=\gamma_1-i\gamma_2$,

$$\exp\left\{-\gamma_2 z+i\left[\omega t-(\alpha x+\gamma_1 z)\right]\right\}.$$

La partie réelle de cette expression est :

$$\exp(-\gamma_2 z)\cos\left[\omega t-(\alpha x+\gamma_1 z)\right].$$

Substituons ce mouvement dans les équations indéfinies de propagation. Il vient la condition :

$$i\,.\,4\pi\mu C\omega-\mu K_s\omega^2=-\alpha^2-(\gamma_1-i\gamma_2)^2.$$

Elle se dédouble en deux :

$$\mu K_s\omega^2=\alpha^2+\gamma_1^2-\gamma_2^2,\qquad 2\pi\mu C\omega=\gamma_1\gamma_2.$$

Le paramètre ω définit la période du mouvement; par rapport aux phénomènes qui nous occupent, le milieu est donc complètement caractérisé par les deux constantes :

$$\mu K_s,\qquad 2\pi\mu C.$$

Par suite l'une des quantités γ_1, γ_2, α, est arbitraire.

Le milieu isotrope absorbant peut propager dans toutes les directions une infinité d'ondes planes de constitutions diverses.

Elles sont caractérisées par l'angle (Φ, Φ') que font les normales aux plans d'onde Φ et d'absorption Φ' (§ 10); on a :

$$\cos(\Phi,\Phi')=\frac{\gamma_1}{\sqrt{\alpha^2+\gamma_1^2}}.$$

La vitesse de propagation et le coefficient d'absorption sont fonction de cet angle.

Ces considérations sont fondamentales.

Nous trouverons (§ 214) que l'indice de réfraction dans un métal dépend de l'incidence; résultat étrange pour le lecteur non prévenu.

L'explication est simple.

Toutes les directions dans un métal sont bien identiques, du moins s'il n'est pas cristallisé. Mais la constitution de l'onde réfractée dépend de l'angle de l'incidence. Nous verrons que le plan d'absorption Φ' est toujours parallèle au plan réfringent; le plan de l'onde est plus ou moins incliné sur le plan réfringent. La vitesse de propagation est donc variable, non pas à cause de la direction de propagation, mais bien à cause de la variété des ondes transmises.

201. Conditions générales à satisfaire dans la réfraction. — Prenons l'axe des z normal à la surface réfringente et le plan zOx comme plan d'incidence.

Nous avons à considérer trois mouvements, incident, réfléchi, réfracté, entre lesquels il s'agit d'établir des conditions de continuité. Mais, *quelle que soit la forme de ces conditions*, il y a des conditions générales à satisfaire que nous devons mettre en évidence.

D'abord *par raison de symétrie*, la partie variable du mouvement ne doit pas contenir y; elle sera donc de la forme *symbolique :*

$$\exp i\left[\omega t-(\alpha x+\Gamma z)\right].$$

Ensuite, il faut écrire des relations sur le plan de séparation $z=0$, *à satisfaire identiquement*, c'est-à-dire quels que soient t et x. Il faut donc que les coefficients de t et de x soient les mêmes. Ainsi sont justifiées les formes admises au § 189 :

vibration incidente :

$$(P_1,\ Q_1,\ R_1)=(p_1,\ q_1,\ r_1)\exp i\left[\omega t-(\alpha x+\gamma z)\right];$$

vibration réfléchie :

$$(P'_1,\ Q'_1,\ R'_1)=(p'_1,\ q'_1,\ r'_1)\exp i\left[\omega t-(\alpha x-\gamma z)\right];$$

vibration réfractée :

$$(P_2,\ Q_2,\ R_2)=(p_2,\ q_2,\ r_2)\exp i\left[\omega t-(\alpha x+\gamma'' z)\right].$$

Exprimons maintenant que dans les deux milieux les mouvements satisfont aux équations indéfinies; nous poserons partout : $\mu=1$.

Dans le premier milieu on a (§ 189) :

$$K_1\omega^2=\alpha^2+\gamma^2,$$

$$\sin i=\frac{\alpha}{\sqrt{\alpha^2+\gamma^2}}=\frac{\alpha}{\omega\sqrt{K_1}},\qquad \cos i=\frac{\gamma}{\omega\sqrt{K_1}}.$$

Dans le second milieu on a :

$$i.4\pi C\omega-K_2\omega^2=-\alpha^2-\gamma''^2. \tag{1}$$

Nous poserons :

$$\gamma''=\omega\sqrt{K_1}\,(n-iq), \tag{2}$$

$$n_0^2-q_0^2=\frac{K_2}{K_1},\qquad 2n_0q_0=\frac{4\pi C}{\omega K_1}. \tag{3}$$

En définitive, nous remplaçons les paramètres K_1, K_2 et C par les paramètres n_0, q_0, qui suffisent pour le problème actuel.

Substituons à γ'' sa valeur dans (1); il vient :

$$(n - iq)^2 = (n_0 - iq_0)^2 - \sin^2 i; \tag{4}$$

$$n^2 - q^2 = n_0^2 - q_0^2 - \sin^2 i, \qquad nq = n_0 q_0;$$

$$2n^2 = (n_0^2 - q_0^2 - \sin^2 i) + \sqrt{(n_0^2 - q_0^2 - \sin^2 i)^2 + 4n_0^2 q_0^2}\ ;$$

$$2q^2 = -(n_0^2 - q_0^2 - \sin^2 i) + \sqrt{(n_0^2 - q_0^2 - \sin^2 i)^2 + 4n_0^2 q_0^2}\ .$$

Ces formules fondamentales sont dues à Cauchy. Bien entendu elles ne constituent pas encore une théorie complète de la réflexion métallique. Elles fournissent seulement, dans le cas des corps absorbants, l'équivalent des lois de Descartes pour les corps transparents.

202. Indice de réfraction imaginaire. — Nous verrons plus loin que *tout se passe dans la réfraction métallique comme si les métaux étaient caractérisés par un indice de réfraction constant imaginaire.* Précisons le sens de cette proposition et définissons cet indice.

On a dans les milieux transparents (§ 189) :

$$\text{indice de réfraction} = \mu = \frac{\sin i}{\sin \rho} = \frac{\sqrt{\alpha^2 + \gamma''^2}}{\sqrt{\alpha^2 + \gamma^2}}.$$

Conservons cette définition *analytique* dans les métaux. Il vient, d'après les relations précédemment démontrées :

$$\mu^2 = \sin^2 i + (n - iq)^2 = (n_0 - iq_0)^2, \qquad \mu = n_0 - iq_0.$$

Or n_0 et q_0 sont des constantes. On a :

$$\mu^2 = n_0^2 - q_0^2 - 2in_0q_0 = \frac{K_2}{K_1} - i\frac{4\pi C}{\omega K_1}.$$

Les relations (3) *du paragraphe précédent imposent que la partie réelle de* μ^2 *soit positive et que sa partie imaginaire soit négative.* Il semble bien qu'il n'en est pas toujours ainsi, ce qui est une grave objection à la Théorie de Maxwell proprement dite. Disons tout de suite que la Théorie des ions permet de la généraliser.

On obtient le même résultat (existence d'un indice constant imaginaire) par une méthode plus générale dont nous trouverons d'importantes applications.

Considérons un mouvement périodique sinusoïdal :

$$(P, Q, R) = (p, q, r)\exp(i\omega t).$$

En appliquant les formules indéfinies (1) du § 198, nous avons immédiatement en chaque point du milieu :

$$\frac{\partial P}{\partial t} = i\omega P, \qquad P = \frac{1}{i\omega}\frac{\partial P}{\partial t},$$

$$4\pi CP + K\frac{\partial P}{\partial t} = \left(\frac{4\pi C}{i\omega} + K\right)\frac{\partial P}{\partial t}.$$

Ainsi toutes les formules démontrées pour les milieux transparents et *pour les ondes sinusoïdales* seront *symboliquement* vraies pour les milieux absorbants, à la condition de leur supposer un pouvoir inducteur spécifique *imaginaire* :

$$\frac{4\pi C}{i\omega}+K.$$

Bien entendu les formules symboliques imaginaires devront être traitées comme d'habitude (§ 10); on tirera aisément l'amplitude et la phase du mouvement vibratoire.

Calculons l'indice de réfraction *symbolique* au passage du milieu 1 au milieu 2. Nous avons maintenant par définition :

$$\mu^2=\frac{1}{K_1}\left(\frac{4\pi C}{i\omega}+K_2\right)=\frac{K_2}{K_1}-i\frac{4\pi C}{\omega K_1};$$

c'est précisément le résultat obtenu ci-dessus.

Réflexion et transmission normales.

Avant de traiter le cas général, nous ferons la théorie pour l'incidence normale en développant les calculs. Le lecteur se familiarisera avec les quantités multiples qu'on est bien obligé d'introduire.

203. **Réflexion et réfraction sous l'incidence normale.** — Les trois ondes ont la forme :

$$q_1 \exp i(\omega t-\gamma z),\qquad q_1' \exp i(\omega t+\gamma z),\qquad q_2 \exp i(\omega t-\gamma'' z),$$

puisque $\alpha=0$, pour l'incidence normale.

Nous admettons que les conditions de continuité sont les mêmes pour la réflexion métallique que pour la réflexion vitreuse.

On a donc (§ 190) :

$$q_1+q_1'=q_2,\qquad \gamma(q_1-q_1')=\gamma'' q_2.$$

Pour l'incidence normale :

$$\gamma=\omega\sqrt{K_1},\qquad \gamma''=\omega\sqrt{K_1}\,(n_0-iq_0);$$

$$q_1'=q\,\frac{\gamma-\gamma''}{\gamma+\gamma''}=\frac{1-n_0+iq_0}{1+n_0-iq_0}=\frac{(1-n_0^2-q_0^2)+2iq_0}{(1+n_0)^2+q_0^2}.$$

Posons $q_1=1$; appelons a_0^2 l'intensité réfléchie; soit δ_0 le retard qui provient de la réflexion. On a (§ 10) :

$$a_0^2=\frac{(n_0-1)^2+q_0^2}{(n_0+1)^2+q_0^2},\qquad \operatorname{tg}\delta_0=\frac{2q_0}{n_0^2+q_0^2-1}.$$

Ces formules déterminent complètement la vibration réfléchie.

Passons à la vibration réfractée.

Le coefficient de z n'est plus entièrement imaginaire : une partie est réelle et joue le rôle de facteur amortissant. On a :

$$-i\gamma''=-i\omega\sqrt{K_1}\,(n_0-iq_0)\,; \qquad \omega\sqrt{K_1}=\frac{2\pi}{T}\sqrt{K_1}=\frac{2\pi}{\lambda_1},$$

où λ_1 est la longueur d'onde dans le premier milieu.

Le terme amortissant est donc :

$$\exp\left(-q_0\omega\sqrt{K_1}\,z\right)=\exp\left(-2\pi q_0\frac{z}{\lambda_1}\right);$$

q_0 s'appelle *coefficient d'extinction*. Quand le chemin z augmente d'une longueur d'onde, l'amplitude est diminuée dans le rapport :

$$1 : e^{2\pi q_0}=1 : \exp(2\pi q_0).$$

Par définition, la longueur d'onde λ_2 dans le second milieu *et pour le mode de propagation qui convient à l'onde résultant d'une réfraction normale*, est :

$$\frac{2\pi}{\lambda_2}=\omega\sqrt{K_1}\,n_0=\frac{2\pi}{\lambda_1}n_0, \qquad n_0=\frac{\lambda_1}{\lambda_2}\,;$$

n_0 joue le rôle d'indice de réfraction au sens ordinaire du mot.

204. Absorption des ondes hertziennes dans les milieux conducteurs. — Ainsi quand une onde pénètre normalement à la surface réfringente dans un milieu absorbant, le plan d'absorption Φ' et le plan d'onde Φ sont parallèles. Nous pouvons donc appliquer les résultats du § 199. En vertu de la relation :

$$\gamma_2=\sqrt{2\pi\mu\omega}\,\sqrt{C}\,,$$

le coefficient est proportionnel à la racine carrée de la conductibilité, pour une radiation de période donnée et par conséquent de longueur d'onde donnée dans l'air. Le coefficient γ_2 reste le même si on fait varier dans le même rapport la période et la conductibilité.

Les expériences de vérification ont été faites avec les électrolytes dont on peut modifier aisément la conductibilité. On détermine l'amortissement au moyen des méthodes étudiées aux §§ 54 et sq.

205. Coefficient de réflexion normale a_0. — Il résulte de la formule du § 203 que a_0^2 s'approche d'autant plus de l'unité que q_0 est plus grand, c'est-à-dire que le pouvoir absorbant est plus grand; *mais il dépend aussi de l'indice n_0.*

Cette remarque prendra toute son importance quand nous parlerons de la dispersion dans les limites d'une bande d'absorption. Nous verrons que l'indice est plus grand du côté rouge (côté des plus grandes longueurs d'onde) que du côté bleu (côté des plus petites longueurs d'onde). Il en résulte *dans la lumière réfléchie* une intensité plus grande du côté rouge que du côté bleu.

Les quantités n_0, q_0, caractérisent non pas le milieu absorbant, mais le système formé du milieu transparent et du milieu absorbant.

Le milieu absorbant est caractérisé par les paramètres :

$$n_0\sqrt{K_1}, \qquad q_0\sqrt{K_1};$$

c'est-à-dire, à un coefficient invariable près, par les produits :

$$Nn_0, \qquad Nq_0$$

où N est l'indice de réfraction du milieu transparent.

Si nous voulons que n_0 et q_0 caractérisent le milieu absorbant, il faut donc remplacer partout n_0 par $n_0 : N$, q_0 par $q_0 : N$.

Nous pouvons écrire l'intensité réfléchie sous la forme :

$$a_0^2 = \frac{(n_0 - N)^2 + q_0^2}{(n_0 + N)^2 + q_0^2},$$

qui met en évidence l'influence du premier milieu.

D'une manière générale, l'intensité réfléchie par les métaux usuels croît dans le spectre visible avec la longueur d'onde. Elle est à peu près constante pour l'argent, très variable pour le cuivre et l'or. Le tableau suivant fixera les idées. L'intensité incidente est 100.

	Argent	Platine	Nickel	Acier	Or	Cuivre
$\lambda = 0^{\mu},450$	91	56	58	59	37	49
$\lambda = 0^{\mu},700$	95	70	70	61	93	91.

L'argent déposé sur le verre a un pouvoir réflecteur de l'ordre de 86 ; le mercure au contact du verre a un pouvoir réflecteur de l'ordre de 70.

206. Relation entre la conductibilité et le pouvoir réflecteur a_0^2 pour de grandes longueurs d'onde. — Considérons un milieu dans lequel le paramètre K_2 soit très petit. Les équations (3) du § 201 deviennent :

$$n_0 = q_0 = \sqrt{\frac{CT}{K_1}} = \sqrt{CT},$$

si le premier milieu est le vide ou l'air. Transportons cette condition dans les formules du § 203 :

$$1 - a_0^2 = \frac{4q_0}{2q_0^2 + 2q_0 + 1} = \frac{2}{q_0} = \frac{2}{\sqrt{CT}},$$

pourvu que la période, et par conséquent la longueur d'onde, soient assez grandes.

L'intensité $1 - a_0^2$ qui pénètre dans le métal sous l'incidence normale est en raison inverse de la racine carrée de la conductivité électrique C et de la racine carrée de la longueur d'onde qui caractérise dans le vide la radiation considérée.

C'est ce que vérifie l'expérience pour de grandes longueurs d'onde.

Non seulement elles se réfléchissent d'autant mieux que le métal est plus conducteur, mais encore la loi précédente est numériquement satisfaite.

La conductivité des métaux purs diminuant avec la température, la quantité $1-a_0^2$ croît et par conséquent l'intensité réfléchie a_0^2 décroît, quand la température s'élève.

207. Application numérique de la formule précédente. — Dans la formule précédente, C est exprimé en unités électrostatiques, puisque nous avons posé $K_1=1$. Cherchons ce que devient la formule lorsque la résistance est exprimée en ohms, pour un conducteur d'un mètre de longueur et d'un millimètre carré de section.

Revenons aux unités électromagnétiques; posons $v=3.10^{10}$.

$$n_0=q_0=\sqrt{\frac{CT}{K_1}}=\sqrt{v^2C\frac{\lambda}{v}}=\sqrt{vC\lambda}=\sqrt{\frac{v\lambda}{\rho}}.$$

Si λ est exprimé en microns, nous introduisons dans la formule un nombre 10^4 fois trop fort.

Si la résistivité ρ est exprimée en ohms, nous introduisons dans la formule un nombre 10^9 fois trop petit.

Nous devons donc écrire :

$$n_0=q_0=\sqrt{\frac{3.10^{10}.10^{-4}}{10^9}\frac{\lambda}{\rho}}=\sqrt{3.10^{-3}\frac{\lambda}{\rho}}.$$

Mais si nous exprimons la résistivité au moyen de la résistance d'un mètre de fil d'un millimètre carré de section, nous introduisons dans la formule un nombre 10^4 fois trop grand. La formule devient en définitive :

$$n_0=q_0=\sqrt{\frac{3.10^{-3}}{10^{-4}}\frac{\lambda}{\rho}}=\sqrt{30}\sqrt{\frac{\lambda}{\rho}}=5,48\sqrt{\frac{\lambda}{\rho}}.$$

Substituons dans la valeur de $1-a_0^2$:

$$1-a_0^2=0,365\sqrt{\frac{\rho}{\lambda}},\qquad a_0^2=1-0,365\sqrt{\frac{\rho}{\lambda}}.$$

La formule donne bien les ordres de grandeur expérimentaux.

Par exemple, la résistance d'un fil d'argent d'un millimètre carré de section et d'un mètre de longueur est de l'ordre de $0^\omega,02$.

Pour $\lambda=1^\mu$, on a : $a_0^2=0,95$.

208. Changement de phase par réflexion normale. — Explicitons l'indice N du milieu transparent; le retard produit par la réflexion normale est :

$$\operatorname{tg}\delta_0=\frac{2q_0N}{n_0^2-N^2+q_0^2}.$$

Quels que soient n_0 et N, on a $\operatorname{tg}\delta_0=0$ pour $q_0=\infty$, c'est-à-dire pour un milieu extrêmement absorbant. Nous allons montrer que δ_0 est alors égal à π.

Considérons un milieu opaque qui, tout en conservant le même n_0, devienne peu à peu transparent : q_0 tend vers 0.

Soit d'abord $n_0 > N$; $\operatorname{tg} \delta_0$ s'annule pour $q_0 = 0$, en restant toujours positif. La théorie de la réflexion sur les milieux transparents nous apprend, conformément à l'expérience (§§ 164 et 179), que δ_0 est alors égal à π. Donc, quelle que soit la valeur de q_0, δ_0 est resté compris entre π et $3\pi : 2$. Donc il part de π pour $q_0 = \infty$, croît, puis décroît et revient à π pour $q_0 = 0$.

Soit en second lieu $n_0 < N$; $\operatorname{tg} \delta_0$ nul pour $q_0 = \infty$, positif tant que q_0 est assez grand, devient infini pour une certaine valeur de q_0, passe au négatif et s'annule enfin pour $q_0 = 0$. Nous savons par la théorie de la réflexion vitreuse que δ_0 est alors nul. Donc δ_0 passe de π pour $q_0 = \infty$, à $3\pi : 2$ pour une certaine valeur de q_0, et enfin à 0 pour $q_0 = 0$.

Ondes lumineuses.

Comme pour les métaux et les ondes lumineuses, on a généralement :

$$n_0^2 + q_0^2 > N^2,$$

le *retard* δ_0 est toujours compris entre π et $3\pi : 2$.

Pour déterminer directement δ_0, on peut procéder comme suit :

On recouvre une lame mince de verre planparallèle en partie par une couche d'argent. On étudie au spectroscope la lumière réfléchie normalement par cette lame, jouant le rôle en partie de glace sans tain, en partie de glace étamée.

La lame est placée devant la fente d'un spectroscope de manière à observer dans le champ deux spectres cannelés (tome IV, § 242). Ils correspondent : le premier à l'interférence de deux faisceaux réfléchis sur deux surfaces air-verre ; le second à l'interférence d'un faisceau réfléchi sur une surface air-verre, et d'un faisceau réfléchi sur une surface verre-argent. Les franges de ces spectres ne sont pas dans le prolongement les unes des autres ; le déplacement relatif mesure la différence des retards dus à la réflexion verre-argent et à la réflexion verre-air. La théorie de la réflexion vitreuse (§ 164) fournit ce dernier ; par conséquent, l'expérience précédente donne le premier.

Le résultat est conforme à la théorie : on trouve un retard compris entre π et $3\pi : 2$, ou, si l'on veut, une avance comprise entre $\pi : 2$ et π.

Ondes hertziennes.

Il résulte de la définition de q_0 (§ 209) que les milieux conducteurs métalliques sont caractérisés par un coefficient d'extinction énorme, puisqu'une lame même très mince supprime complètement une onde dont la longueur d'onde est de l'ordre du décimètre ou du mètre.

Par exemple, q_0 se chiffre par dizaines. Pratiquement $\mathrm{tg}\,\delta_0$ est donc très voisin de 0, et δ_0 très voisin de π. Le système d'ondes stationnaires du vecteur électrique admet donc exactement un nœud sur la surface réfléchissante. C'est conforme à l'expérience (§ 38).

209. **Transmission normale.** — Avant de parler des résultats, donnons certaines définitions qui permettront au lecteur de se reconnaître au milieu des notations diverses qu'on rencontre dans les Mémoires.

Le paramètre q_0 s'introduit pratiquement par le facteur d'amortissement *portant sur l'amplitude :*

$$\exp\left(-2\pi q_0 \frac{z}{\lambda}\right).$$

Le paramètre q_0, qui s'appelle *coefficient d'extinction,* est donc un nombre.

On appelle au contraire *coefficient d'absorption* ou *constante d'absorption, une quantité définie par les équations :*

$$I = I_0 e^{-\sigma z}, \qquad I = I_0 10^{-\sigma' z},$$

où I et I_0 sont des *intensités* et z l'épaisseur traversée. Les coefficients σ et σ' ne sont plus des nombres ; ce sont les inverses d'une longueur.

Identifions ces formules, en remarquant que la première porte sur une amplitude et la seconde sur une intensité ; il vient :

$$4\pi q_0 = \lambda\sigma, \qquad 4\pi q_0 = 2{,}3\,.\,\lambda\sigma'.$$

Enfin on écrit parfois (tome IV, § 175) :

$$I = I_0 m^z, \qquad m = e^{-\sigma}.$$

Ceci posé, voici les résultats pour l'*argent.*

La constante σ' a une valeur voisine de 20 pour $\lambda = 0^{\mu},22$. Elle décroît et passe par un minimum égal à 7 pour $\lambda = 0{,}32$. Elle croît ensuite régulièrement et semble tendre vers une valeur asymptotique voisine de 45. L'unité de longueur choisie est le micron.

Calculons la valeur de q_0, par exemple pour $\lambda = 1^{\mu}$, qui est déjà sur l'asymptote de la courbe (σ', λ). On trouve $q_0 = 8$.

La constante q_0 part de 1 pour $\lambda = 0{,}22$; elle passe par un minimum voisin de 0,4 pour $\lambda = 0{,}32$. Elle croît naturellement ensuite, et tend à être proportionnelle à λ si nous admettons une limite pour σ'.

Pour le *platine,* au contraire, σ' décroît légèrement de 39 pour $\lambda = 0^{\mu},33$ à 30 pour $\lambda = 2^{\mu},5$. Corrélativement, q_0 passe de 2,3 à 12.

Ainsi la complication du phénomène est grande.

210. Remarques sur la théorie de Maxwell. — Connaissant a_0 et q_0, la formule du § 203 permet de calculer n_0 :

$$n_0=\frac{1+a_0^2}{1-a_0^2}+\sqrt{\left(\frac{1+a_0^2}{1-a_0^2}\right)^2-(q_0^2+1)}.$$

On trouve pour l'argent des valeurs de n_0 qui, de 0,63 pour $\lambda=1^\mu,5$, décroissent (à travers les valeurs 0,4 dans le rouge, 0,22 dans le bleu) jusqu'à un minimum 0,2 pour $\lambda=0^\mu,36$, dans l'ultra-violet.

En deçà, n_0 croît rapidement et atteint 3,5 pour $\lambda=0^\mu,25$.

L'indice dans les métaux peut donc être inférieur à l'unité et la dispersion très anormale.

Quoi qu'il en soit de la précision avec laquelle on connaît n_0 et q_0, un résultat paraît incontestable : *la différence* $n_0^2-q_0^2$ *est négative.* C'est en contradiction formelle avec la Théorie de Maxwell, pour laquelle cette différence est le rapport des pouvoirs diélectriques (§ 202). Cela prouve non pas que les formules obtenues et à obtenir sont fausses, mais qu'elles sont mal interprétées par une théorie trop étroite. Nous verrons plus loin (§ 252), en parlant de la dispersion, comment on peut la généraliser. Il suffit de faire jouer un rôle non seulement aux électrons voyageurs, cause de la conductibilité ohmique, mais encore à ceux qui sont liés plus ou moins invariablement aux molécules.

Réflexion et transmission obliques.

211. Formules de Cauchy. — La remarque du § 202 abrège singulièrement les calculs. Il résulte des conditions indéfinies de propagation dans les deux milieux, transparent et absorbant, et des conditions *générales* à satisfaire sur la surface de séparation, que tout se passe comme si le second milieu était transparent, mais doué d'un indice de réfraction constant imaginaire. Ce n'est évidemment là qu'une façon de parler, mais elle permet de résoudre le problème *conformément à la théorie* et avec le minimum de calculs.

Les conditions sur la surface de séparation *qui constituent à proprement parler la théorie de la réflexion métallique* sont celles mêmes du § 189 ou, si l'on veut, du § 160. Pour résoudre le problème actuel, nous n'aurons donc qu'à reprendre les résultats obtenus en y introduisant un indice de réfraction imaginaire. La séparation des quantités réelles, l'évaluation des amplitudes et des retards se font comme d'habitude.

VIBRATION PERPENDICULAIRE AU PLAN D'INCIDENCE.

Nous avons trouvé pour le coefficient de réflexion de la vibration normale au plan d'incidence (§ 161) :

$$a=-\frac{\sin(i-\rho)}{\sin(i+\rho)}.$$

Posons : $\sin i = (n_0 - iq_0) \sin \rho$; développons les sinus et substituons :

$$a = \frac{-\sqrt{(n_0 - iq_0)^2 - \sin^2 i} + \cos i}{\sqrt{(n_0 - iq_0)^2 - \sin^2 i} + \cos i} = \frac{-(n - iq) + \cos i}{(n - iq) + \cos i}.$$

L'ambiguïté n'est pas possible entre le symbole i, angle d'incidence, et le symbole $i = \sqrt{-1}$; l'angle intervient toujours dans une fonction circulaire.

Développons, multiplions par la quantité conjuguée du dénominateur ; il vient :

$$a = \frac{(-n^2 + \cos^2 i - q^2) + 2iq \cos i}{(n + \cos i)^2 + q^2}.$$

Séparons les quantités réelles ; appelons a^2 l'intensité réfléchie :

$$a^2 = \frac{(n - \cos i)^2 + q^2}{(n + \cos i)^2 + q^2}, \qquad \operatorname{tg} \delta = \frac{2q \cos i}{n^2 + q^2 - \cos^2 i}; \qquad \text{(I)}$$

δ est le retard de la vibration réfléchie sur la vibration incidente.

Vibration dans le plan d'incidence.

Nous partirons de la formule (§ 162) :

$$a' = \frac{\operatorname{tg}(i - \rho)}{\operatorname{tg}(i + \rho)}.$$

Les calculs sont semblables, mais un peu plus longs.

$$a'^2 = \frac{[n - (n_0^2 - q_0^2) \cos i]^2 + [q - 2n_0 q_0 \cos i]^2}{[n + (n_0^2 - q_0^2) \cos i]^2 + [q + 2n_0 q_0 \cos i]^2},$$
$$\operatorname{tg} \delta' = \frac{2q \cos i [\sin^2 i - (n^2 + q^2)]}{n^2 + q^2 - (n_0^2 + q_0^2)^2 \cos^2 i}. \qquad \text{(II)}$$

Relations entre les vibrations principales réfléchies.

$$\operatorname{tg}(\delta' - \delta) = \operatorname{tg} \Delta = \frac{2q \cos i \sin^2 i}{(n^2 + q^2) \cos^2 i - \sin^4 i},$$
$$\left(\frac{a'}{a}\right)^2 = \operatorname{tg}^2 \varphi = \frac{(n \cos i - \sin^2 i)^2 + q^2 \cos^2 i}{(n \cos i + \sin^2 i)^2 + q^2 \cos^2 i}. \qquad \text{(III)}$$

212. Étude de la différence de phase $\Delta = \delta' - \delta$. — Sous l'incidence normale, les vibrations principales sont évidemment traitées de même, $\Delta = 0$. La première des formules III montre que le retard Δ est positif : *la composante parallèle au plan d'incidence est en retard sur la composante perpendiculaire au plan d'incidence.* D'après la définition du § 181, la réflexion est *positive.*

Pour $i = 90°$, on a encore $\operatorname{tg} \Delta = 0$; la différence de phase est devenue $+\pi$.

La figure 124 représente les variations de Δ.

$\Delta = \pi : 2$ pour l'angle I qui satisfait à la condition :

$$n^2 + q^2 = \sin^2 I \operatorname{tg}^2 I.$$

C'est *l'incidence principale;* elle joue un rôle analogue à celui de l'angle de Brewster pour les corps transparents.

Tirons du § 201 la valeur de $n^2 + q^2$:

$$(n_0^2 - q_0^2 - \sin^2 I)^2 + 4n_0^2 q_0^2 = \sin^4 I \operatorname{tg}^4 I.$$

Considérant que $n_0^2 + q_0^2$ est généralement grand devant l'unité, on peut négliger $\sin^2 I$ dans le premier membre. Il vient :

$$\sin I \operatorname{tg} I = \sqrt{n_0^2 + q_0^2}.$$

Quand on fait tomber de la lumière rectiligne sur un miroir métallique, on obtient donc un rayon réfléchi elliptique, sauf pour l'incidence

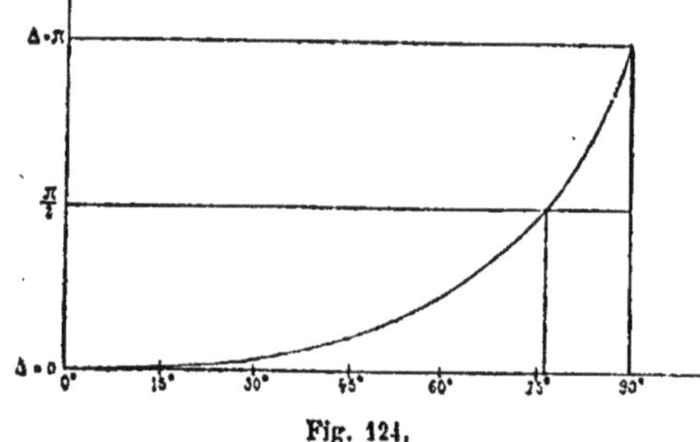

Fig. 124.

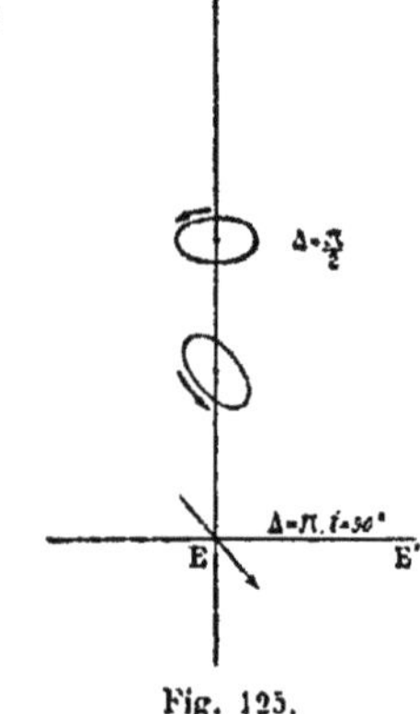

Fig. 125.

normale et l'incidence rasante. Les axes de l'ellipse sont dans les azimuts principaux pour l'incidence principale. La figure 125, construite suivant le procédé du § 166, représente ce que devient la vibration rectiligne incidente.

On la comparera utilement à la figure 118. Dans la réflexion totale, la composante qui est dans le plan d'incidence subit un retard relatif qui va de π à π en passant par des valeurs inférieures à π. Dans la réflexion métallique, cette composante subit un retard qui va de 0 à π. Si l'azimut de la vibration incidente est le même dans les deux cas, la rotation des elliptiques doit être aussi la même ainsi que leur orientation, au voisinage de l'incidence rasante.

213. **Expériences de vérification.** — Les expériences de vérification sont de deux sortes.

MÉTHODE DU COMPENSATEUR.

La plus naturelle consiste à utiliser un compensateur de Babinet dont les sections principales coïncident avec les azimuts principaux de réflexion. On s'arrange de manière à compenser la différence de phase Δ introduite par la réflexion, et on éteint au moyen d'un nicol la vibration restituée rectilignement. Il y a donc un double tâtonnement à effectuer qui fournit les angles Δ et φ.

MÉTHODE DES RÉFLEXIONS MULTIPLES.

Une autre méthode intéressante consiste à faire réfléchir la lumière plusieurs fois sur deux miroirs parallèles et à déterminer les angles d'incidence i_2, i_3, ... tels que la vibration soit restituée rectilignement après 2, 3, 4, ... réflexions. Il est clair que $i_2 = I$; pour l'angle i_p, le retard introduit par chaque réflexion est $\pi : p$.

La connaissance de l'azimut de restitution permet de calculer $\text{tg}^p\varphi$, et par conséquent $\text{tg}\,\varphi$.

214. Indice du rayon réfracté. — Nous avons calculé les formules générales en utilisant un indice fictif imaginaire μ et un angle de réfraction imaginaire ρ. Mais il ne faut pas que cet artifice de pur calcul, et qui n'est pas indispensable, nous fasse oublier que l'angle de réfraction r est parfaitement réel et calculable au moyen d'un indice :

$$\nu = \frac{\sin i}{\sin r}.$$

Tandis que l'indice *imaginaire* μ est constant, l'indice *réel* ν est variable et fonction de l'incidence.

Nous avons représenté symboliquement le mouvement réfracté par :

$$(P_2,\ Q_2,\ R_2) = (p_2,\ q_2,\ r_2)\ \exp i\left[\omega t - (\alpha x + \gamma'' z)\right].$$

ω et α sont des quantités réelles; γ'' est une quantité imaginaire. Nous avons posé (§§ 199 et 201) :

$$\gamma'' = \gamma_1 - i\gamma_2 = \omega\sqrt{K_1}\,(n - iq).$$

Les angles, tous deux réels, i et r sont donnés par les relations :

$$\sin i = \frac{\alpha}{\sqrt{\alpha^2 + \gamma^2}} = \frac{\alpha}{\omega\sqrt{K_1}}, \qquad \sin r = \frac{\alpha}{\sqrt{\alpha^2 + \gamma_1^2}}.$$

D'où la valeur de l'indice réel :

$$\nu^2 = \frac{\sin^2 i}{\sin^2 r} = \sin^2 i + n^2.$$

$$2\nu^2 = (n_0^2 - q_0^2 + \sin^2 i) + \sqrt{(n_0^2 - q_0^2 - \sin^2 i)^2 + 4n_0^2 q_0^2},$$

expression de forme analogue à celles qui fournissent $2n^2$ et $2q^2$ (§ 201)

Cette formule se réduit à :

$$\nu^2 = n_0^2 + \sin^2 i,$$

si q_0 est grand devant n_0; on peut alors négliger $2n_0^2 \sin^2 i$, sous le radical et y faire apparaître :

$$(n_0^2 + q_0^2 + \sin^2 i)^2.$$

Admettons cette approximation. Cherchons la déviation D produite par un prisme d'angle extrêmement petit A pour des incidences voisines de la normale :

$$\sin r = \frac{\sin i}{\sqrt{n_0^2 + \sin^2 i}}.$$

Comme A est petit, on a sensiblement :

$$A = dr, \qquad D = di - A,$$

où dr et di sont les variations de r et de i quand on passe de l'une des faces du prisme à l'autre. On trouve aisément :

$$D = A\left(\frac{n_0}{\cos i} - 1\right).$$

La déviation augmente quand i augmente. Pour $i=0$, on retrouve la formule connue : $D = A(n_0 - 1)$.

Les expériences ont porté sur des prismes d'angles très petits, obtenus soit en plaçant une plaque de verre obliquement dans un bain d'argent, de manière qu'elle soit en contact avec une couche liquide prismatique, soit en faisant reposer cette plaque sur un cylindre de verre de diamètre convenable. Les expériences sont difficiles, parce que les faces sont souvent concaves et qu'on ne peut les utiliser que sur une très petite largeur. Les déviations sont de quelques minutes.

Le coefficient d'extinction q est fonction de l'incidence.

Il ne faut pas s'étonner du résultat précédent, à savoir : qu'*il existe un indice variable dans un milieu isotrope*. Il tient à ce que dans un milieu absorbant peuvent se propager une infinité d'espèces d'ondes caractérisées par l'angle que font entre eux le plan d'absorption Φ' et le plan d'onde Φ. Suivant l'incidence, la vibration réfractée *imposée par les conditions à la surface* change de nature et par conséquent de vitesse de propagation et d'indice (§ 200).

Formules de Ketteler.

Dans les mémoires allemands sont très souvent utilisées les formules suivantes.

On a :

$$\nu = \frac{\sin i}{\sin r}, \qquad n^2 = \nu^2 - \sin^2 i = \nu^2 \cos^2 r.$$

Comme pour l'incidence normale on a : $n_0 = \nu_0$, les relations caractéristiques (§ 201) du métal peuvent être mises sous la forme :

$$\nu^2 - q^2 = \nu_0^2 - q_0^2,$$

$$\nu q \cos r = \nu_0 q_0.$$

215. Difficulté que présente la théorie du prisme. — Il se présente à propos du prisme une difficulté théorique qu'il est impossible de ne pas signaler.

Nous avons démontré au § 201 que le plan d'absorption d'un rayon qui passe d'un milieu transparent dans un milieu absorbant est nécessairement parallèle à la surface réfringente. Cette proposition est évidemment indépendante du sens de propagation.

Dans le passage à travers un prisme, le plan d'absorption ne peut pas être à la fois parallèle aux deux faces. *Il est donc impossible de satisfaire aux équations de continuité simultanément à l'entrée et à la sortie.*

En d'autres termes, la théorie nous dit bien comment se fait le passage d'un milieu transparent dans un milieu absorbant. Elle est muette sur le passage du milieu absorbant dans le milieu transparent, *sauf dans le cas théoriquement exceptionnel où le plan d'absorption est parallèle à la face d'émergence.*

Dans la pratique, l'angle du prisme étant de quelques minutes, on néglige la difficulté ; en théorie, elle subsiste entière.

Couleurs des métaux.

216. **Étude des intensités réfléchies a^2 et a'^2.** — La figure 126 représente le résultat des expériences qui vérifient les formules du § 211. L'amplitude de la vibration parallèle au plan du miroir croît d'une manière continue quand on va de l'incidence normale à l'incidence rasante. L'amplitude de la vibration parallèle au plan d'incidence passe par un minimum qui est loin d'être nul, au contraire de la réflexion vitreuse.

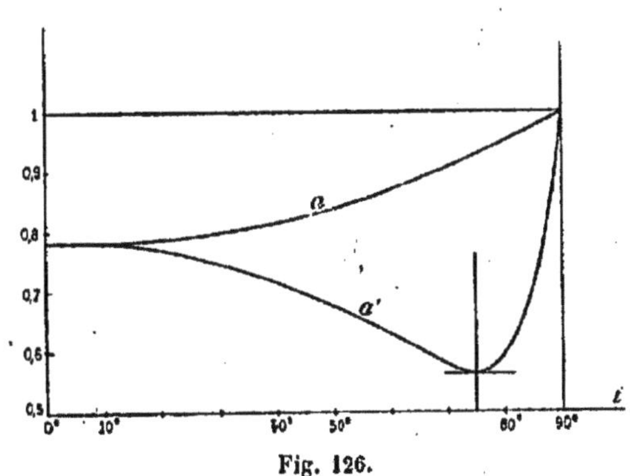

Fig. 126.

Nous savons déjà (§ 205) que les intensités réfléchies pour l'incidence normales sont considérables.

Réflexion de la lumière naturelle.

Il suffit de reprendre le raisonnement du § 168. On a :

$$2I^2 = a^2 + a'^2.$$

Voici les nombres déduits des courbes représentées par la figure 126 et qui se rapportent à un certain miroir d'acier.

L'intensité incidente est prise égale à 100.

$i =$ 0°	30°	45°	60°	75°	85°	90°
$I^2 =$ 61	60	58	58	62	73	100.

Ainsi la quantité de lumière renvoyée passe par un minimum, qui d'ailleurs est généralement peu prononcé. Pratiquement la proportion de lumière réfléchie est à peu près constante jusqu'à des angles d'incidence considérables (60° par exemple); elle croît ensuite rapidement jusqu'à l'incidence rasante. Sous l'incidence normale, elle est hors de proportion avec celle que réfléchit un corps transparent. Sur 100 de lumière incidente, l'argent en réfléchit 93 sous l'incidence normale; le métal des miroirs, 70; le zinc, 58 : nous avons vu que le verre n'en réfléchit que 4.

Voici un second fait intéressant : les différentes couleurs simples étant inégalement réfléchies, la lumière est colorée par la réflexion. La coloration est surtout sensible après plusieurs réflexions. Par exemple, l'argent nous paraît blanc : cependant il réfléchit, sous l'incidence normale, 0,93 de rouge et seulement 0,87 de violet. Après deux réflexions, il reste $\overline{0,93}^2 = 0,86$ de rouge et $\overline{0,87}^2 = 0,76$ de violet. Après quatre réflexions, il reste 0,74 de rouge et 0,58 de violet.

Ainsi, tandis qu'après une réflexion le rouge est au violet comme $93 : 87 = 1,07$, après quatre réflexions le rapport est devenu $74 : 58 = 1,28$: la lumière est nettement colorée en rouge. Pour constater le phénomène, il suffit de placer deux miroirs d'argent parallèlement l'un à l'autre, et de regarder l'image d'un point lumineux plusieurs fois réfléchie. Après les réflexions multiples sur les deux faces d'un miroir étamé épais, on constate la même coloration.

217. Couleurs superficielles des corps très absorbants (Stockes, Haidinger). — Les phénomènes précédents sont très généraux : *à un coefficient d'absorption grand correspondent des propriétés analogues à celles des métaux.*

Par exemple, la *carthamine* (substance dont on se servait pour colorer la soie en cerise ponceau) est opaque pour la lumière verte, presque comme un métal; son spectre de transmission présente une bande dans le vert. Elle est au contraire presque transparente pour le rouge.

Corrélativement, les radiations rouges présentent les phénomènes de la réflexion vitrée. Elles sont polarisées par réflexion dans le plan d'incidence, totalement pour un angle convenable. Si la lumière incidente est rectiligne dans un azimut quelconque, la lumière réfléchie est elle-même rectiligne.

Les radiations vertes au contraire sont réfléchies dans un rapport plus voisin de l'unité; elles ne sont totalement polarisées pour aucun azimut; enfin si la lumière incidente est rectiligne, la lumière réfléchie est elliptique.

Le fait est général; un grand nombre de substances sont transparentes pour certaines radiations et la théorie de la réflexion vitreuse s'applique; elles sont absorbantes pour d'autres : intervient alors la théorie de la réflexion métallique, qui est une généralisation de la première.

Les couleurs de ces corps sont extrêmement complexes. Pour l'ensemble des radiations *peu absorbées*, la couleur par transmission et par réflexion est la même, comme nous l'expliquerons plus loin (§ 220). Pour l'ensemble des radiations *très absorbées*, au contraire, les couleurs par transmission et par réflexion diffèrent complètement; elles s'approchent d'être complémentaires.

Par réflexion, le *fer oligiste* donne aux rayons rouges une polarisation elliptique peu marquée. Des plaques minces sont transparentes pour le rouge; frotté sur une feuille de papier, il laisse un trait rouge : cet ensemble de propriétés le classe pour les rouges parmi les corps transparents. Mais pour les bleus et les violets, il est très absorbant et polarise elliptiquement.

Faisons tomber sur du fer oligiste et sous une incidence convenable, de la lumière blanche vibrant dans le plan d'incidence : le rouge doit manquer, la lumière réfléchie est bleue. L'incidence choisie correspond à l'angle de Brewster pour le rouge auquel la théorie de la réflexion vitreuse est applicable.

Le permanganate de potassium donne des résultats curieux. Dans le spectre d'absorption existent du jaune (raie D) au vert (raie F) cinq bandes très nettes. Corrélativement, dans la lumière régulièrement réfléchie par des cristaux ou une dissolution de ce sel, on observe dans le spectre cinq maxima correspondant aux cinq minima de la lumière transmise.

Si le corps considéré est cristallisé, l'absorption varie avec la direction de vibration; il y a généralement *pléochroïsme* (§ 229). Réciproquement il y a *pléochroïsme* de réflexion. La lumière réfléchie change de teinte suivant l'azimut de la vibration.

218. Séparation des rayons de grande longueur d'onde par réflexion; rayons restants. — La grandeur du coefficient d'absorption étant liée au pouvoir réflecteur, la connaissance des bandes pour lesquelles un corps possède l'absorption et la réflexion métalliques permet d'isoler *sans spectroscope*, dans un ensemble de radiations, certains groupes de longueurs d'onde sensiblement homogènes.

Par exemple, la fluorine, transparente pour les rayons de petites longueurs d'onde, présente la réflexion métallique pour les λ voisins de $\lambda_1 = 24\,\mu$; son pouvoir réflecteur est 0,75 environ. Dans les autres parties du spectre, il est 0,03 en moyenne. Après quatre réflexions sur une surface de fluorine, l'intensité des rayons λ_1 devient la fraction :

$$(0,75)^4 = 0,32,$$

de l'intensité primitive. Celle des autres radiations est $(0,03)^4$, soit un millionième. On obtient donc un faisceau, *relativement intense* et quasiment homogène, de longueur d'onde moyenne λ_1 : les radiations ainsi sélectionnées sont les *rayons restants* (Rubens).

On a trouvé, nous dirons comment, pour les longueurs d'onde des rayons restants :

de la fluorine, $\lambda = 24^{\mu},0$, $\lambda = 31^{\mu},6$;
du sel gemme, $\lambda = 51^{\mu},2$;
de la sylvine, $\lambda = 61^{\mu},1$.

On possède donc le moyen de réaliser des faisceaux à peu près homogènes de grandes longueurs d'onde.

La détermination de ces longueurs exige l'emploi d'un réseau à

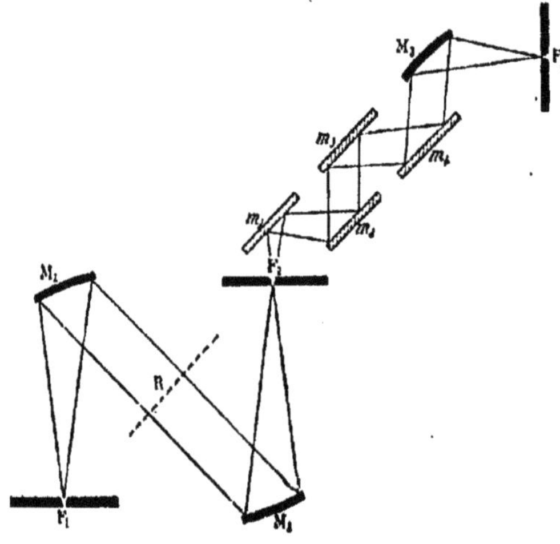

Fig. 127.

traits relativement très espacés. On le construit avec des fils d'argent de $0^{mm},2$ de diamètre, tendus parallèlement à des distances d'axe en axe égales au double du diamètre.

La déviation produite est (IV, § 293) :

$$D = \alpha + \beta = mp\lambda.$$

Avec les dimensions choisies, m qui est le nombre de traits par micron, vaut 1 : 400. On a pour la déviation :

$$D = p\lambda : 400,$$

où λ est exprimé en microns. La déviation, très petite pour les radiations visibles, devient notable pour les grandes longueurs d'onde. Pour $\lambda = 40\,\mu$ par exemple, et le premier spectre, on a $D = 0,1$, soit environ $6°$.

Une fente F_1, deux miroirs M_1 et M_2, le réseau R et la fente F_2

constituent le spectroscope *catoptrique*. La partie F_1M_1 peut tourner de manière à faire varier l'angle α. On maintient $\beta = 0$ par construction. Sur la fente F_2 tombent les rayons diffractés normalement au réseau.

Ces rayons sont réfléchis sur les miroirs m de la substance étudiée et repris par le miroir M_3 qui les fait converger en F_3 sur une pile thermoélectrique ou le fil d'un bolomètre.

L'expérience consiste à faire varier α, c'est-à-dire (puisqu'on utilise le premier spectre) la longueur d'onde $\lambda = \alpha : m$, des rayons qui tombent sur les fentes F_2 et F_3. On détermine les déviations du galvanomètre en fonction de α. Par ses maximums, la courbe obtenue fait connaître la localisation des rayons restants.

219. Propriétés électromagnétiques des radiations de très grandes longueurs d'onde. — Il va de soi que les radiations sélectionnées par le procédé ci-dessus décrit sont très absorbées par les corps qui ont servi à les obtenir.

D'une manière générale, les substances les plus transparentes pour ces radiations sont les isolants électriques parfaits, paraffines, sulfure de carbone, benzine, pétroles.

Ces isolants, qui transmettent bien les ondes hertziennes, absorbent énergiquement les rayons *infra-rouges* de faibles longueurs d'onde. Donc les radiations dont les longueurs d'onde dépassent 20 microns se rapprochent plus des radiations hertziennes que des radiations dont les longueurs d'onde sont de l'ordre du micron.

Le caractère électromagnétique des radiations de grandes longueurs d'onde peut être démontré par une expérience remarquable due à Rubens.

Nous avons dit au § 40 qu'un réseau de fils métalliques parallèles est un bon réflecteur pour une onde électromagnétique dont le vecteur électrique est parallèle aux fils. Le réseau se comporte alors à peu près comme un miroir métallique continu. Si les fils ne sont pas très longs par rapport à la longueur d'onde, ils doivent être *accordés* pour cette longueur d'onde.

Ceci posé, sur un plan de verre récemment argenté par voie chimique, traçons au diamant un réseau de par exemple cent traits au millimètre. Par une seconde série de traits plus ou moins espacés mais équidistants, normaux aux premiers, nous pourrions obtenir des résonateurs identiques entre eux. Mais bornons-nous aux cas de résonateurs de longueur très grande par rapport à la longueur d'onde de la radiation incidente, *parce qu'ils sont toujours accordés.*

L'expérience montre que le pouvoir réfléchissant d'un tel plan est près de quatre fois plus grand, pour les rayons restants *polarisés par réflexion sur du verre sous l'angle de Brewster,* lorsque les traits du réseau sont parallèles au vecteur électrique (plan de la réflexion polarisante normal aux traits), que lorsque les traits sont normaux à ce vecteur (plan de la réflexion polarisante parallèle aux traits).

Le quartz est transparent pour les rayons *restants;* on a mesuré son indice par la méthode du prisme; on a trouvé 2,18, résultat remarquable sur lequel nous reviendrons (§ 238).

220. Couleurs des corps transparents. — Voici quelques considérations générales sur la couleur des corps transparents.

L'expérience montre que les corps transparents ont même couleur par transparence ou par diffusion : *il faut donc qu'ils se colorent dans tous les cas par absorption.*

Les sels de cuivre par exemple laissent passer les rayons bleus sans les affaiblir, un peu moins bien les rayons verts et très mal les rouges et les jaunes : d'où le spectre d'absorption. On retrouve exactement ce même spectre dans ce qu'on appelle *la couleur du corps,* c'est-à-dire dans l'ensemble des rayons réfléchis et diffusés.

Si l'on mélange deux liquides colorés qui n'exercent l'un sur l'autre aucune action chimique, les radiations absorbées sont la somme de ce qu'absorberait séparément chacun des liquides : la couleur est généralement plus sombre.

Il faut donc considérer la couleur comme due à une transmission, puis à une réflexion ou diffusion, soit sur le fond du vase (quand il s'agit de liquides), soit sur des particules tenues en suspension : la lumière ainsi réfléchie ou diffusée émerge à nouveau et se trouve colorée.

La lumière régulièrement réfléchie est sensiblement blanche, conformément aux théories de la réflexion vitreuse et métallique. Les intensités réfléchies dépendent de l'indice, dont les inégalités sont trop faibles pour amener une différence *sensible* entre les quantités réfléchies des diverses radiations. Elles dépendent aussi de l'absorption; mais cette influence est négligeable pour les corps presque transparents dont nous nous occupons, seraient-ils même colorés; l'ordre de grandeur des coefficients d'absorption n'est pas le même que dans les métaux.

221. Couleurs des matières pulvérulentes translucides. — *Chaque fragment est un petit corps quasiment transparent qui colore la lumière par transmission et absorption.*

Il semble cependant que les matières colorantes sont opaques : mais pour juger de leur transparence, il faut les prendre *en masses compactes.* Le verre pilé est opaque; l'opacité apparente vient du grand nombre des réflexions.

La lumière régulièrement réfléchie par la surface des grains est à peu près blanche. La lumière d'où provient la couleur du corps a été transmise, puis réfléchie. Elle est d'autant plus colorée qu'elle a pénétré plus profondément dans la substance. Les teintes des poussières colorées sont plus saturées quand les grains sont grossiers; réduites en poudre fine, elles deviennent blanches. En effet, la quantité totale de lumière réfléchie dépend du nombre des surfaces.

Si la poudre est extrêmement fine, la totalité de la lumière réfléchie l'est après une épaisseur traversée quasiment nulle.

Quand on imprègne la matière pulvérulente d'un liquide, tout se passe comme si on augmentait l'épaisseur des grains, surtout si le liquide a même indice. Les poudres colorantes sèches sont plus blanchâtres que pénétrées d'eau ou d'huile.

222. Mélanges de pigments colorés. — La couleur d'un mélange de pigments colorés a et b (fig. 128) n'est pas la *somme* des couleurs envoyées séparément par chacun d'eux.

Appelons A la lumière absorbée par la première poudre : $1-A$ est sa *couleur*, d'après les explications précédentes. De même $1-B$ est la couleur de la seconde poudre.

La *somme* des couleurs serait $2-A-B$.

Mais les poudres étant intimement mélangées, tout se passe comme pour un mélange de liquides n'ayant pas d'action chimique l'un sur l'autre. La lumière réfléchie par les couches profondes doit traverser des particules des deux sortes; elle est privée des rayons A et B : sa composition est $1-A-B$, très différente de $2-A-B$. La teinte est plus saturée, moins lavée de blanc. Si séparément les poudres ont des couleurs complémentaires, le mélange est gris ou noir.

Pour *superposer* les couleurs de pigments colorés, on les dispose séparément sur les secteurs d'un disque qu'on fait tourner (fig. 128). L'expérience montre à quel point les teintes ainsi superposées diffèrent de la teinte du mélange matériel.

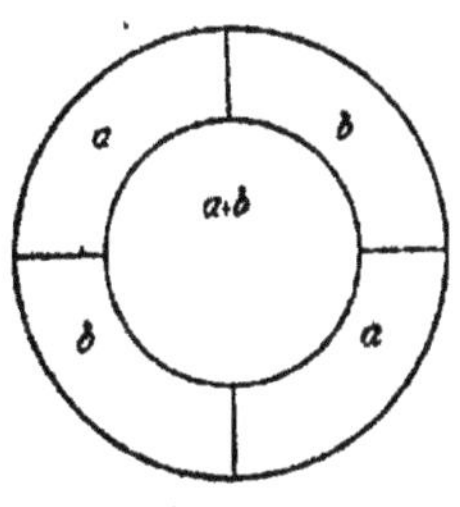

Fig. 128.

On enduit séparément les plages a et b avec les pigments a et b; on enduit le centre avec le mélange matériel $a+b$; on fait tourner. Par exemple, si on utilise le bleu de cobalt et le jaune du chrome, la *superposition* des couleurs est un gris blanchâtre (bord du disque), la couleur du mélange matériel est un vert foncé.

223. Polarisation par émission. — Soit un corps *réfléchissant, non diffusant et pris sous une épaisseur telle que rien ne soit transmis.* Étudions la polarisation par émission comme conséquence de l'équilibre des températures et *de la loi de réflexion supposée connue.* Plaçons le corps dans une enceinte à T degrés et considérons un faisceau qui tombe en faisant un angle i avec la normale à la surface du corps.

L'équilibre ne serait pas troublé si nous remplacions le corps réfléchissant par un corps noir. Appelons ε_0 l'éclat du corps noir suivant la normale; le faisceau qui tombe sous l'angle i et fait partie de la radiation parfaitement diffusée (§ 337) à la température T, a pour intensité (par unité de surface du corps et d'angle solide) $\varepsilon_0 \cos i$ (tome IV, § 189), puisqu'il doit être égal au faisceau qui serait émis par le corps noir dans les mêmes conditions.

Soit ε_1 l'éclat du corps considéré et ρ la fraction de réflexion, c'est-à-dire le facteur par lequel il faut multiplier l'intensité du faisceau incident pour avoir l'intensité du faisceau réfléchi.

La condition d'équilibre s'exprime par l'équation :

$$\varepsilon_1 + \rho\varepsilon_0 \cos i = \varepsilon_0 \cos i. \qquad (1)$$

Considérons séparément les quantités émises et réfléchies dans les azimuts principaux. Appelons ε, ε', les énergies émises, a^2, a'^2, les facteurs de réflexion correspondants. Écrivons que *l'ensemble formé par les faisceaux émis et réfléchi n'est pas polarisé,* condition réalisée pour la radiation parfaitement diffusée :

$$\varepsilon + a^2 \frac{\varepsilon_0 \cos i}{2} = \varepsilon' + a'^2 \frac{\varepsilon_0 \cos i}{2} = \frac{\varepsilon_0 \cos i}{2}, \qquad (2)$$

avec les conditions évidentes :

$$\varepsilon + \varepsilon' = \varepsilon_1, \qquad a^2 + a'^2 = 2\rho. \qquad (3)$$

Introduisons enfin les quantités p_ε et p_ρ qui mesurent la polarisation partielle du faisceau émis et du faisceau réfléchi. Par définition ces coefficients sont le quotient de la différence des énergies dans les azimuts principaux par leur somme (§ 169) :

$$p_\varepsilon = \frac{\varepsilon' - \varepsilon}{\varepsilon_1}, \qquad p_\rho = \frac{a^2 - a'^2}{a^2 + a'^2}.$$

On tire de l'équation (2) :

$$\varepsilon - \varepsilon' = (a'^2 - a^2)\frac{\varepsilon_0 \cos i}{2}, \qquad p_\varepsilon \varepsilon_1 = p_\rho \rho \cdot \varepsilon_0 \cos i. \qquad (4)$$

En vertu de l'équation (1), il vient enfin :

$$p_\varepsilon(1 - \rho) = p_\rho \rho, \qquad \rho = \frac{p_\varepsilon}{p_\varepsilon + p_\rho}. \qquad (5)$$

La théorie de la réflexion métallique permet de calculer :

$$\rho = a'^2 + a''^2;$$

elle permet aussi de calculer p_ρ; elle fournit par conséquent les valeurs de p_ε.

Il résulte immédiatement des équations (4) et (5) :

1° que la lumière émise suivant la normale n'est pas polarisée;

2° que pour toute autre direction elle est polarisée dans un plan perpendiculaire au plan d'émission, c'est-à-dire au plan passant par le rayon émis et la normale *à la surface qui émet;* autrement dit, la vibration (de Fresnel) qui est dans le plan d'émission l'emporte sur la vibration parallèle à la surface qui émet.

On remarquera en effet que, d'après leurs définitions, $p_t > 0$ signifie que la vibration émise dans le plan d'émission l'emporte, tandis que $p_\rho > 0$ signifie que la vibration normale au plan de réflexion l'emporte. On a toujours $p_\rho > 0$ dans la réflexion vitreuse ou métallique : on a par conséquent $p_t > 0$.

224. Expérience. — L'expérience montre que pour des bains de platine ou d'argent incandescents, p_t, nul pour $i = 0°$, s'approche beaucoup de 1 pour $i = 90°$. Pour l'émission rasante, la lumière *émise* est presque absolument polarisée parallèlement à la surface qui émet; la vibration est presque absolument normale à cette surface.

Si, pour ces hautes températures, on admet des lois de réflexion analogues à celles qui ont été vérifiées à froid, ρ ne doit être jamais très éloigné de l'unité; $1 - \rho$ est donc petit vis-à-vis de ρ. La première formule (5) exige donc que la polarisation par réflexion soit petite par rapport à la polarisation par émission.

C'est bien ce que l'expérience vérifie.

La figure 129 représente l'allure des courbes p_t et p_ρ pour l'argent.

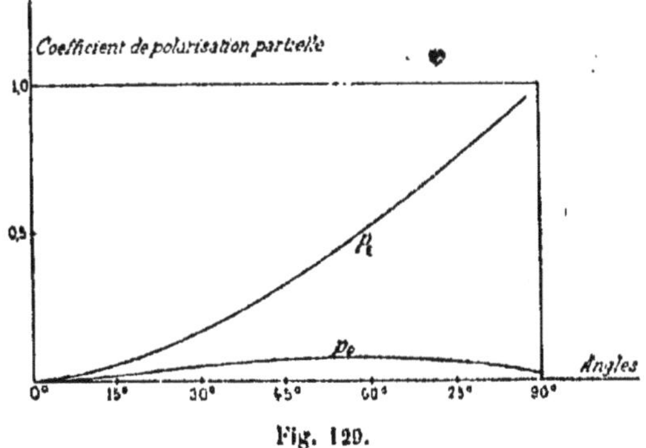

Fig. 129.

Le calcul donne pour ρ des nombres qui concordent avec les résultats expérimentaux. N'oublions pas que p_t est déterminé à chaud, tandis que p_ρ et ρ sont déterminés à froid. La détermination de ces quantités à la même température que p_t présente des difficultés insurmontables.

On remarquera que les polarisations par émission et par réflexion ont des caractères opposés; d'où le moyen de décider entre les deux phénomènes.

Par exemple, la lumière de la Lune est polarisée dans le plan qui passe par la Lune et le Soleil ; la vibration principale (de Fresnel), qui l'emporte, est dirigée perpendiculairement à ce plan, c'est-à-dire parallèlement à la surface de la Lune. Si la Lune était lumineuse par elle-même, il en serait autrement.

Ce qui précède ne s'applique qu'aux solides et aux liquides ; les gaz émettent une lumière qui n'est pas polarisée. Il en est par exemple ainsi de la lumière solaire, preuve ajoutée à tant d'autres que le Soleil doit être considéré comme une masse gazeuse.

Réflexion totale.

225. Retour sur la théorie de la réflexion totale. — Il est indispensable de montrer comment la Théorie des réflexions vitreuse et totale rentre comme cas particulier dans la Théorie de la réflexion métallique.

Les formules des §§ 201 et 214 supposent que l'indice du premier milieu transparent est égal à l'unité. Récrivons-les en appelant N l'indice de ce milieu. Nous aurons :

$$n^2 - q^2 = n_0^2 - q_0^2 - \mathrm{N}^2 \sin^2 i, \qquad nq = n_0 q_0;$$

$$2n^2 = (n_0^2 - q_0^2 - \mathrm{N}^2 \sin^2 i) + \sqrt{(n_0^2 - q_0^2 - \mathrm{N}^2 \sin^2 i)^2 + 4n_0^2 q_0^2},$$

$$2q^2 = -(n_0^2 - q_0^2 - \mathrm{N}^2 \sin^2 i) + \sqrt{(n_0^2 - q_0^2 - \mathrm{N}^2 \sin^2 i)^2 + 4n_0^2 q_0^2},$$

$$2\nu^2 = (n_0^2 - q_0^2 + \mathrm{N}^2 \sin^2 i) + \sqrt{(n_0^2 - q_0^2 - \mathrm{N}^2 \sin^2 i)^2 + 4n_0^2 q_0^2}.$$

Les radicaux devant être pris positivement, les quantités n, q, ν, sont toujours réelles.

Supposons que l'on ait $q_0 = 0$. Il faut nécessairement qu'une des quantités n, q, soit identiquement nulle. Deux cas à considérer.

1° $\mathrm{N} < n_0$.

Il faut poser :

$$n = \sqrt{n_0^2 - \mathrm{N}^2 \sin^2 i}, \qquad q = 0, \qquad \nu = n_0.$$

Nous retombons sur la Théorie de Fresnel pour les corps vitreux transparents, quand la réflexion n'est pas totale.

2° $\mathrm{N} > n_0$.

Il ne faut pas oublier que *les radicaux sont pris positivement.*

Donc entre l'incidence nulle et l'incidence limite, définie par la condition $\mathrm{N} \sin \mathrm{I} = n_0$, on a :

$$n_0^2 - \mathrm{N}^2 \sin^2 i > 0, \qquad n = \sqrt{n_0^2 - \mathrm{N}^2 \sin^2 i}, \qquad q = 0, \qquad \nu = n_0.$$

On retrouve les formules de Fresnel pour la réflexion vitreuse.

Entre l'incidence limite et l'incidence rasante, on a :

$$n_0^2 - \mathrm{N}^2 \sin^2 i < 0, \qquad n = 0, \qquad q = \sqrt{\mathrm{N}^2 \sin^2 i - n_0^2}, \qquad \nu = \mathrm{N} \sin i.$$

La dernière de ces équations indique une direction de propagation de l'onde évanescente (§ 190), parallèle à la surface réfléchissante. On a en effet, d'après la définition même de ν et de N (§ 214) :

$$N \sin i = \nu \sin r, \qquad \sin r = \frac{N \sin i}{\nu} = \frac{N \sin i}{N \sin i} = 1, \qquad r = \frac{\pi}{2}.$$

Appliquons les formules du § 211 en y introduisant les conditions : $n = q_0 = 0$. Il vient immédiatement : $a = a' = 1$.

La réflexion est totale.

Appliquons les formules générales donnant les différences de phase (§ 211). Elles deviennent en rétablissant l'indice N du premier milieu (c'est-à-dire en remplaçant n, q, n_0, q_0, par $n : N$, $q : N$, $n_0 : N$ et $q_0 : N$, § 205) :

$$\operatorname{tg} \delta = \frac{2qN \cos i}{n^2 + q^2 - N^2 \cos^2 i}, \qquad \operatorname{tg} \delta' = \frac{2qN \cos i \left[N^2 \sin^2 i - (n^2 + q^2)\right]}{N^2(n^2 + q^2) - (n_0^2 + q_0^2)^2 \cos^2 i}.$$

Substituant les conditions précédentes, il vient :

$$\operatorname{tg} \delta = \frac{2N \cos i \sqrt{N^2 \sin^2 i - n_0^2}}{2N^2 \sin^2 i - n_0^2 - N^2} = -\frac{2n \cos i \sqrt{n^2 \sin^2 i - 1}}{n^2 + 1 - 2n^2 \sin^2 i},$$

si, pour nous conformer aux notations habituelles du § 184, nous remplaçons N par n, n_0 par 1.

On a de même :

$$\operatorname{tg} \delta' = \frac{2Nn_0^2 \cos i \sqrt{N^2 \sin^2 i - n_0^2}}{N^4 \sin^2 i - n_0^2 N^2 - n_0^4 \cos^2 i} = -\frac{2n \cos i \sqrt{n^2 \sin^2 i - 1}}{n^2 + 1 - (n^4 + 1) \sin^2 i}.$$

Ce sont précisément les formules du § 184.

Elles légitiment le choix que nous avons fait du signe — dans les calculs du § 184.

Il n'existe donc pas deux théories, l'une de la réflexion vitreuse (admettant comme cas particulier la réflexion totale), l'autre de la réflexion métallique; la première rentre immédiatement dans la seconde comme cas limite.

Les ondes évanescentes, dont il est parlé au § 190, ne sont elles-mêmes qu'un cas limite des ondes propagées par un métal absorbant.

Milieux absorbants anisotropes.

226. **Théorie de Maxwell.** — Nous admettons que des courants peuvent circuler (le diélectrique n'est pas parfait) et que le milieu est caractérisé par trois conductibilités principales. Comme nous prenons pour axes de coordonnées les directions principales qui correspondent au déplacement électrique (§ 79), nous devons introduire les composantes du courant au moyen d'équations linéaires *générales* symétriques en fonction des composantes de la force électrique (Voir Étude des Symétries).

A priori rien ne prouve en effet que les directions principales des propriétés diélectriques coïncident avec les directions principales des propriétés conductrices.

Les *équations de Faraday* conservent la forme habituelle :

$$\begin{aligned} -\frac{\partial X}{\partial t} &= \frac{\partial R}{\partial y} - \frac{\partial Q}{\partial z}, \\ -\frac{\partial Y}{\partial t} &= \frac{\partial P}{\partial z} - \frac{\partial R}{\partial x}, \\ -\frac{\partial Z}{\partial t} &= \frac{\partial Q}{\partial x} - \frac{\partial P}{\partial y}. \end{aligned} \tag{2}$$

Ce système entre les composantes X, Y, Z, de la force magnétique et les composantes P, Q, R, de la force électromotrice, exprime la loi générale de l'induction.

Les équations (1) du § 1, qui expriment la loi générale de l'électrodynamique, deviennent :

$$\begin{aligned} K_1 \frac{\partial P}{\partial t} &= \frac{\partial Z}{\partial y} - \frac{\partial Y}{\partial z} - 4\pi(C_{11}P + C_{12}Q + C_{13}R), \\ K_2 \frac{\partial Q}{\partial t} &= \frac{\partial X}{\partial z} - \frac{\partial Z}{\partial x} - 4\pi(C_{21}P + C_{22}Q + C_{23}R), \\ K_3 \frac{\partial R}{\partial t} &= \frac{\partial Y}{\partial x} - \frac{\partial X}{\partial y} - 4\pi(C_{31}P + C_{32}Q + C_{33}R), \end{aligned} \tag{1''}$$

avec les conditions :

$$C_{12} = C_{21}, \quad C_{13} = C_{31}, \quad C_{23} = C_{32}.$$

Éliminons X, Y, Z, entre les deux systèmes ; il reste :

$$\begin{aligned} K_1 \frac{\partial^2 P}{\partial t^2} &= \Delta P - \frac{\partial \Theta}{\partial x} - 4\pi\left(C_{11}\frac{\partial P}{\partial t} + C_{12}\frac{\partial Q}{\partial t} + C_{13}\frac{\partial R}{\partial t}\right), \\ K_2 \frac{\partial^2 Q}{\partial t^2} &= \Delta Q - \frac{\partial \Theta}{\partial y} - 4\pi\left(C_{21}\frac{\partial P}{\partial t} + C_{22}\frac{\partial Q}{\partial t} + C_{23}\frac{\partial R}{\partial t}\right), \\ K_3 \frac{\partial^2 R}{\partial t^2} &= \Delta R - \frac{\partial \Theta}{\partial z} - 4\pi\left(C_{31}\frac{\partial P}{\partial t} + C_{32}\frac{\partial Q}{\partial t} + C_{33}\frac{\partial R}{\partial t}\right), \end{aligned}$$

équations qui sont à la fois la généralisation du système du § 80 (il faut poser les conductibilités égales à zéro) et du système du § 198 (il faut les poser toutes égales entre elles et écrire la même condition pour les pouvoirs inducteurs spécifiques).

227. Simplifications. — Nous écrirons d'abord ces équations sous la forme plus usuelle :

$$\begin{aligned} \frac{\partial^2 u}{\partial t^2} &= a^2\Delta u - a^2\frac{\partial \Theta}{\partial x} - \left(c_1\frac{\partial u}{\partial t} + c_{12}\frac{\partial v}{\partial t} + c_{13}\frac{\partial w}{\partial t}\right), \\ \frac{\partial^2 v}{\partial t^2} &= b^2\Delta v - b^2\frac{\partial \Theta}{\partial y} - \left(c_{21}\frac{\partial u}{\partial t} + c_2\frac{\partial v}{\partial t} + c_{23}\frac{\partial w}{\partial t}\right), \\ \frac{\partial^2 w}{\partial t^2} &= c^2\Delta w - c^2\frac{\partial \Theta}{\partial z} - \left(c_{31}\frac{\partial u}{\partial t} + c_{32}\frac{\partial v}{\partial t} + c_3\frac{\partial w}{\partial t}\right). \end{aligned} \tag{1}$$

Considérons l'onde plane définie par les trois équations :

$$(u, v, w) = (u_0, v_0, w_0)$$

$$\exp \left\{ -(\alpha' x + \beta' y + \gamma' z) + i[\omega t - (\alpha x + \beta y + \gamma z)] \right\}. \quad (2)$$

Nous savons par l'étude des milieux absorbants isotropes que le *plan d'absorption* et le *plan d'onde :*

$$\Phi' = \alpha' x + \beta' y + \gamma' z, \qquad \Phi = \alpha x + \beta y + \gamma z,$$

font généralement des angles quelconques ; leur position relative dépend de l'incidence sous laquelle l'onde plane entre dans le milieu. D'où une infinité de constitutions différentes et de vitesses possibles, même dans un milieu *isotrope.*

Comme nous nous occupons seulement des cristaux relativement peu absorbants, *nous supposerons Φ et Φ' parallèles.*

Montrons que l'hypothèse est légitime.

En vertu de cette hypothèse, les équations (2) deviennent :

$$(u, v, w) = (u_0, v_0\ w_0) \exp i [\omega t - (\alpha x + \beta y + \gamma z)(1 - i\delta)]. \quad (2')$$

Substituons les équations (2') dans les équations (1) ; identifions séparément les quantités réelles et les quantités imaginaires : nous obtenons six équations de condition.

Cherchons le nombre des quantités à déterminer.

Nous donnons la direction de propagation de l'onde, c'est-à-dire deux des quantités α, β, γ. Nous choisissons la radiation, c'est-à-dire ω. *Les quantités u_0, v_0, w_0, ne sont plus réelles : la vibration propagée sans déformation est généralement elliptique.* Comme ses dimensions absolues sont arbitraires, nous prenons arbitrairement une des composantes en grandeur et en phase ; nous avons donc à déterminer les deux autres en grandeurs et en phases, soit quatre quantités.

En définitive nous avons six équations de condition et six quantités à déterminer : l'une des quantités α, β, γ, définissant la vitesse de propagation ; la quantité δ définissant l'absorption ; quatre des six quantités comprises sous les symboles complexes u_0, v_0, w_0, définissant la vibration en forme et en position.

Donc l'hypothèse est légitime.

Malgré cette première simplification, les équations (1) seraient encore trop complexes. Elles supposent que les axes principaux d'absorption ne coïncident pas avec les axes principaux d'élasticité optique. Nous restreindrons leur généralité et écrirons :

$$c_{12} = c_{21} = c_{23} = c_{32} = c_{31} = c_{13} = 0.$$

Il reste le système :

$$\begin{aligned}
\frac{\partial^2 u}{\partial t^2} &= a^2 \Delta u - a^2 \frac{\partial \Theta}{\partial x} - c_1 \frac{\partial u}{\partial t}, \\
\frac{\partial^2 v}{\partial t^2} &= b^2 \Delta v - b^2 \frac{\partial \Theta}{\partial y} - c_2 \frac{\partial v}{\partial t}, \\
\frac{\partial^2 w}{\partial t^2} &= c^2 \Delta w - c^2 \frac{\partial \Theta}{\partial z} - c_3 \frac{\partial w}{\partial t}.
\end{aligned} \qquad (1')$$

Comme il s'agit uniquement d'ondes planes sinusoïdales, on peut donner aux équations (1') la forme des équations (4') du § 80 qui se rapportent à un milieu parfaitement transparent (artifice expliqué au § 202) :

$$\begin{aligned}
\frac{1}{a'^2} \frac{\partial^2 u}{\partial t^2} &= \Delta u - \frac{\partial \Theta}{\partial x}, \\
\frac{1}{b'^2} \frac{\partial^2 v}{\partial t^2} &= \Delta v - \frac{\partial \Theta}{\partial y}, \\
\frac{1}{c'^2} \frac{\partial^2 w}{\partial t^2} &= \Delta w - \frac{\partial \Theta}{\partial z}.
\end{aligned} \qquad (1'')$$

Il suffit de poser, en négligeant les carrés de c_1, c_2, c_3 :

$$a'^2 = a^2\left(1 + \frac{ic_1}{\omega}\right), \qquad b'^2 = b^2\left(1 + \frac{ic_2}{\omega}\right), \qquad c'^2 = c^2\left(1 + \frac{ic_3}{\omega}\right).$$

228. Calcul du coefficient d'absorption. — Les équations (1''), identiques aux équations (4') du § 80, ont même solution :

$$\frac{\alpha^2}{V'^2 - a'^2} + \frac{\beta^2}{V'^2 - b'^2} + \frac{\gamma^2}{V'^2 - c'^2} = 0. \qquad (1)$$

à la condition de poser, d'après les équations (2') du paragraphe précédent et en vertu de la définition *symbolique* de la vitesse de la lumière : $V'^2 = \dfrac{\omega^2}{s^2(1 - i\delta)^2}$, $\quad s^2 = \alpha^2 + \beta^2 + \gamma^2$.

En négligeant le carré de δ, il reste :

$$V'^2 = \frac{\omega^2}{s^2}(1 + 2i\delta) = V^2 + 2V^2\delta i.$$

Séparons les quantités réelles et les quantités imaginaires dans l'équation (1). On a :

$$\begin{aligned}
\frac{\alpha^2}{V'^2 - a'^2} &= \frac{\alpha^2}{V^2 - a^2 + i(2V^2\delta - a^2 c_1 : \omega)} \\
&= \frac{\alpha^2}{V^2 - a^2}\left[1 - \frac{i}{V^2 - a^2}\left(2V^2\delta - \frac{a^2 c_1}{\omega}\right)\right].
\end{aligned}$$

La partie réelle de (1) est donc simplement :

$$\frac{\alpha^2}{V^2 - a^2} + \frac{\beta^2}{V^2 - b^2} + \frac{\gamma^2}{V^2 - c^2} = 0,$$

identique à l'équation qui donne la vitesse dans les milieux transparents. *Donc une absorption pas trop grande ne modifie pas les lois de propagation.*

Le coefficient de l'imaginaire dans (1) est :

$$2\omega V^2\delta\left[\frac{\alpha^2}{(V^2-a^2)^2}+\frac{\beta^2}{(V^2-b^2)^2}+\frac{\gamma^2}{(V^2-c^2)^2}\right]$$
$$=\frac{a^2\alpha^2c_1}{(V^2-a^2)^2}+\frac{b^2\beta^2c_2}{(V^2-b^2)^2}+\frac{c^2\gamma^2c_3}{(V^2-c^2)^2}.$$

La vibration, considérée comme identique au déplacement électrique, est elliptique, mais presque rectiligne. La position du grand axe de l'ellipse est approximativement déterminée par les cosinus directeurs l, m, n [équations du § 82]. D'ailleurs on a :

$$V^2=l^2a^2+m^2b^2+n^2c^2.$$

Remarquant que la quantité entre crochets est précisément égale à $1 : S^2$, on tire de là :

$$2\omega\delta=\frac{l^2a^2c_1+m^2b^2c_2+n^2c^2c_3}{l^2a^2+m^2b^2+n^2c^2}. \qquad (2)$$

Soit Δ le chemin parcouru dans la direction normale au plan de l'onde :

$$\Delta=\frac{\alpha x+\beta y+\gamma z}{\sqrt{\alpha^2+\beta^2+\gamma^2}};$$

$$\delta(\alpha x+\beta y+\gamma z)=\delta\Delta\sqrt{\alpha^2+\beta^2+\gamma^2}=s\delta\Delta=\frac{2\pi\delta\Delta}{\lambda},$$

où λ est la longueur d'onde *dans le milieu considéré et pour la direction considérée* de la radiation considérée.

L'amortissement dépend donc de l'exponentielle :

$$e^{-\frac{2\pi\delta\Delta}{\lambda}};$$

δ s'appelle *coefficient d'extinction* (§ 209) ; c'est un nombre.

Posons : $c_1=2\omega\delta_1$, $c_2=2\omega\delta_2$, $c_3=2\omega\delta_3$.

La formule (2) devient :

$$\delta=\frac{l^2a^2\delta_1+m^2b^2\delta_2+n^2c^2\delta_3}{l^2a^2+m^2b^2+n^2c^2}.$$

L'absorption dépend de la direction de la vibration (déplacement électrique, vecteur de Fresnel) définie par les cosinus directeurs l, m, n, et non de la direction de l'onde qui la propage, direction définie par les cosinus directeurs α, β, γ.

Cette loi est due à Fresnel.

Au dénominateur intervient le carré de la vitesse V^2; comme elle est peu variable, on écrit souvent :

$$\delta=l^2\delta_1+m^2\delta_2+n^2\delta_3.$$

Pour la même raison on admet la relation :

$$\sigma = l^2\sigma_1 + m^2\sigma_2 + n^2\sigma_3,$$

pour définir le *coefficient d'absorption*, c'est-à-dire le paramètre de l'exponentielle (§ 209) :

$$e^{-\sigma\Delta}.$$

Cela revient à poser que la longueur d'onde λ de la radiation dans le milieu cristallin est constante et indépendante de la direction considérée.

En définitive, quand on connaît la direction l, m, n, de la vibration (déplacement électrique) et que l'expérience a fourni les quantités δ_1, δ_2, δ_3 (ou encore les quantités σ_1, σ_2, σ_3), qui correspondent aux vibrations parallèles aux directions principales, on peut calculer l'absorption pour une direction quelconque de la vibration, sans même connaître (au moins comme très suffisante approximation) les indices principaux du milieu.

229. Pléochroïsme. — Cette conclusion (qui suppose essentiellement la coïncidence des directions principales pour les phénomènes diélectriques et conductifs) n'est admissible que pour les cinq premiers systèmes cristallins.

Pour le système cubique, le cristal se conduit *optiquement* comme un corps isotrope.

Pour les trois systèmes suivants, le cristal est uniaxe : la loi de propagation est celle de Fresnel, si l'absorption n'est pas trop grande. Lorsque la vibration est normale à l'axe, la vitesse de propagation est constante, ainsi que le coefficient d'absorption.

Taillons n'importe comment une lame à faces parallèles et recevons un faisceau non polarisé de lumière blanche à travers cette lame et un nicol. Suivant l'orientation du nicol, la coloration du faisceau varie : il y a *pléochroïsme*.

On peut voir simultanément les teintes qui correspondent à deux orientations rectangulaires, en utilisant un rhomboïde de spath auquel sont accolés deux prismes de verre V. Une loupe permet d'accommoder sur les images d'un trou carré T : les dimensions du trou sont telles que les deux images à travers le spath sont en contact. Elles correspondent à des vibrations à angle droit. Ce petit appareil porte le nom de *loupe dichroscopique*.

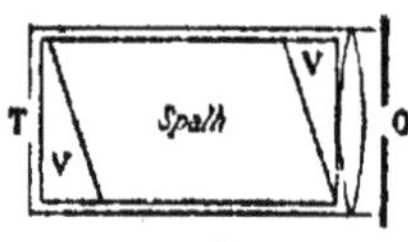

Fig. 130.

Quand on regarde à travers cette loupe une lame cristalline absorbante à faces parallèles, on voit donc deux images adjacentes et diversement colorées. Pour une orientation convenable de la loupe, les teintes diffèrent le plus : les sections principales du rhomboïde coïncident alors avec les sections principales de la lame. On observe alors *les teintes principales*.

Soit un cristal uniaxe et des lames de même épaisseur taillées n'importe comment dans le cristal. Observons-les normalement.

Prenons l'axe des x pour direction de l'axe optique, et soit ψ l'angle de la vibration avec cet axe. Les coefficients δ (ou σ) se réduisent à deux, δ_o perpendiculairement à l'axe, δ_e parallèlement à l'axe. Une direction de vibration faisant l'angle ψ avec l'axe est caractérisée par le coefficient :

$$\delta = \delta_o \sin^2 \psi + \delta_e \cos^2 \psi.$$

Si la lame est perpendiculaire à l'axe ($\psi = \pi : 2$, $\delta = \delta_o$), les teintes principales sont identiques entre elles et ne dépendent pas de l'azimut de la loupe : elles constituent *la teinte ordinaire* correspondant à l'épaisseur choisie. *On observe la même teinte à l'œil nu.*

Si la lame est parallèle à l'axe, on observe, comme teintes principales, *la teinte ordinaire* ($\psi = \pi : 2$) et une teinte, correspondant à des vibrations parallèles à l'axe ($\psi = 0$), qu'on appelle *teinte extraordinaire*. A l'œil nu la couleur est due à la superposition des deux teintes; elle diffère évidemment de la teinte ordinaire : d'où le nom de cristaux dichroïques, donné aux cristaux absorbants.

Pour toutes les tailles intermédiaires, on observe à travers la loupe, comme teintes principales : 1° *la teinte ordinaire;* 2° une teinte qui est d'autant plus voisine de la teinte ordinaire que la lame est plus près d'être perpendiculaire à l'axe, d'autant plus voisine de la teinte extraordinaire que la lame est plus près d'être parallèle à l'axe.

Tourmaline. — La tourmaline est très absorbante pour les vibrations perpendiculaires à l'axe : l'onde ordinaire est quasiment supprimée dès que l'épaisseur est un peu grande. Une lame taillée parallèlement à l'axe ne laisse donc passer que les vibrations parallèles à l'axe : elle joue le rôle d'analyseur ou de polariseur.

Ondes électromagnétiques. — On constate avec le bois une absorption beaucoup plus considérable lorsque les fibres sont parallèles aux vibrations électriques que lorsqu'elles leur sont perpendiculaires. Le bois joue un rôle analogue à celui d'un cristal uniaxe.

230. Cas général. — Pour le système orthorhombique, la théorie simplifiée est encore admissible. La dénomination de cristal à deux axes devient malgré cela tout à fait impropre. Il n'existe plus deux directions suivant lesquelles la lumière est transmise de la même manière, quel que soit son azimut de vibration; le coefficient d'absorption n'est pas indépendant de cet azimut. La lumière qui passe suivant les axes optiques est partiellement polarisée. Pour que les axes subsistent,, il faut qu'il existe certaines relations entre les coefficients d'absorptions principaux et les indices principaux.

Enfin pour les systèmes clinorhombiques et tricliniques, le milieu n'ayant pas trois axes de symétrie binaire, il n'y a aucune raison pour que les directions principales d'élasticité coïncident avec les directions principales d'absorption. Alors même que les deux systèmes de forces posséderaient simultanément trois plans de symétrie rectangulaires (ce que supposent essentiellement les équations du § 226), si ces plans ne coïncident pas, les phénomènes d'absorption perdent leurs plans de symétrie, ainsi que les phénomènes de double réfraction pour lesquels la surface d'onde de Fresnel n'est plus suffisante.

On a fait des expériences très précises sur l'*épidote*, qui cristallise dans le système clinorhombique. On taille une série de lames parallèles à l'axe binaire Ox, mais orientées différemment. Leurs traces OT sur le plan de symétrie yOz sont distribuées dans tous les azimuts. On détermine le rapport des coefficients d'absorption *pour une radiation déterminée*, quand la lumière traverse normalement la lame, la vibration étant dirigée : 1° parallèlement à l'axe binaire Ox, 2° normalement à cet axe, c'est-à-dire dans le plan de symétrie, parallèlement à OT.

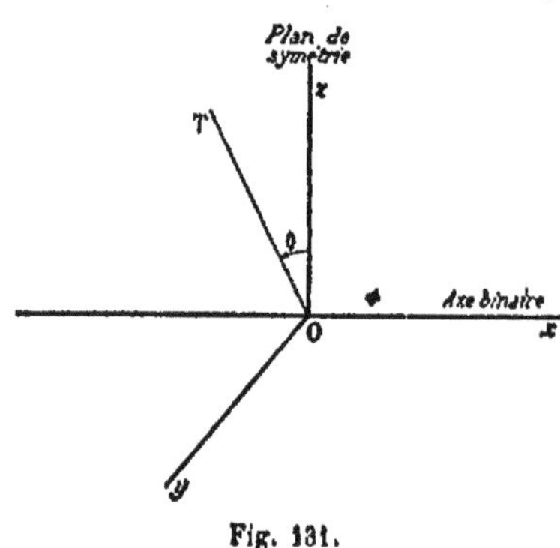

Fig. 131.

Pour toutes les lames, le coefficient d'absorption (ramené à la même épaisseur) est le même pour les vibrations parallèles à l'axe binaire, quelle que soit l'orientation de la trace de la lame dans le plan de symétrie. L'expérience permet donc de déterminer *par des mesures relatives* les coefficients relatifs d'absorption qui correspondent à une série de vibrations orientées dans le plan de symétrie. Si la théorie simplifiée était suffisante, on pourrait les représenter par la formule :

$$\delta = \delta_1 \cos^2 \theta + \delta_2 \sin^2 \theta, \qquad (1)$$

θ étant l'angle de la vibration avec une direction convenablement choisie dans le plan de symétrie.

L'expérience montre que pour chaque radiation il est impossible de trouver une direction par rapport à laquelle la formule (1) soit valable. *Les directions* OT_1 *et* OT_2 *de la trace de la lame qui correspondent à l'absorption maxima et minima ne sont pas rectangulaires. Ces directions ne coïncident pas, même approximativement, avec les directions des deux axes de l'ellipsoïde des indices que contient le plan de symétrie.*

Pour diverses radiations, les directions d'absorption maxima et minima sont très différentes.

Ces résultats ne prouvent pas que la théorie générale du § 226 est insuffisante; mais les formules sont si compliquées quand on maintient les paramètres C ou c à deux indices différents, que nous ne la développerons pas.

On trouvera dans le tome VI, Étude des Symétries, la théorie des *houppes* et des phénomènes analogues.

CHAPITRE IX

DISPERSION. THÉORIE DU SOLEIL

231. **L'indice de réfraction ne varie pas linéairement en fonction de la longueur d'onde.** — On peut démontrer cette proposition d'une manière élégante.

Obtenons par un procédé quelconque (miroirs de Fresnel par exemple) un système de franges d'interférences verticales. Plaçons la fente d'un spectroscope *à prisme* normalement à leur direction (horizontalement par conséquent). Nous observons dans le spectroscope un spectre étalé verticalement, sillonné par un système de franges *courbes;* les courbes de la figure 132 représentent les lieux des maximums d'intensité.

Prenons comme axes de coordonnées rectangulaires, dans le plan du spectre, une droite Ox parallèle à la fente (par conséquent normale aux franges des miroirs) et une droite Oy dirigée suivant la direction de dispersion. A chaque point de la fente correspond une droite verticale du plan xOy, à chaque couleur correspond une droite horizontale du plan. Les franges brillantes vues dans le spectroscope coupent les droites horizontales en des points équidistants, puisque les franges sont équidistantes pour chaque couleur.

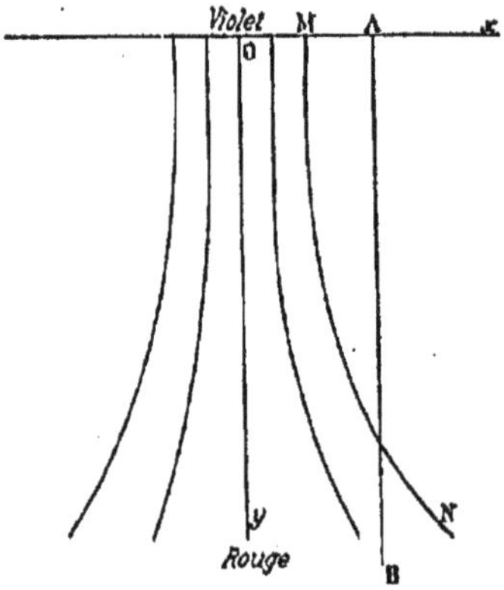

Fig. 132.

Prenons pour axe des y la droite verticale qui correspond au point d'intersection de la fente et de la frange centrale, point pour lequel la différence géométrique *de marche* est nulle pour toutes les couleurs.

A tous les points d'une autre droite AB correspond une différence *de marche* δ proportionnelle à $\overline{OA} = x$. Posons $\delta = kx$.

La frange brillante MN correspond *dans toutes les couleurs* au même numéro d'ordre entier p; cela veut dire que la différence de marche entre les faisceaux interférents y est égale à p longueurs d'onde. Elle satisfait donc à l'équation :

$$\delta = p\lambda = kx.$$

D'après cette équation, le long d'une frange spectrale de numéro d'ordre déterminé, par exemple le long d'un minimum ou d'un maximum d'intensité, il y a proportionnalité entre la longueur d'onde et la coordonnée x. Le facteur de proportionnalité varie avec la frange considérée.

L'y correspondant à un certain λ dépend de la dispersion de l'appareil; on a donc généralement : $y = f(\lambda)$. L'équation d'une frange brillante est par suite :

$$y = f(\lambda) = f(kx : p).$$

La forme de la frange dépend donc essentiellement de la fonction $f(\lambda)$, c'est-à-dire de la loi de dispersion du spectroscope utilisé. Pour une frange brillante donnée (p constant), x mesure la longueur d'onde.

Si la déviation y varie proportionnellement à la longueur d'onde, les franges sont rectilignes.

L'expérience montre que pour les prismes, $\Delta y : \Delta x$, ou, si l'on veut, $\Delta y : \Delta\lambda$, diminue à mesure que λ croît, c'est-à-dire qu'on s'approche du rouge. *Le spectre prismatique est donc tassé dans le rouge,* au moins pour les corps transparents.

La courbe qui donne les indices n en fonction d'onde *dans le spectre visible* satisfait très exactement à l'équation :

$$n^2 = A + \frac{B}{\lambda^2}, \qquad \text{(II')}$$

où A et B sont des constantes positives. Elle est représentée fig. 133 pour un flint. Nous verrons plus loin qu'elle change complètement d'allure pour les longueurs d'onde de l'ordre de plusieurs microns. L'indice variant très peu pour les grandes longueurs d'onde visibles, on s'explique immédiatement le peu de dispersion d'un prisme et le tassement du spectre dans le rouge.

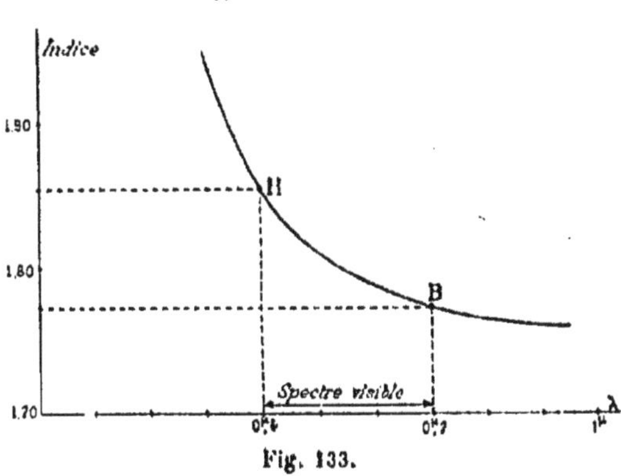

Fig. 133.

232. La loi de dispersion varie avec le corps considéré. — Des expériences curieuses de Christiansen mettent le fait en évidence.

On pile du verre en poudre fine et on en remplit une bouteille dont les faces sont planes et optiquement travaillées : il est préférable que la bouteille soit du même verre que la poudre. Nous savons (§ 221) que l'ensemble est opaque. On introduit alors un mélange de sulfure de carbone et de benzine.

L'indice du sulfure de carbone à 11° est 1,633 pour la raie D; l'indice de la benzine est 1,497. On obtient donc, par des mélanges en proportions convenables, des indices variables entre ces limites à cette température.

L'indice du crown est voisin de 1,52 pour la raie D. Enfin la *dispersion* du mélange liquide est très supérieure à la dispersion du verre.

Avec une proportion convenable des liquides, on obtient une courbe de dispersion C_1D_1 (fig. 134) qui coupe la courbe de dispersion AB du verre en un point R dans le rouge. *La teinte transmise par le système est rouge et correspond précisément à la longueur d'onde pour laquelle les indices du mélange liquide et de la poudre sont égaux.*

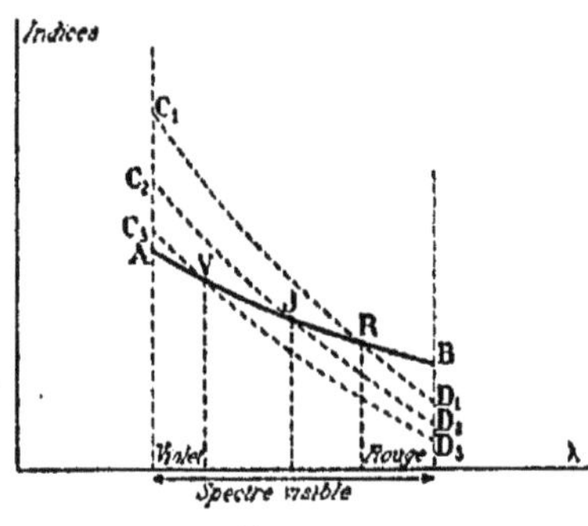

Fig. 134.

Tout se passe en effet pour cette radiation comme si le système était homogène, tandis que pour les radiations voisines les réflexions et diffusions interviennent énergiquement (§ 221).

Ajoutons de la benzine : la courbe de dispersion du liquide devient C_2D_2; *la teinte transmise vire au jaune.*

Ajoutons encore de la benzine : *elle vire au bleu.*

On obtient des effets analogues par des variations de température. *Une élévation de température diminue à la fois l'indice moyen et la dispersion d'un liquide*; les courbes CD s'abaissent et deviennent plus horizontales quand la température s'élève. Donc la teinte vire au bleu quand on échauffe le mélange.

L'expérience est à ce point sensible qu'on a construit des thermoscopes sur ce principe. On a songé à utiliser de tels systèmes comme *écrans monochromes*; mais la variabilité de la teinte avec la température en limite l'emploi.

233. Mesure des indices dans le spectre visible. — C'est la méthode du prisme qui est le plus ordinairement employée. Soit A l'angle du prisme, n son indice pour la radiation considérée, D la déviation minima, i l'angle d'incidence correspondant; on a :

$$n = \sin\frac{A+D}{2} : \sin\frac{A}{2}, \qquad 2i = A + D. \qquad (1)$$

Discutons la précision de la méthode; on a :

$$\frac{dn}{n} = \frac{dA + dD}{2}\operatorname{cotg}\frac{A+D}{2} - \frac{dA}{2}\operatorname{cotg}\frac{A}{2}.$$

Admettons la même erreur ε pour tous les angles :

$$\frac{dn}{n} = \varepsilon\operatorname{cotg}\frac{A+D}{2} - \frac{\varepsilon}{2}\operatorname{cotg}\frac{A}{2}.$$

Or A et D sont positifs; la cotangente décroît quand l'angle croît. Donc l'erreur relative sur l'indice est inférieure à :

$$\frac{dn}{n} = \frac{\varepsilon}{2}\operatorname{cotg}\frac{A}{2} = 0{,}86\,.\,\varepsilon,$$

si nous supposons $A = 60°$; nous n'exagérons cependant pas la prudence en considérant cette limite comme exacte.

Employons un cercle divisé de 15 centimètres de rayon, ce qui est tout à fait exceptionnel; admettons une erreur de 1 μ sur la lecture des divisions du cercle. La limite ε est, *indépendamment de toute question de séparation optique* (tome IV, § 288), certainement très supérieure à :

$$\varepsilon > 10^{-4} : 15 = 6{,}7\,.\,10^{-6}.$$

D'où : $$dn : n > 6\,.\,10^{-6}.$$

Donc le cinquième chiffre décimal est la limite extrême de ce que peut donner la méthode du prisme; autrement dit, il est quasiment impossible d'obtenir une approximation supérieure au cent millième.

Les indices des solides varient très peu avec la température; pour fixer les idées, le quotient $dn : dt$, où t est exprimé en degrés centigrades, est de l'ordre de -10^{-6}; le signe — indique une diminution de l'indice quand on chauffe.

La diminution est beaucoup plus grande pour les liquides. Par exemple, on a :

pour le sulfure de carbone : $dn : dt = -0{,}000\,8$;
pour l'eau : $dn : dt = -0{,}000\,0125$.

Il est difficile d'assurer la parfaite uniformité de la température d'un prisme à liquide, serait-ce à un degré près. D'où une nouvelle limitation de la précision.

234. Réfractomètres. — On appelle *réfractomètres* des appareils industriels qui permettent, par simple lecture, de déterminer les indices des corps, généralement des liquides. Il est clair que l'ingéniosité des inventeurs peut se donner carrière. Nous citerons seulement deux exemples pour préciser la nature du problème. Nous rappellerons l'existence des réfractomètres basés sur la réflexion totale dont nous avons indiqué le principe aux §§ 107 et 168.

Réfractomètre de Féry.

Considérons (fig. 135) un prisme d'angle 2B compris entre deux prismes de matière identique et d'angle A. Soit n' et n les indices.

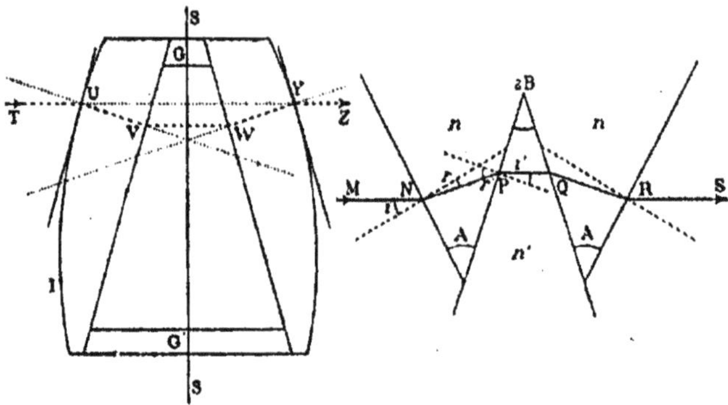

Fig. 135.

Cherchons l'angle d'incidence i tel qu'un faisceau de rayons parallèles MN sorte parallèlement à lui-même suivant RS.

Vu la symétrie de la figure, les conditions géométriques sont :

$$i' = B, \qquad r + r' = i + i' = A.$$

Dès lors, la loi de Descartes donne :

$$\sin(A - B) = n \sin(A - r'),$$

$$n' \sin B = n \sin r'.$$

Eliminant r' entre ces équations, il reste :

$$\operatorname{tg} A = (n' - 1)\sin B \frac{1}{\sqrt{n^2 - n'^2 \sin^2 B} - \cos B},$$

On connaîtra donc n', si on connaît B et A. On a d'ailleurs comme première approximation, si les angles sont petits :

$$\cos B = 1, \qquad \sin^2 B = 0, \qquad (n - 1) A = (n' - 1) B.$$

Reste à obtenir des prismes compensateurs d'angle variable A. On les constitue par une bande de verre découpée dans une lentille. L'angle augmente, depuis une valeur nulle au point d'incidence U, à mesure que le point d'incidence se déplace dans le sens UI.

Une face de chacun des prismes d'angle variable forme avec des glaces G et G' le prisme d'angle invariable 2B qui contient le liquide.

L'expérience consiste à placer la cuve entre un collimateur et une lunette d'axes parallèles entre eux et perpendiculaires à la ligne de symétrie SS. A l'aide d'une vis micrométrique, on déplace la cuve parallèlement à SS jusqu'à annuler la déviation; l'image de la fente se fait alors sur le réticule de la lunette.

On conçoit que du déplacement de la cuve on puisse déduire l'indice n'.

Comme première approximation, on vérifiera que l'angle A est proportionnel au déplacement compté à partir de TZ, position pour laquelle la déviation est nulle quand la cuve est vide ($n'=1$, $A=0$); le zéro de l'appareil est par suite facile à déterminer.

Réfractomètre de Dupré.

Supposons accolés deux prismes de même angle A (fig. 136) et d'indices n et n', ($n'<n$). Plaçons le système entre un collimateur et une lunette montée sur un limbe divisé. Déterminons la déviation Δ, en supposant mécaniquement réalisée la condition que *le faisceau traverse normalement la face externe du prisme le moins réfringent.*

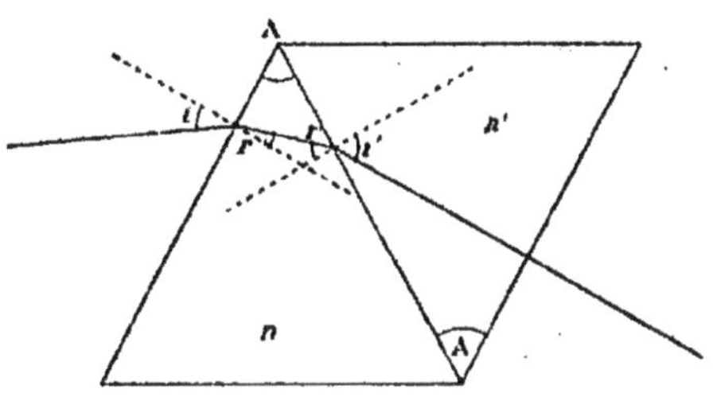

Fig. 136.

On a :

$$A=i'=r+r', \qquad \Delta=i;$$

$$n\sin r=\sin\Delta, \qquad n\sin(A-r)=n'\sin A;$$

$$n'=\sqrt{n^2-\sin^2\Delta}-\sin\Delta\operatorname{cotg}A.$$

On peut calculer à l'avance des tables ou tracer des courbes qui donnent immédiatement n' en fonction de Δ.

Le biprisme est formé de deux prismes de 60°; l'un est en crown, l'autre est creusé dans une masse de verre, accolé au premier et limité par une glace planparallèle : c'est dans cette sorte de cuve qu'on place le liquide. Suivant que le liquide est plus ou moins réfringent que le crown, des taquets fixent le biprisme de manière que soit réalisée la condition nécessaire à l'application de la formule.

235. Mesure des indices dans l'ultraviolet. — Le spectre du Soleil ne contient pas l'ultraviolet extrême. Alors même qu'il existerait dans le mouvement émis, il est grandement absorbé par l'air et la vapeur d'eau de l'atmosphère. Le spectre solaire ne permet pas d'observer des radiations dont les longueurs d'ondes sont inférieures à $0^{\mu},295$.

Les sources métalliques fournissent des radiations juqu'à $0^{\mu},185$.

Pour étudier les radiations ultraviolettes, il faut utiliser des lentilles de quartz et des prismes de spath, substances très transparentes pour les radiations de petites longueurs d'onde. On emploie naturellement la photographie : voici la méthode générale.

Admettons qu'une raie *visible* soit à la fois sur le réticule et au minimum de déviation. Nous pouvons amener une radiation quelconque à la fois sur le réticule et au minimum de déviation, *sans regarder dans la lunette.* Il suffit de faire tourner le prisme de l'angle quelconque α et la lunette de l'angle 2α. L'angle d'incidence i, le même pour toutes les radiations, augmente de α; la déviation minima doit augmenter de 2α, d'après l'une des formules (1) du paragraphe 233. Par conséquent la radiation *qui se trouve maintenant au minimum de déviation* fait son image sur le réticule.

Il est possible, mais moins précis, d'obtenir mécaniquement le maintien du minimum de déviation pour la radiation qui tombe sur le réticule (fig. 137). Les bras qui portent le prisme et la lunette peuvent tourner autour de l'axe O solidaire de la platine P et du collimateur. Ils sont reliés par deux tiges *égales* articulées en B : l'une AB tourne autour de l'axe A solidaire de la platine P et du collimateur; l'autre CB tourne autour de l'axe C solidaire de la lunette. Enfin l'axe commun B se déplace dans une glissière solidaire du prisme.

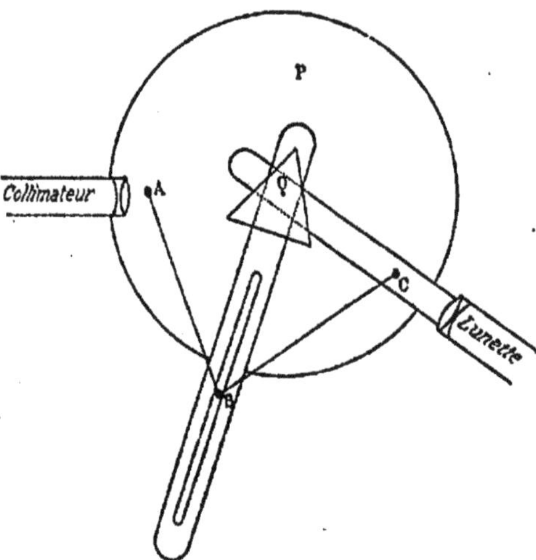

Fig. 137.

Grâce à cette disposition, le plan bissecteur du dièdre réfringent reste toujours bissecteur de l'angle formé par les axes du collimateur et de la lunette, ce qui est la condition du minimum de déviation.

L'expérience consiste à partir du spectre visible pour lequel les réglages se font à l'œil nu, puis à régler l'appareil pour une région quelconque du spectre ultraviolet : on place au delà du réticule et tout contre, une plaque photographique et on photographie.

Connaissant l'image photographique du spectre étudié, l'indice d'un certain nombre de raies (celles qui se trouvent à chaque opération sous le réticule), on connaît l'indice des autres par interpolation.

On mesure par une expérience analogue (IV, § 296) les longueurs d'onde avec un réseau.

C'est ainsi que Mascart a déterminé les indices du quartz et du spath pour le spectre ultraviolet. L'arête des prismes est parallèle à l'axe ternaire cristallographique. Les rayons se réfractent dans la section principale (plan normal à l'arête), comme si les substances qui forment les prismes avaient deux indices constants (§ 109).

Voici quelques-uns des indices.

RAIES	SPATH		QUARTZ		λ
	ORDINAIRE	EXTRAORDINAIRE	ORDINAIRE	EXTRAORDINAIRE	
A	1,65012	1,48285	1,53902	1,54812	7604
B	1,65296	1,48409	1,54099	1,55002	6867
C	1,65446	1,48474	1,54188	1,55095	6561
D	1,65846	1,48654	1,54423	1,55338	5888
H	1,68330	1,49777	1,55816	1,56770	3967
Q	1,69955	1,50486	1,56668	1,57659	3440
R	1,71155	1,51028		1,58273	3178

236. Etude du spectre infrarouge.

A. On opère exactement comme pour l'ultraviolet.

On règle le prisme (qui est ici en sel gemme ou en tout autre corps peu absorbant pour l'infrarouge) au minimum pour les radiations visibles; puis on amène au minimum une partie quelconque du spectre infrarouge. On supprime l'oculaire et on remplace le réticule par une fente F'; on sait donc que les radiations qui traversent cette fente sont au minimum de déviation : on connaît par conséquent leur indice.

On les reçoit sur un réseau et on détermine la longueur d'onde par la déviation qu'elles éprouvent. On n'a pas à craindre le recouvrement des spectres d'ordres différents, car la radiation est aussi monochromatique qu'on veut : il suffit de rétrécir la fente F'. La déviation par le réseau est déterminée par une pile thermoélectrique ou un bolomètre.

B. Recevons un faisceau intense sur un réseau et observons dans une certaine direction. Dans la formule (IV, § 293) :

$$(\sin\alpha + \sin\beta)(a+b) = p\lambda,$$

le premier membre est constant. Donc $p\lambda$ est constant : p est le numéro d'ordre des spectres, λ la longueur d'onde correspondante.

Par exemple si, dans la direction considérée et dans le cinquième spectre, nous recevons la raie D, $\lambda = 0^{\mu},589$, nous aurons :

$p\lambda = 2{,}945$. Dans cette même direction et sans toucher à l'appareil, nous recevrons dans les spectres d'ordre p les radiations λ :

p	5	4	3	2	1
λ	$0^{\mu},589$	$0^{\mu},736$	$0^{\mu},982$	$1^{\mu},473$	$2^{\mu},945$,

telles que le produit $p\lambda$ soit constant.

Faisons tomber cette lumière, *formée d'un nombre fini de radiations,* sur le prisme dont nous cherchons la dispersion. Amenons à l'œil nu la raie D au minimum ; disposons convenablement le fil du bolomètre. Utilisons la disposition mécanique ; nous amènerons successivement et automatiquement au minimum et sur le bolomètre les quatre autres radiations dont nous aurons ainsi les indices.

Dans cette expérience, on emploie un réseau concave par réflexion ; la direction de diffraction choisie est déterminée par une fente. Si la seconde partie de l'appareil est dioptrique, il faut que les lentilles soient en sel gemme ou mieux en fluorine, le sel gemme étant très déliquescent. Mais on peut aussi employer des miroirs ; les rayons n'ont plus à *traverser* que le prisme de la substance à étudier.

C. On obtient par réflexion sur une lame mince (IV, § 240) des *bandes froides* dont on peut calculer à l'avance la longueur d'onde et dont on détermine l'indice.

Les rayons issus d'une source S passent à travers la fente F. Ils sont rendus parallèles par une lentille L (ou par un miroir) et reçus à 45° sur deux plaques P *planparallèles,* limitant entre elles une mince couche d'air d'épaisseur e.

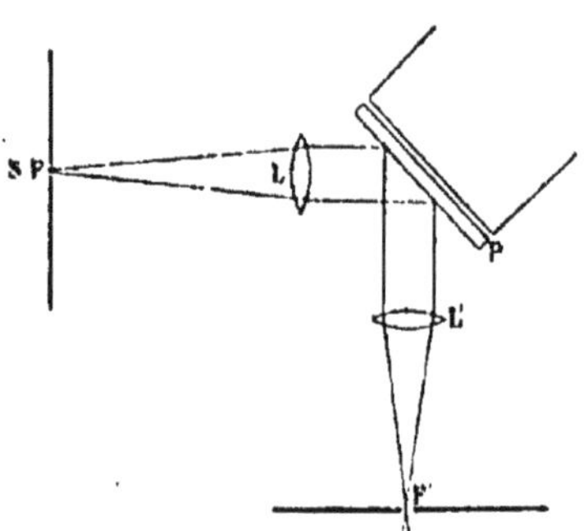

Fig. 138.

Le faisceau se sépare en deux : l'un se réfléchit sur la face antérieure de la lame d'air, l'autre sur la face postérieure : d'où *interférence.* Les rayons sont repris par la lentille L' et convergent sur la fente F'.

Le parallélisme des faces limitant la couche d'air doit être tel qu'on n'aperçoive en lumière monochromatique qu'une teinte plate. Après interférence, le faisceau est privé à peu près totalement des radiations pour lesquelles (IV, § 243) on a :

$$p\lambda = 2e \cos i.$$

Les expériences en lumière visible font connaître $2e \cos i$. On analyse au spectroscope la lumière reçue en F'. Soit λ_1 et λ_2 les longueurs d'onde de deux franges noires du spectre cannelé ; soit $q-1$ le nombre des franges noires qui les séparent, nombre qu'on détermine directement; on a :

$$p\lambda_1 = (p+q)\lambda_2 = 2e\cos i = q\lambda_1\lambda_2 : (\lambda_1 - \lambda_2).$$

Les franges existent dans l'infra rouge et correspondent à des λ parfaitement connus, puisque les numéros d'ordre sont déterminables de proche en proche, et qu'on a : $p\lambda = 2e\cos i$. Il ne reste qu'à mesurer leurs indices par la méthode précédemment décrite.

Les lentilles collimatrices, les objectifs des lunettes et la *lame antérieure* P sont en fluorine.

237. Dispersion dans les corps transparents ordinaires. — Les corps tels que l'eau, le sulfure de carbone, le verre, le sel

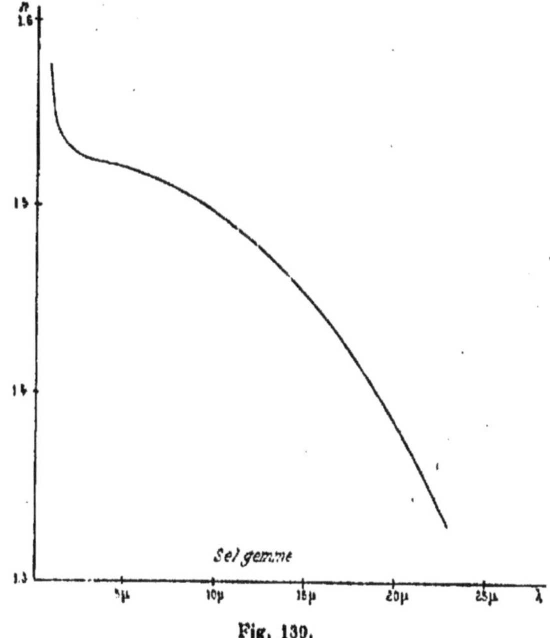

Fig. 130.

gemme, la fluorine, le spath, le quartz, ont une dispersion calculable par la formule à trois constantes positives :

$$n^2 = A + \frac{B}{\lambda^2} - C\lambda^2. \qquad \text{(II')}$$

La courbe de la figure 133 représente l'indice quand λ est petit; le troisième terme est alors négligeable. Il en est très sensiblement ainsi jusqu'aux λ de l'ordre du micron. L'allure de la courbe indique une asymptote verticale pour $\lambda = 0$, $n = \infty$, une asymptote horizontale pour $\lambda = \infty$, $n = \sqrt{A}$.

Cette extrapolation est absolument illégitime, comme nous allons le voir.

Pour des λ grands, l'allure de la courbe est en effet très différente; elle est représentée figure 139.

Pour calculer plus exactement les expériences, on utilise une formule à cinq constantes :

$$n^2 = n_\infty^2 + \frac{B_1}{\lambda^2 - \lambda_1^2} + \frac{B_2}{\lambda^2 - \lambda_2^2}. \qquad \text{(II)}$$

Supposons λ_1 très petit et λ_2 très grand, et utilisons la formule seulement entre λ_1 et λ_2, *sans trop nous approcher des limites;* nous retrouvons la formule (II'). C'est évident pour λ_1 ; prouvons-le pour λ_2.

On peut écrire :

$$\frac{1}{\lambda^2 - \lambda_2^2} = -\frac{1}{\lambda_2^2} : \left(1 - \frac{\lambda^2}{\lambda_2^2}\right) = -\frac{1}{\lambda_2^2}\left(1 + \frac{\lambda^2}{\lambda_2^2}\right) = -\frac{1}{\lambda_2^2} - \frac{\lambda^2}{\lambda_2^4}.$$

Le terme $-B_2 : \lambda_2^2$ se retranche de la constante A; le terme $-(B_2 : \lambda_2^4)\lambda^2$ correspond au terme $-C\lambda^2$ de la formule (II').

La formule (II) est elle-même un cas particulier d'une formule plus générale que nous rencontrerons plus loin. *Elle convient aux corps transparents.* Mais il peut arriver qu'un corps, transparent pour des λ moyens, soit opaque pour de très petits et de très grands λ. C'est précisément ainsi, comme nous le verrons, que s'interprète l'équation (II) de dispersion.

238. **Dispersion au voisinage d'une raie d'absorption.** — Au voisinage de la raie de centre λ_1, les indices sont bien représentés par la formule :

$$n^2 = n_\infty^2 + \frac{B_1}{\lambda^2 - \lambda_1^2}, \qquad \text{(II)}$$

sauf au voisinage immédiat de la raie, où la formule perd toute signification; B_1 une constante positive. En effet, l'indice peut bien avoir sans contradiction une valeur aussi grande qu'on veut; cela signifie que la vitesse dans le milieu est très petite par rapport à la vitesse du vide. Mais il est clair qu'il ne peut décroître au-dessous de zéro. La valeur nulle correspond à une vitesse infinie ; il y aurait toujours réflexion totale.

S'il y a deux raies de longueurs d'ondes λ_1 et λ_2, il faut poser :

$$n^2 = n_\infty^2 + \frac{B_1}{\lambda^2 - \lambda_1^2} + \frac{B_2}{\lambda^2 - \lambda_2^2}, \qquad \text{(II)}$$

avec la même restriction que ci-dessus. Les indices sont représentés en fonction des longueurs d'onde par les figures 140.

Enfin pour un nombre quelconque de raies, on a :

$$n^2 = n_\infty^2 + \sum \frac{B_i}{\lambda^2 - \lambda_i^2}; \qquad \text{(II)}$$

n_∞ est l'indice pour $\lambda = \infty$, c'est-à-dire pour une très grande longueur d'onde; λ_i est la longueur d'onde moyenne de la raie de notation i.

Si l'on se borne à une région du spectre dans laquelle la substance considérée est transparente, nous savons qu'on peut employer la forme (II) (§ 237).

Cela revient donc à considérer la région transparente comme limitée par deux raies, l'une dans l'ultraviolet et l'autre dans l'infrarouge. Effectivement la courbe du sel gemme (fig. 139) a l'allure générale de la courbe ABC (fig. 140) comprise entre deux raies d'absorption.

Le quartz possède des bandes d'absorption dans l'infrarouge :

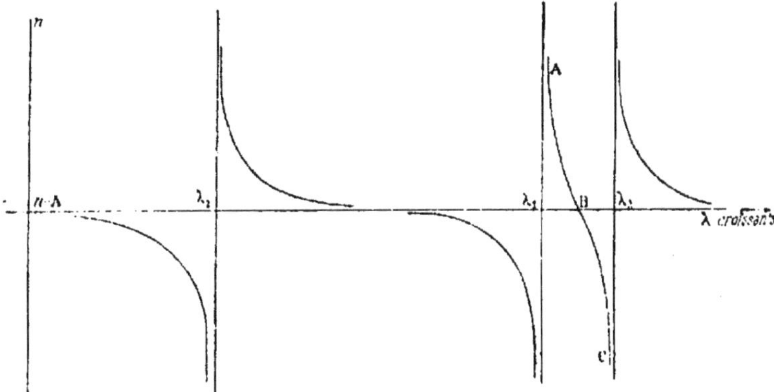

Fig. 140.

l'une pour $\lambda = 8^\mu,84$, l'autre pour $\lambda = 20^\mu,75$. Voici la formule qui représente les indices et que nous donnons comme exemple :

$$n^2 = 4,5788 + \frac{0,010654}{\lambda^2 - 0,010627} + \frac{44,224}{\lambda^2 - 78,22} + \frac{713,55}{\lambda^2 - 430,56}.$$

Pour $\lambda = \infty$, on aurait : $n = \sqrt{4,58} = 2,18$. (Comparer § 219.)

239. Étude des indices près d'une raie; méthode des prismes croisés (Kundt). — Avec un spectroscope dispersant dans le sens vertical, nous obtiendrons un spectre *vertical*, où les lieux des radiations de longueurs d'onde constante sont des horizontales (fig. 141). La position y d'une radiation est une fonction $y = f_1(\lambda)$ de la longueur d'onde.

Faisons tomber ce spectre sur un second spectroscope *dispersant horizontalement*. Sa fente verticale en découpe une bande AB. Il impose aux couleurs une déviation x qui dépend de la longueur d'onde suivant la loi : $x = f_2(\lambda)$.

Après ces deux dispersions, on obtient une courbe colorée dont l'équation : $\varphi(x, y) = 0$, est le résultat de l'élimination de λ entre les équations : $y = f_1(\lambda)$, $x = f_2(\lambda)$.

Si les deux spectres sont normaux, les fonctions f_1 et f_2 sont linéaires ; la courbe : $\varphi(x, y) = 0$, est une droite A'B'.

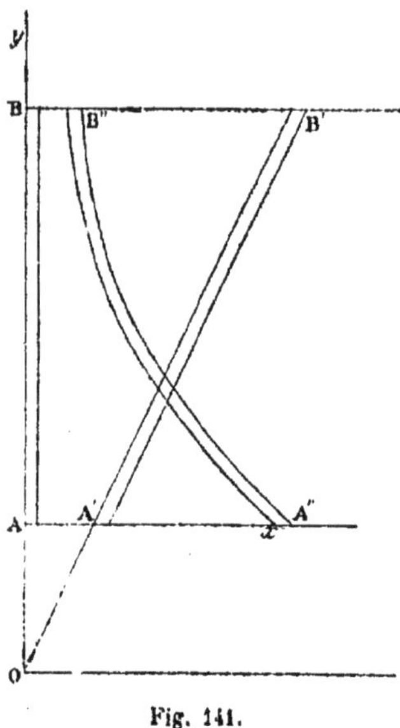

Fig. 141.

Si le premier spectroscope est à réseau et le second à prisme, f_1 est linéaire. La courbe : $\varphi(x, y) = 0$, peut être identifiée à la courbe $x = f_2(\lambda) = f_2(y)$, par un choix convenable de l'échelle et de l'origine des coordonnées.

Cette méthode, dite des prismes croisés, est particulièrement commode pour étudier les brusques variations d'indice au voisinage d'une radiation particulière. Le [illegible] dont on veut étudier l'indice constitue le premier spectroscope ; c'est la fonction $y = f_1(\lambda)$, qui présente des particularités autour d'un certain λ. Comme second spectroscope on utilise un réseau ; x varie proportionnellement à λ. La courbe lumineuse résultant des deux dispersions est :

$$y = f_1(x) = f_1(\lambda),$$

pour un choix convenable de l'échelle et de l'origine des coordonnées. (Comparer au § 231.)

Comme on emploie un *second* spectroscope très dispersif, et qu'on ne vise qu'une très petite partie du spectre, la courbe lumineuse est quasiment une horizontale partout où la fonction f_1 ne présente aucune singularité. Toute singularité correspond à une brusque variation de cette courbe.

240. Dispersion anormale des flammes colorées (Kundt). — Prenons comme source lumineuse une fente *horizontale* placée au foyer principal d'une lentille collimatrice. Servons-nous comme prisme du dièdre *à arête horizontale* formé par la flamme d'un bunsen coloré par du sel marin. En plaçant dedans une lame de platine coudée à angle droit et réalisant une sorte de gouttière pleine de sel, on donne à la flamme la forme représentée fig. 142. A la hauteur *cd*, elle équivaut à deux prismes ayant leurs arêtes horizontales et en haut; à la hauteur ab, elle équivaut à un prisme unique ayant son arête horizontale et en bas. On limite par des fentes horizontales F et F' les portions utilisées des flammes.

Après le prisme gazeux, vient une lentille qui donne sur la fente *verticale* d'un spectroscope à réseau dispersant horizontalement, une image réelle du spectre *vertical* fourni par le prisme gazeux.

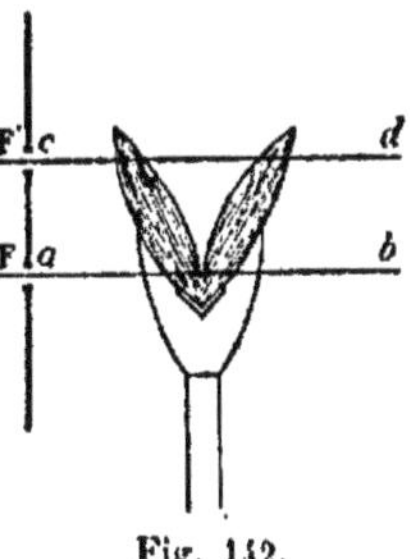

Fig. 142.

Nous sommes exactement dans les conditions décrites à la fin du paragraphe précédent. Nous obtiendrons une bande lumineuse aussi fine que nous voudrons, dont les abscisses sont proportionnelles aux longueurs d'onde, dont les ordonnées mesurent les déviations verticales dues au prisme gazeux et peuvent servir à déterminer les indices de ce prisme. A cause de la grande dispersion du second spectroscope, la bande est horizontale quand l'indice du prisme gazeux ne présente aucune singularité. Nous allons voir qu'il n'en est pas ainsi au voisinage d'une raie d'absorption.

241. Résultat des expériences. — La lumière traverse la flamme suivant ab (fig. 142) : à un grand indice correspond une déviation vers le haut. Quand on emploie la flamme du sodium, on trouve le phénomène représenté dans la figure 143. Elle indique un indice très grand du côté *rouge* des raies d'absorption, un indice très petit du côté *violet*. Au voisinage des raies et très près de celles-ci, l'absorption reste faible : si l'on observe des intervalles obscurs mn, pq, assez larges au niveau de la bande spectrale RV, cela ne tient pas à une absorption de la lumière, mais à une déviation qui la rejette en dehors de la bande moyenne, soit au-dessus, soit au-dessous.

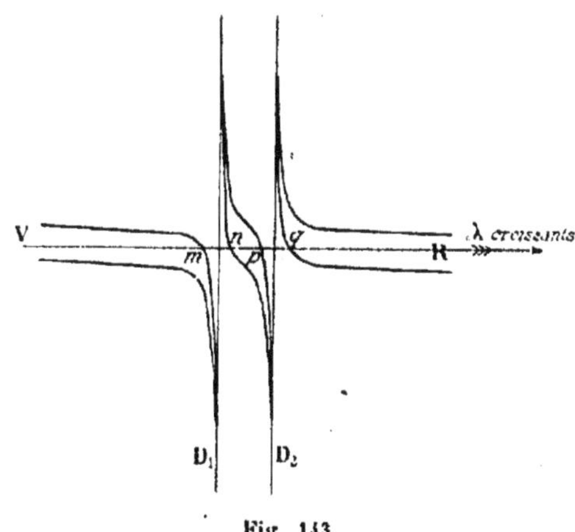

Fig. 143.

Ces phénomènes ne sont pas propres au sodium. Ils sont absolument généraux et se produisent au voisinage d'une raie fine quelconque. Les raies d'un même métal présentent du reste la dispersion anormale à des degrés très divers. Il peut arriver que du côté *violet*, l'indice tombe notablement au-dessous de l'unité. La vitesse de propagation est supérieure à la vitesse dans le vide.

On comparera la figure 143 à la figure 140 qui représente les indices en fonction des longueurs d'onde conformément à la formule (II).

Il résulte de ces phénomènes deux conséquences que nous énonçons pour la raie du sodium, mais qui sont générales (Julius) : nous en verrons plus loin (§ 258) les applications à la Théorie du Soleil.

1° Lorsque la lumière émanant d'une source à spectre continu traverse un espace où de la vapeur de sodium est irrégulièrement disséminée, les rayons voisins de D sont bien plus fortement déviés que les autres.

Le maximum de déviation correspond aux radiations dont les λ diffèrent si peu de D_1 et de D_2 qu'on peut à peine les distinguer de la lumière du sodium.

Des vapeurs de sodium faiblement lumineuses ou obscures, traversées par un faisceau intense de lumière blanche, peuvent donc émettre en apparence une lumière qui, tout en provenant en réalité de la source extérieure, présente une quasi identité avec la lumière du sodium.

2° La lumière blanche qui a traversé l'espace rempli de vapeur de sodium, étudiée au spectroscope, peut présenter au voisinage des raies D de larges bandes obscures *qui ne sont pas des bandes d'absorption.* La lumière n'est pas absorbée; elle est seulement déviée et n'atteint plus la fente du spectroscope. Il se passe un phénomène analogue à celui qui explique la scintillation des étoiles (IV, § 143).

242. Formule générale de dispersion. — Il est absolument impossible de faire l'étude de la dispersion sans faire l'étude simultanée de l'absorption. Il n'existe donc pas de formule générale reliant les indices aux longueurs d'onde qui ne dépende du paramètre exprimant l'amortissement du fait de la propagation dans le milieu.

En particulier, la Théorie électromagnétique de la lumière, généralisée par l'hypothèse des ions, fournit les relations suivantes connues sous le nom de Ketteler-Helmholtz *et qui sont découvertes depuis plus de trente ans* (§§ 201 et 253) :

$$\left.\begin{aligned} n_0^2 - q_0^2 &= 1 + \sum \frac{\Theta(\lambda^2 - \lambda_i^2)\lambda^2}{(\lambda^2 - \lambda_i^2)^2 + a^2\lambda^2}, \\ 2n_0 q_0 &= \sum \frac{\Theta a \lambda^3}{(\lambda^2 - \lambda_i^2)^2 + a^2\lambda^2}; \end{aligned}\right\} \quad (I)$$

λ_i est par définition la longueur d'onde du *centre d'une raie d'absorption;* Θ et a sont deux paramètres caractéristiques de cette bande. Le sigma porte sur l'ensemble des raies qui peuvent exister dans le spectre. Enfin n_0 et q_0 sont les quantités définies au chapitre précédent; n_0 est, si l'on veut, l'indice pour l'incidence normale; q_0 est le coefficient d'extinction pour cette même incidence.

Nous déduirons plus loin les formules (I) de la théorie de Maxwell généralisée. Pour l'instant, montrons qu'elles renferment comme cas particulier les résultats précédents et étudions la nature des phénomènes généraux qu'elles expliquent.

243. Retour sur les résultats précédents. — En particularisant les formules (I), on retrouve les formules (II) et (II').

1° Si nous supposons très petite la quantité a, le paramètre q_0 ne prend une valeur appréciable qu'exactement pour $\lambda=\lambda_i$, c'est-à-dire pour *le centre de la raie d'absorption* correspondante.

Les formules (I) se réduisent donc à :

$$n_0^2=1+\sum\frac{\Theta\lambda^2}{\lambda^2-\lambda_i^2}, \tag{II}$$

sauf exactement au centre de la raie. A la vérité, au lieu d'avoir les valeurs $\pm\infty$ que la formule (II) indique pour $\lambda=\lambda_i$, on a seulement des valeurs grandes ou petites, mais nécessairement positives.

La formule (II) peut s'écrire :

$$n_0^2=1+\sum\Theta+\sum\frac{\Theta\lambda_i^2}{\lambda^2-\lambda_i^2}=n_\infty^2+\sum\frac{B_i}{\lambda^2-\lambda_i^2};$$

c'est la formule utilisée au § 238.

2° *Admettons l'existence de raies d'absorption toutes situées dans l'ultraviolet et correspondant à des λ_i très petits.*

On a :
$$1:\left(1-\frac{\lambda_i^2}{\lambda^2}\right)=1+\frac{\lambda_i^2}{\lambda^2}+\frac{\lambda_i^4}{\lambda^4}+\dots$$

$$n_0^2=1+\sum\frac{\Theta\lambda^2}{\lambda^2-\lambda_i^2}=A+\frac{B}{\lambda^2}+\frac{C}{\lambda_4}+\dots$$

C'est la formule proposée par Cauchy (§ 247).

3° *Admettons l'existence de raies d'absorption toutes situées dans l'infrarouge et correspondant à des λ_i très grands.*

On a :

$$1:\left(1-\frac{\lambda_i^2}{\lambda^2}\right)=-\frac{\lambda^2}{\lambda_i^2}:\left(1-\frac{\lambda^2}{\lambda_i^2}\right)=-\frac{\lambda^2}{\lambda_i^2}-\frac{\lambda^4}{\lambda_i^4}-\dots$$

$$n_0^2=1-B'\lambda^2-C'\lambda^4-\dots$$

où les constantes B', C', ... sont toutes positives.

4° *Enfin admettons l'existence simultanée de raies situées dans l'extrême ultraviolet et dans l'extrême infrarouge.*

Le développement est la somme des deux développements précédents :

$$n_0^2 = A + \frac{B}{\lambda^2} + \frac{C}{\lambda^4} + \ldots - B'\lambda^2 - C'\lambda^4 - \ldots;$$

c'est la formule générale qu'au § 237 nous employons limitée aux premiers termes des développements.

244. Cas général d'une ou plusieurs bandes étendues d'absorption. — Passons au cas général où le paramètre a n'est pas très petit, où par conséquent l'absorption n'est pas comme localisée au voisinage extrême d'une longueur d'onde : *il existe une véritable bande d'absorption*. Rappelons du reste que les résultats précédents ne sont admissibles que comme cas limite de celui que nous allons discuter, puisqu'ils indiquent pour le carré de l'indice une valeur *négative* infiniment grande un peu avant la raie d'absorption : l'indice ne peut varier qu'entre 0 et ∞ (§ 238).

La discussion des formules (I) est extrêmement compliquée; nous la simplifierons en supposant qu'il n'existe qu'une seule bande (dont le centre a pour longueur d'onde λ_1) et en ne considérant que les phénomènes au voisinage du centre. Nous pourrons donc remplacer λ par λ_1 dans tous les termes additifs.

Posons $2a' = a$; il vient :

$$n_0^2 - q_0^2 = 1 + \frac{\Theta}{2} \frac{(\lambda - \lambda_1)\lambda_1}{(\lambda - \lambda_1)^2 + a'^2},$$

$$2n_0 q_0 = \frac{\Theta a'}{2} \frac{\lambda_1}{(\lambda - \lambda_1)^2 + a'^2}.$$

Posons :

$$\cos\Delta = \frac{\lambda - \lambda_1}{\sqrt{(\lambda - \lambda_1)^2 + a'^2}}, \qquad \sin\Delta = \frac{a'}{\sqrt{(\lambda - \lambda_1)^2 + a'^2}}.$$

$$x = d \sin\Delta \cos\Delta, \qquad y = d \sin^2\Delta.$$

Il est facile d'avoir une représentation de toutes ces quantités (fig. 144).

Prenons : $\overline{AB} = a'$, $\overline{BC} = d$, $\overline{DA} = \lambda - \lambda_1$.

Traçons une circonférence sur BC comme diamètre. On voit immédiatement que :

$$\Delta = \overline{BDU}, \quad x = \overline{BF}, \quad y = \overline{EF}.$$

Choisissons d de manière à poser :

$$n_0^2 - q_0^2 = 1 + x, \quad 2n_0 q_0 = y;$$

il vient :

$$d = \Theta\lambda_1 : a.$$

Les valeurs de x et de y étant immédiatement connues par la construction, il suffit de résoudre par rapport à n_0 et q_0. On a :

$$2n_0^2 = 1 + x + \sqrt{(1+x)^2 + y^2}.$$
$$2q_0^2 = -(1+x) + \sqrt{(1+x)^2 + y^2}.$$

Il résulte des conditions de signes que y est toujours positif; x

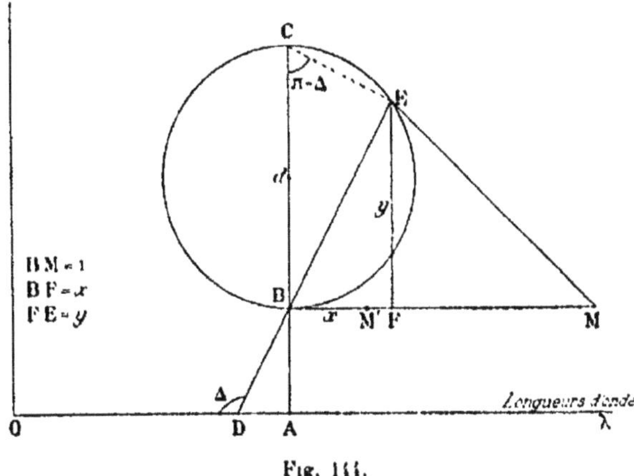

Fig. 144.

est négatif quand il est à gauche de ABC ($\lambda < \lambda_1$), il est positif quand il est à droite de ABC ($\lambda > \lambda_1$).

Prenons $\overline{MB} = 1$; on a :

$$\overline{MF} = 1 + x, \qquad \overline{ME} = \sqrt{(1+x)^2 + y^2};$$
$$2n_0^2 = \overline{MF} + \overline{ME}, \qquad 2q_0^2 = -\overline{MF} + \overline{ME}.$$

La quantité $2n_0^2$ tend asymptotiquement vers $2\overline{MB} = 2$; la quantité $2q_0^2$ tend asymptotiquement vers 0. Il va de soi qu'elles ne représentent les formules exactes qu'au voisinage de $\lambda = \lambda_1$.

Leur construction est aussi facile que rapide.

245. Discussion de la formule. — Les formules appliquées au cas d'une bande unique d'absorption donnent pour λ très grand :

$$n_0^2 = n_\infty^2 = 1 + \Theta, \qquad q_0 = 0;$$

ce qui définit l'une des asymptotes des courbes représentant n_0^2 et q_0^2.

Pour $\lambda = 0$, on a : $n_0 = 1$, $q_0 = 0$.

Ainsi la courbe *exacte* représentant n_0^2 (en ordonnées) en fonction de λ (en abscisses) part horizontalement de $n_0^2 = 1$ pour $\lambda = 0$, se confond avec la courbe *approximative* au voisinage de $\lambda = \lambda_1$, et a pour asymptote l'horizontale $n_\infty^2 = 1 + \Theta$, pour λ très grand.

La courbe *exacte* représentant q_0^2 (en ordonnées) en fonction de λ

(en abscisses) part horizontalement de $q_0 = 0$, pour $\lambda = 0$, se confond avec la courbe approximative au voisinage de $\lambda = \lambda_1$, et a pour asymptote l'horizontale $q_0 = 0$, pour λ très grand.

Déterminons les courbes approximatives au moyen de la construction précédente. Pour des paramètres ayant des valeurs relatives analogues à ceux de la figure 144, on obtient des courbes n_0^2 et q_0^2 analogues à celles de la figure 145.

Maintenons au cercle le même diamètre $\overline{BC}$, mais diminuons la longueur $\overline{AB}$. Nous vérifierons que la distance *horizontale* entre les

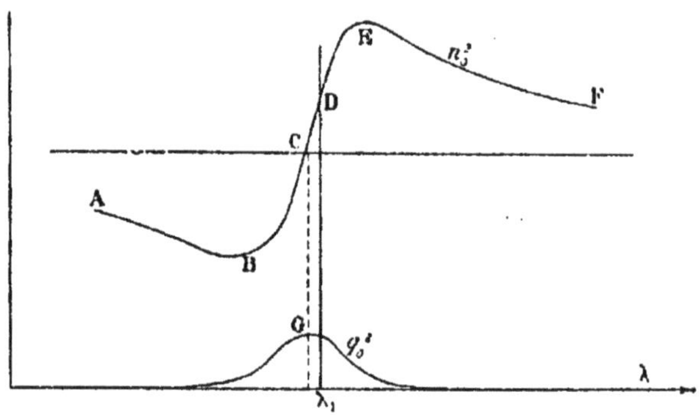

Fig. 145.

maximums B et E diminue, de sorte que la courbe tend vers la forme représentée figure 140 à gauche.

Pour $\overline{AB}$ négligeable, la portion remontante BCDE disparaît; tout se passe dans la partie accessible de la courbe comme s'il existait une asymptote verticale. En même temps la courbe d'absorption occupe de moins en moins d'espace le long de l'axe des λ. Nous retrouvons donc comme cas particulier les phénomènes observés au voisinage des raies.

La position du point M dans la figure 144 suppose que le paramètre a est petit.

Il peut arriver que la longueur $\overline{BM} = 1$ soit inférieure au rayon du cercle; le point M doit être figuré en M'. Les courbes n_0^2 et q_0^2 prennent alors l'allure représentée figure 146.

En effet, il existe alors deux longueurs d'onde pour lesquelles la distance $\overline{MF} = 1 + x$, est nulle. Pour ces longueurs d'onde, on a $n_0^2 = q_0^2$; les deux courbes se coupent. Dans l'intervalle, la condition :

$$n_0^2 - q_0^2 < 0,$$

est satifaite. Nous avons déjà eu l'occasion de dire qu'il en était souvent ainsi pour les métaux (§§ 202 et 210).

Enfin on remarquera la situation du maximum G de la courbe

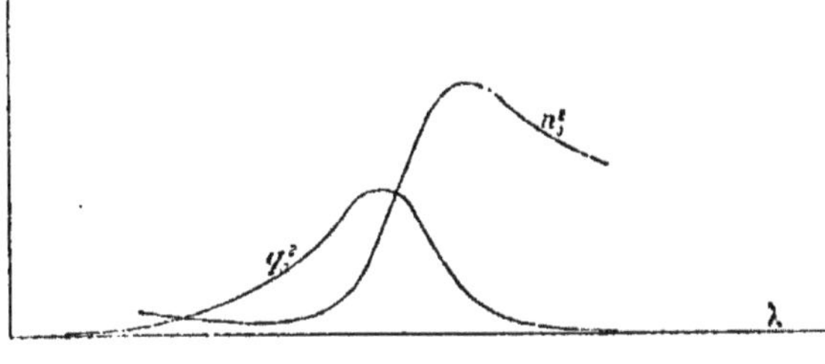

Fig. 146.

d'absorption par rapport à la longueur d'onde λ_1 que, par définition, nous appelons le centre de la bande; on a toujours :

$$\lambda_0 < \lambda_1.$$

246. Dispersion anormale. — On dit qu'il y a *dispersion anormale* quand l'indice ne décroît pas pendant que la longueur d'onde croît. On peut considérer que la dispersion anormale est le cas général ; on ne s'en étonnera pas si l'on réfléchit que les substances que nous appelons transparentes peuvent avoir et ont généralement des bandes d'absorption hors du spectre visible. La dispersion peut être normale dans le spectre visible et devenir anormale en dehors de ce spectre.

Le figure 147 représente les résultats pour la fuchsine, l'un des

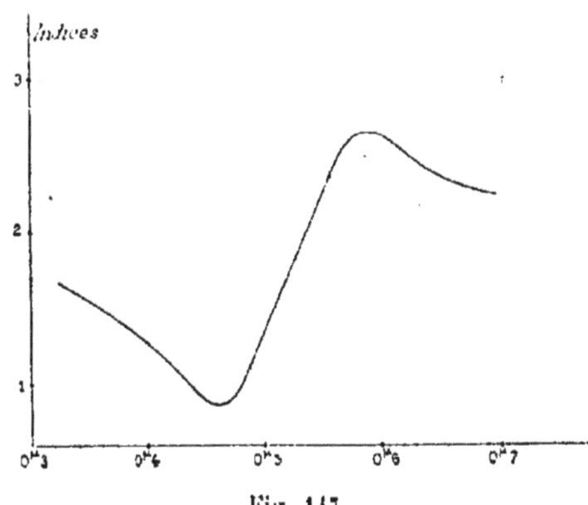

Fig. 147.

corps où le phénomène a été d'abord et le plus souvent étudié.

La figure 148 donne les résultats sur la nitroso-dyméthyl-aniline (courbe des indices et courbe d'absorption).

La méthode expérimentale consiste à mesurer la déviation par un prisme d'angle très aigu. On applique alors les formules du § 214, ce qui est légitime, comme nous le montrerons au § 253.

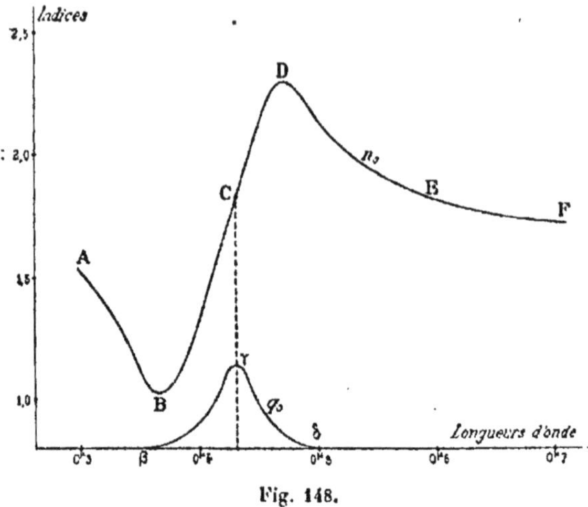

Fig. 148.

On peut encore utiliser les phénomènes d'interférence et mesurer le retard produit par la traversée d'une lame d'épaisseur connue.

Théorie de la dispersion. Ions.

247. Dispersion dans les corps absolument transparents. — Dans les corps transparents isotropes, la théorie conduit aux équations indéfinies aux dérivées partielles (§ 3) :

$$K\frac{\partial^2 P}{\partial t^2}=\Delta P, \quad K\frac{\partial^2 Q}{\partial t^2}=\Delta Q, \quad K\frac{\partial^2 R}{\partial t^2}=\Delta R. \qquad (1)$$

Voici longtemps que Cauchy a cherché à compléter la théorie. Il remarque que des équations valables pour de grandes longueurs d'onde ne le sont pas nécessairement pour de petites. Les états différents de perturbation étant plus rapprochés à mesure que λ diminue, on ne peut plus admettre avec autant d'approximation l'*homogénéité* du milieu; le paramètre différentiel du second ordre Δ n'est plus suffisant pour exprimer le taux moyen de la déformation autour d'un point.

Il est naturel de généraliser les formules écrites ci-dessus par l'introduction de dérivées partielles paires d'ordre supérieur au second. On écrira par exemple :

$$K\frac{\partial^2 P}{\partial t^2}=\Delta P+m\Delta\Delta P+n\Delta\Delta\Delta P+\ldots, \qquad (2)$$

et deux équations identiques en Q et en R. Le symbole Δ a sa signification habituelle; le symbole $\Delta\Delta$ signifie qu'on fait successivement deux fois l'opération Δ; et ainsi de suite. On a :

$$\Delta\Delta=\left(\frac{\partial^2}{\partial x^2}+\frac{\partial^2}{\partial y^2}+\frac{\partial^2}{\partial z^2}\right)\left(\frac{\partial^2}{\partial x^2}+\frac{\partial^2}{\partial y^2}+\frac{\partial^2}{\partial z^2}\right)$$
$$=\frac{\partial^4}{\partial x^4}+\frac{\partial^4}{\partial y^4}+\frac{\partial^4}{\partial z^4}+2\frac{\partial^4}{\partial x^2\partial y^2}+2\frac{\partial^4}{\partial y^2\partial z^2}+2\frac{\partial^4}{\partial z^2\partial x^2}.$$

Dans l'équation (2) substituons l'onde :

$$(P, Q, R)=(p, q, r)\exp i\left[\omega t-(\alpha x+\beta y+\gamma z)\right]; \qquad (3)$$

il vient comme unique condition :

$$\frac{K}{T^2}=\frac{1}{\lambda_1^2}+m\frac{4\pi^2}{\lambda_1^4}+n\frac{16\pi^4}{\lambda_1^6}+\ldots, \qquad (4)$$

en vertu des relations (§ 10) :

$$\omega=\frac{2\pi}{T}, \qquad \alpha^2+\beta^2+\gamma^2=\frac{4\pi^2}{\lambda_1^2};$$

λ_1 est la longueur d'onde dans le milieu considéré, λ la longueur d'onde dans le vide. Appelons V_1 la vitesse dans le milieu, V la vitesse dans le vide, $n=V:V_1=\lambda:\lambda_1$, l'indice; l'équation (4) devient :

$$V_1^2=a+\frac{bn^2}{\lambda^2}+c\frac{n^4}{\lambda^4}+\ldots$$

en posant :

$$a=1:K, \qquad b=4\pi^2m:K, \qquad c=16\pi^4n:K, \ldots$$

Divisant les deux membres par V^2 :

$$\frac{1}{n^2}=\frac{1}{V^2}\left(a+\frac{bn^2}{\lambda^2}+\frac{cn^4}{\lambda^4}+\ldots\right).$$

Telle est la formule de Cauchy. Comme les coefficients b, c, ... sont petits et rapidement décroissants, on peut substituer à n^2 dans le second nombre sa valeur approchée $V^2:a$:

$$\frac{1}{n^2}=\frac{a}{V^2}+\frac{b}{a\lambda^2}+\frac{cV^2}{a^2\lambda^4}+\ldots$$

Enfin et au même degré d'approximation, on peut écrire :

$$n^2=n_0^2+\frac{A}{\lambda^2}+\frac{B}{\lambda^4}+\ldots$$

L'indice décroissant à mesure que λ croît, le coefficient A doit être positif.

Dans la Théorie de Cauchy, c'est l'éther lui-même qui est constitué par des molécules séparées. Elle les suppose donc relativement peu nombreuses dans une longueur d'onde. Même en admettant des molécules matérielles noyées dans un éther continu et participant au mouvement de celui-ci, la Théorie de Cauchy est inacceptable. Dans un solide, les évaluations les plus sûres conduisent à admettre que les centres des molécules sont distants de moins d'un dix millième de micron. Leur nombre par longueur d'onde est donc tellement grand, que le milieu se conduit comme parfaitement homogène.

248. **Dispersion due au pouvoir absorbant.** — Il faut distinguer ici deux cas très différents suivant que l'absorption est continue, ou suivant qu'il existe des *raies*, c'est-à-dire que l'absorption est limitée à un très petit intervalle $\Delta\lambda$.

Les théories des deux phénomènes n'ont aucune analogie.

Dans le premier cas, on doit exprimer que le milieu est plus ou moins conducteur; on se trouve ramené aux équations utilisées dans l'étude de la réflexion métallique.

Dans le second cas, on fait intervenir une notion nouvelle. On imagine des ions mobiles ayant précisément comme période propre celle de la raie d'absorption et se mettant en mouvement *par résonance*. L'égalité des périodes est cause d'une amplitude considérable pour le mouvement vibratoire de l'ion; l'hypothèse d'un frottement suffit à expliquer l'absorption et, comme nous le verrons, la dispersion au voisinage de la raie considérée. Il va de soi que les trois causes de dispersion envisagées au paragraphe précédent et au paragraphe actuel peuvent coexister : d'où une grande variété des phénomènes.

249. **Absorption continue.** — Reprenons les équations de propagation qui conviennent à un milieu conducteur (§ 198) et considérons, pour simplifier les calculs, le cas particulier des ondes pour lesquelles les plans Φ et Φ' sont parallèles (§ 199). La vitesse de propagation V_2 dans le milieu absorbant 2 et l'indice ν sont fournis par les équations :

$$V_2 = \omega : \gamma_1, \qquad \nu = V\gamma_1 : \omega.$$

On tire des formules du § 199 :

$$\mu K_2 \omega^2 = \gamma_1^2 - \frac{4\pi^2 C^2 \mu^2 \omega^2}{\gamma_1^2}.$$

Posons $\mu = 1$; il vient :

$$2\nu^2 = V^2 \left[K_2 + \sqrt{K_2^2 + \frac{16\pi^2 C^2}{\omega^2}} \right].$$

Introduisons dans cette formule la longueur d'onde λ dans le vide :

$$2\gamma^2 = V^2 \left[K_2 + \sqrt{K_2^2 + \frac{4C^2}{V^2}\lambda^2} \right].$$

Cette formule est en contradiction avec l'expérience, puisque, d'après elle, l'indice ν croît toujours quand la longueur d'onde croît : la dispersion serait toujours anormale.

On peut se tirer d'affaire *analytiquement* en considérant K_2 et C comme des fonctions de la longueur d'onde ; mais cet artifice n'explique rien.

250. Hypothèse des ions. Équations fondamentales. — Le lecteur se reportera au § 120 du tome III. Il y verra comment s'introduisent les ions et comment ils donnent à la théorie de Maxwell la souplesse dont elle manquait. Les *déplacements* sont alors de deux espèces : 1° le déplacement ordinaire dans le vide (pouvoir diélectrique égal à l'unité) ; 2° les mouvements des ions attachés d'une manière plus ou moins rigide aux molécules matérielles. Ces mouvements correspondent à une polarisation du milieu définie par les composantes A, B, C. Les composantes du courant dans le diélectrique sont alors :

$$u = \frac{\partial f}{\partial t} + \frac{\partial A}{\partial t}, \qquad v = \frac{\partial g}{\partial t} + \frac{\partial B}{\partial t}, \qquad w = \frac{\partial h}{\partial t} + \frac{\partial C}{\partial t}.$$

Soit φ, χ, ψ, les déplacements des ions, ε leur charge, $\mathfrak{N}$ leur nombre par unité de volume. On a :

$$A = \mathfrak{N}\varepsilon\varphi, \qquad \frac{\partial A}{\partial t} = \mathfrak{N}\varepsilon \frac{\partial \varphi}{\partial t},$$

et des équations analogues pour B et C.

Les équations fondamentales deviennent :

$$\begin{aligned} -\frac{\partial X}{\partial t} &= \frac{\partial R}{\partial y} - \frac{\partial Q}{\partial z}, \\ -\frac{\partial Y}{\partial t} &= \frac{\partial P}{\partial z} - \frac{\partial R}{\partial x}, \\ -\frac{\partial Z}{\partial t} &= \frac{\partial Q}{\partial x} - \frac{\partial P}{\partial y}, \end{aligned} \tag{1}$$

qui expriment les lois de l'induction (nous posons $\mu = 1$) ; P, Q, R, sont les composantes de la force électrique ;

$$\begin{aligned} 4\pi u &= \frac{\partial P}{\partial t} + 4\pi\mathfrak{N}\varepsilon \frac{\partial \varphi}{\partial t} = \frac{\partial Z}{\partial y} - \frac{\partial Y}{\partial z}, \\ 4\pi v &= \frac{\partial Q}{\partial t} + 4\pi\mathfrak{N}\varepsilon \frac{\partial \chi}{\partial t} = \frac{\partial X}{\partial z} - \frac{\partial Z}{\partial x}, \\ 4\pi w &= \frac{\partial R}{\partial t} + 4\pi\mathfrak{N}\varepsilon \frac{\partial \psi}{\partial t} = \frac{\partial Y}{\partial x} - \frac{\partial X}{\partial y}, \end{aligned} \tag{2}$$

qui sont les relations dites d'Ampère.

Nous pourrions ajouter des termes de la forme $4\pi CP$, $4\pi CQ$, $4\pi CR$ (§ 198), mais ce serait inutilement compliquer les équations.

Pour aller plus loin, il nous faut une équation reliant les déplacements des ions φ, χ, ψ, à la force électromotrice P, Q, R.

C'est en permettant d'introduire cette relation supplémentaire que la Théorie des ions généralise la Théorie de Maxwell.

251. Mouvement des ions. — Posons :

$$
\begin{aligned}
m\frac{d^2\varphi}{dt^2} &= \varepsilon P - \varepsilon^2\frac{4\pi}{\theta}\varphi - r\varepsilon^2\frac{d\varphi}{dt},\\
m\frac{d^2\chi}{dt^2} &= \varepsilon Q - \varepsilon^2\frac{4\pi}{\theta}\chi - r\varepsilon^2\frac{d\chi}{dt},\\
m\frac{d^2\psi}{dt^2} &= \varepsilon R - \varepsilon^2\frac{4\pi}{\theta}\psi - r\varepsilon^2\frac{d\psi}{dt}.
\end{aligned}
\tag{3}
$$

Dans l'état permanent, sous l'influence de la force électromotrice P, Q, R, les ions prennent un déplacement (le mot est ici pris dans son sens propre) dont, par exemple, la composante parallèle à l'axe des x est fournie par les équations :

$$\varepsilon P = \varepsilon^2\frac{4\pi}{\theta}\varphi, \qquad \varepsilon\varphi = \frac{\theta}{4\pi}P;$$

expression analogue à celle qui relie le déplacement à la force électromotrice dans la Théorie de Maxwell.

Le terme $d\varphi : dt$ correspond au frottement intérieur; naturellement il est indépendant du signe de la charge, de même que le terme du second membre qui exprime *la force élastique* ramenant l'ion à sa position initiale.

Enfin m représente la masse de l'ion sur la nature de laquelle nous reviendrons au chapitre XI.

La période propre τ de l'ion est :

$$\tau = 2\pi\sqrt{\frac{m\theta}{4\pi\varepsilon^2}} = \frac{\sqrt{\pi m\theta}}{\varepsilon}.$$

D'une manière générale, l'élimination serait très pénible entre les équations (1), (2) et (3).

Au contraire, la solution est quasiment immédiate s'il s'agit de mouvements périodiques sinusoïdaux.

Supposons donc la force électromotrice représentée en un point du milieu par les équations :

$$(P, Q, R) = (p, q, r)\exp(i\omega t).$$

Substituons dans (3); nous obtenons pour φ, χ, ψ, des mouvements sinusoïdaux de même période, représentés par :

$$(\varphi, \chi, \psi) = (\varphi_0, \chi_0, \psi_0)\exp(i\omega t).$$

L'équation de condition à satisfaire est :

$$-m\omega^2\rho_0 = \varepsilon p - \varepsilon^2 \frac{4\pi}{\theta}\rho_0 - r\varepsilon^2\omega i\rho_0,$$

$$\rho_0 \cdot 4\pi\varepsilon^2\left[1 + i\frac{r\omega\theta}{4\pi} - \frac{m\omega^2\theta}{4\pi\varepsilon^2}\right] = p \cdot \varepsilon\theta.$$

En définitive, ρ, χ, ψ, sont symboliquement proportionnels à P, Q, R.

On a : $$4\pi\mathfrak{N}\varepsilon \cdot \rho = \mathfrak{N}\theta P : \left[1 + i\frac{r\omega\theta}{4\pi} - \frac{m\omega^2\theta}{4\pi\varepsilon^2}\right].$$

La même équation relie évidemment les dérivées partielles par rapport au temps : $\partial P : \partial t$ et $\partial\rho : \partial t$, en chaque point du milieu. Bref les équations (2) prendront la forme habituelle qui correspond aux milieux isotropes transparents :

$$K\frac{\partial P}{\partial t} = \frac{\partial Z}{\partial y} - \frac{\partial Y}{\partial z}.$$

à la condition de poser, suivant l'artifice du § 202 :

$$K = 1 + \frac{\mathfrak{N}\theta}{1 + i\frac{r\omega\theta}{4\pi} - \frac{\theta m\omega^2}{4\pi\varepsilon^2}} = 1 + \frac{\mathfrak{N}\theta}{1 + i\frac{r\omega\theta}{4\pi} - \frac{\tau^2}{T^2}}.$$

τ est la période du mouvement propre de l'ion, T est la période du mouvement vibratoire considéré.

252. Retour sur la réflexion métallique. — Le procédé de calcul que nous venons d'employer est précisément celui du § 202; les résultats sont les mêmes. Donc la Théorie des ions fournira pour la réflexion métallique exactement les mêmes formules (de Cauchy) que la Théorie originale de Maxwell. En définitive, on aura toujours les formules de Fresnel pour les milieux transparents, calculées avec un indice fictif constant imaginaire.

Mais on voit l'avantage de l'introduction des ions. Dans la Théorie de Maxwell, l'indice fictif μ est tel que son carré a nécessairement une partie réelle *positive*, ce que contredit l'expérience. La Théorie des ions laisse indéterminé le signe de la partie réelle.

Nous avons en effet à un facteur constant près (inverse de l'indice du milieu transparent au contact) :

$$\mu^2 = (n_0 - iq_0)^2 = K = 1 + \frac{\mathfrak{N}\theta T^2}{T^2 - \tau^2 + iaT},$$

en posant : $2a = r\theta$. Multiplions haut et bas le terme imaginaire par le conjugué du dénominateur; il vient :

$$\mu^2 = (n_0 - iq)_0^2 = 1 + \frac{\mathfrak{N}\theta T^2(T^2 - \tau^2) - i\mathfrak{N}\theta a T^3}{(T^2 - \tau^2) + a^2T^2}.$$

La partie imaginaire de μ^2 est nécessairement négative, comme le veulent toutes les théories.

Le signe de la partie réelle dépend des valeurs relatives de τ et de T.

Nous n'avons donc rien à changer à la théorie de la réflexion métallique; l'impossibilité d'interprétation théorique disparaît.

Les formules précédentes supposent l'existence d'un ion unique; mais la théorie reste la même pour un nombre quelconque d'ions.

253. **Formules de dispersion.** — En définitive, la propagation dans le milieu absorbant est définie par les paramètres n_0 et q_0 fonctions de la période ou, si l'on veut, de la longueur d'onde dans le vide. Ils sont reliés à l'indice imaginaire fictif μ défini plus haut par l'équation :

$$\mu = n_0 - iq_0.$$

On tire de là :

$$n_0^2 - q_0^2 = 1 + \sum \frac{\mathcal{M}\Theta(T^2 - \tau^2)T^2}{(T^2 - \tau^2)^2 + a^2T^2}, \qquad (1)$$

$$2n_0q_0 = \sum \frac{\mathcal{M}\Theta a T^3}{(T^2 - \tau^2)^2 + a^2T^2}. \qquad (2)$$

Comme la période T et la longueur d'onde dans le vide λ sont proportionnelles, nous pouvons écrire :

$$\left.\begin{aligned} n_0^2 - q_0^2 &= 1 + \sum \frac{\Theta(\lambda^2 - \lambda_i^2)\lambda^2}{(\lambda^2 - \lambda_i^2)^2 + a^2\lambda^2}, \\ 2n_0q_0 &= \sum \frac{\Theta a \lambda^3}{(\lambda^2 - \lambda_i^2)^2 + a^2\lambda^2}. \end{aligned}\right\} \qquad (I)$$

Ce sont précisément les équations que nous avons discutées plus haut (§§ 242 et sq.).

Nous avons vu que ces équations s'appliquent aux corps transparents; il suffit d'admettre l'existence de bandes d'absorption aux extrémités, c'est-à-dire dans l'extrême ultraviolet et dans l'extrême infrarouge.

Théorie du Soleil.

Nous avons fait dans le tome III, §§ 74 et sq., un résumé de la théorie mécanique de la *chaleur solaire*. Il s'agit maintenant de concilier nos hypothèses avec les phénomènes optiques. Nous appuyant sur la théorie des rayons courbes (IV, § 136 et sq.) et une autre loi vraisemblable de variation *continue* des indices à l'intérieur de la masse solaire, nous éclaircirons d'abord le paradoxe de l'existence d'un contour apparent *net* (c'est-à-dire d'une *discontinuité*) dans une masse dont la densité et la température varient d'une manière *continue*.

Nous appuyant sur les phénomènes de dispersion étudiés dans les paragraphes précédents, nous expliquerons la luminosité de la chromosphère.

254. Description du Soleil. — Le Soleil est un globe de matière dont la température *apparente* est voisine de 6000°. Son *intérieur* est formé de substances vaporisées et dissociées, mais dont la pression (due aux attractions mutuelles) est telle que la densité est supérieure à celle de l'eau ; au centre, elle peut être de l'ordre de celle des métaux (III, § 78).

La quantité d'énergie envoyée par minute sur chaque centimètre carré de la surface de la Terre est 2,54 petites calories (III, § 75).

On se faisait jusqu'à ces derniers temps une idée très rudimentaire de la constitution solaire. On imaginait une surface sphérique dite *photosphère* ayant un pouvoir émissif considérable, limitant l'intérieur invisible du Soleil, et en contact avec une enveloppe de gaz incandescents mais de pouvoir émissif beaucoup moindre, appelée *chromosphère*. Dans la partie intérieure de la chromosphère, ou *couche renversante,* se produisaient les raies d'absorption caractéristiques du spectre solaire. Enfin, en dehors de la chromosphère et visible seulement pendant les éclipses totales, se trouvait une couche de densité faible et irrégulière s'étendant très loin, appelée la *couronne*.

Mais, quelque constitution qu'on admette pour le Soleil, toujours est-il que la photosphère et, d'une manière générale, les couches extérieures doivent se refroidir avec une extrême rapidité, de plusieurs milliers de degrés par jour. On doit donc leur supposer *une extrême mobilité* qui permette un brassage continu des parties extérieures refroidies et des parties intérieures plus chaudes.

Il paraît dès lors impossible d'imaginer une sphère (la photosphère) ayant un pouvoir émissif considérable, brusquement limitée par un milieu de pouvoir émissif beaucoup moindre. On est forcé d'admettre une continuité *moyenne* pour la densité, la température et le pouvoir émissif.

Dans ces conditions, que devient le contour apparent du Soleil qui nous semble si net ? La photosphère a-t-elle une existence objective et quelle est sa nature ?

Pour résoudre le problème, nous nous appuierons sur le principe suivant : *le contour apparent d'une surface lumineuse est le lieu des points qui envoient des rayons tangentiellement à la surface.*

255. Nature de la photosphère (Schmidt). — Nous avons démontré (IV, 138) que les rayons qui traversent un milieu dont l'indice varie d'une manière continue sont courbes. La courbure $1 : \rho$ d'un rayon en un point est proportionnelle au taux d'accroissement de l'indice normalement à la direction du rayon en ce point. L'indice croît quand on s'approche du centre de courbure.

Soit n l'indice, δn sa variation quand on se déplace de ε sur la normale au rayon ; on a (IV, § 138) :

$$\frac{1}{\rho} = \frac{1}{n}\frac{\delta n}{\varepsilon}. \tag{1}$$

Ceci posé, imaginons un milieu dont l'indice est une fonction décroissante de la distance r à un point O. Le taux de décroissance est d'abord petit au voisinage du point O ; il passe ensuite par un maximum, pour devenir nul à grande distance. C'est bien ainsi qu'il semble qu'on doive se représenter la variation des indices à partir du centre, dans *la masse de gaz* formant le Soleil.

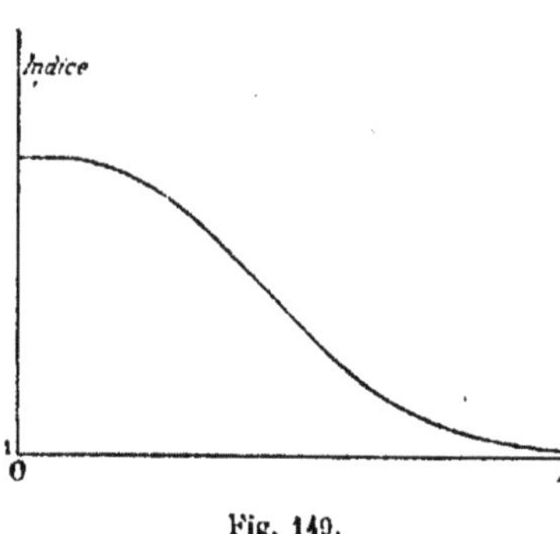

Fig. 149.

Considérons un rayon lumineux *tangent* à une sphère de rayon r. Sa courbure est :

$$\frac{1}{\rho} = \frac{1}{n}\frac{dn}{dr}. \tag{2}$$

Ainsi le rayon de courbure d'un rayon lumineux *au point* P *où il est normal à un rayon de la sphère solaire* est une certaine fonction de r, c'est-à-dire de la distance du point P au centre du Soleil.

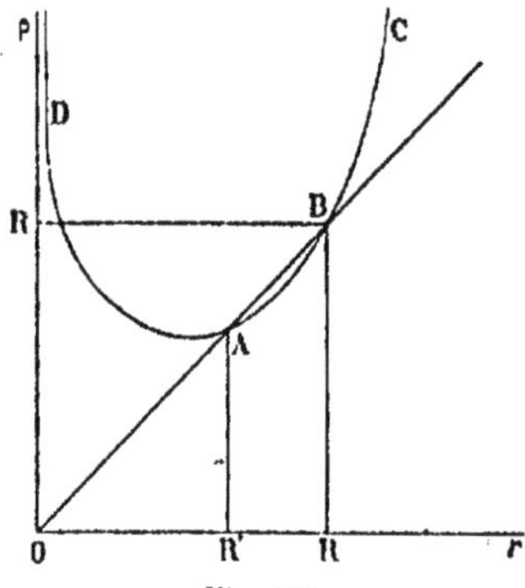

Fig. 150.

Conformément à l'hypothèse sur la variation des indices, supposons cette fonction représentée par la courbe ci-contre (fig. 150).

Effectivement la dérivée $dn : dr$ étant nulle au voisinage du centre et pour les points éloignés, ρ doit être infini au centre et tendre vers l'infini pour les points éloignés. Il passe donc par un minimum.

Si dans une certaine région la variation de l'indice est suffisamment rapide, la courbe DABC coupe en deux points la droite OAB bissectrice de l'angle $rO\rho$.

Dans tout l'intervalle R — R', *le rayon de courbure d'un rayon qui est tangent à une sphère quelconque est plus petit que le rayon de cette sphère. Il existe donc une couche d'épaisseur considérable* R — R' *qui ne peut envoyer de rayons tangentiels, puisque ces rayons tangentiels sont dans l'impossibilité de sortir.*

La photosphère est la limite extérieure de cette couche; le rayon apparent du Soleil est R.

En effet, il résulte d'abord de la formule (1) que les rayons ont leur courbure maxima quand ils tangentent une sphère; c'est alors que $\delta n : \varepsilon$ est le plus grand possible pour un n donné, et le second facteur a l'importance prépondérante.

Considérons un rayon tangentant une sphère S *extérieure* à la photosphère; son rayon de courbure est supérieur au rayon de cette sphère S. Il provient donc de couches peu lumineuses *extérieures* à la sphère S, et par conséquent à la photosphère.

Au contraire, un rayon qui coupe presque tangentiellement la photosphère a coupé les sphères S' comprises dans l'épaisseur R — R'. Il a décrit nécessairement une trajectoire spiralée et provient de couches profondes *dont le pouvoir émissif est très supérieur à celui de la photosphère.* Celle-ci doit nous apparaître comme une surface de discontinuité pour les pouvoirs émissifs, comme un disque lumineux, alors qu'elle n'est qu'une surface critique pour laquelle la variation (d'ailleurs continue) des indices suivant le rayon satisfait à une certaine condition.

256. Étude spectroscopique de la chromosphère. — L'étude spectroscopique du Soleil consiste toujours à projeter une image réelle

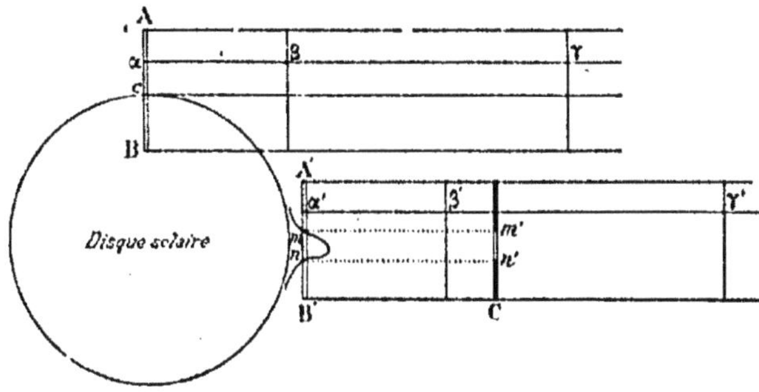

Fig. 151.

du disque solaire sur le plan de la fente d'un spectroscope. La lunette de projection doit être douée d'un mouvement parallactique au moyen duquel, soit automatiquement, soit à la main, le disque solaire est maintenu en place par rapport à la fente.

La fente *fine* est placée soit radialement, suivant AB, soit tangentiellement et à une distance convenable du bord, suivant A'B'. Chaque point α de la fente correspond à un point du disque solaire ou de la chromosphère; la lumière émise par ce point est étalée suivant un spectre linéaire $\beta\gamma$.

Il n'y a donc aucune raison pour que les raies brillantes ou obscures du spectre aient d'un bout à l'autre même épaisseur, et, d'une manière générale, même aspect.

Plaçons la fente suivant AB. Pour les points de B à *c* qui sont à l'intérieur de la photosphère, le spectre est continu avec des raies noires. Au contraire, les raies apparaîtront brillantes sur fond obscur pour les points situés au delà de *c* vers A, jusqu'à une distance variable d'une raie à l'autre, d'un point à l'autre du disque solaire et d'une époque à l'autre. La couche qui émet ces raies brillantes (par quel procédé, nous le discuterons plus loin) forme ce qu'on appelle la *chromosphère*.

Les raies brillantes de la chromosphère n'ont pas même épaisseur à partir du point *c* vers A. Elles ont souvent une large base et se prolongent en s'effilant. Cela veut dire que la lumière est plus complexe tout près de la photosphère et qu'elle va se monochromatisant quand on s'éloigne du disque solaire.

Plaçons la fente suivant A'B'; nous étudierons une coupe de la chromosphère.

Il se pourra, par exemple, que la raie C *rouge de l'hydrogène* soit brillante suivant *m'n'* et obscure de part et d'autre de ces deux points. Ce qui correspond à une *protubérance* dont l'image réelle est coupée par la fente A'B' suivant *mn*.

L'étude des protubérances consiste précisément à déterminer par des coupes successives, à des distances croissantes du bord solaire, la forme de la courbe dont *mn* est une section. Les protubérances émettent principalement la raie rouge C de l'hydrogène; on opère donc sur celle-là.

S'il s'agit d'un *nuage isolé*, quand la fente s'éloigne du bord du disque solaire, la partie brillante de la raie C a une longueur d'abord nulle, qui croît, passe par un maximum pour redevenir nulle assez loin de la photosphère.

257. **Emploi d'une fente large pour l'étude des protubérances. Emploi de deux fentes conjuguées.** — On peut profiter du fait que la protubérance émet de la lumière presque monochromatique pour la dessiner d'un coup. *Il suffit d'élargir la fente.* En effet, une fente large est un assemblage de fentes fines. Les images *monochromatiques* de ces différentes fentes fines se feront à travers le spectroscope les unes à côté des autres; elles ne seront brillantes que là où se trouve une protubérance. Celle-ci apparaîtra donc dessinée en rouge.

L'avantage du spectroscope est d'affaiblir considérablement toutes les radiations qui ne sont pas celles de la raie C, radiations dans lesquelles la lumière émise par la protubérance serait noyée. Il y a toujours avantage à employer un spectroscope très dispersif, tant pour cette raison que pour avoir une image plus agrandie de la protubérance.

On peut encore employer un dispositif qui exige un appareil spécial.

A la fente F du spectroscope correspond pour une radiation λ une raie F″ qui est son image à travers le spectroscope. Plaçons tout contre la plaque photographique, une fente F′ qui laisse juste passer cette raie. Supposons maintenant un mécanisme qui déplace simultanément les fentes F et F′ de manière que F′ coïncide toujours avec l'image de F pour la radiation λ. On obtiendra de l'objet projeté dans le plan de la fente F une image semblable, monochromatique et projetée sur le cliché. On supprime en effet toutes les radiations, sauf la radiation λ ; d'ailleurs, les déplacements de F et de F′ sont proportionnels. Cette méthode permet d'obtenir une image monochromatique d'un objet émettant des radiations complexes.

258. **Phénomènes dans la chromosphère (Julius).** — Jusqu'à ces derniers temps on admettait que la chromosphère était lumineuse par elle-même. Cette hypothèse, qui semble la plus naturelle, est incapable d'expliquer tout une série de phénomènes, petits si l'on veut, mais parfaitement démontrés.

D'abord les raies brillantes de la chromosphère ne coïncident pas exactement avec les raies d'absorption du spectre ordinaire ; elles sont peu nettes et généralement diffuses. Ensuite les protubérances semblent se déplacer avec des vitesses radiales fantastiques qui peuvent atteindre 500 kilomètres à la seconde : d'où le nom d'*éruptions* données à ces phénomènes.

On a voulu expliquer les déplacements des raies par le principe de Döppler-Fizeau (§ 277) ; on est alors conduit à donner aux gaz des déplacements suivant le rayon visuel énormes, du même ordre que les déplacements *apparents* suivant les rayons du disque solaire.

Aujourd'hui on rejette ce système d'explications, qui d'ailleurs concorde mal avec la théorie de la photosphère (§ 255), nécessaire sinon dans ses détails, du moins dans son ensemble.

On admet que *la chromosphère n'est pas lumineuse par elle-même ; elle nous renvoie de la lumière parce qu'elle recourbe par dispersion anormale des rayons qui transportent des radiations voisines de ses propres raies d'absorption* (§ 241).

Ses raies ne sont pas des raies d'émission ; elle nous envoie des rayons *voisins* de ces raies et provenant des parties profondes du Soleil. Il n'y a donc rien de surprenant que leurs longueurs d'onde ne coïncident pas exactement avec celles des raies d'absorption : ainsi s'expliquent, *sans introduire le principe de Döppler*, les irrégularités incontestables de position des raies de *pseudo-émission*.

On s'explique aisément les *éruptions*.

Pour qu'il y ait dispersion, anormale ou non, il faut qu'il existe des réfractions ; il faut par conséquent que les densités soient *irrégu-*

lièrement distribuées. Il surprendrait qu'il en fût souvent autrement; nous savons en effet que des tourbillons doivent se produire, résultant du refroidissement énorme des couches extérieures qui retombent vers le Soleil, et de la rotation solaire.

De là résultent des vagues et des tourbillons qui commencent dans les couches profondes pour se propager vers l'extérieur. C'est à cette circonstance que les protubérances doivent leur analogie trompeuse avec des éruptions ou projections radiales.

L'éruption n'est donc pas un déplacement radial *de matière*. C'est une propagation d'un état de mouvement. Ce peut être aussi le lieu de formation successive ou simultanée de tourbillons, sous l'influence de l'état local de la matière. Dans ce dernier cas, la pseudo-propagation peut sembler instantanée : cela signifie seulement que les mêmes conditions sont simultanément réalisées dans toute l'épaisseur d'une couche.

259. Spectre continu à raies sombres (Julius). — Les raies noires caractéristiques du spectre solaire peuvent provenir soit d'une *absorption* réelle des radiations de périodes déterminées, soit d'une *dispersion* des radiations avoisinantes. Cette dernière cause existe sûrement.

En effet, il y a tout lieu de supposer que les *taches* proviennent de tourbillons particulièrement intenses. Les irrégularités de la densité y sont très grandes; la dispersion y doit être particulièrement active. *Corrélativement les raies noires s'élargissent dans le spectre des taches.*

Nous n'insisterons pas davantage sur cette théorie qui semble donner la clef d'un grand nombre de phénomènes.

CHAPITRE X

PHÉNOMÈNES LUMINEUX DUS AU MOUVEMENT

Propagation dans les milieux en mouvement.

260. **Hypothèse de Fresnel et de Lorentz.** — Nous admettons qu'il existe un milieu élastique, l'éther, *entièrement immobile* et répandu partout. La Terre elle-même est *complètement perméable* à l'éther, qu'elle n'entraîne en aucune manière.

C'est *par définition* que nous regardons l'éther comme immobile : il nous servira de repère pour tous les autres mouvements. Nous n'avons pas le moyen de discerner si l'éther *considéré en bloc* se déplace ou non. Le mouvement *absolu* nous échappe entièrement.

Les modifications électriques de l'éther sont définies par un vecteur de composantes f, g, h; *c'est le déplacement de la Théorie de Lorentz,* c'est-à-dire *une des deux composantes du déplacement de la Théorie de Maxwell* (III, § 120).

f, g, h, sont liés aux composantes P, Q, R, de la force électrique par les relations (en unités électromagnétiques, § 4) :

$$4\pi f V^2 = P, \quad 4\pi g V^2 = Q, \quad 4\pi h V^2 = R.$$

Dans tout ce chapitre, V désigne la vitesse de propagation dans le vide, $3 \cdot 10^{10}$.

Pour définir la déformation de l'éther, nous pouvons donc employer indifféremment l'un ou l'autre des vecteurs f, g, h, ou P, Q, R.

Dans le vide, la perturbation électrique se réduit au déplacement (celui de Lorentz est alors identique à celui de Maxwell).

Dans les corps, la perturbation dépend du déplacement de l'éther et de la polarisation diélectrique de la matière, au total du vecteur dont les composantes sont :

$$f + A, \quad g + B, \quad h + C.$$

Quand le corps est au repos et que ce vecteur est variable, il se produit des phénomènes d'induction qui résultent de cette variation et qui s'expriment par le vecteur magnétique X, Y, Z. Les équations obtenues sont les relations de Faraday.

Mais pour que le problème soit soluble, il faut lier entre elles les composantes de la polarisation et les composantes de la force électrique (ou du déplacement f, g, h, qui lui est proportionnel dans un milieu isotrope).

Nous avons montré comment se traite le problème : dans le cas le plus simple au § 2, dans un cas plus général au § 250.

Passons au cas où *la matière est mobile par rapport à l'éther supposé immobile.*

Nous admettrons avec Lorentz que *la matière en mouvement entraîne avec elle ses propres modifications pendant que l'éther reste immobile.*

Développons brièvement la Théorie de Lorentz de la propagation dans un milieu en mouvement.

261. **Théorie de Lorentz.** — Pour ne pas traîner des équations compliquées et inutiles dans les applications, limitons le problème au cas d'une vitesse constante ρ dans le sens de l'axe Ox.

Supposons de plus que la densité réelle de l'électricité est partout nulle, et que la perméabilité μ est égale à 1.

Ecrivons dans ces hypothèses les systèmes d'équations qui correspondent aux systèmes (1) et (2) (§ 1) de la théorie de Maxwell pour les corps immobiles. Exprimons toutes les quantités en unités électromagnétiques et rapportons-les à des axes immobiles.

Les équations de l'induction électromagnétique (relations de Faraday) sont maintenant :

$$4\pi V^2\left(\frac{\partial h}{\partial y}-\frac{\partial g}{\partial z}\right)=-\frac{\partial X}{\partial t},$$
$$4\pi V^2\left(\frac{\partial f}{\partial z}-\frac{\partial h}{\partial x}\right)=-\frac{\partial Y}{\partial t}, \qquad (2)$$
$$4\pi V^2\left(\frac{\partial g}{\partial x}-\frac{\partial f}{\partial y}\right)=-\frac{\partial Z}{\partial t}.$$

En effet, la force électromotrice d'induction se traduit par un *déplacement* dans l'éther, *déplacement* qui sera ensuite cause d'une polarisation diélectrique (III, § 109).

En écrivant les équations (1) du § 1, il faut tenir compte des courants qui dans la théorie de Lorentz sont de deux espèces : déplacement dans l'éther, variation de la polarisation du diélectrique définie en chaque instant et *en chaque point du corps mobile* par les composantes A, B, C (III, § 119). Mais le diélectrique est entraîné avec une vitesse uniforme ρ suivant l'axe des x. La variation en un point de l'espace immobile se compose donc (comparer avec l'établissement des équations de l'Hydrodynamique, I, § 86) :

1° de la variation dans le temps proprement dite, dont les composantes sont :

$$\frac{\partial A}{\partial t}, \qquad \frac{\partial B}{\partial t}, \qquad \frac{\partial C}{\partial t};$$

2° de la variation qui résulte du déplacement du milieu, dont les composantes sont :

$$\varphi\frac{\partial A}{\partial x}, \qquad \varphi\frac{\partial B}{\partial x}, \qquad \varphi\frac{\partial C}{\partial x}.$$

Les équations exprimant les actions du courant sur un pôle magnétique unité (relations d'Ampère) sont :

$$\begin{aligned}
\frac{1}{4\pi}\left(\frac{\partial Z}{\partial y}-\frac{\partial Y}{\partial z}\right)&=\frac{\partial f}{\partial t}+\left(\frac{\partial}{\partial t}+\varphi\frac{\partial}{\partial x}\right)A,\\
\frac{1}{4\pi}\left(\frac{\partial X}{\partial z}-\frac{\partial Z}{\partial x}\right)&=\frac{\partial g}{\partial t}+\left(\frac{\partial}{\partial t}+\varphi\frac{\partial}{\partial x}\right)B, \qquad (1)\\
\frac{1}{4\pi}\left(\frac{\partial Y}{\partial x}-\frac{\partial X}{\partial y}\right)&=\frac{\partial h}{\partial t}+\left(\frac{\partial}{\partial t}+\varphi\frac{\partial}{\partial x}\right)C.
\end{aligned}$$

Pour aller plus loin, il faut relier la polarisation diélectrique A, B, C, et les vecteurs déplacement et force magnétique. Mais le problème n'est simple que par rapport à des axes mobiles *liés au milieu*. Faisons donc ce changement d'axes.

Le nouvel axe Ox' coïncide avec Ox; les deux autres Oy' et Oz' sont parallèles à Ox et à Oy et coïncident avec eux au temps $t=0$. On a donc :

$$x'=x-\varphi t, \qquad y'=y, \qquad z'=z, \qquad t'=t.$$

Toute fonction F qui dépend de x, y, z, t, peut s'exprimer en fonction de x', y', z', t'; on a :

$$\frac{\partial}{\partial x'}=\frac{\partial}{\partial x}, \qquad \frac{\partial}{\partial y'}=\frac{\partial}{\partial y}, \qquad \frac{\partial}{\partial z'}=\frac{\partial}{\partial z}.$$

Mais on a :

$$\frac{\partial}{\partial t'}=\frac{\partial}{\partial t}+\varphi\frac{\partial}{\partial x}.$$

En effet, la fonction $F(x, y, z, t)$ est devenue, après le changement de coordonnées, $F(x'+\varphi t', y', z', t')$; quand on dérive par rapport à t', on obtient non seulement un terme qui correspond à l'ancien temps, mais un terme qui provient de ce que les axes sont mobiles.

Dans le système des axes entraînés, on a donc, en rétablissant les symboles x, y, z, t :

$$\begin{aligned}
4\pi V^2\left(\frac{\partial h}{\partial y}-\frac{\partial g}{\partial z}\right)&=-\left(\frac{\partial}{\partial t}-\varphi\frac{\partial}{\partial x}\right)X,\\
4\pi V^2\left(\frac{\partial f}{\partial z}-\frac{\partial h}{\partial x}\right)&=-\left(\frac{\partial}{\partial t}-\varphi\frac{\partial}{\partial x}\right)Y, \qquad (2)
\end{aligned}$$

$$
\begin{aligned}
&4\pi V^2\left(\frac{\partial g}{\partial x}-\frac{\partial f}{\partial y}\right)=-\left(\frac{\partial}{\partial t}-\rho\frac{\partial}{\partial x}\right)Z;\\
&\frac{1}{4\pi}\left(\frac{\partial Z}{\partial y}-\frac{\partial Y}{\partial z}\right)=\left(\frac{\partial}{\partial t}-\rho\frac{\partial}{\partial x}\right)f+\frac{\partial A}{\partial t},\\
&\frac{1}{4\pi}\left(\frac{\partial X}{\partial z}-\frac{\partial Z}{\partial x}\right)=\left(\frac{\partial}{\partial t}-\rho\frac{\partial}{\partial x}\right)g+\frac{\partial B}{\partial t},\qquad (3)\\
&\frac{1}{4\pi}\left(\frac{\partial Y}{\partial x}-\frac{\partial X}{\partial y}\right)=\left(\frac{\partial}{\partial t}-\rho\frac{\partial}{\partial x}\right)h+\frac{\partial C}{\partial t}.
\end{aligned}
$$

262. Propagation d'une onde plane. — Écrivons l'équation donnant la force électromotrice totale, en admettant que les courants de convection sont agis comme les autres (III, § 180) :

$$
\begin{aligned}
&P=4\pi V^2 f,\\
&Q=4\pi V^2 g-Z\rho,\\
&R=4\pi V^2 h+Y\rho.
\end{aligned}
$$

Enfin écrivons la relation entre la force électromotrice totale et la polarisation diélectrique :

$$
\begin{aligned}
&(K-1)f-A-j\frac{\partial^2 A}{\partial t^2}=0,\\
&(K-1)\left(g-\frac{Z\rho}{4\pi V^2}\right)-B-j\frac{\partial^2 B}{\partial t^2}=0,\qquad (4)\\
&(K-1)\left(h+\frac{Y\rho}{4\pi V^2}\right)-C-j\frac{\partial^2 C}{\partial t^2}=0.
\end{aligned}
$$

Ces équations sont, avec d'autres notations, les analogues des équations (3) du § 251 dans lesquelles on suppose nulle la force amortissante proportionnelle à la vitesse; ici par hypothèse le milieu est transparent. Le paramètre j joue le rôle de masse totale (mécanique et électromagnétique) de l'ion mobile.

On comparera utilement ces équations à celles qui terminent le § 120 du tome III et qui se rapportent à un corps en repos.

Nous avons tout ce qu'il faut pour traiter le déplacement d'une perturbation électromagnétique dans un milieu animé d'une vitesse constante ρ dans le sens de l'axe des x.

Onde plane se propageant suivant Ox.

Étudions d'abord le cas d'une onde plane se propageant dans le sens du mouvement, c'est-à-dire parallèlement à l'axe des x. La vibration électrique est supposée dirigée suivant l'axe des y. Par suite la vibration magnétique est parallèle à l'axe des z. On a :

$$
f=h=0,\qquad A=C=0,\qquad X=Y=0;
$$

$$
\frac{\partial B}{\partial y}=\frac{\partial B}{\partial z}=0,\qquad \frac{\partial Z}{\partial y}=\frac{\partial Z}{\partial z}=0,\qquad \frac{\partial g}{\partial y}=\frac{\partial g}{\partial z}=0.
$$

La solution est de la forme :

$$\frac{B}{B_0}=\frac{Z}{Z_0}=\frac{g}{g_0}=\sin\frac{2\pi}{T}\left(t-\frac{x}{W}\right), \qquad (5)$$

où T est la période, W la vitesse de propagation par rapport au milieu.

Les équations de condition deviennent :

$$-\frac{1}{4\pi}\frac{\partial Z}{\partial x}=\left(\frac{\partial}{\partial t}-\varphi\frac{\partial}{\partial x}\right)g+\frac{\partial B}{\partial t}, \qquad (1)$$

$$4\pi V^2\frac{\partial g}{\partial x}=-\left(\frac{\partial}{\partial t}-\varphi\frac{\partial}{\partial x}\right)Z, \qquad (2)$$

$$(K-1)\left(g-\frac{Z\varphi}{4\pi V^2}\right)-B-j\frac{\partial^2 B}{\partial t^2}=0. \qquad (4)$$

Substituant (5) dans ces conditions, on trouve :

$$\frac{Z_0}{4\pi W}=\left(1+\frac{\varphi}{W}\right)g_0+B_0, \qquad (1')$$

$$\frac{4\pi V^2}{W}g_0=\left(1+\frac{\varphi}{W}\right)Z_0, \qquad (2')$$

$$(K-1)\left(g_0-\frac{Z_0\varphi}{4\pi V^2}\right)-B_0\left(1-j\frac{4\pi^2}{T^2}\right)=0. \qquad (3')$$

Éliminant g_0, Z_0, B_0, il reste :

$$\frac{V^2}{W^2}-\frac{2\varphi}{W}-\frac{\varphi^2}{W^2}=\left(K-\frac{4\pi^2 j}{T^2}\right):\left(1-\frac{4\pi^2 j}{T^2}\right)=\frac{V^2}{W_0^2}=n^2;$$

W_0 est la vitesse de propagation quand $\varphi=0$; n est l'indice ordinaire de réfraction. Il dépend donc de la période. Soit λ la longueur d'onde dans le vide et supposons j très petit ; il résulte de cette théorie une formule de dispersion :

$$n^2=K+4\pi^2 j(K-1)\frac{V^2}{\lambda^2}. \qquad (6)$$

L'indice diminue donc à mesure que croît la longueur d'onde et tend vers la valeur $\sqrt{K}$ pour une longueur d'onde assez grande. La formule (6) contient les termes essentiels de la formule de dispersion de Cauchy (§ 247).

Négligeant φ^2 devant V^2 et W^2, il reste :

$$\frac{V^2}{W^2}-\frac{2\varphi}{W}=n^2.$$

Multiplions par W^2 et divisons par n^2 ; remplaçons W par W_0 dans le terme en φ :

$$W^2=\frac{V^2}{n^2}-2\varphi\frac{W}{n^2}=W_0^2-2\varphi\frac{W_0}{n^2}.$$

Extrayons la racine carré par approximation :

$$W^2 = W_0^2\left[1 - \frac{2\varphi}{n^2 W_0}\right], \qquad W = \pm W_0 - \frac{\varphi}{n^2}.$$

C'est la vitesse par rapport aux axes mobiles.

La vitesse absolue W' est :

$$W' = \pm W_0 + \varphi\left(1 - \frac{1}{n^2}\right).$$

Ainsi, tandis que la vitesse du son s'accroît (ou diminue) de la vitesse du vent, quand il souffle dans la direction de propagation (ou en sens contraire), autrement dit, tandis que les ondes sonores sont *complètement* entraînées par le milieu, les ondes lumineuses ne sont que *partiellement* entraînées. Pour un corps matériel dont l'indice serait l'unité, l'entraînement serait nul. Pour l'eau dont l'indice est 4 : 3, la vitesse d'entraînement est seulement les 7 : 16 de la vitesse du milieu.

Onde plane se propageant suivant Oy.

L'onde plane se propage maintenant normalement au déplacement du milieu : cela signifie que les dérivées partielles par rapport à x et à z sont identiquement nulles. Il y a deux cas à considérer.

1° *Le vecteur électrique est dirigé suivant* Oz.

On vérifiera qu'il existe une solution satisfaisant aux conditions suivantes :

$$f = g = 0, \qquad A = B = 0, \qquad Z = Y = 0.$$

Restent seulement les vecteurs h, C, X, dont les dérivées partielles par rapport à z et à x sont nulles. Il est facile de voir que φ disparaît dans les équations de condition; la vitesse de propagation W est indépendante du mouvement du milieu et égale à W_0.

2° *Le vecteur électrique est dans le plan xOy.*

Le cas précédent éliminé, il ne reste plus à considérer que celui où le vecteur f, g, h, est dans le plan xOy; il résulte immédiatement du cas précédent que le vecteur A, B, C, est dans le même plan, et que le vecteur magnétique est dans le plan zOy. On peut donc poser avant tout calcul :

$$h = C = X = 0, \qquad \frac{\partial}{\partial x} = \frac{\partial}{\partial z} = 0.$$

Il résulte immédiatement de la troisième équation (4) que $Y = 0$. Donc la vibration magnétique est encore rigoureusement transversale.

Restent les vecteurs : f, g, A, B, Z.

La deuxième équation (1) prouve que g et B ne sont pas identiquement nuls *indépendamment l'un de l'autre;* enfin la deuxième équation (4) montre qu'ils ne le sont ni l'un ni l'autre, car autrement Z serait seul.

Les vibrations électriques ne sont donc plus rigoureusement transversales; elles font avec la direction de propagation un angle dont le complément est de l'ordre de $\varphi : V$. La vitesse de propagation est encore indépendante du mouvement du milieu. On peut satisfaire les équations de condition, en posant :

$$\frac{A}{A_0} = -\frac{B}{B_0} = \sin\frac{2\pi}{T}\left(t - \frac{y}{V_0}\right), \qquad B_0 = A_0\varphi : V^2.$$

Onde plane se propageant dans n'importe quelle direction. — Soit θ l'angle de la direction de propagation avec la vitesse du milieu. En négligeant le petit phénomène dont il vient d'être parlé, tout se passe comme si la projection $\varphi\cos\theta$ de la vitesse sur la direction de propagation agissait seule. L'onde prend une vitesse :

relative : $$W \doteq W_0 - \frac{\varphi\cos\theta}{n^2};$$

absolue : $$W' = W_0 + \varphi\cos\theta\left(1 - \frac{1}{n^2}\right).$$

Tout se passe comme si le milieu avait un nouvel indice :

$$n' = \frac{V}{W'} = \frac{V}{W_0} : \left[1 + \frac{\varphi\cos\theta}{W_0}\left(1 - \frac{1}{n^2}\right)\right]$$

$$= n\left[1 - n\cos\theta\,\frac{\varphi}{V}\left(1 - \frac{1}{n^2}\right)\right],$$

$$n' - n = \frac{\varphi}{V}\cos\theta\,(n^2 - 1).$$

263. Surface d'onde dans un milieu en mouvement. — Tout ce qui précède peut s'énoncer de la manière suivante.

Imaginons (fig. 152) qu'un ébranlement part au temps 0 du point P situé dans un milieu d'indice n, animé d'une vitesse représentée en grandeur et direction par le vecteur φ. Soit :

$$\overline{Pp} = \varphi\left(1 - \frac{1}{n^2}\right).$$

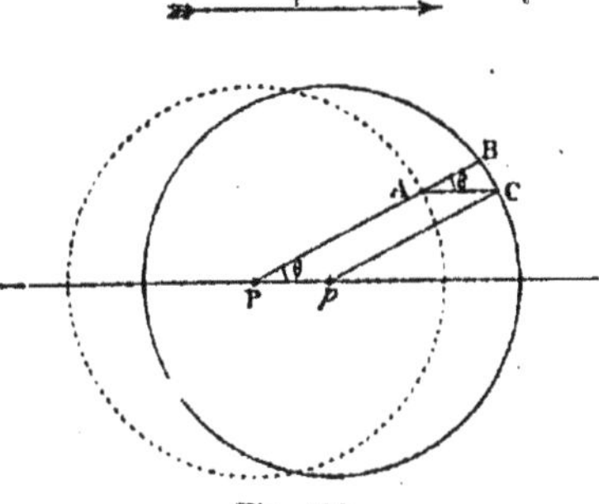

Fig. 152.

Au temps 1, l'ébranlement est localisé, non plus sur une sphère de rayon $W_0 = V : n$, et de centre P, mais bien sur une sphère de rayon $W_0 = V : n$, et de centre p.

Cela revient à dire que l'ébranlement se propage dans la direction PA avec la vitesse : $\overline{PB} = \overline{PA} + \overline{AB}$. Or on a, vu la petitesse du quotient $\varphi : V$:

$$\overline{AB} = \overline{AC} \cdot \cos\theta = \overline{Pp} \cdot \cos\theta = \varphi \cos\theta \left(1 - \frac{1}{n^2}\right).$$

264. Propagation d'une onde plane. Entraînement latéral ; définition du rayon. — Pour déterminer la propagation d'une onde plane dans un milieu en mouvement, appliquons le principe d'Huyghens. Considérons (fig. 153) l'onde dans sa position actuelle S. Pour avoir l'onde au temps *t*, il faudrait, si le milieu était au repos, chercher l'enveloppe des ondes élémentaires correspondant à ce temps et décrites des points P comme centres.

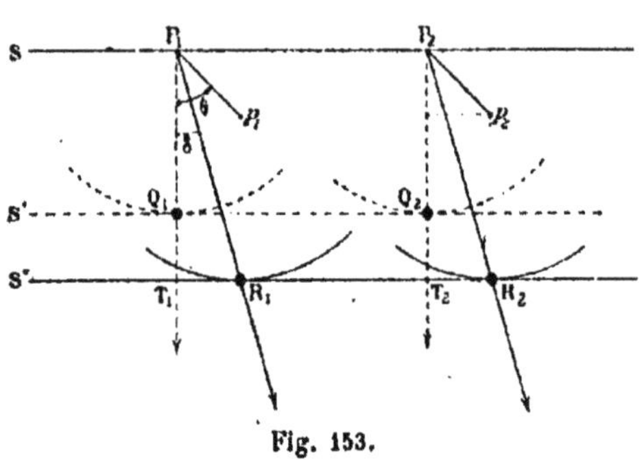

Fig. 153.

Mais le milieu est en mouvement. La construction est la même, mais à partir des points *p* comme centres obtenus en menant des points P des droites égales, parallèles à la vitesse φ et de grandeurs :

$$\overline{Pp} = t\varphi\left(1 - \frac{1}{n^2}\right).$$

Au lieu de l'onde S', on obtient l'onde S'', évidemment plane et parallèle à S.

La modification introduite par le mouvement est de deux espèces.

D'abord l'onde S'' ne coïncide pas avec S' ; leur distance est égale à $\overline{Pp} \cdot \cos\theta$, comme le veulent les formules précédentes. Il y a *entraînement longitudinal* de l'onde plane.

Ensuite le *rayon*, c'est-à-dire le lieu des parties efficaces *correspondantes* des ondes successives, est maintenant PR, tandis qu'il était auparavant PQ. Il y a donc une déviation δ du rayon dans le plan passant par la normale à l'onde et la direction de la vitesse φ, et dans le sens de la vitesse. Elle a pour expression (à l'approximation dont nous nous contentons) :

$$\delta = \overline{TR} : \overline{PT} = \frac{\varphi}{V} n \left(1 - \frac{1}{n^2}\right) \sin\theta.$$

La déviation est maxima pour $\theta = \pi : 2$, alors que le changement de vitesse est nul. Elle constitue ce qu'on appelle l'*entraînement latéral* de l'onde plane.

265. Expérience de Fizeau. — Fizeau a vérifié l'existence de l'entraînement longitudinal des ondes. Son appareil est représenté fig. 154.

Soit en *a* une fente qui forme un collimateur avec la lentille L. Plaçons, normalement au faisceau parallèle obtenu, les fentes parallèles O_1, O_2; observons dans le plan focal principal de la lentille L'. Nous obtenons les franges de diffraction à l'infini de deux fentes étudiées au § 290 du tome IV. Nous avons montré leur étroite analogie avec les franges des trous d'Young au § 291 de ce tome.

Il est facile de voir que, si nous retardons par un procédé quelconque l'un des faisceaux, les franges se déplacent. Si la différence des chemins optiques croît d'une longueur d'onde, les franges se déplacent de l'écartement de deux franges consécutives.

Ceci posé, revenons à l'expérience actuelle.

Disposons entre les lentilles L et L' deux tubes de deux mètres de

Fig. 154.

long, fermés par des glaces G_1 et G_2, et dans lesquels on établira en sens contraires un courant d'eau de vitesse u.

La lumière émise par la source F se réfléchit sur une glace sans tain *m* et tombe sur les trous O_1 et O_2. Le faisceau O_1 parcourt le tube T_1, passe dans la lentille L, se réfléchit sur le miroir M, revient dans le tube T_2 et finalement donne une image de F en S'. Le faisceau O_2 parcourt le tube T_2, ..., et donne lui aussi une image de F en S'. Autour de S' se forme un système de franges d'interférences, comme dans l'expérience ci-dessus rappelée.

Repérons la position de ces franges quand l'eau des tubes est immobile.

Imprimons maintenant à l'eau la vitesse u : le faisceau O_1 traverse les deux tubes dons le sens du courant d'eau, le faisceau O_2 les traverse en sens contraire.

Soit n l'indice de l'eau, l la longueur des tubes. Le chemin optique diminue pour le faisceau O_1 de (§ 262) :

$$2l(n-n')=\frac{2lu}{V}(n^2-1);$$

il augmente pour O_2 de la même quantité. Le déplacement des franges est d'un nombre m d'intervalles de deux franges consécutives.

Si l'hypothèse précédemment étudiée est exacte, m est donné par l'équation :

$$m\lambda = \frac{4lu}{V}(n^2-1), \qquad m = \frac{4lu}{\lambda V}(n^2-1).$$

Soit : $l = 2^m$, $u = 7^m$ par seconde, $\lambda = 5 \,.\, 10^{-7}$ mètres,

$V = 3 \,.\, 10^8$ mètres, $n = 1{,}33$.

On trouve $m = 0{,}29$. En faisant passer successivement l'eau dans les deux sens, on double le déplacement ; il est de 0,58 intervalle de deux franges consécutives.

C'est précisément ce que donne l'expérience.

Observations à la surface de la Terre.

Le sujet que nous traitons est parmi les plus difficiles de l'Optique ; nous sommes tenus d'assurer notre marche et de préciser minutieusement le sens des propositions. On se contente ordinairement de raisonnements empruntés à la Théorie de l'émission, et dont le premier défaut est de ne rien prouver dans la Théorie des ondulations. Il est d'un bon naturel de ménager, par des comparaisons sans valeur, le cerveau des débutants : il est déplorable de leur persuader qu'ils comprennent quand ils ne comprennent pas. Laissons ces mœurs à l'enseignement secondaire.

266. **Réfraction d'une onde plane.** — Prouvons d'abord que la réfraction d'une onde plane se fait de manières différentes quand le milieu est au repos ou en mouvement.

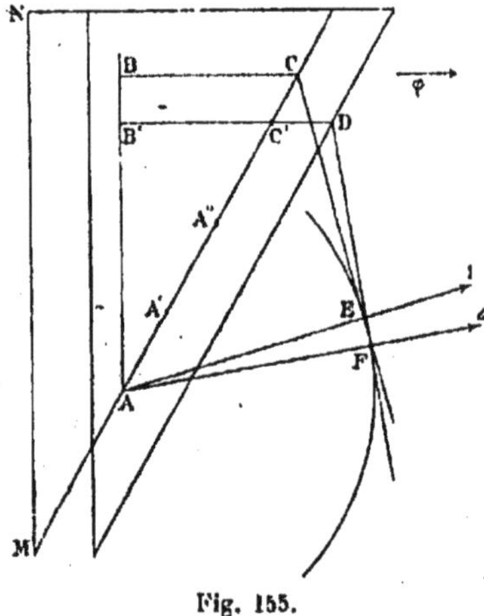

Fig. 155.

Supposons un prisme qui se déplace dans le vide avec une vitesse uniforme φ et, pour simplifier, imaginons que l'onde (dont l'origine n'a pas besoin de nous être connue) se propage dans le prisme précisément dans la direction φ. Soit AB sa position au temps 0 (fig. 155).

Pour préciser notre raisonnement, supposons un instant le prisme immobile et rappelons comment le principe d'Huyghens donne l'onde réfractée. Du point A comme centre, nous menons l'onde qui correspond dans le vide au temps 1. A mesure que du fait de sa propagation l'onde AB aborde les points A′, A″, ... de la surface AC, nous considérons ces points comme centres d'ébranlements. Nous les prenons pour centres de sphères qui correspondent au même temps 1, dont par conséquent les rayons décroissent proportionnellement à la distance au point A. Enfin du point C qui est abordé au temps 1, comme centre, nous menons une sphère de rayon nul. L'enveloppe de toutes les sphères est l'onde plane réfractée cherchée CE.

Supposons maintenant que la surface AC fuie devant l'onde. Pour trouver la nouvelle onde réfractée, il faut chercher le point D de la surface qui est abordé au temps 1 par l'onde. Celle-ci doit parcourir le chemin :

$$\overline{B'C'} + \overline{C'D} = \overline{B'C'} + \varphi,$$

dans le même temps qu'elle accomplissait antérieurement le chemin $\overline{BC}$. Mais sa vitesse n'est plus W_0 ; elle est maintenant :

$$W' = W_0 + \varphi\left(1 - \frac{1}{n^2}\right) = \frac{V}{n} + \varphi\left(1 - \frac{1}{n^2}\right).$$

D'où la condition :

$$\frac{\overline{B'C'} + \varphi}{\overline{BC}} = 1 + n\frac{\varphi}{V}\left(1 - \frac{1}{n^2}\right).$$

Le point D est ainsi complètement déterminé, et par conséquent aussi la position de l'onde émergente. *Il y a donc une petite déviation d'un sens ou de l'autre suivant le sens de la vitesse* φ ; il est du reste inutile de la calculer.

267. Influence du mouvement de la Terre sur les observations. — Du résultat précédent, qui s'applique évidemment à la réflexion, il semblerait naturel de conclure que le mouvement de la Terre influera sur les observations effectuées à sa surface à l'aide de sources entraînées par elle.

Par exemple, obtenons des interférences à grande différence de marche par un procédé quelconque (anneaux de Newton, lames biréfringentes,...). Il semble *a priori* que la position de l'appareil par rapport à l'écliptique modifiera l'ordre d'interférence, puisque les lois de réflexion et de réfraction sont modifiées.

L'expérience prouve qu'il n'en est rien ; aucun phénomène optique ne peut déceler le mouvement *de translation* de la Terre, au carré près du rapport très petit $\varphi : V$, (vitesse de translation terrestre sur vitesse de la lumière). Ce rapport est appelé *aberration,* nous verrons plus loin pourquoi.

Comme la vitesse de rotation est insignifiante, nous pouvons dire qu'aucun phénomène ne peut déceler le mouvement de la Terre, à l'approximation actuelle des expériences.

Voici l'énoncé général du théorème et sa démonstration.

268. Énoncé du théorème; lemmes préliminaires. — *Qu'il s'agisse de phénomènes de réflexion, de réfraction, de double réfraction, d'interférences, de diffraction, ..., si l'on utilise une source terrestre, la trajectoire apparente des rayons par rapport à des axes liés à la Terre est la même, quelle que soit la disposition de l'appareil par rapport au mouvement terrestre, c'est-à-dire quel que soit le sens du mouvement de translation commun.*

La démonstration suppose qu'il s'agit d'un pur mouvement de translation, mais le mouvement de rotation terrestre est négligeable. La vitesse linéaire due à la rotation n'est que 464 mètres par seconde *pour un point de l'équateur* (Cours de Première, § 182), la vitesse angulaire est très petite ($2\pi : 86\,164$), tandis que la vitesse linéaire due au déplacement sur l'écliptique est d'environ 30 kilomètres (§ 273).

Nous nous appuierons sur deux lemmes.

Lemme I. — Le temps que met la lumière pour se propager d'un point A à un point B d'un corps d'indice n en mouvement est augmenté *comme conséquence du mouvement* de la quantité, indépendante de l'indice n :

$$\frac{l\varphi\cos\theta}{V^2};$$

$l = \overline{AB}$; θ est l'angle que fait la vitesse φ avec la direction $\overline{AB}$.

En effet, quand le corps est au repos, le temps t de propagation de A à B est :

$$t = l : \frac{V}{n} = \frac{nl}{V}.$$

Quand le corps est en mouvement, le chemin à parcourir est :

$$l + \varphi t'\cos\theta,$$

puisque pendant le temps t' que dure la propagation, le point B s'est déplacé de $\varphi\cos\theta$ dans la direction AB.

Or l'indice apparent est devenu (§ 262) :

$$n' = n\left[1 - n\cos\theta\,\frac{\varphi}{V}\left(1 - \frac{1}{n^2}\right)\right].$$

Le temps t' est donc :

$$t' = (l + \varphi t'\cos\theta)\,\frac{n}{V}\left[1 - n\cos\theta\cdot\frac{\varphi}{V}\left(1 - \frac{1}{n^2}\right)\right].$$

Négligeons les termes en $\varphi^2 : V^2$; il reste :

$$t' = t + \frac{l\varphi\cos\theta}{V^2}\left(1 - n^2 + \frac{t'Vn}{l}\right).$$

Comme première approximation, les deux derniers termes de la parenthèse se détruisent, parce qu'il est légitime de poser : $t=t'$, dans un terme multiplié par $\varphi : V$. En définitive, il vient :

$$t'=t+\frac{l\varphi\cos\theta}{V^2}.$$

Le temps t' est donc augmenté d'une quantité indépendante de l'indice.

Lemme II. — Dans la théorie des ondulations, on peut définir la trajectoire du rayon lumineux par la condition que le temps mis pour aller d'un point à un autre est minimum.

269. Indépendance entre les phénomènes et le mouvement de translation commun. — Soit ABCDEFG la trajectoire d'un rayon qui subit des réflexions et réfractions en B, C, D, ... *dans les milieux au repos.* Donnons à tous ces milieux un mouvement commun de translation de grandeur φ et de direction AM (fig. 156).

Soit $l'=\overline{AB}$, $l''=\overline{BC}$, ...; soit θ', θ'' les angles de AB, de BC, ... avec AM.

Le temps pour aller de A en G suivant la même trajectoire est augmenté, du fait du mouvement, de la quantité :

$$\sum\frac{l'\varphi\cos\theta'}{V^2}=\frac{\varphi}{V^2}\sum l'\cos\theta'=\frac{\varphi}{V^2}\overline{AG}\cos\theta,$$

indépendante de la forme de la trajectoire.

Si, *quand les corps sont au repos,* la trajectoire ABC ... G correspond à un minimum par rapport à toutes les trajectoires voisines allant de A en G, le mouvement de translation augmentant la durée de propagation de la même quantité pour toutes les trajectoires, le chemin ABC... G est encore minimum *quand les corps sont entraînés d'un mouvement de translation commun.*

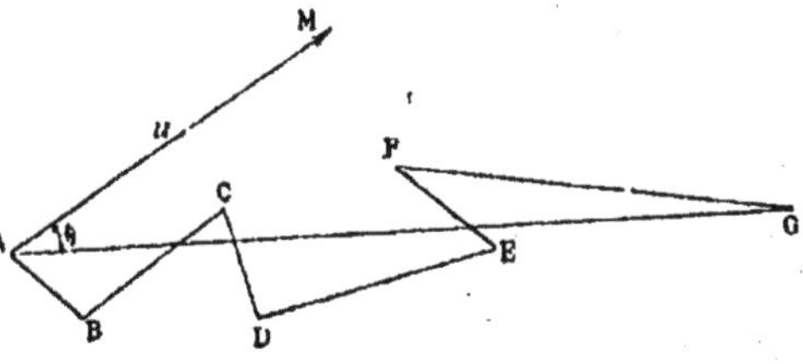

Fig. 156.

Si, pour les corps au repos, G est l'image de A à travers un système optique quelconque, G est encore l'image de A quand le système est entraîné.

L'état d'interférence en G est défini par les différences de chemins optiques pour deux ou plusieurs trajectoires, allant du point A source au point G. En vertu de la proposition précédente, ces différences ne sont pas modifiées par le mouvement commun de translation.

La proposition n'est exacte qu'au carré de l'aberration près.

Aberration.

270. Position du problème. — Dans les paragraphes précédents, nous supposons que la source est liée à l'appareil d'observateur. Nous trouvons que le mouvement de translation commun ne modifie pas les phénomènes, à des termes multipliés par le carré de l'aberration près. Non seulement les images se forment comme si le système était au repos, mais nous montrerons plus loin (§§ 277 et sq.) que tout se passe comme si *en définitive* les longueurs d'onde n'étaient pas modifiées.

Étudions un problème différent : supposons la source non entraînée avec l'appareil d'observation; cherchons quelle est la modification de sa *position apparente.*

Il faut d'abord définir ce qu'on entend par *position apparente vraie actuelle* d'un point lumineux, par exemple d'une étoile.

Cette étoile envoie dans l'éther *immobile* des ondes qui *pour nous* sont toujours planes, vu la distance du point qui émet. Nous appelons *direction ou position apparente vraie de l'astre* la normale à ces ondes. Il va de soi que si on prolonge cette normale, on pourra ne pas rencontrer l'astre. Nous savons qu'il a coupé la droite ainsi tracée, mais il y a peut-être dix ans, cent ans. Depuis lors, l'astre s'est généralement déplacé. Sa *position apparente vraie* n'a donc aucun rapport nécessaire avec sa *position vraie,* qui *a priori* nous échappe absolument.

Nous allons voir qu'en raison du mouvement de la Terre, sa *position apparente* n'est pas identique avec sa *position apparente vraie;* autrement dit, il n'apparaît pas dans le prolongement de la normale aux ondes planes, qui en définitive sont dans l'éther immobile le phénomène que nous appelons *étoile.*

Nous allons d'abord raisonner sans nous préoccuper des résultats précédemment obtenus pour les sources entraînées. Nous montrerons ensuite que les deux méthodes concordent.

271. Définition de l'aberration. — L'axe optique d'une lunette est dirigé vers une étoile; les ondes P issues de l'astre, et actuellement dans l'éther, lui sont donc normales par définition : la phase est la même pour tous les points du plan P tangent à la face frontale du système optique.

On peut, pour simplifier les choses, supposer que la lentille frontale est planconvexe; elle coïncide alors exactement avec le plan P'.

Choisissons l'étoile de manière que la vitesse ρ soit normale à l'axe optique. Le glissement tangentiel que la lentille éprouve par rapport aux ondes ne change ni la phase aux divers points de la surface frontale considérés comme sources, ni la vitesse de propagation dans le verre (§ 262). *Donc l'image de l'astre est au même point de l'espace absolu, quelle que soit la vitesse* φ, puisque sa position est définie par la condition que les mouvements vibratoires y parviennent dans le même temps, à partir des points d'une onde plane quelconque, par exemple de l'onde P' tangente au verre frontal.

Naturellement, par rapport à la lunette, l'image s'est déplacée de $E'E'_1$, longueur égale à l'espace qu'elle parcourt pendant que la lumière va de la lentille au foyer.

Ce raisonnement implique que l'éther soit immobile, tant au voisinage de la terre que dans la lunette elle-même. En particulier, si l'éther qui est dans la lunette était entraîné par celle-ci, il n'y aurait pas d'aberration. L'immobilité de l'éther est l'hypothèse de Fresnel et Lorentz développée aux §§ 260 et suivants.

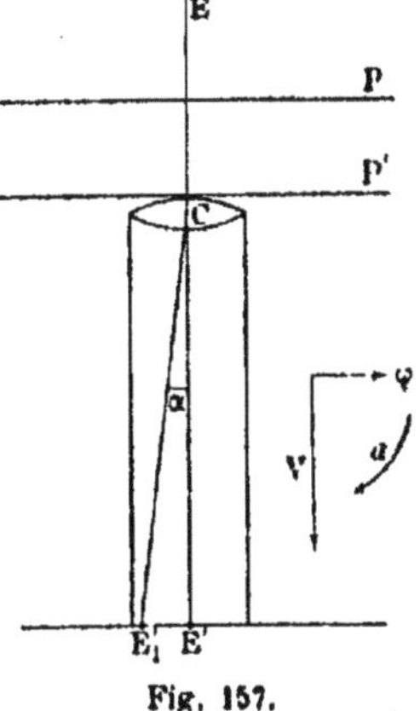

Fig. 157.

Pour ramener l'image sur le réticule, il faut faire tourner la lunette, autour d'un axe normal au plan passant par le rayon et la vitesse, de l'angle *a* : $a = \frac{\varphi}{V}$.

D'une manière générale, quand la vitesse φ fait l'angle δ avec le rayon lumineux, il faut, pour ramener l'image sur le réticule, faire tourner la lunette, autour d'un axe normal au plan passant par le rayon et la vitesse, de l'angle :

$$A = \frac{\varphi}{V} \sin \delta.$$

a mesure l'*aberration.*

272. Aberration annuelle. — Prenons le plan xOy comme plan de l'ecliptique. La Terre y décrit annuellement une ellipse dont le Soleil occupe un des foyers. Mais l'excentricité (distance du centre de l'ellipse au foyer divisé par le demi-grand axe) n'est que 0,0168 : nous pouvons assimiler la trajectoire à un cercle de centre O décrit d'un mouvement uniforme.

Soit 1, 2, 3, 4, ... des positions successives.

Par rapport aux étoiles dont la distance à la Terre est énorme, celle-ci peut être considérée comme située en un point O invariable. Mais pour traiter l'*aberration annuelle,* nous devons supposer qu'elle possède à chaque instant une vitesse représentée par un vecteur de longueur constante et tournant d'un mouvement uniforme. Quand elle est réellement en 1, nous la pouvons mettre en O à la condition de lui appliquer le vecteur 1. Et de même pour tous les points de sa trajectoire.

Ceci posé, soit un astre dans le plan yOz à une distance angulaire D de l'écliptique (latitude céleste). Déterminons la courbe qu'il paraîtra décrire en vertu de l'aberration sur une sphère de grand

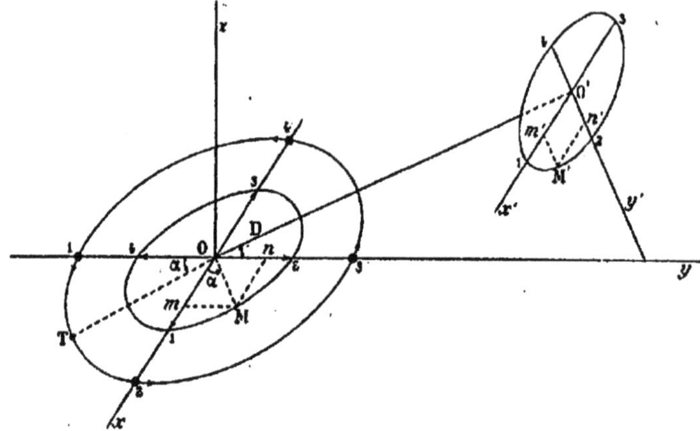

Fig. 158.

rayon, si on ramène son image toujours à la croisée des fils du réticule d'une lunette d'observation.

Quand la Terre est en 1, le vecteur vitesse O1 est normal au rayon lumineux.

L'astre, dont l'image est ramenée sur la croisée des fils, nous paraît en 1 sur $O'x'$ parallèle à Ox et de même sens.

Quand la Terre est en T, le vecteur vitesse est OM normal au rayon OT. Nous pouvons le décomposer en deux.

La composante $\overline{Om} = \varphi \cos \alpha$, produit un déplacement angulaire :

$$\overline{O'm'} = x' = \frac{\varphi}{V} \cos \alpha = a \cos \alpha.$$

La composante $\overline{On} = \varphi \sin \alpha$, produit un déplacement angulaire :

$$\overline{O'n'} = y' = a \sin \alpha \sin D.$$

Donc l'astre semble décrire l'ellipse :

$$x'^2 + \frac{y'^2}{\sin^2 D} = \frac{\varphi^2}{V^2} = a^2,$$

dont les axes sont *en radians* : a suivant $O'x'$, $a \sin D$ suivant $O'y'$.

Une étoile qui est au pôle de l'écliptique subit donc annuellement des variations de longitude et de latitude célestes qui peuvent se représenter par un cercle; en effet, D est alors un angle droit.

La nutation d'une étoile qui est dans l'écliptique est représentée par une ellipse infiniment aplatie : elle paraît osciller sur un parallèle céleste.

D'une manière générale, la trajectoire est une ellipse dont les axes sont dirigés suivant le méridien et le parallèle célestes (c'est-à-dire rapportés à des axes fixes par rapport à l'écliptique; la droite Oz normale à ce plan sert de ligne des pôles). Le grand axe de l'ellipse, dirigé suivant le parallèle céleste (O'x' dans la figure), est constant et égal à a; le petit axe, dirigé suivant le méridien céleste (O'y' dans la figure), est égal à $a \sin D$.

273. Constante d'aberration. — On désigne ainsi la constante a; on admet que sa valeur est :

$$a = 20'',47 = 0,9924 \cdot 10^{-4}.$$

En prenant $3 \cdot 10^5$ kilomètres par seconde pour la vitesse de la lumière, on tire de là :

$$\varphi = aV = 29,77 \text{ kilomètres par seconde},$$

ce qui donne environ 149'500'000 kilomètres pour la distance moyenne de la Terre au Soleil.

Il est important de remarquer que le chiffre 7 des centièmes de seconde d'arc dans l'aberration est incertain. Dans une lunette de 6 mètres de distance focale, une seconde d'arc correspond dans le plan focal à 30_{μ}; la constante d'aberration correspond à 615_{μ}, soit $0^{mm},615$. On se rend compte de la précision des pointés nécessaire pour assurer les centièmes de seconde d'arc.

Le temps que la lumière met à venir du Soleil est en secondes :

$$1493.10^5 : 3.10^5 = 498^s = 8^m\ 18^s.$$

Enfin on tire de là pour la *parallaxe solaire*, c'est-à-dire pour l'angle sous lequel on voit du Soleil le rayon terrestre : 8'',80.

Voici dès lors quelles seraient les constantes du système solaire :

Distance moyenne du Soleil à la Terre. .	149500000 kilomètres.
Diamètre du Soleil.	1391000 kilomètres.
Diamètre en diamètres terrestres . . .	109,05
Masse par rapport à la Terre.	333000
Gravité en mètres	273,8
— en grammes sur un gramme masse.	27,88

274. Aberration avec une lunette remplie d'eau. — Une lunette est remplie d'eau depuis la face postérieure de l'objectif jusqu'à une glace à faces parallèles normale à l'axe du tube et le fermant au voisinage de l'oculaire. Pour simplifier le raisonnement, nous supposerons que le foyer principal est justement dans le plan de la glace.

Reprenons le raisonnement du § 271, en admettant un entraînement *latéral* des ondes égal à (§ 264) :

$$\varphi\left(1-\frac{1}{n^2}\right).$$

Le temps que met la lumière à parcourir le tube supposé de longueur l est :

$$\frac{l}{W_0}=\frac{nl}{V}.$$

Si les ondes n'étaient pas entraînées, le déplacement latéral $\overline{E'E_1}$ serait : $nl\varphi : V$, *c'est-à-dire n fois plus grand qu'avec la lunette vide.*

Mais il faut tenir compte de la vitesse d'entraînement latéral qui diminue ce déplacement de :

$$\frac{nl}{V}\varphi\left(1-\frac{1}{n^2}\right).$$

Le déplacement du foyer est en définitive :

$$\frac{nl\varphi}{V}\left[1-\left(1-\frac{1}{n^2}\right)\right]=l\frac{\varphi}{V}\frac{1}{n}.$$

Il est n fois plus petit que si l'on opérait avec une lunette vide d'eau et de distance focale principale l.

Il s'agit maintenant de définir l'aberration, c'est-à-dire l'*angle dont il faut tourner la lunette pour ramener l'image sur la croisée des fils du réticule.* Le point essentiel du raisonnement suivant consiste en ceci : *quand la lunette est vide ou quand elle est pleine d'eau, le centre optique* C *de l'appareil n'est pas du tout au même point* (fig. 159).

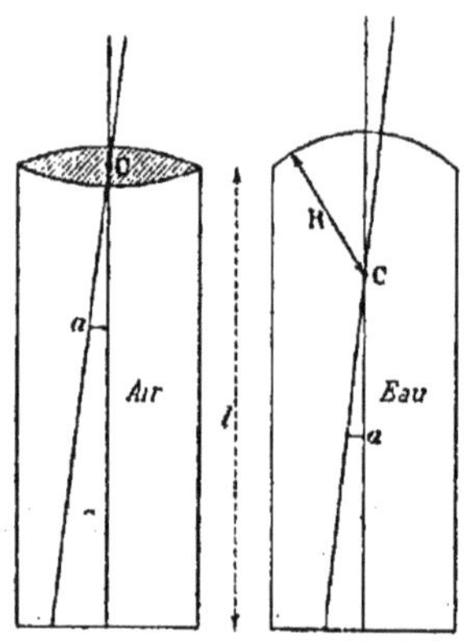

Fig. 159.

Quand la lunette est vide, le centre optique est quelque part dans les lentilles. Il est donc approximativement à une distance l du plan focal.

Quand la lunette est pleine, tout se passe à peu près comme si on supprimait les lentilles et si on limitait antérieurement le liquide par une sphère de rayon R convenable. *Nous avons affaire à un dioptre.* Calculons son rayon R de manière que, dans le milieu d'indice n, l'image de l'infini se forme à une distance l du dioptre (tome IV, § 18).

La condition est :

$$\frac{n}{l}=\frac{n-1}{R}.$$

La distance du centre optique (centre du dioptre) au plan focal est :

$$l - R = \frac{l}{n}.$$

Donc le centre optique pour la lunette pleine d'eau est n fois plus rapproché du plan focal que pour la lunette vide, le tube conservant la même longueur et le système optique étant modifié d'une expérience à l'autre de manière que l'image se fasse toujours dans le même plan.

Il résulte immédiatement de là que le déplacement linéaire :

$$l \frac{\varphi}{V} \frac{1}{n},$$

correspond à un déplacement angulaire (c'est-à-dire à une aberration) :

$$l \frac{\varphi}{V} \frac{1}{n} : \frac{l}{n} = \frac{\varphi}{V},$$

identique à celui qu'on observe avec une lunette vide.

L'aberration ne dépend donc pas du milieu qui remplit la lunette. C'est ce que l'expérience vérifie très exactement.

Le raisonnement qui précède est un peu rapide. Il n'est pas évident qu'on puisse remplacer le système lentilles-eau par un dioptre unique. Nous laissons au lecteur le soin de démontrer la proposition suivante : *quels que soient l'indice et les courbures des lentilles formant l'objectif, à la condition que l'épaisseur de cet objectif soit négligeable devant l, la position du centre optique de l'ensemble ne dépend que de la distance l et de l'indice n du milieu qui remplit la lunette.*

La condition énoncée permet de remplacer immédiatement l'objectif par une lentille unique infiniment mince.

275. Autre démonstration des résultats précédents. — Les résultats précédents sont une conséquence immédiate du théorème démontré lorsque la source est entraînée avec l'observateur (§ 269).

Remarquons d'abord que lier l'étoile à la Terre ne change rien aux phénomènes actuels, car les 30 kilomètres à la seconde qu'on lui impose au maximum n'altèrent pas sa position apparente. Mais si nous pouvons la considérer comme liée à la Terre, encore est-il nécessaire de choisir convenablement la position que nous lui imposerons dans le système rigide. Il faut évidemment qu'elle soit telle qu'*à l'instant considéré* l'étoile envoie des ondes ayant la direction P (fig. 157 et 160).

Donc, à cet instant, elle ne doit pas se trouver en E dans sa position apparente vraie; elle a dû passer en E il y a un temps $l : V$, en appelant l sa distance à l'onde P, V la vitesse de propagation dans le vide. Comme depuis lors elle se meut par hypothèse du même mouvement uniforme que la Terre, elle est actuellement au point E_1

tel que la longueur $\overline{EE_1}$ soit égale au chemin parcouru dans le temps susdit, c'est-à-dire à $l\varphi : V$.

Nous pouvons donc lier l'étoile à la Terre pourvu que nous la supposions dans une direction CE_1 faisant un angle :

$$a = \frac{\overline{BE_1}}{l} = \overline{EE_1}\,\frac{\sin\delta}{l} = \frac{\varphi}{V}\sin\delta,$$

avec la normale aux ondes P, dans le plan passant par cette normale et le vecteur φ, et dans la direction même de la vitesse φ.

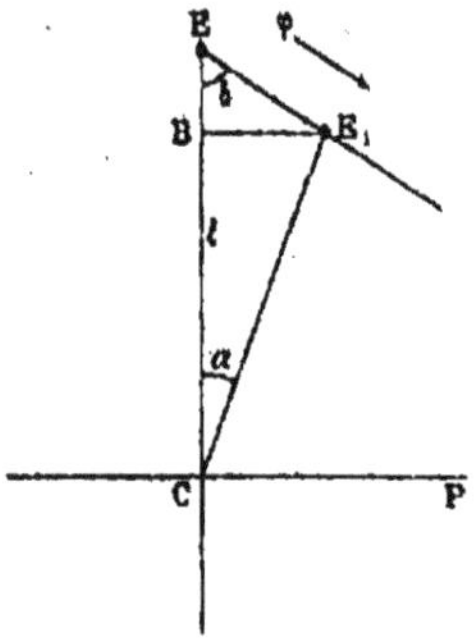

Maintenant que l'étoile est liée à la Terre, appliquons le théorème du § 269.

Son image se fait comme si tout était au repos, quelle que soit d'ailleurs la nature du système optique, qu'il s'agisse d'une lunette vide ou remplie d'eau.

L'aberration, c'est-à-dire la variation de *direction apparente*, est donc mesurée par l'angle a.

Ce sont les résultats déjà obtenus.

Le raisonnement précédent ne tient pas compte des changements de longueur d'onde dus à l'application du principe de Döppler-Fizeau. Cela n'a pas d'importance, puisque nous opérons par hypothèse avec une lunette achromatique.

Fig. 160.

276. Expérience d'Arago; explication de Fresnel. — Reprenons l'expérience du prisme (fig. 155); installons-le (fig. 161) de manière que sa face MN soit perpendiculaire à l'écliptique; φ représente donc la vitesse de translation de la Terre. Observons les déviations apparentes d'une étoile dont la position apparente vraie est elle-même dirigée suivant la direction φ; *pour cette étoile l'aberration est nulle par conséquent.* Arago trouve que la déviation par un prisme *achromatisé* est la même, que la Terre s'approche ou s'éloigne de l'étoile, c'est-à-dire que le vecteur φ soit dirigé dans le sens représenté ou en sens contraire.

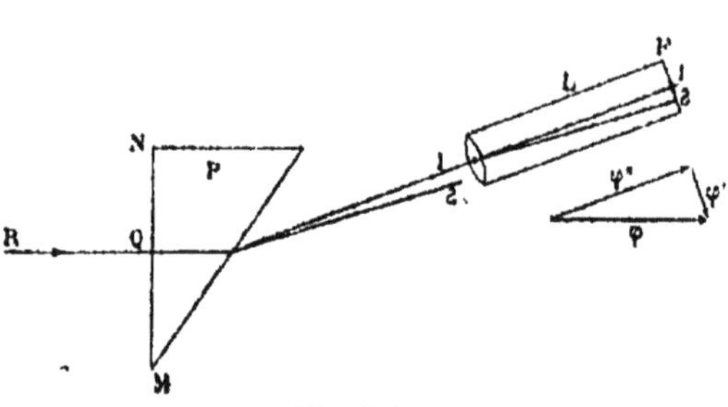

Fig. 161.

Cependant nous savons (§ 266) que la réfraction n'est pas la même. Fresnel répond qu'il existe deux effets se neutralisant; le premier dû au prisme amène la direction de l'étoile de 1 en 2; l'image se ferait au point 2 du plan focal de la lunette, *à la supposer immobile*. Mais elle participe au mouvement du prisme, de sorte qu'en définitive l'image se fait justement au point 1 qui correspond au repos général.

Le calcul de Fresnel est intéressant puisqu'il l'a conduit à son hypothèse de l'éther immobile et de l'entraînement partiel des ondes dans les corps. Nous n'avons pas besoin de le refaire, puisque le résultat actuel n'est qu'un cas particulier du théorème général du § 269.

En effet, pour lier l'étoile à l'instrument d'observation, le déplacement angulaire à lui donner est nul, puisque $\delta = 0$; et cela que la vitesse φ ait l'un ou l'autre sens.

A la vérité, l'expérience d'Arago ne réussit que par l'emploi d'un prisme *achromatisé*. Dans le cas contraire, le système prisme-lunette constitue un spectroscope. Le principe de Döppler nous apprend alors que la *vitesse relative* de l'astre et de l'observateur parallèle à la direction apparente de l'astre intervient pour modifier la longueur d'onde : l'image monochromatique ne se formerait généralement pas au même point que pour le repos général.

L'étude de ces changements de longueurs d'onde fait l'objet des paragraphes suivants.

Principe de Döppler-Fizeau.

277. Énoncé du principe. — Nous avons expliqué en quoi consiste le principe de Döppler-Fizeau au § 197 du Cours de Mathématiques. Le mouvement de la source produit une variation de la période, et par conséquent une variation de la longueur d'onde. Soit T'_1 la période des ondes dues à une source qui se meut avec une vitesse φ_1 faisant un angle θ_1 avec la direction de propagation dans l'éther; soit T_1 la période des ondes dues à la même source au repos;

on a : $$T'_1 = T_1\left(1 - \frac{\varphi_1 \cos \theta_1}{V}\right).$$

Nous pouvons généraliser la proposition des §§ 268 et 269 pour le cas où la source n'est pas entraînée par le mouvement qui emporte l'appareil et l'observateur : c'est une planète, la Lune, le Soleil, une étoile. La proposition reste vraie, à l'aberration près et à la condition d'utiliser une période convenable.

A partir de la source A, de période vraie T, dans l'éther *que nous supposons toujours immobile*, se propageait suivant AB une radiation

de période (fig. 186) : $$T' = T\left(1 - \frac{\varphi \cos \theta'}{V}\right).$$

A partir d'une autre source de période T_1 qui n'est plus entraînée par le mouvement φ, mais possède un mouvement propre φ_1, il se propage dans cette même direction AB un mouvement de période :

$$T'_1 = T_1\left(1 - \frac{\varphi_1 \cos \theta_1}{V}\right).$$

Pour que la proposition du § 269 soit applicable, il faut que rien ne soit modifié *dans l'éther immobile;* il faut donc que les périodes T' et T'_1 soient égales. D'où la condition :

$$T = T_1\left(1 - \frac{\varphi_1 \cos \theta_1}{V}\right) + T\frac{\varphi \cos \theta'}{V}.$$

Comme T et T_1 diffèrent très peu, on peut les substituer l'un à l'autre dans les termes multipliés par $\varphi_1 : V$. Il vient :

$$T = T_1 - T_1\frac{\varphi_1 \cos \theta_1 - \varphi \cos \theta'}{V}.$$

Ainsi la période apparente T, c'est-à-dire la période vraie de la source terrestre donnant les mêmes effets que la source réelle de période vraie T_1, diffère de cette période vraie d'une fraction égale au quotient par la vitesse de la lumière, de la vitesse relative de la source et de l'observateur suivant la direction où les rayons abordent l'appareil dans l'éther immobile.

Si la source se rapproche de l'observateur, $\varphi_1 \cos \theta - \varphi \cos \theta'$ est positif, la période apparente est plus petite que la période réelle; c'est l'inverse si la source s'éloigne de l'observateur.

278. **Applications astronomiques.** — On se reportera au § 197 du Cours de Mathématiques.

Pour comparer les formules, on remarquera que u et v sont les vitesses suivant la droite qui joint l'observateur à l'astre et qu'elles sont comptées positivement en sens inverses (§ 144 du Cours de Mathématiques); $u + v$ a donc la même signification que

$$\varphi_1 \cos \theta_1 - \varphi \cos \theta'.$$

La première application consiste à déterminer la vitesse relative des étoiles; nous n'avons rien à ajouter à ce qu'on trouve dans le Cours de Mathématiques.

La seconde se rapporte à la variation de la position des raies suivant qu'on prend comme source l'un ou l'autre des bords du Soleil. Voici comment on calcule la différence des vitesses des deux bords.

Le Soleil a une durée de rotation de 27,3 jours, soit :

$$2 \times 1,179 . 10^6 \text{ secondes}.$$

La vitesse angulaire est :

$$2\pi : (2 \times 1,179 \times 10^6) = 2,665 . 10^{-6}.$$

L'angle apparent moyen du diamètre solaire est 32', soit en radian : $9,31 . 10^{-3}$.

La distance de la Terre au Soleil est en kilomètres : $1,493 \cdot 10^8$.

Le diamètre solaire est donc en kilomètres : $1,39 \cdot 10^6$.

La vitesse linéaire équatoriale est donc :

$$0,695 \cdot 10^6 \cdot 2,665 \cdot 10^{-6} = 1,85 \text{ kilomètre par seconde.}$$

Donc la même radiation émise *par l'un ou l'autre bord* du disque solaire donne dans un spectroscope très dispersif deux raies distinctes.

Supposons qu'on projette sur la fente du collimateur l'image du disque solaire au moyen d'une lentille qui oscille rapidement et amène ainsi successivement les bords du disque sur la fente. Les raies d'*origine solaire* oscillent avec la même période que la lentille; l'amplitude du balancement est d'autant plus grande que l'équateur solaire est plus près d'être normal à la fente. Bien que le déplacement soit très petit, l'oscillation le rend facile à distinguer.

Cette expérience permet de reconnaître les *raies telluriques* dues à l'absorption par l'atmosphère terrestre; elles ne subissent aucun balancement.

Dans toutes les applications, le mouvement de translation du système solaire intervient : on peut espérer le déterminer par la connaissance de sa vitesse relative par rapport à un grand nombre d'étoiles prises dans tout le ciel. On admet en effet que la vitesse moyenne de l'ensemble des étoiles est nulle. Si donc l'expérience montre que, suivant une certaine direction, la projection de ces vitesses est maxima, on pourra légitimement conclure que le système solaire se déplace suivant elle.

279. **Application aux molécules des gaz incandescents.** — D'après la Théorie cinétique des gaz, les molécules sont animées de vitesses dont la grandeur à haute température est de l'ordre de quelques kilomètres par seconde. Soit ρ la composante de la vitesse dans la direction de visée comptée positivement vers l'observateur; soit m_0 la fréquence du mouvement oscillatoire et λ_0 la longueur d'onde correspondante. La fréquence et la longueur d'onde *apparentes* du mouvement propagé sont m et λ; on a :

$$m - m_0 = \frac{m_0 \rho}{V}, \qquad \lambda - \lambda_0 = -\frac{\lambda_0 \rho}{V}.$$

Même si la vibration de la molécule est strictement monochromatique, tout se passe comme si on avait affaire à une infinité de sources immobiles par rapport à l'observateur, mais émettant des radiations de longueurs d'onde différentes entre elles.

D'après la Théorie cinétique, le nombre de molécules dont la vitesse a une composante suivant la ligne de visée comprise entre ρ et $\rho + d\rho$ est, en unités arbitraires (tome II, § 212) :

$$\exp\left(-\frac{\rho^2}{\varepsilon^2}\right) d\rho.$$

Montrons d'abord qu'il résulte de ces hypothèses un élargissement des raies brillantes dans le spectre : alors même que la fente serait linéaire et qu'il n'y aurait aucun effet de diffraction, la raie aurait une épaisseur sensible.

Avec un appareil dispersif *quelconque*, la variation de position d'une raie dans le plan où se forme le spectre (plan spectral) est proportionnelle à $\lambda - \lambda_0$, *au voisinage d'une longueur d'onde* λ_0; elle est donc proportionnelle à φ. Donc la raie s'élargira de part et d'autre de la ligne de symétrie qui correspond à $\varphi = 0$, c'est-à-dire à λ_0.

Cherchons la courbe des intensités aux divers points de la section droite de la raie, en fonction de $\lambda - \lambda_0$ et par conséquent de φ.

Soit i l'ordonnée de cette courbe : l'énergie qui correspond aux radiations de longueurs d'onde comprises entre λ et $\lambda + d\lambda$ est, à des facteurs constants près, $id\lambda$ ou $id\varphi$. Elle est d'ailleurs proportionnelle au nombre de molécules dont les vitesses *parallèlement à une direction donnée* sont comprises entre φ et $\varphi + d\varphi$. Donc on peut poser, à un facteur constant près :

$$id\varphi = \exp\left(-\frac{\varphi^2}{\varepsilon^2}\right)d\varphi, \qquad i = \exp\left(-\frac{\varphi^2}{\varepsilon^2}\right);$$

nous retrouvons la courbe en cloche étudiée tome I, § 183.

Ainsi la courbe des intensités a un maximum qui correspond à la période propre d'oscillation de la molécule ; elle baisse ensuite rapidement de part et d'autre de ce maximum suivant une courbe en cloche.

Reste à calculer l'importance numérique du phénomène : elle dépend du paramètre ε.

La Théorie cinétique nous apprend que le coefficient ε est relié à la vitesse moyenne (II, § 213) par la formule :

$$v_m = \frac{2\varepsilon}{\sqrt{\pi}}, \qquad \frac{1}{\varepsilon} = \frac{2}{\sqrt{\pi}\, v_m}.$$

Substituant à φ et ε leurs valeurs, il vient comme exposant de l'exponentielle :

$$-\frac{4}{\pi}\left(\frac{V}{v_m}\right)^2\left(\frac{\Delta\lambda}{\lambda}\right)^2.$$

Pour l'hydrogène à 2000°, si on admet $v_m = 5000$ mètres, le coefficient de l'exponentielle est extrêmement petit. La courbe en cloche a déjà une ordonnée nulle pour un $\Delta\lambda$ (variation de la longueur d'onde à partir de la longueur d'onde *vraie*) qui équivaut à 1/30 de la distance des raies D.

280. Limites d'interférence pour les gaz incandescents (L. Rayleigh). — Considérons un cas simple d'interférence, où la différence de marche entre les faisceaux interférents est indépendante de la longueur d'onde (franges d'interférence de Fresnel, anneaux de Newton, ...). Les deux rayons sont représentés par les formules :

$$x = \sin \omega t, \qquad x' = \sin (\omega t - \delta).$$

L'intensité du faisceau résultant est :

$$I = 2(1 + \cos \delta).$$

Pour fixer les idées, supposons qu'il s'agisse des anneaux ordinaires de Newton, obtenus avec une couche d'air d'épaisseur e. En tenant compte de la différence de phase due à l'une des réflexions, il faut poser :

$$\delta = \pi + \frac{4\pi e}{\lambda} = \pi + \frac{4\pi m e}{V}; \qquad \text{d'où} \qquad I = 2\left(1 - \cos \frac{4\pi m e}{V}\right).$$

Tel serait le résultat si les sources *monochromatiques* étaient immobiles. Mais elles sont animées par hypothèse d'une vitesse φ dans la direction de visée. Nous avons donc superposition d'une infinité de systèmes de franges indépendants, dus à des vibrations de fréquence m; le nombre des molécules, et par conséquent l'intensité correspondante, sont donnés par la loi de distribution de Maxwell. Pour chaque épaisseur e, l'intensité est donc :

$$I = 2 \int_{-\infty}^{+\infty} \left[1 - \cos \frac{4\pi e}{\lambda}\left(1 - \frac{\varphi}{V}\right)\right] \exp\left(-\frac{\varphi^2}{\varepsilon^2}\right) d\varphi,$$

$$\cos \frac{4\pi e}{\lambda}\left(1 - \frac{\varphi}{V}\right) = \cos \frac{4\pi e}{\lambda} \cos \frac{4\pi e \varphi}{\lambda V} + \sin \frac{4\pi e}{\lambda} \sin \frac{4\pi e \varphi}{\lambda V}.$$

Le dernier terme du second membre donne une intégrale négligeable, car $\varphi : V$ y entre au carré. Reste le premier.

En vertu de formules connues, la valeur de l'intégrale est :

$$I = 2\sqrt{\pi}\, \varepsilon \left[1 - \cos \frac{4\pi e}{\lambda} \exp\left(-\frac{4\pi^2 e^2 \varepsilon^2}{\lambda^2 V^2}\right)\right].$$

Il résulte de là que les minimums cessent d'être noirs à mesure qu'on s'éloigne de la frange centrale définie par la condition $e = 0$. Pour une valeur suffisante de e, les maximums et les minimums diffèrent trop peu pour que les franges soient visibles.

Substituons dans l'exponentielle la valeur :

$$\frac{1}{\varepsilon^2} = \frac{4}{\pi v_m^2}; \qquad \text{il vient :} \qquad \frac{4\pi^2 e^2 \varepsilon^2}{\lambda^2 V^2} = \pi\left(\frac{\pi e}{\lambda} \frac{v_m}{V}\right)^2.$$

Appelons h la valeur de l'exponentielle; le rapport des minimums aux maximums est :

$$\rho = (1 - h) : (1 + h).$$

Si nous admettons que les franges deviennent invisibles quand

$\rho = 0,95$, c'est-à-dire quand $h = 0,025$, nous tirons pour valeur limite de l'épaisseur e :

$$\frac{2e}{\lambda} = 0,69 \cdot \frac{V}{v_m}.$$

Le retard limite (évalué en nombres de franges) est les sept dixièmes du rapport de la vitesse de la lumière à la vitesse moyenne des molécules.

Admettons : $v_m = 5000$ mètres $= 5$ kilomètres.

Pour l'hydrogène à 2000°, il vient :

$$2e : \lambda = 42000 \text{ franges}.$$

Vitesse de la lumière.

281. **Propagation d'un ébranlement.** — Nous verrons plus loin que les méthodes qui permettent de mesurer la vitesse de la lumière consistent à produire périodiquement des ébranlements discontinus. Nous nous proposons de déterminer ce qu'on mesure dans ces expériences.

Si nous admettons comme *équation indéfinie* de propagation une équation aux dérivées partielles *linéaire*, nous pouvons additionner autant de solutions particulières que nous voulons et obtenir ainsi une solution plus générale. Inversement, nous pouvons chercher à décomposer un mouvement complexe en mouvements plus simples, *tels qu'ils puissent se propager sans déformation*. La propagation du mouvement complexe résulte immédiatement de la propagation des mouvements simples. *C'est en cela que consiste le principe des petits mouvements appliqué au sujet qui nous occupe.*

Quand il s'agit d'un milieu transparent, nous savons que les mouvements *qui se propagent sans déformation et avec une vitesse uniforme* sont pendulaires ou harmoniques :

$$a \cos(\omega t - \omega' x - \varphi).$$

Le théorème de Fourier nous apprend de plus que tout ébranlement périodique, quel qu'il soit, peut toujours être décomposé en une série de termes de cette nature dans lesquels les quantités a, ω, φ, sont des constantes. La quantité ω' est généralement une fonction de ω. Nous posons :

$$\omega = \frac{2\pi}{T}, \qquad \omega' = \frac{2\pi}{\lambda'}, \qquad \lambda' = VT;$$

V est la vitesse de propagation.

Le milieu est privé de dispersion si V est une constante; il est dispersif si V est une fonction de la période.

Il semblerait donc, d'après ce qui précède, que le problème de la propagation d'un ébranlement périodique lumineux (tel que celui qui résulte d'une source successivement découverte et cachée par les dents d'une roue qui tourne) soit complètement résolu. Nous décomposons l'ébranlement par la série de Fourrier; nous obtenons des ébranlements pendulaires *permanents* qui se propagent avec des vitesses différentes, mais sans déformation. Si au point d'émission ($x = 0$), la série est :

$$\sum a \cos(\omega t - \varphi),$$

au point x, elle devient :

$$\sum a \cos(\omega t - \omega' x - \varphi).$$

Cependant la question de la propagation dans un milieu *dispersif*, non plus des ondes individuelles qui est résolue, mais du groupe représentant l'ébranlement périodique, n'est même pas abordée par l'analyse précédente.

Parmi toutes les vitesses différentes V qui conviennent aux ondes individuelles, quelle vitesse U allons-nous mesurer?

Le seul cas où la solution soit évidente concerne les milieux non dispersifs : *alors l'ébranlement total ne change pas de forme en se déplaçant; on a :* U = V.

282. **Cas simple (Gouy, Rayleigh).** — Pour mieux comprendre comment les choses se passent, imaginons que la source émette seulement deux mouvements simples de périodes très voisines et d'amplitudes égales. Le mouvement propagé peut s'écrire :

$$\cos\left\{(\omega - \Delta\omega)t - (\omega' - \Delta\omega')x\right\} + \cos\left\{(\omega + \Delta\omega)t - (\omega' + \Delta\omega')x\right\}$$
$$= 2\cos(\omega t - \omega' x)\cos(\Delta\omega . t - \Delta\omega' . x).$$

Supposons qu'il s'agisse du son et que nous puissions suivre les mouvements vibratoires des particules d'air. En chaque point tout se passe comme s'il existait une vibration de période $T = 2\pi : \omega$, et d'amplitude variable : c'est le phénomène ordinaire des battements.

Si nous pouvions voir l'ensemble du mouvement vibratoire, nous découvririons deux sortes de propagation :

1° la propagation *des ondes individuelles* qui correspond au premier facteur et dont la vitesse est :

$$V = \frac{\lambda}{T} = \frac{\omega}{\omega'};$$

2° la propagation d'un maximum ou d'un minimum d'intensité, c'est-à-dire *du groupe*, qui correspond au second facteur et dont la vitesse est :

$$U = \frac{\Delta\omega}{\Delta\omega'} = \Delta\left(\frac{1}{T}\right) : \Delta\left(\frac{1}{\lambda}\right).$$

Dans le cas où il n'y a pas de dispersion (*pour le son*), les deux vitesses sont les mêmes ; le groupe se déplace sans déformation.

Il n'en est plus ainsi pour la lumière dans un milieu dispersif.

Reste à savoir quelle vitesse on mesure. Pour déterminer les moments de passage d'un ébranlement, il faut avoir un repère ; or le repère ne peut pas être pris sur les ondes élémentaires, puisque par hypothèse elles sont persistantes et d'une régularité absolue. Force est donc de le prendre sur le groupe ; on détermine par exemple dans le cas du son à quel instant part un maximum et à quel instant il arrive. On mesure donc la vitesse U de groupe.

283. Généralisation. — Nous pouvons généraliser en considérant une infinité de mouvements simples dont les périodes diffèrent peu d'une période moyenne :

$$\sum a \cos(\omega t - \omega' x + \varphi).$$

Cette sélection est automatiquement faite par l'œil qui est particulièrement impressionné par les radiations voisines de la raie D. Nous pouvons écrire le mouvement reçu sous la forme :

$$\begin{aligned}\sum a \cos \left\{(\omega t + \Delta\omega . t) - (\omega' x + \Delta\omega' . x) - \varphi\right\} \\ = \cos(\omega t - \omega' x) \sum a \cos(\Delta\omega . t - \Delta\omega' . x - \varphi) \\ - \sin(\omega t - \omega' x) \sum a \sin(\Delta\omega . t - \Delta\omega' . x - \varphi).\end{aligned}$$

Dans cette expression, ω et ω' sont des constantes ; les données de l'expérience fournissent a, $\Delta\omega$, φ, par la mise en œuvre du développement ; quant à $\Delta\omega'$, c'est une fonction de $\Delta\omega$ déterminée par la dispersion du milieu.

Cette formule met en évidence les deux sortes de vitesses de propagation.

Chaque onde élémentaire se propage pour son compte avec une vitesse :

$$V = \frac{\lambda'}{T} = \frac{\omega}{\omega'}.$$

La vitesse U du groupe dépend au contraire de la variation d'intensité au point où l'on observe, variation déterminée par les termes qui sont sous le signe $\sum$. La vitesse de propagation est donc :

$$U = \frac{\Delta\omega}{\Delta\omega'} = \Delta\left(\frac{1}{T}\right) : \Delta\left(\frac{1}{\lambda'}\right),$$

quantité que nous pouvons considérer comme constante au voisinage d'une valeur de ω et par conséquent de ω'. On a, en remplaçant les différences par des différentielles :

$$U = d\left(\frac{V}{\lambda'}\right) : d\left(\frac{1}{\lambda'}\right) = V - \lambda' \frac{dV}{d\lambda'} = V\left[1 - \frac{\lambda'}{V}\frac{dV}{d\lambda'}\right].$$

C'est la formule trouvée par un raisonnement analogue au § 91 du tome I.

Soit n l'indice, V_0 la vitesse dans le vide. On a par définition :

$$nV = V_0, \qquad dn : n + dV : V = 0.$$

La formule devient :

$$U = V\left(1 + \frac{\lambda'}{n}\frac{dn}{d\lambda'}\right).$$

Elle est encore inutilisable; car les indices sont donnés non pas en fonction des longueurs d'onde λ' dans le milieu, mais en fonction des longueurs d'onde λ dans le vide. On a par définition :

$$\lambda' = \lambda : n.$$

D'où : $\quad \log \lambda' = \log \lambda - \log n, \qquad \dfrac{d\lambda'}{\lambda'} = \dfrac{d\lambda}{\lambda} - \dfrac{dn}{n}.$

Le terme de correction est donc :

$$\frac{\lambda'}{d\lambda'}\frac{dn}{n} = \frac{\lambda}{n}\frac{dn}{d\lambda} : \left(1 - \frac{\lambda}{n}\frac{dn}{d\lambda}\right) = \frac{\lambda}{n}\frac{dn}{d\lambda},$$

avec une approximation suffisante. D'où la formule de L. Rayleigh :

$$U = V\left(1 + \frac{\lambda}{n}\frac{dn}{d\lambda}\right).$$

284. Ordre de grandeur de la différence $V - U$. — Nous pouvons écrire :

$$U = V\left(1 - \frac{\lambda}{n}\frac{n_2 - n_1}{\lambda_1 - \lambda_2}\right) = V(1 - \gamma).$$

Calculons l'ordre de grandeur du terme de correction. Il est naturellement variable d'un bout à l'autre du spectre, ce qui prouve la nécessité de sélectionner des radiations de périodes pas trop différentes, si l'on veut obtenir un résultat de définition précise. Calculons la correction moyenne entre les raies C et H de longueurs d'onde :

$$C = 0^{\mu},656, \qquad H = 0^{\mu},397.$$

Sulfure de carbone.

$$n_C = 1,6336, \qquad n_H = 1,7178; \qquad \gamma = 0,100.$$

La vitesse de groupe U est de 10 % plus petite que la vitesse moyenne V des ondes individuelles. Pour l'extrémité violette du spectre, la correction serait même plus considérable et atteindrait 20 %. Elle est environ 7,8 % pour les radiations voisines de la raie D, les plus lumineuses du spectre.

Eau.

$$n_C = 1,3317, \qquad n_H = 1,3442; \qquad \gamma = 0,018 = 1 : 56.$$

Air.

$$n_C = 1,000\text{'}2914, \qquad n_H = 1,000\text{'}2978.$$

La correction, tout à fait insignifiante, est de l'ordre du cent millième.

Nous verrons plus loin que l'expérience confirme cette théorie.

285. Méthode de Fizeau. — Nous avons donné l'essentiel de la méthode aux §§ 181, 182 et 259 du Cours de Première.

Les discussions de Cornu et les modifications de Forbes et Young n'ont pas l'air d'avoir amélioré en quoi que ce soit la méthode originale; nous les négligerons donc comme sans grand intérêt.

286. Méthode de Foucault. — Une source linéaire verticale S envoie de la lumière dans une lentille L et de là sur un miroir *tournant* M (fig. 162), qui donne l'image S' de S.

L'image S' décrit donc dans l'espace un cylindre vertical.

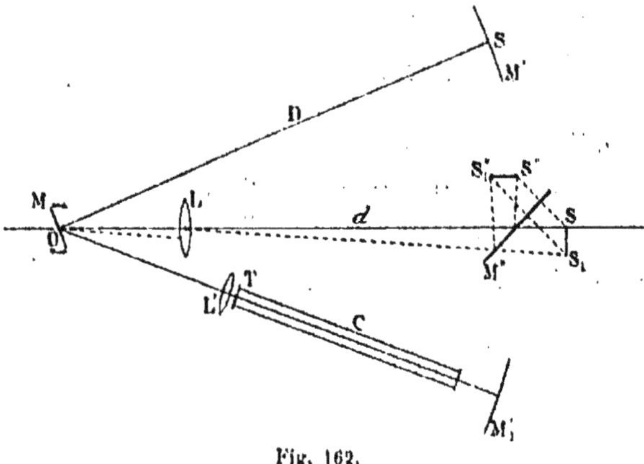

Fig. 162.

Dans une portion limitée de son trajet, S' rencontre un miroir concave M' dont le centre de courbure est sur l'axe de rotation O du miroir tournant. Pendant tout le temps que S' se promène sur M', la lumière est réfléchie, rebrousse chemin et vient former une image *qui coïnciderait avec* S, *si sa vitesse de propagation était infinie.* Pour observer cette image, on utilise une glace sans tain M'' qui en donne une image réelle S''.

A la vérité, quand M tourne, S'' n'existe que d'une manière intermittente; mais à partir d'une rotation de trente tours par seconde, en vertu de la persistance des impressions lumineuses, l'image S'' ne papillote plus et paraît absolument calme.

La vitesse de propagation n'étant pas infinie, l'image S'' de retour se déplace de $S''S''_1$, proportionnellement au nombre *n* de tours par seconde du miroir. De la mesure de ce déplacement et de la connaissance du nombre *n*, on déduit aisément la vitesse V de la lumière.

Soit D la distance OS′; le temps que met la lumière à accomplir le parcours OS′O est $2D : V$; pendant ce temps le miroir a tourné de

$$2\pi n \cdot 2D : V.$$

Les rayons sont déviés de deux fois cet angle d'après les propriétés du miroir tournant.

Soit d la distance de la source S au centre optique de la lentille L; le déplacement linéaire qui résulte de la déviation du rayon est :

$$\delta = \frac{4\pi n \cdot 2Dd}{V} = \frac{8\pi \cdot Dd \cdot n}{V}.$$

Soit par exemple :

$$D = 20 \text{ mètres}, \qquad d = 1 \text{ mètre}, \qquad n = 1000;$$

$$\delta = \frac{160\pi \cdot 10^3}{3 \cdot 10^8} = 1^{mm},7.$$

Le miroir M a environ 1 centimètre de diamètre; il est mû par une turbine ou une dynamo. On utilise quelquefois comme miroir un prisme rectangulaire d'acier poli, de 10 centimètres de hauteur et de 1 centimètre de côté par exemple.

Le système formé de la source S et de la lentille est un véritable collimateur; on peut remplacer le miroir M′ par une lunette dans le plan focal principal de laquelle est un petit miroir plan. Il existe alors la plus grande analogie entre l'optique de l'expérience de Foucault et celle de l'expérience de Fizeau (Cours de Première, § 289).

On a pu recommencer l'expérience de Foucault en portant la distance D à quelques kilomètres.

287. Vitesse dans un milieu autre que l'air. — Rien n'empêche de recommencer l'expérience de Foucault en interposant sur le parcours du rayon un milieu autre que l'air (de l'eau, par exemple, contenue dans un tube C) et de comparer directement la vitesse dans l'air à la vitesse dans l'eau.

Il faut seulement compenser au moyen d'une lentille L′ le trouble apporté dans la marche des rayons par l'interposition du tube. La face d'entrée T agit sur le faisceau *convergent* de manière à rapprocher de la normale tous les rayons et à produire un *éloignement* de l'image S′. Pour rétablir la convergence nécessaire à la netteté de l'image, on place en avant du tube une lentille L′, biconvexe par exemple, de très grande longueur focale.

On trouve ainsi directement une vitesse de propagation U qui a besoin d'être corrigée pour redonner l'indice (§ 283) :

$$U = V\left(1 + \frac{\lambda}{n}\frac{dn}{d\lambda}\right).$$

Comme, dans tous les milieux solides et liquides, on a $dn : d\lambda < 0$

(autrement dit, comme la vitesse de propagation croît quand la longueur d'onde croît), la vitesse U mesurée est trop petite.

L'indice *apparent* est trop grand. Ainsi l'indice *apparent* du sulfure de carbone déterminé par la méthode de Foucault est 1,76 au voisinage de la raie D. Nous savons que la correction à apporter est de 7,5 % (§ 284) : $1,76 \times 0,925 = 1,63$,
qui est très voisin de l'indice vrai.

288. Nature de l'onde réfléchie par un miroir tournant. — Nous admettons au paragraphe précédent que la vitesse mesurée par la méthode de Foucault est :

$$U = V\left(1 - \frac{\lambda}{V}\frac{dV}{d\lambda}\right).$$

Ce n'est pas évident; étudions la question de plus près (fig. 163).

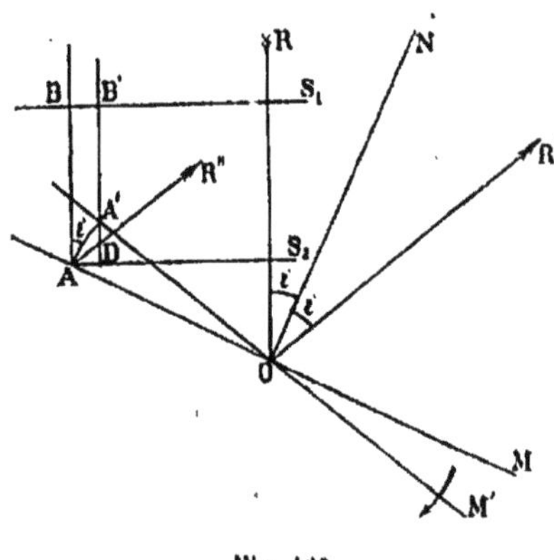

Fig. 163.

Soit un miroir tournant autour de l'axe O avec une vitesse angulaire ω. Considérons le point A situé à une distance r de l'axe, et par conséquent animé à chaque instant d'une vitesse linéaire $r\omega$ normalement à la position actuelle du miroir.

Sur le miroir tombe une onde plane dont la direction de propagation normale est RO et dont la surface d'onde est S. Soit T la période de la vibration qu'elle propage et V sa vitesse de propagation normale.

Lemme I. — Le point A peut être considéré comme une source de période :
$$T' = T\left(1 - \frac{r\omega \cos i}{V}\right).$$

Soit en effet $AB = \lambda$, la longueur d'onde. Au temps 0, le point A reçoit un mouvement d'une certaine phase. Cherchons après quel temps T', il recevra le mouvement de même phase.

Il sera venu en A' tel que :
$$\overline{AA'} = r\omega T', \qquad \overline{A'D} = r\omega T' \cos i.$$

Pendant ce temps l'onde S_1 s'est déplacée de $\overline{BA'} = VT'$.

Nous avons donc :
$$\overline{BA'} + \overline{A'D} = \overline{AB} = \lambda, \qquad T'(V + r\omega \cos i) = VT.$$

D'où : $$T'\left(1 + \frac{r\omega \cos i}{V}\right) = T, \qquad T' = T\left(1 - \frac{r\omega \cos i}{V}\right),$$

car le second terme de la parenthèse est très petit vis-à-vis de l'unité.

LEMME II. — Le point A émet dans la direction de réflexion régulière R″ un mouvement de période :

$$T'' = T'\left(1 - \frac{r\omega \cos i}{V}\right) = T\left(1 - \frac{2r\omega \cos i}{V}\right).$$

C'est une application immédiate du principe de Döppler-Fizeau.

LEMME III. — Calculons les vitesses de propagation des mouvements émis par les divers points du miroir qui se conduisent comme des sources de radiations de périodes différentes. Soit $V' = f(T')$, la loi de dispersion. En utilisant la définition de la dispersion et le résultat des lemmes précédents, on a :

$$V' = V + \Delta T \frac{dV}{dT} = V - 2r\omega \cos i \frac{T}{V} \frac{dV}{dT}.$$

LEMME IV. — Cherchons l'enveloppe des ondes élémentaires émises. Il est facile de voir que ce sont des plans, se propageant avec une vitesse moyenne V, mais qui sont animés d'une certaine vitesse angulaire ω' en sens inverse de la vitesse du miroir. On a (fig. 164) :

$$\omega' = \frac{\overline{CD}}{\overline{C_1D}} = \frac{\overline{A_1C_1} - \overline{BC}}{\overline{C_1D}} = \frac{V'_1 - V'}{2r \cos i} = 2\omega \frac{T}{V} \frac{dV}{dT},$$

où V'_1 et V' sont les vitesses des mouvements émis par les points A_1 et A symétriques par rapport à l'axe de révolution.

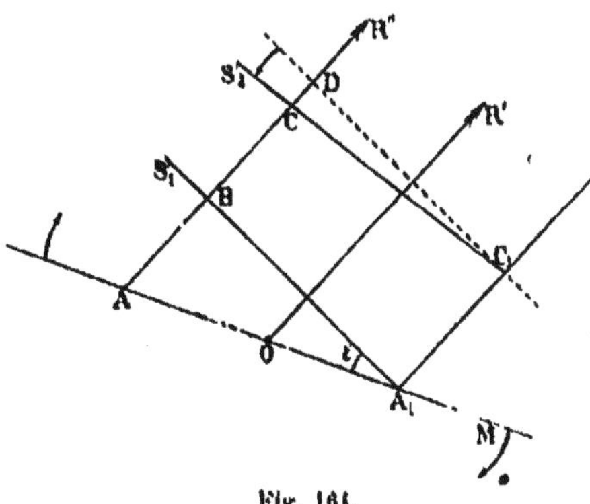

Fig. 164.

Il résulte de toutes ces propositions que l'angle α fait par une onde avec un plan de référence fixe peut être représenté, à une distance x du miroir, par l'expression :

$$\alpha = 2\omega\left(t - \frac{x}{V}\right) - 2\omega \frac{T}{V} \frac{dV}{dT} \frac{x}{V} = 2\omega t - 2\omega \frac{x}{V}\left(1 + \frac{T}{V} \frac{dV}{dT}\right).$$

L'onde tourne en effet pour deux raisons, d'abord parce que le miroir tourne, ensuite parce que, le milieu étant dispersif, les diverses portions de l'onde, *qui correspondent à des périodes différentes,* ne se propagent pas avec la même vitesse.

289. Théorie de l'expérience de Foucault (Gibbs). — Ce que nous trouvons est en désaccord avec la théorie élémentaire de l'expérience de Foucault. Celle-ci suppose que l'onde se réfléchit comme un projectile, et cesse dès lors d'avoir rien de commun avec le miroir : sa propagation est censée normale.

Cherchons s'il n'existerait pas un mobile se déplaçant avec une vitesse uniforme telle que, par rapport à lui, tout se passe comme si les hypothèses de la théorie élémentaire étaient satisfaites.

Pour que α soit constant (et par conséquent nul en raison des origines choisies), il faut qu'il existe entre x et t la relation :

$$U=\frac{x}{t}=V:\left(1+\frac{T}{V}\frac{dV}{dT}\right)=V\left(1-\frac{T}{V}\frac{dV}{dT}\right).$$

Le mobile qui se déplace avec cette vitesse voit donc l'onde *sur laquelle il se trouve à chaque instant,* dans un azimut invariable.

Voici la raison concrète de ce résultat.

Le mobile va moins vite que l'onde :

$$(U<V, \quad \text{puisque} \quad dV:dT>0);$$

si les ondes conservaient, une fois réfléchies, une direction invariable, il serait donc rattrapé successivement par des ondes qui seraient de plus en plus inclinées dans le sens de la rotation du miroir, puisqu'elles sont respectivement réfléchies par le miroir quand il est situé dans des positions différentes. Mais les ondes sont animées d'un mouvement angulaire propre en sens contraire de la rotation du miroir. On conçoit que la vitesse du mobile puisse être choisie telle que l'inclinaison de l'onde *sur laquelle il se trouve à chaque instant, mais qui change continuellement,* soit invariable.

Conclusion : *la théorie élémentaire s'applique pourvu qu'on fasse intervenir la vitesse* U, *celle même qui est mesurée par l'expérience de Fizeau.*

Le raisonnement précédent suppose que la vitesse linéaire des points du miroir est très petite par rapport à la vitesse de la lumière, ce qui est évidemment le cas.

290. Dispersion du vide. — Le problème consiste à savoir *si, comme nous l'avons toujours supposé, la dispersion du vide est nulle ;* en d'autres termes, si les espaces interstellaires propagent la lumière avec une vitesse V_0 indépendante de la période.

Il est clair que la mesure des indices ne nous apprend rien à cet égard, puisque l'indice mesure par définition le quotient de la vitesse V_0 dans le vide par la vitesse V dans le milieu considéré. Que le terme de comparaison soit constant ou variable importe peu.

Même conclusion pour les franges d'interférence. Leur position dépend en effet des longueurs d'onde λ dans le vide qui sont mesurées sans ambiguïté. Celles-ci sont bien reliées à la période et à la vitesse de propagation dans le vide par la relation $\lambda = V_0T$; mais, comme dans aucune expérience V_0 et T n'interviennent séparément, la variabilité de V_0 en fonction de T ou de λ changera quelquefois le langage, mais ne changera rien aux faits.

Par exemple, dans l'expérience de Fresnel pour un point quelconque du tableau, la différence des chemins *évaluée en longueurs d'onde* reste exactement la même, que nous supposions V_0 constant ou fonction de la période. Suivant l'hypothèse, la différence des chemins *évaluée en temps* ne sera pas la même, mais elle n'intervient pas dans l'expérience.

Au contraire, les expériences de propagation à la surface de la terre (méthodes de Fizeau et de Foucault) mesurent la vitesse U_0 reliée à V_0 par la relation : $U_0 = V_0\left(1 - \frac{\lambda}{V_0}\frac{dV_0}{d\lambda}\right)$.

Les expériences les plus précises donnent la même vitesse pour le rouge et pour le violet *dans l'air et par conséquent dans le vide; car, quelles que soient les vitesses dans le vide, nous savons, d'après la mesure des indices, qu'elles sont à peu près les mêmes que dans l'air.*

De ce que U_0 est indépendant de λ, il ne faut pas conclure immédiatement qu'il en est de même de V_0. On aurait le même résultat si V_0 était relié à la longueur d'onde par la condition :

$$V_0 = a + b\lambda,$$

c'est-à-dire si la vitesse variait linéairement avec la longueur d'onde.

Parmi les méthodes astronomiques, la méthode de l'aberration mesure la vitesse individuelle des ondes V_0. La constante de l'aberration dépend de la couleur, si le vide est dispersif, *quelle que soit la loi de dispersion;* c'est en ce sens qu'on peut dire que les étoiles nous apparaîtraient comme de véritables spectres. Mais en admettant même une très forte dispersion, la grandeur angulaire de ce spectre serait une très petite fraction de seconde, et par conséquent au-dessous des erreurs d'expérience.

Quand les satellites de Jupiter émergent, ils devraient présenter tout d'abord la coloration des rayons à vitesse la plus grande, si la vitesse de propagation dans le vide était fonction de la période. L'expérience est difficile, mais il semble que le résultat soit négatif; la quantité ici mesurée est la vitesse U_0 des groupes d'onde, tout comme dans l'expérience de Fizeau.

Reste enfin la méthode d'observation des étoiles variables.

291. Méthode des étoiles variables. — Prenons comme type l'étoile *Algol* qu'on désigne encore sous le nom de β *Persée*. Pendant 2 jours, 14 heures, elle est de deuxième grandeur et d'éclat invariable. Elle décroît alors jusqu'à la quatrième grandeur en 3^h30^m, passe par un minimum et reprend son éclat premier après un même temps de 3^h30^m. Et ainsi de suite.

Le phénomène est dû au passage d'un satellite devant l'astre. La différence d'affaiblissement de la lumière dans les diverses régions du spectre prouve même que le satellite ne se conduit par comme un écran rigoureusement opaque, mais qu'il est entouré d'une atmosphère gazeuse *étendue dont l'action est variable avec la longueur d'onde de la radiation*.

On a étudié les variations de l'intensité lumineuse en fonction du temps, pour des radiations sélectionnées dans le spectre au moyen de cuves renfermant des liquides convenables.

On juxtapose à l'image de l'étoile celle d'une étoile artificielle (ouverture circulaire éclairée par une lampe électrique dont le courant est maintenu constant); on réalise l'égalité d'éclat à l'aide de nicols placés sur le trajet des rayons de l'astre artificiel (§ 114).

Pour éliminer l'action absorbante de notre atmosphère, on mesure de temps en temps les intensités d'une étoile fixe voisine d'Algol.

L'expérience prouve que *les diverses phases de l'image rouge sont en avance sur celles de l'image bleue*. Tout se passe donc comme si les rayons subissaient dans l'espace céleste une dispersion; la vitesse dans le vide augmenterait à mesure que croîtrait la longueur d'onde.

La loi de dispersion ordinaire ne ferait donc qu'exagérer un phénomène qui existerait déjà dans le vide.

Sans contester le résultat expérimental, on peut rejeter l'interprétation. Elle suppose que l'intensité *émise* varie en même temps de la même manière pour toutes les radiations, ce qui serait vrai si le satellite se conduisait comme un écran opaque. Mais il suffit de lui supposer une atmosphère *étendue, absorbant différemment les diverses radiations et légèrement dissymétrique par rapport à son orbite*, pour que la conclusion devienne illégitime. Tout se passe alors comme s'il existait *pour chaque radiation* un écran opaque, mais comme si les centres de ces divers écrans ne parvenaient pas simultanément dans la ligne qui joint notre œil au centre de l'astre. D'où un décalage de réception qui dépend non plus de la différence des vitesses de propagation, mais de la non identité des temps d'émission.

En définitive, on admet que la vitesse de propagation dans le vide est une constante absolue, indépendante de la période.

CHAPITRE XI

ÉLÉMENTS DE LA DYNAMIQUE DES ÉLECTRONS

292. Masse ordinaire et masses électromagnétiques. — Rappelons d'abord quelques définitions.

1° On peut appeler *masse vraie tangentielle ou longitudinale* d'un corps *non électrisé* le coefficient μ par lequel il faut multiplier la moitié du carré de la vitesse pour obtenir l'énergie nécessaire à amener le corps du repos à cette vitesse. Le corps animé de la vitesse ψ a pour énergie :

$$W = \mu \frac{\psi^2}{2}. \tag{1}$$

C'est une des hypothèses fondamentales de la Mécanique que μ est indépendant de la vitesse. Il revient au même de dire qu'une force T, agissant sur un corps tangentiellement à sa trajectoire, lui communique à chaque instant une accélération tangentielle γ_t donnée par l'équation :

$$T = \mu\gamma_t. \tag{1'}$$

2° Le principe de l'inertie nous apprend qu'un corps se meut de lui-même en ligne droite. Si nous voulons imposer une courbure à sa trajectoire, nous devons exercer une force N normalement à cette trajectoire. *Naturellement cette force ne travaille pas,* puisque le déplacement se fait normalement à sa direction. C'est évident d'autre part, puisque l'énergie cinétique (1) ne dépend pas de la direction de la vitesse : un changement de direction nécessite l'action d'une force, sans exiger la moindre dépense de travail.

Nous pouvons définir la *masse vraie transversale ou normale* au moyen de l'équation :

$$N = \mu \frac{\psi^2}{\rho} = \mu\gamma_n, \tag{2}$$

où ρ est le rayon de courbure que nous imposons à la trajectoire, N la force normale nécessaire à l'opération, ψ la vitesse actuelle, γ_n l'accélération normale.

L'expérience montre que les deux définitions (1) et (2) fournissent la même valeur de μ indépendante de la vitesse : ce que nous exprimons en disant que *la masse vraie tangentielle est égale à la masse vraie normale :* telle est la base de toute notre Mécanique rationnelle.

Ces définitions rappelées, considérons une particule *matérielle,* de masse vraie μ, *chargée d'une quantité* ε *d'électricité* et se déplaçant sur une certaine trajectoire.

Aux §§ 212 et sq. du tome III, nous traitons le problème suivant : *Une particule électrisée se meut dans un champ électrique et dans un champ magnétique superposés; on demande la forme de sa trajectoire.*

Nous nous donnons les champs; le problème se trouve ainsi considérablement simplifié. Mais, par le fait de son mouvement, l'électron crée un champ électromagnétique. On peut se demander comment ce champ réagit sur le mouvement de l'électron et si sa création ou sa modification n'équivaut pas à l'existence d'une force.

Le calcul montre, et c'est précisément le but de ce Chapitre d'en faire comprendre les éléments, que l'électron est soumis à une force qui provient de son propre champ, chaque fois que son mouvement n'est pas rectiligne et uniforme.

Un électron se déplace sur une trajectoire quelconque; appelons γ_t son accélération tangentielle, γ_n son accélération normale. On trouve que la réaction du champ de l'électron sur son propre mouvement se compose de deux forces proportionnelles et opposées à ces accélérations; elles jouent par conséquent le rôle de *forces d'inerties.*

Nous les désignerons par les symboles :

$$\mu_t\gamma_t, \qquad \mu_n\gamma_n.$$

Soit maintenant μ la masse *vraie,* définie plus haut; les composantes de la force d'inertie mécanique ordinaire sont, au signe près :

$$\mu\gamma_t, \qquad \mu\gamma_n.$$

En définitive, lorsque l'électron se déplace sur une trajectoire quelconque avec des accélérations tangentielle γ_t et normale γ_n, les forces qu'il faut lui appliquer pour le maintenir sur sa trajectoire avec ces accélérations sont parallèles aux accélérations et ont pour expressions :

$$F_t = (\mu_t + \mu)\gamma_t, \qquad F_n = (\mu_n + \mu)\gamma_n.$$

μ_t *est la masse électromagnétique tangentielle ou longitudinale;*
μ_n *électromagnétique normale ou transversale;*
$\mu_t + \mu$ *effective tangentielle ou longitudinale;*
$\mu_n + \mu$ *effective normale ou transversale;*
μ *vraie.*

Pour se représenter ce que sont les masses électromagnétiques, imaginons un corps se déplaçant dans un fluide. Si nous voulons changer le mouvement du corps, nous devons modifier en même temps le mouvement du fluide qui l'entoure. *Négligeant les actions amortissantes,* on peut supposer que tout se passe comme si le corps à mouvoir était libre, mais comme si sa masse était plus ou moins augmentée. C'est même exactement là l'*une* des corrections que la théorie indique pour l'étude précise du pendule.

De même un électron crée autour de lui un champ électromagnétique, une déformation de l'éther. Ce champ équivaut à une certaine quantité d'énergie. Modifier le mouvement de l'électron, c'est modifier ce champ, et par conséquent l'énergie équivalente. Tout se passe comme si la masse vraie μ de l'électron était modifiée.

Il se pourrait même que la masse vraie μ de l'électron fût nulle.

Il s'agit de calculer *au moins approximativement* les masses électromagnétiques, et de montrer par quelles expériences il est possible de savoir ce qu'est la masse vraie de l'électron par rapport à ses masses effectives. Disons tout de suite qu'il semble que *la masse vraie des électrons négatifs soit nulle;* ce qui ne prouve d'ailleurs en rien qu'il en est de même pour toute la matière pondérable[1].

293. Force électromotrice due au déplacement d'un champ magnétique. — Mettons les équations générales sous une forme commode pour ce qui suit.

Nous savons que des forces électromotrices sont induites, même quand le champ magnétique est constant, pourvu qu'il se déplace par rapport au conducteur, ou que le conducteur se déplace par rapport à lui.

En particulier, si les causes d'aimantation sont permanentes, si les forces électromotrices de non homogénéité sont nulles, nous avons montré au § 233 du tome III qu'on a :

$$P = c\chi - b\psi - \frac{\partial \Psi}{\partial x},$$

$$Q = a\psi - c\varphi - \frac{\partial \Psi}{\partial y},$$

$$R = b\varphi - a\chi - \frac{\partial \Psi}{\partial z},$$

où φ, χ, ψ, sont les composantes de la vitesse du conducteur par rapport au champ, Ψ un potentiel électrostatique.

Appelons φ', χ', ψ', les composantes de la vitesse du champ magnétique; les équations précédentes deviennent, par un simple changement de signes :

$$P = b\psi' - c\chi' - \frac{\partial \Psi}{\partial x},$$

$$Q = c\varphi' - a\psi' - \frac{\partial \Psi}{\partial y},$$

$$R = a\chi' - b\varphi' - \frac{\partial \Psi}{\partial z}.$$

[1] Dans une première lecture, on passera les §§ 293, 294, 295, 296; les conclusions, seules nécessaires pour la suite, sont contenues dans le § 297.

294. Force magnétique résultant du déplacement d'un champ électrique. — Pour montrer comment s'introduisent naturellement des conceptions qui paraîtraient peut-être bizarres, reprenons l'expérience de Rowland (III, § 179). Le principe en est le suivant : *on fait tourner autour d'un axe des masses électriques disposées dans un plan à la distance r de cet axe; tout se passe comme si l'on avait un courant circulaire de rayon r.*

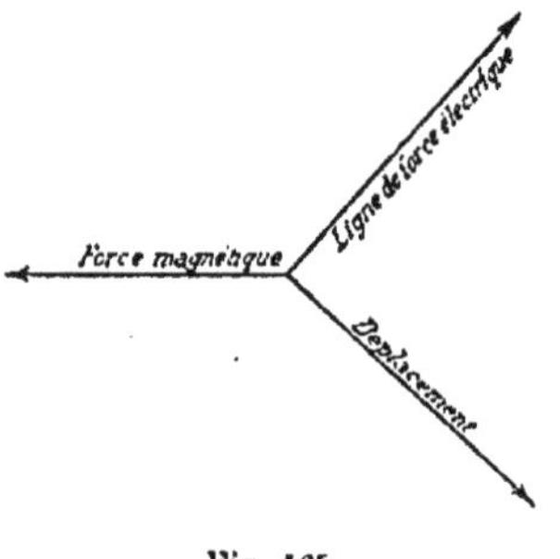

Fig. 165.

Un point de l'espace est traversé par des lignes de force électrique quand le système est au repos. Puisque nous repoussons toute action à distance, la seule modification introduite par la mise en rotation du système est un déplacement des lignes de force électrique. *Donc un champ magnétique résulte du mouvement de ces lignes* (J.-J. Thomson).

Pour qu'il y ait compatibilité entre cette hypothèse et les résultats de l'expérience, il faut admettre que *le champ magnétique créé est à angle droit des lignes et de la direction de leur déplacement, possède le sens représenté par la figure* 165 *et est donné par les équations :*

$$X = 4\pi(h\chi' - g\psi'),$$
$$Y = 4\pi(f\psi' - h\varphi'),$$
$$Z = 4\pi(g\varphi' - f\chi'),$$

où φ', χ', ψ', représentent les composantes de la vitesse du tube.

Comme application, on retrouvera immédiatement la loi de Laplace, tome III, § 139, en remplaçant l'élément de courant ids par un ion mobile de charge ε et de vitesse ψ dirigée suivant l'élément et telle que $ids = \varepsilon\psi$. La force magnétique est alors censément due aux déplacements des tubes de force électrique.

L'introduction de cette manière de parler augmente encore l'analogie entre les lignes de force magnétique et les lignes de force électrique.

Il ne faut cependant pas cacher les difficultés qui surgissent. Tout d'abord on est forcé d'introduire des tubes de force électrique *fermés*, c'est-à-dire des tubes qui ne correspondent à aucune masse électrique libre et qui cependant peuvent se mouvoir.

En effet, pour être conséquent, on doit alors envisager un champ magnétique permanent comme produit par des déplacements de lignes de force électrique. Or il n'existe aucune charge libre, d'où la nécessité des tubes de force électrique *fermés*. Il faut imaginer que les tubes *fermés* de la théorie précédente sont disposés sur les surfaces équipotentielles magnétiques, se déplacent sur ces surfaces à angle droit de leur direction. Enfin, puisque nulle part il n'existe de force électrique, il faut admettre qu'à travers tout élément de surface passent autant de lignes dans un sens que dans le sens contraire.

Lorsque les tubes *ouverts* se déplacent, c'est-à-dire lorsque se déplacent les masses électriques libres qui leur servent de point de départ et de point d'aboutissement, ils entraînent plus ou moins les tubes fermés. C'est de l'ensemble de ces mouvements que résulte le champ magnétique.

Tout cela paraît bizarre : il faut cependant s'habituer à ces idées. On revient aujourd'hui aux conceptions d'Ampère; on considère le magnétisme comme résultant de courants, et ces courants eux-mêmes comme résultant de déplacements des ions. En dernière analyse, nous sommes ramenés à des lignes de force électrique qui se déplacent; d'où la nécessité d'étudier le champ magnétique comme conséquence du champ électrique en mouvement.

295. **Électron animé d'un mouvement rectiligne et uniforme (J. Thomson).** — Admettons qu'un électron chargé d'une quantité d'électricité ε se déplace dans le sens Oz d'un mouvement uniforme avec la vitesse ψ'. Considérons les phénomènes quand l'état stationnaire est atteint; l'électron entraîne donc avec lui un champ électrique et un champ magnétique invariables qui constituent autour de lui une sorte de *sillage*.

L'éther se conduit comme entièrement dépourvu de viscosité. Aucune énergie n'est perdue tant que le mouvement reste uniforme; elle ne fait que se déplacer avec la vitesse même de l'électron.

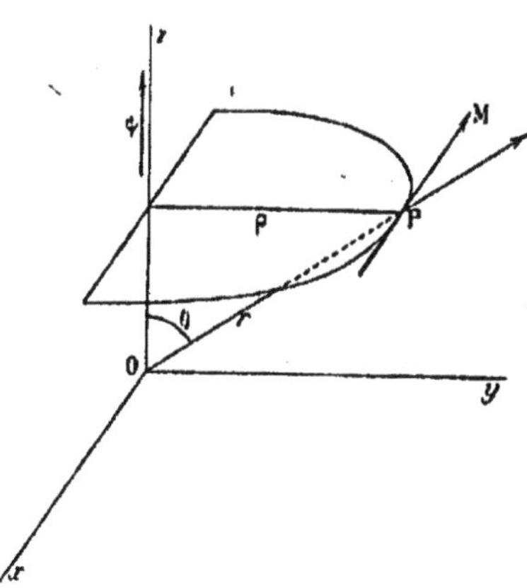

Fig. 166.

Pour trouver la grandeur de cette énergie (et par suite ce qu'on appelle la masse longitudinale ou tangentielle de l'électron), il nous suffit de connaître les champs en tous les points de l'espace à un instant donné, et d'utiliser les expressions de l'énergie du § 5.

Écrivons donc qu'il y a compatibilité entre les deux champs électrique et magnétique.

Pour simplifier l'écriture, remplaçons ψ' par ψ.

Les équations à satisfaire sont, dans un milieu de perméabilité 1 :

$$P = \frac{4\pi}{K} f = \quad Y\psi - \frac{\partial \varphi}{\partial x},$$

$$Q = \frac{4\pi}{K} g = -X\psi - \frac{\partial \varphi}{\partial y}, \qquad (1)$$

$$R = \frac{4\pi}{K} h = -\frac{\partial \varphi}{\partial z};$$

$$X = -4\pi g\psi, \qquad Y = 4\pi f\psi, \qquad Z = 0. \qquad (2)$$

Nous avons cru bon de déduire les équations (2) de considérations générales. Mais on les tire immédiatement des équations (1) du § 1, en remarquant que les champs se déplacent avec une vitesse constante ψ vers les z positifs, et qu'on a $Z = 0$, par raison de symétrie.

Ces conditions géométriques donnent immédiatement :

$$\frac{\partial X}{\partial t} = -\psi \frac{\partial X}{\partial z}, \qquad \frac{\partial Y}{\partial t} = -\psi \frac{\partial Y}{\partial z}, \qquad Z = 0;$$

$$\frac{\partial P}{\partial t} = -\psi \frac{\partial P}{\partial z}, \qquad \frac{\partial Q}{\partial t} = -\psi \frac{\partial Q}{\partial z}, \qquad \frac{\partial R}{\partial t} = -\psi \frac{\partial R}{\partial z}.$$

Substituons dans les équations (1) du § 1 (relations d'Ampère); nous retrouvons bien les équations (2) du présent paragraphe.

Ceci posé, écrivons $1 : K = V^2$; substituons dans (1) à X, Y, Z, leurs valeurs; il vient :

$$4\pi f (V^2 - \psi^2) = -\frac{\partial \varphi}{\partial x},$$

$$4\pi g (V^2 - \psi^2) = -\frac{\partial \varphi}{\partial y},$$

$$4\pi h V^2 \qquad = -\frac{\partial \varphi}{\partial z}.$$

Or il n'existe nulle part de masse libre, hors la masse qui se déplace. Nous devons écrire :

$$Div\,(f, g, h) = 0.$$

D'où la condition :

$$\frac{\partial^2 \varphi}{\partial x^2} + \frac{\partial^2 \varphi}{\partial y^2} + \frac{V^2 - \psi^2}{V^2} \frac{\partial^2 \varphi}{\partial z^2} = 0.$$

Nous prendrons la solution suivante qui est légitime, ainsi que nous allons le prouver :

$$\varphi = A \left[x^2 + y^2 + \frac{V^2}{V^2 - \psi^2} z^2 \right]^{-\frac{1}{2}}.$$

Pour trouver la valeur de A, écrivons que l'électron est une sphère de rayon R chargée d'une masse ε. Il faut donc écrire que le flux du *déplacement* sur la sphère est égal à ε (tome III, § 29) :

$$\iint \left(\frac{x}{R} f + \frac{y}{R} g + \frac{z}{R} h \right) dS = \varepsilon.$$

Posons comme d'habitude :

$$r^2 = x^2 + y^2 + z^2, \qquad \cos\theta = z : r.$$

Remplaçons f, g, h, par leurs valeurs. La condition précédente devient :

$$\frac{A}{2(V^2 - \psi^2)} \int_0^\pi \frac{\sin\theta\, d\theta}{\left[\sin^2\theta + \frac{V^2}{V^2 - \psi^2}\cos^2\theta\right]^{\frac{3}{2}}} = \varepsilon;$$

$$A = \varepsilon V [V^2 - \psi^2]^{\frac{1}{2}}.$$

D'où enfin :

$$\frac{f}{x} = \frac{g}{y} = \frac{h}{z} = \frac{\varepsilon}{4\pi} \frac{V}{\sqrt{V^2 - \psi^2}} \left[x^2 + y^2 + \frac{V^2}{V^2 - \psi^2} z^2\right]^{-\frac{3}{2}}.$$

Le déplacement $\mathfrak{D}$ résultant des vecteurs f, g, h, passe donc à chaque instant par l'électron. Sa grandeur est :

$$\mathfrak{D} = \frac{\varepsilon}{4\pi}\left(1 - \frac{\psi^2}{V^2}\right)\frac{1}{r^2}\left(1 - \frac{\psi^2}{V^2}\sin^2\theta\right)^{-\frac{3}{2}}.$$

Si la vitesse ψ est assez petite, devant la vitesse de la lumière V dans le milieu considéré, pour qu'on puisse négliger le quotient $\psi^2 : V^2$, il reste simplement :

$$\mathfrak{D} = \frac{\varepsilon}{4\pi r^2},$$

qui exprime la loi de Coulomb.

Passons au vecteur magnétique. Puisque Z est nul, les lignes de force magnétique sont, par raison de symétrie, des cercles dont les plans sont normaux à l'axe des z (fig. 166).

En vertu des équations (2), on trouve immédiatement pour la résultante M :

$$M = \varepsilon\psi\left(1 - \frac{\psi^2}{V^2}\right)\frac{\sin\theta}{r^2}\left(1 - \frac{\psi^2}{V^2}\sin^2\theta\right)^{-\frac{3}{2}}.$$

Si le rapport $\psi^2 : V^2$ est négligeable, il reste :

$$M = \varepsilon\psi\,\frac{\sin\theta}{r^2}.$$

C'est la formule de Laplace (III, § 139), à la condition d'assimiler une masse ε, animée d'une vitesse ψ, à un élément ds de courant d'intensité i (III, § 180) :

$$\varepsilon\psi\,\frac{\sin\theta}{r^2} = i\,ds\,\frac{\sin\theta}{r^2}.$$

Quand on a $\psi = V$, quand l'électron se meut avec la vitesse de la lumière, $\mathcal{C}$ et M sont nuls, sauf pour $\sin\theta = 1$ $(z=0)$; ils sont alors infinis. Le plan équatorial est un lieu de force infinie, tandis que les forces sont nulles dans le reste de l'espace.

296. Énergie du champ de l'électron. — Il s'agit maintenant de calculer l'énergie qu'il a fallu dépenser pour imposer à l'électron sa vitesse actuelle uniforme. Cette énergie n'est pas toute l'énergie que renferme actuellement l'espace; car lors même que le mobile était arrêté, le milieu était électriquement déformé: *ces déplacements*, au sens de Maxwell, correspondaient à une certaine quantité d'énergie. Nous *admettrons* que l'énergie supplémentaire, énergie qui provient du déplacement des lignes de force électrique, est représentée par l'énergie du champ magnétique créé par le mouvement.

C'est l'intégrale (§ 5) :

$$W = \frac{\mu}{8\pi}\iiint (X^2 + Y^2 + Z^2)\,dv = \frac{1}{8\pi}\iiint M^2 dv,$$

étendue à tout l'espace.

Une transformation immédiate permet d'écrire :

$$W = \frac{\varepsilon^2\psi^2}{8\pi}\frac{V^2}{V^2-\psi^2}\int_R^\infty\int_0^\pi\int_0^{2\pi}\frac{\sin^2\theta\, r^2 dr \sin\theta\, d\theta\, d\alpha}{r^4\left[1+\frac{\psi^2}{V^2-\psi^2}\cos^2\theta\right]^3}$$

$$= \frac{\varepsilon^2\psi^2}{2R}\frac{V^2}{V^2-\psi^2}\int_0^\pi \frac{\sin^2\theta\, d(\cos\theta)}{\left(1+\frac{\psi^2}{V^2-\psi^2}\cos^2\theta\right)^3}.$$

α désigne la longitude, θ l'angle avec la ligne des pôles; les éléments de volume choisis pour l'intégration sont compris entre les cônes de demi-angle au sommet θ et $\theta + d\theta$, entre les méridiens de longitude α et $\alpha + d\alpha$, entre les sphères de rayon r et $r + dr$.

Les intégrations par rapport à r et α se font immédiatement.

Pour faire la dernière intégration indiquée, posons :

$$\frac{\psi}{\sqrt{V^2-\psi^2}}\cos\theta = \operatorname{tg}\omega, \qquad \frac{\psi}{\sqrt{V^2-\psi^2}} = \operatorname{tg} m.$$

On trouve :

$$W = \frac{\varepsilon^2\psi}{2R}\frac{V^2}{\sqrt{V^2-\psi^2}}\int_0^m \cos^2\omega\left(1-\frac{V^2}{\psi^2}\sin^2\omega\right)d\omega;$$

$$W = \frac{\varepsilon^2\psi}{2R}\frac{V^2}{\sqrt{V^2-\psi^2}}\left[m\left(1-\frac{V^2}{4\psi^2}\right)+\frac{1}{2}\sin 2m\left(1+\frac{V^2}{4\psi^2}\cos 2m\right)\right].$$

Si la vitesse de l'électron est petite par rapport à la vitesse de la lumière, on a, en développant $\operatorname{tg} m$ et conservant les termes les plus grands :

$$m = \frac{\psi}{V}\left(1+\frac{\psi^2}{6V^2}\right).$$

Remplaçons le sinus et le cosinus par les deux premiers termes de leurs développements ; il reste :

$$W = \frac{\varepsilon^2 \psi^2}{3R}.$$

297. **Masses électromagnétiques de l'électron.** — Quand la vitesse de l'électron passe de 0 à ψ, il faut fournir l'énergie précédente, plus l'énergie cinétique ordinaire. D'où au total :

$$\frac{\mu\psi^2}{2} + \frac{\varepsilon^2\psi^2}{3R} = \frac{\psi^2}{2}\left[\mu + \frac{2\varepsilon^2}{3R}\right].$$

Tout se passe donc comme si la masse vraie μ était remplacée par la masse effective $\mu + \mu_t$:

$$\mu_t = \frac{2\varepsilon^2}{3R}.$$

Telle est l'expression de la masse électromagnétique tangentielle.

Il nous est impossible de faire le calcul pour la masse électromagnétique normale ; cela nous entraînerait trop loin.

On conçoit que le changement de direction de l'électron implique l'existence d'une force qui, sans travailler, impose une courbure à la trajectoire. Cette force est proportionnelle à l'accélération normale : le coefficient de proportionnalité est ce que nous avons appelé la *masse électromagnétique normale ou transversale.*

On démontre que, *pour des vitesses assez petites, la masse électromagnétique normale* μ_n *a la même expression que la masse électromagnétique tangentielle :*

$$\mu_t = \mu_n = \frac{2\varepsilon^2}{3R}.$$

La masse électromagnétique est donc constante à petite vitesse ; la masse vraie est augmentée d'une quantité invariable du fait de la réaction du milieu.

Le calcul complet montre qu'à grande vitesse, au contraire, la masse électromagnétique dépend de la vitesse et augmente avec elle.

298. **Déviations électrique et magnétique des rayons β du radium.** — Comme application de ce qui précède, nous dirons quelques mots des expériences de Kaufmann sur les déviations des rayons β du radium.

On sait qu'ils sont absolument comparables aux rayons cathodiques (tome III, § 224).

Soit un électron qui émane du point O avec une vitesse ψ dirigée suivant l'axe des z. Recevons-le sur un plan $xO'y$ normal à Oz. Posons $\overline{OO'} = l$.

Sous l'influence d'un champ électrique E (III, § 213) constant et dirigé suivant $-O'y$, la trajectoire serait une parabole OA″. La force constante $E\varepsilon$ agit pendant le temps $l:\psi$. La longueur $\overline{O'A''}$ est, d'après la formule de la chute des corps:

$$y = \frac{1}{2}\frac{E\varepsilon}{\mu + \mu_n}\frac{l^2}{\psi^2}. \qquad (1)$$

Sous l'influence d'un champ magnétique H (III, § 214) constant et dirigé suivant $O'y$, la trajectoire serait un cercle. Comme la courbure est faible, on peut encore admettre qu'il s'agit d'une force $H\varepsilon\psi$ constante en grandeur et en direction, tandis qu'en réalité elle s'exerce normalement à la trajectoire. La longueur $\overline{O'A'}$ est :

$$x = \frac{1}{2}\frac{H\varepsilon\psi}{\mu + \mu_n}\frac{l^2}{\psi^2} = \frac{1}{2}\frac{H\varepsilon}{\mu + \mu_n}\frac{l^2}{\psi}. \qquad (2)$$

Comme les champs E et H agissent l'un sensiblement, l'autre exactement suivant la normale à la trajectoire, nous utilisons la masse transversale μ_n.

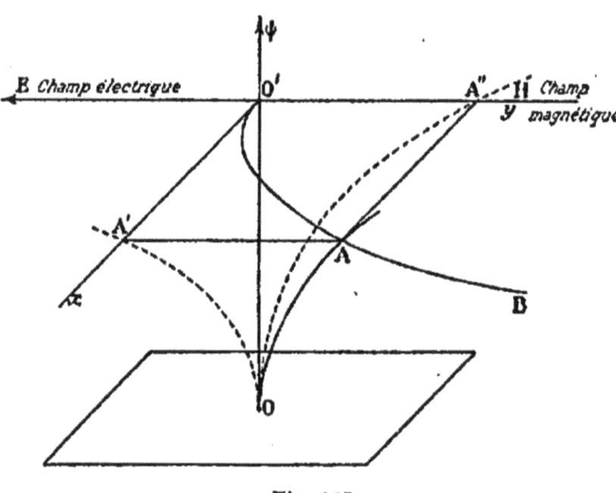

Fig. 167.

Nous admettons que la trajectoire, sous l'influence des champs E et H agissant simultanément, est la courbe OA qui admet OA′ et OA″ pour projections.

Le grand avantage des rayons du radium (ordinairement considéré comme un inconvénient) est leur non homogénéité. Les rayons non homogènes émis par un fragment très petit de substance radioactive, et passant à travers un petit trou percé dans un diaphragme, seront inégalement déviés *suivant leur vitesse.*

Supposons donc que le plan $xO'y$ est constitué par une plaque photographique. Au lieu d'impressionner un point unique A, les rayons aboutissent à une courbe O′AB, dont on a l'équation en éliminant ψ entre (1) et (2). On obtient la parabole :

$$y = x^2 \cdot \frac{2E}{l^2H^2} \cdot \frac{\mu + \mu_n}{\varepsilon}.$$

Le point O′ correspond à $\psi = \infty$; les points de plus en plus éloignés de O′ correspondent à des vitesses ψ de plus en plus petites.

Si donc la masse effective $\mu + \mu_n$, et par conséquent le rapport

$\varepsilon : (\mu + \mu_n)$, sont indépendants de la vitesse ψ (*comme le suppose le calcul précédent*), on trouvera sur le cliché une trace en forme de parabole. La courbe cessera d'être une parabole si le rapport varie, car l'élimination de ψ n'est plus effectuée par le calcul précédent.

Comme on admet que la charge reste invariable, on déduit de cette expérience la variation de la masse effective en fonction de la vitesse ψ.

En fait, la masse effective $(\mu + \mu_n)$ croît avec la vitesse qui est ici une fraction notable de la vitesse de la lumière V, qui peut n'en différer que d'un vingtième, par exemple.

On trouve même que la masse effective $\mu + \mu_n$ varie précisément en fonction de ψ, comme le calcul indique que doit varier μ_n. D'où la conclusion que la masse vraie μ de l'électron pourrait bien être nulle.

La masse des électrons négatifs serait purement électromagnétique. L'électricité n'y aurait plus aucun support *matériel,* le mot étant pris dans son sens habituel.

Que faut-il conclure pour les ions positifs? Rien pour le moment.

La conclusion précédente implique en effet qu'on sache réaliser pour le mobile une vitesse considérable, de l'ordre de la vitesse de la lumière. Au moyen du dispositif de Kaufmann, on vérifie si la masse est constante. A la supposer variable, on déduit de la grandeur de cette variation en fonction de la vitesse, le rapport de la masse électromagnétique à la masse vraie.

Mais, pour que l'expérience fournisse des renseignements sûrs, encore faut-il que la vitesse soit assez grande pour que la variation de la masse totale en fonction de la vitesse soit mesurable avec une suffisante approximation. Autrement dit, il faut que la courbe O'AB diffère suffisamment d'une parabole.

Les *rayons canaux* (III, § 221) et les rayons α du radium (III, § 224) sont bien constitués par des ions positifs; mais leur vitesse est une fraction trop faible de la vitesse de la lumière pour qu'on atteigne le champ de variabilité de la masse.

Quoi qu'il en soit, si la conclusion valable pour les électrons l'est pour les ions positifs (dont on sait que le paramètre caractéristique $\chi = \varepsilon/\mu$, est plus petit que pour les électrons), il faut, en vertu de l'expression de la masse électromagnétique, *qu'ils soient beaucoup plus petits que les électrons, à égalité de charge.* Le langage devrait être modifié : aujourd'hui nous admettons encore l'existence d'une masse vraie pour les électrons positifs, nous disons *donc* qu'ils sont plus gros que les autres.

299. **Nature des rayons X (J.-J. Thomson).** — Nous savons qu'une particule électrisée en mouvement est entourée d'un champ électromagnétique. Supposons-la brusquement arrêtée; l'induction

donne naissance à un champ d'abord identique à celui qui existait avant l'arrêt de la particule; puis une secousse magnétique prend naissance autour de la particule arrêtée et se propage à travers le diélectrique avec la vitesse de la lumière.

Nous ne pouvons faire ici le calcul de ce champ induit, nécessaire pour que les équations générales soient satisfaites; nous donnerons seulement les résultats pour les deux cas extrêmes.

1° Supposons la vitesse ψ de la particule petite par rapport à la vitesse V de la lumière dans le milieu. Elle vient buter dans le sens Oz sur le plan yOx (fig. 166).

Au moment où la particule s'arrête, il naît un ébranlement, une pulsation, *un bruit électromagnétique*, qui se déplace avec la vitesse de la lumière. L'ébranlement est localisé entre deux sphères dont les rayons diffèrent d'une quantité 2R égale au diamètre de la particule arrêtée. L'intensité du champ est :

$$M = -\frac{\varepsilon\psi}{2Rr}\sin\theta,$$

où r est la distance $\overline{OP}$ de la particule au point considéré. Comme terme de comparaison, le champ magnétique au même point, dans les mêmes conditions de vitesse, est, un peu avant l'arrêt de la particule et *jusqu'au passage de la pulsation* :

$$\varepsilon\psi\frac{\sin\theta}{r^2}.$$

Ces deux champs sont de sens contraires.

Le premier est incomparablement plus grand que le second dans le rapport $r : 2R$. La pulsation très intense ne dure que le temps très court $2R : V$. L'épaisseur 2R de l'ébranlement est très petite par rapport à la longueur d'onde λ de la lumière visible; elle est même très petite par rapport aux dimensions d'une molécule de la substance. La pulsation ne peut ni se réfracter, ni se réfléchir *régulièrement*, ni se diffracter, puisque de telles opérations impliquent une périodicité.

2° Supposons la vitesse ψ voisine de la vitesse V de la lumière.

Il y a dans ce cas deux *bruits magnétiques* émis au moment de l'arrêt.

La première pulsation est plane, d'épaisseur 2R, et se propage dans la direction du mouvement primitif de la particule (il n'y a pas d'onde plane en arrière). L'intensité du champ magnétique y est en raison inverse de la distance ρ à l'axe des z :

$$M = \frac{\varepsilon V}{2R\rho}.$$

La seconde est sphérique, comme dans le cas 1°; le champ a pour intensité :

$$M' = -\frac{\varepsilon V}{2Rr}\cot\frac{\theta}{2}.$$

Le signe — indique que le champ M' est opposé au champ M.

Nous supposons le choc parfaitement brusque. On démontre que plus brusque est le choc, plus mince est la pulsation (c'est-à-dire plus petit l'espace occupé à chaque instant par l'ébranlement), plus grands sont le champ magnétique et l'énergie contenue dans la pulsation. Les quantités précédemment écrites sont donc des limites.

Les électrons ayant une masse petite peuvent être brusquement arrêtés; leur grande vitesse les rend très aptes à fournir des rayons X.

Les rayons X seraient donc comparables à un *bruit* lumineux de faible durée et de grande intensité.

Nous avons vu que, dans le premier cas au moins, l'intensité du champ produit par l'arrêt est proportionnelle à $\sin\theta$. Si les électrons sont arrêtés dès le premier choc, les rayons X seront le plus intenses possible normalement aux rayons cathodiques d'où ils proviennent. Si les électrons subissent plusieurs chocs avant d'être ramenés au repos, en changeant de direction pour chaque choc, la distribution des rayons X est plus uniforme.

300. Vitesse de propagation des rayons X (Marx). — Si la théorie précédente est exacte, la vitesse de propagation des rayons X doit être celle de la lumière. Voici comment on a déterminé cette vitesse.

On s'appuie sur les deux propriétés suivantes des rayons Röntgen :

1° tombant sur une lame de platine, ils provoquent l'émission de rayons cathodiques;

2° ils ionisent les gaz.

Pour que l'émission cathodique existe, il faut que le potentiel de la lame soit inférieur à une limite qui dépend de la raréfaction du gaz. Si le potentiel est trop élevé, non seulement il empêche l'émission cathodique, c'est-à-dire l'émission de particules *négatives*, mais encore il attire les particules négatives mises en liberté par l'effet 2° : il existe donc un courant négatif vers la lame de platine. Le résidu gazeux se charge positivement.

Au contraire, si le potentiel n'est pas trop élevé, c'est l'effet 1° qui l'emporte : il existe un courant négatif à partir de la lame de platine; le résidu gazeux se charge négativement.

Ceci posé, soit un tube de Röntgen envoyant des rayons sur la lame Q de platine placée dans un ballon où l'on maintient un vide convenable; ce ballon est clos par une feuille d'aluminium MN perméable aux rayons.

Le tube de Röntgen est mis sur un circuit BACD le long duquel on entretient des oscillations hertziennes. L'émission cathodique a lieu quand la cathode est négative, c'est-à-dire n fois par seconde, si n est la fréquence du courant oscillatoire. Conséquemment des rayons X sont émis à l'anticathode et (pourvu qu'ils soient assez pénétrants) parviennent jusqu'à la lame Q, n fois par seconde, à des instants qui sont liés à la phase du courant oscillatoire.

Sur le fil AB qui guide le courant oscillatoire et est relié à la cathode, est enfilé un bout de tube isolant T. Ce tube porte une boucle de fil formant l'extrémité d'un conducteur TEFKQ relié à la lame irradiée et dont on fait varier la longueur à l'aide d'un pont FK se déplaçant sur deux fils parallèles EG, HI.

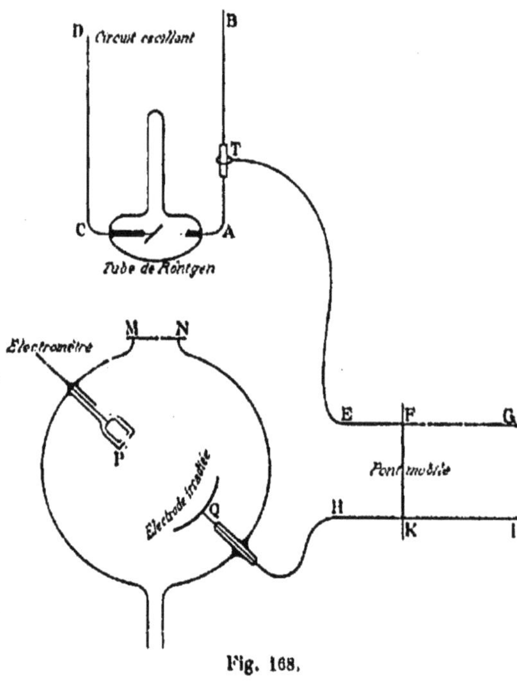

Fig. 168.

Le potentiel oscillatoire de la lame Q est ainsi lié (par influence) au potentiel oscillatoire de la cathode; la différence de phase des deux potentiels dépend de la longueur du conducteur TEFKHQ qui est parcouru par l'ébranlement électromagnétique avec la vitesse de la lumière.

En face la lame irradiée se trouve un cylindre de Faraday en communication avec un électromètre.

On conçoit qu'en vertu des propriétés rappelées ci-dessus, le cylindre de Faraday se charge positivement ou négativement suivant le potentiel de la lame Q au moment où elle reçoit les rayons de Röntgen, c'est-à-dire : 1° suivant la distance des deux tubes, d'où provient un décalage entre l'émission des rayons cathodiques et la réception des rayons Röntgen; 2° suivant le longueur du conducteur TEFKQ qui produit un décalage entre le potentiel de la cathode et celui de la lame.

Supposons le zéro de l'électromètre obtenu. Éloignons le tube de Röntgen vers le haut; pour compenser le retard introduit, nous devons éloigner le pont FK vers la droite. Nous comparons ainsi la vitesse des rayons de Röntgen dans l'air à la vitesse (connue) des ondes hertziennes le long d'un fil.

Le résultat est très simple : *la vitesse de propagation des rayons de Röntgen est égale à la vitesse de la lumière.*

301. **Courants particulaires.** — Voici longtemps qu'Ampère proposait d'expliquer le magnétisme au moyen de courants particulaires. Pour préciser la nature du problème, déterminons le champ produit par un électron se déplaçant sur une petite trajectoire fermée.

Nous admettons que sa vitesse est petite vis-à-vis de la vitesse de la lumière; on peut prendre à chaque instant (§ 295) :

$$\varepsilon\psi\frac{\sin\theta}{r^2},$$

pour expression du champ magnétique créé. Cela revient à dire que l'électron animé de la vitesse ψ équivaut à un élément de courant $ids = \varepsilon\psi$, de même direction et d'intensité i (§ 294).

Lorsque l'électron parcourt une courbe fermée, il produit *successivement* les champs que donnerait un courant permanent passant dans la même courbe. Nous admettons qu'*en moyenne* les effets magnétiques sont les mêmes, quand *en moyenne*, dans un temps assez long, la même quantité d'électricité traverse une section droite quelconque du circuit.

C'est d'ailleurs ce qu'exprime pour un élément de circuit l'équation $ids = \varepsilon\psi$.

Soit T la période de circulation de l'électron. Pendant une période, le courant continu i pousse à travers une section droite quelconque du conducteur une quantité iT d'électricité, tandis que l'électron ne passe qu'une fois. Pour obtenir l'équivalence des effets, il faut donc poser :

$$iT = \varepsilon.$$

Or nous savons qu'un élément de courant continu i de surface petite S équivaut à un feuillet de puissance i, et par conséquent à un aimant normal à la surface du feuillet et de moment iS. Donc une petite surface S de forme quelconque, limitée par une trajectoire parcourue par un électron de charge ε dans le temps T, est équivalente à un petit aimant normal à la surface et de puissance :

$$\frac{\varepsilon S}{T}.$$

302. **Variation des courants particulaires du fait d'un champ extérieur (Weber).** — Considérons un courant particulaire que nous supposerons circulaire pour faciliter les calculs. Assimilons-le à un courant ordinaire se déplaçant dans un circuit de résistance *nulle*. Soit L la selfinduction. La formule ordinaire (III, § 248) :

$$ri = E - \frac{d(Li)}{dt} - \frac{d\mathcal{F}}{dt},$$

où E est la force électromotrice de non homogénéité (ici nulle), $\mathcal{F}$ le flux total produit de l'extérieur, devient :

$$\frac{d(\mathrm{L}i+\mathcal{F})}{dt}=0, \qquad \mathrm{L}i+\mathcal{F}=\text{Constante}. \qquad (1)$$

Insistons sur le sens de cette équation.

Supposer la résistance nulle, c'est supposer nulles les actions amortissantes. Le courant particulaire conserve donc indéfiniment son intensité.

Créons un champ à travers le circuit de ce courant (trajectoire de l'ion mobile). L'existence *simultanée* du courant et du champ correspond à une certaine quantité d'énergie emmagasinée dans le milieu (III, § 243). Si donc nous posons que cette énergie est empruntée à l'énergie que représente le courant particulaire, il faut ou que l'intensité du courant décroisse, ou que son aire diminue. Nous compensons ainsi par une diminution d'énergie, l'augmentation qui se produit ailleurs. C'est précisément ce qu'exprime l'équation :

$$\mathrm{L}i+\mathcal{F}=\text{Constante}.$$

Calculons les quantités qui s'y trouvent.

Évaluons la selfinduction du circuit, en supposant que la masse de l'électron est purement électromagnétique (§ 208).

D'une manière générale, l'énergie de l'ion en mouvement serait :

$$(\mu+\mu_1)\psi^2 : 2=\mu\psi^2 : 2+\mathrm{L}i^2 : 2,$$

puisqu'en vertu de la définition du paramètre L (coefficient de self-induction), $\mathrm{L}i^2 : 2$ représente l'énergie électromagnétique.

D'après l'hypothèse que la masse de l'électron est purement électromagnétique, la force vive est donc égale à $\mathrm{L}i^2 : 2$.

Pour simplifier les notations, remplaçons μ_1 par μ :

$$\mu=\frac{2\varepsilon^2}{3\mathrm{R}}.$$

Soit T la période ; le chemin parcouru pendant une période est $2\pi\rho$, où ρ est le rayon de la trajectoire. La vitesse est : $\psi=2\pi\rho : \mathrm{T}$.

On a donc :

$$\frac{\mathrm{L}i^2}{2}=\frac{\mathrm{L}}{2}\frac{\varepsilon^2}{\mathrm{T}^2}=\frac{2\varepsilon^2}{3\mathrm{R}}\cdot\frac{4\pi^2\rho^2}{2\mathrm{T}^2}, \qquad \mathrm{L}=\frac{8\pi^2}{3}\frac{\rho^2}{\mathrm{R}}=\frac{4\pi^2\rho^2\mu}{\varepsilon^2}.$$

Au début de l'expérience, le champ extérieur est nul et le courant i a une certaine valeur. Créons un champ H normal à l'aire S du courant particulaire ; le flux est :

$$\mathrm{HS}=\pi\rho^2\mathrm{H}.$$

L'équation (1) devient :

$$-\Delta(\mathrm{L}i)=\Delta\left[\frac{4\pi^2\rho^2\mu}{\varepsilon^2}\frac{\varepsilon}{\mathrm{T}}\right]=\pi\rho^2\mathrm{H}.$$

Comme ε et μ sont invariables, on peut encore écrire :

$$-\Delta\left[\pi\rho^2\frac{\varepsilon}{T}\right]=-\Delta M=\frac{\rho^2\varepsilon^2}{4\mu}H. \qquad (2)$$

Ainsi qu'il résulte immédiatement du raisonnement général fait plus haut, l'introduction d'un champ H *diminue* le moment magnétique M de l'élément de circuit, proportionnellement au champ.

En particulier, si l'on suppose invariable le rayon de la trajectoire, si l'on admet seulement une variation de la période, l'équation (2) devient :

$$-\Delta\left(\frac{1}{T}\right)=\frac{\varepsilon H}{4\pi\mu}. \qquad (2')$$

Nous retrouverons plus loin cette formule en parlant du phénomène de Zeemann (§ 315).

Une fois cette variation de période obtenue, la résistance étant nulle, il n'y a pas de raison pour que l'ion ne continue pas indéfiniment sa giration sans aucune altération.

Mais si l'on supprime le champ, ou si, pour une raison quelconque, le circuit devient parallèle au champ, l'énergie empruntée à l'ion oscillant lui sera rendue : il reprendra sa période initiale.

Tout ce raisonnement suppose que *par aucun procédé* on ne peut modifier l'énergie *totale* du courant particulaire, qu'il échappe à toute action connue; le champ modifie seulement la répartition de cette énergie. Une élévation de température modifie beaucoup l'énergie cinétique de la molécule; mais elle n'a pas d'action sur les phénomènes intramoléculaires.

303. **Explication du diamagnétisme (Langevin).** — Nous avons dit au Chapitre VIII du tome III ce qu'il faut entendre par *magnétisme induit;* nous y avons défini (§ 285) la *susceptibilité magnétique k.* Les corps *diamagnétiques* sont ceux pour lesquels la susceptibilité est *négative;* c'est-à-dire tels que, placés dans un champ magnétique, ils s'aimantent en sens inverse du fer.

Le paramètre k est toujours très petit pour les corps diamagnétiques. On trouvera au § 291 du tome III un tableau indiquant des ordres de grandeur. Tandis que pour du fer, k (très variable avec le champ) est toujours de l'ordre de plusieurs dizaines d'unités; pour le bismuth, par exemple (corps diamagnétique), on a :

$$k=-0{,}000015.$$

Cherchons une explication des phénomènes diamagnétiques.

Nous distinguerons deux sortes de molécules suivant que leur champ, sur tout point extérieur suffisamment éloigné, est nul ou, ne l'est pas; ou ce qui revient au même, que le moment magnétique de l'aimant équivalent est nul ou ne l'est pas.

Supposons d'abord le moment nul. Chaque molécule (qui contient par hypothèse un grand nombre d'ions y décrivant des trajectoires fermées) est parfaitement symétrique en moyenne; elle n'a aucune raison de s'orienter dans le champ; le mouvement d'ensemble des molécules reste somme toute le même. Mais, d'après le paragraphe précédent et du fait de la variation de la période d'oscillation des ions, elles prennent une symétrie spéciale, indépendante de leur orientation actuelle et parallèle au champ extérieur: *le milieu devient diamagnétique.*

Si le moment initial est nul, la substance sera purement diamagnétique; les chocs ultérieurs entre molécules ne produiront aucun effet apparent, puisque nous n'invoquons que les propriétés intramoléculaires.

Bien entendu, certaines trajectoires qui étaient normales au champ, lui deviendront parallèles; la période des ions correspondants, qui avait crû lors de l'installation du champ, reprendra sa valeur initiale. Mais en vertu de l'équivalence moyenne de toutes les directions dans la molécule, une autre trajectoire, qui était parallèle au champ, lui deviendra normale. Et de même pour toutes autres variations de position des trajectoires; elles seront toujours compensées. L'aimantation diamagnétique conserve donc la même valeur résultante, indépendante de la position de la molécule.

D'ailleurs si le moment n'était pas nul, les phénomènes précédemment étudiés se produiraient, *avant même que les molécules aient eu le temps de s'orienter* (§ 304), et subsisteraient quelles que soient les orientations ultérieures, comme il résulte de ce qu'on vient de lire.

D'où la conséquence que *toute matière possédera la propriété diamagnétique, que le moment résultant initial soit nul ou non.* Il est vrai que, dans les corps paramagnétiques, le diamagnétisme est complètement noyé dans le paramagnétisme infiniment plus intense.

Les mouvements intramoléculaires des électrons dépendant à peine de la température, il résulte que, conformément à l'expérience, *la constante diamagnétique doit varier très peu avec la température.*

La constante diamagnétique paraît indépendante de l'état physique et chimique; ce serait donc une propriété non seulement moléculaire, mais atomique.

Enfin nous verrons que le diamagnétisme se relie très intimement avec le phénomène de Zeemann (§ 315).

L'ordre de grandeur prévu pour les phénomènes diamagnétiques est bien conforme au résultat des expériences. La variation relative du moment d'un courant particulaire est :

$$-\frac{\Delta M}{M} = \frac{\rho^2 \varepsilon^2}{4\mu} H \frac{T}{\pi \rho^2 \varepsilon} = \frac{HT}{4\pi} \frac{\varepsilon}{\mu},$$

$\varepsilon : \mu$ est de l'ordre de 10^7 pour les électrons négatifs; il est moindre pour les positifs; T est de l'ordre des périodes lumineuses, soit 10^{-15}. Donc H devrait être de l'ordre de 10^9, soit un milliard de gauss, soit 10000 plus grand que les champs que nous savons obtenir, pour que $\Delta M : M$ approche de l'unité. Nous ne pouvons donc obtenir, même dans les circonstances les plus favorables, qu'une variation d'un dix millième pour le moment des courants particulaires.

Ces ordres de grandeur sont bien conformes à l'expérience : on sait la petitesse des phénomènes diamagnétiques.

304. **Paramagnétisme.** — Si nous supposons que le moment magnétique résultant des petits aimants n'est pas nul, nous retombons sur la vieille conception d'aimants préexistants, que le champ extérieur vient ordonner : d'où une polarisation paramagnétique.

Curie a trouvé que *pour les corps faiblement magnétiques*, c'est-à-dire pour ceux dont la susceptibilité magnétique est à peu près indépendante de l'intensité du champ, *l'aimantation est à peu près en raison inverse de la température absolue*. C'est ce qui arrive pour l'oxygène, le palladium, les sels magnétiques dissous ou desséchés.

Langevin cherche l'explication de ce fait dans la Théorie cinétique. Un champ extérieur agissant sur les molécules dont le moment magnétique n'est pas nul, tend à les orienter; mais l'agitation thermique et les chocs qui en sont la conséquence tendent au contraire à rétablir le désordre primitif. D'où un équilibre statistique pour lequel l'intensité d'aimantation est fonction du quotient du champ H par l'agitation thermique. Celle-ci étant proportionnelle à la température absolue, on retrouve le résultat de Curie comme loi de première approximation.

Quoi qu'il en soit de la relation exacte entre la température et l'aimantation, toujours est-il que ce système d'explication concorde avec la grande variabilité du paramagnétisme en fonction de la température.

Il va de soi que toutes ces explications laissent de côté l'hystérésis, au moins dans son détail.

305. **Théorie synthétique de la radiation.** — Voici un exposé synthétique de la théorie de la radiation intéressant à cause de sa grande simplicité. Nous avons préféré ne pas le donner tout d'abord, car il laisse indéterminées certaines constantes dont l'exposé précédent fixe la signification.

Le champ d'un électron est purement électrostatique quand il est au repos; dès qu'il se déplace, il engendre des forces magnétiques. Cherchons leur expression dans le cas général.

Posons : $r^2 = \rho^2 + z^2, \qquad V = \omega : \omega'.$

La fonction : $\Pi = -\delta_0 V^2 \frac{1}{r} f(\omega t - \omega' r),$

satisfait à la condition de propagation :

$$\frac{\partial^2 \Pi}{\partial \rho^2} + \frac{1}{\rho}\frac{\partial \Pi}{\partial \rho} + \frac{\partial^2 \Pi}{\partial z^2} = \frac{1}{V^2}\frac{\partial^2 \Pi}{\partial t^2},$$

qui est, en coordonnées cylindriques et dans le cas d'un phénomène de révolution, l'équation de propagation habituelle (§ 15) :

$$\Delta \Pi = \frac{1}{V^2}\frac{\partial^2 \Pi}{\partial t^2}.$$

La solution Π du § 18, qui nous a servi à étudier l'oscillateur de Hertz, est un cas particulier de la précédente.

On a généralement :

$$\Omega = \rho \frac{\partial \Pi}{\partial \rho} = \delta_0 V^2 \left[\frac{f}{r} + \omega' f'\right] \sin^2 \theta,$$

$$M = \frac{1}{\rho V^2}\frac{\partial \Omega}{\partial t} = \delta_0 \omega \left[\frac{f'}{r^2} + \omega' \frac{f''}{r}\right] \sin \theta.$$

Cette formule montre que la perturbation peut être généralement considérée comme la superposition de deux autres auxquelles on a donné les noms d'*onde de vitesse* et d'*onde d'accélération*.

1° Si r est très petit, il reste :

$$M = \delta_0 \omega \frac{f'}{r^2} \sin \theta. \qquad (1)$$

Utilisons cette équation pour préciser le sens de la fonction f dans le cas d'un ion se déplaçant le long de l'axe des z.

Un élément de courant d'intensité i et de longueur ds crée au voisinage un champ magnétique :

$$\frac{i ds}{r^2} \sin \theta. \qquad (2)$$

Soit un électron en mouvement; sa charge est ε et sa vitesse ψ; il équivaut pendant le temps dt à un courant défini par la relation :

$$i ds = \varepsilon \psi = \varepsilon \frac{dz}{dt}.$$

La comparaison des formules (1) et (2) donne :

$$i ds = \varepsilon \psi = \delta_0 \omega f'(\omega t) = \varepsilon \frac{dz}{dt}, \qquad z = \frac{\delta_0}{\varepsilon} f(\omega t).$$

Ainsi $f(\omega t)$ représente, à un facteur près, le déplacement de l'électron sur l'axe des z.

2° Loin de l'origine, au contraire, le champ magnétique se réduit à :

$$M = \delta_0 \omega \omega' \frac{f''}{r} \sin \theta;$$

à grande distance, il ne dépend donc que de l'accélération de l'électron.

De même, loin de l'électron, les composantes de la force électrique et son amplitude sont :

$$E = \delta_0 \omega^2 f'' \frac{\sin\theta \cos\theta}{r}, \qquad R = -\delta_0 \omega^2 f'' \frac{\sin^2\theta}{r};$$

$$\sqrt{E^2 + R^2} = \delta_0 \omega^2 f'' \frac{\sin\theta}{r}.$$

Nous retrouvons les résultats *généraux* des paragraphes précédents. Mais, tandis que la méthode de J.-J. Thomson fournit un résultat acceptable pour l'arrêt *brusque* d'une particule, la formule précédente ne donne plus rien, puisque l'accélération f'' serait alors ou infinie ou indéterminée.

306. **Énergie rayonnée.** — Pour calculer l'énergie rayonnée, il suffit d'employer les expressions de la force magnétique et de la force électrique à *grande distance* et d'appliquer le théorème de Poynting (§ 6).

Pendant le temps dt, elle est :

$$dW = dt \frac{\delta_0^2 \omega^3 \omega'}{2} f''^2 . 2 \int_0^{\pi:2} \sin^3\theta \, d\theta = \frac{2}{3} \delta_0^2 \omega^3 \omega' f''^2 dt.$$

Si ψ est la vitesse de l'électron, ψ' sa dérivée par rapport au temps, on a :

$$\psi = \frac{\delta_0 \omega}{\varepsilon} f', \qquad \psi' = \frac{\delta_0 \omega^2}{\varepsilon} f''; \qquad \frac{dW}{dt} = \frac{2}{3} \frac{\varepsilon^2}{V} \psi'^2.$$

Quand l'électron partant du repos acquiert la vitesse ψ, il y a une perte d'énergie par radiation :

$$W = \frac{2}{3} \frac{\varepsilon^2}{V} \int \psi'^2 dt.$$

Si le mouvement est uniforme, la perte est nulle. S'il est uniformément accéléré, la vitesse de déperdition est constante.

La déperdition d'énergie dépend donc, non de la vitesse de l'électron, mais de son accélération. Le plus souvent cette accélération est assez petite pour que l'*émission* d'énergie soit négligeable. Il peut cependant ne pas en être ainsi.

Nous avons déjà rencontré dans l'explication des rayons Röntgen une application de ces résultats. En voici quelques autres.

Dans les gaz incandescents, certains électrons ont un mouvement oscillatoire de faible période. Considérons les trois formules qui représentent le déplacement, la vitesse et l'accélération :

$$z = z_0 \sin 2\pi \frac{t}{T}, \qquad \frac{dz}{dt} = \frac{2\pi}{T} z_0 \cos 2\pi \frac{t}{T}, \qquad \frac{d^2 z}{dt^2} = -\frac{4\pi^2}{T^2} z_0 \sin 2\pi \frac{t}{T}.$$

Le déplacement peut être très petit, de l'ordre de 10^{-10} si l'on veut (millionième de micron). Mais T étant de l'ordre de 10^{-15}, le coefficient 10^{30} intervient comme facteur dans l'accélération.

L'accélération peut avoir une valeur énorme. L'énergie est émise sous forme de lumière. C'est le phénomène d'*émission* que nous étudierons au Chapitre suivant.

Dans un métal incandescent, les électrons sont animés de grandes vitesses. Ils butent sur la surface, se réfléchissent. Leur accélération est énorme; d'où l'incandescence du métal, c'est-à-dire encore une émission de lumière.

CHAPITRE XII

EMISSION

Émission par les gaz.

307. **Spectres des gaz.** — Les gaz émettent *généralement*, sous des influences à étudier, un spectre discontinu de raies brillantes.

Quand les raies sont disséminées sans ordre *apparent* dans toute l'étendue du spectre, on dit que le spectre est de *raies;* quand elles forment des groupes compacts plus ou moins difficiles à résoudre, le spectre est de *bandes*.

Quelques gaz et vapeurs donnent par échauffement et combustion des spectres continus. Lorsqu'ils proviennent de décharges électriques, on est tenté de les attribuer à des parcelles solides ou liquides qui se détachent des électrodes.

Pour certains gaz, les raies émises sous l'action de décharges électriques s'étalent tellement, quand la pression augmente, que les spectres prennent l'aspect continu.

Les raies ont toujours une certaine *largeur;* cela veut dire qu'elles ne correspondent pas à un λ_1 unique, mais à un ensemble de λ compris entre les longueurs d'onde λ_1 et $\lambda_1 + \Delta\lambda$; la largeur est sensiblement proportionnelle à $\Delta\lambda$. Nous avons dit au § 279 du tome IV comment on parvient à *analyser* les raies.

La largeur des raies varie notablement avec l'état de la source, comme il est aisé de le prouver en introduisant dans un bunsen des quantités variables de sel marin ou de sodium. Pour avoir des raies fines, il faut que la flamme soit très chaude et contienne peu de sodium.

Pour rendre un gaz lumineux, il faut élever sa température. La méthode d'échauffement direct de l'enceinte n'est jamais utilisée, car la température ne serait pas assez élevée. On emploie l'un des modes suivants : introduction de la vapeur dans une flamme, illumination par une décharge électrique sous forme d'effluve, d'étincelle ou d'arc.

Les spectres varient généralement avec le procédé d'illumination, quelquefois au point de devenir méconnaissables. Un même gaz peut donner deux spectres de raies sans aucune raie commune. Une vapeur n'est donc caractérisée par un spectre que dans des conditions déterminées.

Alors même que la même raie se retrouve dans les spectres obtenus avec la même vapeur par des méthodes différentes d'illumination, sa constitution peut différer ; la longueur d'onde *moyenne* n'est donc pas exactement la même.

Il n'entre pas dans le cadre de ce Cours d'insister sur la constitution des spectres ; nous nous bornerons à quelques généralités. Les faits connus sont nombreux, mais on n'a pas encore trouvé le moyen de les réunir en une théorie cohérente.

308. **Raies spontanément renversées.** — Les raies se renversent quelquefois spontanément. Par exemple quand les raies D sont larges, on aperçoit souvent en leur milieu une raie noire dont la largeur varie avec l'état de la source.

L'explication du phénomène est simple.

Le principe de Kirchhoff nous apprend que, si un corps émet, il absorbe proportionnellement ; *mais la réciproque n'est pas vraie* : un corps *à température suffisamment basse* peut absorber sans émettre. Ainsi la vapeur de sodium, relativement froide et suffisamment dense, absorbe considérablement les raies D sans rien émettre. Si donc la flamme est entourée d'une telle atmosphère, les raies peuvent être renversées par le passage de la radiation à travers les couches périphériques.

On évite le renversement en chargeant la flamme avec la matière volatile d'un côté seulement, et en utilisant les rayons qui traversent la partie non chargée de la flamme.

309. **Spectres de raies à séries convergentes.** — Ces spectres sont formés de *séries* différentes de raies. Dans chaque série, les raies, en nombre théoriquement infini, sont disposées suivant une loi régulière, leurs distances et leurs intensités diminuant quand leur numéro d'ordre m augmente. Lorsque m, qui est toujours un nombre entier, croît indéfiniment, les raies (à supposer qu'elles existent) tendent donc vers une limite : la série de raies se termine théoriquement par une sorte de bande. Disons tout de suite que, sauf dans des cas exceptionnels, le nombre des raies connues de chaque série n'atteint pas une dizaine : on s'arrête relativement loin de la limite.

On prend pour variable la fréquence $1 : T = V : \lambda$; c'est le nombre de longueurs d'onde dans le chemin parcouru pendant une seconde. Pour ne pas traîner des nombres trop grands, on désigne sous le nom de *fréquence* et on représente par n, le nombre $1 : \lambda$ de longueurs d'ondes dans un centimètre de vide. Dans les formules, λ est exprimé en dixièmes de $\mu\mu$, soit en dix millièmes de micron (unité d'Angström, UA). On a donc :

$$n = 10^8 \lambda^{-1}.$$

Comme première approximation, une série est représentée par l'expression :

$$\pm n = n_\infty - \frac{N_0}{(m-\mu)^2};$$

m est le numéro d'ordre (entier) ; n_∞ est la limite vers laquelle tend n quand m devient infini ; N_0 et μ sont des constantes. Comme cas particulier, on trouve *la loi de Balmer :*

$$\lambda = A\frac{m^2}{m^2-a^2}, \qquad \frac{1}{\lambda} = n = \frac{1}{A} - \frac{a^2}{Am^2}.$$

Il suffit de poser $\mu = 0$, dans la forme générale.

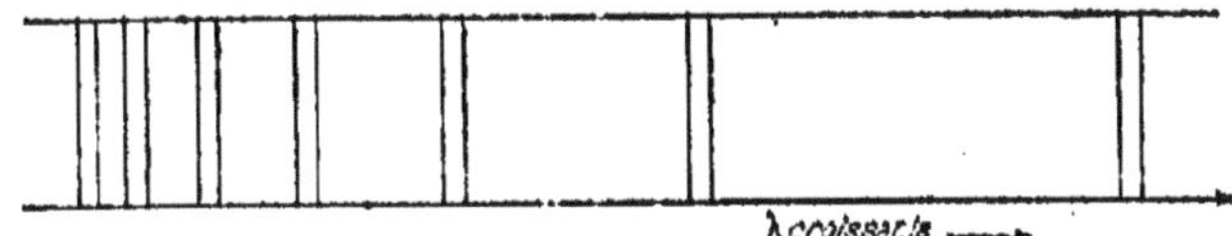

Fig. 160.

On a par exemple pour l'un des spectres de l'hydrogène (spectre stellaire) :

$$n = 27419 - \frac{109678}{m^2}, \qquad \lambda = 3648\frac{m^2}{m^2-4}.$$

$m = 3$ donne la raie C, $\lambda = 6842$;
$m = 4$ donne la raie F, $\lambda = 4861$, etc.

A mesure que m augmente, λ diminue ainsi que le $\Delta\lambda$ compris entre deux raies consécutives. Pour $m = \infty$, on aurait la limite $\lambda = 3648$. On a représenté effectivement vingt-neuf raies par cette formule.

On a de sérieuses raisons de croire que N_0 a sensiblement pour toutes les séries la même valeur 109678, quel que soit le corps considéré, et forme par conséquent la caractéristique d'une certaine espèce de radiation.

Le double signe de la formule signifie que les valeurs négatives de n correspondent à des raies réelles aussi bien que les valeurs positives.

On a souvent représenté les séries par des expressions de la forme :

$$n = A - \frac{B}{m^2} - \frac{C}{m^4},$$

où m prend les valeurs entières successives.

Souvent les raies forment des doublets ou des triplets ; plusieurs séries existent simultanément. L'ensemble de ces séries se présente comme une sorte de colonnade double ou triple vue en perspective (fig. 169).

Par exemple, pour les alcalis, on trouve d'abord un groupe dit *principal* contenant deux séries formant doublets, ayant même limite A et ne différant que par la valeur de la constante C. On trouve encore pour le sodium et le potassium deux groupes de deux séries *secondaires* formant chacun une série de doublets.

Le rubidium et le calcium n'ont qu'une double série secondaire ou, si l'on veut, une seule série secondaire de doublets.

Les diverses séries, principales et secondaires, se distinguent généralement par leur simple aspect ou leurs propriétés. Par exemple, les raies du groupe principal des alcalis sont *aisément* renversables. Dans l'une des doubles séries secondaires du sodium (*la série étroite*), les raies sont fines mais diffuses vers le rouge ; dans l'autre (*la série nébuleuse*), elles sont diffuses des deux côtés.

310. Centres d'émission des diverses séries. — On admet aujourd'hui que les éléments d'un même spectre ne sont pas émis par les mêmes centres. La cause des diversités dans les caractères des séries doit être cherchée dans la diversité de leurs origines.

Par exemple, l'arc électrique serait formé de flammes emboîtées les unes dans les autres, dont chacune n'émet qu'une série de raies. Dans l'arc renfermant du sodium, la gaine externe émet le groupe principal, la gaine moyenne émet le groupe secondaire I, la gaine centrale émet le groupe secondaire II.

Dans le brûleur bunsen existe une localisation analogue.

Dans l'arc et dans la flamme, les régions d'émission différente ne se comportent pas de même sous l'influence du champ électrique. Seules les deux gaines intérieures de l'arc sont sensibles. Elles sont chassées vers le pôle négatif : les centres d'émission possèdent donc une charge positive. De même dans la flamme.

Les centres d'émission des séries principales ne sont pas influencés : ce sont des atomes métalliques neutres.

311. Spectres de raies à séries non convergentes. — Les fréquences des raies sont rangées dans un tableau jouissant des propriétés suivantes (fig. 170).

Supposons *donnés par l'expérience* les nombres :

$$\delta_1,\ \delta_2,\ \delta_3,\ \ldots;\qquad \Delta_1,\ \Delta_2,\ \ldots$$

Posons :

$$\Delta_0 = \delta_0 = 0,$$

$$\sum^{i-1}\Delta = \Delta_1 + \Delta_2 + \ldots + \Delta_{i-1}, \qquad \sum^{j-1}\delta = \delta_1 + \delta_2 + \ldots + \delta_{j-1}.$$

Les fréquences des raies spectrales à séries non convergentes se calculent au moyen de la formule :

$$n_{ij} = n_{11} + \sum^{i-1}\Delta + \sum^{j-1}\delta.$$

Exemple : $n_{34} = n_{11} + \Delta_1 + \Delta_2 + \delta_1 + \delta_2 + \delta_3.$

Le tableau plein contient ij quantités qui se déterminent à l'aide de : $i + j - 2$ constantes.

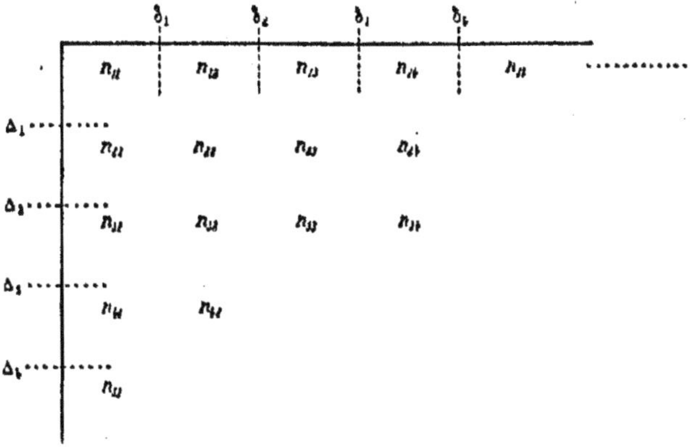

Fig. 170.

312. **Spectres de bandes.** — Un spectre de bandes est composé de groupes de raies nombreuses et serrées.

Dans chaque groupe ou *bande*, l'intensité des raies décroît et la distance de deux raies consécutives augmente à partir d'un bord *distinct* qu'on appelle *tête de bande*. Les têtes de bande peuvent former des séries régulières; les bandes d'une même série sont constituées par des séries semblables de raies.

A l'intérieur d'une bande, on peut représenter les fréquences n par la formule : $$n = Am^2 + Bm + C\,;$$
C est la fréquence de la tête, $(m = 0)$.

Lorsque dans une bande on passe d'une raie à la suivante, c'est-à-dire lorsque m croît d'une unité, la fréquence varie de :
$$\Delta n = (2m + 1)A + B.$$

La distance de deux raies consécutives de la bande croît donc quand on s'éloigne de la tête, conformément au résultat expérimental.

Les fréquences C des têtes de bande d'une même série de bandes satisfont à l'équation :
$$C = Dp^2 + Ep + F,$$
où p est le numéro d'ordre de la bande dans la série de bandes.

313. **Influence de la pression sur l'émission et corrélativement sur l'absorption.** — Voici le résumé des résultats obtenus.

Spectres de lignes.

L'accroissement de pression modifie l'aspect des lignes; elles deviennent plus larges et plus floues. Le spectre tend donc à devenir continu quand la pression croît. Ce fait a une grande importance pour la théorie du Soleil : on le considère en effet comme entièrement gazeux, mais l'intérieur de la masse est à une pression élevée.

La longueur d'onde du maximum d'une raie varie dans le sens de la pression. L'ordre de grandeur de la variation est de quelques centièmes d'unités d'Angström pour une variation de pression d'une atmosphère. Comme terme de comparaison, on n'oubliera pas que les raies D diffèrent de 6 unités d'Angström. En admettant une variation de 10 atmosphères et une variation de 0,06 U.A par atmosphère, on obtiendrait un déplacement vers le rouge de 0,6 U.A, soit un dixième de l'écart des raies D. Mais les déplacements sont généralement beaucoup plus petits.

Le déplacement croît, toutes choses égales d'ailleurs, quand on opère sur des raies de longueurs d'onde croissantes. Il dépend de la pression totale dans l'enceinte et non de la pression propre dans le mélange de la vapeur qui émet.

Spectres de bandes.

Les raies constituant les bandes ne subissent aucun déplacement du fait de la variation de pression.

Spectres d'absorption.

On a étudié la variation de position des raies des spectres d'absorption des gaz, tels que l'hypoazotide et le brome. Elles se classent en deux groupes.

La position des unes est indépendante de la pression; pour les autres, on constate un déplacement très petit vers le rouge. L'ordre de grandeur des déplacements est le même que pour les raies émises (0,02 U.A, par exemple, par atmosphère).

314. **Obtention de lumière monochromatique. Arc au mercure.** — On peut d'abord tirer la radiation de la lumière blanche, soit par des cuves absorbantes (procédé médiocre, mais souvent utile), soit par dispersion à l'aide d'un prisme où d'un réseau. On reçoit alors le spectre sur un écran percé d'une fente et on utilise la lumière qui passe à travers celle-ci.

L'inconvénient du procédé est de fournir une intensité lumineuse d'autant plus petite que la fente est plus fine et par conséquent que la radiation est plus monochromatique.

On a généralement recours aux spectres des vapeurs. Le plus employé est obtenu en faisant passer l'arc électrique entre deux électrodes de mercure. Les résultats sont particulièrement intéressants quand on opère dans le vide. L'appareil consiste alors en une ampoule de verre contenant du mercure (fig. 171). A l'intérieur se trouve un tube soudé fermé à sa partie inférieure et plein de mercure. Les masses mercurielles sont séparées par le tube. Des fils de platine servent d'électrodes. On fait le vide.

Pour allumer l'arc, on agite légèrement l'appareil. Les mercures viennent au contact, puis se séparent par capillarité. On maintient un courant de 3 à 4 ampères; il suffit d'une trentaine de volts (Fabry et Pérot).

En négligeant des raies peu brillantes, le spectre comprend dans la partie visible une raie violette, une verte et deux jaunes de longueurs d'onde (UA):

4358, 5461, 5770, 5791.

Il faut isoler l'une des radiations. On emploie pour cela des cuves absorbantes.

Une cuve contenant une dissolution d'éosine ne laisse passer que les jaunes. Une solution de chlorure de didyme les absorbe au contraire. Une solution de chromate neutre de potasse élimine la raie violette. La superposition de ces deux dernières solutions ne laisse passer que la raie verte.

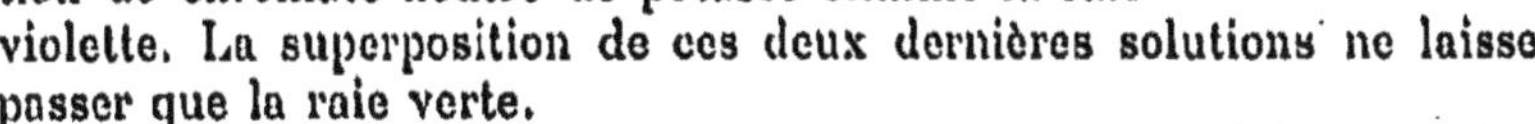

Fig. 171.

Pour se débarrasser des raies ultraviolettes, on emploie une solution de sulfate de quinine dans l'acide sulfurique : on photographie en utilisant la raie violette.

Phénomène de Zeemann.

315. Action d'un champ magnétique sur la période d'émission. — Cherchons comment sont modifiées les oscillations d'un électron quand il vibre dans un champ magnétique :

Nous avons admis (§ 281) qu'écarté de sa position d'équilibre d'une quantité φ, l'électron est soumis à une force élastique :

$$-4\pi\varepsilon^2\varphi : \theta,$$

dirigée vers cette position, proportionnelle à l'élongation φ et indépendante de la direction du déplacement. Soit m la masse de l'électron; en l'absence de tout champ magnétique, la période est :

$$\tau = \frac{\sqrt{\pi m \theta}}{\varepsilon}.$$

Établissons le champ H : l'électron dont la charge est ε et la vitesse actuelle v constitue un élément de courant d'intensité εv. Cet élément de courant, c'est-à-dire l'électron lui-même (III, § 212), est soumis à une force (loi de Laplace) :

$$F = \varepsilon v H \sin(H, v),$$

dirigée normalement au plan passant par le champ et par la vitesse actuelle v de l'électron. Comme il s'agit d'une particule négative, la force est dirigée vers la droite du bonhomme d'Ampère parcouru des pieds à la tête par la particule, c'est-à-dire vers l'arrière du plan du tableau dans le cas de la figure 172.

Considérons les différents cas possibles.

VIBRATION DIRIGÉE SUIVANT LES LIGNES DE FORCE DU CHAMP MAGNÉTIQUE.

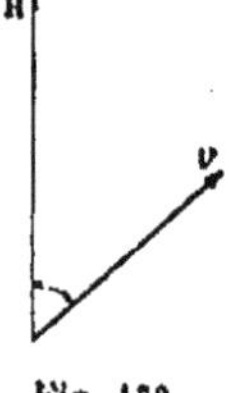

Fig. 172.

Dans ce cas, $\sin(H, v)$ étant nul, la force est toujours nulle : la période est la même que si le champ n'existait pas. D'où les phénomènes suivants.

Dans la direction des lignes de force, l'observateur ne reçoit aucune lumière de l'excitateur élémentaire considéré ; nous savons en effet (§ 20) que l'amplitude à grande distance est proportionnelle au cosinus de la latitude (la direction de la vibration étant prise comme ligne des pôles) ; or l'angle de latitude est ici droit.

Dans une direction normale aux lignes de force se propage une vibration (force électrique) rectiligne, parallèle à l'excitateur, c'est-à-dire au champ magnétique et dont la période est τ.

VIBRATION DIRIGÉE NORMALEMENT AUX LIGNES DE FORCE DU CHAMP MAGNÉTIQUE.

Décomposons-la en deux vibrations circulaires égales, de rayon r et de sens contraires.

Écrivons que les forces normales à la trajectoire s'équilibrent.

La force centrifuge est : $4\pi^2\mu r^2 : \tau^2$;

la force élastique est centripète et égale à : $-\varepsilon^2 \dfrac{4\pi}{0} r$;

enfin la force due au champ magnétique est radiale et a pour valeur absolue : $H\varepsilon v = 2\pi H\varepsilon r : \tau$.

Déterminons son sens : *supposons que l'observateur se place de manière à recevoir le champ.*

La force qui agit sur la vibration qui lui paraît droite est centrifuge (l'électron étant négatif) (fig. 173).

La force qui agit sur la vibration qui lui paraît gauche est centripète (fig. 174).

D'où les équations d'équilibre écrites bien entendu dans l'hypothèse où l'observateur détermine le sens de rotation, les lignes de force magnétique lui entrant par la poitrine :

vibration droite :

$$\frac{4\pi^2\mu r}{\tau_1^2} - \frac{\varepsilon^2 4\pi r}{0} + \frac{2\pi H\varepsilon r}{\tau_1} = 0, \qquad \frac{1}{\tau_1} = \frac{1}{\tau} - \frac{\varepsilon H}{4\pi\mu};$$

vibration gauche :

$$\frac{4\pi^2\mu r}{\tau_2^2} - \frac{\varepsilon^2 4\pi r}{0} - \frac{2\pi H\varepsilon r}{\tau_2} = 0, \qquad \frac{1}{\tau_2} = \frac{1}{\tau} + \frac{\varepsilon H}{4\pi\mu}.$$

C'est précisément, avec des notations un peu différentes, la formule du § 302 établie à l'aide de raisonnements d'un tout autre ordre.

Le calcul suppose τ_1 et τ_2 peu différents de τ, ou ce qui revient au même, que le terme en H est très petit vis-à-vis de la force élastique : $4\pi r\varepsilon^2 : 0$.

Donc si l'observateur regarde la vibration en se plaçant de manière

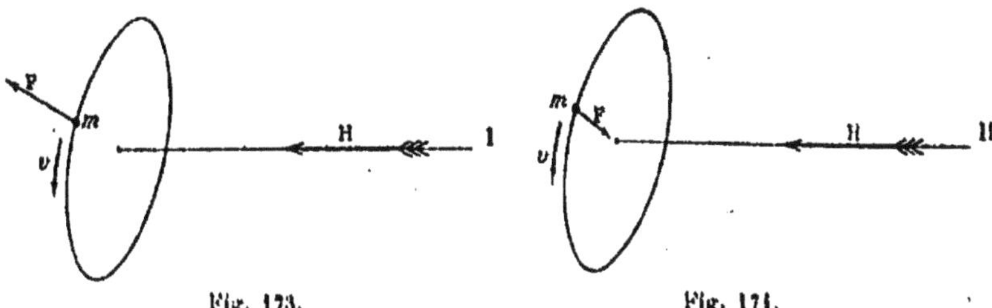

Fig. 173. Fig. 174.

à recevoir le champ magnétique, la période de la vibration qui lui paraît droite est augmentée, la période de la vibration qui lui paraît gauche est diminuée.

La longueur d'onde dans l'air étant proportionnelle à la période, la longueur d'onde de la vibration droite est augmentée, celle de la vibration gauche est diminuée.

L'observateur *qui reçoit le champ* observe deux vibrations circulaires de périodes τ_1 et τ_2. S'il se place au contraire normalement au champ, il voit les vibrations circulaires par la tranche : il reçoit deux vibrations rectilignes de périodes τ_1 et τ_2, qui vibrent perpendiculairement au champ.

316. Observation des phénomènes. Expériences de Zeemann. — Les expériences se font avec un électroaimant pouvant donner des champs de l'ordre de 5000 à 10000 gauss. La flamme est placée entre les pièces polaires, dont l'une est percée d'un trou parallèle aux lignes de force.

On observe dans la direction même du champ.

La lumière qui s'est propagée dans le trou tombe sur un spectroscope. On observe un dédoublement de la raie étudiée. Les raies du *doublet* formé sont à égales distances de part et d'autre de la position de la raie unique pour le champ nul. On vérifie avec une lame quart d'onde et un nicol que les raies sont polarisées circulairement et en sens inverses. Si le courant passe dans l'électro de manière que l'observateur reçoive le champ, la vibration circulaire droite est vers le rouge du spectre, la vibration circulaire gauche vers le violet. C'est l'inverse si on change le sens du courant, et par conséquent des lignes de force.

Supposons que le champ soit obtenu par une bobine; quand l'observateur reçoit les lignes de force, il voit le courant tourner en sens inverse des aiguilles d'une montre, c'est-à-dire *à gauche*. On peut dire que *la raie située du côté du violet (dont la période est diminuée) correspond à une vibration qui tourne dans le sens des courants producteurs du champ.*

Dans un champ de 10000 gauss, l'écartement du doublet pour chacune des raies qui constitue le groupe D du Soleil est environ 1 : 12 de l'écartement des raies D primitives.

ON OBSERVE DANS LA DIRECTION PERPENDICULAIRE AUX LIGNES DE FORCE. Dans la direction perpendiculaire aux lignes de force, le spectroscope décèle un *triplet de vibrations rectilignes*. La raie médiane vibre parallèlement aux lignes de force et occupe la même place que si le champ n'existait pas. Les raies extrêmes vibrent normalement aux lignes de force et occupent les mêmes places que les vibrations circulaires dans l'expérience précédente.

A la vérité, les phénomènes sont plus compliqués que ne l'indique ce schéma de théorie, mais nous ne pouvons insister.

317. Étude quantitative du phénomène. — L'écartement des raies varie proportionnellement à l'intensité du champ, comme le veulent les formules : au voisinage d'une longueur d'onde, quel que soit l'appareil dispersif, la déviation est proportionnelle à la variation $\Delta\lambda$ et l'on a sensiblement :

$$\Delta n = \frac{1}{\tau_1} - \frac{1}{\tau_2} = -\frac{\Delta\tau}{\tau^2} = -V\frac{\Delta\lambda}{\lambda^2} = \frac{\varepsilon H}{2\pi\mu},$$

où V est la vitesse de la lumière dans le vide. Il entre dans la formule une constante caractéristique de la raie considérée, constante que la théorie interprète comme proportionnelle au rapport $\chi = \varepsilon : \mu$, de la charge de l'électron à sa masse.

Il était naturel de croire qu'elle serait la même pour toutes les raies d'un même spectre *ayant même origine*, soit, d'après ce que nous avons dit plus haut, appartenant à la même série. On espérait trouver la loi suivante : pour toutes les raies d'une même série d'un spectre, sous l'influence du même champ, la variation de fréquence est la même.

L'expérience infirme cette hypothèse. Il faut donc abandonner l'espoir de considérer des raies d'une série comme les différents termes simples de la série non harmonique fournie par un vibrateur *unique*.

On s'est rejeté alors (Preston) sur la comparaison des raies *correspondantes* des éléments chimiques formant des groupes naturels.

Considérons des corps tels que le magnésium, le zinc, le cadmium,... appartenant au même groupe chimique; ils présentent des séries homologues de raies formées de triplets.

Voici, pour préciser, les longueurs d'onde des trois premiers triplets *correspondants* :

Mg	5183,	5172,	5167;
Cd	5086,	4800,	4678;
Zn	4811,	4722,	4680.

L'expérience montre que la constante est la même pour chaque colonne, mais elle n'est pas la même pour les trois colonnes.

Quoi qu'il en soit du détail de ces comparaisons, on voit qu'elles consistent à chercher à l'intérieur des groupes chimiques naturels, les raies qui sont affectées de même par le champ, sous le rapport tant de l'écart que de l'aspect général du phénomène.

Posons : $$\Delta\lambda = C\lambda^2 H.$$

On a déterminé la valeur de C en unités absolues. Par des mesures très soignées Cotton et Weiss ont trouvé, pour les raies bleues du zinc, $\lambda = 0^{\mu},4722$ et $0^{\mu},4680$:

$$C = 1,875 \,.\, 10^{-4}, \quad \textit{en unités CGS.}$$

Cherchons, par exemple, quelle est la variation $\Delta\lambda$ pour la raie $\lambda = 0^{\mu},468 = 0,468 \,.\, 10^{-4}$ centimètres, et un champ de 20000 gauss, soit $2 \,.\, 10^4$. On trouve :

$$\Delta\lambda = 0,82 \,.\, 10^{-8}, \quad \text{soit 0,82 unités d'Angström.}$$

Transportons la constante C dans la formule théorique; il vient :

$$\chi = \varepsilon : \mu = 3,834 \,.\, 10^7.$$

Nous savons (III, § 220) que pour les rayons cathodiques le rapport χ vaut (en unités absolues) $1,865 \,.\, 10^7$. On trouve donc par des méthodes très diverses des nombres du même ordre. Il n'y a du reste aucune raison *a priori* pour qu'ils soient identiques.

318. **Application du principe de Kirchhoff.** — Soit A la flamme d'un bunsen *contenant assez peu de sodium pour émettre seulement les deux raies jaunes étroites* D. Limitons en une partie par un écran percé d'un trou T et soit I_1 l'intensité reçue par l'œil. Plaçons devant l'écran une seconde flamme B réglée elle aussi pour n'émettre que des raies D; soit I_2 l'intensité du faisceau envoyé dans l'œil par la portion de B qui recouvre le trou (fig. 175).

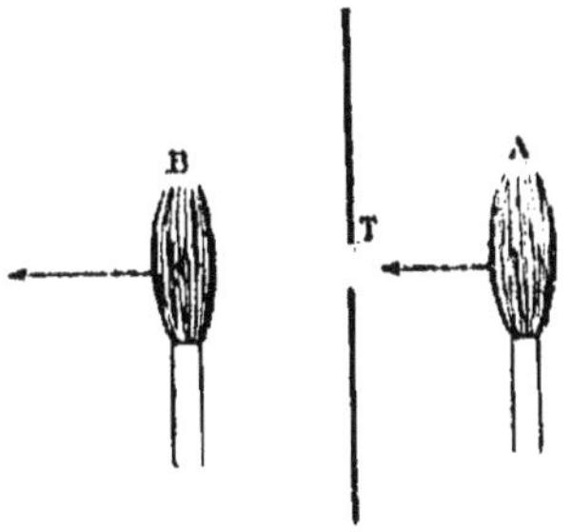

Fig. 175.

B, émettant les mêmes radiations que A, absorbe une fraction x de l'intensité I_1; l'intensité totale reçue n'est donc plus que : $$(1 - x)\, I_1 + I_2.$$

Si la flamme B est assez froide, elle est peu éclairante et très absorbante. Ce n'est pas en contradiction avec le principe de Kirchhoff, car un corps peut absorber sans émettre. Une flamme n'est pas un tout homogène ; elle est toujours entourée d'une atmosphère qui est plus absorbante. Dans ces conditions, le trou se détache *à peine en clair* sur le reste de la flamme : $(1-\alpha) I_1$ est négligeable devant I_2.

Modifions par un procédé quelconque les longueurs d'onde des raies émises par *l'une ou l'autre* flammes ; l'absorption n'a plus lieu : $\alpha = 0$. Brusquement l'intensité devient $I_1 + I_2$; le trou se détache *nettement en clair*.

Voici quelques autres applications du principe de Kirchhoff.

319. Observation normalement au champ. — La lumière provenant d'une flamme A extérieure au champ (fig. 176, I) et qui traverse une flamme B_c placée dans le champ est partiellement polarisée. Si le champ est horizontal, les vibrations verticales prédominent.

En effet, nous savons que la période de la vibration (horizontale) parallèle aux lignes de force n'est pas modifiée. Donc la flamme B_c reste absorbante pour les composantes horizontales des vibrations envoyées par A.

Mais la période des vibrations normales au champ étant modifiée, B_c n'absorbe plus les composantes verticales des vibrations envoyées par A : la lumière est donc partiellement polarisée.

On peut faire une autre expérience qui se rapporte au fait suivant.

Quand on place l'une devant l'autre deux flammes A et B de bunsen, en prenant B assez petite pour qu'elle se projette tout entière sur A, les bords de B paraissent noirs. C'est que l'atmosphère qui entoure B est très absorbante.

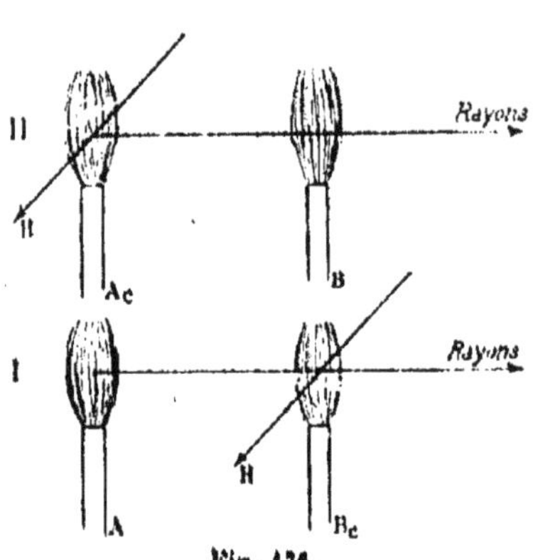

Fig. 176.

Soit A_c la flamme placée dans le champ ; disposons B entre l'œil et cette flamme et recevons la lumière qui est émise normalement au champ (fig. 176, II). Si B se projette complètement sur A_c, ses bords nous apparaissent noirs, *tant que le champ n'existe pas*.

Ils s'éclairent lors du passage du courant excitant le champ, mais restent cependant plus sombres que les parties voisines.

L'explication est la même que plus haut. Seules les périodes des vibrations *verticales* de A_c sont modifiées ; seules elles passent quand on excite le courant.

Regardons à travers un nicol.

S'il est orienté de manière à ne laisser passer que les vibrations verticales, les bords noirs disparaissent quand on excite le courant.

S'il est orienté de manière à ne laisser passer que les vibrations horizontales, les bords noirs ne sont pas modifiés quand on excite le courant.

320. **Observation suivant les lignes de force. Pouvoir rotatoire magnétique.** — Une flamme A_c colorée par le sodium est placée entre les armatures de l'électro. La lumière émise traverse la flamme B et parvient à l'œil (fig. 177, I). Cette flamme B s'éclaircit quand on fait passer le courant. Ses bords noirs s'effacent brusquement.

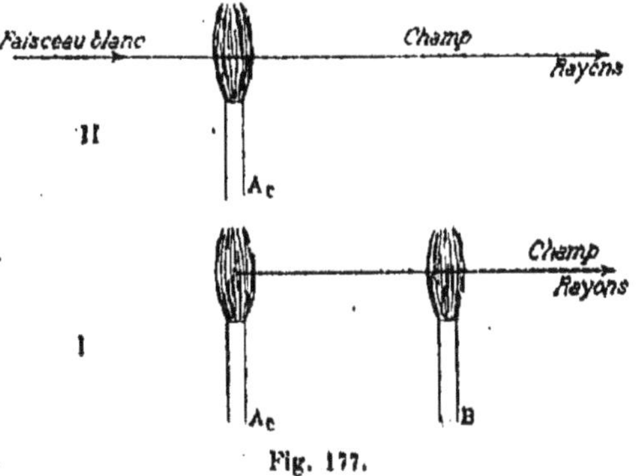

Fig. 177.

En effet, les périodes des vibrations émises par A_c sont modifiées ; les vibrations ne sont plus absorbées par B.

On peut réaliser l'expérience d'une autre manière qui conduit à de curieuses conséquences (fig. 177, II).

Maintenons la flamme A_c dans le champ et faisons passer au travers *un faisceau intense de lumière blanche,* tout comme si nous voulions déterminer son pouvoir rotatoire. L'expérience prouve qu'*au voisinage des raies d'absorption modifiées par le magnétisme, ce pouvoir rotatoire prend une valeur anormale très grande, alors qu'il est insensible dans le reste du spectre.*

On peut répéter avec la flamme l'expérience classique du spectre cannelé de Fizeau et Foucault que donne un canon de quartz. La lumière blanche est polarisée avant son passage dans la flamme A_c et analysée après ce passage. On la reçoit sur un spectroscope très dispersif.

Quand on excite le champ, on aperçoit, de part et d'autre des raies D sombres, des franges alternativement claires et obscures, étroites près des raies, plus larges et diffuses à mesure qu'on s'en éloigne. Elles se déplacent quand on tourne un des nicols. C'est là un véritable spectre cannelé qui décèle un pouvoir rotatoire énorme près des raies et rapidement décroissant quand augmente la distance aux raies.

Le pouvoir rotatoire magnétique est *positif* des deux côtés de chacune des raies; les azimuts des vibrations rectilignes tournent dans le sens du courant magnétisant.

321. Pouvoir rotatoire et dispersion anormale. — Étudions l'influence sur le pouvoir rotatoire de la dispersion anormale que présente tout corps au voisinage d'une de ses raies d'absorption.

Nous verrons (tome VI) que le pouvoir rotatoire s'explique par la coexistence de deux vibrations circulaires de sens inverses se propageant sans déformation avec des vitesses différentes. Le phénomène précédent peut donc s'énoncer en disant que les indices n_1 et n_2 des vibrations circulaires de sens inverses sont très rapidement variables et diffèrent beaucoup au voisinage d'une raie d'absorption.

Essayons de prévoir l'allure de ces variations et par suite des variations du pouvoir rotatoire.

Nous avons vu plus haut qu'une raie d'absorption est transformée par le magnétisme en deux raies, dont la distance est 2δ; l'une correspond aux vibrations droites, l'autre aux vibrations gauches.

Pour chacune des espèces de vibrations, il existe une courbe propre de dispersion. Précisons ce que cela signifie.

Considérons la raie d'absorption qui correspond aux vibrations droites: de part et d'autre de cette raie, la vitesse de propagation des vibrations droites (ou leur indice) varie considérablement. De même, de part et d'autre de la raie qui correspond aux vibrations gauches, c'est la vitesse de propagation de ces vibrations qui varie beaucoup. *Le milieu a donc cessé d'être monoréfringent :* les vibrations qui seules peuvent se propager sans déformation, sont les vibrations circulaires. Au voisinage des raies d'absorption de l'une ou l'autre espèces, les vitesses peuvent être très différentes, pour une même longueur d'onde, suivant le sens de giration : d'où l'énormité du pouvoir rotatoire.

Si nous admettons que la courbe de dispersion est la même pour les deux espèces de vibrations, avec un simple déplacement latéral (qui correspond à la non coïncidence des raies d'absorption en lesquelles le champ dédouble la raie primitive), nous poserons :

$$n_1 = f(\lambda + \delta), \qquad n_2 = f(\lambda - \delta).$$

$$n_1 - n_2 = 2\delta f'(\lambda).$$

Le pouvoir rotatoire est donc, toutes choses égales d'ailleurs, proportionnel à la dérivée de la fonction $f(\lambda)$ qui représente la dispersion pour l'une ou l'autre des espèces de vibrations circulaires.

Si nous admettons pour cette fonction une forme analogue à celle qui représente la dispersion dans les corps monoréfringents au voisinage d'une raie d'absorption (fig. 140), nous devons donc prévoir un pouvoir nul, quand on est suffisamment loin de la double raie donnée par le champ; rapidement croissant, quand on s'approche de cette double raie; rapidement décroissant, quand on s'éloigne de la double raie de l'autre côté (fig. 178).

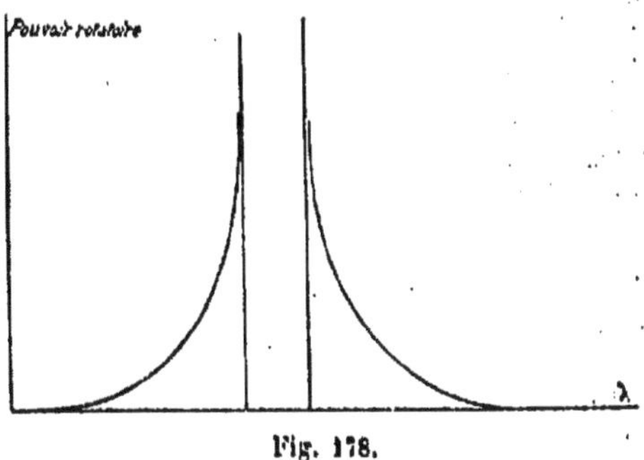

Fig. 178.

L'explication ne peut suffire à prévoir ce qui se passe dans l'intervalle des deux raies.

Ainsi les phénomènes s'expliquent dans leur ensemble en admettant une biréfringence circulaire magnétique de la flamme et un dédoublement de la raie d'absorption primitive en deux raies d'absorption voisines, l'une pour les vibrations droites, l'autre pour les vibrations gauches.

Le phénomène est cependant plus compliqué. La vibration émergente n'est généralement pas rectiligne : elle est elliptique. Cette ellipticité s'explique par l'inégalité d'absorption des vibrations circulaires inverses. On prévoit immédiatement, et l'expérience vérifie, que le sens de la vibration elliptique résultante est différent pour les deux bords de la raie (Cotton).

Il va de soi que pour le sodium où il existe deux raies D_1 et D_2, chacune des raies reproduit le phénomène complet.

322. **Théorie de l'émission.** — Nous avons dit au § 78 qu'on pouvait concevoir les radiations lumineuses comme produites par les vibrations d'électrons négatifs, *vibrant isolément*. Le phénomène de Zeemann ne confirme cette théorie simple qu'en partie.

En effet, toutes les raies d'un spectre ne sont pas sensibles au champ magnétique; un très grand nombre sont absolument insensibles. Il n'y a donc qu'une partie des radiations qu'on puisse attribuer à des électrons vibrant indépendamment les uns des autres. Dans le cas général, il faut imaginer un édifice vibrant beaucoup plus compliqué et sur lequel l'effet du champ magnétique peut être nul ou différent de l'exposé simpliste des §§ 318 et sq.

Fluorescence et Phosphorescence.

323. **Position de la question.** — Quand on fait tomber un faisceau lumineux sur un corps solide ordinaire, une partie est transmise, une partie réfléchie, *une partie diffusée*. Le corps diffusant est une véritable source lumineuse caractérisée par le fait que, toutes

choses égales d'ailleurs, il y a proportionnalité entre la quantité de lumière d'une certaine longueur d'onde λ_1 *émise,* et la quantité de lumière de la même longueur d'onde *reçue.* En particulier, si le faisceau incident est monochromatique, le faisceau diffusé est monochromatique et de même longueur d'onde.

Il arrive que certains corps solides *absorbent* la lumière incidente *monochromatique* et émettent *un spectre* plus ou moins complet. Ils sont dits *fluorescents* si, l'excitation (lumière incidente) supprimée, la lumière émise disparaît après un temps très court; *phosphorescents* si, l'excitation supprimée, la lumière émise conserve un temps plus long une intensité sensible. Les deux expressions caractérisent en définitive le même phénomène.

Lorsque le corps fluorescent reçoit un faisceau complexe, nous admettrons que le phénomène résultant est la somme des phénomènes séparément dus aux radiations monochromatiques qui composent le faisceau, ce qui, en définitive, est une simple hypothèse.

Avec les corps solides, il est généralement difficile d'éliminer la lumière diffusée. Le corps émet donc simultanément un spectre de diffusion et un spectre fluorescent. La suppression du spectre diffusé est plus facile avec les solutions. Nous raisonnerons sur elles pour préciser les conditions de l'étude du phénomène; nous emploierons, par exemple, une dissolution de fluorescéine d'éosine, de sulfate de quinine, ... dans l'eau.

324. Conditions des expériences. — Un faisceau de rayons parallèles, monochromatiques et de longueur d'onde λ_1, est limité par un écran D_1 percé d'une fente verticale de largeur e; la fig. 179 représente une coupe horizontale de l'appareil.

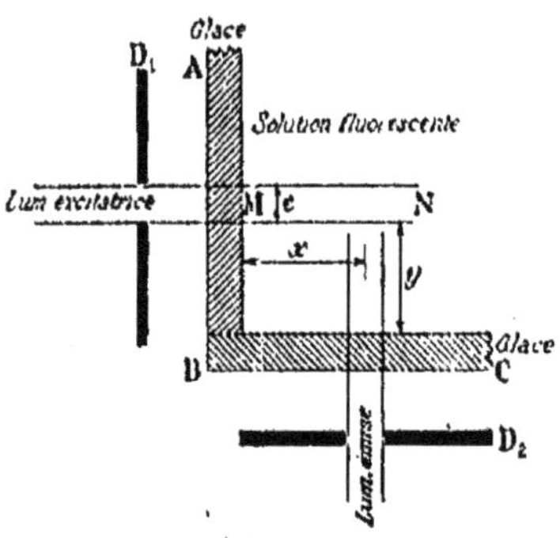

Fig. 179.

Le faisceau tombe normalement sur une des glaces d'une cuve rectangulaire qui contient la solution fluorescente. On observe avec un spectrophotomètre dont la fente est figurée en D_2. Nous appellerons x la distance de la partie moyenne du faisceau *étudié* à la surface intérieure de la glace AB, y la distance de la surface *antérieure* de la portion de solution éclairée par le faisceau *excitateur* à la surface intérieure de la glace BC.

Étudions les intensités du faisceau émis; nous obtenons une courbe A_1 (fig. 180).

Montrons que les ordonnées de cette courbe dépendent de l'intensité du faisceau excitateur, de sa largeur e, et des quantités x et y.

Un fait très important à considérer est que la fluorescence est toujours accompagnée d'une absorption *de la radiation excitatrice.* Toutes choses égales d'ailleurs, la fluorescence de la bande MN diminue à mesure qu'on s'éloigne du point M. Elle diminue même d'une façon très rapide, et suivant une loi évidemment exponentielle, si nous admettons que *la fluorescence en un point est proportionnelle à l'intensité du faisceau excitateur et qu'elle ne modifie pas l'absorption.*

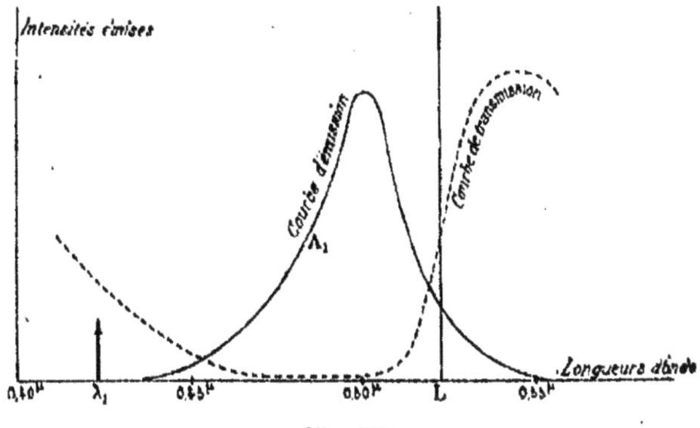

Fig. 180.

En effet, chaque millimètre traversé multiplie le faisceau excitateur par un facteur plus petit que l'unité. La traversée d'une longueur x ramène donc l'intensité I_0 en M à la valeur :

$$I = I_0 m^x,$$

où m est inférieur à l'unité 1.

Il est donc indispensable, pour étudier quantitativement le phénomène, de connaître la distance x.

Mais la fluorescence émet un spectre pour *toutes* les radiations duquel la solution n'est pas nécessairement transparente ; il importe donc de préciser la distance y traversée par le spectre étudié.

De plus, la quantité émise dépend de l'épaisseur e ; elle n'est pas proportionnelle à e. En raison des absorptions, elle doit même tendre vers une valeur limite finie quand e croît indéfiniment.

Il se présente enfin une difficulté d'ordre spécial sur laquelle il faut insister. Le faisceau monochromatique de longueur d'onde λ_1 donne une courbe Λ_1 ; *on a donc à comparer des intensités de radiations qui n'ont pas la même longueur d'onde.*

La solution correcte consiste à mesurer les intensités lumineuses en énergie avec une pile thermo-électrique ou un bolomètre. Assurément l'énergie émise par les radiations de petites longueurs d'onde est faible ; mais la mesure n'est pas impossible. On se contente généralement de comparer les intensités excitatrices et excitées aux intensités émises par une source déterminée. Est-il besoin d'insister sur le caractère éminemment relatif que prennent les courbes Λ_1, et la quasi-impossibilité de leurs comparaisons quantitatives quand on modifie la longueur d'onde de la radiation excitatrice, *à moins que la source de comparaison n'ait été elle-même étalonnée en énergie?*

Une étude correcte de la fluorescence comprend nécessairement une étude des bandes d'absorption de la substance étudiée. La figure 180 représente en unités arbitraires *une courbe de transmission*, c'est-à-dire donne le facteur par lequel il faut multiplier l'intensité à l'entrée d'une tranche pour avoir l'intensité après 1 centimètre (ou 1 millimètre) de traversée. Pour x centimètres (ou millimètres), la courbe de transmission aurait ses ordonnées (toutes plus petites que l'unité) élevées à la puissance x.

325. **Loi de Stockes. Corps appartenant à la première classe de Lommel.** — Stockes énonça une loi qui fit longtemps autorité.

Une radiation excitatrice λ_1 donne une courbe de fluorescence Λ_1 qui correspond tout entière à des $\lambda > \lambda_1$ (disposition de la figure 180).

Cette loi est généralement fausse; non seulement la longueur d'onde excitatrice λ_1 produit généralement des fluorescences de λ plus petites qu'elle; mais encore elle peut être plus longue que la longueur d'onde qui correspond au maximum de la courbe Λ_1. Autrement dit, 1° l'ordonnée d'abscisse λ_1 coupe généralement la courbe Λ_1; 2° elle peut même se trouver à droite du maximum de Λ_1.

Pour un très grand nombre de substances (*première classe de Lommel :* éosine, fluorescéine, rhodamine, résorcine, sulfate de quinine, esculine, ...) les phénomènes sont relativement simples : il n'existe qu'une seule courbe Λ, indépendante de la longueur d'onde λ_1 excitatrice. Quand on modifie λ_1, on change dans un même rapport toutes les ordonnées de la courbe Λ.

La courbe Λ est associée à une bande d'absorption ; son maximum correspond généralement, comme le montre la figure, au côté de la bande qui a la plus grande longueur d'onde.

Nous avons dit que la faculté d'exciter la fluorescence est liée à une absorption. La courbe Λ n'a donc des ordonnées mesurables que si les radiations excitatrices sont plus ou moins absorbées, par conséquent sont plus ou moins voisines du centre de la bande d'absorption.

Si la substance fluorescente admet plusieurs bandes d'absorption, les radiations qui appartiennent aux bandes dont les λ sont plus courts que ceux de la courbe Λ, sont seules efficaces. Les radiations qui appartiennent aux bandes dont les longueurs d'onde sont supérieures à ceux de la courbe Λ, ne le sont pas. Cette règle est analogue à celle de Stockes, mais infiniment moins générale.

Il est intéressant de remarquer que *l'intensité de la fluorescence varie avec le solvant.* Elle varie aussi avec la température.

326. **Fluorescence des vapeurs.** — Certaines vapeurs deviennent fluorescentes. On conçoit le grand intérêt que présente l'étude du phénomène. Il s'agit de savoir si on parviendra à mettre en branle par certaines excitations les ions dont les raies d'émission permettent d'affirmer la présence dans les molécules. Naturellement c'est avec une radiation excitatrice ayant précisément la longueur d'onde de la raie, qu'il y a plus de chance d'obtenir la *résonance*.

Effectivement le sodium, placé dans un tube vide d'air et chauffé, donne une vapeur fluorescente.

Si on excite avec une radiation monochromatique de longueur d'onde précisément égale à celle des raies D, la fluorescence se compose d'une raie nébuleuse qui se réduit, pour une densité de vapeur assez faible, en deux composantes coïncidant avec D_1 et D_2.

Si on excite avec une radiation monochromatique de longueur d'onde différente, on obtient un spectre de raies nébuleuses plus ou moins complexe *qui ne satisfait pas à la loi de Stockes.*

327. **Influence de la fluorescence sur l'absorption.** — Nous avons vu plus haut que le spectre de fluorescence et les bandes d'absorption ont généralement une partie commune, mais ne coïncident pas. La figure montre, par exemple, qu'à cause de l'extension du spectre de fluorescence vers les grandes longueurs d'onde, le corps émet des radiations pour lesquelles son absorption est pratiquement nulle et qui par conséquent ne sauraient exciter la fluorescence.

Nous sommes conduits à chercher si l'absorption par transmission du faisceau A est modifiée par la fluorescence excitée au moyen d'un second faisceau B, coupant le premier à angle droit (fig. 181).

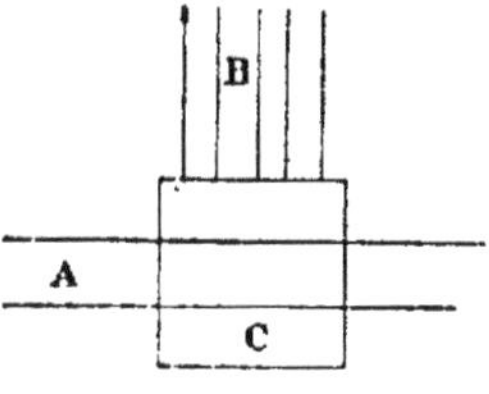

Fig. 181.

Dans une première opération, nous déterminons l'intensité A_1 du faisceau A *de longueur d'onde* λ, qui est transmis à travers le cube C de verre d'urane; par hypothèse, ces radiations sont incapables d'exciter la fluorescence.

Dans une seconde expérience, nous envoyons le faisceau B, et nous déterminons l'intensité A_2 du faisceau émis par fluorescence et ayant la longueur d'onde λ.

Dans une troisième expérience, nous envoyons simultanément les faisceaux A et B. Si l'absorption ne change pas, nous recevrons une intensité A_1+A_2. Si elle varie, nous recevrons une intensité αA_1+A_2; α mesure la diminution relative du faisceau transmis.

L'expérience montre que α est plus petit que l'unité. Du fait que le corps émet une radiation λ, il devient plus absorbant pour cette radiation.

La démonstration est ici très simple, parce que nous supposons que la radiation λ dont on détermine l'absorption est incapable de produire la fluorescence. Dans le cas général, l'expérience est plus difficile; la conclusion est la même.

328. **Phosphorescence.** — La phosphorescence ne diffère de la fluorescence que par la durée du phénomène. Un corps est dit phosphorescent quand, *l'excitation supprimée,* il continue à émettre pendant un certain temps.

On montre aisément qu'un grand nombre de corps sont phosphorescents dont on pouvait croire qu'ils n'émettaient que juste pendant la durée de l'excitation.

Un disque RR (fig. 182) est percé de fenêtres (six dans la figure). Le corps à étudier est en C. Il est éclairé par la source S avec l'intermédiaire de deux lentilles L_1 et L_2. La première image réelle S′ de S se fait juste au niveau du disque. L'éclairement est donc interrompu, sauf pendant le passage des fenêtres.

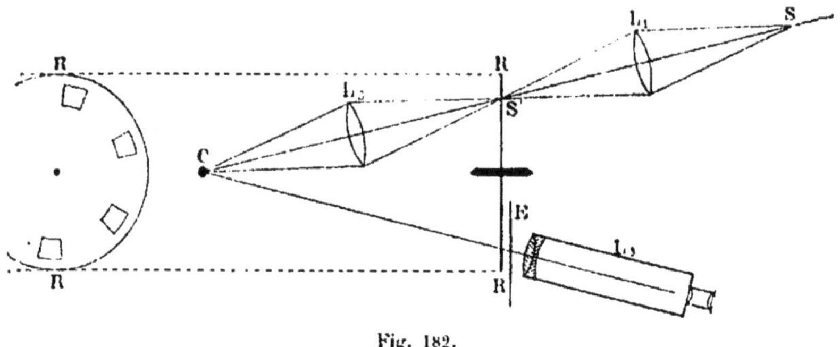

Fig. 182.

On observe le corps C avec une lunette L_3 à travers un écran E percé d'une fente large de quelques millimètres et disposée dans le plan de la figure. En déplaçant cette fente, on peut s'arranger de manière que le corps C ne soit visible qu'après la suppression de l'éclairement. Le temps qui s'écoule entre la suppression de l'éclairement et l'apparition du corps C dans la lunette dépend de la position de la fente percée dans l'écran E, et de la vitesse de rotation du disque R. Il peut être de l'ordre du centième ou du millième de seconde.

L'expérience montre que la plupart des corps organiques solides sont *phosphorescents,* c'est-à-dire qu'ils sont lumineux, et par conséquent visibles dans la lunette, alors qu'ils ne sont plus éclairés depuis un temps parfaitement mesurable.

Tous les solides fluorescents sont phosphorescents, à l'inverse des liquides et des vapeurs fluorescents qui ne sont pas phosphorescents.

Il existe des corps phosphorescents qui émettent pendant des minutes et des heures; il est clair que les procédés précédents sont inutiles pour mettre le phénomène en évidence.

329. **Modification de l'émission avec le temps et la température.** – Supposons que l'excitation ait duré un temps suffisant; supprimons-la et étudions la loi de décroissance de l'intensité dans le temps. Il était clair qu'on proposerait la forme :

$$I = I_0 e^{-kt}. \qquad (1)$$

C'est en effet la loi de première approximation d'un phénomène censément fini au temps zéro, et qui diminue de manière à s'annuler après un certain temps.

Mais à supposer, ce qui est douteux, que cette loi s'applique exceptionnellement, par exemple, quand après une excitation de très longue durée on abandonne le corps à lui-même à température constante, la comparaison avec les phénomènes mécaniques analogues (réactivité) amène à penser que la loi n'a généralement pas une forme simple, et qu'elle dépend d'une équation différentielle plutôt compliquée.

L'expérience montre que toute élévation de température accélère la déperdition d'énergie sous forme lumineuse, comme elle accélère les phénomènes de réactivité (Tome I, § 119). Supposons l'excitation faite à la température T_0; on la supprime, on laisse la déperdition se produire un temps t_0; on porte à T_1 degrés, on revient à T_0. Il n'est pas douteux que la loi (1) ne représente plus le nouveau phénomène.

Laissons donc la loi de déperdition encore inconnue et bornons-nous aux phénomènes les plus généraux.

Nous avons dit que toute élévation de température accélère l'émission. D'où un certain nombre de conséquences.

D'abord un corps peut être phosphorescent à froid et seulement fluorescent à chaud. L'énergie qui se dépense instantanément à chaud peut former une réserve à froid.

Ensuite un corps peut conserver l'énergie absorbée à froid, avec une perfection telle qu'il ne soit ni fluorescent ni phosphorescent. Mais échauffé, il restitue sous forme lumineuse l'énergie qu'il avait emmagasinée. Ce cas rentre dans le précédent; le corps est si parfaitement phosphorescent à froid qu'il n'émet rien.

On observe des effets analogues de la température sur les phénomènes mécaniques de la réactivité. Leur étude a même l'avantage considérable de pouvoir être faite dans ses détails et de mettre en garde contre les solutions simplistes que la difficulté des expériences de phosphorescence n'a pas manqué de faire éclore.

On est parvenu à obtenir des corps remarquablement phosphorescents; le cadre de cet ouvrage nous interdit d'insister.

330. Théorie de la fluorescence et de la phosphorescence. — Naturellement on fait intervenir les ions. Ils sont lancés par l'excitation et reviennent progressivement au repos sous l'influence des frottements. Si à l'extrême rigueur cette hypothèse, véritablement trop simpliste, est admissible pour la fluorescence, elle est évidemment insuffisante pour la phosphorescence. Le problème est analogue à celui de la réactivité où toutes les hypothèses de ce genre ont lamentablement échoué.

331. Fluorescence par les rayons cathodiques, les rayons X, etc. — Les phénomènes de photoluminescence (phosphorescence, fluorescence) ne sont qu'un cas particulier de phénomènes plus généraux.

Un corps placé au foyer d'une cathode, dans une ampoule où le vide a été suffisamment poussé, devient fluorescent ou phosphorescent. L'illumination est due à l'action des *rayons cathodiques* (bombardement négatif). Les *rayons canaux* (bombardement positif) produisent le même phénomène.

Les *rayons Röntgen* rendent phosphorescents, entre autres corps, les écrans au platino-cyanure de baryum qui servent aux observations.

Les *corps radio-actifs*, la *décharge par étincelle* sont encore des agents de luminescence.

Dans tous les cas précédents, la luminescence peut se prolonger indéfiniment sur le même échantillon.

Voici au contraire des cas où la luminescence est liée à des phénomènes *irréversibles*. Il y a destruction d'un groupement, disparition d'une forme plus ou moins stable.

On connaît des réactions chimiques qui sont accompagnées d'une émission lumineuse, bien que la température *moyenne* ne soit jamais élevée. Par exemple le phosphore, le sodium, le potassium, qui s'oxydent à l'air dans des conditions convenables, deviennent lumineux. On peut citer un grand nombre de réactions analogues.

Certains corps *triboluminescents* émettent quand on les broie, quand on les frotte, quand ils passent d'une forme à une autre (sucre candi, acide tartrique, acide arsénieux, larmes bataviques). On peut rattacher à ces phénomènes la *cristalloluminescence* : certaines solutions saturées à chaud laissent déposer des cristaux qui se brisent pendant leur refroidissement et émettent de la lumière.

Les phénomènes de luminescence par précipitation (précipitation des dissolutions aqueuses des chlorures alcalins par l'acide chlorhydrique ou l'alcool) doivent être attribués à la même cause.

Le nombre des faits réunis à propos de toutes ces espèces de luminescence est formidable ; mais comme aucune loi un peu générale ne se dégage encore, nous n'insisterons pas.

332. Fluorescence polarisée.

Corps isotropes fluorescents.

La lumière émise par les liquides ou les solides monoréfringents *fluorescents* n'est pas polarisée, même lorsque la lumière excitatrice est polarisée.

Nous savons, au contraire (IV, § 344), que la lumière *diffusée* par les milieux *troubles* est polarisée ; les vibrations (de Fresnel) dominantes sont perpendiculaires au plan de diffusion (plan passant par le rayon incident et le rayon diffusé). Les amplitudes des vibrations principales (parallèles et perpendiculaires au plan de diffusion) dépendent de l'azimut de vibration du rayon incident.

Cristaux fluorescents.

Pour simplifier, nous supposerons que les cristaux étudiés ne sont pas dichroïques, au sens défini au § 229 ; c'est dire que l'absorption de la radiation émise ne varie pas avec la direction de vibration. Nous choisirons par exemple des corps comme le spath, l'apatite, ... qui sont parfaitement transparents pour les radiations visibles émises.

Quand le corps est dichroïque, la radiation est toujours plus ou moins polarisée *du fait de la transmission*. Il est naturellement difficile de faire la part de la polarisation *par émission*.

La fluorescence des cristaux fluorescents est toujours polarisée.

Pour expliquer les phénomènes, on peut avoir recours à l'hypothèse suivante. Il existe dans le cristal des oscillateurs mis en vibration par résonance, et dont la disposition (ou la distribution, comme on voudra) satisfait aux conditions de symétrie du milieu. L'amplitude de leur vibration dépend de la vibration incidente, c'est-à-dire de la direction de propagation du rayon excitateur et de la grandeur relative des deux vibrations qu'il propage. L'émission dans une direction dépend de la direction du rayon émis et de l'azimut de la vibration propagée dans cette direction. Comme dans une direction se propagent généralement deux vibrations, celles-ci ne sont pas égales : la fluorescence est partiellement polarisée.

Pour bien faire comprendre en quoi consiste ce mode d'explication, traitons deux exemples extrêmes relatifs aux cristaux uniaxes (cristaux possédant un axe principal cristallographique, axe de révolution optique).

Dans le premier (approximativement réalisé dans le spath, cristal rhomboédrique), l'expérience montre que les oscillateurs sont parallèles à l'axe.

Dans le second (approximativement réalisé dans l'apatite, cristal hexagonal), les oscillateurs sont perpendiculaires à l'axe.

1° Envoyons un rayon incliné sur l'axe; il n'excitera les oscillateurs (par hypothèse, parallèles à l'axe) que si la composante de Fresnel située dans le plan passant par le rayon et par l'axe n'est pas nulle; en d'autres termes, que si le rayon extraordinaire existe. Le rayon ordinaire, dont la vibration est normale à l'axe, n'a pas d'effet excitateur. Pour obtenir l'excitation la plus intense, il faut envoyer un rayon extraordinaire normalement à l'axe; ce qui revient au même, envoyer le rayon normalement à l'axe et le polariser dans un plan normal à l'axe.

Passons à l'émission.

Naturellement nous n'obtiendrons jamais que des rayons extraordinaires, dont l'intensité sera maxima normalement à l'axe.

En particulier, le corps ne deviendra fluorescent dans aucune direction sous l'influence d'un rayon qui le traverse suivant l'axe; quelle que soit l'excitation, il n'émettra jamais rien dans la direction de l'axe.

Nous venons d'étudier un cas extrême; mais il est approximativement réalisé dans le spath.

2° Envoyons un rayon incliné sur l'axe; il excitera toujours les oscillateurs (par hypothèse, normaux à l'axe et, par raison de symétrie, uniformément distribués dans tous les azimuts).

En effet, la composante de Fresnel du rayon ordinaire est perpendiculaire à l'axe; la composante de Fresnel du rayon extraordinaire a une composante perpendiculaire à l'axe.

Toutes choses égales d'ailleurs, l'excitation se fera mieux par les rayons ordinaires dont la vibration est tout entière utile Si le rayon est normal à l'axe, il n'est même efficace que s'il est ordinaire; le rayon extraordinaire possède alors sa vibration suivant l'axe.

Corrélativement, la lumière émise est polarisée dans un plan passant par l'axe et la direction du rayon: autrement dit, la vibration la plus intense est normale à l'axe.

La lumière émise normalement à l'axe est complètement polarisée; seul le rayon ordinaire existe.

Ce cas extrême est approximativement réalisé dans l'apatite.

3° Il peut arriver que les oscillateurs soient disposés d'une certaine manière pour une couleur et d'une autre manière pour une autre couleur; c'est ce qui arrive dans le béryl.

4° Au lieu des cas extrêmes étudiés, on peut imaginer que les oscillateurs présentent seulement une symétrie de même nature que celle du cristal. Suivant l'axe par exemple, la vibration est plus facile, moins amortie que perpendiculairement à l'axe.

5° Enfin la théorie précédente, qui n'est évidemment qu'une ébauche, peut être généralisée pour les corps à deux axes optiques différents. Nous n'insisterons pas pour ne pas être conduits à l'étude des symétries. Aussi bien les expériences quantitatives sont trop peu nombreuses pour se prêter à la vérification d'une théorie détaillée.

Nature des sources de lumière blanche.

333. Position du problème. Régularité et dispersion. — Il s'agit de déterminer la *nature des sources blanches,* ou plus généralement des sources fournissant une portion plus ou moins étendue de spectre *continu.*

Rien évidemment n'empêche de dire que tout spectre continu deviendrait discontinu, si la dispersion était suffisante. On a donc beau jeu pour soutenir qu'il existe dans la source un nombre fini (serait-il de l'ordre du million) de résonateurs hertziens distincts, ayant des périodes parfaitement déterminées, vibrant *régulièrement* pendant un très grand nombre d'oscillations, puis relancés brusquement par une cause quelconque, comme un diapason qu'on entretient à coups de marteau.

Voici plus de soixante ans que Fizeau et Foucault précisaient après Fresnel l'aspect précédent du problème. Ils se demandaient à quelle condition on obtient un spectre cannelé *net* avec de grandes différences de marche (tome IV, § 242).

Ils distinguent deux conditions : la *dispersion* et la *régularité.*

Si la différence de marche est très grande, il est impossible de distinguer les franges du spectre cannelé, à moins d'une dispersion suffisante, même en admettant une régularité absolue.

En effet, considérons l'ensemble des résonateurs dont les périodes sont comprises entre T et $T + \Delta T$. Pour une différence de marche suffisante entre les faisceaux interférents, les phases des radiations extrêmes (dont les périodes sont par conséquent T et $T + \Delta T$) diffèrent d'une ou plusieurs circonférences. Si la dispersion est insuffisante, tous les états d'interférence se superposent au même endroit du spectre; les franges disparaissent.

Inversement, supposons la régularité insuffisante avec une dispersion très grande. L'état d'interférence en chaque point du spectre n'est pas déterminé, puisque la différence de phase des deux faisceaux interférents dépend non seulement de la différence des chemins optiques qui est déterminée, mais encore de la manière dont les sources sont relancées de temps à autre, qui ne l'est pas.

Supposons pour préciser que les sources sont relancées toutes les 10000 oscillations et que la différence des chemins soit d'un million de longueurs d'onde. Le mouvement qui est émis par la première oscillation de la source interfère avec le mouvement émis par la millionième oscillation, c'est-à-dire par une oscillation dont la phase n'a aucun lien nécessaire avec la première oscillation, puisqu'il y a eu cent relancements entre les deux émissions.

Fizeau et Foucault concluaient de raisonnements analogues que, pour observer des franges à grande différence de marche, deux conditions sont nécessaires : une régularité suffisante de la source, une dispersion suffisante du spectroscope.

334. Objections à cette théorie. La régularité fonction de la dispersion. — Cette théorie a l'avantage d'être très simple. Elle explique immédiatement pourquoi *des rayons émanés de sources différentes n'interfèrent dans aucun cas.*

Malheureusement elle présente cette difficulté de nécessiter l'existence dans la source continue d'un nombre extrêmement grand de sources monochromatiques. L'expérience montre du reste qu'on n'arrive jamais à la limite de la *régularité* définie par la théorie précédente. Autrement dit, quelle que soit la différence de marche, on obtient toujours un spectre cannelé net, à la seule condition d'augmenter suffisamment la *dispersion.*

On est conduit à se demander si la régularité ne serait pas une conséquence de la dispersion : d'où une théorie toute différente proposée par Gouy.

Les sources à spectre continu sont essentiellement irrégulières; le mouvement n'y est même pas périodique. C'est le spectroscope qui crée les mouvements périodiques; ils sont d'autant plus réguliers que la dispersion est plus grande.

Voici dès lors le résumé de la théorie. Soit :

$$v = F(t), \qquad (1)$$

la vitesse vibratoire de la source en fonction du temps. Considérons le mouvement lumineux pendant l'intervalle de temps T, pris arbitrairement et suffisamment long. Entre 0 et T, nous avons identiquement :

$$F(t) = A_1 \sin \omega t + A_2 \sin 2\omega t + \dots$$
$$+ B_0 + B_1 \cos \omega t + B_2 \cos 2\omega t + \dots, \qquad (2)$$

avec les conditions :

$$A_n = \frac{2}{T}\int_0^T \sin n\omega t \,.\, F(t)\, dt,$$

$$B_n = \frac{2}{T}\int_0 \cos n\omega t \,.\, F(t)\, dt.$$

Le mouvement émis est représenté par (1); l'équation (2) n'est qu'une identité cinématique. La théorie consiste à admettre que le spectroscope en fait une réalité.

Nous pouvons encore écrire :

$$F(t) = B_0 + a_1 \sin(\omega t - \alpha_1) + a_2 \sin(2\omega t - \alpha_2) + \dots,$$

avec les conditions :

$$a_n^2 = A_n^2 + B_n^2, \qquad \operatorname{tg} \alpha_n = - B_n : A_n.$$

335. Franges d'Young. — Avant d'aller plus loin, il n'est pas inutile de montrer ce que devient dans l'hypothèse de Gouy la théorie des franges d'Young ou de Fresnel *en lumière blanche*. On comprendra immédiatement pour quelle raison nous avons soigneusement conservé l'hypothèse de Fresnel tout le long du tome IV.

Imaginons donc que *la source émet d'une manière irrégulière des ébranlements de très courte durée.*

Il est impossible dès lors d'imaginer des interférences *objectives* indépendamment d'un résonateur. La théorie des franges devient analogue à celle que nous avons donnée du résonateur de Hertz au § 39.

Deux ébranlements instantanés partent simultanément de la source et, par deux chemins de longueurs différentes, parviennent en un même point de l'écran ou de la rétine. Le premier met en branle un résonateur; le second détruit l'action du premier ou la renforce, suivant le temps qui s'écoule entre la première excitation et la seconde, c'est-à-dire suivant la différence de marche.

C'est donc maintenant le résonateur qui crée l'interférence.

L'interférence exige que la différence de marche ne soit pas trop grande; en effet, si les excitations *liées*, c'est-à-dire celles qui proviennent de la même émission, arrivent sur le résonateur séparées par des temps tels que l'effet de la première soit complètement amorti quand arrive la seconde, le mouvement du résonateur est indépendant de la différence de marche. L'amortissement du résonateur intervient maintenant au premier chef dans l'explication des phénomènes : la différence de marche limite est d'autant plus petite que l'amortissement est plus grand.

Même explication pour les franges photographiées. On doit admettre, ce que du reste l'expérience montre exact, qu'il existe une période de mise en train (induction photographique, tome IV, §§ 176 et sq.). Si l'action du second ébranlement ne concorde pas avec celle du premier, l'excitation n'atteint pas une grandeur suffisante pour impressionner la plaque. D'où la nécessité d'une différence de marche convenable, d'où les franges.

Reste à trouver dans la rétine, dans l'écran, dans la plaque, les résonateurs exigés par la théorie. Ce serait mentir que déclarer le problème résolu : il est simplement renversé.

336. Objections à la nouvelle théorie. — On a fait à la nouvelle théorie des objections auxquelles il ne paraît pas que les réponses soient toutes claires et péremptoires. Cela n'infirme pas sa valeur, mais montre qu'elle mérite d'être étudiée dans ses détails, ce que nous n'avons pas la prétention de faire ici.

1° Tout d'abord on a dit que le développement de Fourier est valable pour un intervalle 0 à T quelconque, alors même que les ébranlements à représenter n'existent que dans l'intervalle plus petit

0 à T' (T' < T). *On verrait donc de la lumière un temps quelconque après que le corps a cessé d'en envoyer.*

On a répondu que le principe de la conservation de l'énergie serait ainsi violé et qu'il fallait en tenir compte.

La réponse n'est pas péremptoire. Il va de soi qu'il faut tenir compte du principe de la conservation de l'énergie. Mais c'est une nouvelle condition qu'on ajoute. La série de Fourier est une équivalence cinématique; pour des conditions imposées (ébranlements donnés avec des vitesses données dans un intervalle donné de 0 à T'), elle fournit sans ambiguïté une solution déterminée valable dans un intervalle de 0 à T quelconque. On ne voit pas comment tenir compte du principe de la conservation de l'énergie. Diminuera-t-on toutes les ordonnées de manière qu'*en moyenne* le principe soit satisfait? Il faudrait savoir ce que signifie *en moyenne* quand il s'agit de représenter un mouvement *absolument désordonné.*

On dira que la même objection peut être faite en Acoustique dans l'application de la loi d'Ohm. D'abord cela ne résout pas la difficulté optique. Ensuite tant s'en faut que les cas soient comparables. En Acoustique, on considère des mouvements *périodiques* et on les décompose suivant la série de Fourier. Il est permis de parler d'énergie moyenne sans aucune ambiguïté.

2° On a objecté que, le spectroscope créant la régularité, extrayant du mouvement désordonné des mouvements simples d'une durée indéfinie et d'une régularité absolue, rien ne devait empêcher l'interférence régulière de deux sources différentes.

Oui, a-t-on répondu, si le spectroscope était infiniment dispersif. Mais il ne l'est pas. Il superpose donc en chaque point les franges qui correspondent à une infinité de périodes *voisines, mais différentes.* Or les phases α_n de la série de Fourier (§ 334) peuvent être très différentes pour des termes infiniment voisins; elles dépendent essentiellement de la nature du mouvement représenté. Quand les mouvements interférents proviennent de la même source, peu importe ces phases; c'est la différence des phases qui intervient et elle ne dépend que de la différence des chemins. Quand les mouvements interférents proviennent de sources différentes, c'est bien toujours la différence des phases qui intervient, mais elle dépend non seulement de la différence des chemins, mais encore de la nature des mouvements représentés. De sorte qu'en un même point du tableau spectral, se superposent des états d'interférence infiniment variables; *d'où la teinte plate.* La réponse est satisfaisante.

En définitive, il en sera pour cette théorie comme pour la théorie cinétique des gaz. On a d'abord commencé par admettre un mouvement absolument désordonné; puis on a dû supposer une régularité particulière, ou, si l'on veut, une irrégularité déterminée : c'est l'hypothèse de Maxwell. Le mouvement désordonné des sources lumineuses ne l'est pas absolument, puisqu'en moyenne elles émettent une énergie constante. Il serait d'ailleurs singulier d'invoquer l'existence de résonateurs réguliers pour la réception et de refuser aux excitateurs toute espèce de régularité, ou d'irrégularité régulière. La régularité invoquée par Fresnel, Fizeau et Foucault reparaîtra nécessairement sous une forme quelconque, pour ne pas dire qu'elle a déjà reparu ; la Théorie des probabilités a déjà fourré son nez dans la question.

CHAPITRE XIII

THERMODYNAMIQUE DU VIDE

(Le lecteur est prié de se reporter au Chapitre II de la seconde partie du Cours d'Optique, tome IV.)

337. Énergie interne du vide à une température donnée pour une radiation parfaitement diffusée. Définition de la température d'une telle radiation. — Soit B un corps *parfaitement noir* à la température T dans une enceinte parfaitement réfléchissante C. Creusons une cavité de forme quelconque dans ce corps. *En tous les points de cette cavité existe la radiation d'équilibre pour la température* T. Elle est *complètement diffusée*, en ce sens qu'aucune direction n'est privilégiée. Elle est constituée par un ensemble défini de radiations, ayant pour chaque longueur d'onde une *densité d'énergie*, c'est-à-dire *une énergie interne par unité de volume*, parfaitement déterminée.

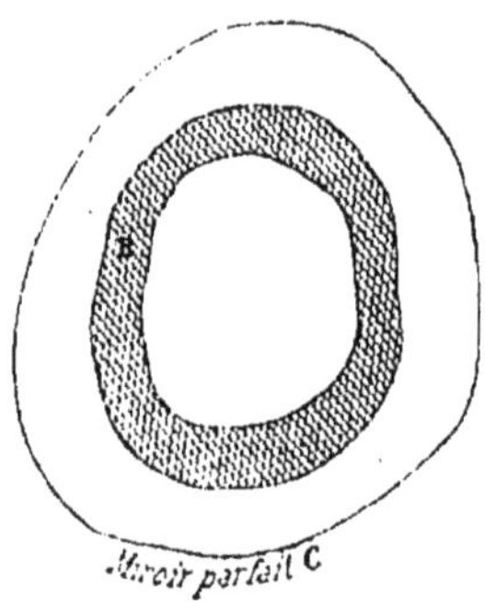

Fig. 183.

Il en est de même si nous introduisons dans la cavité un corps A *parfaitement ou imparfaitement noir* à la même température : le corps noir doit continuer à émettre comme précédemment; par conséquent, la radiation qu'il reçoit en tout point de sa surface et corrélativement la radiation en tout point de l'espace compris entre A et B ne doivent pas être modifiées par l'introduction du corps A.

Il en est encore de même à l'intérieur de la cavité, si le pouvoir absorbant ou émissif des parois est faible; grâce aux réflexions successives, l'absorption finit par être complète pour chaque pinceau de rayons.

Nous pouvons exprimer la densité de l'énergie pour la radiation parfaitement diffusée, en fonction des quantités précédemment définies (tome IV, Chapitres I et II).

Considérons ce qui se passe au voisinage d'un élément plan $d\sigma$ du corps noir (fig. 184) : menons un plan parallèle à une distance h très petite et évaluons l'énergie par unité de volume entre les deux plans, au voisinage de l'élément. *Elle est la même en un point quelconque de l'espace où existe la radiation parfaitement diffusée*, puisque nous pouvons introduire un corps noir de forme quelconque où nous voulons, sans modifier l'état de choses actuel.

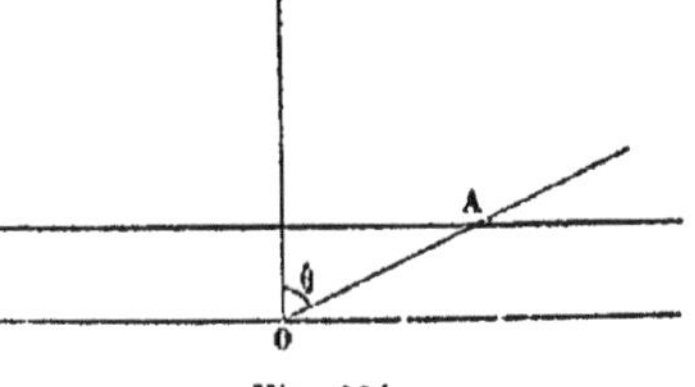

Fig. 184.

L'énergie émise dans l'unité de temps par l'élément $d\sigma$ dans l'espace compris entre les cônes θ et $\theta + d\theta$ est (IV, § 160) :

$$\varepsilon d\sigma d\lambda \,.\, 2\pi \cos\theta \sin\theta \, d\theta.$$

Elle se répartit sur une longueur V numériquement égale à la vitesse de la lumière. Il en reste donc dans le cône dont les génératrices ont une longueur $\overline{OA} = h : \cos\theta$, une quantité :

$$\varepsilon d\sigma d\lambda \,.\, 2\pi \cos\theta \sin\theta \, d\theta \frac{h}{V \cos\theta}.$$

Chaque élément $d\sigma$ jouant exactement le même rôle, l'énergie par unité de volume comprise entre les deux plans, pour les radiations dont les longueurs d'onde vont de λ à $\lambda + d\lambda$, est :

$$\varepsilon d\lambda \frac{2\pi}{V} \int_0^{\frac{\pi}{2}} \sin\theta \, d\theta = \frac{2\pi\varepsilon d\lambda}{V}.$$

Il existe une quantité égale d'énergie se propageant en sens contraire. On a donc pour la densité de l'énergie totale transportée par les radiations comprises entre λ et $\lambda + d\lambda$:

$$dU = \frac{4\pi\varepsilon d\lambda}{V} = \frac{4 s d\lambda}{V}.$$

La densité de l'énergie transportée par le spectre entier est (IV, § 192) :

$$U = \frac{4S}{V} = \frac{4S_0}{V} T^4.$$

$S_0 = 1{,}28 \,.\, 10^{-12}$ petites calories par seconde
$= 5{,}32 \,.\, 10^{-12}$ watts $= 5{,}32 \,.\, 10^{-5}$ ergs par seconde.
$V = 3 \,.\, 10^{10}$.
$U = 1{,}71 \,.\, 10^{-22} T^4$ petites calories $= 7{,}09 \,.\, 10^{-22} T^4$ joules.

Inversement, si nous connaissons la valeur de l'énergie interne U par unité de volume d'une radiation parfaitement diffusée, nous pourrons calculer la température par la formule précédente.

338. Température de l'espace. — Pour qu'on puisse parler d'une température de l'éther, il faut qu'il y existe une radiation parfaitement diffusée. Supprimons de l'espace le système solaire; cherchons la température de l'éther là où il se trouvait. Il ne reste plus que « l'obscure clarté qui tombe des étoiles »; celles-ci peuvent être considérées comme formant une couche à peu près uniforme, une sorte d'enceinte à l'intérieur de laquelle nous pouvons calculer la température.

On admet que la lumière des étoiles est le 1/10 de la pleine lune, qui est le 1/400000 du plein soleil. Le plein soleil est donc à la lumière des étoiles comme 4.10^6 est à l'unité.

Mais le Soleil ne recouvre qu'une partie du ciel : cherchons combien il en faudrait pour paver le ciel, c'est-à-dire pour couvrir exactement une sphère de rayon l égale à la distance de la Terre au Soleil. Soit R le rayon du Soleil. Le nombre de soleils nécessaires serait :

$$4\pi l^2 : \pi R^2 = 4(l : R)^2.$$

Or $l : R$ est l'inverse de la moitié du diamètre apparent du soleil. On trouve $(l : R)^2 = 46000$ (IV, § 200).

En définitive, le ciel pavé de soleils enverrait une énergie égale à

$$4.4.10^6.46000 = 0{,}736.10^{12},$$

fois la lumière des étoiles.

Mais si le ciel était pavé de soleils, on serait dans une enceinte isotherme à 6200° environ (IV, § 200). La densité des énergies étant comme la quatrième puissance de la température, on a :

$$\text{Température de l'espace} = \frac{\text{Température du Soleil}}{(0{,}736.10^{12})^{\frac{1}{4}}}$$

$$= \frac{\text{Température du Soleil}}{926} = 7^\circ \text{ absolus.}$$

339. Obtention de radiations parfaitement diffusées. — Dans les raisonnements, on imagine l'existence de surfaces *parfaitement réfléchissantes* de deux espèces : des surfaces *à réflexion régulière*, des surfaces *parfaitement diffusantes*. Les rayons tombant sur ces dernières sont renvoyés dans toutes les directions suivant la loi de Lambert (IV, § 164).

Il est naturellement impossible de parler de la température des surfaces parfaitement réfléchissantes.

Quand un espace clos est limité par des surfaces parfaitement réfléchissantes, *sauf une aire de dimensions finies* portée à la température T, les radiations à l'intérieur sont partout, *après un temps suffisant*, complètement diffusées; elles correspondent à la température T.

C'est évident si les parois sont de seconde espèce. Pour des parois de première espèce, il faut observer que, *la surface qui émet étant de dimensions finies,* il est impossible que les rayons soient tous renvoyés après une seule réflexion sur la surface émettante. Elles vont donc être réfléchies un nombre infini de fois : d'où leur parfaite diffusion. On peut encore se rendre compte du résultat en considérant que la température ne serait pas modifiée par le remplacement d'un élément quelconque parfaitement réfléchissant par un élément de paroi *absolument noire* (comparer avec IV, § 189).

Si l'élément qui émet est *infiniment petit,* et si on le dispose à l'origine des temps au centre d'une sphère dont la surface interne est réfléchissante et de première espèce, il est clair que la radiation ne sera jamais parfaitement diffusée ; mais c'est là une conception de pure théorie.

Ces remarques sont nécessaires pour prévenir le lecteur du peu de valeur de la démonstration qui suit : c'est plutôt l'explication d'un postulat qu'une démonstration.

340. Température d'une radiation non complètement diffusée. — Soit une petite sphère *parfaitement noire* de rayon R à l'intérieur d'une sphère *parfaitement réfléchissante* de rayon R'. Cherchons la densité de l'énergie de la radiation en tous les points de l'espace compris entre les deux sphères. Nous admettrons que l'énergie ne se diffuse pas complètement.

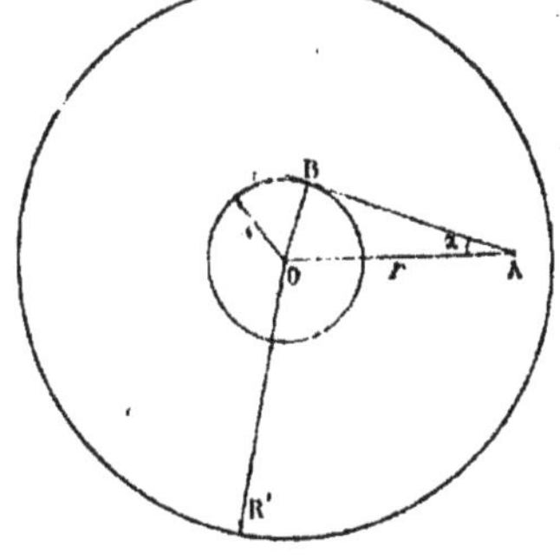

Fig. 185.

L'énergie totale émise dans le temps $d\tau$ est :

$$4\pi R^2 s d\lambda d\tau.$$

La vitesse de propagation est V.

Calculons l'énergie contenue entre les sphères de rayon r et $r+dr$, c'est-à-dire dans le volume $4\pi r^2 dr$. Le chemin dr est parcouru dans le temps $d\tau = dr : V$. L'énergie cherchée est donc :

$$4\pi R^2 s d\lambda dr : V. \qquad (1)$$

La densité de cette énergie a pour expression :

$$\frac{4\pi R^2 s d\lambda dr}{4\pi r^2 dr \cdot V} = \frac{R^2}{r^2} \frac{s d\lambda}{V}.$$

Mais dans le même espace circulent simultanément des rayons centrifuges et des rayons centripètes ; la densité totale est donc double de celle qui vient d'être calculée :

$$dU_\alpha = \frac{2R^2}{r^2} \frac{s d\lambda}{V}.$$

U_α n'est donc pas indépendant de r; *corrélativement*, à mesure qu'on s'éloigne de la sphère R, à mesure par conséquent que la densité de l'énergie diminue, les rayons deviennent plus voisins du parallélisme.

Au point A, à une distance r assez grande, la sphère R est vue sous l'angle solide :

$$2\pi(1-\cos\alpha)=\pi R^2 : r^2, \qquad (2)$$

à la condition que l'angle α soit assez petit.

D'où (§ 337):

$$dU_\alpha=\frac{2sd\lambda}{V}\frac{R^2}{r^2}=\frac{4sd\lambda}{V}(1-\cos\alpha)=dU(1-\cos\alpha). \qquad (3)$$

Pour l'ensemble des longueurs d'onde, il résulte de l'intégration par rapport à λ : $$U_\alpha=U(1-\cos\alpha). \qquad (4)$$

La lumière complètement diffusée correspond à la condition :

$$\alpha=\pi : 2.$$

Si l'on connaît la densité de l'énergie U_α dans un pinceau de rayons dont l'angle de divergence est α (c'est-à-dire dont les directions remplissent un cône plein de demi-angle au sommet α), on peut calculer U, et par conséquent la température du faisceau.

Si la lumière ne passe que dans un sens, la densité est moitié moindre: $$\frac{U_\alpha}{2}=\frac{2S_0}{V}T^4(1-\cos\alpha).$$

Pour des rayons sensiblement parallèles, U et par conséquent la température peuvent être considérables, alors même que U_α est petit. Ainsi on doit attribuer au rayonnement direct du Soleil (abstraction faite de l'absorption par l'atmosphère) la température du Soleil. Le même rayonnement diffusé par les nuages correspond à une température bien plus basse. La diffusion dégrade le rayonnement.

Remarque. — Le raisonnement précédent conduirait à des conséquences absurdes si on ne faisait pas attention. On serait tenté de l'appliquer au voisinage de la sphère. Faisons $r=R$ dans la formule (3); il vient pour densité de l'énergie :

$$U_\alpha=\frac{2S}{V}=\frac{U}{2},$$

résultat évidemment absurde, puisqu'au voisinage immédiat de la sphère la radiation est parfaitement diffusée; on doit avoir : $U=U_\alpha$.

Il est facile de montrer que le raisonnement est alors en défaut. En effet les chemins parcourus par les rayons émanés d'un élément de surface de la sphère R, dans l'espace limité par les sphères de rayons R et $R+dr$, ne sont pas égaux. La densité de l'énergie n'est donc pas proportionnelle à l'énergie totale émise divisée par le volume. C'est pour tenir compte de cette inégalité que s'introduit cos θ en dénominateur dans les formules du § 337. Le raisonnement n'est donc valable que lorsqu'on est à une distance suffisante de la sphère pour qu'on puisse poser $\cos\theta = 1$, ou, ce qui revient au même, $\cos\alpha = 1$, dans les termes où ce cosinus entre comme facteur. La formule (4) est correcte et générale; mais elle provient de deux formules (1) et (2) séparément approchées et dont les erreurs se compensent.

D'ailleurs pour que (§ 339) la radiation ne soit pas parfaitement diffusée, il faut que la sphère soit extrêmement petite. La démonstration ne vaut donc rigoureusement que pour une divergence α très petite. Nous admettrons le résultat pour une divergence quelconque.

341. **Tensions dans le milieu : pression de radiation.** — Au § 124 du tome III, nous avons montré qu'un diélectrique électrisé est dans un état de tension. Le phénomène est de révolution. Les trois directions principales (§ 125, tome I) sont en chaque point O du milieu (fig. 186) la direction de la force électrique Ox et deux droites Oy, Oz, rectangulaires quelconques situées dans un plan rectangulaire.

La *tension* suivant Ox, les *pressions* suivant Oy et Oz sont égales entre elles et à :

$$N = KP^2 : 8\pi,$$

où P est la valeur actuelle de la force électrique.

Au § 125 du tome III, nous avons dit que le théorème s'appliquait à la force magnétique. En chaque point du milieu aimanté, les directions principales sont encore la force magnétique et deux droites rectangulaires quelconques situées dans un plan rectangulaire. La *tension* suivant la force magnétique, les *pressions* suivant les deux autres directions sont égales entre elles et à :

$$N' = \mu H^2 : 8\pi,$$

où H est la valeur actuelle de la force magnétique.

Connaissant les cosinus directeurs m, n, p, d'un plan quelconque, les formules du § 123 du tome I permettent de calculer les composantes de la force élastique par unité de surface de ce plan.

Les calculs se simplifient beaucoup dans le cas suivant.

Supposons les forces électrique et magnétique normales entre elles et de grandeurs telles que les pressions N et N' soient égales. Les pressions principales s'annulent suivant Ox et Oy; la *tension* est $-2N$ suivant Oz. Si l'on veut, la *pression* est 2N suivant Oz.

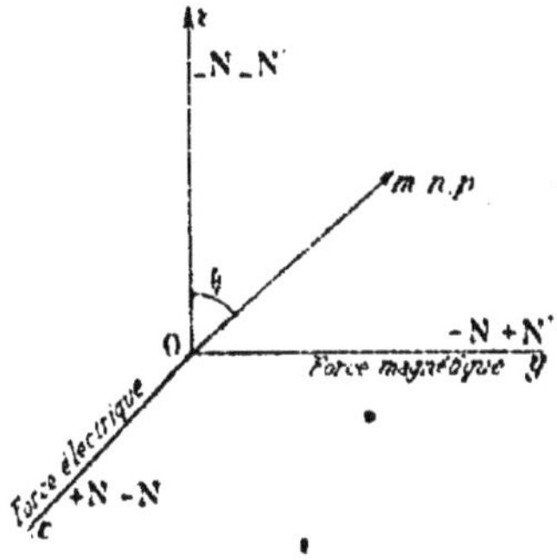

Fig. 186.

Donc la pression élastique, sur un plan quelconque dont la normale fait un angle θ avec la normale au plan des forces, a pour composantes (§ 123, tome I) :

$$X=0, \qquad Y=0, \qquad Z=2N\cos\theta.$$

On peut la décomposer en deux vecteurs :
l'un normal au plan : $2N\cos^2\theta$,
l'autre tangentiel : $2N\cos\theta\sin\theta=N\sin 2\theta$.

342. **Application à une onde électromagnétique plane.** — Considérons une onde électromagnétique plane se propageant suivant l'axe des z. Les vecteurs électrique et magnétique ont pour expressions (§ 12), en posant $\mu=1$:

$$P=P_1\sin 2\pi\left(\frac{t}{T}-\frac{z}{\lambda}\right), \qquad Y=P_1\sqrt{K}\sin 2\pi\left(\frac{t}{T}-\frac{z}{\lambda}\right).$$

Pour calculer la pression moyenne, nous devons chercher le carré de la valeur efficace de P et de Y.

On a, d'après les formules connues :

$$\frac{1}{T}\int_0^T P^2 dt=\frac{P_1^2}{2}, \qquad \frac{1}{T}\int_0^T Y^2 dt=\frac{P_1^2 K}{2}.$$

On a donc :

$$N=N'=\frac{KP_1^2}{16\pi}, \qquad N+N'=\frac{KP_1^2}{8\pi}.$$

La pression 2N est donc précisément égale à la densité moyenne W de l'énergie transportée par l'onde électromagnétique (§ 12).

En définitive, *une onde plane exerce sur un plan qu'elle rencontre sous l'angle d'incidence* θ :
une pression normale : $W\cos^2\theta$;
une pression tangentielle : $W\cos\theta\sin\theta$.

Cette dernière pression est dirigée suivant la projection sur le plan considéré de la normale à l'onde prise dans le sens de propagation.

Supposons l'onde reçue sur une surface réelle.

Si cette surface absorbe la vibration (milieu opaque en Optique, conducteur en Électricité), il ne faut tenir compte que de l'onde incidente dans le calcul de la pression normale. Si le milieu réfléchit parfaitement, la pression normale est doublée, car sa grandeur est indépendante du sens de propagation. Enfin soit r la fraction d'énergie réfléchie ; la pression normale est :

$$W(1+r)\cos^2\theta,$$

où W est la densité de l'énergie *dans l'onde incidente.*

La conclusion est très différente pour la composante tangentielle. Si la surface est parfaitement réfléchissante, la composante tangentielle résultante est nulle, car les ondes incidente et réfléchie produisent des effets égaux et opposés. On a généralement pour expression de la composante tangentielle :

$$W(1-r)\cos\theta\sin\theta.$$

Le maximum de cette expression a lieu pour $\theta=\pi:4$; elle vaut :

$$W(1-r):2.$$

Application numérique.

Le Soleil envoie par minute sur chaque centimètre carré d'une surface normale aux rayons 2,54 petites calories, soit par seconde 0,018 kilogrammètre. La vitesse de la lumière étant 3.10^{10} centimètres, l'énergie contenue dans un centimètre cube est $0{,}006.10^{-10}$ kilogrammètres, soit $0{,}006.10^{-5}$ grammes centimètres. La pression correspondante normale par centimètre carré est :

$0{,}006.10^{-5}$ grammes $=0{,}00006$ milligrammes $=0{,}6.10^{-4}$ dynes très sensiblement.

Par mètre carré, elle est donc $0^{mg},6$ pour une surface absolument noire, $1^{mg},2$ pour un miroir parfait.

343. **Radiomètre.** — Avant d'exposer dans quelles expériences on a cherché la preuve expérimentale des propositions précédentes, nous dirons quelques mots d'un appareil très intéressant, *le radiomètre de Crookes,* dont la théorie n'a aucun rapport avec le sujet traité dans ce Chapitre, mais est indispensable pour comprendre les expériences qui suivent.

Il se compose ordinairement d'un ballon dans lequel on fait le vide. Une pointe soudée au ballon sert de pivot pour une chappe à laquelle sont fixés, par quatre fils en croix, quatre disques verticaux de mica ou d'aluminium. L'une des faces de ces disques est noircie.

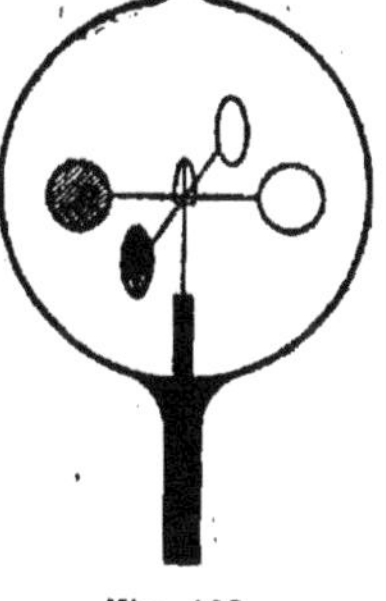

Fig. 187.

Quand on envoie un faisceau calorifique sur l'appareil, le système mobile se met à tourner, *comme si les rayons exerçaient sur les faces noircies une pression plus grande que sur les faces qui ne le sont pas.*

La théorie de cette expérience a donné lieu à d'ardentes controverses. Il paraît bien établi que les rayons n'agissent pas *immédiatement.* La cause du phénomène est l'inégal échauffement des faces de chaque lamelle dont les états superficiels sont différents. La différence des pressions sur les deux faces est due au résidu gazeux : *c'est la surface la plus chaude qui est la plus repoussée par le gaz environnant, quelle que soit sa situation par rapport au faisceau calorifique.*

On peut s'arranger par le choix convenable de la lamelle et de ses couvertures, de manière qu'elle semble attirée ou repoussée par la lumière.

La preuve que la cause du mouvement réside bien dans l'appareil, est qu'en suspendant librement le ballon, on le voit tourner en sens inverse des palettes, comme le veut le principe de l'égalité de l'action et de la réaction. La force qui agit sur les palettes prend donc son point d'appui sur le ballon.

344. Application au radiomètre de la Théorie cinétique (Reynolds). — Toutes les molécules d'un gaz à T degrés n'ont pas la même vitesse; mais nous pouvons raisonner sur une *vitesse efficace* (tome II, § **213**), que nous désignerons par la lettre u, qui est commune à toutes les molécules et telle que la force vive de translation (et par conséquent la pression) reste la même qu'avec les vitesses réelles (tome II, § **204**).

Supposons qu'un gaz à la température T_1 soit limité par une enceinte à la température T_0. Avant de butter sur l'enceinte, la vitesse efficace des molécules est u_1; *nous poserons qu'après le rebondissement elle est* u_0; c'est en cela que consiste l'échauffement du gaz par conduction.

Soit $T_0 > T_1$; le gaz s'échauffe. La paroi a reçu le choc d'une molécule et, par un procédé parfaitement inconnu du reste, l'a relancée avec une vitesse plus grande. Il est clair que la pression (impulsion moyenne nécessaire pour le changement de vitesse) est plus petite qu'il ne convient à la température T_0 de la paroi, plus grande qu'il ne convient à la température T_1 du gaz.

Soit $T_0 < T_1$; le gaz se refroidit; le rebondissement se fait avec diminution de vitesse, comme sur un corps mou. La pression est plus grande qu'il ne convient à la température T_0 de la paroi, plus petite qu'il ne convient à la température T_1 du gaz.

De là à conclure que deux parois P et P', indéfinies, parallèles, portées à des températures inégales T_0 et T_0' sont inégalement pressées, il n'y a qu'un pas que nous ne franchirons pas, parce que ce serait absurde.

L'erreur consiste à admettre que le gaz est à une température intermédiaire aux températures des parois. Supposons, pour simplifier le raisonnement, que les libres parcours sont énormes, de sorte que les molécules vont sans choc d'une paroi à l'autre. Avant de choquer la paroi P, le gaz est à la température T_0'; avant de choquer P', il est à la température T_0; les pressions, intermédiaires à celles qui correspondent à T_0 et T_0', sont donc les mêmes sur les deux parois. Le gaz est simultanément à deux températures; l'une pour les molécules qui vont dans un sens, l'autre pour celles qui vont en sens inverse. Il n'y a là rien de contradictoire, puisque dans la théorie cinétique, la température a une définition statistique.

Les phénomènes du radiomètre, c'est-à-dire des pressions différentes aux divers points d'un vase, n'existent donc que par suite de l'emploi de surfaces *limitées*. On vérifiera qu'un petit disque placé parallèlement entre deux plans indéfinis à la température T_0, et dont les faces 0 et 1 sont aux températures différentes T_0 et T_1, ne peut être en équilibre. Car la face 1 ne reçoit que des balles à la température T_0 et n'en émet qu'à la température T_1; tandis que le plan indéfini en regard n'en émet qu'à T_0, mais en reçoit qui sont à T_0 et à T_1. Si $T_1 > T_0$, la pression est plus grande sur le disque que sur le plan.

Mais *pour que le raisonnement soit valable*, ce n'est pas tout de prouver que les molécules qui tombent sur la face 1 ou y rebondissent sont moyennement plus rapides que celles qui tombent sur la face 0. Il faut encore montrer que leur nombre n'a pas décru sur la face 1; autrement dit que l'accroissement de pression dû à l'accroissement de la vitesse n'est pas contrebalancé par une diminution de densité.

Cette compensation n'a pas lieu précisément à cause des dimensions restreintes du disque et de la grandeur du libre parcours. Le gros des molécules va d'un plan indéfini à l'autre; le disque modifie bien les vitesses des molécules en nombre relativement petit qui le rencontrent; il ne change pas la distribution moyenne.

Supposons au contraire le disque très étendu; la pression sur la face 0 et le plan en regard est la même; elle serait inférieure à la pression entre la face 1 et le plan en regard *si la densité restait la même dans les deux intervalles*. Mais il y aura écoulement du gaz d'un intervalle à l'autre, jusqu'à ce que les pressions redeviennent égales; *alors il n'existe plus de raison pour que l'équilibre soit détruit*.

Nous en avons assez dit pour faire comprendre *la nature* de l'explication et par suite les difficultés qu'on rencontre dans la mesure de la pression de radiation.

345. Expériences de vérification (Lebedeff). — Ainsi il est difficile de mettre en évidence la pression de radiation à cause des phénomènes accessoires qui proviennent de l'échauffement.

Voici comment on opère.

L'appareil se compose de petits disques plans de tôle de platine suspendus à un fil de torsion *ab*, par l'intermédiaire d'un léger bâti en verre, dans un ballon où l'on peut faire un vide très poussé.

Un miroir M permet de mesurer les torsions.

Les disques P_1, P_2, sont polis sur les deux faces; les disques P'_1, P'_2, sont noircis par dépôt électrolytique. Les disques P_1, P'_1, sont cinq fois plus épais que les disques P_2, P'_2 :

(diamètres = 5 millimètres, épaisseurs = 100 μ et 20 μ).

L'expérience consiste, à l'aide de miroirs mobiles, à envoyer arbitrairement la lumière d'une lampe à arc (30 ampères), condensée par des lentilles, sur l'une des faces de l'un des disques, et à comparer les répulsions obtenues dans les divers cas.

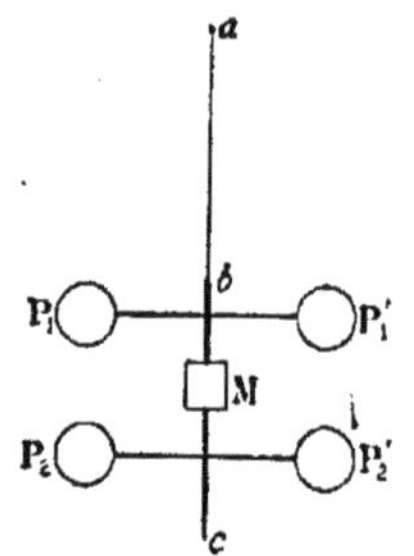

Fig. 188.

On pousse le vide autant que possible pour supprimer les forces radiométriques.

Les phénomènes accessoires proviennent de la différence des températures entre les parois du ballon et les deux faces du disque expérimenté. Pour éliminer les effets provenant des parois du ballon, on fait tomber successivement le faisceau sur la face avant et sur la face arrière d'un disque : on prend la moyenne des torsions.

Pour éliminer les effets provenant de la différence des températures entre les faces du disque, on étudie successivement les torsions pour les disques d'épaisseurs différentes; on calcule l'effet probable sur un disque d'épaisseur nulle dont les faces auraient par conséquent rigoureusement la même température. La correction est du reste assez aléatoire.

On vérifie que *pour un vide suffisant* les effets sont plus grands avec les disques *polis*, ce qui est bien conforme à la théorie : nous avons vu ci-dessus que les phénomènes accessoires sont au contraire plus grands pour les disques *noirs*.

346. **Expériences de Poynting.** — La pression tangentielle est bien plus facilement mise en évidence que la pression normale, parce que l'action du gaz environnant est normale. On s'arrange donc de manière à éliminer l'action de toutes les forces normales.

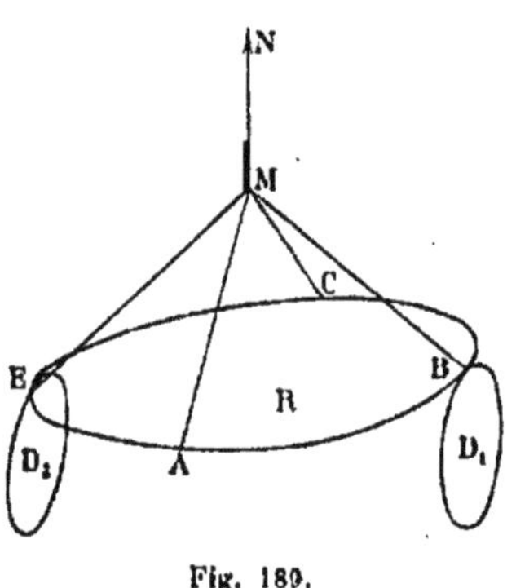

Fig. 189.

Deux disques de verre D_1 et D_2, d'un centimètre de rayon environ, sont fixés verticalement au pourtour d'un léger disque de verre R, soutenu par des fils fins et tournant autour d'un fil de quartz MN fin et long. Le moment d'inertie de la partie mobile est 2,5 grammes-centimètres carrés environ; la durée d'oscillation est voisine de 150 secondes. On trouve immédiatement :

$$T=2\pi\sqrt{\frac{I}{C}}, \qquad C=4,38.10^{-3};$$

C est le couple en ergs qui correspond à une torsion d'un radian, soit à un arc d'un mètre sur une circonférence d'un mètre, soit à un déplacement du spot de 2 mètres sur une échelle placée à 1 mètre du miroir M. Un déplacement d'un millimètre correspond à un couple 2000 fois plus petit; soit $2,19.10^{-6}$.

L'appareil est placé dans une enceinte où l'on fait le vide à 1 centimètre de mercure. Le faisceau lumineux provient d'une lampe Nernst et tombe à 45° sur le disque D_1 noirci, ou sur le disque D_2 argenté. Dans le premier cas, la force tangentielle est suffisante pour produire un déplacement de plusieurs centimètres sur l'échelle à 2 mètres; dans le second, l'effet est quasiment nul. Ces résultats satisfont aux formules du § 342.

347. Action de la lumière sur les météorites. — Il résulte des paragraphes précédents que le Soleil exerce sur tout corps deux actions en raison inverse du carré de la distance : l'une attractive qui est la gravité (proportionnelle au volume); l'autre répulsive, due à la radiation solaire (proportionnelle à la surface).

Pour préciser, supposons le corps sphérique, de rayon r et de densité δ. L'effet de la radiation sera de diminuer la constante de la gravité.

La force d'attraction F_1, la force de répulsion F_2 et leur résultante sont, à la distance R du Soleil :

$$F_1 = \frac{4}{3}\pi r^3 \frac{\alpha\delta}{R^2}, \qquad F_2 = \pi r^2 \frac{\beta}{R^2}, \qquad F_1 - F_2 = F_1\left(1 - \frac{3\beta}{4\alpha}\frac{1}{r\delta}\right).$$

Calculons la valeur du coefficient $3\beta : 4\alpha$.

Nous avons trouvé plus haut qu'à la distance du Soleil à laquelle se trouve la Terre, la pression de radiation est (sur un corps noir) de $0,6.10^{-4}$ dynes par centimètre carré (§ 342).

La distance de la Terre au Soleil est 150 millions de kilomètres (en nombre rond), soit 15.10^{12} centimètres. La vitesse moyenne de déplacement de la Terre sur sa trajectoire est 30 kilomètres par seconde, soit 3.10^6 centimètres. L'accélération centripète est égale au carré de la vitesse divisée par le rayon, soit :

$$(9.10^{11}) : (15.10^{12}) = 0,6 \text{ centimètre par seconde.}$$

A la distance l qui le sépare de la Terre, le Soleil exerce par conséquent sur chaque gramme-masse une force attractive de 0,6 dyne, puisqu'il maintient la Terre sur sa trajectoire sensiblement circulaire. Nous avons donc :

$$\alpha = 0,6 . l^2, \qquad \beta = 0,6 . 10^{-4} l^2;$$

$$\frac{F_1 - F_2}{F_1} = 1 - \frac{3}{4} 10^{-4} \frac{1}{r\delta}.$$

Pour simplifier, supposons la densité égale à l'unité.

Le rapport des forces $F_2 : F_1$ varie en raison inverse du rayon du météorite. La répulsion est un dix millième de l'attraction, écart que les observations semblent capables de déceler, quand le rayon du météorite est de l'ordre du centimètre.

On explique par ces répulsions que les queues des comètes se dispersent dans l'espace et que les amas se déforment. Il n'est pas nécessaire pour cela qu'ils soient composés de pierres microscopiques, ni que la répulsion l'emporte sur l'attraction.

348. Remarque sur une application du principe de Döppler. — On donne quelquefois comme preuve de l'existence d'une pression de radiation une démonstration basée sur le principe de Döppler. Il est facile de trouver sous quelles conditions elle est généralement applicable et de montrer qu'elle est absurde dans les deux cas où on serait tenté d'en faire usage : les ondes sonores, les ondes électromagnétiques.

Une onde plane tombe normalement sur un miroir parfait, animé d'une vitesse v en sens inverse de la propagation. La période est modifiée : c'est le principe de Döppler-Fizeau.

Admettons :

1° que l'amplitude n'est pas modifiée par la réflexion ;

2° que l'énergie moyenne W est en raison inverse du carré de la période.

La période passe de la valeur T à la valeur T′. On a, d'après le § 277 et les hypothèses précédentes :

$$\frac{T'}{T}=\frac{V}{V+v}, \qquad \frac{W'}{W}=\left(\frac{V+v}{V}\right)^2=1+\frac{2v}{V},$$

si v est petit devant V.

Il y a donc gain d'énergie. La densité de l'énergie croît dans le rapport W′ : W.

Admettons que cet accroissement provient du travail qu'on dépense pour pousser le miroir contre une pression p. Pendant que le front de l'onde avance de l'unité de longueur avec une vitesse V, le miroir avance d'une longueur v : V. Le travail exécuté est donc pv : V par unité de surface du miroir. On a :

$$\frac{2v}{V}W=\frac{pv}{V}, \qquad p=2W;$$

W représente l'énergie totale par unité de volume dans l'onde incidente, ou encore dans l'onde réfléchie, puisqu'on suppose implicitement la surface parfaitement réfléchissante.

Ce raisonnement est le type du mauvais raisonnement.

1° Supposons d'abord la surface parfaitement absorbante ; il tombe à plat. Il n'y a aucune raison générale pour qu'il existe un travail effectué ; la radiation disparaissant, elle ne change évidemment pas de période. Donc la pression devrait être nulle.

2° Supposons des ondes sonores, le raisonnement semble s'appliquer. Or l'excès moyen de la pression exercée sur un mur réfléchissant *immobile* par un train d'onde *parfaitement sinusoïdal* est *nul* par raison de symétrie (§ 77, tome I). Il faut introduire une dissymétrie dans les pressions pour trouver une pression moyenne différente aux nœuds et aux ventres.

Corrélativement, il est bien clair qu'*en déplaçant le mur*, l'amplitude de l'onde réfléchie est modifiée. L'hypothèse 2° est admissible (§ 139, tome I); l'hypothèse 1° est fausse.

3° Supposons des ondes électromagnétiques. En premier lieu, l'hypothèse 2° n'est plus exacte. L'énergie de déformation tant électrique que magnétique est indépendante de la période du mouvement vibratoire. Cela tient à ce que ni l'un ni l'autre de ces vecteurs n'est comparable à l'amplitude : l'un est comparable à une vitesse, l'autre à une déformation; peu importe d'ailleurs lequel nous comparons à la vitesse ou à la déformation. Du reste, l'hypothèse 1° n'est pas davantage applicable sans quelque justification.

Dans la suite des raisonnements, nous admettrons que *pour une première approximation* la pression sur une surface mobile est la même que sur une surface en repos. Nous ferons plus loin usage du principe de Döppler, mais pour en tirer tout autre chose que la preuve de l'existence de la pression de radiation.

349. Pression pour une radiation parfaitement diffusée.

La pression normale exercée par une radiation parfaitement diffusée est égale au tiers de la densité de l'énergie de cette radiation à la même température :

$$p = U : 3.$$

Menons la normale ON à la surface considérée (fig. 184) et cherchons la pression due à toutes les ondes dont les normales sont dans l'angle solide (cône creux) formé par les cônes d'axe ON et de demi-angles au sommet θ et $\theta + d\theta$.

La radiation étant parfaitement diffusée, nous devons écrire que toutes ces ondes transportent respectivement la même quantité d'énergie. La quantité d'énergie transportée par les ondes dont les normales remplissent un angle solide est par conséquent proportionnelle à cet angle.

L'énergie W_1 des ondes planes par unité d'angle solide est donc :

$$W_1 = U : 4\pi.$$

Faisons $r = 1$ dans la formule du § 342; la pression normale exercée par les ondes planes dont les normales font l'angle θ avec la normale à la surface pressée et remplissent l'angle solide $d\omega$, est :

$$2W_1 \cos^2\theta \,.\, d\omega.$$

La pression normale exercée par toutes les ondes comprises dans le cône creux susdit est :

$$2W_1 \cos^2\theta \cdot 2\pi \sin\theta\, d\theta = U \frac{2\pi \sin\theta\, d\theta}{2\pi} \cos^2\theta = U \sin\theta \cos^2\theta\, d\theta.$$

Intégrant entre 0 et $\pi : 2$, il vient :

$$p = U : 3.$$

On n'oubliera pas que U est l'énergie totale par unité de volume de la radiation complètement diffusée, tandis que W est l'énergie totale par unité de volume d'une onde plane.

Au § 342, nous posons que l'unité de volume d'une onde de direction unique possède en moyenne une quantité d'énergie W *finie*. Dans le problème actuel, il existe une infinité d'ondes de directions différentes dont on peut grouper les normales dans un angle solide : chacune d'elles ne transporte donc par unité de volume qu'une quantité infiniment petite d'énergie. D'où la nécessité d'introduire la densité W_1 transportée par unité de volume et par unité d'angle solide.

350. Pression de radiation sur les parois d'une enceinte close isotherme. Équation thermique. — Dans une enceinte close isotherme où la radiation est *parfaitement diffusée,* l'énergie interne par centimètre cube a une valeur parfaitement déterminée, indépendante de la nature des parois et qui ne dépend que de la température absolue :

$$U(T) = \frac{4S}{V} = \frac{4S_0}{V} T^4.$$

Nous savons que la pression p exercée par centimètre carré de paroi et due à la radiation est le tiers de l'énergie contenue dans chaque centimètre cube de l'espace vide. Nous pouvons donc écrire l'équation thermique générale *du vide.*

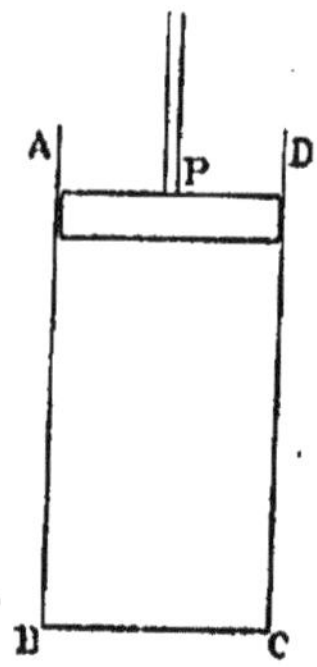

Soit un corps de pompe dont les parois latérales sont des miroirs parfaits. Suivant les cas, nous supposerons le fond BC miroir parfait ou émettant des radiations. La face inférieure du piston P est un miroir parfait. Si le fond émet des radiations, il s'établit dans le corps de pompe une radiation parfaitement diffusée, même si les parois sont des miroirs parfaits (§ 339).

A P D B C

Fig. 190.

Soit dQ la quantité de chaleur fournie *au vide* dont le volume actuel est v. D'après le principe de l'équivalence, elle correspond à l'accroissement de l'énergie interne et au travail extérieur accompli ; on a donc :

$$dQ = d(Uv) + p\,dv = d(Uv) + \frac{1}{3} U\,dv = v\,dU + \frac{4}{3} U\,dv. \quad (1)$$

C'est l'équation thermique générale du vide.

TRANSFORMATION ADIABATIQUE.

Supposons qu'une fois établie la radiation parfaitement diffusée, on transforme le fond BC en un miroir parfait. Augmentons le volume de dv : *nous avons l'équivalent d'une détente adiabatique.* L'augmentation de volume entraîne une diminution de la densité de l'énergie (et par conséquent un refroidissement), tant parce que le volume croît que parce que la pression accomplit un travail extérieur. On a, en intégrant l'équation (1) :

$$dQ=0, \qquad U^3v^4=\text{Constante}, \qquad T^3v=\text{Constante}.$$

Telles sont : 1° l'équation *adiabatique* entre le volume et l'énergie contenue par unité de volume dans une radiation en équilibre complètement diffusée; 2° l'équation adiabatique entre la température et le volume dans une enceinte imperméable à la chaleur.

351. Application du principe de Carnot. Entropie. — Au paragraphe précédent, nous supposons connue la forme de l'énergie interne en fonction de la température. L'application du principe de Carnot à l'équation (1) nous la fournirait si nous l'ignorions. Écrivons que :

$$\frac{dQ}{T}=\frac{v}{T}dU+\frac{4}{3}\frac{U}{T}dv,$$

est une différentielle exacte.

U étant une fonction de la température seule, on a :

$$\frac{1}{T}=\frac{4}{3}\frac{d}{dU}\frac{U}{T}, \qquad U=S_0'T^4;$$

c'est précisément la loi expérimentale.

En définitive on a, en appelant V la vitesse de la lumière,
pour l'énergie interne de l'unité de volume : $U=4S_0T^4:V$;
pour l'entropie de l'unité de volume : $E=16S_0T^3:3V$;
avec la valeur de la constante S_0 :

$S_0=1,28.10^{-12}$ petites calories par seconde $=5,32.10^{-12}$ watts.

La pression en dynes par centimètre carré est le tiers de la valeur de U (§ 349) en joules, multipliée par 10^7 (pour passer du système pratique au système CGS) :

$$p=2,36.10^{-15}T^4 \text{ dynes par centimètre carré.}$$

352. Chaleur spécifique du vide (Brillouin). — En substituant dans l'équation (1) la valeur de U en fonction de la température, on a :

$$dQ=\frac{16}{9}1,28.10^{-12}[3vT^3dT+T^4dv].$$

1° *La chaleur spécifique à volume constant du vide*, ou plus exactement du milieu qui transmet l'ébranlement, est le coefficient de vdT dans l'expression générale de dQ (tome II, § 4). On a par centimètre cube en petites calories :

$$c = 6,85.10^{-22}T^3.$$

A 0° centigrade : $c = 1,4.10^{-14}$;
à 4000° absolus : $c = 4,4.10^{-11}$.

Comme terme de comparaison, calculons la chaleur spécifique à volume constant du centimètre cube de gaz à la pression d'un millionième d'atmosphère.

La chaleur spécifique moléculaire est 4,86 pour les gaz diatomiques en petites calories par molécule-gramme. Or la molécule-gramme occupe à 0° et sous la pression atmosphérique,

$$22300\ cm^3 = 2,23.10^4\ cm^3.$$

A la pression d'un millionième d'atmosphère, le volume serait $2,23.10^{10}$ cm³. La chaleur spécifique à volume constant dans ces conditions est donc, pour tous les gaz diatomiques : $2,2.10^{-10}$ environ.

Ainsi à la température ordinaire, la chaleur spécifique du gaz à ce point de dilution est environ 10000 fois plus grande que celle du vide. Elle ne serait que 5 fois plus grande à 4000° absolus, en admettant que la chaleur spécifique des gaz soit indépendante de la température.

2° *La chaleur de dilatation du vide à température constante* est le coefficient de dT dans l'expression générale de dQ :

$$l = 2,28.10^{-22}T^4.$$

Ce n'est pas l'éther qui se détend; on admet en effet (§ 260) qu'il est immobile et qu'il laisse libre passage aux corps matériels. Ce qui augmente est le volume occupé par le rayonnement noir.

A 0° centigrade : $l = 1,27.10^{-12}$;
à 4000° absolus ; $l = 1,76.10^{-7}$.

Pour les gaz parfaits, on a (II, § 23) :

$$pv = RT, \qquad l = AT\frac{\partial p}{\partial t} = \frac{ART}{v} = \frac{2T}{v},$$

en rapportant tout à la molécule.

A 0° et sous la pression d'un millionième d'atmosphère :

$$l = 2.273 : (2,23.10^{10}) = 2,44.10^{-8}.$$

3° Il résulte de la comparaison des résultats que si l'on opérait avec du gaz à la pression de 10^{-6} atmosphère et à la température de l'arc, il faudrait tenir compte de la chaleur spécifique du vide.

En particulier dans l'étude d'une détente adiabatique, il faudrait spécifier la nature des parois, à savoir : si elles sont parfaitement réfléchissantes (détente adiabatique à la fois pour le vide et pour le gaz); si elles sont diathermanes (détente adiabatique pour le gaz, isotherme pour le vide).

353. Autre démonstration de la loi de Stefan (Wien). — Reprenons sous une autre forme la démonstration du § 340. Soit comme source un petit disque D au centre d'un hémisphère H parfaitement réfléchissant. Les rayons s'écartent peu de la normale. Appelons ψ la densité de l'énergie à une distance r du disque : la quantité ψr^2 est sensiblement constante, sauf au centre même.

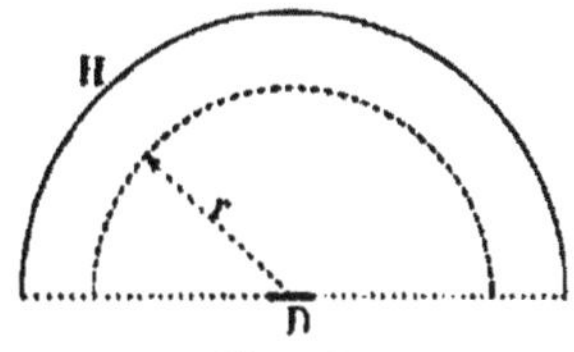

Fig. 191.

La pression sur l'hémisphère est $2\pi r^2\psi$; le travail correspondant à un accroissement dr du rayon de l'hémisphère est $2\pi r^2\psi dr$.

Cherchons la quantité de chaleur $d\mathrm{Q}$ fournie dans une transformation.

L'énergie totale comprise dans l'hémisphère est :

$$2\pi\int_0^r \psi r^2 dr = 2\pi(\psi r^2)\int_0^r dr = 2\pi\psi r^3,$$

puisque ψr^2 est une constante.

Le principe de la conservation de l'énergie donne (§ 349) :

$$d\mathrm{Q} = 2\pi\left[d(\psi r^3) + r^2\psi dr\right] = 2\pi\left[r^3 d\psi + 4r^2\psi dr\right].$$

Écrivons le principe de Carnot. Pour que la quantité :

$$\frac{r^3}{\mathrm{T}}d\psi + \frac{4r^2\psi}{\mathrm{T}}dr,$$

soit une différentielle exacte, ψ doit être proportionnel à T^4.

354. Application du principe de Döppler. — La forme de démonstration précédente nous permet de chercher les conséquences du principe de Döppler. Nous prévenons que le raisonnement suivant est *limite;* c'est plutôt une suggestion qu'une démonstration.

Supposons que l'hémisphère se dilate avec une vitesse radiale v très petite devant la vitesse V de propagation de la lumière. Le raisonnement ne vaut strictement que pour $v=0$.

Remplaçons par un élément de miroir l'élément de surface D. *La dilatation devient adiabatique* et la couleur de la radiation varie pendant le mouvement.

Une vibration monochromatique de longueur d'onde λ est transformée en une vibration de longueur d'onde $\lambda + \delta\lambda$ après *une* réflexion :

$$\lambda + \delta\lambda = \left(1 + \frac{2v}{\mathrm{V}}\right)\lambda.$$

Après n réflexions, on a :

$$\lambda+d\lambda=\left(1+\frac{2v}{V}\right)^{n}\lambda.$$

Ces n réflexions exigent un temps $2rn:V$, pendant lequel le miroir hémisphérique se dilate de dr. D'où la relation :

$$\frac{dr}{v}=\frac{2rn}{V},\qquad n=\frac{V}{2v}\frac{dr}{r}.$$

En définitive :

$$\frac{\lambda+d\lambda}{\lambda}=\left[\left(1+\frac{2v}{V}\right)^{\frac{V}{2v}}\right]^{\frac{dr}{r}}.$$

Supposons maintenant v très petit par rapport à V. On sait que la parenthèse a pour valeur limite le nombre e.

$$\frac{\lambda+d\lambda}{\lambda}=e^{\frac{dr}{r}}=1+\frac{dr}{r},\qquad \frac{d\lambda}{\lambda}=\frac{dr}{r},\qquad \frac{\lambda}{\lambda_0}=\frac{r}{r_0}.$$

D'où ce résultat éminemment paradoxal et qui n'a de sens qu'à la limite : *Une radiation de longueur d'onde λ_0 monochromatique se transforme, en vertu du principe de Döppler et par le moyen d'une dilatation adiabatique, en une radiation de longueur d'onde λ; le rapport $\lambda:\lambda_0$ est indépendant de la vitesse de déplacement du miroir.*

Il est clair que pour une vitesse qui n'est pas infiniment petite, le résultat est absurde; on pourrait augmenter à son gré la longueur d'onde, la doubler, la décupler, ...; il suffirait de doubler, de décupler le rayon r. Mais précisément l'opération est pratiquement impossible, puisque la vitesse de dilatation du miroir est nulle.

355. **Transformation des radiations.** — Comparons les résultats des deux paragraphes précédents.

La transformation adiabatique obéit à la loi :

$$r d\psi+4\psi dr=0,\qquad \frac{\psi}{\psi_0}=\left(\frac{r_0}{r}\right)^4=\left(\frac{\lambda_0}{\lambda}\right)^4.$$

Nous savons d'ailleurs que ψ est proportionnel à T^4; d'où :

$$\left(\frac{T}{T_0}\right)^4=\left(\frac{\lambda_0}{\lambda}\right)^4,\qquad T\lambda=T_0\lambda_0. \tag{1}$$

Ainsi pendant la dilatation adiabatique, nous avons simultanément refroidissement et allongement de la longueur d'onde. Les deux phénomènes sont liés par l'équation (1). Le produit de la longueur d'onde par la température est une constante.

Nous avons supposé que la radiation est monochromatique : nous admettrons que la loi subsiste pour les parties simples de la radiation complexe.

Nous poserons maintenant que *la loi de distribution de l'énergie entre les diverses radiations émises par un corps noir est précisément telle que si, au début de l'expérience, on avait affaire à une radiation parfaitement diffusée à une certaine température, on continuerait à avoir affaire à une radiation parfaitement diffusée à des températures décroissantes à mesure que l'hémisphère se dilate.*

Nous retrouvons ainsi la loi énoncée au § 193 du tome IV.

Appelons $s\Delta\lambda$ l'énergie qui correspond dans la radiation d'un corps noir, aux radiations comprises entre λ et $\lambda + \Delta\lambda$. Il résulte d'abord de l'hypothèse qu'à chaque température T, s passe par un maximum pour une longueur d'onde λ_m qui satisfait à la relation :

$$\lambda_m T = \text{Constante}.$$

Cherchons l'expression de s en fonction de la température.

Soient tracées les courbes s_1 et s_2 (fig. 192) qui représentent s aux températures T_1 et T_2.

L'énergie contenue à la température T_1 dans l'intervalle $\Delta_1\lambda$, est localisée à la température T_2 dans l'intervalle :

$$\Delta_2\lambda = \Delta_1\lambda \frac{T_1}{T_2}.$$

D'ailleurs, d'après la loi de Stefan, les éléments d'aires $s_1\Delta_1\lambda$, $s_2\Delta_2\lambda$, *qui se correspondent par hypothèse* (c'est-à-dire dont les ordonnées limites correspondent respectivement à la même valeur du produit λT) sont entre eux comme $T_1^4 : T_2^4$. D'où la relation :

$$\frac{s_1\Delta_1\lambda}{s_2\Delta_2\lambda} = \frac{T_1^4}{T_2^4}, \qquad \text{et par suite :} \qquad \frac{s_1}{s_2} = \frac{T_1^5}{T_2^5}.$$

Donc s est certainement de la forme : $s = T^5\varphi(\lambda, T)$. Comme le quotient $s_1 : s_2$ est indépendant de λ quand le produit λT reste le même, on doit avoir nécessairement :

$$s = T^5\varphi(\lambda T).$$

Il est impossible de déterminer *a priori* la forme de la fonction φ (voir tome IV, § 193) sans quelque hypothèse supplémentaire : nous en avons assez dit pour préciser la nature de ces considérations.

356. **Transformations irréversibles des radiations les unes dans les autres.** — Qu'il s'agisse de radiations complètement ou incomplètement diffusées dont les longueurs d'onde sont comprises entre λ et $\lambda + d\lambda$, nous pouvons leur assigner une température parfaitement déterminée.

Une radiation complexe est généralement formée de radiations sensiblement monochromatiques dont les températures ne sont pas les mêmes; autrement dit, l'énergie totale ne se répartit pas entre les diverses radiations suivant les proportions caractéristiques d'une température T.

Aux températures atteintes jusqu'à présent, la répartition de l'énergie entre les diverses radiations dans le rayonnement noir présente un maximum dans l'infrarouge (fig. 192 et tome IV, § 193). Soit deux faisceaux, l'un rouge R, l'autre bleu B (fig. 192), complètement diffusés ou caractérisés par la même divergence α, correspondant au même écart $\Delta\lambda$ et contenant la même quantité d'énergie[1]; il résulte de ce qui précède que le faisceau bleu est *plus chaud* que le rouge. Le principe de Carnot nous apprend que la transformation du bleu en rouge peut s'effectuer *sans compensation;* la transformation inverse ne le peut pas.

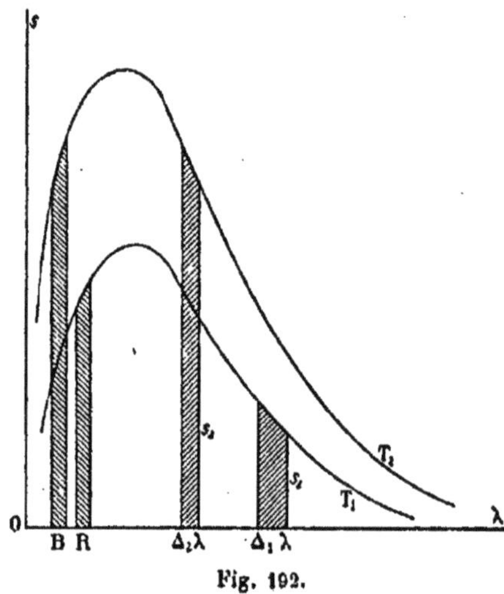

Fig. 192.

On a voulu conclure de là que la loi de Stockes est nécessaire (§ 325); c'est un des multiples exemples qui prouvent la facilité du principe de Carnot à redonner toutes les lois qu'on croit exactes. *Malheureusement celle-ci est fausse.* On s'aperçoit alors avec soulagement que le principe de Carnot a été mal appliqué.

En effet la fluorescence ne transforme pas une radiation en une autre radiation, mais une radiation *en un groupe* de radiations; donc il faut conclure au plus que la radiation λ ne donne pas un spectre dont toutes les radiations ont des longueurs d'onde plus courtes que λ. La compensation exigée par le principe de Carnot se fait alors entre les diverses transformations.

Mais rien ne dit que le spectre de fluorescence contient toute l'énergie de la radiation excitatrice : une partie passe à l'état de chaleur avec des longueurs d'onde énormes. D'où une nouvelle compensation possible.

Enfin le faisceau fluorescent est parfaitement diffusé; la radiation excitatrice ne l'est généralement pas. Or la divergence des faisceaux intervient dans l'évaluation de leurs températures à partir de l'énergie transportée.

Bref, il est préférable d'attendre qu'on soit sûr du résultat des expériences pour leur appliquer les principes.

---

[1] La figure ne suppose pas que les faisceaux R et B transportent la même quantité d'énergie. Elle montre seulement que *s'ils transportent la même quantité d'énergie, les ordonnées devant alors être égales,* le faisceau B correspond à une courbe de cote T supérieure à la cote de la courbe correspondant au faisceau R.

TABLE DES FONCTIONS DE BESSEL $J_0(x)$ ET $J_1(x)$

MULTIPLIÉES PAR 1000

x	$J_0(x)$	$J_1(x)$
0,0	1,0000	0
0,1	9975	499
0,2	9900	995
0,3	9776	1483
0,4	9604	1960
0,5	9385	2423
0,6	9120	2867
0,7	8812	3290
0,8	8463	3688
0,9	8075	4059
1,0	7652	4400
1,1	7196	4709
1,2	6711	4983
1,3	6201	5220
1,4	5668	5419
1,5	5118	5579
1,6	4554	5699
1,7	3980	5778
1,8	3400	5815
1,9	2818	5812
2,0	2239	5767
2,1	1666	5683
2,2	1104	5560
2,3	555	5399
2,4	25	5202
2,5	— 484	4971
2,6	— 968	4708
2,7	— 1424	4416
2,8	— 1850	4097
2,9	— 2243	3754
3,0	— 2600	3391

x	$J_0(x)$	$J_1(x)$
3,1	— 2921	3009
3,2	— 3202	2613
3,3	— 3443	2207
3,4	— 3643	1792
3,5	— 3801	1374
3,6	— 3918	955
3,7	— 3992	538
3,8	— 4026	128
3,9	— 4018	— 272
4,0	— 3971	— 660
4,1	— 3887	— 1033
4,2	— 3766	— 1386
4,3	— 3610	— 1719
4,4	— 3423	— 2028
4,5	— 3205	— 2311
4,6	— 2961	— 2566
4,7	— 2693	— 2791
4,8	— 2404	— 2985
4,9	— 2097	— 3147
5,0	— 1776	— 3276
5,1	— 1443	— 3371
5,2	— 1103	— 3433
5,3	— 758	— 3460
5,4	— 412	— 3453
5,5	— 68	— 3414
5,6	270	— 3343
5,7	599	— 3241
5,8	917	— 3110
5,9	1120	— 2951
6,0	1506	— 2767

x	$J_0(x)$	$J_1(x)$	x	$J_0(x)$	$J_1(x)$
6,1	1773	—2559	10,1	—2490	184
6,2	2017	—2329	10,2	—2496	— 66
6,3	2238	—2081	10,3	—2477	— 313
6,4	2433	—1816	10,4	—2434	— 555
6,5	2601	—1538	10,5	—2366	— 789
6,6	2740	—1250	10,6	—2276	—1012
6,7	2851	— 953	10,7	—2164	—1224
6,8	2931	— 652	10,8	—2032	—1422
6,9	2981	— 349	10,9	—1881	—1603
7,0	3001	— 47	11,0	—1712	—1768
7,1	2991	252	11,1	—1528	—1913
7,2	2951	543	11,2	—1330	—2039
7,3	2882	826	11,3	—1121	—2143
7,4	2786	1096	11,4	— 902	—2225
7,5	2663	1352	11,5	— 677	—2284
7,6	2516	1592	11,6	— 446	—2320
7,7	2346	1813	11,7	— 213	—2333
7,8	2154	2014	11,8	20	—2323
7,9	1944	2192	11,9	250	—2290
8,0	1717	2346	12,0	477	—2234
8,1	1475	2476	12,1	697	—2157
8,2	1222	2580	12,2	908	—2060
8,3	960	2657	12,3	1108	—1943
8,4	691	2708	12,4	1296	—1807
8,5	419	2731	12,5	1469	—1655
8,6	146	2727	12,6	1626	—1487
8,7	— 125	2697	12,7	1766	—1307
8,8	— 392	2641	12,8	1887	—1114
8,9	— 653	2559	12,9	1988	— 912
9,0	— 903	2453	13,0	2069	— 703
9,1	—1142	2324	13,1	2129	— 489
9,2	—1367	2174	13,2	2167	— 271
9,3	—1577	2004	13,3	2183	— 52
9,4	—1768	1816	13,4	2177	166
9,5	—1939	1613	13,5	2150	380
9,6	—2090	1395	13,6	2101	590
9,7	—2218	1166	13,7	2032	791
9,8	—2323	928	13,8	1943	984
9,9	—2403	684	13,9	1836	1165
10,0	—2459	435	14,0	1711	1334

x	$J_0(x)$	$J_1(x)$	x	$J_0(x)$	$J_1(x)$
14,1	1570	1488	14,9	64	2069
14,2	1414	1626	15,0	— 142	2051
14,3	1245	1747			
14,4	1065	1850	15,1	— 346	2013
14,5	875	1934	15,2	— 544	1955
			15,3	— 730	1879
14,6	679	1999	15,4	— 919	1784
14,7	476	2043	15,5	— 1093	1672
14,8	271	2066			

TABLE DES RACINES DE $J_1(x)=0$

ET DES MAXIMUMS ET MINIMUMS CORRESPONDANTS DE $J_0(x)$

Numéros.	Racines.	Max. ou min.	Numéros.	Racines.	Max. ou min.
1	3,832	—4027	26	82,462	+879
2	7,016	+3001	27	85,604	—862
3	10,173	—2497	28	88,746	+847
4	13,324	+2184	29	91,888	—832
5	16,471	—1965	30	95,029	+818
6	19,616	+1801	31	98,171	—805
7	22,760	—1672	32	101,313	+793
8	25,904	+1567	33	104,454	—781
9	29,047	—1480	34	107,596	+769
10	32,190	+1406	35	110,738	—758
11	35,332	—1342	36	113,879	+748
12	38,475	+1286	37	117,021	—738
13	41,617	—1237	38	120,163	+728
14	44,759	+1192	39	123,304	—719
15	47,901	—1153	40	126,446	+710
16	51,044	+1117	41	129,588	—701
17	54,186	—1084	42	132,729	+693
18	57,328	+1054	43	135,871	—684
19	60,470	—1026	44	139,013	+677
20	63,611	+1000	45	142,154	—669
21	66,753	—977	46	145,296	+662
22	69,895	+954	47	148,438	—655
23	73,037	—934	48	151,579	+648
24	76,179	+914	49	154,721	—641
25	79,320	—896	50	157,863	+635

TABLE DES FONCTIONS X ET Y

$$J_0(S\sqrt{i}) = X - Yi.$$

S	X	Y	S	X	Y
0,0	+1,0000	+0,0000	3,0	−0,2214	+1,9376
0,2	1,0000	0,0100	3,2	−0,5644	+2,1016
0,4	0,9996	0,0400	3,4	0,9680	+2,2334
0,6	0,9980	0,0900	3,6	1,4353	2,3199
0,8	0,9936	0,1599	3,8	1,9674	2,3454
1,0	0,9844	0,2496	4,0	2,5634	2,2927
1,2	0,9676	0,3587	4,2	3,2195	2,1422
1,4	+0,9401	+0,4867	4,4	−3,9283	1,8726
1,6	0,8979	0,6327	4,6	4,6784	1,4610
1,8	0,8367	0,7953	4,8	5,4531	+0,8836
2,0	0,7517	0,9723	5,0	6,2301	+0,1160
2,2	0,6377	1,1610	5,2	6,9803	−0,8658
2,4	0,4890	1,3575	5,4	7,6674	−2,0845
2,6	+0,3001	1,5569	5,6	8,2466	−3,5597
2,8	+0,0651	+1,7528	5,8	8,6644	−5,3068
			6,0	−8,8583	−7,3347

TABLE DES MATIÈRES

CHAPITRE I

Équations fondamentales pour un milieu isotrope transparent.

CHAPITRE II

Ondes hertziennes.

Théorie élémentaire de l'oscillateur de Hertz.

Obtention des ondes hertziennes.

Propagation des ondes hertziennes.

CHAPITRE III

Propagation d'un ébranlement le long d'un fil.

Ondes stationnaires.

CHAPITRE IV

Télégraphie sans fil.

CHAPITRE V

Double réfraction.

Construction de Fresnel.

Propagation d'un ébranlement à partir d'un point du milieu.

Optique géométrique des milieux anisotropes.

Propriétés physiques du rayon.

Théorèmes sur les vitesses et les plans de polarisation.

CHAPITRE VI

Systèmes d'elliptiques obtenus par double réfraction

Emploi de lames cristallines dans les appareils interférentiels.

Polarisation chromatique.

Combinaisons intéressantes.

Franges en lumière convergente.

CHAPITRE VII

Réflexion sur les corps transparents.

Corps isotropes.

Anneaux de Newton.

Ondes stationnaires.

Polarisation elliptique pour les corps transparents.

Réflexion totale.

Ondes évanescentes.

Réflexion sur les corps cristallisés transparents.

CHAPITRE VIII

Théorie électromagnétique des corps absorbants.

Propagation dans les corps absorbants isotropes.

Réflexion et transmission normales.

Réflexion et transmission obliques.

Couleurs des métaux.

Réflexion totale.

Milieux absorbants anisotropes.

CHAPITRE IX

Dispersion. Théorie du Soleil.

Théorie de la dispersion. Ions.

Théorie du Soleil.

CHAPITRE X

Phénomènes lumineux dus au mouvement.

Propagation dans les milieux en mouvement.

Observations à la surface de la Terre.

Aberration.

Principe de Döppler-Fizeau.

Vitesse de la lumière.

CHAPITRE XI

Éléments de la dynamique des électrons.

CHAPITRE XII

Émission.

Émission par les gaz.

Phénomène de Zeemann.

Fluorescence et Phosphorescence.

Nature des sources de lumière blanche.

CHAPITRE XIII

Thermodynamique du vide.

TABLES

Paris. — Impr. Ch. Delagrave.

IMPR. PAUL SCHMIDT, PARIS-MONTROUGE (SEINE)

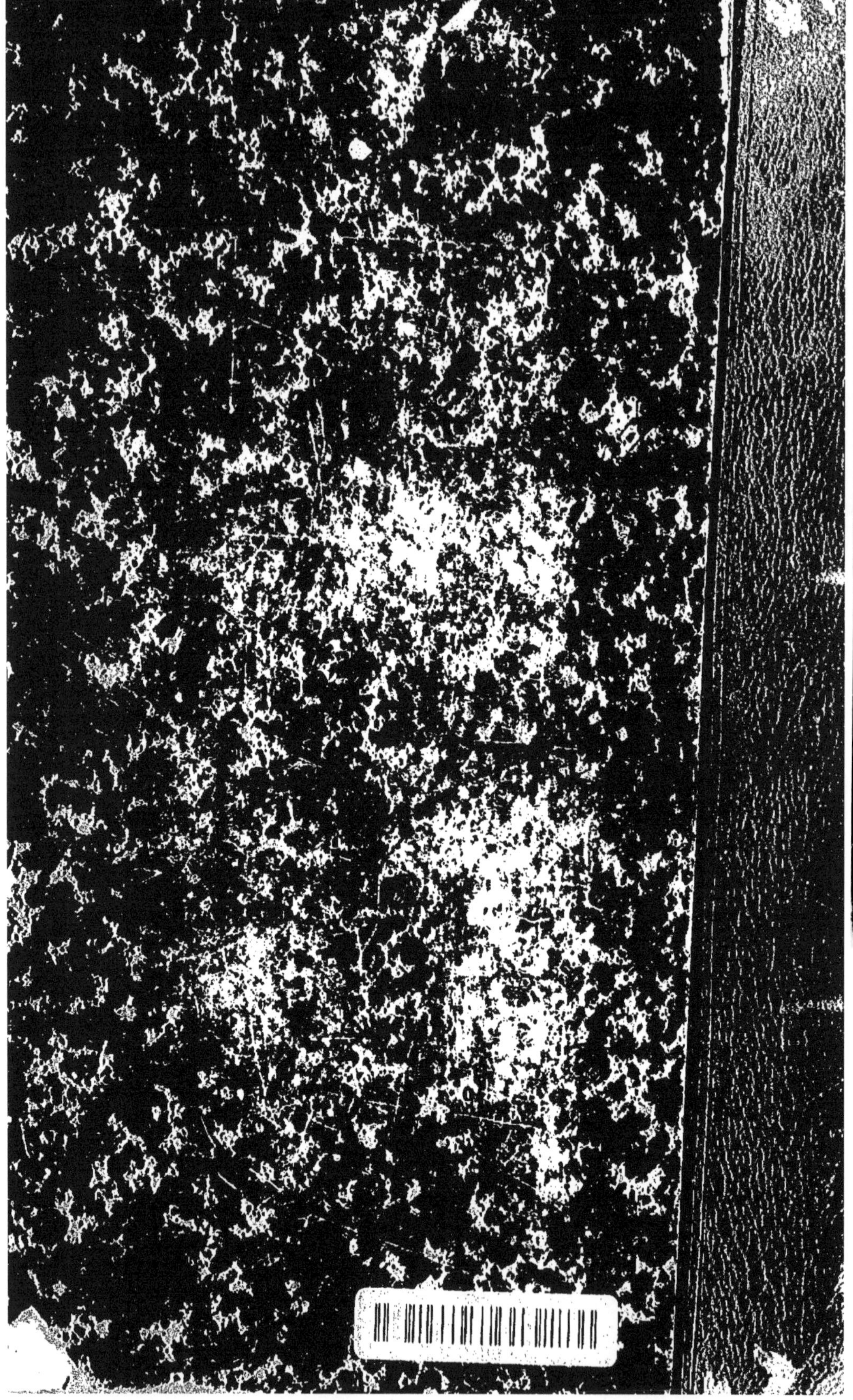

www.ingramcontent.com/pod-product-compliance
Ingram Content Group UK Ltd.
Pitfield, Milton Keynes, MK11 3LW, UK
UKHW012004240726
13965UKWH00001B/136

9 782013 544566